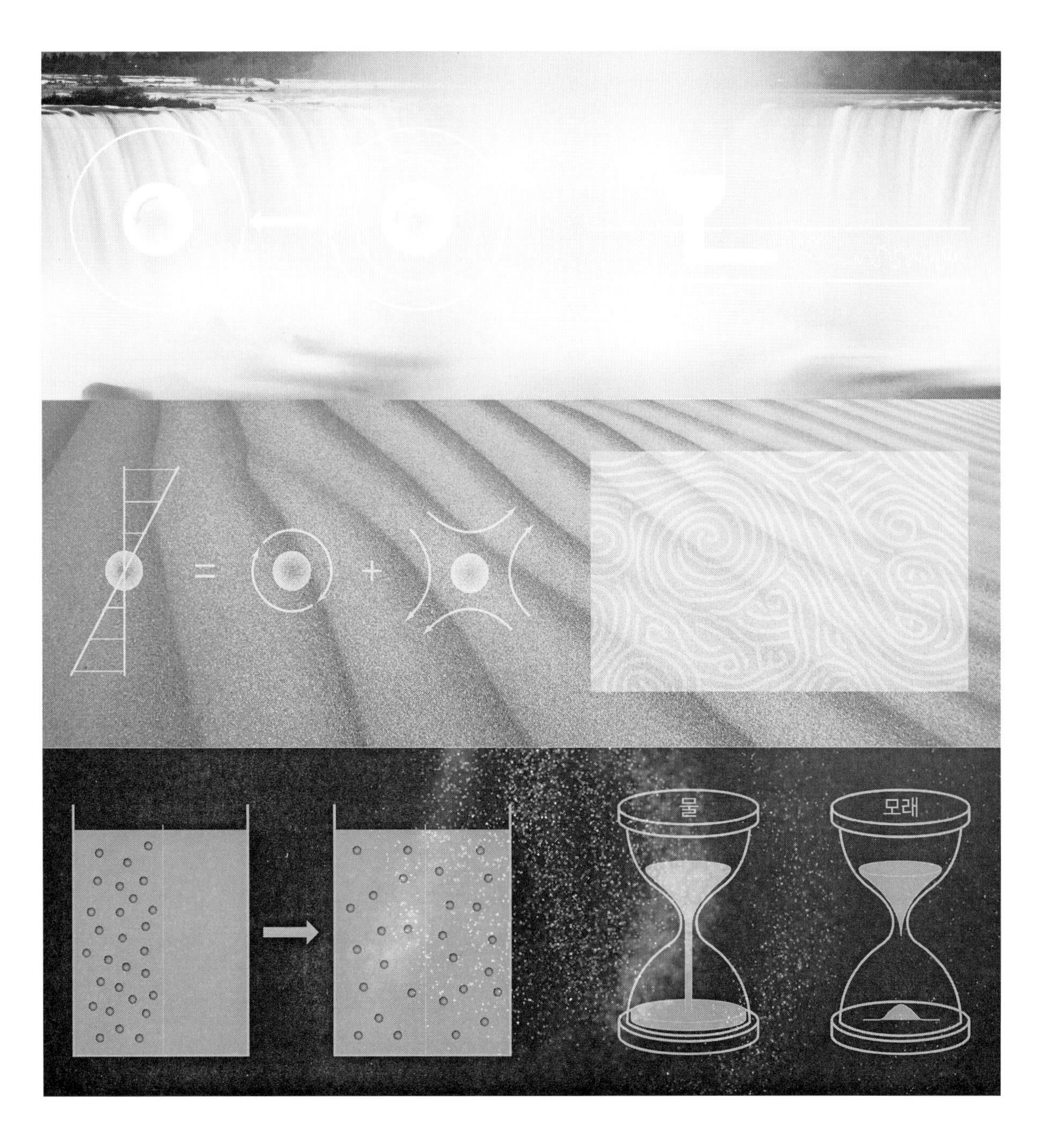

Physics of **Fluids**

유체의 물리 2판

박혁규 지음

북스힐

머리말

우리는 공기, 물, 피, 기름 등 유체의 세계에 살고 있다. 지구는 지표의 75%가 물로 덮여있고 대기의 100%가 공기이다. 인간의 체중에서 70%를 차지하는 물은 인체의 구성 성분 중 가장 많은 부분을 이루고 있다. 이런 유체는 우리들의 생활에 있어서 너무나 중요하지만, 항상 보고 느낄 수 있으므로 유체의 여러 성질이 당연하다고 생각한다.

유체의 물리적 성질의 중요성은 16세기 말 당시에 세계 최강이었던 스페인의 무적 함대가 작지만, 매우 빠르게 제작된 영국의 범선들에 의해 격파된 후 유럽의 열강들은 유체의 여러 문제에 대하여 본격적으로 깊은 연구를 하기 시작하였다. 그리하여 유체의 성질은 19세기까지는 물리학에서 중요한 연구의 대상이었으나 20세기에 들어 등장한 양자역학 등의 영향으로 물리학자들로부터 소외된 영역이 되었다. 그에 반해 공학에서는 20세기 중반에 들어 급속히 발달한 자동차, 항공기와 우주개발 등의 이유로 유체에 관한 연구는 가장 중요한 분야 가운데 하나가 되었다. 그러나 20세기 후반에 들어 고분자 물질, 액정 등의 복잡한 유체재료들이 우리들의 생활을 지배하게 되었고 생명물질이 가지고 있는 유체성질이 중요해짐에 따라 이들의 복잡한 성질은 물리학의 도움이 없이는 이해하기가 힘들게 되었다.

현재 주위에서 볼 수 있는 유체에 관한 교과서의 대부분은 공학을 전공하는 사람을 위하여 쓰였으며 자연과학을 전공하는 사람을 위한 책은 소수에 지나지 않는다. 그나마도 대학원생 이상의 전문가를 위한 참고서가 대부분이며 영어로 쓰여 있어 학부생이나 유체에 대한 물리를 처음 접하는 사람들에게는 어려움이 많다. 이 책은 그러한 초심자부터 전문가까지 모두를 위한 책이라고 저자는 감히 말하고 싶다. 물론 물리학 이외의 자연과학(화학, 생물, 지구과학, 응용수학 등)이나 공학(기계, 화공, 항공, 조선공학 등)을 전공하는 연구자들에게도 큰 도움이 되리라 확신한다.

이 책에 있는 많은 내용은 우리 주위에서 쉽게 볼 수 있는 유체와 관련된 많은 현상을 설명하고 있다. 나비에-스토크스 방정식을 비롯한 유체를 기술하는 데 중요한 기본방정식들을 유도한 후 이 식들을 이용하여 여러 경우를 기술했다. 사용된 식들의 물리적 의미를 명확하게 설명하기 위해 여러 가지 예를 들었다. 최근에 관심을 많이 끌고 있는 카오스와 난류, 초미세유체 그리고 비선형유체에 대한 개념도 포함했다.

이 책은 대학교 1학년 수준의 일반물리학과 미적분학을 이수하고 미분방정식에 대한 기초지식을 가지고 있으면 이해하기에 충분할 것이다. 그리고 차례의 소제목 번호에 *표를 한 곳은 빼고 넘어가도 이 책의 다른 부분을 이해하는 데 큰 지장을 주지 않는다.

1장은 유체를 정의하고 흐름이 없는 경우의 유체의 성질, 그리고 유체역학에서의 기본적인 시간과 길이의 크기를 설명하고 각종 유체를 소개한다. 2장은 물질도함수를 소개하고 응력, 회전율, 변형률의 개념을 소개한다. 그리고 질량보존, 운동량보존, 그리고 에너지보존을 이용하여 연속방정식, 나비에-스토크스 방정식과 에너지 방정식을 유도한다. 3장은 나비에-스토크스 방정식의 기본적인 특성을 소개하고 경계조건과 레이놀즈 수를 소개한다. 4장은 흐름선, 흐름함수, 소용돌이도 등을 정의하고 유체의 압축 성질과 점성 성질을 논한다. 5장은 이상유체의 중요한 성질인 베르누이 방정식과 켈빈의 순환정리를 소개한다. 그리고 경계층 흐름, 박리, 점성항력, 형상항력의 개념과 떠오름 힘을 소개한다. 6장은 유체의 압축 성질에 의한 음파, 충격파, 도플러 효과 등을 기술한다. 7장은 유체의 자유표면에서 표면장력을 정의하고 자유표면에서 발생하는 여러 가지 표면파의 성질을 소개한다. 8장은 회전계에서 나비에-스토크스 방정식을 보이고 회전효과에 따른 유체의 성질을 설명한다. 특히 지구의 자전에 의한 지구유체에서의 회전효과를 예를 든다. 9장은 확산현상에 관련된 유체의 기본방정식을 유도하고 다양한 경우의 확산현상을 소개한다. 10장은 작은 크기의 계에서 볼 수 있는 유체의 흐름을 소개한다. 유체박막, 캐비테이션, 생체계에서 흐름 등을 예로 소개한다. 11장은 나비에-스토크스 방정식으로부터 대류현상을 설명하고 이로 인해 잠잠하던 흐름이 어떻게 하여 불안정해져서 대류가 발생하는지를 설명한다. 12장은 비선형성의 증가에 의해 유체의 흐름에서 나타나는 다양한 불안정성들을 소개한다. 13장은 비선형성의 증가 때문에 유체의 흐름이 점점 복잡해져서 카오스해지는 것을 설명한다. 나비에-스토크스 방정식으로부터 로렌즈 방정식을 유도하고 이로부터 흐름이 점점 복잡해지는 것을 소개한다. 14장은 비선형성의 계속된 증가로 흐름이 카오스를 지나 난류로 진행될 때 나타나는 다양한 난류의 성질을 설명한다. 15장은 앞에서 소개한 선형유체와 달리 비선형유체에서 나타나는 몇 가지 성질을 소개하고 비선형유체들의 예를 소개한다.

이 책은 수많은 연구자가 이루었던 일에 대한 원저자를 밝히지 않고 인용하고 있다. 부록의 [참고문헌]에서 책을 준비하는 과정에 크게 영향을 준 자료는 밝혔지만 아직도 많은 자료가 빠져있다.

이 책을 준비하면서 내 자신이 그동안 소홀했던 여러 가지 개념들을 정리하고 분명하게 이해하는 좋은 계기가 되었다. 물리학을 연구하고 그중에서 특히 유체에 관심을 가진지 이미 20년이 넘었지만 그리고 수많은 논문을 저술하고 강연을 하였지만, “유체의 물리”를 세상에 내놓으면서 느끼는 긴장과 떨리는 경험을 그전에는 가져본 적이 없다. 비록 새로운 내용으로 이루어진 것이 아니지만 마치 내 자신을 벌거숭이 상태로 세상에 내놓는 기분이다. 내가 유체에 관한 관심을 가지도록 계기를 만들어준 고 Walter I. Goldburg교수에게 이 책을 바치고 싶다. 또한 책을 쓰는 동안 책의 내용에 대해 유익한 조언들을 아끼지 않은 여러 동료와 학생들에게 고맙다. 바쁜 와중에서도 책 속에 있는 많은 그림을 직접 그려준 아내에게도 사랑한다고 말하고 싶다.

금정산 기슭에서
박 혁 규

개정판을 내면서

2007년에 초판을 낸 후에 많은 분이 '유체의 물리'에 관심을 보여주어서 매우 기뻤다. 그렇지만 내용에 있어 오타뿐만 아니라 틀린 내용도 여러 군데 발견되어서 부끄럽기도 하여 마음이 편하지 못했다. 초판이 나온 지 15년 만에 도서출판 북스힐의 도움으로 책 전체에 걸쳐 내용을 골고루 보강할 수 있게 되어 기쁘다. 잘못된 내용은 고치고 이해하기에 어렵게 느껴질 내용은 예를 들어 설명하여 쉽게 이해할 수 있도록 노력했다. 그리고 연습문제들과 [참고]들을 추가하고 그림들과 표들을 보강하여 머리로, 눈으로, 숫자로 독자에게 다가갈 수 있도록 노력했다. 생물물리학에 관한 관심이 급증하면서 초미세유체와 비선형유체의 개념이 점점 중요해짐에 따라 10장과 15장을 특히 많이 보강했다. 20세기가 양자물리학의 발전에 의한 고체처럼 딱딱한 응집물질 물리학의 시대였다면 21세기는 생명과학의 발전과 더불어 유체처럼 무른 응집물질 물리학의 시대가 다가옴을 느낀다. 이 책이 그러한 변화에 조금이라도 영향을 미칠 수 있으면 바란다.

인생의 전환점에 서서...

박 혁 규

기호와 용어

로마체

$f \equiv 2\omega \sin\psi$ 코리올리 모수

$f^* \equiv 2\omega \cos\psi$ 역코리올리 모수

$$\text{Bo 수} = \frac{\text{중력}}{\text{표면력}} = \frac{\Delta\rho g L^2}{\gamma}$$ 본드 수

$$\text{Bu 수} = \left(\frac{\text{Fr}'\text{ 수}}{\text{Rb수}}\right)^2 = \left(\frac{NH}{\omega L}\right)^2$$ 버거 수

$$\text{Ek 수} = \frac{\nu}{\text{f}L^2}$$ 에크만 수

$$\text{Fr 수} = \left[\frac{\rho U^2/d}{\rho g}\right]^{1/2} = \frac{U}{\sqrt{gd}}$$ 프루드 수

$$\text{Fr}'\text{ 수} = \left[\frac{\text{관성력}}{\text{부력}}\right]^{1/2} = \left[\frac{\dfrac{\rho_o U^2}{H}}{g\dfrac{\text{d}\rho}{\text{dz}}H}\right]^{1/2} = \frac{U}{NH}$$ 내부프루드 수

$$\text{Kn 수} = \frac{\ell_{ave}}{L}$$ 크누센 수

$$\text{Le 수} = \frac{\text{열확산의 특성시간}}{\text{질량확산의 특성시간}} = \frac{L^2/D_T}{L^2/D} = \frac{D}{D_T}$$ 루이스 수

$$\text{Ma 수} = \frac{U}{c_s}$$ 마하 수

$$\text{Mr 수} = \frac{\chi \Delta T h}{\mu k}$$ 마랑고니 수

$$\text{Nu 수} = \frac{\text{총 열전달량}}{\text{열전도에 의한 열전달량}} = \frac{qh}{k\Delta T}$$ 누셀트 수

$$\text{Pe 수} = \frac{\text{확산에 의한 질량이동의 특성시간}}{\text{이류에 의한 질량이동의 특성시간}} = \frac{L^2/D}{L/U} = \frac{UL}{D}$$ 페클릿 수

$$\text{Pe}_\theta\text{ 수} = \frac{\text{확산에 의한 열전도의 특성시간}}{\text{이류에 의한 열전달의 특성시간}} = \frac{L^2/D_T}{L/U} = \frac{UL}{D_T}$$ 열적 페클릿 수

$$\text{Pr 수} = \frac{\text{열확산의 특성시간}}{\text{운동량확산의 특성시간}} = \frac{L^2/D_T}{L^2/\nu} = \frac{\nu}{D_T}$$ 프란틀 수

$$\text{Ra 수} = \frac{\text{부력}}{\text{점성력·열전도력}} = \frac{\alpha g \Delta T h^3}{D_T \nu}$$ 레일리 수

$$\text{Rb수} = \frac{U}{\mathrm{f} L}$$ 로스비 수

$$\text{Re 수} = \frac{\text{관성력}}{\text{점성력}} = \frac{\rho U L}{\mu}$$ 레이놀즈 수

$$\text{Sc 수} = \frac{\text{질량 확산의 특성시간}}{\text{운동량확산의 특성시간}} = \frac{L^2/D}{L^2/\nu} = \frac{\nu}{D}$$ 슈미트 수(질량 프란틀 수)

$$\text{Stk 수} \equiv \frac{t_o}{t_f} = \frac{\text{입자의 완화시간}}{\text{유체흐름의 특성시간}}$$ 스토크스 수

$$\text{Ta 수} = \frac{\text{원심력}}{\text{점성력}} = 4\left(\frac{\omega_i a_i^2 - \omega_o a_o^2}{a_o^2 - a_i^2}\right)\frac{\omega_i (a_o - a_i)^4}{\nu^2}$$ 테일러 수

$$\text{Wi 수} = \frac{\text{특성 지연시간}}{\text{특성 변형시간}} = \dot{\gamma}\tau$$ 와이센버그 수

이탤릭체

a	가속도, 내경
B	자기장
c	농도
c_s	음파의 전파속도
C_D	항력계수
C_L	떠오름(양력) 계수
C_p	단위질량당 정압비열
C_v	단위질량당 정적비열
D	확산계수, 질량확산계수
D_T	확산계수
e	단위질량당 내부 에너지
$e_{ij} = \frac{\partial u_i}{\partial x_j} = r_{ij} + \epsilon_{ij}$	속도구배 텐서
E	에너지, 전기장
f	진동수,
$\boldsymbol{f}$	단위질량당 체적력
$\boldsymbol{F}$	힘

F_D	항력
F_L	떠오름 힘, 양력
$F(k)$	에너지 전이율 스펙트럼 함수
$\boldsymbol{g}$	중력가속도
G	탄성률, 영률
h	높이, 깊이
H	특성수평길이, 자기장
$\boldsymbol{J}$	확산질량 흐름밀도
k	열전도계수, 열전도도, 파수
$\boldsymbol{k}(k_x, k_y, k_z)$	파수벡터(성분)
k_B	볼츠만 상수
k_p	투과율
$K \equiv \oint_C \boldsymbol{u} \cdot \mathrm{d}\boldsymbol{\ell}$	순환
K	액정 탄성계수
$K_{i,p} \equiv \overline{(u_i)_A p_B}$	압력-속도 상관함수
L	특성길이
ℓ	길이
ℓ_{ave}	평균 자유거리
$\ell_c = \dfrac{\lambda_m}{2\pi} = \left(\dfrac{\gamma}{\rho g}\right)^{1/2}$	모세관 길이
ℓ_d	소산(콜모고로브) 길이
ℓ_D	디바이 길이
ℓ_o	적분길이
m	질량
M	자기모멘트
$\hat{\mathrm{n}}$	단위벡터
N	밀도성층진동수, 부력진동수, 자유도
N_A	아보가드로 수
p	압력, 운동량
p_e	유효압력
p^*	과잉압력, 수정압력
$\boldsymbol{P}$	운동량

q	위치
$\boldsymbol{q}$	열흐름 밀도벡터, 평균속도
Q	단위질량당 계에 전달된 열
$Q_{i,j}(\boldsymbol{r}) \equiv \overline{(u_i)_A(u_j)_B}$	속도-속도 상관함수
r	반지름
$\boldsymbol{r}(x, y, z)$	위치벡터(성분)
r_{ij}	ij-평면상의 회전율
R	반지름, 무차원 제어변수
$R = C_p - C_v$	기체상수
s	단위질량당 엔트로피
S	표면적, 엔트로피, 젖음계수
t	시간
T	온도, 특성시간
$\boldsymbol{u}(u, v, w)$	흐름속도벡터(성분)
U	퍼텐셜에너지, x 방향 평균속도
$v = 1/\rho$	단위질량당 부피
v_p	위상속도
v_g	군속도
V	부피, y 방향 평균속도
W	단위질량당 외부에서 계에 해준 일
x_s, x_u	안정한(불안정한) 평형점

그리스문자

$\alpha \equiv \frac{1}{v}(\frac{\partial v}{\partial T})_p = -\frac{1}{\rho}(\frac{\partial \rho}{\partial T})_p$	열팽창계수
$\alpha = \sin^{-1}(1/\mathrm{Ma})$	마하각
β	충격각
$\beta_s \equiv -\frac{1}{v}(\frac{\partial v}{\partial p})_s = \frac{1}{\rho}(\frac{\partial \rho}{\partial p})_s$	등엔트로피 압축률
$\beta_T \equiv -\frac{1}{v}(\frac{\partial v}{\partial p})_T = \frac{1}{\rho}(\frac{\partial \rho}{\partial p})_T$	등온 압축률
γ	단열지수($= C_p/C_v$), 표면(계면)장력, 층밀리기 변형
γ_{ij}	층밀리기 변형텐서

$\dot{\gamma}$, $\dot{\gamma}_{ij}$	층밀리기 속도구배, 층밀리기율
Γ	회전력
δ	두께
$\delta \equiv \beta_1 - \beta_2$	굴절각
ϵ	환산제어계수
ϵ_ℓ	운동에너지 전이율
ϵ_{ij}	ij-평면상의 변형률
ε	전기유전율
ζ	부피점성계수, 체적점성계수, 자유표면 요동의 변위
θ	각, 각도
θ_{w}	접촉각
λ	파장
μ	점성계수, 층밀리기 점성계수, 화학퍼텐셜
μ_o	진공투자율
ν	운동점성계수
ν_e	에디점성계수
ξ	요동의 크기
ξ_o	결맞음 길이
Π	단위질량당 중력퍼텐셜
ρ	밀도
σ	응력
$\sigma = \sigma_r + i\sigma_i$	요동의 증가율
σ_{ij}	응력텐서
τ, τ_o	특성완화시간
τ_{ij}	점성응력텐서
φ	흐름함수
ϕ	속도퍼텐셜, 부피분율
Φ	소산함수
ψ	전기퍼텐셜
Ψ	퍼텐셜에너지, 동역학 퍼텐셜
ω	각진동수
Ω	소용돌이도 벡터

차례

CHAPTER

1

유체의 기본 성질

유체의 기본 성질

유체역학은 유체의 흐름을 연구하는 학문이다. 유체의 흐름을 이해하기 위해서는 우선 유체가 무엇인지를 알아야 한다. 기체, 액체, 고체의 세 가지 상태 중에서 기체와 액체 상태는 층밀리기 응력을 가하면 흐름의 과정을 통해 층밀리기 응력을 없앤다는 점에 있어 비슷하다. 이러한 성질 때문에 기체와 액체를 통틀어 유체라 한다. 유체의 기본적인 물리적 성질을 이해하기 위해서는 **열역학**과 **분자운동론**적인 논의가 필요하다. 이러한 근본적인 논의를 통해야만 유체의 흐름을 기술하는 데 필요한 기본적인 가정들의 타당성을 이해할 수 있다. 또한 유체의 흐름에 관련되는 **기본적인 시간과 길이**의 크기에 대해서도 생각해야 한다. 흐름에 대한 물리를 논하기 전에 흐름이 없는 **정적인 상태**에서 유체의 성질을 알아야 한다.

Contents

1.1 유체의 정의

모든 물질은 **고체**, **액체**, 그리고 **기체** 중의 한 상태로 존재한다. 물질을 구성하고 있는 입자(원자 혹은 분자)들은 어떤 특정한 조건 아래에서는 서로 가까워져 최소의 부피를 차지하나(고체) 약간 다른 조건 아래에서는 매우 큰 부피를 차지한다(기체). 이러한 차이는 구성 입자들 사이에 있는 상호작용의 결과이다.

질량이 m인 같은 성질의 입자들이 아보가드로 수(N_A)만큼 모여 온도가 T에서 부피가 v_m인 물질을 이루고 있는 그림 1.1(a)의 경우를 생각해보자. 이 경우에 질량중심 좌표계에서 쳐다본 물질의 에너지는 각 입자가 가지고 있는 고유 내부에너지를 무시하면

$$E = K(\text{운동에너지}) + U(\text{입자들 사이의 상호작용에 의한 퍼텐셜에너지}) \tag{1.1}$$

이다. 여기서 질량중심 좌표계에서의 운동에너지는

$$K = \frac{1}{2m}\sum_{j=1}^{N_A} \mathrm{p}_j^2 \tag{1.2}$$

이다. 이 식에서 p_j는 질량중심 좌표계에서 쳐다본 j번째 입자의 운동량이다. 물질의 퍼텐셜에너지가 입자 쌍들 간의 상호작용들을 모두 포함한다면

$$U = \frac{1}{2}\sum_{j=1}^{N_A}\sum_{k=1,\, j\neq k}^{N_A} u_{jk} \tag{1.3}$$

이다. 여기서 u_{kj}는 j입자와 k입자 사이의 퍼텐셜에너지이다.

그림 1.1(b)는 물질을 구성하는 입자계에서 거리 r만큼 떨어진 두 개의 입자 사이의 상호작용에 의한 퍼텐셜에너지 가운데 대표적인 예인 **레너드-존스 퍼텐셜에너지**(Lennard-Jones potential energy)이다.

$$u(r) = u_o\left[\left(\frac{r_o}{r}\right)^{12} - 2\left(\frac{r_o}{r}\right)^{6}\right] \tag{1.4}$$

여기서 입자들 사이의 퍼텐셜에너지는 입자들 사이의 거리가 r_o일 때 최솟값 $-u_o$을 가진다. 이 그림에서 ϵ은 질량중심 좌표계에서 본 두 입자의 총에너지이다. 그러므로 $\epsilon - u(r)$은 질량중심 좌표계에서 쳐다본 두 입자의 운동에너지에 해당한다.

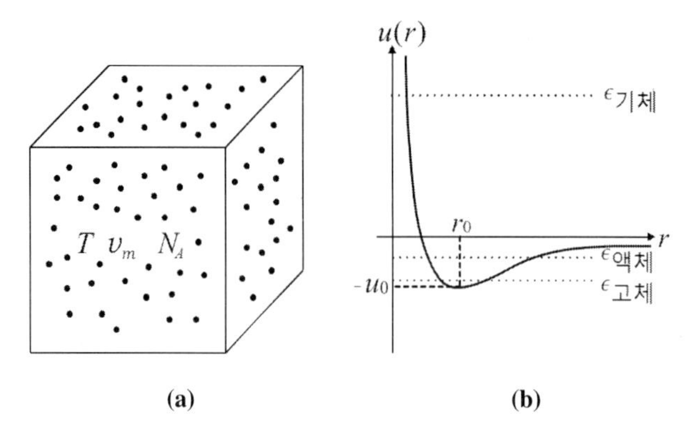

그림 1.1 (a) 1몰의 입자계, (b) 레너드-존스 퍼텐셜에너지

> **참고** **레너드-존스 퍼텐셜에너지**
>
> 식 (1.4)에서 r^{-12}에 비례하는 첫 번째 항은 분자들이 서로 매우 가까이 있을 때 중요하며 각 분자를 둘러싸고 있는 전자궤도들이 서로를 밀어내려고 하는 **전기적 반발력**에 의한 상호작용을 나타낸다. 이에 반해서 $-r^{-6}$에 비례하는 두 번째 항은 분자들끼리 약간 먼 거리에서 서로 당기려 하는 **반데르발스힘(인력)**에 의한 상호작용을 나타낸다[연습문제 1.11참조]. 레너드-존스(John Lennard-Jones, 1894~1954)에 의해 1924년에 처음 제안되었으며 불활성 원자기체의 성질을 매우 잘 설명한다. 그림 1.1(b)에서 r에 위치한 입자는 $f(r) = -\dfrac{\partial u}{\partial r}$의 힘을 느낀다.

계의 에너지 ϵ이 온도에 의한 열에너지뿐이라고 가정하자. 이때 물질의 온도 T를 높이면 계의 에너지 ϵ이 커지므로 물질을 구성하고 있는 각 원자나 분자들은 높은 운동에너지($\mathrm{p}^2/2m$: 여기서 p는 입자의 운동량이고, m은 입자의 질량)를 가지게 된다. 이 경우 다른 외력이 없다면 구성 입자들은 물질의 경계를 의미하는 벽이나 다른 입자들과 충돌할 때까지는 직선운동을 하게 된다. 입자들이 서로 아주 가까이 있을 때만 입자의 에너지와 입자의 퍼텐셜에너지의 크기가 비슷하게 되어 입자들 사이의 상호작용이 중요해진다. 여기에서 입자 간의 상호작용이 중요할 때는 두 입자가 충돌하는 순간이다. 입자들 사이의 충돌시간이 입자의 직선운동 시간에 비해 매우 짧은 경우, 즉 거의 모든 순간에 운동에너지가 퍼텐셜에너지보다 매우 클 경우를 **기체 상태**라 한다.

기체 상태에서 운동에너지의 효과가 너무 커서 입자들 사이의 상호작용과 각 구성 입

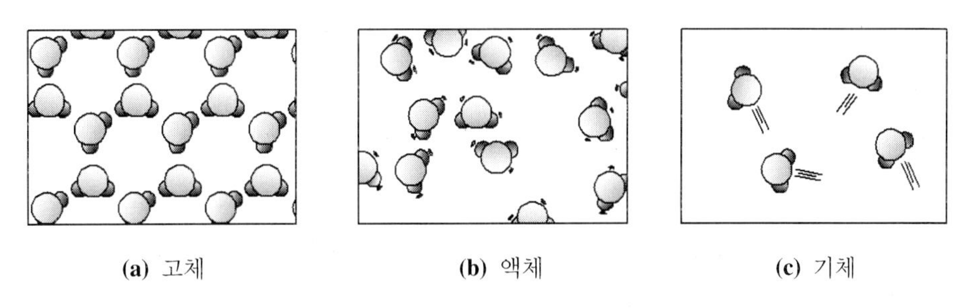

(a) 고체 **(b)** 액체 **(c)** 기체

그림 1.2 2차원 공간에서 세 가지 상태

자들이 차지하고 있는 부피의 효과를 무시할 수 있는 경우를 **이상기체**(ideal gas)로 가정한다. 이상기체에서 온도(T)와 압력(p), 그리고 단위 몰당 부피(v_m) 사이의 관계를 설명하는 **이상기체 상태방정식**(ideal gas equation of state)은

$$p = \frac{R_U T}{v_m} \tag{1.5}$$

이다. 여기서 R_U는 기체 입자의 성질을 설명하는 **보편 기체상수**이다.

기체 상태에 있는 물질의 온도 T를 낮추면 입자의 에너지 ϵ이 작아지므로 구성 입자들의 평균 운동에너지가 작아져 입자들의 운동 속도가 감소하게 된다. 그러므로 입자들 사이의 상호작용이 중요해지는 충돌 시간이 증가하게 된다. 만일 계속해서 온도를 감소시키면 어떤 입자들은 충돌 후에 서로 결합할 수 있다. 이러한 응집 과정의 결과로 작지만, 부피를 가진 물질이 만들어진다. 이러한 물질의 내부구조는 구성하고 있는 입자들의 고유 성질과 상호작용으로 결정된다. 임의의 입자가 가장 가까이 이웃하는 입자들과의 평균 거리를 그림 1.1(b)에서의 r_o로 유지하면서 아직도 남아있는 운동에너지에 의해 자신의 거시적인 모양을 쉽게 바꿀 수 있는 경우, 즉 운동에너지와 퍼텐셜에너지의 크기가 서로 비슷할 때를 **액체 상태**라 한다. 그림 1.1(b)에서 입자계의 에너지 ϵ이 0보다 작고 $-u_o$보다는 큰 경우가 액체 상태에 해당한다. 이에 반하여 가까이 이웃하는 입자들과의 거리가 r_o일 뿐만 아니라 물질을 구성하고 있는 모든 다른 입자들에 대해서 r_o의 배수인 일정한 거리로 고정되어 물질의 모양을 쉽게 바꿀 수 없는 물질의 상태, 즉 운동에너지보다 퍼텐셜에너지의 크기가 매우 클 경우를 **고체 상태**라 한다. 이는 그림 1.1(b)에서 입자계의 에너지 ϵ이 $-u_o$ 근처에 있는 경우로서 입자의 운동에너지를 무시할 수 있다. 그림 1.2는 2차원 공간에서 이들 세 가지 상태를 간단히 보여준다. 실제의 경우에는 u_o의 크기는 온도에 따라서 달라진다. 일반적으로 온도가 낮아짐에 따라 운동에너지가 작아질 뿐만 아니라 u_o의 크기가 증가하여 인력이 더 중요해져 계의 에너지가 음수가 된다.

이렇게 입자들 사이의 상호작용을 무시할 수 없게 되면 식 (1.5)의 이상기체 상태방정식만으로는 액체의 성질을 설명할 수 없다. 액체와 기체 사이의 차이에 대한 구조뿐만 아니라 동역학적인 면에 있어 최초의 체계적인 연구는 1870년에 네덜란드의 물리학자인 반데르발스(J. D. van der Waals, 1837~1923)에 의해서 시작되었다. 그는 입자들 사이의 상호작용과 입자 크기의 효과를 고려하여 이상기체 상태방정식을 수정한 **반데르발스 방정식**(van der Waals equation of state)을 제안하여 기체와 액체의 정적인 성질을 설명하고 이 업적을 인정받아 1910년에 노벨물리학상을 받았다.

$$p = \frac{R_U T}{v_m - b} - \frac{a}{v_m^2} \tag{1.6}$$

여기서 b는 1몰의 입자계에서 입자들이 가지는 순수한 부피의 크기($N_A r_o^3$)에 비례하는 값으로, 입자의 크기에 의한 효과이다. 그리고 $-a/v_m^2$은 입자들 사이의 상호작용(인력) 때문에 압력이 감소하는 것을 나타내므로 a는 입자들 사이의 상호작용을 대표하는 그림 1.1(b)의 u_o와 입자 쌍의 개수 N_A^2에 비례한다. 온도가 낮아지거나 하여 입자들 사이의 상호작용이 커지면 식 (1.6)에 다른 항들을 더 추가해야 한다.

그림 1.3은 한 가지 종류의 원자나 분자로 이루어진 물질에 있어 온도와 압력에 따른 일반적인 평형상태를 기술하는 **상도**(phase diagram)이다. 저온·고압에서는 물질은 고체 상태로 있고, 고온·저압에서는 기체 상태로 있다. 그리고 그 중간의 상태는 액체 상태이다. 온도에 따른 상변화는 그림 1.1(b)를 이용한 설명과 잘 일치한다. 압력이 낮아지면 구

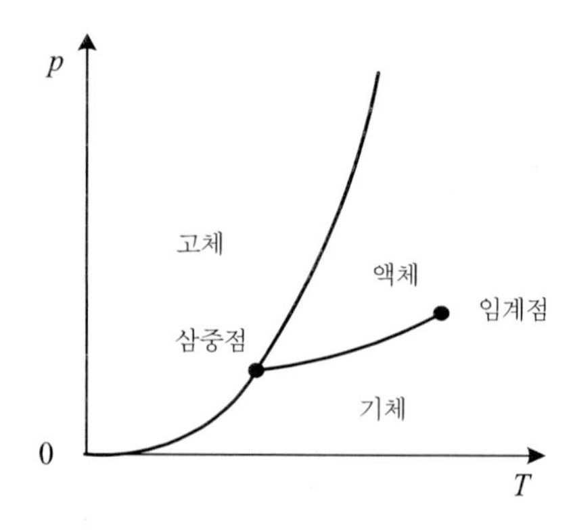

그림 1.3 단일 종류의 원자나 분자로 이루어진 물질의 상도

성 입자들 사이의 거리가 멀어져 상호작용의 크기가 작아져 낮은 온도에서도 액체가 끓어 기화된다. 그림 1.3에서 이러한 각 상태를 구분하는 선을 **공존곡선**(coexistence curve)이라 하며, 곡선 위에서는 평형상태의 두 가지 다른 상태가 공존한다. 그리고 주어진 압력과 온도에 해당하는 상태가 공존곡선 위에 있지 않을 때는 평형상태에서 물질은 한 가지 균일 상태로만 존재한다. 그러나 액체와 기체 공존곡선의 끝에 해당하는 $(p_{\mathrm{cr}},\ T_{\mathrm{cr}})$인 **임계점**(critical point)을 넘어선 상태는 특이한 경우다. 압력이 임계점 압력 p_{cr}보다 크거나, 온도가 임계온도 T_{cr}보다 높을 때는 액체와 기체의 구분이 모호한 균일상태로 존재한다. 그렇지 않을 때는 액체, 기체, 고체 중 한 가지의 균일상태로 존재한다. 물의 경우에는 $T_{\mathrm{cr}} = 374.14\,℃$, $p_{\mathrm{cr}} = 22.09\,\mathrm{MPa}$이다.

보통의 고체는 층밀리기 응력을 가하면 응력의 크기가 작을 때는 견디다가 응력의 크기가 증가하면 결국에는 부서진다. 이에 반해 **유체**(fluid)는 층밀리기 응력을 가하면 아무리 작은 크기의 층밀리기 응력 아래에서도 유체계가 가지고 있던 원래 모양을 바꾸어 층밀리기 응력을 해소하는 방향으로 흘러버린다. 그러므로 역학적인 평형상태에서 이상적인 유체는 층밀리기 응력의 값이 0이다. 기체와 액체는 이러한 성질을 가지고 있으므로 유체에 속한다. 예를 들어 액체를 그릇에 부으면 흐르다가 평형에 이르게 되는데, 이 상태에서 액체의 자유표면은 중력 방향에 수직이다. 그러므로 중력은 평형상태에서 유체에 층밀리기 응력을 가하지 않는다. 유체는 일반적으로 선형유체와 비선형유체로 나눈다. 선형유체는 층밀리기 응력을 가하면 순간적으로 응력을 해소하므로 공간적으로 균일하여 등방성의 성질을 가진다. 이는 유체 내의 임의의 위치에서 물리적 성질은 임의의 다른 위치에서나 다른 방향에서도 같음을 뜻한다. 대표적인 선형유체로 물과 공기를 들 수 있다. 이에 반해 비선형유체는 일반적으로 공간적으로 구조를 가지는 경우가 많아 비등방성의 성질을 가지며, 층밀리기 응력을 가하면 응력을 해소하는 데 걸리는 시간이 비교적 길다.

1.2 유체의 열역학

열역학은 물질이 평형상태에 있을 때 물질의 거시적인 성질 가운데 열적인 성질을 기술하는 학문이다. 열역학의 내용은 방대하나 여기서는 유체의 물리적 성질을 기술하기 위해 자주 사용하는 중요 개념들만 간추려 정리하겠다.

열역학적 평형계에서는 어떤 종류의 흐름도 존재하지 않아야 한다. 즉 외부의 영향으로 유체가 흐르거나 계의 에너지가 증가나 감소하지 않아야 한다. 그러므로 열역학적 관점에서 보면 흐르는 유체는 비평형상태에 있다. 그런데도 고전적인 열역학의 결과는 유체의 흐름 중에도 실험적으로 거의 모든 경우에 성립한다. 그 이유는 1.4절에서 소개될 유체계를 이루는 유체입자의 특성시간이 우리가 보기에는 매우 짧으나 분자운동학적 관점에서 보면 흐름 중에서라도 이 특성시간이 충분히 길어, 유체입자는 열역학적 평형상태에 있으므로 특성시간 동안 유체의 열역학적 성질이 변하지 않는다. 다시 말해 유체의 가장 짧은 특성시간은 열역학적 특성시간보다 길다. 여기서 말하는 열역학적 특성시간은 분자들끼리의 충돌을 통해 물질이 새로운 평형상태로 적응하는 데 걸리는 시간이다. 보통의 경우는 단지 몇 번의 충돌이면 충분하므로 특성시간이 매우 짧다. 그러므로 순간순간의 상태에서는 유체의 흐름이 열적 평형을 이루고 있다는 가정을 할 수 있다. 그리고 공간적으로도 1.4절에서 설명하는 이유로 유체의 흐름을 기술하는 최소길이보다 작은 거리에서 열역학적 평형이 일어난다. 그러므로 모든 열역학적 성질은 흐르는 유체에서도 시공간적으로 점함수(point function)로 기술할 수 있어 열역학의 법칙들과 상태방정식들을 사용할 수 있다.

열역학 제1법칙

"고립계의 총에너지는 항상 일정하다." 즉 에너지는 한 형태에서 다른 형태로 바뀔 수는 있지만 에너지 자체가 새로 만들어지거나 없어지지 않는다. 이 **에너지 보존법칙**을 비고립계에 확장한 것이 **열역학 제1법칙**이다. "비고립계에서는 계의 내부에너지 변화는 외부에서 계에 해준 일과 열전도 등에 의해 계에 전달된 열의 합과 같다." 이를 **단위질량당 계에 전달된 열**(Q)을 사용하면 **단위질량당 내부에너지의 변화량**은

$$\Delta e = W + Q \tag{1.7}$$

이다. 유체의 흐름 중에 있는 열역학적 일은 유체입자의 팽창과 수축에 주로 관계된다. 그러므로 **단위질량당 부피**인 $v = 1/\rho$을 이용하면 단위질량당 계에 행해진 무한소의 **준정적**(quasi-static) 일은 $\mathrm{d}W = -p\,\mathrm{d}v$ 이다. 그러므로 유체의 준정적 일에 대한 단위질량당 내부에너지의 미세한 변화는

$$\mathrm{d}e = \mathrm{d}Q - p\mathrm{d}v \tag{1.8}$$

이다.

참고

유체계의 총에너지

일반적으로 평형상태를 다루는 열역학계의 총에너지는 내부에너지로 퍼텐셜에너지와 미시적 열적 운동에너지의 합이다. 그러나 흐름이 있는 유체계의 총에너지는 내부에너지에 흐름에 의한 거시적 운동에너지를 포함해야 한다. 유체에서 에너지의 보존을 설명하는 식 (2.96)을 보면 단위질량당 총에너지는 내부에너지(ρe)와 흐름에 의한 거시적 운동에너지 ($\frac{1}{2}\rho \boldsymbol{u} \cdot \boldsymbol{u}$)를 모두 포함하고 있다.

열역학 제2법칙

"고립계의 열역학적 과정은 **무질서도**가 증가하는 방향으로 항상 진행된다." 이식은 열역학 제2법칙으로 여기서 무질서도를 나타내는 양이 **엔트로피**이다. **단위질량당 엔트로피**를 s로 표시하면 준정적 과정 중에 엔트로피의 변화와 계에 전달된 열의 관계는

$$T\mathrm{d}s = \mathrm{d}Q \tag{1.9}$$

이다. 이 식을 식 (1.8)의 열역학 제1법칙과 결합하면 다음과 같아진다.

$$T\mathrm{d}s = \mathrm{d}e + p\mathrm{d}v = \mathrm{d}e - \frac{p}{\rho^2}\mathrm{d}\rho \tag{1.10}$$

준정적 과정(quasi-static process)

준 평형상태가 연속적으로 계속되는 과정이다. 실제로는 과정이 매우 천천히 진행되어서 순간순간이 마치 평형상태에 있는 것처럼 보이는 경우이다. 과정이 빨리 진행되어서 준정적이 아닌 **비평형 과정**에서는 $T\mathrm{d}s > \mathrm{d}Q$ 이므로 식 (1.8~10)을 사용할 수 없다.

상태방정식

평형계의 열역학적 상태를 기술하는 중요한 물리 변수는 **압력, 부피, 온도, 엔트로피**, 그리고 **내부에너지**이다. 한 가지 물질로 이루어진 평형상태의 유체계는 변수들 사이의 독립적인 관계 가운데 두 개만 알면 계의 열역학적 상태를 완전하게 기술할 수 있다. 아래의 [참고]는 이상기체에서 두 관계를 보여준다. 이러한 관계들을 **상태방정식**(equation of state)

이라 한다.

$$p = p(v, T) \tag{1.11}$$

$$e = e(p, T) \tag{1.12}$$

이들을 각각 **열적 상태방정식**(thermal equation of state)과 **열량 상태방정식**(caloric equation of state)이라 부른다. 그러나 유체계가 두 가지 이상의 물질로 구성되어 있을 때는 두 개의 상태방정식으로는 유체계의 열역학적 상태를 충분하게 기술할 수 없다.

비열

유체의 흐름을 기술할 때 압력, 부피, 온도 이외에도 자주 나타나는 것이 비열이다. 일정한 압력에서의 **단위질량당 정압비열** C_p와 일정한 부피에서의 **단위질량당 정적비열** C_v가 있다. 그리고 이 두 가지 비열의 비를 **단열지수**(adiabatic index) γ라 부른다.

$$C_p \equiv \left(\frac{\partial Q}{\partial T}\right)_p = T\left(\frac{\partial s}{\partial T}\right)_p \tag{1.13}$$

$$C_v \equiv \left(\frac{\partial Q}{\partial T}\right)_v = T\left(\frac{\partial s}{\partial T}\right)_v \tag{1.14}$$

$$\gamma \equiv \frac{C_p}{C_v} \tag{1.15}$$

열팽창계수

유체의 부피는 온도에 따라 변한다. 열팽창계수는 일정한 압력을 유지하면서 온도가 $1\,^\circ\mathrm{C}$ 증가할 때 단위부피당 부피 변화율이다.

$$\alpha \equiv \frac{1}{v}\left(\frac{\partial v}{\partial T}\right)_p = -\frac{1}{\rho}\left(\frac{\partial \rho}{\partial T}\right)_p \tag{1.16}$$

그림 1.1(b)를 보면 온도가 매우 낮을 때는 구성 입자가 느끼는 퍼텐셜의 모양은 r_o를 중심으로 대칭을 이루면서 이웃 입자들 사이의 평균 거리가 r_o이다. 그러나 온도가 높아지면 퍼텐셜의 모양이 비대칭이 되어 이웃 입자들 사이의 평균 거리가 r_o보다 커진다. 즉 레너드-존스 퍼텐셜에너지의 경우에는 열팽창계수는 항상 양수이다.

압축률

유체의 흐름에서 압력변화는 유체의 부피와 밀도 변화를 가져온다. 압축률은 압력의 증가에 따른 단위부피당 부피의 감소율이다. 계에 열의 증감이 없는 **단열과정**이면서 준정적 과정은 식 (1.9)에 의하면 **등엔트로피 과정**($\Delta s = 0$)이므로

$$\beta_s \equiv -\frac{1}{v}\left(\frac{\partial v}{\partial p}\right)_s = \frac{1}{\rho}\left(\frac{\partial \rho}{\partial p}\right)_s \tag{1.17}$$

이고, 계의 온도가 일정한 **등온과정**에서는 등온($\Delta T = 0$)이므로

$$\beta_T \equiv -\frac{1}{v}\left(\frac{\partial v}{\partial p}\right)_T = \frac{1}{\rho}\left(\frac{\partial \rho}{\partial p}\right)_T \tag{1.18}$$

으로 표시한다.

온도

유체에서의 (절대)온도는 유체를 이루고 있는 분자들이 무질서하게 움직이는 것에 의한 평균 운동에너지에 비례하는 열역학적인 양이다.

$$T \propto \left\langle \frac{1}{2}mv^2 \right\rangle \tag{1.19}$$

여기서 m은 구성 분자의 질량이고, v는 분자의 운동 속도에서 평균속도 성분을 제거한 것으로 무질서한 열적 운동속도 성분이다. 이 식은 식 (1.9)와 함께 유체에서의 절대온도를 정의하는 방법이다.

이상기체

입자들 사이의 상호작용과 입자의 크기 효과를 무시할 수 있는 입자계를 이상기체라 한다. 이상기체의 열적 상태방정식은 식 (1.5)에서

$$p = \rho RT \tag{1.20}$$

이다. 여기서 기체상수 R의 정의는 $R = R_U/m_m$이다. R_U는 보편 기체상수로 $R_U = 8.3144$ $\mathrm{J\,mol^{-1}K^{-1}}$이고 m_m은 기체의 1몰당 분자 질량이다.

건조한 공기의 경우 $m_m = 0.028966$ kg/mole이므로 $R = 287\ \mathrm{J\,kg^{-1}K^{-1}}$이다. 그리고

상온(300 K), 1기압에서 건조한 공기는 $\gamma = 1.4$, $C_p = 1005\ \mathrm{J\,kg^{-1}K^{-1}}$이며, $1\mathrm{cm}^3$에 약 10^{19}개의 공기 입자가 있다.

이상기체의 열량 상태방정식은

$$e = C_v T \tag{1.21}$$

이다. 여기서 C_v는 정적비열이다. 이상기체는 입자들 사이에 상호작용이 없으므로 퍼텐셜에너지가 없고 운동에너지만 존재한다. 그러므로 식 (1.19)의 정의를 고려하면 이상기체의 내부에너지가 온도에 당연히 비례한다. 위의 두 식은 상온의 대기압 아래에서의 거의 모든 기체에 잘 적용된다.

기체상수는 기체의 비열과

$$R = C_p - C_v \tag{1.22}$$

의 관계를 가진다.

참고 **이상기체의 열역학적 상태**

이상기체에서는 열적 상태방정식 (1.20)에서 ρ와 p만 알면 T를 구할 수 있다. 그리고 열량 상태방정식 (1.21)에서 e는 T의 함수이다. 그리고 s는 식 (1.10)을 이용하면 ρ와 p만으로도 구할 수 있다. 그러므로 두 개의 상태방정식만 가지고도 이상기체의 열역학적 상태 $(p,\ v,\ T,\ s,\ e)$를 모두 기술할 수 있다.

그리고 등엔트로피 과정의 이상기체 흐름에서는 식 (1.10), (1.20), (1.21)을 사용하면

$$\frac{p}{\rho^{\gamma}} = \mathrm{Const.} \tag{1.23}$$

이므로

$$\beta_s = \frac{1}{\gamma p} \tag{1.24}$$

이다.

그에 반해 등온과정의 이상기체 흐름에서는 식 (1.20)을 사용하면

$$\beta_T = \frac{1}{p} \tag{1.25}$$

이다.

그리고 이상기체의 열팽창계수는 식 (1.16)에 의해

$$\alpha = \frac{1}{T} \tag{1.26}$$

이다.

1.3 흐름이 없을 때 유체의 성질

유체의 흐름을 설명하기에 앞서 흐름이 없는 경우에 기본적인 성질을 조사해보자. 뒤에서 유도할 많은 결과는 유체의 흐름이 없는 경우, 즉 흐름속도 $\boldsymbol{u}$가 0인 경우에 아래의 결과들로 귀착되어야 한다.

정지 상태의 유체에서 압력의 공간적 분포

뉴턴(Newton)**의 운동 제2법칙**에 의하면 "주어진 계에 가해진 총 힘은 운동량의 시간 변화율과 같다."

$$\sum_i \boldsymbol{F}_i = \frac{\mathrm{d}\boldsymbol{P}}{\mathrm{d}t} \tag{1.27}$$

정지 상태에 있는 유체는 운동량의 시간 변화율이 0이고, 이 상태에 유체에 가해진 힘은 중력과 압력의 구배에 의한 것뿐이다. 그러므로 **단위부피당 유체에 가해진 힘**은

$$-\rho g \hat{\mathbf{z}} - \nabla p = 0 \tag{1.28}$$

이다. 중력에 수직 방향으로는

$$\frac{\partial p}{\partial x} = \frac{\partial p}{\partial y} = 0 \tag{1.29}$$

이므로 압력은 항상 일정한 값을 가진다. 반면에 중력에 나란한 방향으로는 중력과 압력의 구배가 평형을 이룬다.

$$\frac{\mathrm{d}p}{\mathrm{d}z} = -\rho g \tag{1.30}$$

그러므로 밀도가 일정한 유체에서는

$$p = p_o - \rho g (z - z_o) \tag{1.31}$$

이다. 여기서 p_o는 $z = z_o$에서 압력으로 정지 상태의 유체에서 압력은 깊은 곳 일수록 크기가 선형적으로 증가한다. 이 결과에 따르면 물속으로 10 m를 들어가야 압력이 대기압에 비해 두 배 증가한다. 그러나 공기 중에서는 지상에서 4 km 정도 올라가야 기압이 반으로 준다. 이렇게 물과 공기에 있어 압력변화의 큰 차이는 물의 밀도가 공기의 밀도보다 약 800배 크기 때문이다.

열역학적 압력의 등방적 성질

위의 설명은 정지 상태의 유체에서 압력의 공간적 분포에 관한 내용이다. 그러면 정지 상태의 유체에 속하는 임의의 한 점에서 느끼는 압력은 방향성이 있을까? 먼저 결론부터 말하면 정지해 있는 유체 속의 임의의 한 점에서 압력의 크기는 방향과 관계없이 일정하다. 만일 임의의 한 점에 가해지는 모든 힘의 합이 0이 아니면 그 점에 있는 유체입자는 무한대의 가속도로 운동을 하게 되기 때문이다.

그러므로 정지 상태의 유체에 속하는 임의의 한 점에 작용하고 있는 압력은 물리적으로 당연히 모든 방향으로 일정해야 한다. 이를 구체적으로 설명하기 위해 그림 1.4에서처럼 유체 공간 가운데 yz 평면상에 밑변, 높이, 빗변의 크기가 각각 $\mathrm{d}y$, $\mathrm{d}z$, $\mathrm{d}\ell$ 인 가상의 직각삼각형을 생각해보자. x 방향으로는 이 직각삼각형을 계속 유지하고 있다고 가정할 때, x 방향으로 단위 두께의 직각삼각형이 만드는 세 개의 표면에 가해지는 압력에 의한 힘을 생각해보자. 압력은 반드시 표면에 수직으로 가해져야 한다. 그렇지 않고 압력이 표면에 나란하게 가해진다면 유체가 즉시 표면에 나란한 방향으로 흐르게 되므로 유체가 정지 상태에 있지 않게 된다.

그림에서 p_1, p_2, p_3는 yz 평면에 있는 가상의 직각삼각형의 각 변에 수직 방향으로 가해지는 압력들이다. 이때 질량이 $1/2\rho\,\mathrm{d}y\,\mathrm{d}z$인 단위 두께의 직각삼각형에 가해지는 힘의 y 방향 성분은 힘의 평형 때문에 다음과 같다.

$$p_3\,\mathrm{d}\ell\sin\theta - p_2\,\mathrm{d}z = 0 \tag{1.32}$$

여기서 $\mathrm{d}z = \mathrm{d}\ell\sin\theta$이므로 $p_2 = p_3$이다. 비슷하게 단위 두께의 직각삼각형에 가해지는 힘의 z 방향 성분은 힘의 평형 때문에 다음과 같다.

$$p_3\,\mathrm{d}\ell\cos\theta - p_1\,\mathrm{d}y + \frac{1}{2}\rho g\,\mathrm{d}y\,\mathrm{d}z = 0 \tag{1.33}$$

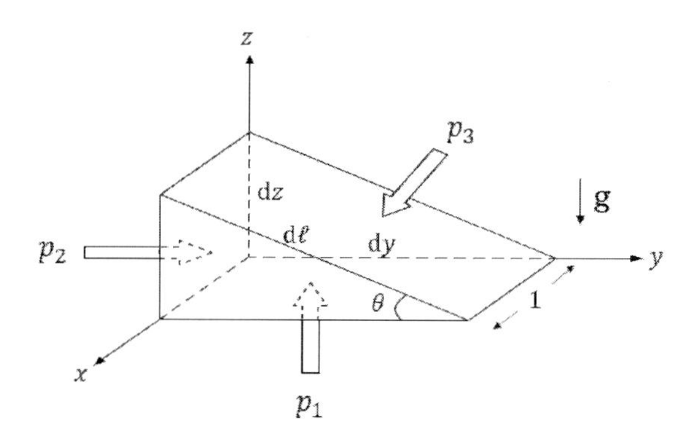

그림 1.4 단위 두께의 직각삼각형 표면에 가해지는 압력

여기서 $\mathrm{d}y = \mathrm{d}\ell\cos\theta$ 이므로

$$p_3 - p_1 + \frac{1}{2}\rho g \mathrm{d}z = 0 \tag{1.34}$$

이다. 직각삼각형을 무한소의 크기로 줄이면($\mathrm{d}z \to 0$), 중력에 의한 항이 사라지므로 $p_1 = p_3$ 이다. 그러므로 정지한 유체 속의 임의의 한 점에서 느끼는 압력은 **등방적**(isotropic)이다.

$$p_1 = p_2 = p_3 \tag{1.35}$$

식 (1.30)과 식 (1.35)는 정적인 상태의 일반적인 유체의 상태를 특징짓는 가장 중요한 관계이다. 여기서 주의할 점은 유체 내에 구조를 가지고 있는 비선형유체(예 치약, 면도용 거품, 페인트, 알갱이체 등)에서는 이 식들이 적용되지 않는다[그림 15.25와 15.26 참조].

표면장력

서로 섞이지 않는 두 유체가 접해 있을 때 두 유체가 경계하는 면은 마치 고무풍선의 표면처럼 경계면에 나란한 방향으로 장력이 있는 것처럼 행동한다. 이는 경계면을 형성하는 과정에서 에너지가 사용되어 경계면 에너지가 존재하기 때문이다. 이에 대한 자세한 논의는 7.1~7.3절에 있다.

1.4 유체역학에서의 시간과 길이

기체 상태에서는 상온, 1기압에서 이웃하는 분자들 사이의 평균 거리가 4nm 정도로 1cm^{3}의 부피 속에 약 10^{19}개의 분자가 존재한다. 이에 반해 액체 상태에서는 이웃하는 분자들 사이의 평균 거리가 4Å 정도로 1 cm^{3}에 약 10^{22}개의 분자가 존재한다. 유체를 구성하는 분자들의 운동을 기술하는 **분자운동론**에서 다루는 시간은 크게 두 가지로 나눌 수 있다. 하나는 분자들 사이의 충돌 순간에 드는 평균 시간으로 **순간 충돌시간**이라 불리며 공기나 액체 모두 약 10^{-15}sec이다. 다른 하나는 분자들이 충돌 후 다음 충돌까지의 평균 시간 간격으로 **평균 충돌시간**이라고 한다. 물의 경우는 평균 충돌시간이 약 10^{-14}sec이고, 공기의 경우는 약 10^{-9}sec이다. 그러나 유체역학에서 다루는 **최소시간**(t_f)은 분자입자들이 30번 이상의 충돌을 일으킬 시간이다. 이렇게 30번 정도의 충돌을 하는 동안 분자입자는 충돌 사이의 평균 이동 거리인 **평균 자유거리**(ℓ_{ave})보다 훨씬 멀리 진행한다. 그러므로 t_f 동안 이동거리에 해당하는 **유체역학의 최소거리**(ℓ_f)는 평균 자유거리(ℓ_{ave})보다 훨씬 크다. 또한 이 시간은 유체를 이루고 있는 분자들이 초기의 운동 방향에 대한 정보를 잊어버리면서 국부적 평형을 이루기에 충분히 긴 시간이므로 유체를 이루는 분자들은 t_f 보다 짧은 시간 내에 초기정보를 잃어버리고 열적 평형에 도달한다고 할 수 있다. 공기의 경우에는 $t_f \sim 10^{-7}$sec이고 물의 경우에는 $t_f \sim 10^{-12}$sec 정도이다. 그러므로 t_f마다 유체를 관측한다면 t_f 동안에 분자 입자들의 운동에 의한 여러 불연속적인 성질은 평균되어 나타나므로 유체역학에서는 시간적으로나 공간적으로 유체의 모든 거시적인 성질들을 연속적으로 기술할 수 있다.

이렇게 평균하는 작업에서 필요한 분자들의 수와 관계되는 유체역학의 최소거리 ℓ_f에 해당하는 부피 ℓ_f^3은 유체역학에서 다루는 가장 작은 부피이므로 유체역학에서는 이를 분자 입자와 별도로 **유체입자**(fluid particle)로 정의한다. 그러므로 유체역학을 기술할 때는 유체를 구성하고 있는 분자들의 불연속적인 성질을 무시하고 연속적인 물질로 다룬다.

유체의 속도를 생각해보자. 상온에서 열에너지에 의한 기체분자 움직임의 제곱평균제곱근(RMS) 속도는 약 5×10^4 cm/sec나 된다. 그러나 이러한 분자의 움직임은 기체분자들이 한꺼번에 같이 움직이는 것이 아니라 각 분자가 무질서하게 움직이는 것과 관계되므로 거시적으로 유체의 흐름을 기술할 때는 각 분자의 무질서한 움직임을 무시할 수 있다. 일반적으로 우리가 말하는 **유체의 흐름속도**는 유체입자의 속도, 즉 많은 분자에 의한 평균속도에 해당하는 양이다. 이에 반해 **유체의 온도**는 유체를 이루고 있는 분자들이 무질서하게 움직이는 것에 의한 분자들의 평균 운동에너지에 비례하는 양이다[식 (1.19) 참조]. 그림 1.5는 같은 온도에서 흐름이 있는 경우인 (a)와 흐름이 없는 경우인 (b)에서 분자들의 움직임을 확대해 본 것이다. 서로 간에 별 차이가 없어 보이나 전체를 평균하여서 보면 (a)의 경우는 오른쪽으로 수평방향의 움직임이 있고, (b)의 경우에는 움직임이 전혀 없다. 요약하면 유체역학에서 말하는 흐름속도는 거시적인 움직임을 기술하는 유체입자의 속도이다. 이에 반해 유체입자를 구성하는 분자들의 마구잡이 움직임에 대한 정보는 온도, 점성계수, 열역학적 압력 등에 포함되어 있다.

상온 1기압에서 공기의 평균 자유거리는 $\ell_{\mathrm{ave}} \sim 10^{-7}$ m이고 이때 유체입자의 최소크기

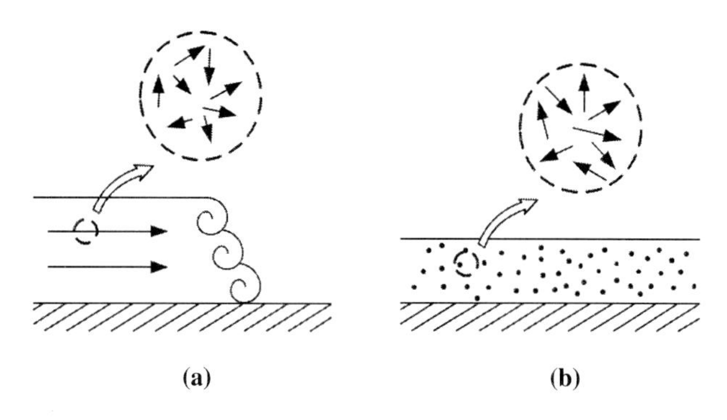

그림 1.5 같은 온도에서 흐름이 있는 경우(a)와 흐름이 없는 경우(b)의 분자들의 움직임을 확대한 그림

참고

압력의 종류

열역학적 압력은 구성 분자들이 마구잡이로 움직이는 성질에 의해 가상의 표면에 가해지는 압력이고, 5.3절에서 다룰 동압력은 구성 유체입자들의 속도 성분 평균값에 의해 가상의 표면에 가해지는 압력이다. 흐름이 없을 때는 열역학적 압력만 있지만 흐름이 있을 때는 **동압력**도 발생한다. 3.3절에서 소개하는 **과잉압력(수정압력)**은 유체의 흐름을 기술하는 미분방정식을 간단하게 기술하는 편의성을 위해 도입한 개념으로 흐름이 없을 때는 0이다. 그러므로 동압력은 과잉압력 중의 하나이다. 2.8절에서 소개하는 **평균 압력(역학적 압력)**은 수직응력의 평균값으로 열역학적 압력과 유체의 팽창과 수축에 관계된 효과를 포함한다.

는 10^{-6} m 정도이다. 그러나 기압을 낮추면 ℓ_{ave}가 압력에 반비례하여 증가한다. 만일 압력이 너무 낮아 관심 있는 계의 크기가 ℓ_{ave}와 비슷하면 더 이상 유체역학을 적용할 수 없다. 이러한 영역을 희박기체의 연구에 많은 공헌을 한 덴마크의 물리학자 크누센(Martin Hans Christian Knudsen, 1871~1949)의 이름을 따서 **크누센 영역**(Knudsen regime)이라 한다. 예를 들어 상온이고 10^{-3} 기압에서는 $\ell_{ave} \sim 0.1$ mm로서 사람이 맨눈으로 구별할 수 있는 크기이다. 10.8절은 크누센 영역에서의 분자들의 흐름에 관해서 설명한다.

액체의 경우에는 분자의 운동에너지가 매우 작고 분자 사이의 평균 거리가 $r_o \sim 4$Å 정도로 작으므로 분자의 평균 자유거리의 크기를 정의하기가 곤란하다. 그렇지만 기체에서 정의된 평균 자유거리의 역할을 하는 크기는 액체에서는 4Å 정도라 가정할 수 있겠다. 그러므로 액체의 경우에 유체입자의 최소크기는 수 nm 로서 공기의 경우보다 훨씬 작다.

그림 1.6은 관심 있는 길이에 따른 온도와 같은 물리량을 보인 것이다. 여기서 수평축은 log 좌표계에서 본 관심 있는 길이 ℓ이다. 관심 있는 길이 ℓ이 유체역학의 최소길이 ℓ_f보다 작으면 부피 ℓ^3 속에 분자의 수가 몇 개가 되지 않아 물리량의 크기에 있어 요동이 커지므로 유체역학을 적용할 수 없다. 그러나 $\ell > \ell_f$에서는 분자의 수가 많아 물리량의 크기가 충분히 평균되어 나타나므로 유체역학을 적용할 수 있다. 그러나 $\ell > L_o$이면 유체입자로서의 의미가 없어진다. 여기서 L_o는 흐름에 직접 관계되는 크기이고 유체의 거시적인 성질은 변화하는 크기이므로, 온도와 같은 물리량이 L_o의 크기 근처에서는 ℓ에 따라 증가 혹은 감소할 수 있다. 그러므로 유체계를 기술하는 데 있어 유체입자의 크기는 $\ell_f < \ell < L_o$ 사이에 있어야 한다.

유체의 거시적인 물리적 성질을 특징짓는 물리량으로 위에서 언급한 온도, 압력, 흐름 속도 등에 더해 밀도 ρ, 압축률 β, 그리고 점성계수 μ가 있다. **밀도** ρ는 보통 단위부피당

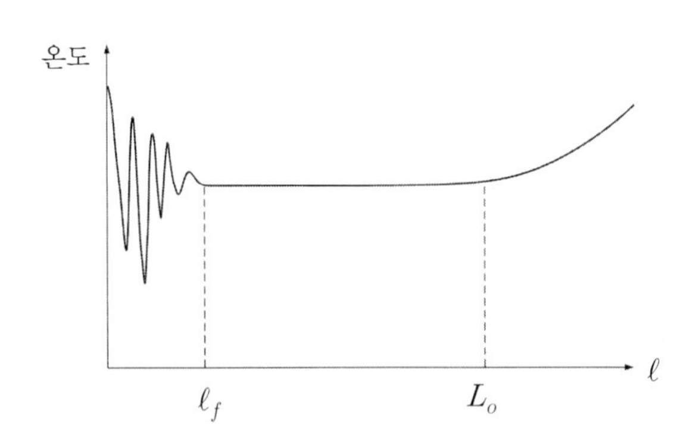

그림 1.6 관심 있는 길이(ℓ)에 따른 온도

유체의 질량으로 정의된다. 만일 유체가 공간적으로 균일하다면 단위부피가 1 cm^3이거나 1 m^3로 생각하더라도 똑같은 물리적인 결과를 가지겠지만, 유체의 성질이 균일하지 않다면 밀도는

$$\rho \equiv \lim_{\delta V \to 0} \frac{\delta M}{\delta V} \tag{1.36}$$

이다. 여기서 부피 δV는 무한하게 작아질 수 있다는 것이 아니라 유체입자의 크기가 한계이다. 그러므로 유체의 물리적 성질을 특징짓는 양들은 흐르는 상태에서도 점함수(point function)로 존재한다.

대표적인 유체인 물과 공기의 거시적인 성질을 비교해보자. 상온에서 물의 밀도는 공기보다 거의 800배나 크고 공기의 압축 성질은 물보다 약 16,000배 크다. 유체의 흐름을 기술할 때 이보다도 더 큰 차이점은, 액체는 용기 속에 자유표면을 가진 상태로 보관될 수 있으나 기체는 용기 내에 골고루 흩어져 있다는 것이다. 그럴 뿐만 아니라 점성효과에도 큰 차이가 있다. 물의 점성효과는 공기보다도 약 55배 크다. 이들의 정확한 크기는 부록 A와 B에 있다.

참고 **미시계와 거시계에서의 에너지 보존**

미시계(microscopic system)에서는 항상 에너지가 보존된다. 그러나 10^{23}개 정도의 입자들로 구성된 **거시계**(macroscopic system)에서는 각각의 입자들이 무질서하게 작용하여 만든 평균 효과가 점성력이다. 그러므로 거시적으로 보면 흐름이 있는 계는 에너지소산 때문에 계의 에너지가 보존되지 않지만, 미시 입자계의 측면에서 보면 에너지는 항상 보존된다. 점성에 의한 에너지소산은 2.9절에서 자세히 다룬다.

1.5 선형유체와 비선형유체

뉴턴(Isaac Newton, 1642~1727)은 1687년에 그림 1.7에서 보는 것과 같은 간단한 2차원 흐름의 실험을 했다. 거리가 L만큼 떨어진 2개의 평행한 판들 사이에 유체가 있고, 위의 판이 x축 방향으로 일정한 속도 u_o로 움직이고 아래에 있는 판은 멈추어져 있는 경우에

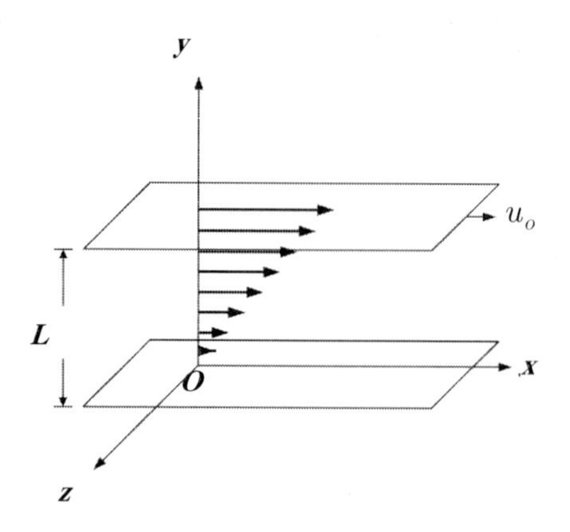

그림 1.7 뉴턴의 층밀리기 흐름 실험

유체는 x축의 방향으로만 흐르고, 흐름속도의 크기는 y축 방향의 위치에 따라 선형적으로 증가하는 것을 관측했다.

$$u(y) = \frac{u_o y}{L} \tag{1.37}$$

이 흐름은 가장 간단한 층밀리기 흐름으로 **쿠엣 흐름**(Couette flow)이라고도 부른다.

뉴턴은 이 흐름을 무한히 얇은 유체층들의 연속으로 가정하고 이웃하는 유체층끼리는 일정한 속도구배 $\mathrm{d}u/\mathrm{d}y = u_o/L$을 가지고 서로 간에 미끄러진다고 생각하였다. 아래에 있는 유체층과 바로 위에 있는 이웃한 유체층 사이에는 마찰이 존재해 서로의 흐름을 방해한다. 뉴턴은 이웃하는 유체층끼리 단위 면적당 마찰력(층밀리기 응력: σ)이 속도구배인 $\mathrm{d}u/\mathrm{d}y$에 비례함을 밝혔고, 비례상수로 **점성계수** μ를 정의하였다.

$$\sigma = \frac{F}{A} = \mu \frac{\mathrm{d}u}{\mathrm{d}y} \tag{1.38}$$

이 식은 **뉴턴의 마찰법칙**(Newton's law of friction)으로 알려져 있다. 이에 따르면 속도구배가 없으면 층밀리기 응력이 0이다. 그리고 흐름이 있더라도 유체 전체가 같은 속도로 강체처럼 움직이면 정지 상태의 유체와 마찬가지이므로 층밀리기 응력은 0이다.

이렇게 층밀리기 응력에 속도구배가 선형적으로 비례하는 유체를 **뉴턴유체**(Newtonian fluids) 혹은 **선형유체**(linear fluids)라 한다. 위의 관계를 만족하지 않는 유체를 **비선형유체**(nonlinear fluids, non-Newtonian fluids)라 한다.

참고 **점성계수**

식 (1.38)은 흐름을 반대하는 마찰력의 관점에서 점성계수를 생각하였는데, 이를 흐름을 방해하는 데 사용된 에너지의 관점에서 생각해보자. 식 (1.38)의 양변을 $\mathrm{d}u/\mathrm{d}y$로 곱하면

$$\frac{F}{A}\frac{\mathrm{d}u}{\mathrm{d}y} = \mu\left(\frac{\mathrm{d}u}{\mathrm{d}y}\right)^2 \tag{1.39}$$

이다. 이 식에서 왼쪽 항에 있는 속도를 $u = \mathrm{d}x/\mathrm{d}t$ 로 고쳐 적어보자. 마찰력에 변위를 곱한 것은 유체층 사이의 마찰력이 계에 일을 하는 것이므로 식 (1.7)의 열역학 제1법칙에 따라 유체의 내부에너지가 증가하였다고 생각하면 왼쪽 항은 다음과 같이 변한다.

$$\begin{aligned}\frac{F}{A}\frac{\mathrm{d}u}{\mathrm{d}y} &= \frac{\mathrm{d}}{\mathrm{d}t}\left(\frac{F\mathrm{d}x}{A\mathrm{d}y}\right) \\ &= \frac{\mathrm{d}}{\mathrm{d}t}\left(\frac{\mathrm{d}E}{\mathrm{d}V}\right)\end{aligned} \tag{1.40}$$

여기서 내부에너지 증가는 $\mathrm{d}E = F\mathrm{d}x$이고, $A\mathrm{d}y = \mathrm{d}V$의 관계를 이용했다. 마찰력에 의한 유체의 단위부피당 내부에너지의 증가를 $E_v \equiv \mathrm{d}E/\mathrm{d}V$라 정의하고 식 (1.40)을 이용하면 식 (1.39)는 다음과 같이 된다.

$$\frac{\mathrm{d}E_v}{\mathrm{d}t} = \mu\left(\frac{\mathrm{d}u}{\mathrm{d}y}\right)^2 \tag{1.41}$$

이 식에 따르면 마찰력에 의해 단위부피당 유체의 운동에너지가 단위시간에 내부에너지로 변환되는 양은 속도 공간변화율의 제곱에 비례한다. 이때 비례상수인 **점성계수**는 유체의 물리적 고유성질로 **에너지 소산**에 관계한다. 이에 대한 더 자세한 설명은 2.9절에 있다.

선형유체

선형유체의 경우에는 층밀리기 응력과 속도구배가 선형 관계를 맺고 있다고 정의했지만 실제로는 비선형 성분이 있으나 무시할 만큼 적어 유체가 속도구배의 크기와 관계없이 일정한 점성계수를 가진다고 가정한 경우이다. 모든 기체와 물에서는 식 (1.38)에서 보인 선형 관계식이 잘 들어맞는다. 또한 간단한 화학구조식으로 표현되는 분자로 분자량이 1000 이하인 액체는 대부분 선형유체이다. 이러한 예로 벤젠, 알코올, CCl_4, 헥산 등이 있다. 또한 간단한 분자들의 용액(예 소금물, 설탕물 등)도 대부분 선형유체이다. 이 책의 14장까지는 선형유체만 다룬다.

비선형유체

유체 자신이 어떤 구조를 가지거나 복잡한 혼합물이면 보통의 속도구배에서도 식 (1.38) 대신에 비선형 관계식을 사용해야 한다. 예를 들어 분자량이 큰 고분자로 구성된 유체, 액정, 알갱이체, 생명물질 등과 미세입자들이 액체 안에 떠있는 현탁액이나 유탁액 등이 이러한 성질을 가진다. 이러한 유체를 **비선형유체**(nonlinear fluids, non-Newtonian fluids)라 한다. 거의 모든 비선형유체는 물 분자보다 훨씬 큰 분자들이나 입자들로 구성되어 있다. 일반적으로 비선형유체는 고체의 성질이 약간 있어 층밀리기 응력을 어느 정도 견딘다. 면도용 크림을 생각해보면 중력 아래에서도 형태를 이루고 오랫동안 있을 수 있다. 비선형유체의 중요한 성질과 예는 15장에서 다룬다.

참고

무른 응집물질계

최근 들어서 **응집물질 물리학**(condensed matter physics)의 새로운 중요분야로 **무른 물질**(soft matter) 혹은 **복잡유체계**(complex fluid systems)라고 알려진 물질에 관한 연구가 매우 활발하다. 응집물질 물리학에서 중요분야인 **고체 물리학**(solid state physics 혹은 hard condensed matter physics)은 고체 상태의 딱딱한(hard) 물질의 물성에 관한 연구를 주로 하는 데 비해서, 무른 응집물질 물리학은 비교적 부드러운(soft) 물질들을 연구 대상으로 하는 분야이다. 무른 응집물질을 **연성물질**이라고도 부른다. 온도가 일정한 계에서 열역학적 평형에 일치하는 상(phase)은 자유에너지($F = E - TS$)를 최소화하는 상태이다. 보통 고체 물리학의 연구 대상들은 내부에너지 E의 변화가 TS의 변화보다도 계의 자유에너지를 최소화하는 데 중요한 역할을 하여 새로운 평형상태의 구조를 결정한다. 이 경우에 TS의 변화는 자유에너지를 최소화하는 상태에 대한 약간의 요동을 줄 뿐이다. 그러나 무른 응집물질 물리학의 연구 대상들은 정반대의 성질을 가진다. 외부의 물리적 변수의 변동에 대해 TS의 변화가 내부에너지 E의 변화보다도 계의 자유에너지를 최소화하는 데 중요한 역할을 하여 계의 새로운 평형상태의 결정에 주된 역할을 한다. 즉 주어진 온도에서 엔트로피 변화의 최대화가 평형상태를 결정한다. 그러므로 무른 응집물질은 주위의 물리적 변수(압력, 온도 등)의 변화에 대해 민감하게 반응하며 구조적, 역학적으로 다양한 변화를 거치게 된다. 이에 해당하는 대표적인 물질로는 고분자(polymer), 액정(liquid crystal), 생명물질(bio-materials), 알갱이체(granular materials) 등과 모든 유체(fluids)를 포함한다. 무른 응집물질계는 일반적으로 유체의 성질을 어느 정도 가지고 있다.

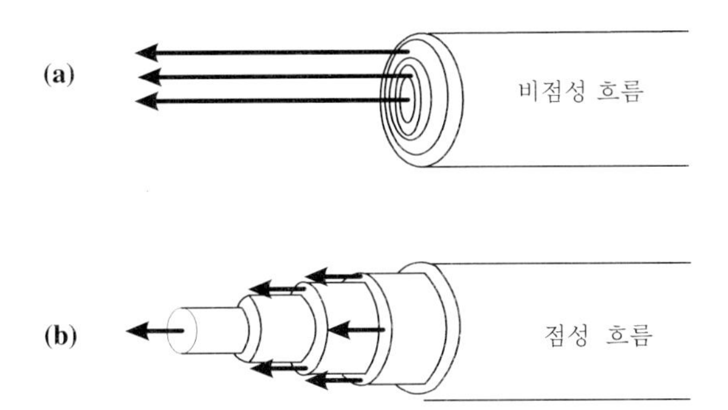

그림 1.8 원기둥 모양의 관에서 비점성 흐름(a)과 점성 흐름(b)

1.6 기본적인 흐름의 종류

점성 흐름과 비점성 흐름

원기둥 모양의 관을 따라 유체가 흘러가는 것을 생각해보자. 1.5절에서 뉴턴이 생각했듯이, 관 속에 반경이 다른 수많은 원기둥 모양의 유체로 이루어진 층들이 있다고 가정하자. 만일 점성이 없다면 유체는 각 층에서 똑같은 속도를 가지고 흐를 것이다[그림 1.8(a) 참조]. 이에 반해 유체가 점성을 띠고 있다면 관의 벽면으로부터의 거리에 따라 유체의 흐름속도가 달라진다[그림 1.8(b) 참조]. 관의 중앙에서 가장 빠르게 흐르고 관의 벽면으로 갈수록 느려지다가 벽면과 접촉한 가장 바깥층에서는 유체가 정지한다. 그림 (a)처럼 점성이 없는 흐름을 **비점성 흐름**(inviscid flow)이라 하고, 그림 (b)처럼 점성이 있는 흐름을 **점성 흐름**(viscous flow)이라 한다.

유체가 천천히 흐를 때는 유체의 흐름이 시간과 관계없이 항상 일정하지만, 빨리 흐를 때는 흐름의 모양이 시간에 따라 계속 바뀐다. 이러한 성질을 설명하기 위해 흐름방향에 수직하게 지름이 L인 원기둥이 놓여있는 경우를 생각하자. 이때 흐름에 영향을 줄 수 있는 중요한 양은 지름 L과 더불어 유체의 밀도 ρ, 점성계수 μ, 그리고 흐름속도의 크기 U이다. 이들 네 가지 물리량을 가지고 무차원의 양을 만들어 **레이놀즈 수**(Reynolds number)를 정의할 수 있다.

$$\text{Re 수} \equiv \frac{\rho U L}{\mu} \tag{1.42}$$

이 양은 흐름속도(U), 계의 크기(L), 유체의 점성(μ)과 밀도(ρ)의 조합으로 흐름을 불안정하게 하는 요소와 흐름을 안정시키려는 요소의 비이다. 여기서 흐름을 불안정하게 하는 요소는 흐름을 계속 지속되게 하려는 **관성력**이다. 그리고 흐름을 안정시키려는 요소는 식 (1.38)에서 보인 **점성력**이다. Re 수에 따른 흐름의 변화에 대해서는 3장에서 5장에 걸쳐 자세히 다룬다.

그림 1.9는 Re 수 < 1인 경우를 나타내는 것으로서, 점성력의 크기가 관성력보다 커서 흐름이 안정되어 있다. 이처럼 점성력이 중요해 안정된 흐름을 **층류**(laminar flow)라 한다. 그러나 Re 수를 증가시킴에 따라 불안정하게 하는 관성력의 역할이 점차 중요해져 흐름이 점점 복잡해진다.

Re수가 증가함에 따라 하류에서 새로운 흐름의 구조가 발생하고[그림 1.10(a) 참조], Re 수를 계속 증가하면 이들 구조가 복잡하여 흐름에 복잡한 문양들이 주기적으로 발생한다[그림 1.10(b) 참조]. 그리고 Re 수를 더욱 증가하면 흐름은 불안정성들이 복잡하게 얽혀가면서 점점 복잡해져 간다. 12장은 흐름을 불안정하게 하는 몇 가지 대표적인 현상들을 설명한다. 13장은 불안정성들에 의해 흐름이 시간적, 공간적으로 복잡하나 아직 어느 정도 상관성이 남아있는 상태인 **카오스**(chaos)를 기술한다. 이에 반해 14장은 흐름이 너무 복잡하게 되어 여러 가지 유체역학적 물리량들이 시간적, 공간적으로 상관성을 잃어버려 통계적인 방법 이외에는 흐름을 묘사할 수 없는 **난류**(turbulence)를 기술한다[그림 1.11 참조].

관심 있는 계의 크기(L)가 작아지면 Re 수가 작아지고 점성력의 역할이 중요해진다. 또한 계의 크기가 작아지면 유체계를 이루는 부피의 중요성에 못지않게 표면의 효과도 중

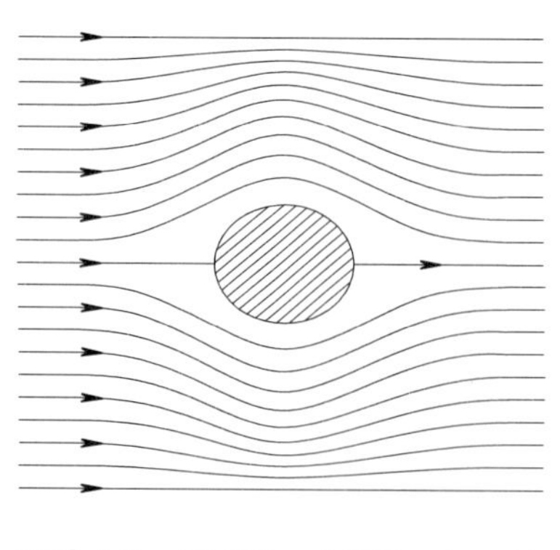

그림 1.9 기어가는 흐름(Re 수 < 1), 층류

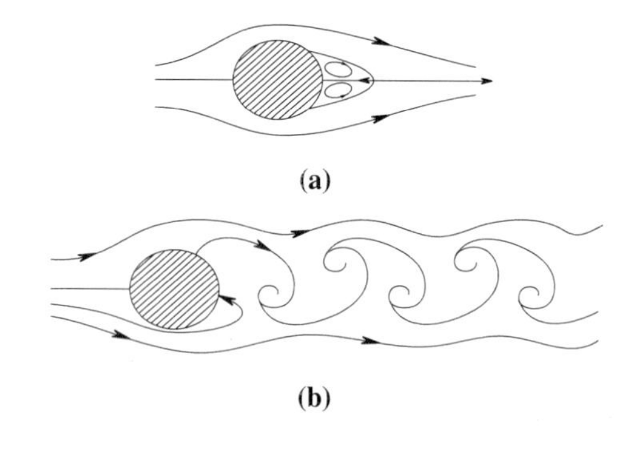

그림 1.10 Re 수가 증가함에 따라 흐름이 복잡해진다. $1 < Re_{(a)} < Re_{(b)}$

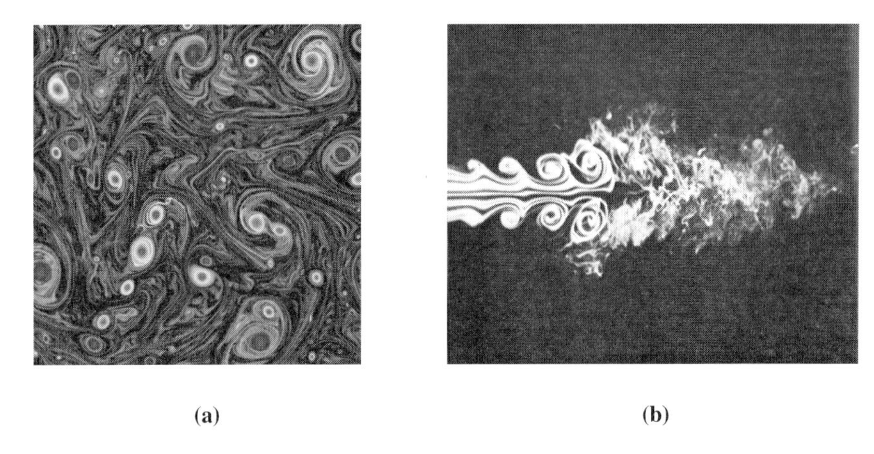

(a) (b)

그림 1.11 난류의 두 가지 예 (a) 2차원 난류 (b) 3차원 난류

중요해진다. 10장은 작은 크기의 유체계에서 흐름을 주로 다룬다.

우리 주위에서 쉽게 볼 수 있는 경우에 Re 수의 크기를 대략 살펴보면 다음과 같다.

- 물속에서 30 μm /s의 속도로 움직이는 1 μm 정도 크기의 박테리아의 경우에 Re 수는 3×10^{-5} 이다.
- 공기 중에서 0.01 m/s 의 속도로 떠다니고 있는 0.1 mm 크기의 먼지의 경우에 Re 수는 5×10^{-2} 이다.
- 공기 중에서 1 m/s 의 속도로 날고 있는 파리의 경우에 Re 수는 10이다.
- 어항에서 헤엄치는 금붕어의 Re 수는 10^2 이다.
- 물에서 수영하는 사람의 Re 수는 10^4 이다.
- 드라이버샷을 칠 때 골프공이 골프채의 티(tee)를 떠나는 순간의 속도가 60 m/s 정도로 Re 수는 2×10^5 이다.
- 프로야구 선수인 투수가 던지는 공의 속도는 100 m/s 정도로 Re 수는 5×10^5 이다.
- 단거리 육상선수의 경우에 최고 속도는 10 m/s 로 Re 수는 10^6 이다.
- 고속도로에서 시속 100 km/hr로 운행하는 승용차의 경우에 Re 수는 5×10^6 이다.
- 최대 속도의 잠수함은 Re수가 10^8 까지 미칠 수 있다.
- 제트비행기의 경우에 최고 속도가 1000 m/s 로 Re 수는 10^8 이다.

참고 **초유체와 초유동성**

거의 모든 유체는 점성의 성질을 가지고 있다. 앞에서 소개한 비점성 흐름의 경우는 경계에서 멀리 위치할 때 유체역학적으로 점성효과가 역할을 못 하므로 점성계수를 0로 가정한 근사적인 경우다. 실제 점성계수가 0인 유체는 **초유체**(super fluids)라 불린다. 절대온도 0 K 근처에서 헬륨과 같은 액체에서는 점성 성질이 완전히 사라진다. 이러한 성질을 **초유동성**(super fluidity)이라 한다. 이는 양자역학적 현상으로 이 책의 수준을 넘기 때문에 다루지 않겠다.

압축성 흐름과 비압축성 흐름

보통 흐름을 기술할 때 유체의 압축 성질이 중요하지 않다. 그러나 모든 유체는 압축성 성질을 가지고 있다. 유체의 압축 성질에 관한 관심은 두 가지 중요한 관점이 있다. 하나는 음파와 충격파와 같이 정보전달에 대한 것으로 **음향학**(acoustics)에 대한 것이고, 다른 하나는 흐름에 관한 연구로 기체의 경우 **기체역학**(gas dynamics)이다. 6장에서는 압축성 흐름에서 음파, 충격파와 같은 유체의 성질들을 설명한다.

회전유체의 흐름

비회전하는 유체와 달리 회전하는 유체계인 **회전유체**(rotating fluids)에서는 유체가 **코리올리힘**(Coriolis force)을 느끼므로 특이한 현상들이 발생한다. 이러한 회전유체의 대표적인 예가 지구의 자전에 의한 효과에 해당하는 대기나 해양 등 지구를 둘러싼 유체인 **지구유체**(geophysical fluids)이다. 8장에서는 이러한 회전유체에서 볼 수 있는 다양한 흐름을 기술한다.

표면파

액체의 표면에 발생하는 파동에 해당하는 **표면파**(surface waves)는 매우 다양하고 복잡하다. 액체의 표면에서 일어나는 여러 가지 정적인 성질뿐 아니라 동적인 성질에서도 액체의 표면장력의 크기가 중요한 역할을 한다. 7장에서는 표면장력을 설명하고 여러 가지 경우의 표면파를 기술한다.

확산

유체에 있어 농도, 온도 등의 물리량의 크기가 공간구배를 가지면 외부에서 가해지는 물리적인 강제력이 없어도 유체는 비평형상태에 있으므로 열역학 제2법칙에 의해 공간적으로 균일한 상태인 평형상태에 이를 때까지 물리량의 이동이 지속된다. 유체를 이루는 분자, 원자들이나 다른 물리량이 이러한 공간구배에 의해 이동하는 현상을 **확산**(diffusion)이라고 한다. 이에 해당하는 대표적인 스칼라 물리량으로 온도의 공간구배에 의한 열의 확산, 농도의 공간구배에 의한 물질 확산이 있다. 또한 벡터 물리량으로는 유체의 운동량이 공간적으로 균일하지 않아서 일어나는 소용돌이도의 확산이 있다. 9장은 이러한 확산 현상과 관계된 여러 가지 성질들을 설명한다.

참고 **유체의 연구에 있어 중요한 공헌을 한 대표적인 물리학자**

오일러(Leonhard Euler, 1707~1783)와 **베르누이**(Daniel Bernoulli, 1700~1782)는 비점성 흐름에 대한 흐름을 기술하는 방정식을 성공적으로 도출하였다. **뉴턴**(Isaac Newton, 1642~1727)은 선형 유체에서 점성 성질을 기술하는 뉴턴의 마찰법칙을 발견하였다. 그러나 유체의 점성성질은 **나비에**(Claude Louis Marie Henri Navier, 1785~1836)와 **스토크스**(Sir George Gabriel Stokes, 1819~1903)에 의해 비로소 흐름을 기술하는 방정식인 나비에-스토크스 방정식(Navier-Stokes equation)에 성공적으로 기술되었다. 그리고 **레일리**(Lord Rayleigh, 1842~1919)와 **레이놀즈**(Osborne Reynolds, 1842~1912)는 차원 분석을 이용하여 흐름을 기술하는 개념을 발전시켰다. 그러나 나비에-스토크스 방정식을 이용하여 유체의 흐름을 본격적으로 해석하게 된 것은 **프란틀**(Ludwig Prandtl, 1875~1953)에 의해서이다. 그는 경계층 이론을 통해 고체나 계면 같은 경계 주위에는 점성 흐름이 적용되고 경계에서 먼 곳은 비점성 흐름을 적용할 수 있음을 보였다. 그리고 현대 수준의 유체에 관한 연구는 **카르만**(Theodore von Karman, 1881~1963)과 **테일러**(Sir Geoffrey I. Taylor, 1886~1975)의 역할이 매우 크다. 이들의 연구 결과는 이 책의 여러 곳에서 볼 수 있다.

연습문제

1.1 압력

밀도가 ρ인 액체 속에 어떤 물체가 떠 있는 경우를 생각해보자. 액체의 표면으로부터 물체의 질량중심까지의 수직거리가 h이다.

(a) 이 물체가 받는 평균 압력의 크기는 얼마일까?

(b) 이 물체가 느끼는 총 힘의 크기는 얼마일까?

1.2 압력

그림과 같이 단면적이 반지름 1.5m인 원의 한 분면 모양인 댐의 오른쪽이 물에 접해 있다. 대기압의 효과를 무시할 때 물에 의해 1m 폭의 댐이 받는 총 힘의 크기와 방향을 구하라.

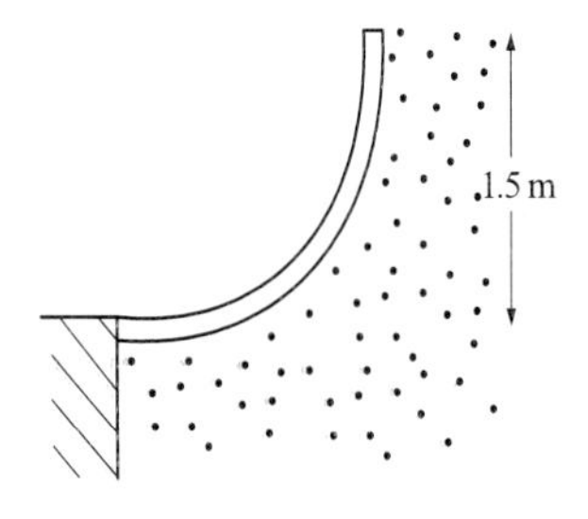

1.3 유체의 압축률

그림과 같이 반지름 a인 원기둥 용기에 유체를 넣은 후에 압축률을 측정하였다. 피스톤을 눌러 피스톤의 위치가 h_1일 때 압력계가 가리킨 압력의 크기는 p_1이고, 피스톤의 위치가 h_2일 때 압력의 크기는 p_2이다. 이때 유체의 압축률의 크기는 얼마인가?

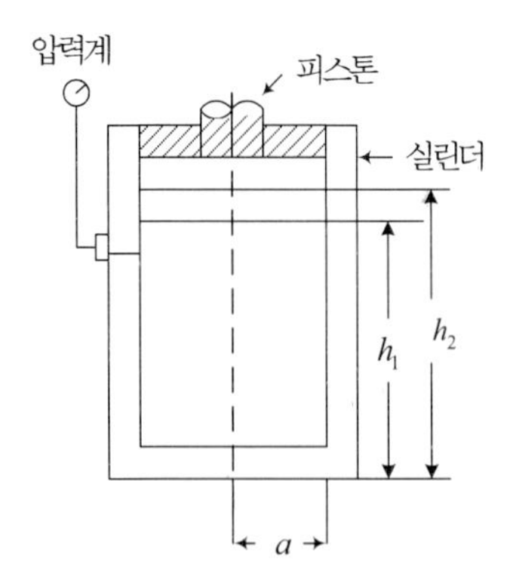

1.4 단원자 이상기체의 단열지수

단원자 이상기체의 정적비열(C_v)의 크기가 $1.5R$ 일 때 정압비열(C_p)의 크기가 $2.5R$ 임을 보이고, 이를 이용하여 단원자 이상기체의 단열지수 γ 를 구하라.

> **참고** 다원자 이상기체의 단열지수
>
> 2원자 이상기체나 다원자 이상기체의 경우에는 분자의 회전, 진동에너지를 고려해야 하므로 γ 의 값이 단원자 이상기체의 것보다 작아지나 1보다는 크다. 실제로 질소나 산소가 주성분인 공기의 경우에는 γ 의 값은 1.4이다.

1.5 실제유체의 단열지수

일반적으로 유체를 이루는 분자들 사이의 상호작용 효과에 의해 실제기체의 γ 의 크기가 이상기체의 것보다 큰 이유를 설명하라.

1.6 이상기체의 열역학적 성질

식 (1.22)부터 식 (1.26)까지 유도하라.

1.7 끓고 있는 기름

끓고 있는 뜨거운 기름 속에 물방울을 떨어뜨릴 때 요란한 소리를 내면서 기름방울이 사방으로 튄다. 이유를 설명하라.

1.8 자유낙하 탱크 내의 압력

물이 가득 찬 탱크가 중력에 의해 자유낙하를 하는 경우를 생각해보자. 탱크 내의 압력은 위치에 따라 어떻게 달라질까?

1.9 이상기체에서 이웃하는 분자들 사이 평균거리

식 (1.5)의 이상기체 상태방정식을 이용하여 1기압, 300K의 환경에서 이상기체를 구성하는 분자들 가운데 이웃하는 분자들 사이의 평균 거리가 3.5nm임을 보여라.

1.10 이상기체의 평균 자유거리

이상기체의 정의에 따르면 분자들 사이에 상호작용이 없으므로 평균 자유거리의 크기가 무한대이다. 그러나 상온 1기압에서 공기는 이상기체 방정식의 성질을 잘 만족하지만, 평균 자유거리가 $\ell_{\mathrm{ave}} \sim 10^{-7}\ \mathrm{m}$이다. 이는 공기 분자가 크기를 가지고 있기 때문이다. 상호작용이 없다는 정의를 약간 완화하여 산란단면적이 있다고 할 때 이상기체 방정식을 이용하여 평균 자유거리의 크기가 압력의 크기에 반비례함을 보여라.

1.11 레너드-존스 퍼텐셜에너지

식 (1.4)에서 보인 레너드-존스 퍼텐셜에너지를 다시 생각해보자.

$$u(r) = u_o\left[\left(\frac{r_o}{r}\right)^{12} - 2\left(\frac{r_o}{r}\right)^{6}\right]$$

여기에서 r^{-12}을 포함하는 항은 원자를 둘러싸고 있는 전자궤도가 다른 원자의 전자궤도와 전기적 반발력에 의해 서로 겹치지 못하는 것을 뜻하는 짧은 거리에서의 반반력 효과이다. 그리고 r^{-6} 을 포함하는 항은 긴 거리에서의 효과로 전기를 띠지 않는 입자들끼리 서로 당기는 반데르발스 인력에 의한 것이다.

(a) 상호간 거리가 가장 짧을 때 거리인 충돌 거리($r=\sigma$)는 퍼텐셜에너지 $u(r)$ 의 크기가 0인 거리이다. 식 (1.4)를 이용하여 $\sigma = 2^{-1/6}r_o = 0.89r_o$ 임을 보여라.

(b) 질소 분자(N_2)의 경우에 $\sigma = 0.3667\,\mathrm{nm}$이고 $u_o/k_B = 99.8\,\mathrm{K}$이다. 이때 $u(3\sigma)/k_B = -0.5\,\mathrm{K}$임을 보여라.

참고 **1기압, 300K의 환경에서 질소 기체를 이상기체로 다룰 수 있나?**

연습문제 1.9의 결과에 따르면 1기압, 300K의 환경에서 이상기체를 구성하는 분자들 사이의 평균 거리가 3.5nm이고 운동에너지는 $\frac{3}{2}k_BT = 450k_B$K이다. 그러므로 질소 분자로 이루어진 기체에서는 입자의 운동에너지 $450k_B$K에 비해서 퍼텐셜에너지 $-0.5k_B$K의 효과가 무시할 정도로 작다. 즉 분자들 사이 거리가 입자 크기의 3배인 $r=3\sigma$ 의 가까운 거리에서도 서로 간의 존재를 거의 느끼지 못하므로 이상기체로 취급해도 된다.

CHAPTER

2

유체를 기술하는 기본적인 보존법칙

유체를 기술하는 기본적인 보존법칙

유체의 흐름을 기술하는 기본방정식은 모든 자연계의 현상이 기초로 하는 근본적인 물리적 보존법칙들로부터 얻을 수 있다. 중요한 보존법칙으로는 **(1) 질량 보존법칙**, **(2) 운동량 보존법칙**, **(3) 에너지 보존법칙**이 있다. 2장에서는 이들 보존법칙을 기술하는 데 필요한 기본적인 물리 개념들 가운데 **물질도함수**, **레이놀즈의 전달정리**, **응력** 등을 소개한다. 그리고 이들 개념과 유체의 흐름에 내재하는 보존법칙을 이용하여 유체의 흐름을 기술하는 **기본방정식**을 구한다. 또한 물질부피와 고정부피의 개념을 소개하며 질량 보존법칙과 운동량 보존법칙을 물질부피와 고정부피에 각각 적용한다.

Contents

2.1 오일러 기술법과 라그랑주 기술법

유체의 흐름을 기술할 때 어떤 기준계에서 유체의 물리적인 양을 기술하는가에 따른 두 가지 기술법이 있다.

첫 번째 방법은 **오일러**(Eulerian) **기술법**이라 불리며, 유체입자의 경로와 관계없이 공간의 고정된 한 점 $r=(x,\ y,\ z)$에서 유체의 물리량을 시간 t의 함수로 표시하는 것이다. 예를 들어 속도는 $u=u(r,\ t)$로 밀도는 $\rho=\rho(r,t)$로 각각 표시할 수 있다. 여기서는 위치 r에서의 물리량은 시간 t에 따라 다른 값을 가진다. 즉 $u=u(r,\ t)$와 $u=u(r,\ t')$은 동일한 위치 r에서 시간이 서로 다른 경우($t \neq t'$)에 서로 다른 유체입자의 속도를 기술한다. 쉽게 설명하면 강변에 앉아서 강의 한 지점 r에서 물이 어떻게 흐르는 것을 관측하는 것이다. 필요하면 관측하고자 하는 위치 r을 바꾸어 관측할 수 있다.

두 번째 방법은 **라그랑주**(Lagrangian) **기술법**이라 불리며, 각 유체입자의 움직임을 시간에 따라서 기술하는 데 편리한 방법이다. 여기서는 유체입자가 시간에 따라 공간을 움직이는 것을 관측자가 유체입자를 따라가면서 관측한다. 유체입자들을 개별적으로 구별하기 위하여 임의의 초기시간 $t=0$에 공간에 연속적으로 분포하는 각 유체입자의 공간좌표 r_o로부터 각 유체입자가 구별되어 유체의 흐름 중에 계속하여 다른 유체입자들과 구별된다. 그러므로 시간 t에 유체입자의 위치는 고정된 초기위치 r_o에 대한 위치벡터 $r(r_o, t)$로 표시할 수 있고 속도와 밀도는 $u=u(r_o,\ t)$와 $\rho=\rho(r_o, t)$로 각각 표시된다. 쉽게 설명하면 보트를 타고 강물의 흐름속도와 같이 따라가면서 물의 움직임을 관측하는 것이다. 이렇게 하는 것이 강변에 앉아서 관측하는 것보다 특정한 유체입자의 움직임을 정확하게 관측할 수 있겠다.

참고 **라그랑주 기술법과 오일러 기술법의 장단점**

일반적으로 **라그랑주 기술법**은 관심 있는 유체입자에 대한 질량보존법칙이나 뉴턴의 운동법칙이 항상 성립하므로 이해하기가 쉽다. 그러나 유체에 있는 모든 유체입자의 궤적을 측정해야 하는 어려움이 있다. 또한 임의의 물리적 성질을 측정하려면 관심 있는 유체와 비중값이 같고 크기가 작아서 흐름과 같이 움직이는 측정 장비를 사용해야 한다. 이에 반해 **오일러 기술법**은 공간의 한 점에서 시간에 따른 유체의 성질을 측정하므로 측정 장비들이 공간에 고정되어 있어 라그랑주 기술법에 비해 측정이 훨씬 쉽다. 즉 라그랑주 기술법을 이용하면 유체의 현상을 이론적으로 설명하기에 편하고 오일러 기술법을 이용하면 유체의 현상에 대한 실험적인 관측이 쉽다.

2.2 물질도함수

유체의 밀도나 온도 혹은 응력 등을 대표하는 **임의의 물리량** α 를 생각해보자. 임의의 유체입자가 짧은 시간 δt 동안 흐르면서 입자의 위치가 $(x,\ y,\ z)$ 에서 $(x+\delta x,\ y+\delta y,\ z+\delta z)$ 로 바뀔 때 α 가 $\alpha+\delta\alpha$ 로 바뀌었다고 가정하자. 이 경우 해당 유체입자에서의 **변화량** $\delta\alpha$ 는 다음과 같다.

$$\delta\alpha = \frac{\partial\alpha}{\partial t}\delta t + \frac{\partial\alpha}{\partial x}\delta x + \frac{\partial\alpha}{\partial y}\delta y + \frac{\partial\alpha}{\partial z}\delta z \tag{2.1}$$

이 값을 시간 변화 δt 로 나누면 α 의 시간 변화율이 된다.

$$\frac{\delta\alpha}{\delta t} = \frac{\partial\alpha}{\partial t} + \frac{\partial\alpha}{\partial x}\frac{\delta x}{\delta t} + \frac{\partial\alpha}{\partial y}\frac{\delta y}{\delta t} + \frac{\partial\alpha}{\partial z}\frac{\delta z}{\delta t} \tag{2.2}$$

이 식의 좌변은 라그랑주 기술법으로 본 α 의 시간 변화율이다. 그리고 우변의 첫 번째 항은 오일러 기술법으로 본 α 의 시간 변화율이다. $\delta t \to 0$ 일 때 $\delta x/\delta t$ 는 x 방향의 속도 u 가 된다. 마찬가지로 $\delta y/\delta t \to v$, $\delta z/\delta t \to w$ 이다. 그러므로 $\delta t \to 0$ 일 때 α **의 시간 변화율**은

$$\begin{aligned}\frac{\mathrm{D}\alpha}{\mathrm{D}t} &\equiv \frac{\partial\alpha}{\partial t} + u\frac{\partial\alpha}{\partial x} + v\frac{\partial\alpha}{\partial y} + w\frac{\partial\alpha}{\partial z} \\ &= \frac{\partial\alpha}{\partial t} + \boldsymbol{u}\cdot\nabla\alpha \\ &= \frac{\partial\alpha}{\partial t} + \sum_k u_k\frac{\partial\alpha}{\partial x_k}\end{aligned} \tag{2.3}$$

로 나타낼 수 있다. 여기서 $\mathrm{D}\alpha/\mathrm{D}t$ 는 두 개의 항으로 구성되어 있다. 첫 번째 항인 $\partial\alpha/\partial t$ 는 고정된 위치 $\boldsymbol{r}$ 에서 측정한 α 의 시간 변화율로서 시간적인 불균일성을 나타내며 유체입자가 정지해 있는 경우($\boldsymbol{u}=0$)에도 존재한다. 두 번째 항은 흐름이 있을 때 유체입자의 이동 경로에 따른 물리량 α 의 시간 변화율을 뜻한다. 여기서 $\partial\alpha/\partial x_k$ 는 고정된

순간에 x_k 방향으로 α 의 불균일한 공간분포를 설명하는 양이다. 그러므로 $u_k \frac{\partial \alpha}{\partial x_k}$ 는 x_k 방향으로 흐름 u_k 때문에 유체입자가 이동하면서 느끼는(혹은 가지고 있는) 물리적 성질 α 의 시간 변화율 성분이다. 이 항은 물리량 α 가 정상적인($\partial \alpha / \partial t = 0$) 경우에도 존재하나 유체입자가 정지해 있는 경우($\boldsymbol{u} = 0$)에는 항상 0이다. 즉 속도 $\boldsymbol{u}$ 인 흐름이 있는 경우에 유체입자의 이동 때문에 발생한 물리량 α 의 변화를 설명한다. 또한 $\partial \alpha / \partial x_k = 0$ 인 경우 즉 α 의 공간분포가 균일한 경우에도 항상 0이다. 여기서 사용한 물리적 성질 α 는 스칼라양이나 벡터양을 포함해 어떤 차수의 텐서량이라도 관계없다.

$\mathrm{D}\alpha / \mathrm{D}t$ 는 **물질도함수**(material derivative) 혹은 **이류도함수**(advective derivative), **라그랑주 도함수**(Lagrangian derivative) 등으로 불린다. 여기서 말하는 **이류**(advection)는 유체가 공간의 한 곳에서 다른 곳으로 이동하는 것을 뜻한다. **대류**(convection)는 이류의 한 가지로 11장에서 집중적으로 다룬다.

2.3 물질부피와 고정부피

흐르고 있는 유체에서의 기본적인 보존법칙들은 유체입자에 적용되는 미분 형태로 나타낼 수 있을 뿐 아니라 유한 크기의 유체부피에 적용되는 적분 형태로도 표현될 수 있어야 한다. 이들 두 가지 기술법은 서로로부터 유도할 수 있다. 여기서는 유체부피에서 일어나는 보존법칙을 설명하기 위하여 시간에 무관하게 같은 유체입자들로 구성된 **물질부피**(material volume)를 이용한 방법과 공간에 고정된 **고정부피**(fixed volume)를 이용한 방법을 소개한다.

흐름에 의해서 시간에 따라 연속적으로 모양을 바뀌는 물질부피를 따라가면서 보존법칙을 기술하기 위해서는 유체입자에 대한 물질도함수를 이용하는 것보다는 유체입자들로 구성된 임의의 물질부피에 대한 물질도함수를 이용하는 것이 바람직하다. 시간에 무관하게 항상 같은 유체입자들로 구성된 임의의 유체의 물질부피 $V(t)$ 를 따라가보자. 흐르는 유체의 물질부피는 시간에 따라 부피의 크기나 모양이 연속적으로 변한다. 그러나 물질부피 내의 질량은 변하지 않는다. 그러므로 물질부피의 임의의 물리적 성질은 $\int_{V(t)} \alpha(\boldsymbol{r}, t) \mathrm{d}V$ 로 표시된다. 이 경우 물질부피에서 임의의 물리적 성질의 시간 도함수는 다음과 같다.

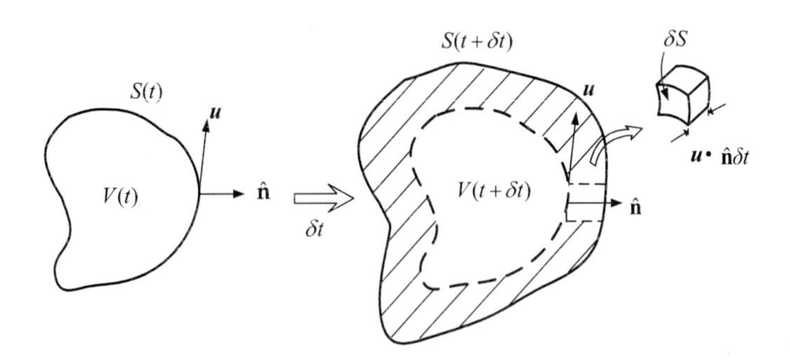

그림 2.1 표면적이 $S(t)$ 인 물질부피 $V(t)$가 δt 후에 표면적 $S(t+\delta t)$인 물질부피 $V(t+\delta t)$

$$\frac{\mathrm{D}}{\mathrm{D}t}\int_{V(t)} \alpha(t)\mathrm{d}V = \lim_{\delta t \to 0}\left\{\frac{1}{\delta t}\left[\int_{V(t+\delta t)} \alpha(t+\delta t)\mathrm{d}V - \int_{V(t)} \alpha(t)\mathrm{d}V\right]\right\} \tag{2.4}$$

여기서 물질부피 자체가 라그랑주 기술법을 뜻하므로 $\mathrm{D}/\mathrm{D}t$ 대신 $\mathrm{d}/\mathrm{d}t$를 사용해도 무방하지만, 유체의 흐름을 따라가는 것을 뜻하기 위해 $\mathrm{D}/\mathrm{D}t$를 사용했다. $\alpha(t+\delta t)$를 물질부피 $V(t)$에 걸쳐 적분한 값을 우변에다 빼고 더하면 다음과 같다.

$$\begin{aligned}\frac{\mathrm{D}}{\mathrm{D}t}\int_{V(t)} \alpha(t)\mathrm{d}V = & \lim_{\delta t \to 0}\frac{1}{\delta t}\left[\int_{V(t+\delta t)} \alpha(t+\delta t)\mathrm{d}V - \int_{V(t)} \alpha(t+\delta t)\mathrm{d}V\right] \\ & + \lim_{\delta t \to 0}\frac{1}{\delta t}\left[\int_{V(t)} \alpha(t+\delta t)\mathrm{d}V - \int_{V(t)} \alpha(t)\mathrm{d}V\right]\end{aligned} \tag{2.5}$$

우변의 첫째 항에 있는 두 적분은 같은 피적분함수 $\alpha(t+\delta t)$를 가지고 물질부피 $V(t)$를 변화시킨 것이다. 이에 반해 두 번째 항에 있는 두 적분은 같은 물질부피 $V(t)$를 가지고 피적분함수 $\alpha(t+\delta t)$를 변화시킨 것이다. 그러므로

$$\frac{\mathrm{D}}{\mathrm{D}t}\int_{V(t)} \alpha(t)\mathrm{d}V = \lim_{\delta t \to 0}\left\{\frac{1}{\delta t}\left[\int_{V(t+\delta t)-V(t)} \alpha(t+\delta t)\mathrm{d}V\right]\right\} + \int_{V(t)} \frac{\partial \alpha}{\partial t}\mathrm{d}V \tag{2.6}$$

이다. 여기서 우변의 두 번째 항에서 편미분이 적분 안에 들어가 있는 이유는 $V(t)$와 δt가 서로 독립적이기 때문이다.

그림 2.1은 표면적이 $S(t)$인 물질부피 $V(t)$가 δt 후에 표면적 $S(t+\delta t)$인 물질부피 $V(t+\delta t)$를 보인 것이다. u는 시간 t에 물질부피의 표면에서 유체의 속도이고, $\hat{\mathrm{n}}$은 표면에 수직한 단위벡터이다. 미소 표면적 δS를 통과하여 δt 동안 늘어난 부피는

$$\delta V = \boldsymbol{u} \cdot \hat{\mathrm{n}}\,\delta t\,\delta S \tag{2.7}$$

이다. 그러므로

$$\begin{aligned} \frac{\mathrm{D}}{\mathrm{D}t}\int_{V(t)} \alpha(t)\mathrm{d}V &= \lim_{\delta t \to 0}\left[\frac{1}{\delta t}\oint_{S(t)} \alpha(t+\delta t)\ \boldsymbol{u} \cdot \hat{\mathrm{n}}\,\delta t\,\mathrm{d}S\right] + \int_{V(t)} \frac{\partial \alpha}{\partial t}\mathrm{d}V \\ &= \oint_{S(t)} \alpha(t)\ \boldsymbol{u} \cdot \hat{\mathrm{n}}\mathrm{d}S + \int_{V(t)} \frac{\partial \alpha}{\partial t}\mathrm{d}V \end{aligned} \tag{2.8}$$

이다. 여기서 $S(t)$ 와 $V(t)$ 는 각각 시간 t 에서 물질표면적과 물질부피이다. 만일 α 가 밀도이면 좌변은 시간 t에 물질부피 내의 총질량의 시간 변화율이다. 우변의 첫째 항은 시간 t에 단위시간 동안 물질표면적을 통과하는 α 의 총량이다. 그러므로 만일 α 가 밀도이면 우변의 첫째 항은 시간 t일 때 단위시간 동안 물질부피 $V(t)$ 를 빠져나오는 유체의 총질량이다. 그리고 우변의 두 번째 항은 시간 t 에 고정된 물질부피 내에서 물리량 α의 시간에 대한 변화율의 공간적분이다. α가 밀도라면 이 항은 시간 t 에 고정된 물질부피 내의 총질량의 시간 변화율이다. 즉 우변의 첫째 항은 물질부피의 표면에 관련된 변화율이고 두 번째 항은 물질부피의 내부에 관련된 변화율이다.

(C.53)의 가우스 정리를 사용하여 면적적분을 부피적분으로 바꾸면 위의 식은 다음과 같이 된다.

$$\begin{aligned} \frac{\mathrm{D}}{\mathrm{D}t}\int_{V(t)} \alpha\,\mathrm{d}V &= \int_{V(t)} \left[\nabla \cdot (\alpha \boldsymbol{u}) + \frac{\partial \alpha}{\partial t}\right]\mathrm{d}V \\ &= \int_{V(t)} \left[\sum_k \frac{\partial}{\partial x_k}(\alpha u_k) + \frac{\partial \alpha}{\partial t}\right]\mathrm{d}V \end{aligned} \tag{2.9}$$

이 식은 주어진 물질부피에 걸친 물리량 적분의 라그랑주 도함수(좌변)에서 도함수 기호를 부피적분 내의 피적분함수 속으로 옮겨 표시한 것으로, 유체에서의 여러 가지 기본적인 물리량의 보존 방정식을 구하는 데 매우 유용하다. 이 식은 **레이놀즈의 전달정리**(Reynolds' transport theorem)라 부른다. 이 정리가 물질부피 내 유체의 물리량에 관한 것에 비해 식 (2.3)은 유체입자의 물리량에 관한 것이다. 여기서 사용한 물리적 성질 α 는 스칼라양이나 벡터양을 포함해 어떤 차수의 텐서량도 가능하다.

식 (2.9)에서 우변의 첫 번째 항을 고쳐 다음과 같은 형태로 바꾸어 적을 수 있다.

$$\begin{aligned} \frac{\mathrm{D}}{\mathrm{D}t}\int_{V(t)} \alpha\,\mathrm{d}V &= \int_{V(t)} \left[\alpha \nabla \cdot \boldsymbol{u} + \boldsymbol{u} \cdot \nabla \alpha + \frac{\partial \alpha}{\partial t}\right]\mathrm{d}V \\ &= \int_{V(t)} \left[\alpha \nabla \cdot \boldsymbol{u} + \frac{\mathrm{D}\alpha}{\mathrm{D}t}\right]\mathrm{d}V \end{aligned} \tag{2.10}$$

이 식의 우변 첫 번째 항에서 $\int_{V(t)} \nabla \cdot \boldsymbol{u}\, dV$는 물질부피의 시간 변화율로서 단위시간에 물질표면적을 통과해 나오는 총 플럭스를 뜻한다. 그러므로 우변의 첫 번째 항은 순수하게 물질부피의 증가나 감소에 의한 효과로서 부피가 없는 유체입자에서의 물질도함수인 식 (2.3)에는 존재하지 않는다.

물질부피가 유체의 흐름을 따라가는 데 비하여 공간에 고정된 일정한 부피에서의 물리적 성질을 논할 때의 그림 2.2에서와 같이 표면적 S를 가진 고정부피 V에서 물리적 성질 α의 시간 변화율은 다음과 같다.

$$\frac{\mathrm{d}}{\mathrm{d}t}\int_V \alpha(\boldsymbol{r},\, t)\,\mathrm{d}V = \int_V \frac{\partial \alpha}{\partial t}\,\mathrm{d}V \tag{2.11}$$

이 식을 식 (2.6)과 비교하면 부피가 공간에 고정되어 있고 모양도 시간에 따라 변화하지 않으므로 식 (2.6)의 우변 첫 번째 항을 0으로 두는 경우이다. 여기서는 고정부피의 경계가 공간에 고정되어 있어 V가 시간의 함수가 아니므로 시간도함수 $\mathrm{d}/\mathrm{d}t$가 적분기호 안에 들어가면서 시간 편도함수 $\partial/\partial t$로 바뀐다.

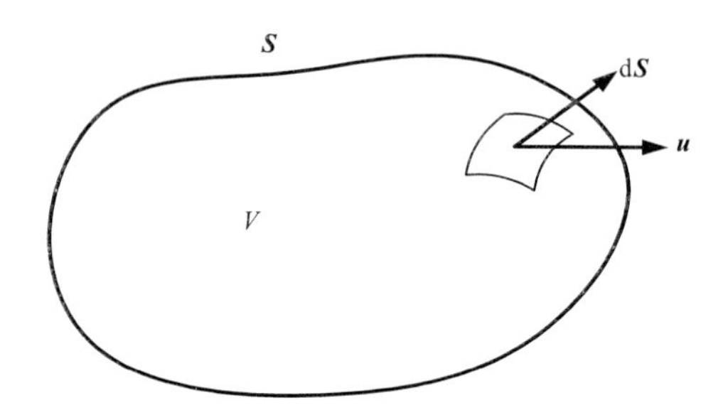

그림 2.2 고정된 표면적 S를 가진 고정부피 V

2.4 응력

유체 속의 임의의 점 P에 있는 가상의 미소 면적 δA에 가해지는 총 외력의 합이 $\delta \boldsymbol{F}$라 하자. 이 경우에 미소 면적 δA의 가상의 한 면에 가해지는 단위면적당 힘을 그 면에 대한 **응력**(stress)이라 부른다.

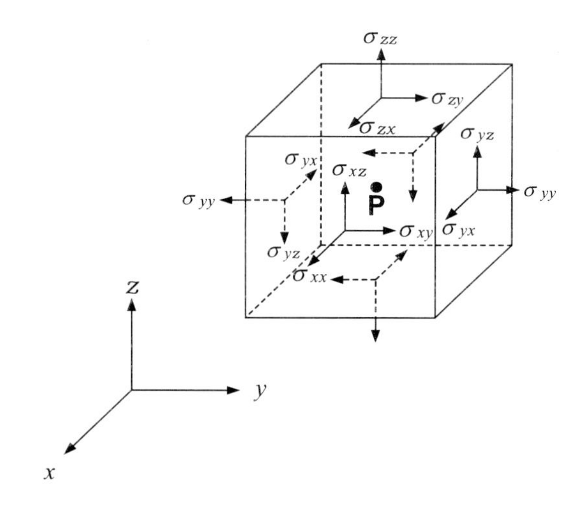

그림 2.3 임의의 점에서 응력텐서의 정의

$$\sigma \equiv \lim_{\delta A \to 0} \frac{\delta \boldsymbol{F}}{\delta A} = \sigma_x \hat{\mathbf{x}} + \sigma_y \hat{\mathbf{y}} + \sigma_z \hat{\mathbf{z}} \tag{2.12}$$

여기서 외력 $\delta \boldsymbol{F}$가 벡터양이므로 응력은 벡터양이고 가상의 한 면에 대해서 방향에 따라 세 가지 성분으로 나눌 수 있다. 면에 수직 방향으로의 응력 성분을 **수직응력**(normal stress)이라 하고, 면에 나란한 성분을 **층밀리기 응력**(shear stress)으로 나눈다. 층밀리기 응력은 **전단응력**이라 부르기도 한다.

그림 2.3은 직교좌표에서 점 P에 있는 무한히 작은 크기인 가상의 정육면체에 외력이 가해진 경우다. 여기서 $x=$ 상수인 곳에 있는 정육면체의 한 면 δA_x에 가해지는 세 개의 **응력텐서** σ_{xx}, σ_{xy}, σ_{xz}을 정의할 수 있다.

$$\sigma_{xx} = \lim_{\delta A_x \to 0} \frac{\delta F_{xx}}{\delta A_x}, \quad \sigma_{xy} = \lim_{\delta A_x \to 0} \frac{\delta F_{xy}}{\delta A_x}, \quad \sigma_{xz} = \lim_{\delta A_x \to 0} \frac{\delta F_{xz}}{\delta A_x} \tag{2.13}$$

여기서 δF_{ij}의 첫 번째 첨자 i는 힘이 가해지는 면의 방향을 나타내는 것이고, 두 번째 첨자 j는 힘의 방향을 나타내는 것이며, i와 j의 가능한 경우는 x, y, z가 있다. 여기서 σ_{ii}는 수직응력 성분이고, $\sigma_{ij}(i \neq j)$는 층밀리기 응력 성분이다. 여기서 면의 방향은 면의 바깥쪽으로 면에 수직 방향이다. 그러므로 공간의 한 점에서 응력은 9개의 응력 성분으로 기술할 수 있다.

그림 2.3에 있는 화살표들은 점 P에 있는 6개 표면에서 응력텐서의 크기가 양수인 방향을 나타내고 있다. 만일 미소 부피 가운데 임의의 마주 보는 면 δA 2개를 제외한 4개의

> **참고** **텐서를 표시하는 첨자**
>
> 일부 교과서나 저서에서는 이 책의 기술 방법과는 반대로 σ_{ij}의 첫 번째 첨자 i가 힘의 방향이고, 두 번째 첨자 j가 힘이 가해지는 면의 방향으로 기술하고 있다. 이런 경우에는 응력텐서에 대한 모든 결과는 이 책의 경우와 모양은 같으나 첨자에 있어서는 달라질 수 있음을 주의해야 한다.

면을 제거하고 두 면 사이의 거리를 0로 줄이면 면적이 δA 인 방향이 서로 반대인 두 면만 남을 것이다. 두 개의 면으로만 이루어진 이 부분의 질량은 0이므로 뉴턴의 제2법칙에 의하면 한 면에 힘 $\delta \boldsymbol{F}$를 가하면 무한대 크기의 가속운동을 해야 할 것이다. 그러므로 공간상의 유체가 평형상태에 있으려면 반대 방향의 면에도 항상 $-\delta \boldsymbol{F}$의 힘이 있어야 한다. 그러므로 가상의 한 점에서 **힘의 평형**을 이루기 위해서는 미소 정육면체에서 서로 마주 보고 있는 면에 가해지는 응력들은 서로 크기가 같고 방향이 반대어야 한다. 그림 2.3에서 마주 보고 있는 면에 가해지는 수직 응력텐서의 양의 방향이 면의 오른쪽과 왼쪽에서 서로 반대인 것과 층밀리기 응력텐서의 양의 방향이 면의 오른쪽과 왼쪽에서 서로 반대인 것은 이러한 이유에 의한 것이다.

응력텐서 각성분의 크기는 위치와 시간의 함수이다. 그러므로 정상적인 흐름을 제외하고는 일반적으로 주어진 위치에서도 시간에 따라 흐름에 의해서 응력텐서의 크기가 달라진다. 그리고 주어진 순간에도 위치에 따라서 일반적으로 응력텐서 각성분의 크기가 다르다.

특수한 경우(간단한 예)

임의의 점 P를 통과하고, $\hat{\mathbf{x}}$에 수직인 면적 δA_x에 주위로부터 힘 $\delta \boldsymbol{F}$이 가해지는 그림 2.4와 같은 특수한 경우를 생각하자. 여기서 가해진 힘 $\delta \boldsymbol{F}$는 세 가지 방향의 벡터 성분들의 합이다.

$$\delta \boldsymbol{F} = \delta F_x \hat{\mathbf{x}} + \delta F_y \hat{\mathbf{y}} + \delta F_z \hat{\mathbf{z}} \tag{2.14}$$

$\hat{\mathbf{x}}$ 방향 성분은

$$\delta F_x = \delta F_{xx} + \delta F_{yx} + \delta F_{zx} \tag{2.15}$$

이나, 여기서는 면적 δA_x에 대해서만 생각하므로 δF_{yx}와 δF_{zx}는 0이고

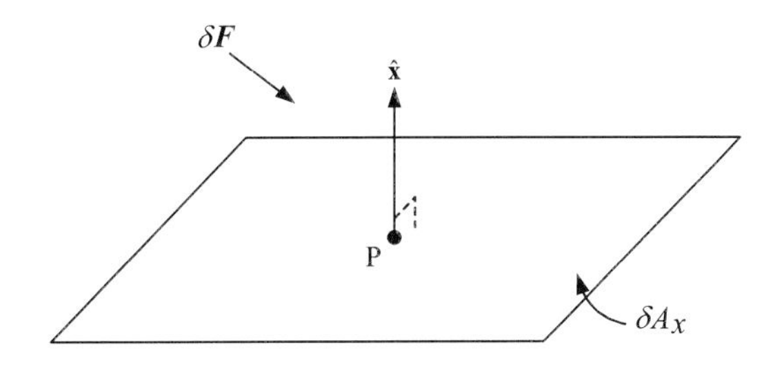

그림 2.4 $\hat{\mathbf{x}}$에 수직인 면적 δA_x에 주위로부터 힘 $\delta \boldsymbol{F}$이 가해지는 경우

$$\delta F_x = \delta F_{xx} = \sigma_{xx} \delta A_x \tag{2.16}$$

이다. 같은 방법으로 하면

$$\delta F_y = \sigma_{xy} \delta A_x , \quad \delta F_z = \sigma_{xz} \delta A_x \tag{2.17}$$

이다. 그러므로 δA_x에 가해진 힘은

$$\delta \boldsymbol{F} = \left[\sigma_{xx} \hat{\mathbf{x}} + \sigma_{xy} \hat{\mathbf{y}} + \sigma_{xz} \hat{\mathbf{z}} \right] \delta A_x \tag{2.18}$$

이다.

일반적인 경우

유체 속 임의 점 P를 통과하고 임의의 방향 $\hat{\mathbf{n}}$에 수직인 가상의 면적 δA에 주위로부터 힘 $\delta \boldsymbol{F}$이 가해지는 그림 2.5와 같은 일반적인 경우를 생각해보자. 이 경우 임의의 단위 벡터 $\hat{\mathbf{n}}$은

$$\hat{\mathbf{n}} = n_x \hat{\mathbf{x}} + n_y \hat{\mathbf{y}} + n_z \hat{\mathbf{z}} , \quad n_x^2 + n_y^2 + n_z^2 = 1 \tag{2.19}$$

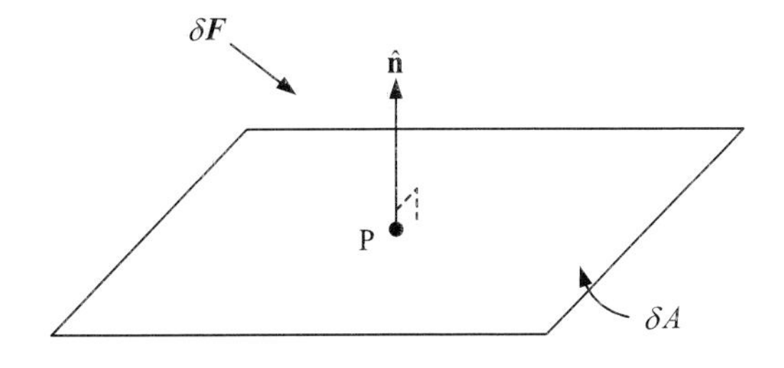

그림 2.5 임의의 방향 $\hat{\mathbf{n}}$을 향하는 가상의 면적 δA에 주위로부터 힘 $\delta \boldsymbol{F}$이 가해지는 경우

이다. 그러므로 면적 δA의 방향 $\hat{\mathbf{n}}$에 해당하는 면적벡터는

$$\delta \boldsymbol{A} = \delta A\hat{\mathbf{n}} = n_x \delta A\hat{\mathbf{x}} + n_y \delta A\hat{\mathbf{y}} + n_z \delta A\hat{\mathbf{z}} \tag{2.20}$$

이다. 면적 δA에 가해진 힘을

$$\delta \boldsymbol{F} = \delta F_x \hat{\mathbf{x}} + \delta F_y \hat{\mathbf{y}} + \delta F_z \hat{\mathbf{z}} \tag{2.21}$$

라고 정의하면, 가해진 힘의 $\hat{\mathbf{x}}$ 방향 성분 δF_x는 세 개의 면 $n_x \delta A\hat{\mathbf{x}}$, $n_y \delta A\hat{\mathbf{y}}$, $n_z \delta A\hat{\mathbf{z}}$에 각각 σ_{xx}, σ_{yx}, σ_{zx}의 응력들을 작용시킨다. 그러므로

$$\delta F_x = (\sigma_{xx} n_x + \sigma_{yx} n_y + \sigma_{zx} n_z)\delta A \tag{2.22}$$

이다. 마찬가지로 $\hat{\mathbf{y}}$와 $\hat{\mathbf{z}}$ 방향으로는

$$\delta F_y = (\sigma_{xy} n_x + \sigma_{yy} n_y + \sigma_{zy} n_z)\delta A \tag{2.23}$$

$$\delta F_z = (\sigma_{xz} n_x + \sigma_{yz} n_y + \sigma_{zz} n_z)\delta A \tag{2.24}$$

이고 이들을 간단히 표현하면 다음과 같다.

$$\delta F_i = \sum_j \sigma_{ji} n_j \delta A \tag{2.25}$$

이 식의 양변을 면적 δA로 나누고 δA의 크기를 무한소로 줄이면 $\left(\lim_{\delta A \to 0}\right)$, 점 P에 있는 임의의 방향 $\hat{\mathbf{n}} = (n_x, n_y, n_z)$에 수직인 단위면적당 가해지는 힘인 응력벡터 $\sigma = (\sigma_x, \sigma_y, \sigma_z)$의 한 성분 σ_i와 응력텐서 $\overleftrightarrow{\sigma}$의 성분 σ_{ij} 들 사이의 관계식을 구할 수 있다.

$$\sigma_i = \lim_{\delta A \to 0} \frac{\delta F_i}{\delta A} = \sum_j \sigma_{ji} n_j = (n_x \;\; n_y \;\; n_z)\begin{pmatrix} \sigma_{xi} \\ \sigma_{yi} \\ \sigma_{zi} \end{pmatrix} = (\hat{\mathbf{n}} \cdot \overleftrightarrow{\sigma})_i \tag{2.26}$$

$$\overleftrightarrow{\sigma} = \begin{pmatrix} \sigma_{xx} & \sigma_{xy} & \sigma_{xz} \\ \sigma_{yx} & \sigma_{yy} & \sigma_{yz} \\ \sigma_{zx} & \sigma_{zy} & \sigma_{zz} \end{pmatrix}$$

응력텐서는 3개의 면 방향과 3개의 힘 방향의 조합이므로 9개의 성분을 가지고 있다. 이 식에서 i 번째 가로 열의 세 성분($\sigma_{ix}, \sigma_{iy}, \sigma_{iz}$)은 $\hat{\mathbf{i}}$ 방향의 면에 $\hat{\mathbf{x}}$, $\hat{\mathbf{y}}$, $\hat{\mathbf{z}}$ 방향의 힘이 가해질 때 응력텐서의 각 성분이다. 비슷하게 j 번째 세로 열의 세 성분($\sigma_{xj}, \sigma_{yj}, \sigma_{zj}$)은 $\hat{\mathbf{j}}$ 방향의 힘이 $\hat{\mathbf{x}}$, $\hat{\mathbf{y}}$, $\hat{\mathbf{z}}$ 방향의 면에 가해질 때 응력텐서의 각 성분이다.

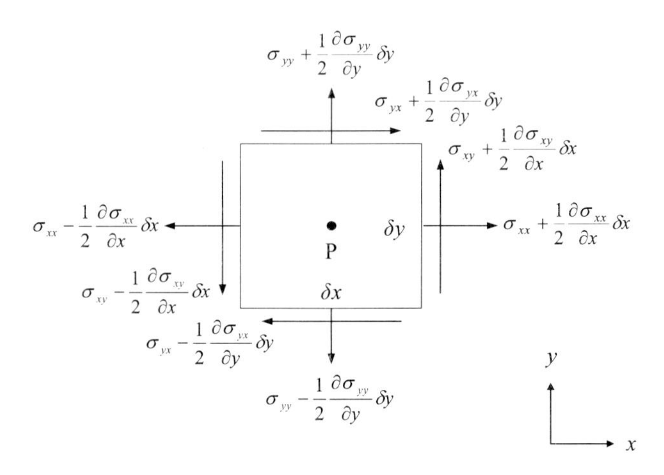

그림 2.6 단면적 $\delta x\delta y$에 작용하는 2차원 응력분포

응력텐서의 대칭성

임의의 한 점에서 응력텐서는 $\sigma_{ij}=\sigma_{ji}$의 성질을 가진 대칭텐서로서 9개의 성분 가운데 6개의 독립성분을 가진다. 이러한 응력텐서의 대칭 성질을 2차원 공간의 비교적 간단한 경우에 대해서 증명해보자. 유체 속에 z축 방향으로 무한대의 길이이고 x와 y의 방향으로 면적이 미소 크기 $\delta x\delta y$인 가상의 부피를 생각해보자. 그림 2.6은 점 P를 지나는 중심축을 둔 가상부피의 단면적 $\delta x\delta y$의 면들에 x와 y 방향의 힘이 작용하는 2차원 응력분포이다. 그림에서 각 값은 점 P에서 응력텐서의 크기가 σ_{ij}인 경우에 가상부피의 표면에서 응력텐서의 크기이다. 여기서 화살표는 응력텐서의 값이 양수인 방향이다.

이 경우에 점 P에 있는 단위 두께의 가상부피 $\delta x\delta y$에 작용하는 응력에 의한 $\hat{z}$ 방향 **회전력**(torque)은, $\boldsymbol{T}=\boldsymbol{r}\times\boldsymbol{F}$의 공식을 이용하고 반시계 방향을 양의 방향으로 선택하면

$$\begin{aligned}T_z &= \left(\sigma_{xy}+\frac{1}{2}\frac{\partial\sigma_{xy}}{\partial x}\delta x\right)(\delta y)\left(\frac{1}{2}\delta x\right) \\ &\quad -\left(\sigma_{yx}+\frac{1}{2}\frac{\partial\sigma_{yx}}{\partial y}\delta y\right)(\delta x)\left(\frac{1}{2}\delta y\right) \\ &\quad +\left(\sigma_{xy}-\frac{1}{2}\frac{\partial\sigma_{xy}}{\partial x}\delta x\right)(\delta y)\left(\frac{1}{2}\delta x\right) \\ &\quad -\left(\sigma_{yx}-\frac{1}{2}\frac{\partial\sigma_{yx}}{\partial y}\delta y\right)(\delta x)\left(\frac{1}{2}\delta y\right) \\ &= (\sigma_{xy}-\sigma_{yx})\,\delta x\,\delta y\end{aligned} \tag{2.27}$$

이다. 여기서 수직응력텐서 성분은 회전력에 공헌하지 못하므로 층밀리기 응력의 성분만 고려되었다. $1/2\,\delta x$와 $1/2\,\delta y$는 점 P에서 각 면과의 수직거리이다.

가상 부피소에 가해지는 회전력은 $\boldsymbol{T} = I\dot{\omega}$로 나타낼 수 있다. 여기서 $\dot{\omega}$는 점 P에 있는 면적소의 $\hat{\mathbf{z}}$ 방향 각가속도이고 I는 부피소의 관성모멘트이다. 밀도가 ρ이고 높이가 단위 길이이며 단면적이 $\delta x \delta y$인 직육면체 모양 강체의 관성모멘트는

$$I = \rho \frac{\delta x \delta y}{12}(\delta x^2 + \delta y^2) \tag{2.28}$$

이므로

$$\sigma_{xy} - \sigma_{yx} = \frac{\rho}{12}(\delta x^2 + \delta y^2)\dot{\omega} \tag{2.29}$$

이다. δx와 δy가 0에 접근하여 단면적의 크기 $\delta x \delta y$가 무한소로 줄어드는 한계에서 각가속도의 크기 $\dot{\omega}$가 만일 유한하다면 오른쪽 항의 값은 0이 된다. 그러므로 점 P에서는

$$\sigma_{xy} = \sigma_{yx} \tag{2.30}$$

이다. 즉, 공간의 한 점에서는 회전력의 크기는 0으로 **회전평형**을 이룬다.

같은 방법으로 3차원 공간의 경우에 적용하면 임의의 한 점에서 **응력텐서의 대칭 성질**

$$\sigma_{ij} = \sigma_{ji} \tag{2.31}$$

을 증명할 수 있다. 이러한 성질은 역학적 평형의 유무와 관계없이 항상 성립한다. 그러므로 식 (2.26)을 다음과 같이 표현할 수 있다.

$$\sigma_i = \sum_j \sigma_{ji} n_j = \sum_j \sigma_{ij} n_j = (\overleftrightarrow{\sigma} \cdot \hat{\mathbf{n}})_i, \tag{2.32}$$

$$\overleftrightarrow{\sigma} = \begin{pmatrix} \sigma_{xx} & \sigma_{xy} & \sigma_{xz} \\ \sigma_{yx} & \sigma_{yy} & \sigma_{yz} \\ \sigma_{zx} & \sigma_{zy} & \sigma_{zz} \end{pmatrix} = \begin{pmatrix} \sigma_{xx} & \sigma_{yx} & \sigma_{zx} \\ \sigma_{xy} & \sigma_{yy} & \sigma_{zy} \\ \sigma_{xz} & \sigma_{yz} & \sigma_{zz} \end{pmatrix}$$

위의 응력텐서는 임의의 세 수직축에 대한 것이다. 그러나 응력텐서의 대칭 성질 때문에 서로 수직인 3개의 특별한 방향, 즉 **주축**(principal axis)에 대한 응력텐서를 보면 층밀리기응력 성분들이 사라지고 **주응력**(principal stress)이라고 불리는 3개의 수직응력 성분만 존재한다[연습문제 2.1 참조]. 이 수직응력 텐서성분은 주응력벡터의 크기로서 속도벡터가 주어진 위치에서 유체입자의 병진운동을 기술하듯이 주어진 위치에서 유체의 응력 상태를 기술한다. 흐름이 없을 때는 식 (1.35)에서 보였듯이 열역학적 압력의 등방성에 의해 $\sigma_{11} = \sigma_{22} = \sigma_{33}$이다. 그러나 흐름이 있을 때는 일반적으로 그렇지 않다.

참고

만일 응력텐서가 대칭 성질을 가지고 있지 않으면 어떻게 될까?

식 (2.29)에서 만일 응력텐서의 대칭성이 없어 왼쪽 항이 0이 아니라면 단면적의 크기 $\delta x \delta y$가 줄어듦에 따라 각가속도 $\dot{\omega}$의 크기가 무한대로 발산하는 비물리적인 결과가 생긴다. 그러나 만일 유체가 비등방적이면 부피소의 관성모멘트가 식 (2.28)과 같이 표현되지 않으므로 응력의 대칭 성질이 유지되지 않는다. 그리고 만일 흐름에 의하지 않고 외력에 의해 부피소에 회전력이 가해지면 응력텐서의 대칭 성질이 역시 깨어져서 응력이 유체입자의 각가속도에 공헌한다. 대칭 성질이 깨어지는 예로 15.6절에서 소개하는 전기점성유체나 자성유체의 경우에는 외부에서 전자기장을 가해 흐름이 없어도 부피소에 회전력을 가할 수 있다.

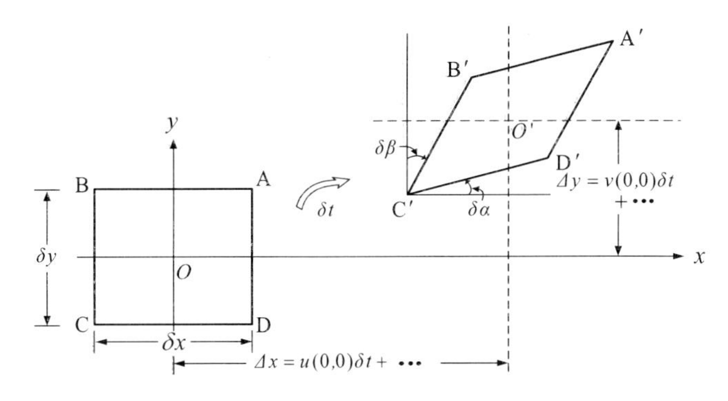

그림 2.7 면적이 $\delta x \delta y$인 직사각형의 면적소가 δt 동안 흐름에 의해 이동한 경우

2.5 회전율과 변형률

유체입자의 회전과 변형을 기술하기 위해 유체 부피소의 단위시간 동안의 회전과 변형을 뜻하는 **회전율**(rate of rotation)과 **변형률**(rate of strain)을 이용한다. 일반적으로 3차원 공간상에서 흐름이 있지만, 문제를 쉽게 접근하기 위해 2차원 xy 평면상에 흐르고 있는 유체 면적소의 단위시간 동안의 회전과 변형을 생각해보자. 시간 $t=0$일 때 좌표의 원점에 중심을 둔 크기 $\delta x\, \delta y$인 2차원 직사각형의 유체 면적소가 시간 δt 동안 속도 u로 흘러서 초기에 A, B, C, D인 유체 면적소의 모서리가 A′, B′, C′, D′로 미소한 크기만큼 이동하였다고 가정하자[그림 2.7 참조]. 여기서 점 O와 O'은 각각 $t=0$와 $t=\delta t$에서 유체 면적소

의 질량중심이다.

유체 면적소의 한 면인 $\overline{\mathrm{CD}}$가 반시계 방향으로 작은 각도 $\delta\alpha$만큼 회전하여 $\overline{\mathrm{C'D'}}$가 되고, 다른 한 면 $\overline{\mathrm{CB}}$가 시계방향으로 작은 각도 $\delta\beta$만큼 회전하여 $\overline{\mathrm{C'B'}}$가 되면, $\delta\alpha$는

$$\delta\alpha = \tan^{-1}\left[\frac{\overline{\mathrm{C'D'}}\text{의 } y \text{ 성분}}{\overline{\mathrm{C'D'}}\text{의 } x \text{ 성분}}\right] \tag{2.33}$$

이다. 괄호 속의 분모와 분자를 각각 원점 O를 중심으로 테일러 전개를 하면

$$\begin{aligned}
\delta\alpha &= \tan^{-1}\left\{\frac{\left[v\left(\frac{1}{2}\delta x,\ -\frac{1}{2}\delta y\right)\delta t+\cdots\right]-\left[v\left(-\frac{1}{2}\delta x,\ -\frac{1}{2}\delta y\right)\delta t+\cdots\right]}{\delta x+\cdots}\right\} \\
&= \tan^{-1}\left\{\frac{\left[v(0,\ 0)+\frac{1}{2}\delta x\frac{\partial v}{\partial x}(0,\ 0)-\frac{1}{2}\delta y\frac{\partial v}{\partial y}(0,\ 0)+\cdots\right]\delta t}{\delta x\,(1+\cdots)}\right. \\
&\qquad \left. -\ \frac{\left[v(0,\ 0)-\frac{1}{2}\delta x\frac{\partial v}{\partial x}(0,\ 0)-\frac{1}{2}\delta y\frac{\partial v}{\partial y}(0,\ 0)+\cdots\right]\delta t}{\delta x\,(1+\cdots)}\right\} \\
&= \tan^{-1}\left\{\frac{\delta x\left[\frac{\partial v}{\partial x}(0,\ 0)+\cdots\right]\delta t}{\delta x\,(1+\cdots)}\right\} \\
&= \tan^{-1}\left\{\left[\frac{\partial v}{\partial x}(0,\ 0)+\cdots\right]\delta t\right\}
\end{aligned} \tag{2.34}$$

이다. $\delta t \to 0$일 때 변형의 크기가 매우 작으므로 $\tan^{-1}$의 괄호 속의 값이 매우 작다. 그러므로

$$\delta\alpha \approx \frac{\partial v}{\partial x}(0,\ 0)\delta t+\cdots \tag{2.35}$$

이다. δx와 δy가 작아지는 한계에 이르면 α의 시간 변화율은

$$\dot{\alpha} = \frac{\partial v}{\partial x}(0,\ 0) \tag{2.36}$$

이다. 같은 방법으로 β의 시간 변화율을 구하면

$$\dot{\beta} = \frac{\partial u}{\partial y}(0,0) \tag{2.37}$$

이다.

이러한 경우에 중심 O에 대해 시계방향으로 유체 면적소의 **회전율**(rate of rotation)은

$$\frac{1}{2}(\dot{\beta} - \dot{\alpha}) = \frac{1}{2}\left(\frac{\partial u}{\partial y} - \frac{\partial v}{\partial x}\right) \tag{2.38}$$

이다. 여기서 $\dot{\beta}$ 와 $\dot{\alpha}$ 의 부호가 다른 이유는 회전을 고려할 경우 $\overline{CD}$ 와 $\overline{CB}$ 의 회전 방향이 같아야 하나 α는 반시계 방향을 양의 값으로 취하고 β는 시계방향으로 양의 값을 취했기 때문이다. 그리고 $1/2$는 $\dot{\beta}$ 와 $-\dot{\alpha}$ 에 대한 평균을 뜻한다.

이에 비해서 유체 면적소의 중심에 대한 유체면적소의 **변형률**(rate of strain)은

$$\frac{1}{2}(\dot{\beta} + \dot{\alpha}) = \frac{1}{2}\left(\frac{\partial u}{\partial y} + \frac{\partial v}{\partial x}\right) \tag{2.39}$$

이다. 여기서 $\dot{\beta}$ 와 $\dot{\alpha}$ 의 부호가 같은 이유는 $\overline{CD}$ 와 $\overline{CB}$ 의 회전 방향이 서로 반대여야 유체 면적소에서 변형이 더 커지기 때문이다.

2차원 유체 면적소의 회전율과 변형률을 3차원 유체 부피소에 대하여 일반화하면 ij 평면상의 회전율은

$$r_{ij} \equiv \frac{1}{2}\left(\frac{\partial u_i}{\partial x_j} - \frac{\partial u_j}{\partial x_i}\right) = -\frac{1}{2}(\nabla \times \boldsymbol{u})_k = -r_{ji} \tag{2.40}$$

이고, ij 평면상의 변형률은

$$\epsilon_{ij} \equiv \frac{1}{2}\left(\frac{\partial u_i}{\partial x_j} + \frac{\partial u_j}{\partial x_i}\right) = \epsilon_{ji} \tag{2.41}$$

이다. 여기서 i와 j는 각각 x, y, z 중의 하나이다. 식 (2.38)은 평면에서의 회전율이므로 r_{xy}를 뜻한다. 마찬가지로 식 (2.39)는 ϵ_{xy}와 같다. 회전율은 차수가 2인 반대칭텐서이므로 3개의 독립성분만 가지고, 변형률은 차수가 2인 대칭텐서이므로 6개의 독립성분을 가진다. 회전율 텐서의 대각선 요소는 0이고, 비대각선 요소는 흐름속도에 회오리 연산자를 취한 $-\frac{1}{2}\nabla \times \boldsymbol{u}$의 성분임을 알 수 있다. 4장에서 $\nabla \times \boldsymbol{u}$의 물리적 의미에 대해 자세히 논하겠다.

변형률 텐서의 대각선 요소 $\epsilon_{ii} = \partial u_i / \partial x_i$ 을 **수직변형률**이라 한다. $\epsilon_{ii} > 0$이면 $+i$ 방향과 $-i$ 방향으로 동시에 같은 크기로 유체입자의 속도가 증가하는 것을 나타낸다. 반대로 $\epsilon_{ii} < 0$이면 $+i$ 방향과 $-i$ 방향으로 동시에 같은 크기로 유체입자의 속도가 감소하는 것을 나타낸다. 그러므로 $\sum_i \epsilon_{ii} > 0$이면 유체입자의 부피가 증가함(팽창)을 뜻하고, $\sum_i \epsilon_{ii} < 0$이면 유체입자의 부피가 줄어듦(수축)을 뜻한다. 부피의 변화가 없는 경우 ($\nabla \cdot \boldsymbol{u} = 0$) 에는 $\sum_i \epsilon_{ii} = \sum_i e_{ii} = 0$이지만 특정한 방향으로는 팽창, 다른 방향으로 수축

이 될 수 있다. 그러므로 변형률 텐서는 유체입자의 층밀리기 변형뿐만 아니라 팽창/수축, 그리고 부피 변화가 없고 층밀리기가 없어도 가능한 유체입자의 모양 변화에 대한 정보까지 포함하고 있다.

참고

변형률 텐서

회전율과 변형률을 정의할 때 부피 변화에 대한 제약이 없었다. 그러므로 변형률 텐서를 부피를 일정하게 유지하면서 변형하는 성분과 부피를 바꾸면서 변형하는 성분으로 나누어 적을 수가 있다.

$$\epsilon_{ij} = \frac{1}{3}\delta_{ij}(\nabla \cdot \boldsymbol{u}) + \left[\epsilon_{ij} - \frac{1}{3}\delta_{ij}(\nabla \cdot \boldsymbol{u})\right] \tag{2.42}$$

여기서 우변의 첫 번째 항은 대각선 요소의 합이 $\nabla \cdot \boldsymbol{u}$로서 부피의 팽창이나 수축에 의한 변형을 뜻한다. 두 번째 항은 대각선 요소의 합이 0로서 부피가 일정하면서 변형이 일어나는 경우를 뜻한다.

속도구배 텐서(velocity gradient tensor, rate of deformation tensor) $\overleftrightarrow{e}$를 속도의 공간구배 텐서로 정의한다. i 방향 속도의 j 방향 공간구배에 해당하는 속도구배는

$$\begin{aligned} e_{ij} &\equiv \frac{\partial u_i}{\partial x_j} \\ &= \frac{1}{2}\left(\frac{\partial u_i}{\partial x_j} - \frac{\partial u_j}{\partial x_i}\right) + \frac{1}{2}\left(\frac{\partial u_i}{\partial x_j} + \frac{\partial u_j}{\partial x_i}\right) \\ &= r_{ij} + \epsilon_{ij} \end{aligned} \tag{2.43}$$

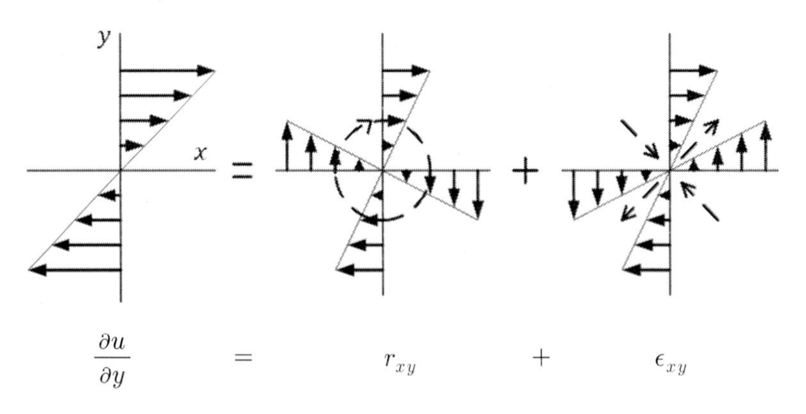

그림 2.8 속도구배 텐서는 회전율 텐서와 변형률 텐서의 합이다.

이다. 즉 속도구배 $\overleftrightarrow{e}$는 회전율과 변형률의 합으로 표시할 수 있다. 그림 2.8은 층밀리기 흐름이 선형일 때 $\partial u / \partial y$를 식 (2.43)을 이용하여 그림으로 보인 것이다. 여기서 점선으로 이루어진 화살의 방향은 회전과 변형의 방향을 각각 나타낸다. 유체의 흐름에서 한 유체입자를 생각할 때 공간상에 속도의 변화가 없는 등속병진운동($e_{ij}=0$), 또는 공간상에 속도의 변화가 있는 경우($e_{ij} \neq 0$)만 생각할 수 있다. $e_{ij} \neq 0$은 회전과 변형으로 나타낼 수 있으므로 회전과 변형은 흐름의 중요한 성질이다. 참고로 $r_{ii}=0$이므로 $e_{ii}=\epsilon_{ii}$이다. 즉 e_{ii}는 회전 성분은 없고 변형만 존재한다. 이것은 앞에서 설명한 것처럼 $\pm i$방향으로 유체입자가 가속하여 늘어나거나 감속하여 줄어드는 것을 뜻한다. 그러므로 속도구배 텐서 $\overleftrightarrow{e}$는 유체입자의 회전, 층밀리기 변형뿐만 아니라 팽창/수축, 그리고 부피 변화가 없고 층밀리기가 없어도 가능한 유체입자의 모양 변화에 대한 정보까지 포함하고 있다.

참고

텐서의 물리적인 성질

자연계에는 물리적 성질이 방향에 따라 다르게 나타나는 현상들이 자주 있다. 이러한 비등방적인 성질을 기술하기 위해서 텐서를 사용한다. 엄밀한 정의는 아니지만 2차 텐서는 1차 텐서인 어떤 물리량 벡터와 다른 물리량 벡터 사이의 관계를 기술하는 물리량이다. 예를 들면 **응력텐서**는 응력벡터와 면적벡터 사이의 관계를 기술한다. 즉 응력텐서 σ_{ij}는 주어진 응력벡터 $\boldsymbol{\sigma}$의 j 성분 σ_j를 i 방향 표면에 대해서 본 양이다. 그리고 **속도구배 텐서**는 속도벡터 $\boldsymbol{u}$와 공간구배 벡터 ∇사이의 관계를 기술한다. 즉 속도구배 e_{ij}은 주어진 속도벡터 $\boldsymbol{u}$의 i 성분 u_i를 방향 공간구배로 분해해서 j방향의 공간구배에 대한 정보를 기술한 것이다.

2.6 질량의 보존(연속방정식)

"물질부피는 시간에 무관하게 항상 동일한 유체입자들로 구성되어 있으므로 부피의 크기나 모양이 시간에 따라 변해도 물질부피의 질량 $\int_{V(t)} \rho \, dV$는 시간에 무관하게 일정하다."

이것은 흐르는 유체에서의 **질량보존법칙**을 간단하게 설명한 말이다. 이 법칙을 물질부피 내에 있는 유체 질량의 적분에 대한 라그랑주 도함수를 이용해 표시하면

$$\frac{\mathrm{D}}{\mathrm{D}t}\int_{V(t)} \rho \,\mathrm{d}V = 0 \tag{2.44}$$

이다. 이 식은 식 (2.9)의 레이놀즈의 전달정리를 이용하여 편미분을 포함하고 있는 피적분함수의 부피적분으로 바꿀 수 있다.

$$\int_{V(t)} \left[\nabla \cdot (\rho \boldsymbol{u}) + \frac{\partial \rho}{\partial t}\right] \mathrm{d}V = 0 \tag{2.45}$$

여기서 사용된 부피는 임의의 물질부피이므로 어떤 물질부피에 대해서도 이 식을 이용할 수 있다. 그러므로 피적분함수의 크기는 항상 0이다. 이를 벡터 표현과 텐서 표현으로 쓰면 각각 다음과 같다.

$$\frac{\partial \rho}{\partial t} + \nabla \cdot (\rho \boldsymbol{u}) = 0 \tag{2.46}$$

$$\frac{\partial \rho}{\partial t} + \sum_k \frac{\partial}{\partial x_k}(\rho u_k) = 0$$

이 식을 **연속방정식**(continuity equation)으로 부른다.

연속방정식의 둘째 항을 풀어서 쓰면 위의 식은 다음과 같다.

$$\frac{\partial \rho}{\partial t} + \boldsymbol{u} \cdot \nabla \rho + \rho \nabla \cdot \boldsymbol{u} = 0 \tag{2.47}$$

여기서 첫째와 두 번째 항을 합쳐서 물질도함수를 이용해 고쳐 적을 수 있다.

$$\frac{\mathrm{D}\rho}{\mathrm{D}t} + \rho \nabla \cdot \boldsymbol{u} = 0 \tag{2.48}$$

이 식은 식(2.44)를 다르게 나타낸 연속방정식의 다른 형태이다.

참고

가우스 정리를 이용한 연속방정식의 해석

식 (C.53)의 가우스 정리 $\int_V \nabla \cdot \boldsymbol{u} \mathrm{d}V = \oint_S \boldsymbol{u} \cdot \mathrm{d}\boldsymbol{S}$를 참고하면, 만일 식 (2.48)에서 $\rho \nabla \cdot \boldsymbol{u} > 0$라면 유체입자가 팽창하는 것을 뜻하므로 부피 내의 밀도가 감소해야 하므로 $\mathrm{D}\rho/\mathrm{D}t < 0$이다.

고정부피를 이용한 연속방정식의 유도

그림 2.9와 같이 표면적 S를 가진 고정부피 V를 통과하는 유체의 흐름을 생각해보자. 이 경우에 고정부피 내에 있는 유체의 질량의 시간 변화율은 표면적 S를 통하여 고정부피 V 속으로 단위시간 동안 들어가는 질량과 같다. 고정부피 V 내에 질량의 시간 변화율은

$$\frac{\mathrm{d}}{\mathrm{d}t}\int_V \rho\,\mathrm{d}V \tag{2.49}$$

이다. 부피가 시간에 따라 바뀌지 않으므로 식 (2.11)을 이용하면 위의 식은 다음과 같이 쓸 수 있다.

$$\int_V \frac{\partial \rho}{\partial t}\mathrm{d}V \tag{2.50}$$

미소의 표면적 $\mathrm{d}\boldsymbol{S}$를 통과하여 단위시간 동안 밖으로 나가는 부피는 $\boldsymbol{u}\cdot\mathrm{d}\boldsymbol{S}$이므로 미소의 표면적 $\mathrm{d}\boldsymbol{S}$를 통과하여 단위시간 동안 밖으로 나가는 질량은 $\rho\boldsymbol{u}\cdot\mathrm{d}\boldsymbol{S}$이다. 그러므로 표면적 $\boldsymbol{S}$를 통하여 고정부피 V 속으로 단위 시간당 들어가는 질량은

$$-\oint_S \rho\boldsymbol{u}\cdot\mathrm{d}\boldsymbol{S} \tag{2.51}$$

이다. 식 (C.53)의 가우스 정리를 이용하면

$$\oint_S \rho\boldsymbol{u}\cdot\mathrm{d}\boldsymbol{S} = \int_V \nabla\cdot(\rho\boldsymbol{u})\mathrm{d}V \tag{2.52}$$

이므로 고정부피 내에 있는 유체 질량의 시간 변화율은 식 (2.50)과 식 (2.52)를 이용하면

$$\int_V \frac{\partial \rho}{\partial t}\mathrm{d}V = -\int_V \nabla\cdot(\rho\boldsymbol{u})\mathrm{d}V \tag{2.53}$$

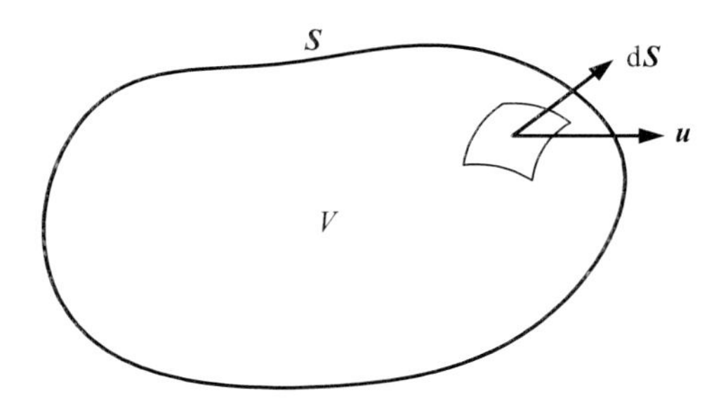

그림 2.9 표면적 S를 가진 고정부피 V

이다. 여기서 고정부피는 임의의 부피이므로 아래의 연속방정식이 구해진다.

$$\frac{\partial \rho}{\partial t} + \nabla \cdot (\rho \boldsymbol{u}) = 0 \tag{2.54}$$

이 결과는 물질부피에서 구한 연속방정식인 식 (2.46)과 일치한다.

비압축성 유체

실질적인 많은 경우에 유체의 밀도는 시간과 공간에 관계없이 항상 일정하다. 이러한 유체를 **비압축성 유체**(incompressible fluid)라 한다. 이러한 비압축성 유체의 성질은 물질도함수를 사용하면

$$\frac{\mathrm{D}\rho}{\mathrm{D}t} = 0 \tag{2.55}$$

로 간단히 표현된다. 이 경우 식 (2.48)의 연속방정식은

$$\nabla \cdot \boldsymbol{u} = 0, \quad \sum_k \frac{\partial u_k}{\partial x_k} = 0 \tag{2.56}$$

로 바뀌며, 이 식은 **비압축성 유체의 연속방정식**으로 알려져 있다.

참고

비압축성

비압축성이면 $\frac{\mathrm{D}\rho}{\mathrm{D}t} = 0$ 이지만 $\frac{\partial \rho}{\partial x_i} \neq 0$일 수 있다. 즉 흐름을 따라 움직이는 같은 유체 입자의 밀도는 시간에 따라 바뀌지 않지만 이웃한 유체입자들끼리는 같은 순간에도 방향에 따라 밀도가 다를 수가 있다는 것을 뜻한다. 흐름이 없어도 바다에서는 깊이에 따른 염도의 차이에 의해서, 대기에서는 위치에 따른 온도 차에 의해서 밀도의 크기가 위치에 따라서 다를 수 있다. 물론 이런 경우에는 흐름이 있어도 밀도의 크기가 위치에 따라 달라진다. 흐름이 정상적이라서 $\frac{\partial \rho}{\partial t} = 0$이더라도 같은 유체입자의 밀도의 크기가 시공간상에서 일정한 비압축성을 보장하지 못한다. 즉 흐름이 정상적이라서 $\frac{\partial \rho}{\partial t} = 0$이면 공간의 주어진 위치에서 밀도가 일정하지만 같은 순간에 공간의 다른 위치에서 밀도의 크기가 달라져서 $\sum_k u_k \frac{\partial \rho}{\partial x_k} \neq 0$인 경우에는 같은 유체입자가 시간에 따라 다른 밀도 크기를 가져 $\frac{\mathrm{D}\rho}{\mathrm{D}t} \neq 0$ 일 수 있다. 그러므로 $\frac{\mathrm{D}\rho}{\mathrm{D}t} = 0$ 일 때만 비압축성을 설명한다.

2.7 운동량의 보존(나비에-스토크스 방정식)

뉴턴의 운동 제2법칙을 물질부피에 적용하면 흐르는 **유체에서 운동량 보존법칙**이 쉽게 표현된다. "물질부피에서의 운동량의 시간 변화율은 물질부피에 가해진 체적력과 물질부피를 둘러싼 표면에 가해진 면적력의 합으로 주어진다."

$$\frac{\mathrm{D}}{\mathrm{D}t}\int_{V(t)}\rho\boldsymbol{u}\,\mathrm{d}V = \int_{V(t)}\rho\boldsymbol{f}\,\mathrm{d}V + \oint_{S(t)}\boldsymbol{\sigma}\,\mathrm{d}S \tag{2.57}$$

운동량의 시간변화율 = 체적력 + 면적력

여기서 $\rho\boldsymbol{f}$는 단위부피당 가해진 **체적력**(body force)이고, $\boldsymbol{\sigma}$는 단위면적당 가해진 **면적력**(surface force)으로 응력(벡터)에 해당한다.

레이놀즈의 전달정리 식 (2.10)을 이용하여 좌변을 다시 쓰면

$$\begin{aligned}\frac{\mathrm{D}}{\mathrm{D}t}\int_{V(t)}\rho\boldsymbol{u}\,\mathrm{d}V &= \int_{V(t)}\left[\frac{\mathrm{D}(\rho\boldsymbol{u})}{\mathrm{D}t} + \rho\boldsymbol{u}(\nabla\cdot\boldsymbol{u})\right]\mathrm{d}V \\ &= \int_{V(t)}\left[\rho\frac{\mathrm{D}\boldsymbol{u}}{\mathrm{D}t} + \boldsymbol{u}\left(\frac{\mathrm{D}\rho}{\mathrm{D}t} + \rho\nabla\cdot\boldsymbol{u}\right)\right]\mathrm{d}V\end{aligned} \tag{2.58}$$

이다. 우변의 소괄호 안의 값은 질량의 보존에 의한 연속방정식 (2.48)에 의해서 0이다. 그러므로

$$\begin{aligned}\frac{\mathrm{D}}{\mathrm{D}t}\int_{V(t)}\rho\boldsymbol{u}\,\mathrm{d}V &= \int_{V(t)}\rho\frac{\mathrm{D}\boldsymbol{u}}{\mathrm{D}t}\mathrm{d}V \\ &= \int_{V(t)}\left[\rho\frac{\partial u_i}{\partial t} + \rho\sum_j u_j\frac{\partial u_i}{\partial x_j}\right]\mathrm{d}V\end{aligned} \tag{2.59}$$

이다. 위의 식과 식 (2.26)의 $\sigma_i = \sum_j \sigma_{ji}n_j$을 이용하면 식 (2.57)은 다음과 같아진다.

$$\int_{V(t)}\left[\rho\frac{\partial u_i}{\partial t} + \rho\sum_j u_j\frac{\partial u_i}{\partial x_j}\right]\mathrm{d}V = \int_{V(t)}\rho f_i\,\mathrm{d}V + \oint_{S(t)}\sum_j\sigma_{ji}n_j\,\mathrm{d}S \tag{2.60}$$

식 (C.54)의 가우스 정리를 이용하여 우변의 면적적분을 부피적분으로 바꿀 수 있다.

$$\int_{V(t)}\left[\rho\frac{\partial u_i}{\partial t} + \rho\sum_j u_j\frac{\partial u_i}{\partial x_j}\right]\mathrm{d}V = \int_{V(t)}\left[\rho f_i + \sum_j\frac{\partial\sigma_{ji}}{\partial x_j}\right]\mathrm{d}V \tag{2.61}$$

여기서 사용된 부피는 임의의 물질부피이므로 어떤 물질부피에 대해서도 이 식을 이용할 수 있다. 그러므로 유체의 흐름에 있어서 뉴턴의 운동 제2법칙은 다음과 같다.

$$\rho\frac{Du_i}{\mathrm{D}t}=\rho\frac{\partial u_i}{\partial t}+\rho\sum_j u_j\frac{\partial u_i}{\partial x_j}=\rho f_i+\sum_j\frac{\partial\sigma_{ji}}{\partial x_j} \tag{2.62}$$

이 방정식은 **코시의 운동방정식**(Cauchy's equation of motion)이라고도 불린다.

참고

운동량의 시간 변화율과 가속도

유체에서 운동량의 시간 변화율이 $\mathrm{D}(\rho \boldsymbol{u})/\mathrm{D}t$가 아니고 $\rho \mathrm{D}\boldsymbol{u}/\mathrm{D}t$인 물리적 이유를 간단히 설명하면 다음과 같다. 만일 밀도 ρ가 속도 $\boldsymbol{u}$와 동시에 바뀐다면 식 (2.58)의 두 번째 줄에 있는 연속방정식 항에서 보이듯이 그것은 유체입자가 질량을 얻거나 잃는 것이 아니라 유체입자가 차지하는 부피가 바뀌어 연속방정식을 만족하는 것이므로 운동량의 변화와 무관하다. 즉 유체의 운동량이 바뀌는 이유는 유체의 속도가 바뀌기 때문이다.

가속도 $\mathrm{D}\boldsymbol{u}/\mathrm{D}t$의 물리적 의미를 생각해보자. $\mathrm{D}\boldsymbol{u}/\mathrm{D}t$의 첫 번째 항 $\partial \boldsymbol{u}/\partial t$는 고정된 위치 $\boldsymbol{r}$에서 측정한 속도의 시간적인 불균일성에 의한 가속도이다. 이에 반해 두 번째 항 $(\boldsymbol{u}\cdot\nabla)\boldsymbol{u}$는 고정된 순간에 속도의 공간적인 불균일성에 의한 가속도이다. 두 번째 항의 이해를 돕기 위해 그림 2.10과 같이 단면적이 줄어드는 노즐을 통해 흐르는 유체를 생각해보자. 정상적인 흐름의 경우에 오른쪽으로 갈수록 유체의 속도가 증가한다. 이로 인해 흐름이 있는 경우에 두 번째 항은 0가 아니다.

선형유체는 응력텐서와 속도구배텐서와의 관계가 선형인 유체이다. 이러한 선형관계를 기술하는 식을 **운동량전달 구성식**(constitutive equation of momentum transfer)이라 부르며, **선형유체의 구성식**은 다음과 같다.

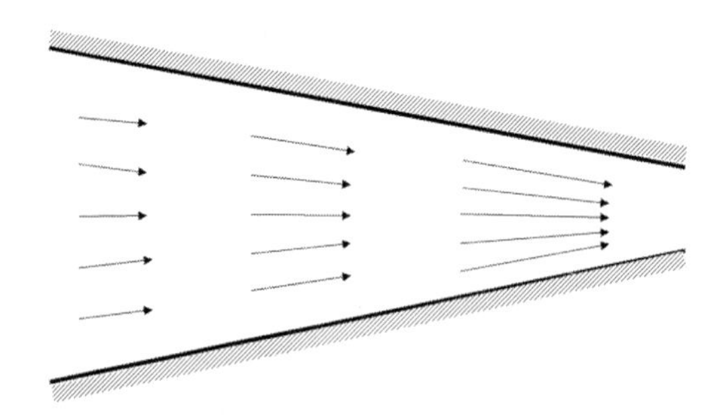

그림 2.10 좁아지는 노즐 속에서는 하류로 갈수록 유체가 빨라진다. 이 현상은 가속도항 $(\boldsymbol{u}\cdot\nabla)\boldsymbol{u}$ 을 설명한다.

$$\sigma_{ij} = -p\delta_{ij} + \zeta\delta_{ij}(\nabla \cdot \boldsymbol{u}) + \mu\left(2\epsilon_{ij} - \frac{2}{3}\delta_{ij}(\nabla \cdot \boldsymbol{u})\right) \tag{2.63}$$

여기서 μ는 **점성계수**(coefficient of viscosity) 혹은 **층밀리기 점성계수**(shear viscosity)라 부르며, ζ는 **부피점성계수**(bulk viscosity) 혹은 체적점성계수라 불린다. 이 구성식의 유도과정과 물리적 설명은 2.8절로 미룬다.

σ_{ji}를 x_j로 미분하면

$$\begin{aligned}\sum_j \frac{\partial \sigma_{ji}}{\partial x_j} &= \sum_j \frac{\partial}{\partial x_j}\left[-p\delta_{ij} + \left(\zeta - \frac{2}{3}\mu\right)\delta_{ij}\sum_k \frac{\partial u_k}{\partial x_k} + \mu\left(\frac{\partial u_i}{\partial x_j} + \frac{\partial u_j}{\partial x_i}\right)\right] \\ &= -\frac{\partial p}{\partial x_i} + \frac{\partial}{\partial x_i}\left[\left(\zeta - \frac{2}{3}\mu\right)\sum_k \frac{\partial u_k}{\partial x_k}\right] + \sum_j \frac{\partial}{\partial x_j}\left[\mu\left(\frac{\partial u_i}{\partial x_j} + \frac{\partial u_j}{\partial x_i}\right)\right]\end{aligned} \tag{2.64}$$

이다. 이것을 식 (2.62)에 대입하면 그 유명한 **나비에-스토크스 방정식**(Navier-Stokes equation)이 구해진다.

$$\begin{aligned}\rho\frac{\partial u_i}{\partial t} + \rho\sum_j u_j \frac{\partial u_i}{\partial x_j} &= \rho f_i - \frac{\partial p}{\partial x_i} + \frac{\partial}{\partial x_i}\left[\left(\zeta - \frac{2}{3}\mu\right)\sum_k \frac{\partial u_k}{\partial x_k}\right] \\ &\quad + \sum_j \frac{\partial}{\partial x_j}\left[\mu\left(\frac{\partial u_i}{\partial x_j} + \frac{\partial u_j}{\partial x_i}\right)\right]\end{aligned} \tag{2.65}$$

이 방정식의 해는 공간의 각 위치에서 주어진 시간에서의 유체입자의 흐름속도이다.

실질적인 많은 경우에 유체는 비압축성 유체이므로 식 (2.56)에 의해 $\sum_k \frac{\partial u_k}{\partial x_k} = 0$이고, 유체의 온도가 거의 일정하므로 점성계수 μ를 상수로 둘 수 있다. 이러한 경우에

$$\frac{\partial}{\partial x_i}\left[\left(\zeta - \frac{2}{3}\mu\right)\sum_k \frac{\partial u_k}{\partial x_k}\right] = 0 \tag{2.66}$$

$$\begin{aligned}\sum_j \frac{\partial}{\partial x_j}\left[\mu\left(\frac{\partial u_i}{\partial x_j} + \frac{\partial u_j}{\partial x_i}\right)\right] &= \mu\sum_j\left[\frac{\partial^2 u_i}{\partial x_j \partial x_j} + \frac{\partial}{\partial x_i}\left(\frac{\partial u_j}{\partial x_j}\right)\right] \\ &= \mu\sum_j \frac{\partial^2 u_i}{\partial x_j \partial x_j} \\ &= \mu(\nabla^2 \boldsymbol{u})_i\end{aligned} \tag{2.67}$$

이다. 그러므로 **비압축성 유체의 나비에-스토크스 방정식**의 **텐서 표현**은

$$\rho\frac{\partial u_i}{\partial t}+\rho\sum_j u_j\frac{\partial u_i}{\partial x_j} = -\frac{\partial p}{\partial x_i}+\rho f_i+\mu\sum_j\frac{\partial^2 u_i}{\partial x_j \partial x_j} \tag{2.68}$$

이고 **벡터 표현**은

$$\rho\frac{\partial \boldsymbol{u}}{\partial t}+\rho(\boldsymbol{u}\cdot\nabla)\boldsymbol{u} = -\nabla p+\rho\boldsymbol{f}+\mu\nabla^2\boldsymbol{u} \tag{2.69}$$

이다. 여기서 텐서로 표현한 식 (2.68)은 벡터로 표현한 식 (2.69)의 한 방향 성분만 나타낸다.

유체의 점성 성질에 의한 영향을 무시할 수 있는 경우에는 $\mu=0$로 가정할 수 있다. 그 경우에 비압축성 유체의 나비에-스토크스 방정식은

$$\rho\frac{\partial \boldsymbol{u}}{\partial t}+\rho(\boldsymbol{u}\cdot\nabla)\boldsymbol{u} = -\nabla p+\rho\boldsymbol{f} \tag{2.70}$$

이다. 이 식은 **오일러 방정식**(Euler equation)이라 부른다. 오일러 방정식을 만족하는 유체를 **오일러 유체**(Euler fluid)라고도 부르며, 점성계수 $\mu=0$이고 비압축성으로 취급해도 위의 식을 이용해 유체의 흐름을 잘 묘사할 수 있는 유체이다.

고정부피를 이용한 코시의 운동방정식의 유도

그림 2.2와 같이 표면적 S를 가진 고정부피 V를 통과하는 유체의 흐름을 생각해보자. 이 경우에 **뉴턴의 운동 제2법칙**을 고정부피에 적용하면 고정부피 내의 유체의 운동량의 시간 변화율은 표면적 S를 통하여 고정부피 V 속으로 들어가는 운동량과 고정부피 V에 가해지는 체적력과 표면적 S에 가해지는 면적력의 합이다. 고정부피 V 내에 운동량의 i 성분의 시간 변화율은

$$\frac{\mathrm{d}}{\mathrm{d}t}\int_V \rho u_i\,\mathrm{d}V \tag{2.71}$$

이다. 미소의 표면적 $\mathrm{d}\boldsymbol{S}$를 통과하여 단위시간에 밖으로 나가는 부피는 $\boldsymbol{u}\cdot\mathrm{d}\boldsymbol{S}$이다. 단위부피당 유체의 운동량은 $\rho\boldsymbol{u}$이므로 미소의 표면적 $\mathrm{d}\boldsymbol{S}$를 통과하여 단위시간에 고정부피 밖으로 나가는 운동량은 $\rho\boldsymbol{u}(\boldsymbol{u}\cdot\mathrm{d}\boldsymbol{S})$이다. 그러므로 단위시간에 표면적 S를 통하여 고정부피 V 속으로 들어가는 방향의 운동량의 i 성분은

$$-\oint_S \rho u_i\boldsymbol{u}\cdot\mathrm{d}\boldsymbol{S} \tag{2.72}$$

이다. 고정부피 V에 가해지는 체적력의 i 성분은

$$\int_V \rho f_i \mathrm{d}V \tag{2.73}$$

이고 고정부피의 표면적 S에 가해지는 면적력의 i 성분은

$$\oint_S \sum_j \sigma_{ji} n_j \mathrm{d}S \tag{2.74}$$

이다. 그러므로 고정부피 V 속에 있는 유체의 운동방정식은

$$\frac{\mathrm{d}}{\mathrm{d}t}\int_V \rho u_i \mathrm{d}V = -\oint_S \rho u_i \boldsymbol{u}\cdot \mathrm{d}\boldsymbol{S} + \int_V \rho f_i \mathrm{d}V + \oint_S \sum_j \sigma_{ji} n_j \mathrm{d}S \tag{2.75}$$

이다. 식 (C.53)과 식 (C.54)의 가우스 정리와 식 (2.11)을 이용하면

$$\int_V \frac{\partial}{\partial t}(\rho u_i)\mathrm{d}V = \int_V \left[-\sum_j \frac{\partial}{\partial x_j}(\rho u_i u_j) + \rho f_i + \sum_j \frac{\partial \sigma_{ji}}{\partial x_j}\right]\mathrm{d}V \tag{2.76}$$

이다. 그러므로 임의의 고정부피에 대해서 생각하면

$$\frac{\partial}{\partial t}(\rho u_i) + \sum_j \frac{\partial}{\partial x_j}(\rho u_i u_j) = \rho f_i + \sum_j \frac{\partial \sigma_{ji}}{\partial x_j} \tag{2.77}$$

이다. 좌변의 항들을 전개하면 위의 식은

$$\rho\frac{\partial u_i}{\partial t} + \rho\sum_j u_j \frac{\partial u_i}{\partial x_j} + u_i\left[\frac{\partial \rho}{\partial t} + \sum_j \frac{\partial}{\partial x_j}(\rho u_j)\right] = \rho f_i + \sum_j \frac{\partial \sigma_{ji}}{\partial x_j} \tag{2.78}$$

이다. 식 (2.46)의 연속방정식을 이용하여 좌변의 대괄호 속 값을 제거하면 위의 식은 물질부피에서 유도한 식 (2.62)의 **코시의 운동방정식**과 같아진다.

$$\rho\frac{Du_i}{\mathrm{D}t} = \rho\frac{\partial u_i}{\partial t} + \rho\sum_j u_j \frac{\partial u_i}{\partial x_j} = \rho f_i + \sum_j \frac{\partial \sigma_{ji}}{\partial x_j} \tag{2.79}$$

참고

각운동량의 보존

식 (2.79)는 유체의 흐름에 있어서 **선운동량의 보존**에 의한 결과이다. 흐름 중에는 각운동량도 역시 보존되어야 한다. 식 (2.27)과 식 (2.31)에서 응력텐서가 대칭텐서인 것은 무한히 작은 유체입자에 있어서 **각운동량의 보존**에 의한 결과이다. 각운동량의 보존에 따른 미분방정식은 식 (2.79)에 위치벡터 $\boldsymbol{r}$로 외적을 취하여 구할 수 있다. 그러나 이 식을 사용할 일이 없으므로 이 책에서는 다루지 않는다.

2.8 유체의 구성식

유체의 흐름을 기술하는 기본방정식들을 완성하기 위해서는 두 개의 **구성식**(constitutive equation)이 필요하다. 구성식은 관심 있는 물리량의 공간구배와 흐름밀도 사이의 비례관계를 정의한다. 관심 있는 물리량이 흐름속도(운동량)일 때는 **운동량전달의 구성식**이며 비례상수는 점성계수이다. 이에 반해 관심 있는 물리량이 온도(열적 운동에너지)일 때는 **열전도의 구성식**이며 비례상수는 열전도계수이다.

운동량전달의 구성식

정지해 있는 유체에 있어서 유체 속에 존재하는 임의의 어떠한 가상 표면에 대해서도 표면에 수직방향으로 작용하는 수직응력 성분만 존재한다. 만일 층밀리기 응력 성분이 가해진다면 유체는 층밀리기 응력 성분이 없어질 때까지 흘러서 수직응력 성분만 남을 것이다. 즉 식 (1.35)에서 보인 것처럼 **정지 유체**에서의 응력은 등방성의 성질을 가진다.

$$\sigma = -p\hat{\mathbf{n}}, \quad \sigma_{ij} = -p\delta_{ij} \tag{2.80}$$

등방성의 성질 때문에 응력텐서의 대각선 요소들은 다 같이 $-p$이다. 여기서 p 앞에 음의 부호가 있는 이유는 응력의 방향은 표면의 방향 $\hat{\mathbf{n}}$과 반대로 향하기 때문이다. 여기서 p는 열적 상태방정식에서 볼 수 있는 **열역학적 압력**(thermodynamic pressure)으로 **정수압력**(hydrostatic pressure) 혹은 **정수압**이라고도 한다.

흐르는 유체에서는 유체의 고유 성질인 점성 때문에 정지 유체에 없던 새로운 응력성분인 **점성응력**(viscous stress) τ_{ij}가 나타난다.

$$\sigma_{ij} = -p\delta_{ij} + \tau_{ij} \tag{2.81}$$

열역학적 압력은 구성분자들이 열적인 효과에 의해 미시적으로 마구잡이 움직임을 보이는 성질에 의해 발생하므로 거시적인 흐름에 관련이 없어 등방적이다. 이에 반해 점성응력은 유체의 거시적인 흐름과 관련이 있고 흐름이 방향을 가지므로 일반적으로 비등방적이다. 그러므로 점성응력의 세 수직성분은 일반적으로 서로 다른 값을 가진다. 즉 점성응력 텐서의 대각선 요소들이 서로 다른 값을 가진다.

점성응력 텐서의 정확한 표현은 아직 잘 모른다. 그러나 일반적으로 점성응력 텐서는 속도구배 텐서의 함수이다. 이 함수는 비선형일 수도 있다. 그러나 물과 공기처럼 간단한 유체의 경우에는 1.5절에서 뉴턴이 실험적으로 확인했듯이 점성응력 텐서가 속도의 공간 미분인 속도구배 텐서와 항상 선형 관계를 가진다.

$$\tau_{ij} = \sum_{k,l} \alpha_{ijkl} \frac{\partial u_k}{\partial x_l} = \sum_{k,l} \alpha_{ijkl}\, e_{kl} \tag{2.82}$$

선형유체의 정의는 점성응력 텐서와 속도구배 텐서와의 관계가 선형인 유체이다. 여기서 계수 α_{ijkl}는 2차 텐서인 속도구배를 2차 텐서인 점성응력 텐서의 각 성분과 연결하게 하려면 4차 텐서가 되어야 한다.

2.5절에서 설명했듯이 유체의 흐름에서 유체입자의 운동은 등속병진운동과 강체회전 그리고 변형으로 이루어져 있다. 그러나 여기서 등속병진운동은 점성응력과 전혀 관계가 없는 양이다. 또한 유체입자가 강체처럼 회전할 때도 점성응력과 관계없다. 그러므로 점성응력은 회전율과 관계없다. 식 (2.43)에서 보였듯이 속도구배는 회전율과 변형률의 합으로 표시되나 위의 이유로 점성응력 텐서는 변형률 텐서와만 선형 관계를 가진다. 그러므로 식 (2.82)는 다음과 같이 고칠 수 있다.

$$\tau_{ij} = \frac{1}{2} \sum_{k,l} \beta_{ijkl} \left(\frac{\partial u_k}{\partial x_l} + \frac{\partial u_l}{\partial x_k} \right) = \sum_{k,l} \beta_{ijkl}\, \epsilon_{kl} \tag{2.83}$$

여기서 계수 β_{ijkl}는 4차 텐서로서 첨자 i, j, k, l이 각각이 1에서 3까지 변하기 때문에 총 81개의 성분이 있다. 그러나 응력텐서와 변형률 텐서가 각각 대칭텐서이기 때문에 $\tau_{ij} = \tau_{ji}$와 $\epsilon_{kl} = \epsilon_{lk}$의 성질에 의해 $\beta_{ijkl} = \beta_{jikl} = \beta_{ijlk} = \beta_{jilk}$이 되어 81개의 성분이 36개의 독립적인 성분으로 감소한다. 또한 유체는 등방성의 성격을 띠기 때문에 특별한 방향성이 없다. 즉 유체의 성질은 위치만의 함수이므로 좌표계의 회전에 무관하다. 이러한 성질 때문에 β_{ijkl}는 등방성 텐서이고 속도구배 텐서의 주축은 점성응력 텐서의 주축이 되므로 36개의 성분이 최종적으로 2개의 독립적인 성분으로 줄어든다[연습문제 2.2 참조].

$$\beta_{ijkl} = A\delta_{ij}\delta_{kl} + 2B\delta_{ik}\delta_{jl} \tag{2.84}$$

이를 식 (2.83)에 대입하면 점성응력 텐서는

$$\begin{aligned} \tau_{ij} &= \frac{1}{2} \sum_{k,l} (A\delta_{ij}\delta_{kl} + 2B\delta_{ik}\delta_{jl}) \left(\frac{\partial u_k}{\partial x_l} + \frac{\partial u_l}{\partial x_k} \right) \\ &= A\delta_{ij} \sum_k \frac{\partial u_k}{\partial x_k} + B \left(\frac{\partial u_i}{\partial x_j} + \frac{\partial u_j}{\partial x_i} \right) \end{aligned} \tag{2.85}$$

$$= A\delta_{ij}(\nabla \cdot \boldsymbol{u}) + 2B\epsilon_{ij}$$

이다. 이 식에서 보면 점성응력에는 층밀리기 속도구배 뿐만 아니라 수직 속도구배를 포함하고 있다. 그리고 흐름속도에 있어서 공간적인 변화가 없을 때($\partial u_i/\partial x_j = 0$)에는 점성응력이 사라진다. 유체 전체가 같은 속도로 흐를 때는 같은 속도로 움직이는 좌표계에서 보면 유체가 정지된 경우와 마찬가지이므로 점성응력은 0이다. 1.5절에서 보인 뉴턴의 마찰법칙을 고려하면 선형유체의 층밀리기응력은 층밀리기 속도구배에 점성계수 μ의 비례상수를 가지고 비례한다. 그러므로 점성응력을 등방적인 압축과 팽창을 나타내는 등방적인 부분과 흐름에 의한 유체의 변형을 나타내는 비등방적인 부분으로 식 (2.42)를 이용하여 나눌 수 있다.

$$\tau_{ij} = \zeta\delta_{ij}(\nabla \cdot \boldsymbol{u}) + \mu\left(2\epsilon_{ij} - \frac{2}{3}\delta_{ij}(\nabla \cdot \boldsymbol{u})\right) \quad (2.86)$$

이 식을 식 (2.85)와 비교하면 $A = \zeta - 2/3\mu$와 $B = \mu$이다. 여기서 우변의 첫 번째 항은 유체가 팽창하거나 수축하는 것을 나타내고 있다. 흐름이 있는 경우에는 이 항의 대각선요소는 모두 같은 값을 가지며 비압축성 유체의 경우는 0이다. 두 번째 항은 유체가 부피의 크기에 있어서 변화는 없지만, 국부적인 흐름에 의해서 어떤 방향으로는 유체가 팽창하고 동시에 다른 방향으로는 유체가 압축되는 비등방적인 변형을 나타낸다. 부피의 변화가 없으므로 이 항의 대각선요소의 합은 0이다. 그러므로 두 번째 항의 비례상수 μ는 뉴턴이 정의한 점성계수로서 **층밀리기 점성계수**(shear viscosity)라고 부른다. 이에 반해 첫 번째 항의 비례계수 ζ는 유체의 부피가 팽창이나 수축하는 것과 관계있으므로 **부피점성계수**(bulk viscosity) 혹은 **체적점성계수**라고 부른다.

참고

유체의 등방 성질

유체가 등방 성질을 가지는 이유는 일정한 부피의 유체를 이루고 있는 분자들의 위치가 부피 내 어디에 있든지 구성 분자의 마구잡이 운동에 있어 특별한 방향성이 없어 분자를 찾을 확률이 같기 때문이다. 그러므로 유체를 압축하거나 층밀리기 응력을 가할 때도 유체의 몇 가지 본질적 성질은 가하는 방향과 관계없다. 예를 들면 열역학적 압력은 흐름의 영향으로 크기는 달라질 수 있지만, 항상 등방적인 성질을 띤다. 그리고 선형유체의 점성계수는 속도의 함수가 아닌 물질의 고유 성질이므로 상수이고 등방성을 띤다. 달리 표현하면 흐름과 무관한 유체 본연의 성질은 좌표계의 방향과 무관하다.

식 (2.86)을 식 (2.81)에 대입하면 식 (2.63)에서 정의한 **선형유체의 구성식**을 구할 수 있다.

$$\begin{aligned}\sigma_{ij} &= -p\delta_{ij}+\tau_{ij} \\ &= -p\delta_{ij}+\zeta\delta_{ij}(\nabla\cdot u)+\mu\left(2\epsilon_{ij}-\frac{2}{3}\delta_{ij}(\nabla\cdot u)\right) \\ &= -p\overleftrightarrow{\mathrm{I}}+\zeta\overleftrightarrow{\mathrm{I}}(\nabla\cdot u)+2\mu\left[\nabla u+(\nabla u)^T\right]\end{aligned} \tag{2.87}$$

여기서 마지막 식은 텐서로 표현된 구성식으로 $\overleftrightarrow{\mathrm{I}}$는 **단위 텐서**(identity tensor)를, T는 **전치**(transpose)를 뜻한다. 비압축성 유체의 경우 $\sum_k \frac{\partial u_k}{\partial x_k}=0$이므로 구성식은 다음과 같다.

$$\begin{aligned}\sigma_{ij} &= -p\delta_{ij}+\mu\left(\frac{\partial u_i}{\partial x_j}+\frac{\partial u_j}{\partial x_i}\right) \\ &= -p\delta_{ij}+2\mu\epsilon_{ij}\end{aligned} \tag{2.88}$$

식 (2.87)에서 수직응력의 각 성분 σ_{ii}는 열역학적 압력 p와 해당하는 방향으로의 수직점성응력 성분 τ_{ii}를 포함한다. 그러므로 실제로 임의의 방향을 향하는 가상면이 향하는 방향으로 단위면적당 느끼는 힘인 수직응력은, 흐름이 있으면 수직점성 응력텐서의 비등방적 성분에 의해 가상면의 방향에 따라 크기가 다르다. 수직응력의 평균값(응력텐서의 대각선요소의 합의 1/3)에 음의 부호를 붙인 것을 **역학적 압력**(mechanical pressure)이라고 부른다. 여기서 음의 부호를 붙인 이유는 압력의 방향이 가상면의 방향과 반대이기 때문이다.

$$\begin{aligned}\bar{p} &\equiv -\frac{1}{3}\sum_i\sigma_{ii} \\ &= -\frac{1}{3}\sum_i\left[-p\delta_{ii}+\zeta\delta_{ii}(\nabla\cdot u)+\mu\left(2\epsilon_{ii}-\frac{2}{3}\delta_{ii}(\nabla\cdot u)\right)\right] \\ &= p-\zeta(\nabla\cdot u)\end{aligned} \tag{2.89}$$

여기서 보면 역학적 압력($\bar{p}$)은 열역학적 압력(p)과 유체의 흐름에 의해 생기는 유체의 등방적 팽창이나 수축에 의한 압력과의 합이다. 이상기체 상태방정식과 반데르발스 상태방정식은 비압축성 유체를 설명하지 못하므로 비압축성 유체에서는 열역학적 압력을 사용할 수 없다. 그러나 비압축성 유체에서는 $\sum_k \frac{\partial u_k}{\partial x_k}=0$이므로 식 (2.89)에 의하면 역학적 압력은 열역학적 압력 p와 같다. 이에 반해 압축성 유체의 경우에는 열역학적 압력을 정의할 수 있고 열역학적 압력 p과 역학적 압력 $\bar{p}$과의 차이가 $\sum_k \frac{\partial u_k}{\partial x_k}$의 값에 비례한다. 이때 비례상수의 크기가 부피점성계수이다.

부피점성계수가 유체의 팽창이나 수축과 어떻게 관계하는지 생각해보자. 만일 유체입자가 수축이 되는 경우를 생각해보면 수축하는데 사용되었던 역학적 에너지 일부가 유체입자의 열에너지로 변하여 유체입자 온도를 상승시킬 수 있다. 이러한 성질 때문에 유체의 팽창과 수축에 관계하는 음파(압력파)는 무한히 전파될 수 없고 결국에는 소멸한다. 그러나 유체의 팽창이나 수축이 매우 빨리 일어나서 발생하는 충격파와 같은 특별한 경우를 제외하고는 팽창이나 수축 때문에 유체입자 온도가 거의 변화하지 않으므로 부피점성계수의 효과를 일반적으로 고려할 필요가 없다. 그러므로 보통 점성계수란 층밀리기 점성계수를 뜻한다. 일반적으로 응력텐서는 부피점성계수를 포함한 항을 무시하고 다음과 같이 표시된다.

$$\sigma_{ij} = -p\delta_{ij} + \mu\left[2\epsilon_{ij} - \frac{2}{3}\delta_{ij}(\nabla \cdot \boldsymbol{u})\right] \tag{2.90}$$

$$= -\left(p + \frac{2}{3}\mu\sum_k \frac{\partial u_k}{\partial x_k}\right)\delta_{ij} + \mu\left(\frac{\partial u_i}{\partial x_j} + \frac{\partial u_j}{\partial x_i}\right)$$

점성계수(μ)의 단위는 Pascal-seconds(Pa.s ; kg $\mathrm{m}^{-1}\mathrm{sec}^{-1}$) 혹은 프랑스의 내과의사이면서 물리학자인 푸아죄유(Jean Louis Poiseuille, 1797~1869)의 이름을 따서 poise(g $\mathrm{cm}^{-1}\mathrm{sec}^{-1}$)를 쓰며 '푸아즈'라고 읽는다. 이들 사이의 관계는

$$1\ \mathrm{Pa.s} = 10\ \mathrm{poise} = 1000\ \mathrm{centipoise} \tag{2.91}$$

이다. 상온에서 물의 점성계수는 0.01 poise이고, 공기는 2×10^{-4} poise로, 물이 공기에 비해 점성도가 50배 정도 크다. 그리고 지각의 암석은 점성계수가 약 10^{22} poise이다. 고체와 액체는 일반적으로 $\mu = 10^{15}$ poise를 기준으로 서로 구분된다. 점성계수 μ는 거의 모든 유체에서 온도에 따라 크기가 변한다. 액체의 경우에는 온도를 올리면 μ가 감소한다. 이에 반해 기체의 경우에는 반대로 증가한다. 그러나 유체 내의 온도가 거의 일정한 경우에는 μ를 상수로 취급한다.

참고 **점성계수의 성질**

응력텐서 성분 σ_{ij}는 i 방향 표면을 통해 단위시간당 j 방향 운동량의 전달량이다. 4.6절과 9.4절에서 자세히 설명하겠지만 점성계수는 유체의 운동량이 공간적으로 같지 않을 때 공간적으로 균일하게 만들기 위해 운동량을 확산시키는 유체의 고유 성질을 나타낸다. **이상기체의 경우**에는 식 (1.19)에 따르면 구성 분자들의 마구잡이 열적 운동속도는 $\sqrt{T}$ 에 비례한다. 그러므로 구성 분자들 사이의 운동량전달도 $\sqrt{T}$ 에 비례하므로 **기체의 경우**에는 일반적으로 $\mu \propto \sqrt{T}$ 이다. 기체의 분자운동론을 이용한 정확한 유도는 연습문제 2.9에서 찾을 수 있다. 이에 반해서 **액체의 경우**에는 구성 분자들 사이의 운동량전달이 구성 분자의 열적 운동 때문에 일어나는 것이 아니고 구성 분자들의 상호 응집력에 의해서 일어나며 이 상호 응집력은 온도가 증가하면 감소한다. 그러므로 온도를 올리면 μ가 감소한다. **기체의 경우**에는 구성 분자 사이의 상호작용을 무시하므로 점성계수의 크기는 밀도에 무관하다. 그러나 관심 있는 계의 크기가 구성 분자들의 평균 자유거리와 비슷한 매우 작은 밀도에서는 점성의 효과가 사라진다[Knudsen 영역].

열전도의 구성식

두 번째의 구성식은 열적 운동에너지의 이동에 관계되는 **열흐름밀도**(heat flux) **벡터** $\boldsymbol{q}$ 에 관한 것이다. 여기서 열흐름밀도 $\boldsymbol{q}$ 는 단위시간 동안 단위면적을 통해 흐르는 열의 양이다. 이 구성식은 유체의 흐름이 없을 때 열전도에 의해 열에너지가 공간적으로 이동을 하는 것을 나타내며, **푸리에의 열전도 법칙**(Fourier's law of heat conduction)이라 부른다. 이 식에 따르면 열전도는 온도가 감소하는 방향으로 일어나며 온도구배의 크기에 비례한다.

$$\boldsymbol{q} = -k\nabla T, \quad q_j = -k\frac{\partial T}{\partial x_j} \tag{2.92}$$

여기서 k는 유체의 **열전도계수**(thermal conductivity) 혹은 **열전도도**라 불린다. 이 식은 온도구배의 크기가 작은 $|\nabla T| \ll T$ 인 경우에만 사용할 수 있다.

열전도계수의 단위는 $\mathrm{J\,m^{-1}\,s^{-1}\,K^{-1}}$, $\mathrm{m\,kg\,s^{-3}\,K^{-1}}$, 혹은 $\mathrm{W/mK}$으로 표시된다. 상온에서 물의 열전도계수는 $0.598\,\mathrm{W/mK}$이며 공기는 $0.026\,\mathrm{W/mK}$으로, 물이 공기보다 약 23배 정도 열전도가 잘된다. 일반적으로 유체 내의 온도가 거의 일정한 경우에는 k를 상수로 취급한다.

참고 **열전도계수의 성질**

열전도계수는 온도(구성 입자의 열적 운동에너지)의 크기가 위치에 따라 다를 때에 공간적으로 균일하게 만들기 위해 열적 운동에너지를 확산시키는 유체의 열전도 성질을 나타낸다[9.3절 참조]. 그러므로 **이상기체의 경우**에는 열적 운동에너지의 전달인 열전도는 구성 분자들의 마구잡이 열적 운동속도가 크면 클수록 잘된다. 그리고 기체의 열에너지는 식 (1.21)에 의해 정적비열 C_v 에 비례한다. 그러므로 **기체의 경우**에는 일반적으로 $k \propto C_v \sqrt{T}$ 이다. 점성이 큰 기체는 열전도도 잘된다. 이에 반해서 **액체의 경우**에는 열전도와 점성과는 관련이 없다. 그러므로 액체의 열전도계수 크기는 점성계수와 달리 온도의 변화에 따라 민감하게 변하지 않는다. 그리고 열전도계수의 크기는 액체에 따라 크게 변한다. 일반적으로 자유전자가 많은 금속 액체의 열전도계수가 그렇지 않은 액체의 것보다 크다.

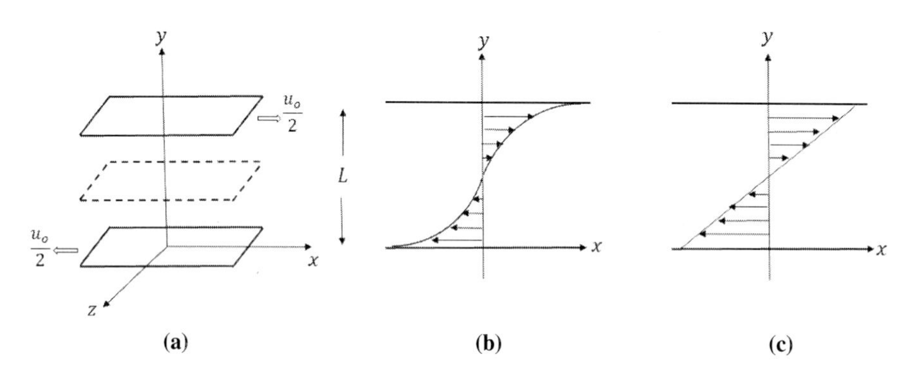

그림 2.11 거리가 L 만큼 떨어진 2개의 평행한 판들 사이의 간단한 층밀리기 흐름. (a)는 $t=0$ 때 층밀리기 흐름을 발생시키는 모습이다. (b)와 (c)는 각각 짧은 시간 후의 과도상태에서와 긴 시간 후의 정상상태에서의 속도분포를 보인다.

간단한 층밀리기 흐름에서 점성응력의 역할

선형유체의 운동량전달의 구성식을 이해하기 위하여 서로 미끄러지는 무한하게 넓은 두 평면판(sliding plates) 사이에 있는 비압축성 선형유체의 **층밀리기 흐름**(shear flow)을 생각해보자. 그림 2.11(a)와 같이 거리가 L 만큼 떨어진 2개의 평행한 판들 사이에 유체가 있고, 위에 있는 판이 x축 방향으로만 갑자기 일정한 속도 $u_o/2$ 로 움직이고 아래에 있는 판은 $-u_o/2$ 로 움직이는 경우를 생각해보자. 이때 유체는 x축의 방향으로만 흐르고, 흐름속도의 크기는 y축 방향으로 위치에 따라 단조롭게 바뀐다.

$$u = u(y), \quad v = w = 0 \tag{2.93}$$

이 경우 응력텐서의 각 성분은 식 (2.88)을 적용하면

$$\sigma_{12} = \sigma_{21} = \mu \frac{\partial u}{\partial y}, \quad \sigma_{11} = \sigma_{22} = \sigma_{33} = -p, \quad \sigma_{13} = \sigma_{31} = \sigma_{23} = \sigma_{32} = 0 \tag{2.94}$$

$$\overleftrightarrow{\sigma} = \begin{pmatrix} -p & \mu \dfrac{\partial u}{\partial y} & 0 \\ \mu \dfrac{\partial u}{\partial y} & -p & 0 \\ 0 & 0 & -p \end{pmatrix}$$

으로, 층밀리기 응력성분은 속도의 공간구배인 층밀리기 속도구배 $\partial u / \partial y$에 선형적으로 비례한다. 여기서는 흐름이 정상흐름에 이르기 전에는 $\partial u / \partial y$의 크기는 위치 x에는 무관하지만 위치 y와 시간 t에 따라서 다르다. 일반적으로 응력텐서는 시간과 위치의 함수이다.

그림 2.11(a)에서 흐름 가운데에 높이 y에 위치한 점선으로 그려진 가상의 수평면에서 유체가 $u(y)$의 속도로 움직이고 있다고 생각해보자. 면의 바로 아래에 있는 유체는 $-y$ 방향을 향하는 면에 대해 $-x$ 방향으로 단위면적당 힘 $\mu(\partial u / \partial y)$로 당긴다. 그러나 가상의 면이 가속되지 않는 이유는 $y = L$에 위치한 판이 움직이면서 유체의 점성을 이용해 $+y$ 방향을 향하는 가상의 면에 동시에 단위면적당 힘 $\mu(\partial u / \partial y)$로 $+x$ 방향으로 밀어 가상의 면에 가해지는 총 힘이 0이기 때문이다.

이에 반해 가상의 면 주위에 두께 δy이고 x와 z 방향으로 단위 길이인 미소부피의 유체에 가해지는 힘은

$$\left[\mu\left(\frac{\partial u}{\partial y}\right)_{y+\delta y} - \mu\left(\frac{\partial u}{\partial y}\right)_{y}\right] = \frac{\partial}{\partial y}\left(\mu \frac{\partial u}{\partial y}\right)\delta y \tag{2.95}$$

$$= \mu \frac{\partial^2 u}{\partial y^2} \delta y$$

이다. 그러므로 점성응력에 의해 단위부피당 유체에 가해지는 힘은 $\mu \partial^2 u / \partial y^2$이다. 여기서 $\mu \partial^2 u / \partial y^2$은 $y > L/2$에서는 양수로서 $+x$ 방향으로 유체를 가속한다. 이에 반해서 $\mu \partial^2 u / \partial y^2$은 $y < L/2$에서는 음수로서 $-x$ 방향으로 유체를 가속한다[그림 2.11(b) 참조]. 그러다가 정상흐름이 되면 $u = u_o(y/L - 1/2)$이 되고 층밀리기 응력텐서는 $\mu \partial u / \partial y = \mu u_o / L$로 위치와 관계없이 일정한 값을 가진다[그림 2.11(c) 참조]. 그러므로 정상흐름에

서는 점성응력에 의해 단위부피당 유체에 가해지는 힘 $\mu\partial^2 u/\partial y^2$은 0이다. 참고로 점성응력에 의해 단위부피당 유체에 가해지는 힘은 식 (2.69)의 나비에-스토크스 방정식의 점성력 $\mu\nabla^2\boldsymbol{u}$에 대응한다.

참고 **비정상흐름과 정상흐름에서 점성력**

위의 결과를 요약하면 두 판이 각각 $u_o/2$의 속도로 반대 방향으로 움직이면서 발생한 점성력은 초기에는 비정상적인 과도 상태에 의해 $y > L/2$의 위치에서 $u = u(y)$의 속도로 흐르는 유체에 $+x$ 방향으로 힘을 가하고, $y < L/2$에 위치한 유체에는 $-x$ 방향으로 힘을 가한다. 그러나 시간이 지나 흐름이 정상상태에 이르면 점성력 때문에 속도의 분포가 $u = u_o(y/L - 1/2)$이 된다. 이때는 점성력이 흐르는 유체에 힘을 더 이상 가하지 않는다. 그러므로 판이 속도를 바꿀 때마다 점성력이 작동하겠다. 다르게 이야기하면 **비정상흐름**에서 점성력이 역할을 하지만 정상흐름에서 점성력이 역할을 하지 못한다.
만일 $y = L$에 위치한 판만 u_o의 속도로 $+x$ 방향으로 움직인다면 초기의 비정상흐름에서는 $y = L/2$을 경계로 한 경우와 달리 비정상흐름에서는 $+x$ 방향으로만 유체에 힘을 가한다. 그러나 **정상흐름**이 되면 속도의 분포가 $u = u_o y/L$이 되고 단위부피당 유체에 가해지는 힘은 $\mu\partial^2 u/\partial y^2 = 0$가 되어 결과적으로 같아진다.

2.9 에너지의 보존

열역학적인 관점에서 보면 흐르는 유체는 비평형상태에 있다. 그러나 순간순간의 상태에서는 유체가 열적 평형을 이루고 있다는 가정을 하면 흐르는 유체에서도 열역학 법칙들을 적용할 수 있다. 여기서 순간의 시간은 1.4절에서 설명한 유체역학의 최소시간 t_f보다는 큰 시간이므로 계는 항상 열적 평형상태에 있다고 가정할 수 있다. 그러므로 1.2절에서 소개한 **열역학 제1법칙**을 이용하면 "유체계의 총에너지(내부에너지+ 거시적 운동에너지)의 순간적인 변화는 그 시간 동안 외부에서 계에 해준 일과 열전도에 의해 계에 전달된 열의 합과 같다."

단위질량당 유체의 내부에너지 e라고 하면, 속도 $\boldsymbol{u}$로 흐르고 있는 유체의 물질부피 내의 총에너지는 내부에너지 $\int_{V(t)} \rho e \, \mathrm{d}V$와 흐름에 의한 거시적 운동에너지 $\int_{V(t)} \frac{1}{2}\rho\boldsymbol{u}\cdot\boldsymbol{u}\,\mathrm{d}V$의 합이다. 외부에서 물질부피에 해준 일은 체적력 $\boldsymbol{f}$에 의한 일과 면적력 $\boldsymbol{\sigma}$에 의한 일의

합이다. 체적력에 의해 단위 시간당 물질부피에 행해진 일은 $\int_{V(t)} \boldsymbol{u}\cdot\rho \boldsymbol{f}\,\mathrm{d}V$이고 면적력에 의해 단위 시간당 물질부피에 행해진 일은 $\oint_{S(t)} \boldsymbol{u}\cdot\boldsymbol{\sigma}\,\mathrm{d}S$이다. 그리고 열흐름 밀도(heat flux)를 $\boldsymbol{q}$ 라고 하면 단위 시간당 물질부피를 빠져나가는 열량은 $\oint_{S(t)} \boldsymbol{q}\cdot\hat{\mathrm{n}}\,\mathrm{d}S$이다. 그러므로 **물질부피 내에서 에너지의 시간 변화율**은 다음과 같다.

$$\frac{\mathrm{D}}{\mathrm{D}t}\int_{V(t)}\left(\rho e+\frac{1}{2}\rho\boldsymbol{u}\cdot\boldsymbol{u}\right)\mathrm{d}V=\underbrace{\int_{V(t)}\boldsymbol{u}\cdot\rho\boldsymbol{f}\,\mathrm{d}V}_{\text{체적력에 의해 단위 시간당 물질부피에 행해진 일}}+\underbrace{\oint_{S(t)}\boldsymbol{u}\cdot\boldsymbol{\sigma}\,\mathrm{d}S}_{\text{면적력에 의해 단위시간당 물질부피에 행해진 일}}-\underbrace{\oint_{S(t)}\boldsymbol{q}\cdot\hat{\mathrm{n}}\,\mathrm{d}S}_{\text{단위 시간당 물질부피를 빠져나간 열량}} \tag{2.96}$$

식 (2.9)의 레이놀즈의 전달정리와 식 (2.26)의 $\sigma_i=\sum_j \sigma_{ji}n_j$를 이용해서 위의 식을 텐서 형태로 바꾼 후 면적적분을 식 (C.54)의 가우스 정리를 이용해 부피적분으로 바꾸면 다음과 같다.

$$\begin{aligned}&\int_{V(t)}\left\{\frac{\partial}{\partial t}\left(\rho e+\frac{1}{2}\rho\sum_j u_ju_j\right)+\sum_k\frac{\partial}{\partial x_k}\left[\left(\rho e+\frac{1}{2}\rho\sum_j u_ju_j\right)u_k\right]\right\}\mathrm{d}V\\&=\int_{V(t)}\left[\rho\sum_j u_jf_j+\sum_i\frac{\partial}{\partial x_i}\left(\sum_j u_j\sigma_{ij}\right)-\sum_j\frac{\partial q_j}{\partial x_j}\right]\mathrm{d}V\end{aligned} \tag{2.97}$$

여기서 사용된 부피는 임의의 물질부피이므로 어떤 물질부피에 대해서도 이 식을 이용할 수 있다. 그러므로 좌변과 우변의 피적분함수는 서로 같다.

$$\begin{aligned}&\int_{V(t)}\left\{\frac{\partial}{\partial t}\left(\rho e+\frac{1}{2}\rho\sum_j u_ju_j\right)+\sum_k\frac{\partial}{\partial x_k}\left[\left(\rho e+\frac{1}{2}\rho\sum_j u_ju_j\right)u_k\right]\right\}\mathrm{d}V\\&=\int_{V(t)}\left[\rho\sum_j u_jf_j+\sum_i\frac{\partial}{\partial x_i}\left(\sum_j u_j\sigma_{ij}\right)-\sum_j\frac{\partial q_j}{\partial x_j}\right]\mathrm{d}V\end{aligned} \tag{2.98}$$

좌변의 첫째 항을 펴서 다시 쓰면

$$\frac{\partial}{\partial t}\left(\rho e+\frac{1}{2}\rho\sum_j u_ju_j\right)=\rho\frac{\partial e}{\partial t}+e\frac{\partial\rho}{\partial t}+\rho\frac{\partial}{\partial t}\left(\frac{1}{2}\sum_j u_ju_j\right)+\frac{1}{2}\sum_j u_ju_j\frac{\partial\rho}{\partial t} \tag{2.99}$$

이고, 좌변의 두 번째 항을 펴서 다시 쓰면

$$\sum_k \frac{\partial}{\partial x_k}\left[\left(\rho e + \frac{1}{2}\rho\sum_j u_j u_j\right)u_k\right]$$

$$= \underline{e\sum_k \frac{\partial}{\partial x_k}(\rho u_k)} + \rho\sum_k u_k \frac{\partial e}{\partial x_k} + \left(\frac{1}{2}\sum_j u_j u_j\right)\underline{\sum_k \frac{\partial}{\partial x_k}(\rho u_k)} + \rho\sum_k u_k \frac{\partial}{\partial x_k}\left(\frac{1}{2}\sum_j u_j u_j\right)$$

$$= -e\underline{\frac{\partial \rho}{\partial t}} + \rho\sum_k u_k \frac{\partial e}{\partial x_k} - \frac{1}{2}\sum_j u_j u_j \underline{\frac{\partial \rho}{\partial t}} + \rho\sum_k u_k \frac{\partial}{\partial x_k}\left(\frac{1}{2}\sum_j u_j u_j\right) \quad (2.100)$$

이다. 위의 과정에서 밑줄 친 항들은 연속방정식 (2.46)을 이용하였다. 식 (2.99)와 식 (2.100)을 더하면 식 (2.98)의 좌변은

$$\frac{\partial}{\partial t}\left(\rho e + \frac{1}{2}\rho\sum_j u_j u_j\right) + \sum_k \frac{\partial}{\partial x_k}\left[\left(\rho e + \frac{1}{2}\rho\sum_j u_j u_j\right)u_k\right] \quad (2.101)$$

$$= \rho\frac{\partial e}{\partial t} + \rho\sum_k u_k \frac{\partial e}{\partial x_k} + \rho\sum_j u_j \frac{\partial u_j}{\partial t} + \rho\sum_{j,k} u_k u_j \frac{\partial u_j}{\partial x_k}$$

이 된다.

식 (2.98) 우변의 $\sum_i \frac{\partial}{\partial x_i}\left(\sum_j \sigma_{ij}u_j\right)$는 면적력에 의해 단위부피당 유체에 단위 시간당 가해지는 일의 총합이다. 이 일률을 펼치면

$$\sum_i \frac{\partial}{\partial x_i}\left(\sum_j u_j \sigma_{ij}\right) = \sum_{i,j} u_j \frac{\partial \sigma_{ij}}{\partial x_i} + \sum_{i,j} \sigma_{ij}\frac{\partial u_j}{\partial x_i} \quad (2.102)$$

이다.

참고

면적력에 의한 일률

식 (2.102)를 설명하는 예로서 물통 속에 손을 넣어 물을 휘젓는 경우를 생각해 볼 수 있다. 이때 물통 자체가 흔들리는 것은 면적력의 공간구배 $\sum_{i,j} u_j \frac{\partial \sigma_{ij}}{\partial x_i}$에 의해 유체를 가속하는 효과이고, 물통 속에서 흐르던 물이 결국 잠잠해지는 것은 면적력에 의해 역학적 에너지가 열에너지 $\sum_{i,j} \sigma_{ij}\frac{\partial u_j}{\partial x_i}$로 변화한 것이다.

식 (2.101)과 식 (2.102)를 이용하여 식 (2.98)을 고쳐 쓰면 **에너지보존 방정식**이 된다.

$$\rho\frac{\partial e}{\partial t} + \rho\sum_k u_k \frac{\partial e}{\partial x_k} + \underline{\rho\sum_j u_j\left(\frac{\partial u_j}{\partial t}\right) + \rho\sum_{j,k} u_k u_j \frac{\partial u_j}{\partial x_k}} \quad (2.103)$$

$$= \underline{\rho\sum_j u_j f_j + \sum_{i,j} u_j \frac{\partial \sigma_{ij}}{\partial x_i}} + \sum_{i,j} \sigma_{ij}\frac{\partial u_j}{\partial x_i} - \sum_j \frac{\partial q_j}{\partial x_j}$$

운동량의 보존을 기술할 때 유도한 코시의 운동방정식인 식 (2.62)

$$\rho\frac{\partial u_j}{\partial t} + \rho\sum_k u_k \frac{\partial u_j}{\partial x_k} = \rho f_j + \sum_i \frac{\partial \sigma_{ij}}{\partial x_i} \tag{2.104}$$

의 양변에 u_j를 곱하고 모든 j에 대해서 합하면 다음의 식을 얻는다.

$$\rho\sum_j u_j \frac{\partial u_j}{\partial t} + \rho\sum_{j,k} u_j u_k \frac{\partial u_j}{\partial x_k} = \rho\sum_j u_j f_j + \sum_{i,j} u_j \frac{\partial \sigma_{ij}}{\partial x_i} \tag{2.105}$$

이 식의 좌변은 $\rho\frac{\mathrm{D}}{\mathrm{D}t}\left(\sum_j \frac{1}{2}u_j^2\right)$과 같으므로 단위부피당 유체의 거시적 운동에너지 시간 변화율이다. 그러므로 이 식은 **역학적 에너지 방정식**(equation of mechanical energy)이라 불린다. 이 식은 나비에-스토크스 방정식의 다른 형태 중 하나이다. 역학적 에너지 방정식은 에너지보존 방정식 (2.103)에서 밑줄을 그은 항과 같으므로 식 (2.103)을 다음과 같이 바꿀 수 있다.

$$\rho\frac{\partial e}{\partial t} + \rho\sum_k u_k \frac{\partial e}{\partial x_k} = \sum_{i,j} \sigma_{ij}\frac{\partial u_j}{\partial x_i} - \sum_j \frac{\partial q_j}{\partial x_j}, \text{ 혹은} \tag{2.106}$$

$$\underline{\rho\frac{\mathrm{D}e}{\mathrm{D}t}} = \underline{\sum_{i,j} \sigma_{ij}\frac{\partial u_j}{\partial x_i}} \quad \underline{- \sum_j \frac{\partial q_j}{\partial x_j}}$$

유체입자의 내부 에너지 변화율	유체의 표면을 통해 역학적 에너지가 단위시간당 열에너지로 바뀌는 양	외부에서 열의 형태로 단위시간당 공급되는 에너지

이 식은 에너지보존 방정식에서 역학적 에너지 부분을 뺏기 때문에 **열에너지 방정식**(equation of thermal energy) 혹은 **에너지 방정식**(energy equation)이라 불린다.

참고

에너지 방정식의 물리적 의미

에너지 방정식의 좌변은 라그랑주 관점에서 본 단위부피당 유체의 내부에너지의 변화율이다. 우변의 첫 번째 항은 응력에 의해 유체의 표면을 통해 역학적 에너지가 열에너지로 변환되는 율을 나타낸다. 그리고 두 번째 항은 외부에서 열의 형태로 공급되는 율을 말한다.

면적력에 의해 단위부피당 유체에 가해지는 총 일률 $\sum_{i,j}\frac{\partial}{\partial x_i}(\sigma_{ij}u_j)$ 을 펼친 식 (2.102)의 우변에 있는 $\sum_{i,j}u_j\frac{\partial\sigma_{ij}}{\partial x_i}$ 는 역학적 에너지 방정식의 우변에도 있다. 식 (2.95)의 설명에 따르면 이 항은 흐르는 유체의 임의의 한 점에서 응력의 공간구배 $\frac{\partial\sigma_{ij}}{\partial x_i}$ 에 의해 유체입자에 가해지는 힘에 속도 u_j를 곱한 것이다. 그러므로 이 힘은 유체입자를 가속해 유체의 (거시적) 운동에너지를 증가시킨다.

면적력에 의해 유체에 가해지는 일은 유체입자를 가속하는 일뿐만 아니라 유체입자를 변형시키는 **변형일**(deformation work)도 있다. 식 (2.102)의 우변에 있는 $\sum_{i,j}\sigma_{ij}\frac{\partial u_j}{\partial x_i}$ 이 변형 일이다. 선형 유체의 구성식 (2.63)의 양변에 $\frac{\partial u_j}{\partial x_i}$ 를 곱하면 변형일의 물리적 성질을 더욱더 잘 이해할 수 있다.

$$\begin{aligned}\sum_{i,j}\sigma_{ij}\frac{\partial u_j}{\partial x_i} &= -p\sum_{i,j}\delta_{ij}\frac{\partial u_j}{\partial x_i}+\left(\zeta-\frac{2}{3}\mu\right)\left(\sum_{i,j}\delta_{ij}\frac{\partial u_j}{\partial x_i}\right)\left(\sum_k\frac{\partial u_k}{\partial x_k}\right)+\mu\sum_{i,j}\left(\frac{\partial u_i}{\partial x_j}+\frac{\partial u_j}{\partial x_i}\right)\frac{\partial u_j}{\partial x_i}\\ &= -p\sum_k\frac{\partial u_k}{\partial x_k}+\left(\zeta-\frac{2}{3}\mu\right)\left(\sum_k\frac{\partial u_k}{\partial x_k}\right)^2+\mu\sum_{i,j}\left(\frac{\partial u_i}{\partial x_j}+\frac{\partial u_j}{\partial x_i}\right)\frac{\partial u_j}{\partial x_i}\\ &= -p\sum_k\frac{\partial u_k}{\partial x_k}+\Phi \qquad (2.107)\end{aligned}$$

그리고

$$\Phi \equiv \left(\zeta-\frac{2}{3}\mu\right)\left(\sum_k\frac{\partial u_k}{\partial x_k}\right)^2+\mu\sum_{i,j}\left(\frac{\partial u_i}{\partial x_j}+\frac{\partial u_j}{\partial x_i}\right)\frac{\partial u_j}{\partial x_i} \qquad (2.108)$$

이다. 여기서 $-p\sum_k\frac{\partial u_k}{\partial x_k}$ 는 면적력에 의해 유체가 압축($\nabla\cdot\boldsymbol{u}<0$)이나 팽창($\nabla\cdot\boldsymbol{u}>0$)을 하여 내부에너지가 단위 시간당 가역적으로 증가하거나 감소하는 양을 나타낸다[연습문제 2.10 참조]. Φ 는 **소산함수**(dissipation function)라 불리며, 역학적 에너지가 유체의 점성 성질로 인해 단위부피당의 유체에서 단위 시간당 내부에너지로 바뀌는 에너지이며 비가역 과정을 나타낸다. 이 사실은 비압축성 유체, 즉 $\sum_k\frac{\partial u_k}{\partial x_k}=0$의 경우에 소산함수는

$$\begin{aligned}\Phi &= \mu\sum_{i,j}\left(\frac{\partial u_i}{\partial x_j}+\frac{\partial u_j}{\partial x_i}\right)\left[\frac{1}{2}\left(\frac{\partial u_j}{\partial x_i}-\frac{\partial u_i}{\partial x_j}\right)+\frac{1}{2}\left(\frac{\partial u_i}{\partial x_j}+\frac{\partial u_j}{\partial x_i}\right)\right] \qquad (2.109)\\ &= \frac{1}{2}\mu\sum_{i,j}\left(\frac{\partial u_i}{\partial x_j}+\frac{\partial u_j}{\partial x_i}\right)^2 = 2\mu\sum_{i,j}\epsilon_{ij}^2 \geq 0\end{aligned}$$

으로 변형율 텐서 ϵ_{ij}의 제곱에 비례하고 크기는 항상 양수이다. 일반적으로 $\zeta > \mu$이므로 압축성 유체라도 식 (2.108)의 소산함수는 항상 양의 값을 가진다. 그러므로 유체의 점성 성질이 유체의 역학적 에너지를 비가역적으로 내부에너지로 변화시켜 항상 내부에너지의 증가를 가져오게 한다. 즉 유체 내부에 있는 분자들의 충돌로 거시적이고 조직적인 흐름의 운동에너지를 미시적으로 마구잡이 운동하는 분자의 운동에너지인 열에너지로 변환을 나타낸다. μ가 0이거나 속도의 공간적 분포가 일정한 흐름($\partial u_i / \partial x_j = 0$)에서만 $\Phi = 0$이다.

소산함수는 강력한 층밀리기 흐름($|\partial u_i / \partial x_j|_{i \neq j} \gg 0$)일수록 중요한 역할을 한다. 예를 들어 우주선이 지구의 대기권에 진입할 때 우주선은 빠른 속도로 움직이나 주위의 공기는 움직이지 않으므로 우주선 표면에 강력한 층밀리기 흐름이 생기므로 Φ의 값이 매우 크다. 그러므로 우주선의 역학적 에너지의 많은 부분이 열에너지로 바뀌어 우주선의 표면이 타는 현상이 있다.

식 (2.107)을 이용하면 식 (2.106)의 에너지 방정식을 다시 쓸 수 있다. **에너지 방정식의 텐서 표현**은

$$\rho \frac{\partial e}{\partial t} + \rho \sum_k u_k \frac{\partial e}{\partial x_k} = -p \sum_k \frac{\partial u_k}{\partial x_k} - \sum_j \frac{\partial q_j}{\partial x_j} + \Phi \tag{2.110}$$

이고 **에너지 방정식의 벡터 표현**은

$$\rho \frac{\partial e}{\partial t} + \rho \boldsymbol{u} \cdot \nabla e = -p \nabla \cdot \boldsymbol{u} - \nabla \cdot \boldsymbol{q} + \Phi \tag{2.111}$$

이다. 이 식에 따르면 유체입자의 내부에너지 증가는 **부피의 수축, 열의 집중**, 그리고 유체의 점성 성질에 의한 역학적 에너지가 **열에너지로의 전환**(소산 현상) 때문이다. 이 식은 복사에 의한 열전달, 화학반응, 핵반응 등에 의해 발생할 수 있는 내부 열원을 고려하고 있지 않음을 유의하라. 비압축성 유체의 경우에는 $\nabla \cdot \boldsymbol{u} = 0$이므로 **비압축성 유체의 에너지 방정식**은

$$\rho \frac{\partial e}{\partial t} + \rho \boldsymbol{u} \cdot \nabla e = -\nabla \cdot \boldsymbol{q} + \frac{1}{2} \mu \sum_{i,j} \left(\frac{\partial u_i}{\partial x_j} + \frac{\partial u_j}{\partial x_i} \right)^2 \tag{2.112}$$

이다. 만일 열흐름밀도의 집중이 온도구배에 의한 열전도에 의해서만 발생한다면 식 (2.92)의 $\boldsymbol{q} = -k \nabla T$를 이용해 위 식들을 고쳐 적을 수 있다.

에너지 보존의 요약

- 물질부피 내의 총에너지의 시간변화율

$$\frac{\mathrm{D}}{\mathrm{D}t}\int_{V(t)}\left(\rho e+\frac{1}{2}\rho \boldsymbol{u}\cdot\boldsymbol{u}\right)\mathrm{d}V=\underbrace{\int_{V(t)}\boldsymbol{u}\cdot\rho\boldsymbol{f}\,\mathrm{d}V}_{\text{체적력에 의한 일률}}+\underbrace{\oint_{S(t)}\boldsymbol{u}\cdot\boldsymbol{\sigma}\,\mathrm{d}S}_{\text{면적력에 의한 일률}}-\underbrace{\oint_{S(t)}\boldsymbol{q}\cdot\hat{\mathbf{n}}\,\mathrm{d}S}_{\text{열의 형태로 단위 시간당 외부로 잃어버린 에너지}} \tag{2.113}$$

- 단위부피당 에너지의 시간변화율

$$\rho\frac{\mathrm{D}}{\mathrm{D}t}\left(e+\frac{1}{2}\sum_j u_ju_j\right)=\underbrace{\rho\sum_j u_jf_j}_{\text{체적력에 의한 일률}}+\underbrace{\sum_{i,j}\frac{\partial}{\partial x_i}(u_j\sigma_{ij})}_{\text{면적력에 의한 일률}}-\underbrace{\sum_j\frac{\partial q_j}{\partial x_j}}_{\text{열의 형태로 단위시간당 잃어버린 에너지}} \tag{2.114}$$

- 단위부피당 거시적 운동에너지 시간변화율

$$\begin{aligned}\rho\frac{\mathrm{D}}{\mathrm{D}t}\left(\frac{1}{2}\sum_j u_j^2\right)&=\rho\sum_j u_jf_j+\sum_{i,j}u_j\frac{\partial\sigma_{ij}}{\partial x_i}\\&=\underbrace{\rho\sum_j u_jf_j}_{\text{체적력에 의한 일률}}+\underbrace{\sum_{i,j}\frac{\partial}{\partial x_i}(u_j\sigma_{ij})+p\sum_k\frac{\partial u_k}{\partial x_k}-\Phi}_{\text{응력에 의해 유체의 표면을 가속시켜 운동에너지를 변화시키는 율}}\end{aligned} \tag{2.115}$$

- 단위부피당 내부(열)에너지의 시간변화율

$$\rho\frac{\mathrm{D}e}{\mathrm{D}t}=-\underbrace{\sum_j\frac{\partial q_j}{\partial x_j}}_{\text{열의 형태로 단위시간당 잃어버린 에너지}}\underbrace{-p\sum_k\frac{\partial u_k}{\partial x_k}+\Phi}_{\text{응력에 의해 유체의 표면을 통해 역학적 에너지가 열에너지로 단위시간당 변환되는 양}} \tag{2.116}$$

운동에너지와 내부에너지의 시간 변화율의 우변에는 각각 부호를 반대로 한 $p\sum_k\frac{\partial u_k}{\partial x_k}$와 Φ가 있다. 이들은 변형일 $\sum_{i,j}\sigma_{ij}\,e_{ji}$에 의한 효과이다.

$$\sum_{i,j}\sigma_{ij}\frac{\partial u_j}{\partial x_i}=\sum_{i,j}\sigma_{ij}e_{ji}=-p\sum_k\frac{\partial u_k}{\partial x_k}+\Phi \tag{2.117}$$

여기서 $p\sum_k\frac{\partial u_k}{\partial x_k}$는 부피의 팽창(수축)으로 역학적 에너지가 증가(감소)하고 동시에 내부에너지는 감소(증가)함을 나타낸다. 소산함수 Φ는 역학적 에너지의 손실이 내부에너지의 증가를 가져옴을 나타낸다.

엔트로피 증가의 관점에서 본 에너지 방정식

열역학 제2법칙에 따르면 "고립계의 열역학적 과정은 **무질서도**가 증가하는 방향으로 항상 진행된다." 여기서 '무질서도'를 나타내는 양이 **엔트로피**이다. 단위질량당 엔트로피 s의 변화는 단위질량당 내부에너지 e와 단위질량당 부피 $v(=1/\rho)$와 다음의 관계가 있다 [식 (1.10) 참조].

$$T\mathrm{d}s = \mathrm{d}e + p\,\mathrm{d}v = \mathrm{d}e - \frac{p}{\rho^2}\mathrm{d}\rho \tag{2.118}$$

그러므로 흐르는 유체의 단위질량당 엔트로피의 시간 변화율은

$$\frac{\mathrm{D}s}{\mathrm{D}t} = \frac{1}{T}\frac{\mathrm{D}e}{\mathrm{D}t} - \frac{p}{T\rho^2}\frac{\mathrm{D}\rho}{\mathrm{D}t} \tag{2.119}$$

이다. 에너지 방정식의 결과인 식 (2.116)을 위 식의 $\mathrm{D}e/\mathrm{D}t$ 대신 넣고 연속방정식의 결과인 식 (2.48)을 $\mathrm{D}\rho/\mathrm{D}t$ 대신 넣으면 **엔트로피 증가의 관점에서 본 에너지 방정식**이 된다.

$$\rho T\frac{\mathrm{D}s}{\mathrm{D}t} = -\nabla\cdot\boldsymbol{q} + \Phi \tag{2.120}$$

이 식에 따르면 유체입자가 흐름에 의해 이동하는 과정에서 엔트로피의 증가는 열이 유체입자를 향해 이동하는 것을 나타내는 $-\nabla\cdot\boldsymbol{q}$와 에너지소산 Φ에 의해 발생한다. 열이 유체입자를 향해 이동하는 것을 나타내는 우변 첫 번째 항을 두 개의 항으로 나누면 이 식은 다음처럼 바꾸어 적을 수 있다.

$$\begin{aligned}\rho\frac{\mathrm{D}s}{\mathrm{D}t} &= -\sum_i\frac{\partial}{\partial x_i}\left(\frac{q_i}{T}\right) - \sum_i\frac{q_i}{T^2}\frac{\partial T}{\partial x_i} + \frac{\Phi}{T} \\ &= \underbrace{-\sum_i\frac{\partial}{\partial x_i}\left(\frac{q_i}{T}\right)}_{\text{가역과정}} + \underbrace{\frac{k}{T^2}\sum_i\left(\frac{\partial T}{\partial x_i}\right)^2 + \frac{\Phi}{T}}_{\text{비가역과정}}\end{aligned} \tag{2.121}$$

여기서 우변의 첫째 항은 $\frac{q_i}{T}$를 포함하고 있다. 식 (1.9)를 보면 가역과정에서 $\frac{q_i}{T}$는 엔트로피의 변화율과 비례하는 양이다. 이 항은 열전도계수를 포함하지 않으므로 열전도와는

관계없이 유체의 흐름이 열 자체를 이동하면서 발생한 엔트로피의 변화에 관련된 물리량으로 양수, 음수 모두 가능하다. 그러므로 흐름의 방향을 반대로 하면 열의 이동방향을 뒤집는다. 즉 열의 흐름이 가역적으로 일어나서 생긴 것으로 식 (1.9)와 관계가 있으며 때에 따라서 엔트로피의 증가 혹은 감소를 가져온다. 우변의 두 번째 항은 온도의 공간 구배치의 제곱에 비례하므로 비가역적인 열전도에 의한 엔트로피의 증가이다. 여기서 열전도 효과임을 보이기 위해 식 (2.92)의 $q=-k\nabla T$의 관계를 사용했다. 셋째 항은 에너지소산에 의한 항으로 속도의 공간구배 크기의 제곱에 비례하므로 유체의 점성에 의한 비가역적인 열의 발생으로 인한 엔트로피의 증가를 뜻한다. 우변의 첫째 항과는 달리 두 번째 항과 셋째 항은 항상 양수로서 9장에서 각각 설명할 열의 확산과 관계되는 열전도와 운동량의 확산과 관계되는 점성에 의한 비가역적인 엔트로피의 증가이다.

연습문제

2.1 응력텐서

유체의 흐름을 기술하는 데 있어 가장 중요한 것 가운데 하나가 응력텐서를 구하는 것이다. 응력텐서는 대칭텐서이므로 좌표변환을 통해 텐서의 비대각선 요소들을 모두 0으로 만들 수 있다. 행렬로 표현된 아래의 응력텐서에서 주응력 벡터의 크기와 방향을 구하라. 그리고 이들 세 벡터가 서로 수직임을 보여라. 참고로 주응력 벡터의 크기는 행렬의 **고유치**(eigenvalue)들이고 주응력 벡터의 방향은 정격화된 **고유벡터**(eigenvector)들에 해당한다.

$$\overleftrightarrow{\sigma} = \begin{pmatrix} -1 & 4 & 5 \\ 4 & -2 & 6 \\ 5 & 6 & -3 \end{pmatrix}$$

> **참고** **주응력 벡터의 방향과 수직응력**
>
> 위의 연습문제에서 비대각선 요소들을 모두 0으로 만드는 좌표변환을 하면 응력텐서는 대각선 요소만 0이 아닌 값을 가지며 서로 수직인 3개의 고유벡터를 가진다. 이들 고유벡터를 흐름을 기술하는 좌표계의 각 축으로 정하면 수직응력만 존재하고 층밀리기 응력은 존재하지 않는다. 그리고 각 고유벡터의 방향에 해당하는 고유치는 해당 방향의 수직응력의 크기이다. 그러므로 고유벡터의 방향은 흐름에 있어서 대칭축의 방향에 해당한다.

2.2 등방성유체

등방성유체에서 점성응력 텐서와 변형률 텐서의 관계를 지어주는 β_{ijkl}가 다음과 같음을 보여라.

$$\beta_{ijkl} = A\delta_{ij}\delta_{kl} + 2B\delta_{ik}\delta_{jl}$$

2.3 응력텐서

아래의 각 흐름속도의 분포에 대해 흐름을 묘사하는 그림을 그리고 해당하는 흐름에 대한 응력텐서의 모든 성분을 구하라. 점성계수는 μ로 일정하다고 가정하라. 여기서 a는 상수다.

(a) $u = ay, \ v = ax, \ w = 0$

(b) $u = -ay, \ v = ax, \ w = 0$

(c) $u = -\frac{1}{2}ax, \ v = -\frac{1}{2}ay, \ w = az$

2.4 에너지소산

식 (2.109)를 이용하여 비압축성 유체에서 면적력에 의해 유체의 표면을 통해 $1\ \mathrm{cm}^3$의 부피당 역학적 에너지가 에너지소산에 의해 열에너지로 변화되는 양을 아래의 각 경우에 대해 계산하라.

(a) 정지해 있는 공기 속을 $100\ \mathrm{m/s}$의 속도로 움직이는 자동차의 경우를 생각해보자. 자동차의 표면에서 $10\ \mathrm{cm}$ 떨어진 곳의 공기 속도가 0으로 감소하였다고 가정하자.

(b) 정지해 있는 물속을 $20\ \mathrm{m/s}$의 속도로 움직이는 잠수함의 경우를 생각해보자. 잠수함의 표면에서 $10\ \mathrm{cm}$ 떨어진 곳의 물의 속도가 0으로 감소한다고 가정하자.

2.5 이류가속

유체입자의 가속을 나타내는 속도의 물질도함수는 식 (2.3)에 따르면 속도의 시간적인 불균일성을 나타내는 **국소가속 항**과 공간적인 불균일성을 나타내는 **이류가속 항**으로 나눌 수 있다.

$$\frac{\mathrm{D}\boldsymbol{u}}{\mathrm{D}t} = \frac{\partial \boldsymbol{u}}{\partial t} + \boldsymbol{u} \cdot \nabla \boldsymbol{u}$$

이류가속 항은 다시 단위질량당 운동에너지의 공간구배와 회전에 의한 가속으로 나눌 수 있으므로, 위 식을 다음과 같이 적을 수 있음을 보이고 각 항의 물리적 의미를 설명하라.

$$\frac{\mathrm{D}\boldsymbol{u}}{\mathrm{D}t} = \frac{\partial \boldsymbol{u}}{\partial t} + \nabla\left(\frac{1}{2}\boldsymbol{u} \cdot \boldsymbol{u}\right) - \boldsymbol{u} \times \nabla \times \boldsymbol{u}$$

2.6 좌표계에 따른 유체 방정식

구 좌표계와 원기둥 좌표계에서 연속방정식, 나비에-스토크스 방정식, 변형률을 각각 유도하라. 결과는 부록 D에서 찾을 수 있다.

2.7 관성모멘트

밀도가 ρ, 높이가 단위 길이, 단면적이 $\delta x\, \delta y$인 직육면체 모양의 강체가 가지는 관성모멘트의 크기가 $I = \rho \dfrac{\delta x \delta y}{12}(\delta x^2 + \delta y^2)$ 임을 보여라.

2.8 응력텐서의 대칭성

응력텐서의 대칭성질 $\sigma_{ij} = \sigma_{ji}$을 3차원 공간에서 보여라.

2.9 기체의 점성계수

기체의 분자운동론을 이용하여 기체의 경우에 $\mu \propto \sqrt{T}$ 임을 보여라.

2.10 변형일

식 (2.107)의 우변 첫 번째 항인 $-p\sum_k \frac{\partial u_k}{\partial x_k}$ 는 면적력에 의해 유체가 압축 혹은 팽창하여 단위 시간당 내부에너지의 증가 혹은 감소한 양을 뜻한다. 이상기체의 경우에 일정한 열역학적 압력 아래에서 단열 압축될 때 계의 내부에너지가 증가함을 보여라.

2.11 전자기장을 포함한 나비에–스토크스 방정식

비압축성 유체의 단위부피당 질량이 ρ 이고 전하가 $\rho_{\rm el}$ 일 때를 생각해보자. 유체계에 가해지는 체적력으로 중력 g, 전기장 $\boldsymbol{E}$, 그리고 자기장 $\boldsymbol{B}$ 이 있을 때 식 (2.69)에 있는 나비에–스토크스 방정식의 완전한 모양을 구하라.

CHAPTER

3

나비에-스토크스 방정식의 성질

나비에-스토크스 방정식의 성질

2장에서 유도한 **나비에-스토크스 방정식**은 유체의 흐름을 이해하는 데 중요한 시작점이다. 이 방정식은 나비에(Claude Navier)와 스토크스(Sir George Stokes)가 독립적으로 19세기 초반에 유도하였다. 3장에서는 비선형 2차 편미분 방정식인 나비에-스토크스 방정식을 실제 흐름에 적용하는 데 있어 중요한 다음의 몇 가지 개념을 기술한다. 먼저 선형유체의 기본방정식들을 소개하고 나비에-스토크스 방정식의 해를 구하기 위해서 꼭 필요한 **경계조건**을 소개하고 **차원 분석법**을 이용하여 유체의 흐름의 특성을 기술하는 데 필요한 변수들을 소개한다. 대표적인 무차원 변수인 **레이놀즈 수**는 유체의 흐름을 불안정하게 하는 관성력과 흐름을 안정시키려는 점성력의 비이다. 레이놀즈 수의 크기에 따른 흐름의 성질을 간단하게 기술하고 딱딱한 평행판 근처에서 점성유체의 정상흐름에 대해 생각해 본다.

Contents

3.1 선형유체의 기본방정식

선형유체의 흐름을 기술하기 위해서는 최소한 **7개의 물리량**을 알아야 한다.

압력 : p
밀도 : ρ
내부에너지 : e
온도 : T
속도 : $\boldsymbol{u} = (u, v, w)$

여기에 점성계수인 ζ 와 μ, 그리고 열전도계수 k는 빠져 있다. 점성계수와 열전도계수는 유체의 고유한 성질이므로 유체의 흐름과 관계없이 일정한 양이거나 온도나 압력의 함수인 측정 가능한 양이기 때문이다. 엔트로피 s가 빠진 이유는 식 (1.10)에서 보였듯이 내부에너지, 압력, 밀도, 온도를 알면 엔트로피에 대한 모든 정보를 알 수 있기 때문이다.

그러므로 유체의 흐름을 특징짓는 7개의 미지수를 구하기 위해서는 7개의 방정식이 필요하다. 우리는 앞에서 여러 가지 보존의 원리를 이용하여 5개의 방정식에 관해 설명했었다. 질량보존을 이용한 식 (2.46)의 **연속방정식**, 그리고 운동량 보존을 이용한 식 (2.65)의 **나비에-스토크스 방정식**, 마지막으로 에너지 보존에 의한 식 (2.110)의 **에너지 방정식**이다. 여기서 나비에-스토크스 방정식은 벡터방정식이므로 3개의 방정식으로 이루어져 있다. 나머지 2개의 방정식은 **열적 상태방정식**(thermal equation of state)과 **열량 상태방정식**(caloric equation of state)이다. 이들 7개 방정식을 직교좌표계에서 텐서 형태로 쓰면 다음과 같다.

$$\frac{\partial \rho}{\partial t} + \sum_k \frac{\partial}{\partial x_k}(\rho u_k) = 0 \tag{3.1}$$

$$\rho\frac{\partial u_i}{\partial t} + \rho\sum_j u_j\frac{\partial u_i}{\partial x_j} = \rho f_i - \frac{\partial p}{\partial x_i} + \frac{\partial}{\partial x_i}\left[\left(\zeta - \frac{2}{3}\mu\right)\sum_k\frac{\partial u_k}{\partial x_k}\right] \tag{3.2}$$

$$+ \sum_j \frac{\partial}{\partial x_j}\left[\mu\left(\frac{\partial u_j}{\partial x_i} + \frac{\partial u_i}{\partial x_j}\right)\right]$$

$$\rho\frac{\partial e}{\partial t} + \rho\sum_k u_k\frac{\partial e}{\partial x_k} = -p\sum_k\frac{\partial u_k}{\partial x_k} + \sum_j\frac{\partial}{\partial x_j}\left(k\frac{\partial T}{\partial x_j}\right) \tag{3.3}$$

$$+\left(\zeta-\frac{2}{3}\mu\right)\left(\sum_k \frac{\partial u_k}{\partial x_k}\right)^2+\mu\sum_{i,j}\left(\frac{\partial u_i}{\partial x_j}+\frac{\partial u_j}{\partial x_i}\right)\frac{\partial u_j}{\partial x_i}$$

$$p=p(V,T) \tag{3.4}$$

$$e=e(p,T) \tag{3.5}$$

이상기체의 경우 열적 상태방정식은 식 (1.20)의 이상기체 방정식 $p=\rho RT$이고, 열량 상태방정식은 식 (1.21)의 $e=C_v T$이다. 여기서 C_v는 단위질량당 정적비열이다.

위의 7개 방정식은 서로 얽혀 있으므로 독립적인 방정식들이 아니다. 즉 유체의 흐름을 이해하려면 7개의 방정식을 한꺼번에 다 풀어야 한다. 이러한 일은 특별하게 간단한 몇 가지 경우를 제외하고는 쉽지 않다.

3.2 비압축성 선형유체의 기본방정식

실질적으로 많은 경우에 유체는 비압축성이다[4.7절 참조]. 만일 유체가 비압축성이면 밀도 ρ가 상수이므로 문제가 훨씬 간단해진다. 이 경우 위의 기본방정식들은 다음과 같이 간단해진다.

$$\sum_k \frac{\partial u_k}{\partial x_k}=0 \tag{3.6}$$

$$\nabla\cdot\boldsymbol{u}=0$$

$$\rho\frac{\partial u_i}{\partial t}+\rho\sum_j u_j\frac{\partial u_i}{\partial x_j}=\rho f_i-\frac{\partial p}{\partial x_i}+\mu\sum_j\frac{\partial^2 u_i}{\partial x_j\partial x_j} \tag{3.7}$$

$$\rho\frac{\partial \boldsymbol{u}}{\partial t}+\rho(\boldsymbol{u}\cdot\nabla)\boldsymbol{u}=\rho\boldsymbol{f}-\nabla p+\mu\nabla^2\boldsymbol{u}$$

$$\rho\frac{\partial e}{\partial t}+\rho\sum_k u_k\frac{\partial e}{\partial x_k}=\sum_j\frac{\partial}{\partial x_j}\left(k\frac{\partial T}{\partial x_j}\right)+\frac{1}{2}\mu\sum_{i,j}\left(\frac{\partial u_i}{\partial x_j}+\frac{\partial u_j}{\partial x_i}\right)^2 \tag{3.8}$$

$$\rho\frac{\partial e}{\partial t}+\rho\boldsymbol{u}\cdot\nabla e=\nabla\cdot(k\nabla T)+\frac{1}{2}\mu\sum_{i,j}\left(\frac{\partial u_i}{\partial x_j}+\frac{\partial u_j}{\partial x_i}\right)^2$$

$$p=p(V,T) \tag{3.9}$$

$$e=e(p,T) \tag{3.10}$$

이 경우 밀도 ρ가 상수이므로 에너지 방정식이 수학적으로 연속방정식과 나비에-스토크스 방정식으로부터 독립적이다[압축성 유체의 경우에는 밀도 ρ에 의해 서로 독립적이지 않다]. 그러므로 연속방정식과 나비에-스토크스 방정식으로 이루어진 4개 방정식은 4개의 미지수 (p 와 $\boldsymbol{u}(u, v, w)$)만 포함하고 있으므로 에너지 방정식과 상태 방정식의 도움 없이도 압력과 속도를 구할 수 있다. 이로 인해 실질적인 많은 경우에 유체의 흐름을 기술할 때 에너지에 대해 너무 염려하지 않아도 된다. 다른 좌표계에서 비압축성 선형유체의 연속방정식과 나비에-스토크스 방정식들은 부록 D에서 찾을 수 있다.

3.3 나비에-스토크스 방정식에서의 체적력

흐름이 없는 정지 유체($\boldsymbol{u}=0$)나 흐름속도가 시공간적으로 균일한 유체에서는 속도의 미분값들이 모두 0이므로 식 (3.2)의 나비에-스토크스 방정식은

$$\rho \boldsymbol{f} - \nabla p = 0 \tag{3.11}$$

이다. 여기서 체적력 $\boldsymbol{f}$는 유체입자로부터 멀리 떨어진 곳에서도 유체입자에 힘을 가할 수 있다. 대표적인 체적력으로 중력과 전자기력이 있다.

만일 체적력이 중력뿐이라고 하고 $\boldsymbol{f} = -g\hat{z}$ 라고 가정하자. 그러면 중력에 나란한 방향으로의 압력구배와 중력은 평형을 이룬다. 그러므로 식 (1.30)과 같은 결과를 갖는다.

$$\frac{\partial p}{\partial z} = -\rho g \tag{3.12}$$

그러므로 밀도가 일정한 유체에서는 압력은

$$p = p_o - \rho g(z - z_o) \tag{3.13}$$

이다. 여기서 p_o는 $z = z_o$에서 압력이다. $-\rho g(z - z_o)$은 중력 퍼텐셜에너지와 관련된 양으로 위치에 따라 압력으로 변환될 수 있으므로 **정수압력**(hydrostatic pressure)이라 부른다. 그러므로 유체가 정지해 있거나 시공간적으로 균일하게 흐르는 경우 나비에-스토크스 방정식은 정수압력의 변화를 보여준다.

지구의 대기에 의한 압력은 일반적으로 유체의 흐름에 영향을 미치지 않는다. 마찬가지로 유체의 깊이 때문에 생기는 압력의 증가도 비압축성 유체의 많은 경우에 유체의 흐

름에 거의 영향을 미치지 않는다. 그러므로 유체의 흐름을 다루는 여러 가지 경우, 대기압 p_0와 중력 때문에 유체의 깊이에 따른 압력 차이 $\rho g z$를 제외한 국부적인 압력을 사용하면 편리하다.

$$p^* \equiv p + \rho g z - p_o \tag{3.14}$$

이러한 압력을 **과잉압력**(excess pressure) 혹은 **수정압력**(modified pressure)이라고 부른다. 그러므로 유체의 흐름이 정상적이고 속도가 공간적으로 일정한 곳에서는 식 (3.13)과 식 (3.14)에 의해 p^*가 0이다. 그러나 흐름속도가 일정하지 않는 곳은 p^*가 0이 아니며 이 값은 흐름에 의해서 변화된 압력의 크기를 뜻한다.

이렇게 중력이 유일한 체적력인 경우에는 아래와 같은 비압축성 유체의 나비에-스토크스 방정식을 사용하면 편하다.

$$\rho \frac{\partial u_i}{\partial t} + \rho \sum_j u_j \frac{\partial u_i}{\partial x_j} = -\frac{\partial p^*}{\partial x_i} + \mu \sum_j \frac{\partial^2 u_i}{\partial x_j \partial x_j} \tag{3.15}$$

이처럼 정수압력의 공간구배 성분과 중력성분이 빠진 나비에-스토크스 방정식은 유체의 흐름이 중력에 의한 경우를 제외하고 사용할 수 있다. 만일 유체가 중력 방향의 관을 따라 흐를 때나, 밀도의 차이가 커서 대류가 있을 때와 같이 중력에 의해 흐름이 발생한 경우[위치에너지가 운동에너지로 바뀌어 흐름이 발생한 것]에는 위의 식을 사용할 수 없으므로 식 (3.7)과 같은 일반적인 나비에-스토크스 방정식을 사용해야 한다.

참고

체적력의 예

체적력의 대표적인 예인 **중력**이나 **전자기력**은 힘의 원천이 마치 한 점에서 집중되어 나오는 것처럼 보인다. 지구의 중력장선은 모든 질량이 지구 중심에 집중된 것처럼 지구의 중심을 향한다. 비슷하게 전하가 균일하게 분포된 구에서는 모든 전하가 구의 중심에 집중되어 전기장선이 구의 중심으로부터 나오는 것처럼 보인다. 이러한 체적력 $\boldsymbol{f}$는 **보존력**으로 퍼텐셜에너지 U와 $\boldsymbol{f} = -\nabla U$의 형태로 관계한다. 10.7절에서는 전자기력이 체적력인 특별한 경우를 다룬다.

3.4 경계조건

나비에-스토크스 방정식은 2차 편미분 방정식이므로 수학적으로 유체의 흐름 문제를 해결하려면 경계조건이 필요하다. 예를 들어 관 속에 유체가 흐를 때 유체의 흐름은 관의 벽에 의한 영향을 받는다. 그러므로 벽 표면에서 유체의 흐름에 대한 정보가 필요하다. 경계면의 물리적 성질에 따라 딱딱한 경계와 부드러운 경계로 나눈다.

딱딱한 경계(점착조건)

만일 **비투과성이고 딱딱한 고체 표면**의 속도가 $\boldsymbol{U}$ 이고 고체 표면에 바로 인접한 유체입자의 속도가 $\boldsymbol{u}$ 이면, 유체가 고체 표면을 통과할 수 없으므로 $\boldsymbol{u}$ 의 수직성분과 $\boldsymbol{U}$ 의 수직성분은 같아야 한다. 즉,

$$\boldsymbol{u} \cdot \hat{\mathrm{n}} = \boldsymbol{U} \cdot \hat{\mathrm{n}} \tag{3.16}$$

이다. 여기서 $\hat{\mathrm{n}}$는 그림 3.1처럼 고체 표면에 수직으로 밖으로 나가는 단위벡터로 고체 표면의 방향을 나타낸다.

그리고 고체 표면에서 유체입자가 표면의 접선방향으로 미끄러지면 점성응력의 층밀리기성분에 의해서 표면에서 무한대 크기의 에너지소산이 일어나므로, 고체 표면에 바로 인접한 유체입자의 고체 표면 접선방향으로 속도성분 $\boldsymbol{u} \times \hat{\mathrm{n}}$ 은 고체 표면의 접선방향 속도성분 $\boldsymbol{U} \times \hat{\mathrm{n}}$ 과 서로 같아야 한다.

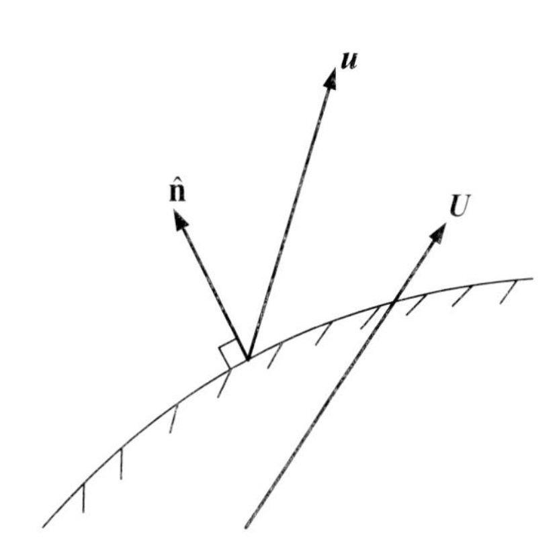

그림 3.1 딱딱한 경계

$$u \times \hat{n} = U \times \hat{n} \tag{3.17}$$

이러한 조건을 **점착조건**(no slip condition)이라 부른다.

위의 두 조건으로부터 비투과성이고 딱딱한 고체 표면의 속도와 바로 인접한 유체입자의 속도는 서로 같아야 한다.

$$u = U \tag{3.18}$$

그리고 딱딱한 경계에서는 점성응력 텐서의 층밀리기성분은 항상 0이다. 점성응력 텐서의 수직성분은 연습문제 3.1에서 보였듯이 비압축성 유체에서는 항상 0이다. 이에 반해서 압축성 유체의 경우에는 딱딱한 경계에서 점성응력 텐서의 수직성분은 밀도의 시간 변화율에 비례하는 크기를 가진다.

> 참고
>
> **점착 조건을 사용할 수 없는 경우와 미끄럼 경계조건**
>
> 점착 조건은 유체역학의 근본 조건인 연속성이 깨어지는 분자 평균 자유거리보다 짧은 크기의 계에서는 적용할 수 없다. 이렇게 점착 조건을 사용할 수 없는 짧은 거리의 영역을 **크누센 영역**(Knudsen regime)이라 부르며 10.8절에서 자세히 설명한다.
>
> 4장에서 다룰 **비점성유체**에서는 점성을 무시한다. 이런 경우는 딱딱한 경계에서도 고체 표면에서 유체입자가 표면의 접선방향으로 미끄러질 수 있다. 이 경우에는 $\mu = 0$로 가정하므로 에너지소산을 무시한다. 이때 식 (3.16)은 성립되나 식 (3.17)은 성립되지 않으므로 이 경계조건을 **미끄럼 경계 조건**(slip boundary condition)이라 한다.

부드러운 경계

주위에서 흔히 볼 수 있는 유체를 둘러싼 경계는 항상 딱딱하기만 한 것은 아니다. 딱딱하기보다는 신축성이 있고, 유체가 어느 정도 투과할 수 있는 표면들도 많다. 예를 들면 인간의 혈관은 심장이 뛰에 따라 팽창하기도 수축하기도 한다. 또 다른 예는 액체가 기체에 노출된 경우나 한 종류의 액체가 섞이지 않는 다른 액체와 만나는 경우다. 이러한 부드러운 경계의 경우들은 딱딱하고 비투과성의 경우와 다른 경계조건을 가진다.

그림 3.2(a)와 같이 경계면 양쪽에서 밀도가 각각 ρ와 ρ'인 두 물질을 생각해보자. 이러한 경우에 경계면과 수직 방향으로는 질량보존을 위하여 질량흐름밀도의 수직성분은 경계면에서 연속해야 한다.

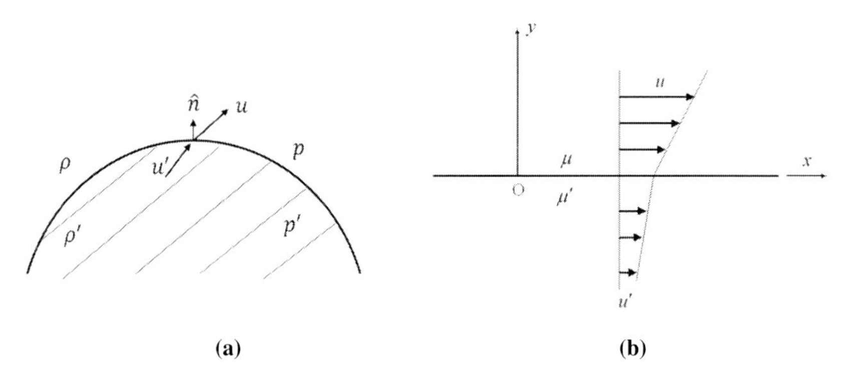

그림 3.2 부드러운 경계

$$\rho u \cdot \hat{\mathrm{n}} = \rho' u' \cdot \hat{\mathrm{n}} \tag{3.19}$$

그리고 경계면에 나란한 방향으로는 속도의 접선성분이 식 (3.17)처럼 연속해야 한다.

$$u \times \hat{\mathrm{n}} = u' \times \hat{\mathrm{n}} \tag{3.20}$$

또한 두 물질의 응력성분은 경계면에서 서로 같아야 한다. 만일 응력성분이 불연속적으로 변하면 경계면에 있는 유체입자는 무한대 크기의 가속을 받는다. 그러므로

$$\sigma_{ij} = \sigma'_{ij} \tag{3.21}$$

이다. 수직방향의 응력성분이 경계면에서 연속적이라는 것은 유체의 점성성질과 표면장력을 무시할 때 경계면 양쪽의 압력이 같음($p = p'$)을 뜻한다. 점성성질과 표면장력을 무시할 수 없는 경우는 식이 복잡해지겠다. 층밀리기 방향의 응력성분이 연속적으로 변하는 것을 설명하기 위해 그림 3.2(b)와 같이 x 방향으로 속도 $u(y)$와 $u'(y)$로 각각 흐르는 두 물질이 무한한 크기의 xz 평면을 경계로 만나고 있는 경우를 생각해보자. 유체의 점성계수가 각각 μ와 μ'인 경우에 경계면에 나란한 방향의 응력성분이 연속이라는 조건은 응력텐서의 정의인 식 (2.63)을 이용하면

$$\sigma_{yx} = \sigma'_{yx} \ , \qquad \mu \frac{\partial u}{\partial y} = \mu' \frac{\partial u'}{\partial y} \tag{3.22}$$

이다. 이 결과는 경계면에서 각 유체의 속도변화(층밀리기 속도구배)가 해당 유체의 점성계수의 크기에 반비례함을 뜻한다.

참고 **표면장력과 온도의 효과에 의한 경계조건**

부드러운 경계가 곡면을 이루고 있고 흐름속도를 무시할 수 있는 경우에는 표면장력의 역할이 중요하다. 이런 경우에 경계조건은 7.3절에서 따로 다룬다.
식 (2.96)의 에너지보존 방정식의 경우에는 딱딱한 경계와 부드러운 경계에 구분이 없이 열흐름밀도와 온도가 경계에서 항상 연속적이어야 한다. 그림 3.2(b)와 같은 경우에 온도 효과에 의한 경계조건은

$$k\frac{\partial T}{\partial y}=k'\frac{\partial T'}{\partial y} \quad \text{과} \quad T=T' \tag{3.23}$$

이다.

경계면이 무한히 떨어져 있는 경우

다른 중요한 경우는 관심 있는 곳으로부터 경계면이 무한히 떨어져 있어 관심 있는 곳의 흐름이 경계면에 전혀 영향을 주지 못하는 경우이다. 예로서 어떤 물체가 유체 흐름을 막고 있을 때 물체의 표면에서의 경계조건은 식 (3.18)로 기술되나 물체로부터 무한히 떨어진 곳의 흐름속도는 물체가 없을 때의 흐름속도 u_o이다. 그림 3.3은 이를 보인다. 그러므로

$$r \to \infty \text{ 인 곳의 흐름속도는 } u \to u_o \tag{3.24}$$

이다.

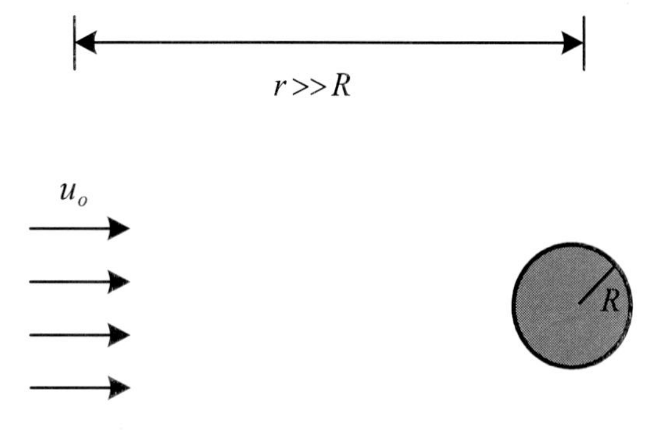

그림 3.3 경계면이 무한히 떨어져 있는 경우

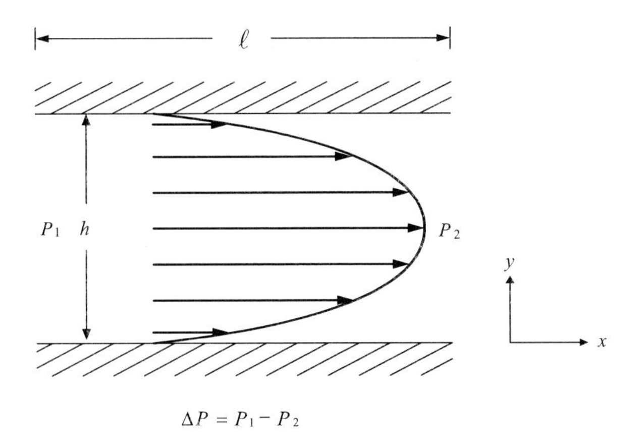

그림 3.4 채널흐름의 정의

3.5 채널 흐름

높이가 h이고 길이가 ℓ인 **채널**(channel)의 양단 사이에 그림 3.4와 같이 압력 차이 Δp가 있는 비압축성 유체가 x축 방향으로 흐르는 경우를 생각해보자[예로서 펌프를 이용해 채널 양단 사이에 일정한 압력 차 Δp 를 유지하는 경우]. $\ell \gg h$이고 z축 방향으로는 양쪽 벽 사이의 거리가 무한하다고 가정하면 **채널흐름**(channel flow)은 유체의 속도가 x 방향 성분만 가지는 **2차원 흐름**이다.

유체의 흐름이 정상적 $(\partial u/\partial t = 0)$인 경우에 식 (3.7)의 나비에-스토크스 방정식은

$$\rho \sum_j u_j \frac{\partial u_i}{\partial x_j} = -\frac{\partial p^*}{\partial x_i} + \mu \sum_j \frac{\partial^2 u_i}{\partial x_j \partial x_j} \tag{3.25}$$

이다. 여기서 p 대신 과잉압력 p^*를 사용한 이유는 식 (3.15)의 예로서 $y = 0$에 위치한 바닥이 중력을 받쳐주기 때문이다. 채널의 대칭성에 의해 $\mathbf{u} = u\hat{\mathbf{x}}$이고 압력 차이가 x 방향으로만 있으므로 식 (3.25)는 다음과 같아진다.

$$\rho u \frac{\partial u}{\partial x} = -\frac{\partial p^*}{\partial x} + \mu \left(\frac{\partial^2 u}{\partial x^2} + \frac{\partial^2 u}{\partial y^2} \right) \tag{3.26}$$

연속방정식 (3.6)에 의하면 $\partial u/\partial x = 0$이므로 위의 식은

$$\mu \frac{\mathrm{d}^2 u}{\mathrm{d}y^2} = \frac{\mathrm{d}p^*}{\mathrm{d}x} = -\frac{\triangle p}{\ell} \tag{3.27}$$

이다. 여기서 편미분 기호 대신에 전미분 기호를 사용할 수 있는 이유는 u 는 y 만의 함수이고 p^* 는 x 만의 함수이기 때문이다. 이 식에서 점성력은 압력의 구배와 크기가 같고 흐름방향과 반대로 향하는 것을 뜻한다. 이 식을 풀면

$$u = -\frac{1}{2}\frac{\triangle p}{\ell \mu} y^2 + C_1 y + C_2 \tag{3.28}$$

이다. 여기에 경계조건인 식 (3.18)의 점착 조건

$$u(y = h,\ 0) = 0 \tag{3.29}$$

을 이용하면

$$u = \frac{\triangle p}{2\ell \mu}(yh - y^2) \tag{3.30}$$

이다. 이 식에 따르면 채널 내의 속도의 크기는 높이에 따라 채널의 중간($y = h/2$)에서 최대속도 $\frac{\triangle p h^2}{8\ell \mu}$ 를 가지며 포물선의 형태로 변한다. 여기서 채널 내의 평균속도 u_{ave}는

$$u_{\text{ave}} = \frac{1}{h}\int_0^h \frac{\triangle p}{2\ell \mu}(yh - y^2)\,\mathrm{d}y = \frac{\triangle p h^2}{12\ell \mu} \tag{3.31}$$

로서 압력의 구배와 높이의 제곱에 비례하고 점성계수에 반비례한다.

압력구배에 의해 채널이나 파이프 [연습문제 3.2 참조]에서 속도 분포가 포물선 형태를 가지는 흐름을 **푸아죄유 흐름**(Poiseuille flow)이라 한다.

참고

정상흐름(steady flow)

유체와 관련된 물리량들이 위치만의 함수이고 시간의 함수가 아닌 흐름을 뜻한다. 그리고 이러한 상태를 **정상상태**(steady state)라 한다. 그러므로 고정된 위치에서 거시적 물리량의 시간 변화율은 항상 0이다($\partial/\partial t = 0$). 그러므로 정상흐름에서는 식 (2.3)을 고려하면

$$\mathrm{D}/\mathrm{D}t = \boldsymbol{u} \cdot \nabla \tag{3.32}$$

이다.

3.6 레이놀즈 수

앞에서 소개한 채널흐름은 변수들의 크기에 따라 흐름의 성질이 달라진다. 이렇게 다양한 성질의 채널흐름을 구별하기 위해 채널흐름을 물리적인 특징에 따라 나눌 수 있다. 채널흐름에는 흐름의 특징을 결정하는 **6개의 측정 가능한 변수**가 있다.

- 계의 크기를 기술하는 **채널의 직경** $d(=h)$와 **채널의 길이** ℓ,
- 유체의 속도를 대표하는 **평균속도** u_{ave},
- 흐름의 원인인 채널 양단의 **평균 압력구배** $\dfrac{\Delta p}{\ell}$, 그리고
- 유체의 물리적 성질을 대표하는 유체의 **밀도** ρ와 **점성계수** μ이다.

그러나 채널의 길이 ℓ에 대한 정보는 압력구배 $\Delta p/\ell$에 ℓ이 포함되어 있으므로, 채널의 길이는 독립적인 변수가 아니다. 그리고 식 (3.31)에 따르면 평균속도 u_{ave}는 채널 양단의 압력구배 $\Delta p/\ell$의 크기에 비례하고 나머지 변수들에 의존하므로 u_{ave}와 $\Delta p/\ell$ 중 하나만 알면 흐름을 기술하는데 충분하다. 그러므로 채널흐름을 특징짓기 위해서는 d, u_{ave}, ρ와 μ의 4개의 독립적인 변수에 대한 정보로 충분하다.

어떤 성질의 채널흐름인가는 무차원의 양이지만, 위의 4개의 변수는 차원이 있는 물리량이다. 그러므로 이들 4개의 변수를 적당히 조합해서 채널의 흐름을 특정 짓는 **무차원 변수**(dimensionless variable)를 찾는 **차원 분석법**(dimensional analysis)을 생각해보자. 차원을 이야기하려면 기본적인 차원 단위, 즉 질량$[M]$, 길이$[L]$, 시간$[T]$, 온도$[\Theta]$를 이용해야 한다. 그러므로 4개의 양에 해당하는 차원은 각각

$$\begin{aligned}[d] &= [L] \\ [u_{\mathrm{ave}}] &= [L][T]^{-1} \\ [\rho] &= [M][L]^{-3} \\ [\mu] &= [M][L]^{-1}[T]^{-1}\end{aligned} \tag{3.33}$$

이다. 이들의 조합으로 만들 수 있는 가장 간단한 무차원 변수를 찾기 위해

$$[d]^a[u_{\mathrm{ave}}]^b[\rho]^c[\mu]^d = [L]^0[M]^0[T]^0 \tag{3.34}$$

의 방정식을 풀면 $a = b = c = -d = 1$ 이다. 그러므로

$$\text{Re 수} = \frac{\rho u_{\text{ave}} d}{\mu} \tag{3.35}$$

이고, 이 무차원 변수의 값을 채널흐름의 **레이놀즈 수**(Reynolds number)라 한다. 다른 특성의 채널흐름은 각기 다른 값의 레이놀즈 수를 가진다.

레이놀즈 수의 일반적인 정의는

$$\text{Re 수} \equiv \frac{\rho UL}{\mu} = \frac{UL}{\nu} \tag{3.36}$$

이다. 여기서 U는 유체의 흐름을 대표하는 속도의 크기이고, L은 계의 크기를 대표하는 양이다. 여기서 점성계수와 밀도의 비

$$\nu \equiv \frac{\mu}{\rho} \tag{3.37}$$

는 **운동점성계수**(kinematic viscosity)로 불리며, 유체의 물리적 성질을 대표하는 양들 가운데 하나이다. 만일 관심 있는 유체가 비압축성이면 액체의 흐름과 기체의 흐름을 구별할 방법은 운동점성계수뿐이다[식 (3.49) 참조]. 운동점성계수의 단위는 cm^2/sec로서 스토크스(Sir George Stokes)의 이름을 따서 **센티스토크스**(centistokes)로 부르며 질량과 무관하다. 운동점성계수는 흐름속도의 확산을 특징짓는 양이다. 이에 반해서 점성계수 μ는 층밀리기 흐름을 반대하는 유체의 물리적 성질을 대표하는 양으로 흐름의 운동에너지를 열에너지로 바꾸는 성질을 특징짓는다. 점성계수의 크기가 클수록, 그리고 밀도가 작을수록[관성의 크기가 작을수록] 점성에 의해 주변 유체의 흐름속도를 변화시키는 시간이 짧게 걸린다. 그러므로 운동점성계수로 유체의 점성을 볼 때는 수은보다 물이 점성이 크고, 물보다 공기가 점성이 더 크다[9.4절 참조]. 다시 말하면 흐름속도의 확산은 물에서보다 공기 중에서 잘 일어나지만, 이로 인해 임의의 가상 표면에 점성력이 미치는 영향은 물이 공기

표 3.1 물질에 따른 점성계수의 크기($T = 288\text{K}$)

	μ (g/cm sec)	ν (cm^2/sec)
공기	0.00018	0.15
물	0.011	0.011
수은	0.016	0.0012
글리세린	23.3	18

보다 훨씬 크다. 흐름속도에 밀도를 곱하면 단위부피당 운동량이 되므로 운동점성계수를 운동량의 확산을 특징짓는 양이라고도 말한다. 표 3.1은 288 K에서 몇 가지 중요한 유체의 점성계수와 운동점성계수이다.

참고

운동점성계수의 크기를 변화시키는 방법

공기의 경우에 압력을 가하거나 진공펌프를 이용하여 공기의 밀도를 변화시키면 운동점성계수를 수천 배까지 쉽게 변화시킬 수 있다. **물의 경우**에는 밀도를 변화시킬 수 없으므로 층밀리기 점성계수가 물보다 2,300배 큰 글리세린을 물과 혼합하는 방법을 일반적으로 사용한다. 글리세린은 물에 잘 녹기 때문에 물과 글리세린의 비율에 따라 물의 운동점성계수의 크기를 1,500배까지 변화시킬 수 있다.

레이놀즈 수의 물리적 의미는 3.7절과 3.8절에서 나비에-스토크스 방정식과 차원분석법을 이용하여 더욱더 자세하게 설명한다.

3.7 동역학적으로 비슷함

두 개의 다른 물체가 **기하학적으로 비슷하다**(geometrically similar)는 서로의 크기가 비례관계에 있고 모양이 같은 경우를 뜻한다. 즉 그림 3.5처럼 세로 a_1, 가로 b_1 인 물체가 높이 c_1인 채널흐름의 가운데 있는 경우와 세로 a_2, 가로 b_2인 물체가 높이 c_2인 채널흐름의 가운데 있는 다른 경우를 생각할 때

$$\frac{a_1}{a_2} = \frac{b_1}{b_2} = \frac{c_1}{c_2} \tag{3.38}$$

이면 두 채널흐름이 기하학적으로 비슷하다고 한다. 만일 기하학적으로 비슷한 두 경우에 흐름의 형태가 비슷하면 두 흐름은 **동역학적으로 비슷하다**(dynamically similar)고 한다. 즉 유체의 성질을 나타내는 ρ와 μ가 다르더라도 동역학적으로 비슷하기 위해서는 첫 번째 조건으로 흐름속도들 사이에 다음의 비례관계가 있어야 한다.

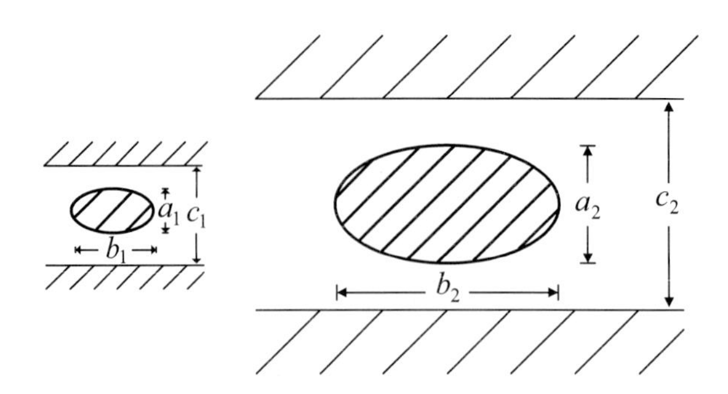

그림 3.5 기하학적으로 비슷한 두 흐름

$$\frac{u_1}{u_2} = \frac{v_1}{v_2} = \frac{w_1}{w_2} \tag{3.39}$$

기하학적으로 비슷한 두 흐름이 동역학적으로 비슷하기 위해서는 식 (3.38)과 식 (3.39) 뿐만 아니라 두 번째 조건으로 Re 수도 같아야 한다.

앞에서 설명했듯이 유체의 흐름을 특성 짓는 데 필요한 최소의 독립변수는 유체계의 대표적 크기 L, 유체를 대표하는 속도 U와 유체의 성질을 특성 짓는 ρ와 μ이다. 정상 상태의 흐름은 시간에 무관하지만, 계를 대표하는 시간의 크기는 계의 크기 L을 속도 U인 유체가 흐르는 데 걸리는 시간인 L/U이다. 계를 대표하는 압력의 크기는 실제 압력(p)과 흐름이 없을 때 압력(정수압력, p_o)의 차이 $(p-p_o)$에 해당하는 동압력 $\frac{1}{2}\rho U^2$의 두 배인 ρU^2을 사용한다[식 (5.9)와 관련 설명 참조]. 나비에-스토크스 방정식을 무차원화하기 위해 각 변수를 대표하는 크기로 나누어 다음의 무차원 변수들을 정의하면

$$x' = \frac{x}{L}, \quad y' = \frac{y}{L}, \quad z' = \frac{z}{L} \tag{3.40}$$

$$u' = \frac{u}{U}, \quad v' = \frac{v}{U}, \quad w' = \frac{w}{U} \tag{3.41}$$

$$t' = \frac{t}{L/U} \tag{3.42}$$

$$p' = \frac{p-p_o}{\rho U^2} \tag{3.43}$$

이다. 여기서 prime이 있는 변수는 무차원 변수를 뜻한다. 그러므로

$$\nabla' = L\nabla \tag{3.44}$$

$$\nabla'^2 = L^2 \nabla^2 \tag{3.45}$$

이다. 이들의 관계를 이용해 비압축성이고 체적력을 무시할 수 있는 경우에 유체의 연속 방정식과 나비에-스토크스 방정식

$$\nabla \cdot \boldsymbol{u} = 0 \tag{3.46}$$

$$\frac{\partial \boldsymbol{u}}{\partial t} + \boldsymbol{u} \cdot \nabla \boldsymbol{u} = -\frac{1}{\rho}\nabla p^* + \frac{\mu}{\rho}\nabla^2 \boldsymbol{u} \tag{3.47}$$

을 **무차원 방정식의 형태**로 고치면

$$\nabla' \cdot \boldsymbol{u}' = 0 \tag{3.48}$$

$$\begin{aligned}\frac{\partial \boldsymbol{u}'}{\partial t'} + (\boldsymbol{u}' \cdot \nabla')\boldsymbol{u}' &= -\nabla' p' + \frac{\mu}{\rho U L}\nabla'^2 \boldsymbol{u}' \\ &= -\nabla' p' + \frac{1}{\mathrm{Re}}\nabla'^2 \boldsymbol{u}'\end{aligned} \tag{3.49}$$

이다. 경계조건은 무차원 변수의 경우와 비슷한 방법으로 무차원화 할 수 있다.

위의 식을 자세히 보면 그림 3.5와 같이 두 개의 다른 유체계가 식 (3.38)과 식 (3.39)를 만족시키면 두 유체계의 무차원 속도와 무차원 변위들이 서로 같으므로 $\boldsymbol{u}'_1 = \boldsymbol{u}'_2$와 $\boldsymbol{r}'_1 = \boldsymbol{r}'_2$이다. 그러나 식 (3.49)가 두 유체계를 같게 기술하기 위해서는 두 유체계의 레이놀즈 수도 같아야 한다. 그러므로 기하학적으로 비슷한 두 유체계가 속도들 사이에 식 (3.39)의 비례관계를 만족시키면서 같은 레이놀즈 수를 가진다면 두 계는 같은 경계조건을 가진 같은 무차원 나비에-스토크스 방정식을 만족하는 것을 알 수 있다. 즉 두 계는 무차원 변수만 보면 같은 해와 흐름을 가진다. 실제의 해인 $\boldsymbol{r} = (x, y, z)$, $\boldsymbol{u}$, p는 각 무차원 변수값 $\boldsymbol{r}' = (x', y', z')$, $\boldsymbol{u}'$, p'에 특성 변수값 L, U, ρU^2을 각각 곱하면 얻어진다.

이러한 동역학적으로 비슷함의 원리를 이용하면 풍동(wind tunnel) 실험실에서 소형 모형 비행체를 날리거나 소형 수조 속에서 소형의 모형 배를 띄워 기하학적으로 비슷하게 한 후 L, U, ρ, μ들의 값을 바꾸어서 레이놀즈 수를 같게 하여 동역학적으로 비슷하게 한 후 실제 크기의 실험과 비슷한 조건을 만들 수 있다. 이렇게 하면 대형 항공모함이나 대형 여객기를 만들기 전에 물체의 여러 유체역학적 특성들을 미리 실험을 통하여 알 수 있어 시간과 경비를 줄일 수 있다. 그림 3.6은 1/4 크기의 축소 모델로 풍동에서 소형 비행기를 테스트 하는 것을 보여준다.

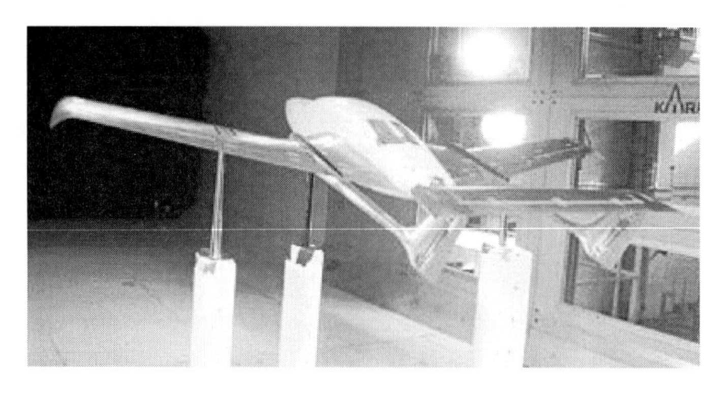

그림 3.6 풍동에서 테스트 중인 1/4 크기로 축소된 소형 비행기

> 참고 **무차원 계수**
>
> 어떤 물리적 형상을 지배하는 방정식의 각 변수를 무차원화 하면서 나타나는 특별한 물리적 의미가 있는 변수이다. 보통의 경우에 무차원화 과정에서 필요한 변수의 숫자가 대폭 줄어들게 되어 실험이나 전산 시늉 등을 할 때 훨씬 쉬워진다. 부록 E는 다양한 경우의 무차원 계수를 소개한다.

3.8 레이놀즈 수의 물리적·역사적 의미

레이놀즈 수의 물리적 의미

식 (3.49)에서 알 수 있듯이 나비에-스토크스 방정식을 특성 크기들로 무차원화한 후에 레이놀즈 수만 알면 유체의 흐름을 기술할 수 있다. 이는 레이놀즈 수가 중요한 제어 변수임을 설명한다. 레이놀즈 수의 물리적 의미를 설명하기 위해 체적력이 없는 비압축성 정상흐름의 나비에-스토크스 방정식을 생각해보자.

$$\rho(u \cdot \nabla)u = -\nabla p + \mu\nabla^2 u \tag{3.50}$$

위의 세 항들은 단위 부피당 **관성력**(inertia force), **압력경도력**(pressure gradient force), **점성력**(viscous force)으로 각각 불린다.

참고

관성력과 점성력

관성은 물체가 속도를 바꿀 때 이를 반대하려는 성질이다. **관성력**은 유체에 가해지는 힘이 갑자기 사라져도 유체가 계속 흐르게 하는 힘으로 밀도와 흐름속도에 의존한다. 커피를 티스푼으로 한 번 휘저은 후에 멈추어도 커피가 일정한 시간 동안은 커피가 흐르는 것이 쉬운 예이다. 이에 반해 **점성력**은 유체의 흐름과 관련하여 유체입자가 부피의 변화 없이 모양이 변형되는 것을 방해하는 힘으로 유체의 점성성질과 흐름속도에 의존한다. 티스푼의 움직임에 의한 외력이 멈춘 후 커피 흐름속도가 줄어들다가 결국에는 멈추는 것은 점성력의 결과이다.

이 가운데 관성력과 점성력의 비가 레이놀즈 수이다. 관성력의 크기를 특성 크기로 표시하면 $\rho U^2/L$이다. 그리고 점성력의 크기는 $\mu U/L^2$이다. 그러므로

$$\begin{aligned} \text{Re 수} &= \frac{\text{관성력의 크기}}{\text{점성력의 크기}} \\ &= \frac{|\rho \boldsymbol{u} \cdot \nabla \boldsymbol{u}|}{|\mu \nabla^2 \boldsymbol{u}|} \\ &\approx \frac{\rho U^2/L}{\mu U/L^2} \\ &= \frac{\rho U L}{\mu} \end{aligned} \tag{3.51}$$

이다.

유체의 흐름을 계속 유지하려면 외부에서 에너지를 계속 공급해 주어야 한다. 그러나 이 에너지가 어디로 빠져나가지 않으면 유체의 운동에너지는 계속 증가할 것이다. 그러나 2.9절에서 보인 것처럼 (거시적) 운동에너지가 점성력을 통하여 열에너지(미시적 운동에너지)로 바뀌기 때문에 정상상태에서는 계의 (거시적) 운동에너지가 일정한 값을 가진다. 그러므로 점성력은 유체의 흐름을 안정화하는 역할을 한다. 이에 반해 관성력은 비선형 양이다. 즉 속도 제곱의 형태를 가지고 있다. 그러므로 나비에-스토크스 방정식에서 관성력은 속도 u 의 파수(혹은 진동수) 분포를 바꾼다. 특히 작은 파수(혹은 작은 진동수)를 큰 파수(혹은 큰 진동수)의 영역으로 바꾼다. 이 성질은 비선형인 관성력이 속도의 구조를 불안정하게 하여 더욱더 복잡한 구조로 만든다고 말할 수 있다.

기하학적으로 비슷한 두 유체계가 속도 사이에 비례관계를 가져도 동역학적으로 비슷

하기 위해서 Re 수가 같아야 한다. 기하학적인 크기와 속도가 달라도 Re 수가 같으면 흐름의 동역학 구조는 같으므로 두 유체계의 무차원의 나비에-스토크스 방정식이 같아져서 한 개의 방정식이 두 계를 동시에 정확하게 기술할 수 있다. 12장은 비선형 성분의 크기가 커서 흐름이 불안정해지는 경우들에 대해 설명한다. 요약하면 관성력은 동역학적으로 유체의 흐름을 더욱 불안정하게 하는 것에 비해 점성력은 동역학적으로 유체의 흐름을 안정화하려고 한다. 이들 두 항의 경쟁으로 흐름이 복잡해질 수도 있고 간단해질 수도 있다. 이러한 불안정성에 의해 복잡해진 흐름의 (거시적) 운동에너지는 점성력에 의해 (미시적) 운동에너지인 열에너지로 바뀐다[14장 참조].

만일 **Re 수가 1보다 많이 작다면** ($\mathrm{Re} \ll 1$) 점성력의 세기가 관성력보다 훨씬 크므로 관성력을 무시할 수 있게 되어 나비에-스토크스 방정식은 정상흐름이나 준정상흐름의 경우에 **기어가는 흐름방정식**(equation of creeping motion)이 된다. 이 식은 **스토크스 방정식**(Stokes equation)이라고도 부른다.

$$\nabla p = \mu \nabla^2 \boldsymbol{u} \tag{3.52}$$

여기서 체적력이 보존력이어서 압력경도력에 포함되어 있다고 가정했다. 즉 이 식에 사용한 압력은 과잉압력이다[식 (3.14) 참조]. 이 식에 따르면 $\mathrm{Re} \ll 1$ 이면 압력경도력은 점성력과 평형을 이룬다. 이 식의 양변에 발산연산자를 취하면

$$\nabla^2 p = \mu \nabla^2 (\nabla \cdot \boldsymbol{u}) \tag{3.53}$$

이 된다. 만일 유체의 흐름이 비압축성일 경우에는 압력은 **라플라스 방정식**을 만족한다.

$$\nabla^2 p = 0 \tag{3.54}$$

식 (3.52~54)는 나비에-스토크스 방정식에 비해 시간에 관계하는 항이 없는 훨씬 간단한 선형 2차 편미분 방정식이다[경계조건은 시간에 관련할 수도 있다]. 이 식의 해는 다음의 세 가지 특성을 가진다. 첫 번째는 주어진 기하학적 조건과 경계조건에 대해 흐름방정식의 해는 한 가지만 존재한다. 이는 Re 수가 높은 경우에 발생하는 난류의 경우에는 무한히 많은 해가 존재하는 것과 크게 다른 점이다. 두 번째는 흐름방정식의 해가 시간에 대해 되짚기 성질이 있다. 즉 만일 흐름방정식을 만족하는 해가 있다면 압력구배의 방향을 거꾸로 하면 같은 흐름선을 따라 흐름의 방향을 바꾸며 같은 흐름방정식을 만족시킨다. 식 (3.52)에서 p 대신 $-p$로 고치면 $-\boldsymbol{u}$가 흐름속도가 된다. 예로서 그림 1.9는 Re 수가

1보다 훨씬 작은 경우에 방해물의 주위에서 흐름선을 보인다. 흐름선이 방해물을 중심으로 대칭을 이루고 있으므로 압력구배의 방향을 반대로 바꾸면 흐름선은 그대로 유지하나 흐름의 방향이 반대로 바뀌는 되짚기 성질을 보인다. 식 (3.52)는 정상흐름의 경우이다. 이에 반해 비정상흐름의 경우에는 $\rho\partial u/\partial t$ 항을 무시할 수 없으므로 시간에 대해 되짚기 성질이 사라짐을 유의해야 한다[연습문제 3.3 참조]. 또한 정상흐름이라도 관성력을 무시할 수 없어 식 (3.50)을 그냥 사용하면 시간에 대해 되짚기 성질이 사라진다. 세 번째 특성은 멀리 떨어진 두 지점에 있는 유체입자들의 흐름이 강한 점성력에 의해 서로에 영향을 미친다. 예를 들면 그림 1.9의 경우에 흐름선이 방해물에 의해 방향을 바꾸는 데 방해물 크기보다도 더 먼 지역까지도 흐름선이 영향을 받아 경로가 변경된다. 그러므로 방해물에서 멀리 떨어진 지역의 유체입자들도 방해물의 존재(속도)를 느낀다. 또한 관성력을 무시할 수 있으므로 흐름을 초래한 외력이 없어지면 흐름은 즉시 멈춘다.

참고

스토크스 방정식의 수학적 의미

식 (3.52)의 스토크스 방정식은 수학적으로 생각하면 흐름속도 $\boldsymbol{u}$에 대한 **푸아송 방정식**(Poisson equation)이다. 이 식에서 압력경도 $\frac{1}{\mu}\nabla p$는 흐름속도에 대한 원천(source)의 역할을 한다. 그리고 식 (3.54)는 압력에 p에 대한 **라플라스 방정식**(Laplace equation)이다. 그리고 식 (3.52)의 양변에 회오리 연산자를 취하면 $\nabla^2(\nabla\times\boldsymbol{u})=0$가 된다. 이 식은 4장에서 정의할 소용돌이도 $\Omega=\nabla\times\boldsymbol{u}$에 대한 라플라스 방정식이다. 라플라스 방정식은 원천에 해당하는 항이 없는 푸아송 방정식으로 경계조건만을 이용해 문제를 해결할 수 있다.

만일 Re **수가 1보다 많이 크다면**($\mathrm{Re}\gg 1$) 관성력의 크기에 비해 점성력의 크기가 훨씬 작아 점성력을 무시할 수 있게 되어 나비에-스토크스 방정식은 **오일러 방정식**(Euler equation)이 된다. 비정상적 흐름의 경우에 오일러 방정식은 다음과 같다.

$$\rho\frac{\partial \boldsymbol{u}}{\partial t}+\rho(\boldsymbol{u}\cdot\nabla)\boldsymbol{u}=-\nabla p \tag{3.55}$$

나비에-스토크스 방정식이 비선형 2차 편미분 방정식인 데 비해 오일러 방정식은 비선형 1차 편미분 방정식이다. 그리고 점성력의 부재로 인해 경계조건들 가운데 식 (3.17)과 식 (3.20)의 조건은 사용할 수 없다. 딱딱한 경계의 경우에는 식 (3.16)의 비투과성 조건만, 부드러운 경계의 경우에는 식 (3.19)의 투과성 조건만 사용할 수 있다. 그러므로 오일러 방정식은 Re 수가 큰 경우 경계에서 먼 지점의 흐름을 잘 설명할 수 있으나 경계 근처에서는 비현실적이다. 이렇게 점성력 항을 무시할 수 없는 경계 지점 근처의 얇은 층을 **경계층**(boundary layer)이라 한다. 그러므로 오일러 방정식은 경계층 밖에서만 적용될 수 있다.

레이놀즈 수의 물리적 의미를 **운동량 플럭스의 관점**에서 설명해보는 것도 레이놀즈 수의 물리적 이해에 도움이 된다. 유체의 흐름에 관련된 관성력의 효과인 이류(advection)에 의한 단위부피당 유체의 운동량 플럭스는 운동량 ρU에 유체의 속도 U를 곱한 ρU^2이다. 이에 반해 유체의 점성력의 효과인 운동량의 확산에 의한 단위부피당 유체의 운동량 플럭스는 $\mu U/L$이다. 이 두 가지 운동량 플럭스의 비는

$$\begin{aligned} \text{Re 수} &= \frac{\text{관성력에 의한 운동량 플럭스}}{\text{점성력에 의한 운동량 플럭스}} \\ &= \frac{|\rho u^2|}{|\mu \nabla \boldsymbol{u}|} \\ &\approx \frac{\rho U^2}{\mu U/L} \\ &= \frac{\rho UL}{\mu} \end{aligned} \tag{3.56}$$

이다.

레이놀즈 수의 물리적 의미를 **시간 관점**에서 생각해보자. 관성력의 효과인 이류에 의해서 유체가 특성 길이 L을 이동하는 데 걸리는 시간은 L/U이다. 이에 반해서 점성력에 의해서 유체가 특성 길이 L을 이동하는 데 걸리는 시간은 $\rho L^2/\mu$이다[9.4절 참조]. 그러므로 두 가지 특성 시간의 비를 구해서 Re 수를 다시 정의할 수 있다.

$$\begin{aligned} \text{Re 수} &= \frac{\text{점성력에 의한 특성시간}}{\text{관성력에 의한 특성시간}} \\ &\approx \frac{\rho L^2/\mu}{L/U} = \frac{\rho UL}{\mu} \end{aligned} \tag{3.57}$$

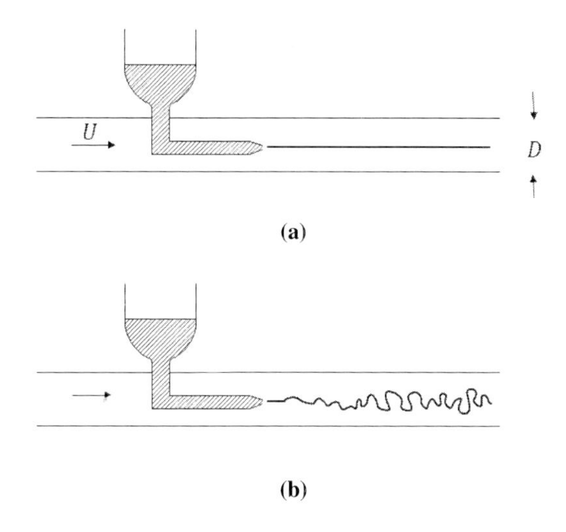

그림 3.7 레이놀즈의 실험에서 층류(a)와 난류(b)

레이놀즈 수의 역사적 의미

1883년 레이놀즈(Osborne Reynolds, 1842~1912)는 그림 3.7과 같이 잉크가 담긴 둥글고 매우 가는 유리관을 무색투명한 물의 파이프 흐름 속에 흐름과 나란하게 위치시킨 후 관의 끝을 통해 잉크를 계속하여 조금씩 흘려주었다. 유체의 흐름속도가 작을 때는 (a)와 같이 잉크가 흐름방향으로 일직선을 그었다. 즉 잉크는 유체의 흐름 중 나란한 몇 개의 층들(laminas)에 집중되어 다른 유체층들과는 유체의 섞임이 없음을 관측하였다. 이 흐름은 **층흐름**(laminar flow) 혹은 **층류**라 불린다. 유체의 흐름속도를 증가시켰을 때 특정한 속도 이상부터는 (b)에서 보이듯이 잉크의 문양이 짧은 시간 동안만 일직선이다가 불안정하게 되어 유체의 흐름이 복잡해져서 다른 층들 사이에 흐르던 유체들이 서로 섞이는 현상을 발견했다. 이렇게 유체의 흐름에 수직 방향으로 유체입자들이 거시적으로 섞이는 흐름을 **막흐름**(turbulence) 혹은 **난류**라 부른다. 레이놀즈는 유체의 흐름이 층흐름에서 막흐름으로 전이하는 점이 항상 유체의 점성계수(μ)와 밀도(ρ), 그리고 유체의 속도(U)와 파이프의 직경(D)에 관계되는 $\frac{\rho U D}{\mu} \approx 3000$임을 관측하였다. 후에 좀머펠트(Arnold Sommerfeld, 1868~1951)와 웨버(Moritz Weber, 1871~1951)는 레이놀즈의 업적을 기려 위의 비 $\frac{\rho U D}{\mu}$를 **레이놀즈 수**라 불렀다.

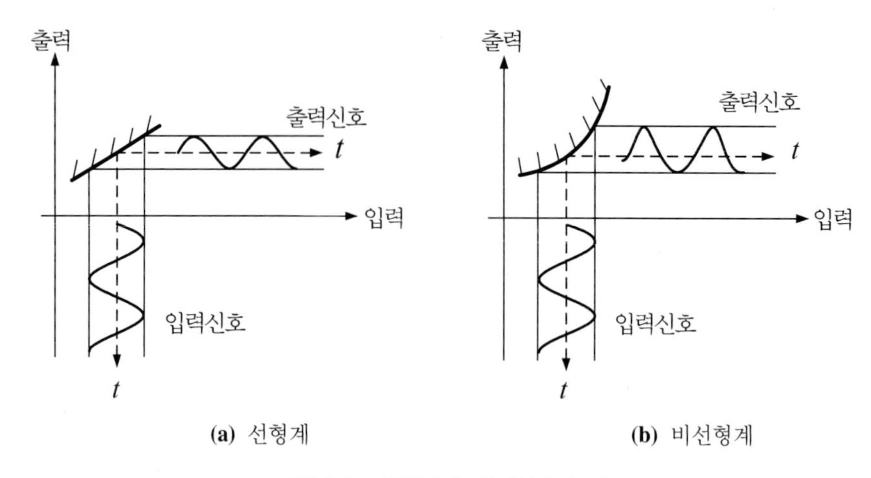

그림 3.8 선형계와 비선형계의 예

참고

비선형의 물리적 의미

비선형의 물리적 의미를 설명하기 위해 선형계와 비선형계의 성질을 생각해보자. 그림 3.8의 (a)와 (b)에서 빗금 친 부분이 각각 선형 소자와 비선형 소자이다. 여기서 선형 소자는 일직선으로 되어 있고 비선형 소자는 곡선으로 되어 있다. 그리고 각 소자에 진동수가 ω인 임의의 sine파인 $A\sin\omega t$가 입력되어 소자의 표면에 반사되어 나오고 있다. (a)의 경우에는 출력신호의 값은 입력신호의 값에 비례하는 $B\sin\omega t$이다. 즉 입력과 출력은 진폭은 서로 다르나 같은 진동수의 신호이다. 그에 반해서 (b)에 있는 비선형 소자의 경우는 출력신호가 입력신호의 진동수와 다른 진동수 성분을 가진 $C\sin\omega t + D\sin\omega' t$ 등이 될 수 있다. 이렇게 입력을 받아 비선형적으로 반응하는 소자를 **비선형 소자**라 한다. 비슷한 개념으로 평면거울과 볼록거울을 생각해 볼 수 있다. 평면거울을 통해 보는 물체는 크기만 빼고 원래 모습과 같으나 볼록거울을 통해 보는 물체는 물체의 변형이 커서 원래 모습을 정확히 알 수 없다. 즉 볼록거울은 일종의 비선형 소자이다.

3.9 고체 표면 근처 점성유체의 정상흐름

고체 표면 근처에서는 점성효과를 무시할 수가 없다. 고체 표면 근처에서 점착 조건과 점성을 고려한 비압축성 유체의 정상흐름 ($\partial \boldsymbol{u}/\partial t = 0$) 가운데 몇 가지 중요한 예를 생각해 보자.

상대운동을 하는 두 평행판 사이에서의 정상흐름

채널흐름(3.5절)과 층밀리기 흐름(2.8절)을 합한 경우를 생각해보자. 그림 3.9와 같이 높이가 h인 두 개의 평행판 가운데 꼭대기 판은 x축 방향으로 일정한 속도 U로 움직이고 있고 바닥 판은 멈추어져 있다. 그리고 동시에 x축 방향으로 일정한 크기의 압력구배 $\mathrm{d}p/\mathrm{d}x$가 있을 때 평행판 사이에 있는 점성계수가 μ인 비압축성 유체의 속도분포를 구해 보자.

이 경우에 적용되는 점착 경계조건은 식 (3.18)에 의해

$$u(y=h) = U, \quad u(y=0) = 0 \tag{3.58}$$

이다. 이것을 3.5절에서 보인 채널흐름의 식 (3.28)에 적용하면 흐름속도는

$$u = \frac{\mathrm{d}p}{\mathrm{d}x}\frac{y^2 - yh}{2\mu} + \frac{Uy}{h} \tag{3.59}$$

이다. 첫 번째 항 $\frac{\mathrm{d}p}{\mathrm{d}x}\frac{y^2 - yh}{2\mu}$는 $U = 0$인 경우의 흐름속도로 **푸아죄유**(Poiseuille) **항**이

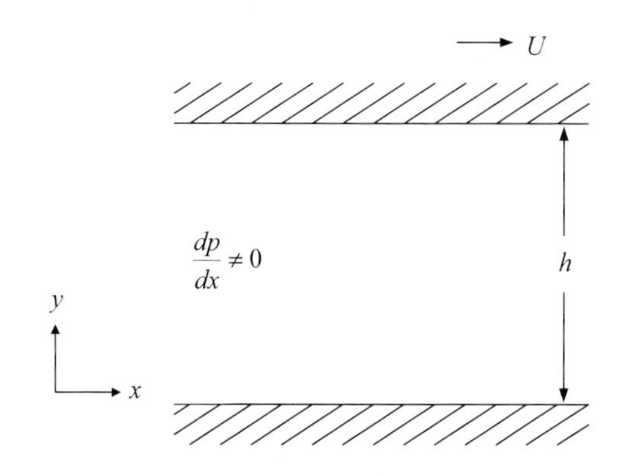

그림 3.9 상대운동을 하는 두 평행판 사이에서의 정상흐름

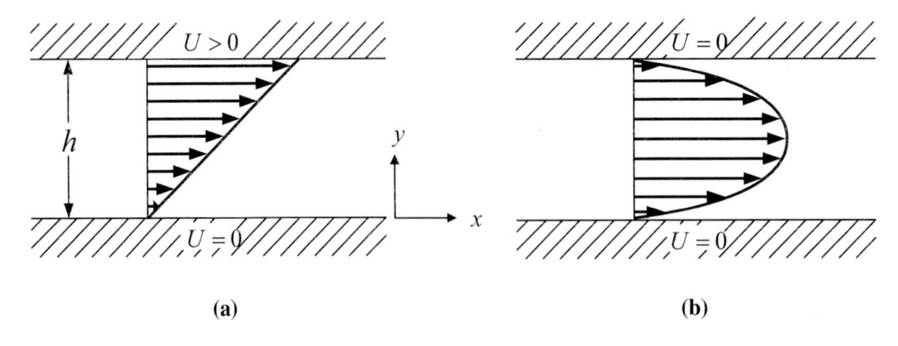

그림 3.10 쿠엣 항(a)과 푸아죄유 항(b)의 속도분포

라고 하고 두 번째 항 $\frac{Uy}{h}$는 $\frac{\mathrm{d}p}{\mathrm{d}x} = 0$인 경우의 흐름속도로 **쿠엣**(Couette) **항**이라고 한다. 그림 3.10은 쿠엣 항의 속도분포(a)와 푸아죄유 항의 속도분포(b)를 보이고 있다.

단위시간 동안 평행판 사이를 흘러가는 유체의 부피 중 z 방향의 단위 두께의 부분만 고려하면

$$\begin{aligned} q &= \int_0^h u\mathrm{d}y \\ &= \int_0^h \left[\frac{\mathrm{d}p}{\mathrm{d}x}\frac{y^2 - yh}{2\mu} + \frac{Uy}{h}\right]\mathrm{d}y \\ &= \underbrace{-\frac{h^3}{12\mu}\frac{\mathrm{d}p}{\mathrm{d}x}}_{\text{푸아죄유 항}} + \underbrace{\frac{Uh}{2}}_{\text{쿠엣 항}} \end{aligned} \tag{3.60}$$

이다. 평행판 사이의 흐름속도의 y 방향 공간구배를 구해보면

$$\frac{\mathrm{d}u}{\mathrm{d}y} = \frac{1}{2\mu}\frac{\mathrm{d}p}{\mathrm{d}x}(2y - h) + \frac{U}{h} \tag{3.61}$$

이고 경계면에서는 다음의 값을 가진다.

$$\left(\frac{\mathrm{d}u}{\mathrm{d}y}\right)_{y=0} = -\frac{h}{2\mu}\frac{\mathrm{d}p}{\mathrm{d}x} + \frac{U}{h} \tag{3.62}$$

$$\left(\frac{\mathrm{d}u}{\mathrm{d}y}\right)_{y=h} = \frac{h}{2\mu}\frac{\mathrm{d}p}{\mathrm{d}x} + \frac{U}{h} \tag{3.63}$$

그림 3.11은 $\mathrm{d}p/\mathrm{d}x$, $(\mathrm{d}u/\mathrm{d}y)_{y=0}$, $(\mathrm{d}u/\mathrm{d}y)_{y=h}$의 여러 가지 가능한 값들에 대한 속도분포다.

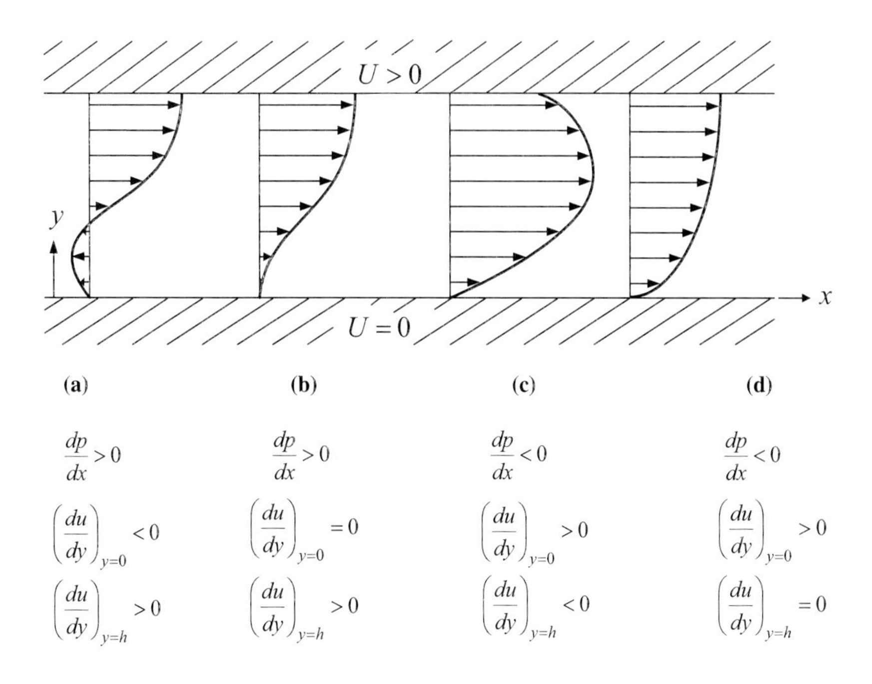

그림 3.11 상대운동을 하는 두 평행판 사이의 압력구배에 따른 속도분포

쿠엣 흐름

프랑스의 물리학자인 쿠엣(Maurice Couette, 1858~1943)은 그림 3.10(a)에서 설명한 두 평행판 사이의 유체의 흐름을 회전흐름으로 변형시켰다. 길이가 무한대이고, 외부반지름이 a_i 인 원기둥과 길이 방향으로 파서 내부 반지름이 a_o인 원기둥이 동심의 상태에서 각속도 ω_i와 ω_o로 각각 그림 3.12와 같이 회전하고 있다고 하자. 이때 두 원기둥 사이에 간격 $a_o - a_i$의 공간 내에 있는 유체의 흐름을 **쿠엣 흐름**(Couette flow)이라 한다. 이 경우에 a_o와 a_i의 차이를 일정하게 유지하면서 a_o와 a_i 크기를 무한대로 보내면 그림 3.10(a)에서 설명한 두 평행판 사이에서의 흐름이 된다.

원기둥 좌표계를 이용하면 z축 방향으로 길이가 무한하므로 정상상태에서 유체의 흐름은 회전방향으로 한정되어 2차원 흐름이다. 이 가정은 12.4절에서 소개될 **테일러-쿠엣 불안정성**(Taylor-Couette instability)이 일어나기 전에만 해당하며 식 (D.7)의 비압축성 조건을 잘 만족한다. 나비에-스토크스 방정식의 성분은 체적력을 무시하고, 지름 방향과 방위각 방향으로 식 (D.8)과 식 (D.9)를 이용하면 각각

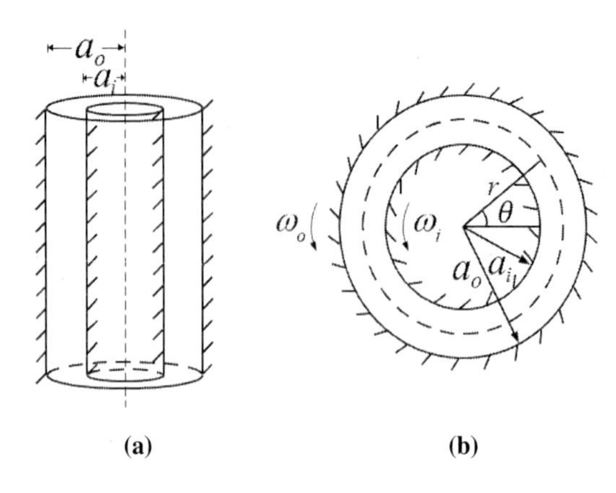

그림 3.12 쿠엣 흐름의 정의

$$u = u_\theta(r)\hat{\theta} \tag{3.64}$$

$$-\frac{\rho u_\theta^2}{r} = -\frac{\mathrm{d}p}{\mathrm{d}r} \tag{3.65}$$

$$0 = \mu\left(\frac{\mathrm{d}^2 u_\theta}{\mathrm{d}r^2} + \frac{1}{r}\frac{\mathrm{d}u_\theta}{\mathrm{d}r} - \frac{u_\theta}{r^2}\right) \tag{3.66}$$

이다. 경계조건은 식 (3.18)을 이용하면

$$u_\theta|_{r=a_i} = \omega_i a_i, \quad u_\theta|_{r=a_o} = \omega_o a_o \tag{3.67}$$

이다. 식 (3.66)은 유체의 흐름속도가 점성력 성분 간의 균형에 의해 결정되는 것을 뜻한다. 식 (3.65)는 지름 방향의 압력의 구배와 회전운동에 의한 원심력의 균형에 의해 압력의 분포가 결정되는 것을 보여준다. 즉 회전중심에서 멀어질수록 원심력이 커져 압력경도력도 커진다. 이로 인해 회전중심에서 멀어질수록 압력이 증가한다.

식 (3.66)은 많이 알려진 코시-오일러 미분방정식의 형태이다. $r \equiv e^x$을 이용해 r을 x로 치환하면 식 (3.66)은

$$\frac{\mathrm{d}^2 u_\theta}{\mathrm{d}x^2} - u_\theta = 0 \tag{3.68}$$

으로 **헬름홀츠 방정식**이 된다. 식 (3.67)의 경계조건을 이용하면 유체의 흐름속도는

$$u_\theta = \frac{\omega_o a_o^2 - \omega_i a_i^2}{\left(a_o^2 - a_i^2\right)} r + \frac{(\omega_i - \omega_o) a_i^2 a_o^2}{\left(a_o^2 - a_i^2\right)} \frac{1}{r} \tag{3.69}$$

이다. 여기서 우변 첫째 항은 원심력에 의한 효과이고, 두 번째 항은 경계에서 점착 조건에 의한 효과인 것을 알 수 있다. 만일 $\omega_i = \omega_o$이면

$$u_\theta = \omega r \tag{3.70}$$

로 강체의 회전에 해당한다. 원기둥 모양의 물통 내에 들어 있는 유체를 고려할 때는 $a_i = 0$이므로 유체는 역시 위의 식을 만족하며 마치 강체처럼 움직인다.

유체의 흐름속도가 빨라지면 유체의 흐름이 불안정해져 회전방향뿐만 아니라 다른 방향으로도 흐름이 있다. 이에 대해서는 12.4절에서 자세히 다룬다. 위치 r에 따른 압력의 분포 $p(r)$은 식 (3.69)를 식 (3.65)에 대입한 후에 적분하면 구할 수 있다.

$$p(r) = \frac{\rho}{\left(a_o^2 - a_i^2\right)^2}\left[\left(\omega_o a_o^2 - \omega_i a_i^2\right)^2 \frac{r^2}{2} - 2\left(\omega_o - \omega_i\right)\left(\omega_o a_o^2 - \omega_i\right) a_i^2 a_o^2 \ln r - \left(\omega_o - \omega_i\right)^2 \frac{a_i^4 a_o^4}{2r^2}\right] + C \tag{3.71}$$

여기서 C는 적분상수로 경계면($r = a_i,\ a_o$)에서의 압력의 크기이다.

반경 r인 지점에 있는 가상의 원기둥 표면에 가해지는 층밀리기 응력은 식 (D.14)와 식 (D.17)에 의해

$$\sigma_{r\theta} = \mu r \frac{\partial\left(u_\theta / r\right)}{\partial r} \tag{3.72}$$

이다. 그러므로 그림 3.12(b)에서 점선으로 표시된 반경이 r인 가상 원기둥의 외부 표면에 단위 높이당 가해지는 회전력은 반경 r에 해당하는 θ 방향의 면적 $2\pi r$과 층밀리기 응력 $\sigma_{r\theta}$를 곱하면 된다.

$$\Sigma = r \times \sigma_{r\theta} \times 2\pi r = 2\pi\mu r^3 \frac{\partial\left(u_\theta / r\right)}{\partial r} = 4\pi\mu \frac{\left(\omega_o - \omega_i\right) a_i^2 a_o^2}{\left(a_o^2 - a_i^2\right)} \tag{3.73}$$

이 회전력의 방향은 z 축 방향이다. 마찬가지로 내경 r로 내부가 파인 가상 원기둥 내부 표면에 가해지는 회전력은 위의 값에 음의 부호를 붙인 결과이므로 반경이 r 인 속이 비어 있고 무한히 얇은 가상의 원기둥에 가해지는 총회전력은 0이다. 그러므로 무한히 얇은 유체 원기둥이 일정한 각속도로 회전한다. 쿠엣 흐름에서 정상흐름의 경우에 총각운동량은 일정하므로 당연한 결과이다.

그림 3.13은 쿠엣 흐름을 이용하여 유체의 점성계수 μ를 측정하는 **쿠엣 점성계수 측정**

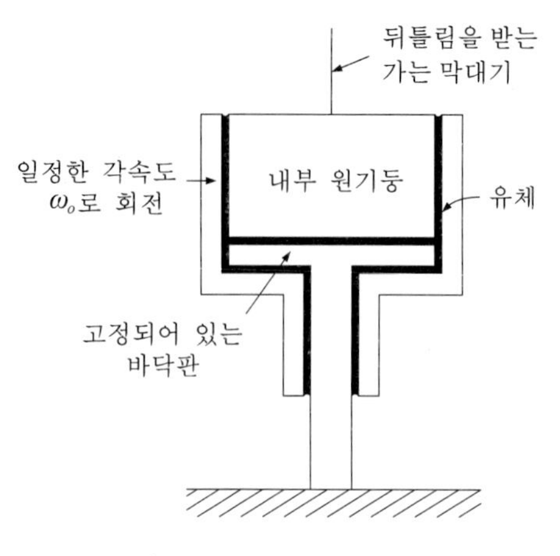

그림 3.13 쿠엣 점성계수 측정기

기(Couette viscometer)이다. 바깥 원기둥만 일정한 각속도 ω_o로 회전하도록 한 후에 측정하려는 유체의 점성에 의해 안쪽의 원기둥이 받는 회전력은 식 (3.73)에 의해

$$\Sigma\,|_{r=a_i} = 4\pi\mu\omega_o \frac{a_i^2 a_o^2}{a_o^2 - a_i^2} \tag{3.74}$$

이다. 회전력의 크기는 그림과 같이 뒤틀림 정도를 이용해 측정되므로 점성계수 μ를 위의 식을 이용하여 구할 수 있다.

중력 방향과 나란한 벽 표면에서의 정상흐름

그림 3.14에서와 같이 중력 방향과 나란한 벽 표면을 따라 점성계수가 μ인 비압축성

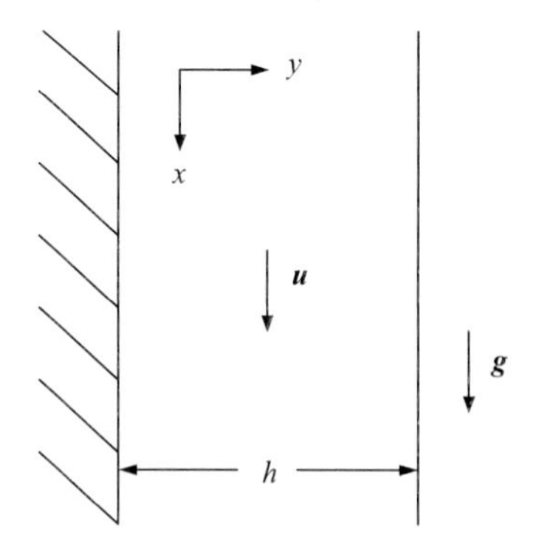

그림 3.14 수직한 벽 표면에서의 정상흐름

액체가 중력 방향으로 흐르는 경우를 생각해보자. 액체가 벽을 따라 일정한 두께 h를 유지하고 있을 때 액체의 속도분포를 구해보자.

아래의 몇 가지 가정을 하면 문제가 간단하게 된다.

- 흐름속도가 작으므로 비선형 성분인 관성력을 무시한다.
- 압력구배에 의한 효과가 없다.
- 체적력은 중력에 의한 효과뿐이다.
- 액체의 흐름은 중력 방향뿐이고 흐름속도는 y 방향으로만 변한다.
- 액체의 두께 h는 본 문제에 관련된 어떤 길이보다도 짧다.

이때 정상흐름의 나비에-스토크스 방정식은

$$\mu \frac{\partial^2 u}{\partial y^2} = -\rho g \tag{3.75}$$

이다. 두 번 적분하면

$$u = -\frac{\rho g}{2\mu} y^2 + C_1 y + C_2 \tag{3.76}$$

이다. 본 경우에 적용되는 경계조건은 점착 조건

$$u(y=0) = 0 \tag{3.77}$$

과 액체가 공기와 접하는 자유표면이 부드러운 경계면이므로 층밀리기 응력의 연속조건은

$$(\sigma_{yx})_{y=h} = \mu \left(\frac{\partial u}{\partial y} \right)_{y=h} = 0 \tag{3.78}$$

이다. 여기서 액체의 점성계수 크기에 비해 공기의 점성계수를 무시할 수 있다고 가정했다. 그러므로 흐름속도는

$$u = \frac{\rho g}{2\mu}(2h - y)y \tag{3.79}$$

로서 그림 3.15에서와 같이 y 방향으로 포물선 형태의 속도분포를 가진다. 그러므로 단위 시간당 흘러가는 유체의 부피 중에서 z 방향의 단위 두께의 부분만 고려하면

$$q = \int_0^h u dy = \frac{\rho g h^3}{3\mu} \tag{3.80}$$

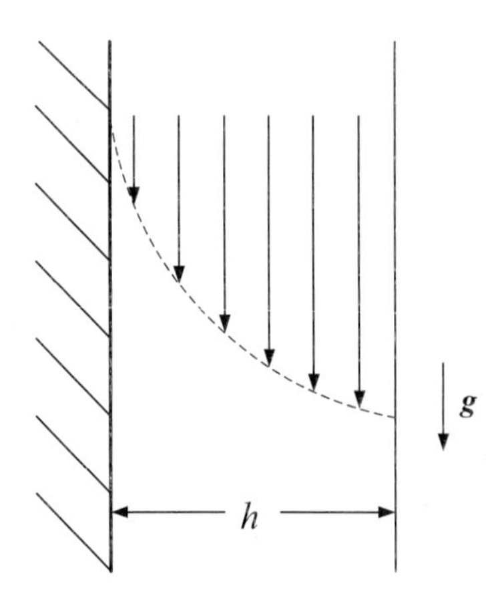

그림 3.15 중력 방향과 나란한 벽 표면에서의 흐름속도 분포

이다. 10.1절에서 표면장력의 효과까지 고려하여 자유표면을 가진 액체 박막의 흐름을 더 자세하게 다루겠다.

연습문제

3.1 점성응력

유체와 딱딱한 고체의 경계면에서 경계면의 방향이 z축을 향할 때 점성응력 텐서의 수직 성분의 크기 $\tau_{zz}|_{z=0}$를 다음의 두 경우에 구하라. 여기서 경계면의 위치는 $z=0$이다.

(a) 비압축성 유체의 경우에 경계면에서 수직성분의 크기가 0임을 보여라.

Hint 열역학적 압력의 크기는 경계면에서 흐름에 따라 바뀌지만 점성응력의 크기는 항상 0이다.

(b) 압축성 유체의 경우에 경계면에서 수직성분의 크기가 다음과 같음을 보이고, 이 식이 가지는 물리적 의미를 설명하라.

$$\tau_{zz}|_{z=0} = \left(\frac{4}{3}\mu + \zeta\right)\left[\frac{\partial \ln \rho}{\partial t}\right]_{z=0}$$

즉 경계면이 단위면적당 느끼는 힘은 비압축성 유체의 경우에는 동압력뿐이고 압축성 유체에서는 동압력뿐만 아니라 압축으로 밀도가 바뀌는 초기에 점성응력이 공헌한다. 그러나 정상흐름에서는 고체 경계면이 느끼는 수직응력은 유체의 압축 성질과 관계없이 동압력뿐이다.

3.2 파이프 흐름(pipe flow) : 푸아죄유 흐름

내부지름이 $2a$이고 길이가 ℓ인 속이 빈 원기둥 모양의 관을 통해 비압축성 유체가 정상적으로 흐르는 경우를 생각해보자. 관의 양단 사이에 압력 차이 Δp가 존재할 때 $\ell \gg a$인 경우에 채널 흐름의 경우와 비슷한 방법으로 흐름속도와 평균속도가 아래가 같음을 보여라.

Hint 채널 흐름의 경우는 직교좌표계를 이용하였으나 원기둥 모양의 파이프 흐름에서는 원기둥 좌표계를 이용하면 편하다.

$$u(r) = \frac{\Delta p}{4\mu\ell}(a^2 - r^2)$$

$$u_{\text{ave}} = \frac{a^2}{8\mu\ell}\Delta p$$

참고 관을 통해 흐르는 유체의 양과 관의 반지름 관계

단위시간 동안 관을 통해 흐르는 유체의 양은 $q = \pi a^2 u_{\text{ave}} = \frac{\pi a^4}{8\mu\ell}\Delta p$이다. 관을 따라 흐르는 양은 반지름의 제곱에 비례하는 것이 아니라 4제곱에 비례하므로 흐르는 양이 관의 반지름의 크기에 매우 민감하다. 일반적으로 흐름양의 조절은 압력 차나 점성계수를 조절하는 것보다 관의 반경을 조절하기가 훨씬 쉽다. 수도꼭지를 잠그고 열고 하여 흐르는 물의 양을 조절하는 것이 쉬운 예이다.
푸아죄유 흐름은 푸아죄유(Poiseuilli)와 하겐(Hagen)에 의해 실험적으로 연구되었으며 후에 스토크스(Stokes)에 의해 이론적으로 설명되었다.

3.3 비정상 수

나비에-스토크스 방정식에서 관성력이 점성력보다 훨씬 작은 $\mathrm{Re} \ll 1$ 이면 공간 관성력인 $\rho(\boldsymbol{u} \cdot \nabla)\boldsymbol{u}$ 을 무시할 수 있다. 그러나 $\mathrm{Re} \ll 1$ 라도 속도의 시간 관성력인 $\rho \partial \boldsymbol{u}/\partial t$ 의 크기가 점성력 $\mu \nabla^2 \boldsymbol{u}$ 의 크기보다 아주 작지 않으면 비정상흐름의 성질을 무시할 수 없어 기어가는 흐름방정식(스토크스 방정식)을 사용할 수 없다. 이에 대해서 자세히 논하기 위해 **비정상수**(nonsteady number)를 정의할 수 있다.

$$\text{비정상 수} \equiv \frac{|\rho \frac{\partial \boldsymbol{u}}{\partial t}|}{|\mu \nabla^2 \boldsymbol{u}|} = \frac{L^2}{\nu T}$$

이 식이 가지는 물리적 의미와 L 과 T 의 역할을 설명하고 준정상흐름(quasi-steady flow)을 논하라.

참고 **스토크스 방정식과 비정상 스토크스 방정식**

Re 수와 비정상 수가 모두 1보다 훨씬 작을 때는 나비에-스토크스 방정식을 대신하여 식 (3.52)의 스토크스 방정식을 이용할 수 있다. 만일 $\mathrm{Re} \ll 1$ 이더라도 **비정상 수**가 1보다 크면 시간 관성력 $\rho \partial \boldsymbol{u}/\partial t$ 을 포함한 비정상 스토크스 방정식을 이용해야 한다. 비정상 수는 연습문제 5.17에서 소개한 스토크스 수와 비슷함을 유의하라.

3.4 회전 원기둥 내부에 있는 액체의 자유표면

그림과 같이 실린더 모양의 원기둥 속에 물이 차 있는 경우를 생각해보자. 원기둥의 내부 반경이 R 이고 회전각속도가 ω 인 경우에 정상흐름에서 위치에 따른 유체 내부의 압력과 자유표면의 궤적을 구하라.

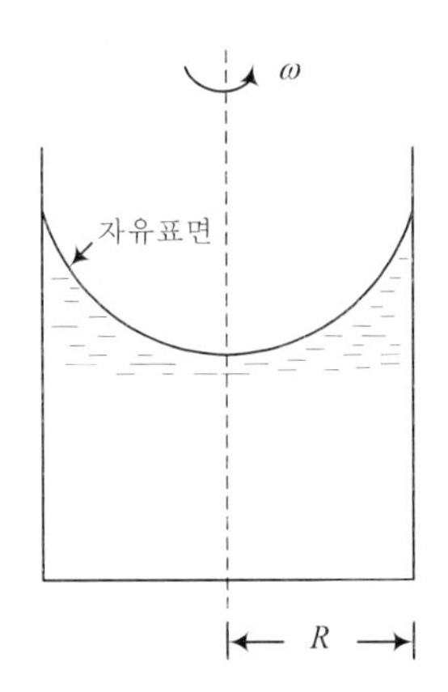

3.5 회전 원기둥 외부에 있는 액체의 자유표면

무한하게 넓은 열린 유체에 그림과 같이 고정된 실린더의 주위에서 유체의 흐름을 생각해 보자. 반경이 R인 실린더가 각속도 ω로 회전하고 있는 경우에 정상흐름에서 위치에 따른 유체 내부의 압력과 자유표면의 궤적을 구하라.

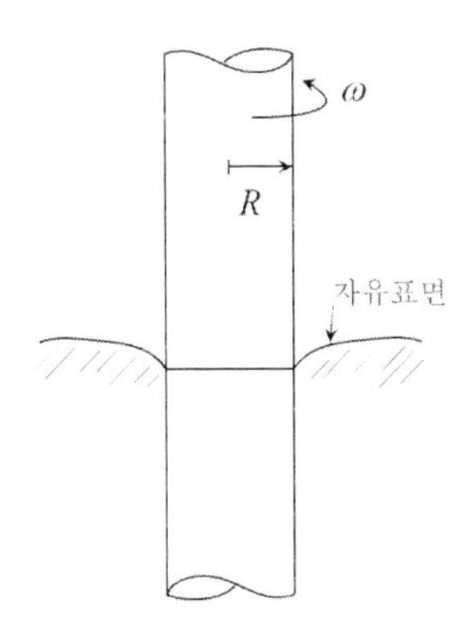

3.6 쿠엣 흐름

식 (3.71)과 식 (3.73)을 유도하라.

3.7 원추판형 점도계

그림은 **원추판형 점도계**(cone-and-plate viscometer)이다. 여기서 원추가 고정된 바닥과 이루는 각 θ가 작아 $\sin\theta \approx \theta$로 가정할 수 있다.

(a) 원추가 ω의 각속도로 회전할 때 점성계수가 μ인 유체의 흐름속도를 구하라.

(b) 위의 결과를 무차원의 형태로 다시 기술하라.

(c) 원추를 회전하는 데 필요한 회전력이 T_z일 때 유체의 점성 μ를 $(T_z,\ R,\ \omega,\ \theta)$의 함

수로 표시하라.

(d) 위의 결과를 무차원 형태로 다시 기술하라.

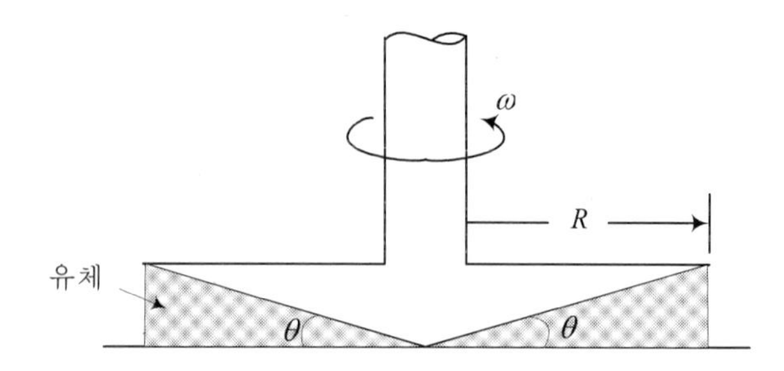

3.8 무차원 나비에-스토크스 방정식

비압축성이며 체적력이 없는 경우에 연속방정식과 나비에-스토크스 방정식의 무차원방정식의 형태인 식 (3.48)과 식 (3.49)를 유도하라.

3.9 압력경도력

체적력과 점성력을 무시한 정상흐름에서 압력이 감소하는 방향으로 흐름속도 성분의 크기가 0이 아니며 증가함을 보여라.

3.10 비정상흐름

지금까지는 흐름이 시간에 무관한 정상흐름에 대해 주로 다루었다. 그러면 시간에 따라 흐름의 모양이 달라지는 비정상흐름의 간단한 경우를 생각해보자. $z=0$의 xy 평면 위에 있는 평평하고 딱딱하며 거의 무한대 넓이의 바닥이 시간 $t=0$에 갑자기 v_o의 속도로 x 방향으로 움직일 때 높이 z와 시간 t에 따른 x 방향의 흐름속도가 다음과 같음을 보여라. 참고로 여기서 중력은 $-z$ 방향이므로 중력과 압력경도력은 흐름에 영향을 주지 못한다. 그리고 xy 평면의 크기가 무한대이므로 2차원 흐름이다.

$$v(y,t) = v_o\left(1-\mathrm{erf}\frac{y}{\sqrt{4\nu t}}\right),\ \text{여기서 } \mathrm{erf}(u) \equiv \frac{2}{\sqrt{\pi}}\int_0^u e^{-z^2}\,dz$$

3.11 연결된 두 원기둥 사이의 흐름

속이 비어 있고 수직으로 세워진 두 개의 같은 속이 비어있는 원기둥을 연결하는 파이프를 생각해보자. 여기서 파이프는 원기둥의 바닥끝에 자리 잡고 있고 파이프의 내부 반지름은 a이며 길이는 L이다. 초기에 한쪽 원기둥에 높이 $3h$, 그리고 다른 원기둥에 높이 h의 액체를 채워 놓았을 때, 파이프를 통한 액체의 흐름으로 인해서 두 원기둥의 액체 높이 차가 h가 될 때까지 걸리는 시간 t가 $t = \dfrac{4LA\mu \ln 2}{\pi a^4 \rho g}$임을 보여라. 여기서 A는 원기둥의 내부 단면적, μ는 액체의 점성계수, 그리고 ρ는 밀도이다.

3.12 2상 채널흐름(two phase channel flow)

그림 3.4에서 보인 채널흐름에서 서로 섞이지 않는 두 가지 비압축성 유체가 흐르는 경우를 생각해보자. 점성계수가 μ_1인 유체가 높이 h^* 까지만 흐르고 그 위로 점성계수가 μ_2인 유체가 흐른다. 정상흐름에서 높이에 따른 흐름속도를 구하라.

Hint 바닥($y=0$)과 천정($y=h$)에는 점착 조건을 사용하고 두 유체의 경계($y=h^*$)에서는 층밀리기 응력이 연속적인 부드러운 경계조건을 사용하라.

CHAPTER

4

유체의 다른 중요한 개념

유체의 다른 중요한 개념

유체의 흐름이 있으면 시간과 공간의 각 점에서 유체입자들의 속도 $u(r, t)$ 가 정의된다. 나비에-스토크스 방정식은 $u(r, t)$ 에 대한 정보를 잘 설명하는 방정식이다. 유체의 흐름을 가시적으로 볼 때 속도벡터를 연속적으로 이어놓은 **흐름선**을 이용하면 편리하다. 유체입자의 운동은 직선운동뿐만 아니라 회전운동도 동시에 있을 수 있다. 유체입자가 자신의 중심 주위를 어떻게 돌고 있나를 기술하는 물리량은 **소용돌이도** $\Omega(r, t)$이다. 나비에-스토크스 방정식이 유체 공간에서 속도분포를 나타내는 것과 비슷하게 유체 공간에서 소용돌이도의 분포를 기술하는 **소용돌이도 방정식**을 정의할 수 있다. 4장에서는 소용돌이도와 소용돌이 흐름에 대한 여러 가지 성질들을 소개한다. 유체의 **압축 성질**과 **점성 성질**이 없어지면 유체를 기술하기가 매우 쉬워진다. 어떤 경우에 유체 공간에서 이들 성질을 무시하고 흐름을 기술할 수 있는지 생각해본다. 그리고 압력의 공간분포와 흐름과의 관계에 대해 생각해본다.

Contents

4.1 흐름선

임의의 순간에 공간상의 각 점마다 그 점에서의 유체입자의 속도벡터 $\boldsymbol{u}(r, t)$를 표시하면 무수한 속도벡터로 유체 공간을 채울 수 있다. 이때 이들 각 속도벡터에 접하는 무한히 많은 연속하는 선들을 그릴 수 있다. 이들 각 연속선을 **흐름선**(streamline) 혹은 **유선**이라 부른다. 이 선들은 해당하는 공간에서 주어진 순간에 유체입자의 움직임의 방향을 보여준다.

비정상흐름에서는 흐름선들이 시간에 따라 바뀌므로 임의의 순간에만 의미가 있다. 이에 비해 정상흐름에서는 시간과 관계없이 일정한 흐름선들을 유지한다. 그러므로 정상흐름에서는 특정한 지점에 있는 유체입자는 항상 같은 흐름선만 따라 흘러간다. 그리고 흐름선들끼리는 속도가 0이 되는 점을 제외하고는 서로 만나지 못한다. 만일 공간의 한 점에 두 개의 흐름선이 교차한다면 그 지점에서 유체의 속도벡터가 같은 순간에 두 개의 방향을 가지는 경우가 되기 때문에 물리적으로 불가능하다.

흐름선을 수학적으로 묘사하기 위해 흐름선 위의 한 점에서의 흐름선을 표시하는 미소 길이의 호 $\mathrm{d}\boldsymbol{s} = (\mathrm{d}x, \mathrm{d}y, \mathrm{d}z)$에서의 유체의 속도가 $\boldsymbol{u} = (u, v, w)$라고 가정하자[그림 4.1]. 이 경우 속도의 정의에 따라 무한히 짧은 시간 $\mathrm{d}t$는 속도와 다음의 관계가 있다.

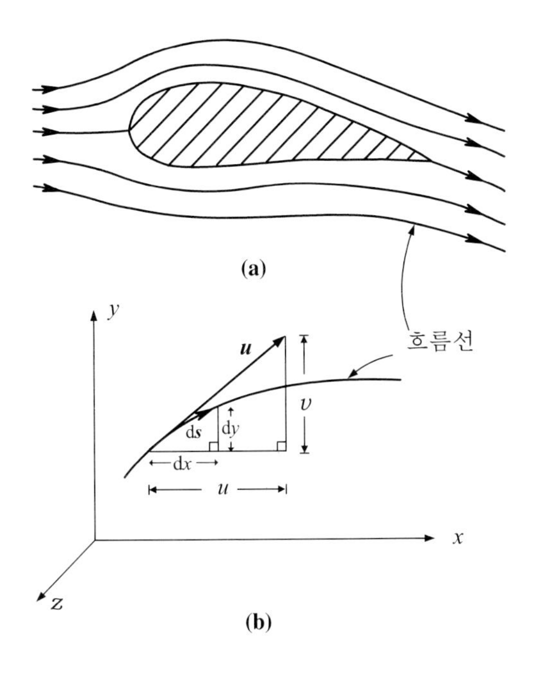

그림 4.1 흐름선의 정의

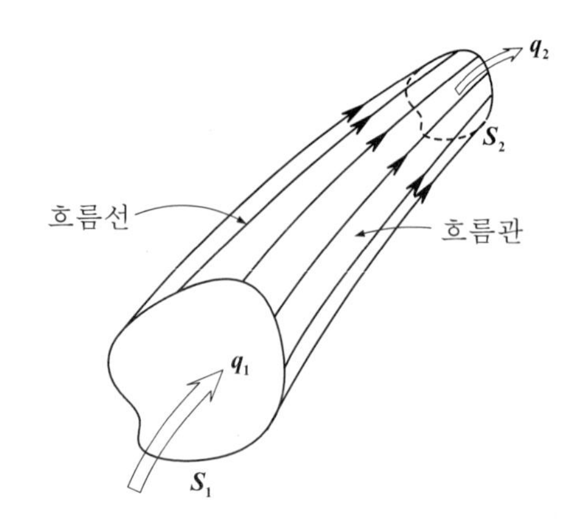

그림 4.2 흐름선과 흐름관

$$dt = \frac{dx}{u} = \frac{dy}{v} = \frac{dz}{w} \quad (4.1)$$

그러므로 흐름선에서는 항상 다음의 조건을

$$\frac{dx}{u} = \frac{dy}{v} = \frac{dz}{w} \quad (4.2)$$

만족하여야 한다. 만일 속도가 시간의 함수로 표시될 수 있다면 위의 식을 시간에 대해 적분하여서 흐름선의 시간에 따른 궤적을 계산할 수 있다.

그림 4.2에서와 같이 임의의 폐곡선 위를 지나는 흐름선들은 튜브를 형성한다. 흐름선은 서로 교차할 수 없으므로 유체의 흐름방향으로 같은 흐름선들이 튜브 형태를 계속 유지하는 데 이를 **흐름관**(streamtube) 혹은 **유관**이라 한다. 임의의 흐름관에서 떨어져 있는 두 지점의 단면적을 각각 S_1, S_2라 하자. 단면적의 크기가 충분히 작다면 S_1, S_2상에서 유체가 일정한 밀도 ρ_1, ρ_2와 속력 q_1, q_2를 가진다고 가정할 수 있다. 여기서 속력은 $q = |u|$이다. 흐름관에서 속도의 방향은 흐름관의 방향과 같다. 그러므로 단위시간 동안 단면적 S_1을 통해 들어오는 유체의 질량은 $\rho_1 q_1 S_1$이고, 단면적 S_2를 통해 나가는 질량은 $\rho_2 q_2 S_2$이다. 만일 유체의 흐름이 정상적이라면

$$\rho_1 q_1 S_1 = \rho_2 q_2 S_2 \quad (4.3)$$

이다. 비압축성 유체의 경우에는 $\rho_1 = \rho_2$이므로

$$\frac{q_2}{q_1} = \frac{S_1}{S_2} \tag{4.4}$$

이다. 즉 비압축성 정상흐름에서는 흐름관 내의 유체의 속력은 흐름관 단면적의 크기에 반비례한다.

$$q \propto \frac{1}{S} \tag{4.5}$$

그러므로 속력이 큰 지점에서는 흐름관의 단면적이 감소하고(흐름선들의 밀도가 증가하고), 속력이 작은 지점에서는 흐름관의 단면적이 증가한다(흐름선들의 밀도가 감소한다). 즉 흐름선들의 집중은 유체가 가속됨을 의미하고 흐름선들의 발산은 유체가 감속함을 의미한다. 식 (4.4)와 식 (4.5)는 압축성흐름에서는 사용할 수 없음을 주의하라[6.6절 참조].

참고

흐름선, 흐름경로선, 흐름맥선

흐름선(streamline)과 비슷하게 많이 언급되는 것이 흐름경로선과 흐름맥선이다. **흐름경로선**(pathline)은 임의의 유체입자를 계속 따라가면서 경로를 나타내는 선으로 2.1절에서 설명한 라그랑주 기술법에 해당한다. 임의의 초기시간 $t=0$에 공간좌표 r_o에 위치한 유체입자가 시간에 따른 유체입자의 위치를 나타내는 흐름경로선은 $r(r_o, t)$이다. 이에 반해 **흐름맥선**(streakline)은 임의의 한 점을 지난 모든 유체입자의 집합이다. 임의의 한 점에서 만일 잉크를 연속적으로 흘리면 하류에서 잉크로 이루어진 선을 볼 수 있는데 이것이 흐름맥선이다. 흐름선, 흐름경로선, 그리고 흐름맥선은 다른 개념이지만 정상흐름일 때 이들 선이 서로 일치한다.

4.2 흐름함수

비압축성 유체의 흐름이 2차원일 경우에 **흐름함수**(stream function)를 이용하면 흐름을 기술하는 데 편리하다. 비압축성 흐름의 2차원 연속방정식은 다음과 같다.

$$\frac{\partial u}{\partial x} + \frac{\partial v}{\partial y} = 0 \tag{4.6}$$

만일 임의의 함수 φ를 다음과 같이 정의하고

$$u = \frac{\partial \varphi}{\partial y}, \ v = -\frac{\partial \varphi}{\partial x} \tag{4.7}$$

φ가 연속적이며 1차 미분이 가능하다면 식 (4.7)을 식 (4.6)에 넣어도 잘 만족한다.

$$\frac{\partial u}{\partial x} + \frac{\partial v}{\partial y} = \frac{\partial^2 \varphi}{\partial x \partial y} - \frac{\partial^2 \varphi}{\partial y \partial x} = 0 \tag{4.8}$$

이는 함수 φ를 이용하여 2차원 비압축성 흐름을 설명할 수 있는 것을 뜻한다. φ의 가장 중요한 성질은 φ의 값이 흐름선을 따라서 일정하다는 것이다. 이 때문에 φ는 **흐름함수**라 불린다. 이 성질을 확인하기 위하여 $\varphi(x, y, t)$의 1차 도함수를 보자.

$$\begin{aligned} d\varphi &= \frac{\partial \varphi}{\partial x}dx + \frac{\partial \varphi}{\partial y}dy + \frac{\partial \varphi}{\partial t}dt \\ &= -v\,dx + u\,dy + \frac{\partial \varphi}{\partial t}dt \end{aligned} \tag{4.9}$$

흐름선 위에서 $d\varphi$의 값을 보기 위해 흐름선의 조건인 식 (4.2)를 위의 식에 대입하면

$$d\varphi = \frac{\partial \varphi}{\partial t}dt \tag{4.10}$$

이다. 그러므로 2차원 흐름에 있어 임의 순간의 흐름선은 $dt = 0$이므로 $d\varphi = 0$가 되어 φ가 일정한 값을 가지는 점의 연속이다. φ의 값이 다른 점은 다른 흐름선에 속한다. 그리고 정상흐름의 경우에는 $\frac{\partial \varphi}{\partial t} = 0$이므로 각 흐름선에서는 항상

$$d\varphi = 0 \tag{4.11}$$

이다. 즉 흐름선은 φ가 일정한 값을 가지는 점의 연속이다. 그러므로 2차원 흐름에서 φ의 값이 다른 점은 다른 흐름선에 속한다. 식 (4.11)에서 주의할 점은 같은 흐름선 상에서 φ의 크기는 일정하지만 $\frac{\partial \varphi}{\partial x}$과 $\frac{\partial \varphi}{\partial y}$은 일반적으로 0이 아니다.

참고

속도퍼텐셜

5장에서 소개할 **속도퍼텐셜**은 **흐름함수**와 밀접한 관계가 있다. 그림 5.7과 그림 5.8은 특별한 경우의 흐름함수와 속도퍼텐셜을 보인다.

4.3 소용돌이도

유체입자들이 자신들의 중심 주위를 어떻게 돌고 있는지를 나타내는 물리량은 속도벡터에 회오리 연산자를 취한 **소용돌이도**(vorticity) Ω이다. 이 벡터양은 **와도**라고도 불린다.

$$\Omega \equiv \nabla \times u \tag{4.12}$$

소용돌이도의 방향은 오른손법칙에 의한 회전의 축 방향을 가리키고 소용돌이도의 크기는 회전의 크기를 뜻한다. 속도벡터 $u(r, t)$가 위치와 시간에 있어 한 점에서 정의될 수 있듯이 소용돌이도 벡터 $\Omega(r, t)$도 위치와 시간에 있어 한 점에서 정의될 수 있다. $\Omega \neq 0$인 흐름을 **회전흐름**(rotational flow)이라 하고, $\Omega = 0$인 흐름을 **비회전 흐름**(irrotational flow)이라 한다. 소용돌이도는 각속도와 같은 차원을 가진다.

소용돌이도의 물리적 의미를 쉽게 설명하기 위해 회오리 연산자의 정의를 생각해보자.

$$\hat{\mathrm{n}} \cdot (\nabla \times u) = \lim_{S \to 0} \frac{1}{S} \oint u \cdot \mathrm{d}\ell \tag{4.13}$$

여기서 $\hat{\mathrm{n}}$는 임의의 폐곡선이 이루는 면적에 수직인 단위벡터이다. 즉 소용돌이도의 $\hat{\mathrm{n}}$방향 성분은 관심 있는 지점을 중심으로 한 무한히 작은 폐곡선을 따라서 속도벡터를 선적분한 것을 폐곡선이 둘러싼 면적으로 나눈 양이다. 즉 유체의 회전을 나타낸다[그림 4.3 참조]. 식 (2.40)에서 정의된 회전율 r_{ij}와 소용돌이도는 서로 관계가 있다. r_{ij}에서 0이 아닌 성분 6개는 $1/2\Omega$와 $-1/2\Omega$의 각 성분이다.

속도벡터와 흐름선과의 관계와 같이 소용돌이도 벡터에 대해서는 **소용돌이선**(vortex

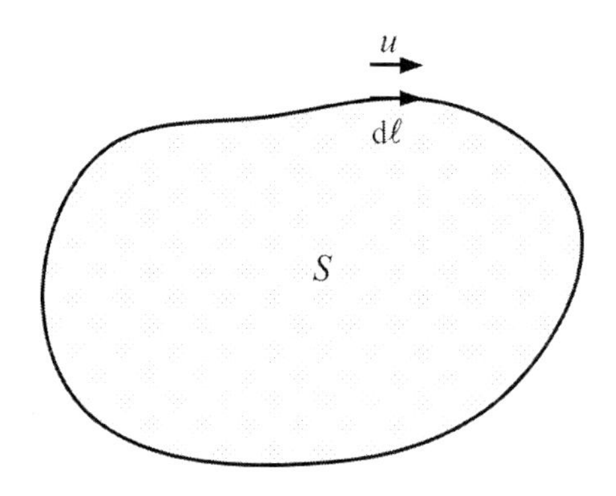

그림 4.3 면적이 S인 임의의 폐곡선 위에서 속도벡터

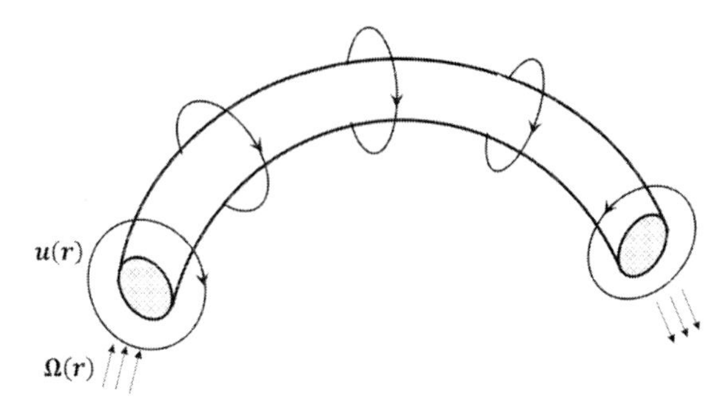

그림 4.4 소용돌이관

line, vorticity line)을 정의할 수 있다. 임의의 순간에 공간상의 각 점마다 그 점에서의 유체 입자의 소용돌이도 벡터를 표시하면, 무수한 소용돌이도 벡터로 유체 공간을 채울 수 있다. 이때 이들 각 소용돌이도 벡터에 접하는 무한히 많은 연속하는 선들을 그릴 수 있는데, 이들 각 연속선을 **소용돌이선**이라 한다. 식 (4.2)에서 보인 흐름선의 성질과 비슷하게 소용돌이선은 조건

$$\mathrm{d}x/\Omega_x = \mathrm{d}y/\Omega_y = \mathrm{d}z/\Omega_z \tag{4.14}$$

을 만족한다. 그림 4.2에서 유체의 흐름방향으로 흐름선들이 이루는 흐름관을 정의할 수 있는 것처럼 공간상의 임의의 폐곡선 위를 지나는 소용돌이선들로 이루어진 관을 **소용돌이관**(vortex tube)이라 한다[그림 4.4 참조].

순환

소용돌이도에 관련해서 중요한 물리량으로 순환이 있다. 흐르는 유체 속에 있는 임의의 폐곡선 C의 둘레를 따라서 이루어진 선적분을 유체의 **순환**(circulation)이라고 부르며 다음과 같이 정의한다[그림 4.3 참조].

$$K \equiv \oint_C \boldsymbol{u} \cdot \mathrm{d}\boldsymbol{\ell} \tag{4.15}$$

여기서 $\mathrm{d}\boldsymbol{\ell}$은 폐곡선의 길이 방향의 한 요소이다. 식 (C.55)의 **스토크스 정리**(Stokes' theorem)를 이용하면 순환과 소용돌이도의 관계는

$$K = \int_S (\nabla \times \boldsymbol{u}) \cdot \mathrm{d}\boldsymbol{S} = \int_S \boldsymbol{\Omega} \cdot \mathrm{d}\boldsymbol{S} \tag{4.16}$$

이다. 여기서 S는 폐곡선 C에 둘러싸여 있는 면적이다. 이 식은 식 (4.12)와 더불어 임의의 면의 방향성분 소용돌이도가 해당 면의 단위면적당의 순환과 같음을 보인다. 이 식에 따르면 소용돌이도가 0인 곳을 둘러싼 어떤 폐곡선에 대해서도 순환의 값이 0이다. 이상유체에서 순환의 중요한 성질은 5.4절에서 기술한다.

순환은 폐곡선 안을 통과하는 **소용돌이선의 세기**를 보이는 데 편리한 양이다. 참고로 여기서 소용돌이선의 세기는 한 개의 소용돌이선에 대한 설명이 아니라 임의의 폐곡선을 통과하는 소용돌이선들에 대한 양이다. 즉 폐곡선 내에 같은 방향의 소용돌이선들이 많이 모여 있고 소용돌이도의 크기가 클 때 소용돌이선의 세기가 크다고 할 수 있다.

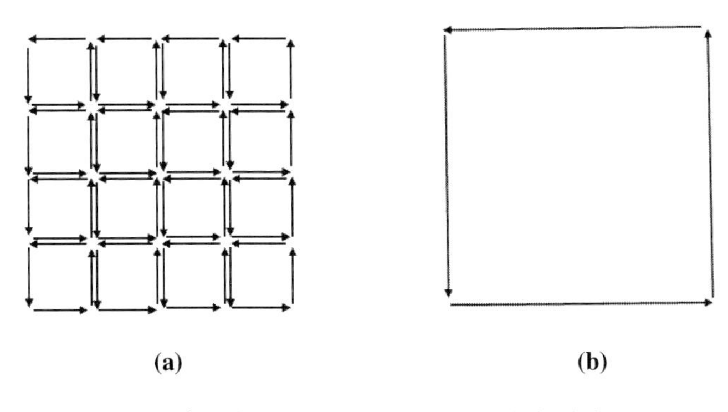

그림 4.5 스토크스 정리의 기하학적 의미

참고

스토크스 정리

식 (4.15)와 식 (4.16)을 쉽게 설명하기 위해서 폐곡선 C에서의 선적분을 무한히 작은 구획들로 나눈 수많은 선적분의 합으로 생각해보자[그림 4.5(a) 참조]. 임의의 작은 구획 한 개의 둘레를 따라서 선적분을 생각해보자. 이 경우에 선적분의 적분 방향은 이웃한 작은 구획의 둘레를 따라서 한 선적분의 적분 방향과 반대이므로 적분 값들은 서로 상쇄된다. 그러므로 모든 작은 구획의 선적분을 합하면 그림 4.5(b)에서 보이는 폐곡선 C의 선적분의 결과와 같아진다. 앞에서 정의한 식 (4.13)의 소용돌이도의 정의를 생각해보면 무한히 작은 면적을 둘러싼 폐곡선을 따라서 한 속도의 선적분은 해당 위치의 소용돌이도와 폐곡선이 이루는 면벡터의 내적이다. 그러므로 폐곡선 C에 대한 속도의 선적분은 C가 감싸는 면적 S에 대한 소용돌이도의 면적분과 같다.

4.4 소용돌이 흐름

소용돌이 흐름(vortex flow)은 흐름선이 닫혀 있어 폐곡선 모양을 이룰 때의 유체흐름이다. 참고로 **소용돌이도**(vorticity)는 공간의 한 점에 있는 유체입자에 대한 회전의 정도를 나타내는 양이고 소용돌이 흐름은 유한한 공간에서 회전하고 있는 흐름을 뜻한다. 소용돌이 흐름의 예로 적도 근처에서 발생해 이동하는 태풍, 주위에서 쉽게 볼 수 있는 돌풍, 비행기의 날개 근처에 발생하는 회오리바람, 목성의 대기에서 관측되는 지름이 15,000km인 적갈색 소용돌이인 대적점(great red spot) 문양, 심지어는 부엌의 개수대에서 물이 내려갈 때 발생하는 소용돌이가 있다.

강체의 회전운동과 같은 소용돌이 흐름

실린더 모양의 물통에 물을 가득 담고 뚜껑을 닫은 후에 물통의 축을 중심으로 물통을 낮은 각속도로 회전시키면 정상상태에서 물통 속의 유체의 흐름은 마치 강체의 회전과 같다. 만일 각속도 ω_o로 물통을 회전시켰다면 유체의 속도는 식 (3.70)에서 보인 것처럼 원기둥 좌표계 (r, θ, z)를 이용하여

$$u_\theta = r\omega_o, \ u_r = 0, \ u_z = 0 \tag{4.17}$$

으로 흐름선은 항상 원을 그린다. 그림 4.6(a)는 이를 보인다. 이 경우 유체의 소용돌이도는 물통 안의 모든 점에서 물통의 회전축 방향인 z 방향 성분만 있으므로 원기둥 좌표계에서는 식 (C.21)에 의해

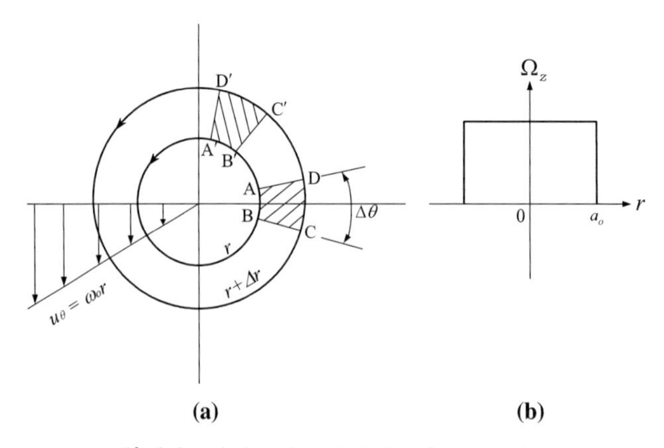

그림 4.6 강체 소용돌이에서 소용돌이도의 분포

$$\Omega_z = \frac{1}{r}\frac{\partial}{\partial r}(ru_\theta) - \frac{1}{r}\frac{\partial u_r}{\partial \theta} = 2\omega_o \tag{4.18}$$

이므로 위치와 관계없이 항상 일정한 값인 $2\omega_o$이다. 그림 4.4(b)는 반경이 a_o인 원기둥 속의 Ω_z를 보인다. 이러한 소용돌이를 **강체 소용돌이**(solid-like vortex) 혹은 **회전 소용돌이**(rotational vortex)라 한다.

그림 4.6(a)와 같이 동심의 두 흐름선상의 사각형 □ABCD가 짧은 시간 후에 □$A'B'C'D'$가 되었다고 하자. 이 경우 ABCD상의 모든 점에서 유체입자의 각속도가 일정하므로 □$ABCD$와 □$A'B'C'D'$는 똑같은 모양이다. 즉 이 경우에는 유체입자의 모양이 변형되지 않는다. 즉 층밀리기 응력 $\sigma_{r\theta}$과 변형률 $\epsilon_{r\theta}$의 값이 각각 0이다[연습문제 4.2 참조]. 이 현상은 정상상태에서만 사실이다. 물통을 돌린 직후에 흐름이 정상상태에 이르기 전에는 흐름은 비정상(unsteady) 상태로 층밀리기 응력과 변형률의 크기가 0이 아니다. 참고로 점성에 의한 에너지소산이 없으면서도 유체가 회전하는 경우는 강체 소용돌이가 유일한 경우이다. 이 흐름은 원기둥 모양의 고체가 길이 방향 대칭축을 중심으로 회전하는 경우와 같다.

비회전 소용돌이 흐름

강체 소용돌이와 정반대의 성질을 가진 소용돌이를 생각해보자. 이 소용돌이는 원기둥 모양의 물통에 물을 가득 담고 물통의 축의 위치에 매우 가는 막대기를 위치시킨 후 물통은 가만히 둔 채로 막대기를 회전시켜 발생시킨다. 이것은 그림 3.12의 쿠엣 흐름에서 $a_o \gg a_i \approx 0$이고 $\omega_o = 0$인 경우이므로 식 (3.69)를 이용하면 유체의 속도벡터는 원형의 흐름선에 접선방향이고 속도의 크기는 물통의 중심으로부터의 거리에 따라 감소한다[그림 4.7(a) 참조].

$$u_\theta \approx \frac{\omega_i a_i^2}{r}, \; u_r = 0 \;, \; u_z = 0, \qquad r > a_i \tag{4.19}$$

이 경우 유체의 소용돌이도는 흐름선의 중심에 있는 막대기 바깥의 모든 점에서 0이다.

$$\Omega_z = \frac{1}{r}\frac{\partial}{\partial r}(ru_\theta) - \frac{1}{r}\frac{\partial u_r}{\partial \theta} = 0, \qquad r > a_i \tag{4.20}$$

만일 $a_i \to 0$인 경우에도 $u_\theta = \dfrac{C}{r}$의 관계를 만족할 때는 그림 4.7(b)와 같이 흐름선의

중심($r=0$)에서는 접선방향의 속도와 소용돌이도의 값이 무한대이다. 이러한 소용돌이를 **비회전 소용돌이**(irrotational vortex)라 한다. 이렇게 한 점에서만 소용돌이도가 존재하는 소용돌이를 **선 소용돌이**(line vortex)라 한다. 위와 같이 소용돌이도가 공간의 한 점에 얽매인 경우를 **얽매인 선 소용돌이**(bound line vortex)라 하고, 소용돌이도가 집중된 상태로 공간상으로 움직일 수 있는 경우를 **자유 선 소용돌이**(free line vortex)라 한다.

그림 4.7(a)는 비회전 소용돌이의 경우를 그림 4.6(a)와 같은 관점에서 본 것이다. 여기서는 AB상에서보다 CD상에서 u_θ가 작으므로 강체 소용돌이와 달리 ABCD와 □ $A'B'C'D'$는 서로 다른 모양이다. 즉 이 경우에는 유체입자의 모양이 변형되었다. 즉 층밀리기 응력 $\sigma_{r\theta}$과 변형률 $\epsilon_{r\theta}$의 값은 각각 0이 아니다[연습문제 4.3 참조]. 그러므로 강체 소용돌이와는 달리 비회전 소용돌이에서는 점성에 의해 운동에너지가 소산된다.

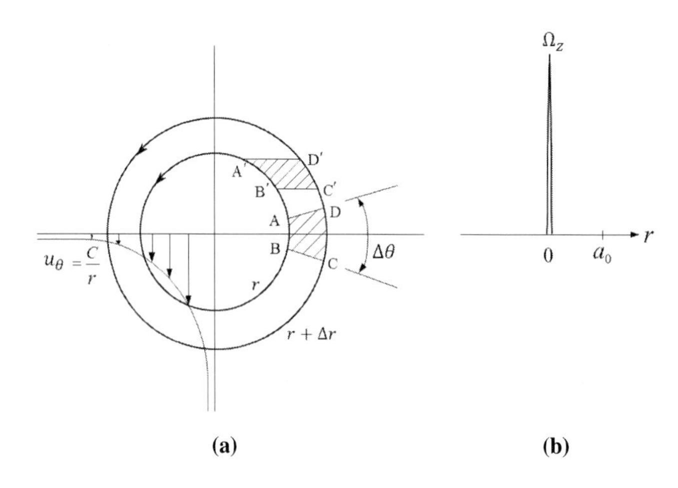

그림 4.7 비회전 소용돌이에서 소용돌이도의 분포

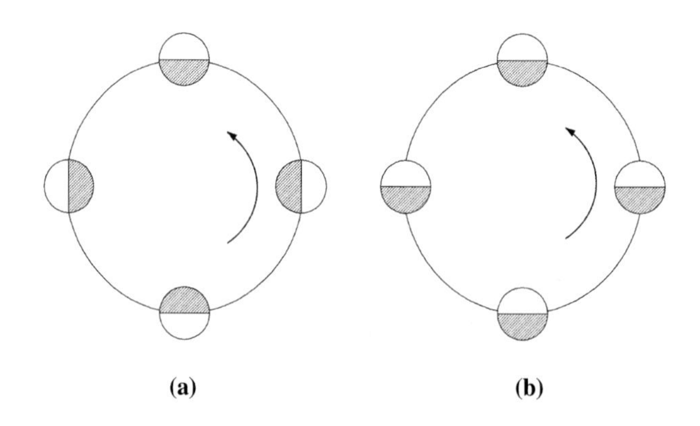

그림 4.8 강체 소용돌이(a)와 비회전 소용돌이(b)의 회전

그림 4.8은 부분적으로 진하게 칠해져 있는 원형의 유체입자가 소용돌이 내에 위치하여 화살표 방향으로 흐름을 따라가면서 유체입자가 어떻게 회전하는지를 보인다. 그림 (a)는 강체 소용돌이로 강체의 회전운동처럼 유체입자가 원형궤도를 따라 한 바퀴 도는 동안 입자의 방향이 360도 회전을 한다. 이에 반해서 그림 (b)는 비회전 소용돌이로 유체입자가 원운동을 하고 있으나 입자의 방향은 변하지 않는다. 즉 유체입자가 원형궤도를 따라 공전하지만, 자전하지 않아 유체입자가 초기의 방향을 계속 유지한다.

참고 **비회전 소용돌이에서 흐름선의 중심에서 소용돌이도의 크기가 무한대인 것은 어떻게 알 수 있을까?**

비회전 소용돌이에서는 중심의 주위에서 반경 r인 지점의 속도가 $u_\theta = \dfrac{C}{r}$ 이므로 흐름선을 따라서 순환은 식 (4.15)의 정의을 이용하면 $K = 2\pi C$ 이다. 즉 순환을 구하기 위해 사용한 폐곡선의 반경과 관계없이 순환의 크기는 일정하다. 비회전 소용돌이에서는 소용돌이의 중심을 제외하고는 소용돌이도의 크기가 0이다. 그러나 식 (4.16)에서 보인 순환의 정의를 이용하면 비회전 소용돌이의 중심에서 소용돌이도의 크기가 무한대여야만 순환의 크기가 일정하다. 이에 반해서 강체 소용돌이의 경우에서는 반경 r인 지점의 속도가 $u_\theta = r\omega_o$ 이므로 흐름선을 따라서 순환은 식 (4.15)를 이용하면 $K = 2\pi\omega_o r^2$ 으로 흐름선이 둘러싸고 있는 면적에 비례하므로 소용돌이도의 크기는 상수이다.

소용돌이실

그림 4.4에서 소개한 소용돌이관의 단면적이 무한히 작은 경우를 **소용돌이실**(vortex filament)라 한다. 그림 4.9(a)는 소용돌이실을 보이고 있다. 이 경우에 식 (C.53)의 가우스 정리를 이용하면

$$\oint_S \boldsymbol{\Omega} \cdot \mathrm{d}\boldsymbol{S} = \int_V \nabla \cdot \boldsymbol{\Omega} \, \mathrm{d}V = \int_V \nabla \cdot (\nabla \times \boldsymbol{u}) \, \mathrm{d}V = 0 \tag{4.21}$$

이다. 소용돌이실의 옆면에서는 $\boldsymbol{\Omega} \cdot \mathrm{d}\boldsymbol{S} = 0$ 이므로

$$\oint_S \boldsymbol{\Omega} \cdot \mathrm{d}\boldsymbol{S} = S_2 \Omega_2 - S_1 \Omega_1 = 0 \tag{4.22}$$

이다. 이식은 일종의 연속방정식이다. 이에 따르면 임의의 한순간에 소용돌이실을 따라서 소용돌이선의 세기가 일정하다. 그러므로 소용돌이실은 유체 내부에서는 소용돌이선의 세기가 일정하므로 다른 경계를 만나는 경우를 제외하고는 갑자기 끊어질 수 없다. 그러므

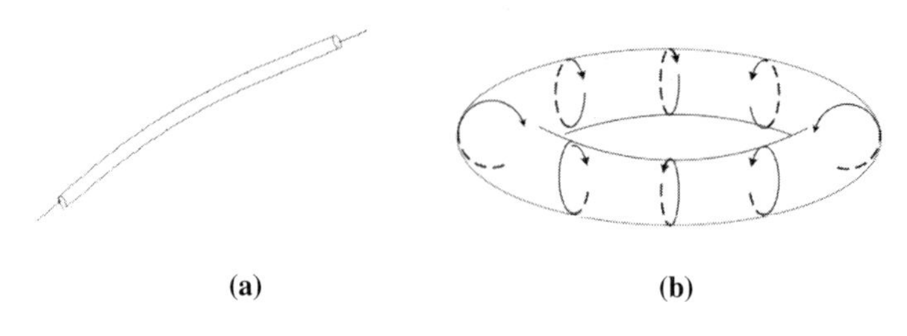

그림 4.9 (a) 소용돌이 실 (b) 소용돌이 고리

로 실제의 많은 경우에 유체의 내부에서는 소용돌이실의 한쪽 끝이 다른 쪽 끝과 만나 **소용돌이 고리**(vortex ring)를 형성하여 무한대 길이의 소용돌이실을 만든다. 또한 소용돌이관(vortex tube)는 이러한 소용돌이실이 다발로 이루어진 것으로 생각할 수 있다.

소용돌이 고리

위에서 설명한 이유로 유체의 내부에서는 소용돌이관의 한쪽 끝이 다른 쪽 끝과 만나 **소용돌이 고리**(vortex ring)를 형성하여 고리 모양의 소용돌이관이 만들어진다. 그림 4.9(b)는 소용돌이 고리이다. 여기서 흐름선은 소용돌이관의 단면적의 둘레를 따라서 닫힌 선을 만들고 소용돌이선들은 관을 따라서 닫힌 선을 만든다. 만일 소용돌이 고리에서 대각선 위치에 있는(서로 마주 보는) 소용돌이 부분이 요동 등에 의해서 가까워지면 두 개의 소용돌이가 가까이 있는 모양이 된다. 고리의 내부 쪽에서는 소용돌이관의 표면을 따라 흐름속도가 같으므로 두 소용돌이 사이의 상대속도가 0이다. 5장에서 설명할 베르누이 정리에 따르면, 속도가 감소하면 압력이 증가한다. 이로 인해 두 소용돌이가 서로 밀치므로 소용돌이 고리는 원형의 똬리(circular torus) 모양을 계속해서 유지하려 한다. 원형의 방해물이나 구멍이 있을 때 소용돌이 고리가 쉽게 만들어진다. 담배연기를 입으로 불어서 만드는 담배연기 고리(smoke ring)는 구멍이 있을 때 만들어진 소용돌이 고리의 예이다.

이상유체에서는 점성이 없으므로 5.4절의 설명에 따르면 소용돌이의 세기가 시간에 따라 변하지 않는다. 만일 흐름에 의해 소용돌이 고리의 단면적이 줄어들더라도 소용돌이도의 크기가 증가해 소용돌이도의 플럭스는 변하지 않아 전체 순환의 크기는 바뀌지 않아 소용돌이의 세기는 일정하다. 그러나 실제의 소용돌이 고리는 일반적으로 유체의 점성 때문에 시간이 지남에 따라 소용돌이관의 반경이 불분명해지고 소용돌이의 세기가 감소한다.

실제의 소용돌이 흐름

앞에서 소개한 강체 소용돌이와 비회전 소용돌이는 성질이 서로 반대이고 둘 다 비현실적이다. 특히 비회전 소용돌이에서 중심에 막대의 반경이 0인 선 소용돌이의 경우에는 중심에서 접선속도가 무한대로 실제로는 존재할 수 없다. 또한 중심에서 속도구배가 무한하므로 점성효과에 의해 열이 발생할 것이다. 실제로 쉽게 볼 수 있는 소용돌이 흐름은 소용돌이의 중심 근처에서는 강체 소용돌이처럼 행동하고, 중심에서 먼 곳에서는 비회전 소용돌이처럼 행동한다. 쉽게 설명하면 속이 비어 있는 막대기를 회전시키는 경우이다. 막대기 내부의 흐름은 강체 소용돌이인 회전흐름이 되고, 막대기의 외부의 흐름은 선 소용돌이인 비회전흐름이 된다. 그림 4.10은 이러한 실질적인 소용돌이를 보인다. 즉 유체의 한 점을 중심으로 중심에서 멀어질수록 소용돌이도의 크기가 줄어든다. 여기서 u_θ의 크기가 극댓값을 가지는 반경보다 짧은 부분을 소용돌이의 **중심체**(core)라 한다. 중심체의 바깥 부분에서는 소용돌이도가 0이라고 말할 수 있다. 태풍을 생각해보면 태풍의 중심에 태풍의 눈이 존재하는 것은 소용돌이의 중심에 흐름속도가 0으로 강체의 회전운동과 같은 회전흐름을 뜻하며 태풍의 바깥에서 안쪽으로 갈수록 속도가 커지는 것은 비회전흐름을 뜻한다. 태풍의 경우에 압력은 속도가 가장 큰 중심체의 가장자리에서 압력이 최대이며 태풍의 눈에서 압력이 가장 낮다[연습문제 4.5 참조].

소용돌이도의 크기는 소용돌이 흐름의 중심에서부터 거리에 따라 다르므로 소용돌이 흐름을 양적으로 표현하는 **소용돌이의 세기** Γ는 중심체 내에서 소용돌이도의 면적적분으로 정의한다.

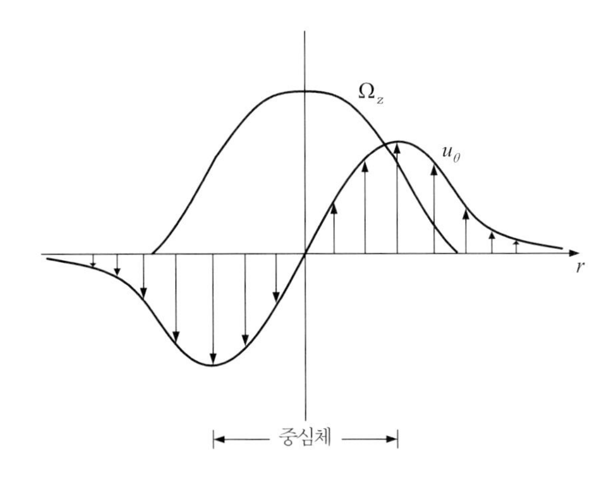

그림 4.10 실제의 소용돌이 흐름은 소용돌이의 중심 근처에서는 강체 소용돌이처럼 행동하고 중심에서 먼 곳에서는 비회전 소용돌이처럼 행동한다.

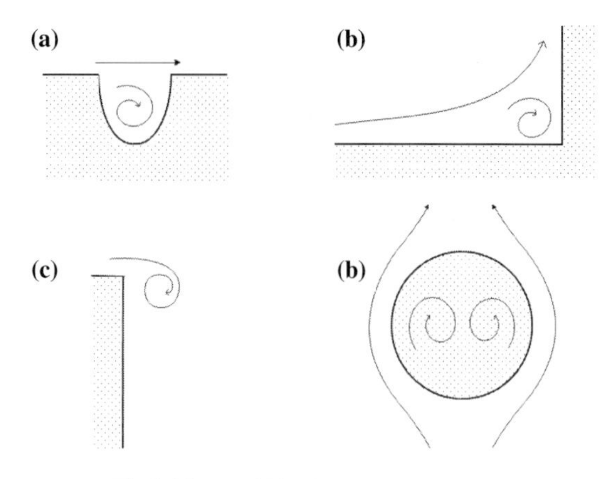

그림 4.11 다양한 경우의 소용돌이 흐름

$$\Gamma \equiv \int_{\text{core의 면적}} (\nabla \times u) \cdot \mathrm{d}\boldsymbol{S} = \oint_{\text{core의 둘레}} u \cdot \mathrm{d}\ell \tag{4.23}$$

만일 유체의 점성성질을 무시한다면 소용돌이의 중심체는 시간이 지나도 모양에 있어 변형이 없고 중심체가 위치한 곳의 바탕유체의 흐름을 따라 움직인다.

소용돌이 흐름의 생성

그림 4.6과 4.7에서 각각 소개한 강체 소용돌이와 비회전 소용돌이는 회전하는 경계면에 의해 발생한 층밀리기 흐름이다. 이와 마찬가지로 자연 상태의 소용돌이는 유체-고체의 경계나 공기-액체의 경계 근처에 흐름이 있을 때 주로 발생한다. 경계면은 일반적으로 경계조건에 의해 흐름을 방해하여 멈추거나 느리게 하므로 경계면에서 멀어질수록 경계면에 대해 상대적인 흐름속도가 빨라져서 흐름속도의 공간구배가 발생하고, 이로 인해 소용돌이가 발생한다.

그림 4.11은 다양한 경우에 소용돌이 흐름을 보인다. 홈이나 구석 근처에 발생하는 소용돌이의 경우에는 보통의 평평한 경계보다 경계면의 면적이 국부적으로 늘어나 흐름속도가 많이 감소하여 흐름속도의 공간구배가 발생할 뿐 아니라 흐름의 방향이 바뀌어서 국부적으로 소용돌이 흐름이 발생한다. 그러므로 그림 4.11(a)의 경우에 홈 속에 소용돌이 흐름이 있고, 그림 4.11(b)의 경우에는 구석 근처에서만 소용돌이 흐름이 존재한다. 그림 4.11(c)와 같이 날카로운 모서리 주위에 흐름이 있을 때 하류에 소용돌이 흐름이 생긴다. 그러나 Re 수가 작아지면 이러한 세 가지 경우는 점차 소용돌이가 사라지고 정상흐름이

된다. 4.11(d)는 공기 중에 물(빗)방울이 떨어질 때에 물방울 내부에 발생하는 소용돌이 흐름이다. 물방울 주위에 흐르는 기체에 의해 물방울의 표면에서는 **움직이는 경계조건** (moving boundary condition)이 발생한다. 이로 인해 표면 근처의 물이 위로 올라가고 물방울의 중심에서는 질량을 보존하기 위해서 유체가 아래로 흐르므로 물방울 내에 소용돌이가 발생한다.

이 외에도 체적력이 보존력이 아닌 경우에는 외부에서 가한 체적력에 의해 소용돌이 흐름을 만들 수 있다[15.6절 참조]. 그리고 11장에서 소개하는 대류의 경우에는 바닥의 가열로 가벼워진 유체입자가 부력에 의해 상승하다가 질량보존을 위해 소용돌이 흐름을 생성한다.

4.5 소용돌이들 간의 상호작용

소용돌이끼리는 상호작용을 한다. 4.4절에서 설명한 것처럼 실제의 소용돌이는 중심에서 멀어질수록 소용돌이도가 감소한다. 소용돌이의 바깥, 즉 소용돌이의 중심으로부터 먼 곳에는 소용돌이도가 0인 비회전 흐름이다. 소용돌이들끼리의 상호작용을 보기 위해 한 점에만 소용돌이선이 집중되어있는 이상적인 자유 선 소용돌이들 사이의 경우와 소용돌이 고리들 사이의 경우를 생각해보자.

자유 선 소용돌이 사이의 상호작용

두 개의 자유 선 소용돌이가 이차원 평면상에 d 만큼 떨어져 있는 그림 4.12와 같은 경우를 생각해보자. 여기서 점선의 화살표는 각각의 선 소용돌이의 회전 방향을 나타낸다. 이 경우 왼쪽 소용돌이에 의해 반경이 d 인 폐곡선 위의 순환이 K_1 인 경우 오른쪽 소용돌이의 중심에 생긴 속도의 크기는 식 (4.15)에 따르면

$$u_1 = \frac{K_1}{2\pi d} \tag{4.24}$$

이다. 그리고 이 속도의 방향은 그림에서 오른쪽 소용돌이 위를 지나가는 실선의 화살표

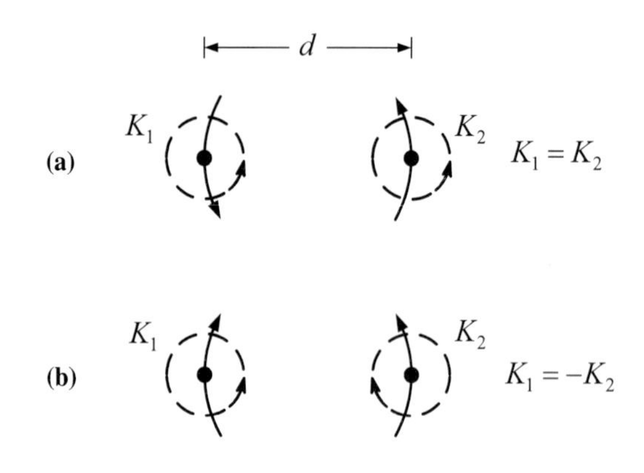

그림 4.12 자유 선 소용돌이 간의 상호작용

방향이다. 마찬가지로 오른쪽 소용돌이에 의해 반경이 d인 폐곡선 위의 순환이 K_2인 경우 왼쪽 소용돌이의 위치에 생긴 속도는

$$u_2 = \frac{K_2}{2\pi d} \tag{4.25}$$

이다.

만일 K_1과 K_2가 같은 양의 부호를 가진 경우라면 u_1과 u_2가 서로 반대의 방향을 가지므로 두 개의 선 소용돌이가 소용돌이들의 질량중심 주위로 반시계 방향으로 각속도 $(K_1+K_2)/2\pi d^2$로 돈다[그림 4.12(a)]. 이때 소용돌이의 질량중심은 $(d/2)(K_2-K_1)/(K_2+K_1)$에 위치한다. 만일 K_1과 K_2가 반대의 부호를 가진 경우, 특히 세기가 같다면 $u_1 = u_2$가 되어 두 소용돌이를 연결하는 직선에 수직인 방향으로 두 소용돌이가 $u = K/2\pi d$의 속도로 나란히 움직인다[그림 4.12(b)].

그림 4.12(b)와 같이 순환의 크기가 같고 회전 방향이 반대인 두 소용돌이를 연결하는 직선을 수직으로 양분하는 가상의 면을 생각해보자. 이 면 위에서 흐름속도는 면과 나란한 방향성분 밖에 없다. 이때 양분하는 위치에 얇은 고체판을 위치시켜도 고체판에 의한 경계층의 두께가 $d/2$보다 훨씬 작은 경우에는 두 소용돌이의 흐름에 거의 영향을 미치지 않는다. 이를 이용하면 임의의 고체 표면 근처에 있는 선 소용돌이의 궤적을 알 수 있다. 고체 표면을 중심으로 대칭의 위치에 세기가 같고 방향이 반대인 가상의 선 소용돌이를 위치시킨 후에 고체 표면을 제거하면 고체 표면이 있을 때와 같은 효과가 나타난다[그림 4.13 참조]. 그러므로 고체 표면에서 $d/2$만큼 떨어져 있는 소용돌이는 가상의 소용돌이에 의해 고체 표면에 나란한 방향으로 $u = K/2\pi d$의 속도로 움직인다.

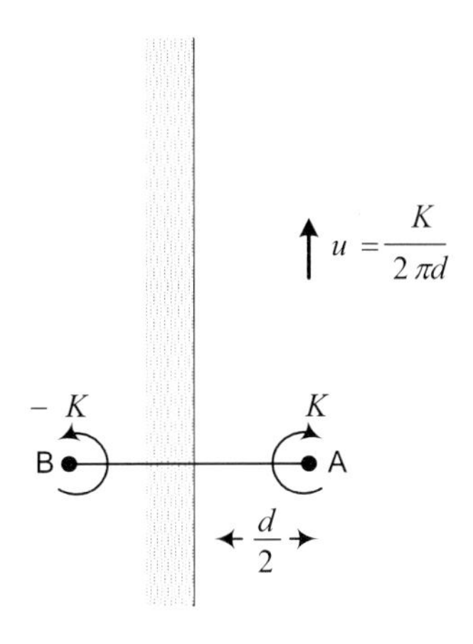

그림 4.13 고체 표면 근처에서의 선 소용돌이

소용돌이 고리 사이의 상호작용

세기가 같고 회전 방향이 반대인 2개의 소용돌이 고리가 같은 축 위에 마주보고 서로 접근하고 있는 경우를 생각해보자[그림 4.14(a) 참조]. 두 소용돌이 고리의 마주보고 있는 단면적만 생각하면, 그림 4.13에서 설명한 서로 반대 방향으로 회전하고 있는 2개의 자유선 소용돌이의 경우와 비슷하다. 그러므로 두 소용돌이 고리가 서로 접근하면서 동시에 축과 수직인 방향으로 고리의 반경이 커지면서 퍼져나가는 것을 알 수 있다. 그러므로 임의의 고체 표면을 중심으로, 대칭의 위치에 세기가 같고 회전 방향이 반대인 가상의 소용돌이 고리를 위치시킨 후에 고체 표면을 제거하면 고체 표면이 있을 때와 같은 효과가 나타난다. 이를 이용하면 임의의 고체 표면 근처에 있는 고체를 향해 움직이고 있는 소용돌이 고리는 고체 표면을 향해 접근하면서 동시에 고체 표면에 나란한 방향으로(즉, 지름 방향으로) 퍼지게 되어 고리의 반경이 시간에 따라 증가한다[그림 4.14(b) 참조]. 동시에 소용돌이 고리의 부피를 보존하기 위해서 고리의 단면적은 시간에 따라 줄어든다.

고리에 수직인 방향으로 진행하는 소용돌이를 생각해보자. 이때 고리의 표면을 따라 내부의 흐름방향이 고리의 진행 방향과 같으면 고리의 내부 쪽의 흐름속도가 외부 쪽의 흐름속도보다 빠르다. 그러므로 고리의 내부에 있는 유체는 고리 전체의 진행 속도보다 빨리 흐른다. 이에 반해 고리의 외부에 있는 유체는 고리 전체의 진행 속도보다 천천히 흐른다. 그러므로 세기와 회전방향이 같고 나란하게 위치한 2개의 소용돌이 고리가 같은 방향으로 진행할 때 선두에 있는 소용돌이 고리의 가운데에서 유체의 흐름속도가 큰 이유

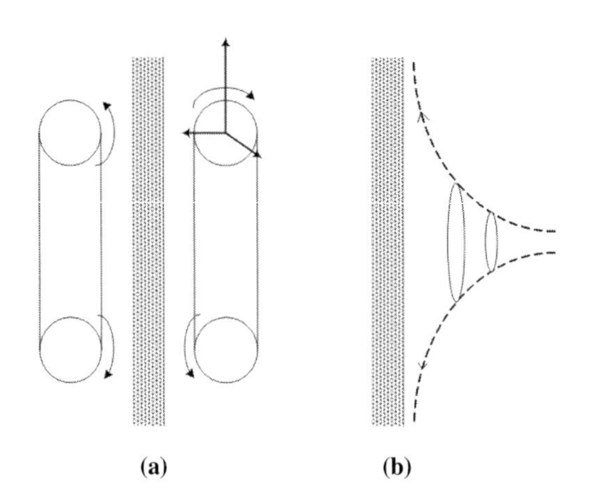

그림 4.14 고체 표면을 향하고 있는 소용돌이 고리

로 인해 뒤따라가던 소용돌이 고리가 선두의 소용돌이 고리 가운데를 통해 지나가 앞서나가므로 순서를 바꾼다. 연이어 뒤에 있는 소용돌이 고리가 앞으로 나가기를 반복하며 앞다투기를 거듭한다. 이 현상은 **리프 프로깅**(leap-frogging)이라 부른다.

4.6 소용돌이도 방정식

유체 내의 속도의 분포를 기술하는 식이 나비에-스토크스 방정식인 것처럼 유체 내의 소용돌이도의 분포를 기술하는 식이 있다. 나비에-스토크스 방정식에 회오리 연산자를 취하면 **소용돌이도 방정식**(vorticity equation)을 구할 수 있다. 체적력이 중력과 같이 보존력이라면 단위질량당 체적력 $\boldsymbol{f}$를 퍼텐셜에너지(Π)의 공간구배의 형태

$$\boldsymbol{f} = -\nabla \Pi \tag{4.26}$$

로 표시한 후 비압축성 유체의 나비에-스토크스 방정식인 식 (3.7)에 회오리 연산자를 취하면

$$\nabla\times\left(\frac{\partial \boldsymbol{u}}{\partial t} + \boldsymbol{u}\cdot\nabla\boldsymbol{u}\right) = \nabla\times\left(-\frac{1}{\rho}\nabla p - \nabla\Pi + \nu\nabla^2\boldsymbol{u}\right),$$

$$\frac{\partial}{\partial t}(\nabla\times\boldsymbol{u}) + \nabla\times(\boldsymbol{u}\cdot\nabla\boldsymbol{u}) = \nu\nabla^2(\nabla\times\boldsymbol{u}) \tag{4.27}$$

이다. 여기서 벡터 규칙

$$\nabla\times(u\cdot\nabla u) = u\cdot\nabla(\nabla\times u) - (\nabla\times u)\cdot\nabla u + (\nabla\cdot u)(\nabla\times u) \tag{4.28}$$

$$= u\cdot\nabla\Omega - \Omega\cdot\nabla u + (\nabla\cdot u)\Omega$$

을 사용하면 **비압축성 유체의 소용돌이도 방정식**을 만들 수 있다.

$$\frac{\partial\Omega}{\partial t} + u\cdot\nabla\Omega - \Omega\cdot\nabla u = \nu\nabla^2\Omega \tag{4.29}$$

이 소용돌이도 방정식에서는 나비에-스토크스 방정식에 있는 압력경도력 항 $-\nabla p$과 체적력 항 ρf에 대등한 항이 없다. 그 이유는 ∇p와 f가 유체입자의 질량중심을 통과하는 보존력이므로 유체입자에 작용하는 회전력 성분이 0이기 때문이다. 여기서 좌변의 두 번째 항은 흐름속도 u에 의해 소용돌이도가 이동하는 이류를 뜻한다. 물질 도함수를 이용해 위의 소용돌이도 방정식을 다시 쓰면

$$\frac{\mathrm{D}\Omega}{\mathrm{D}t} = \Omega\cdot\nabla u + \nu\nabla^2\Omega \tag{4.30}$$

$$\frac{\mathrm{D}\Omega_{\mathrm{i}}}{\partial t} = \sum_j \Omega_i e_{ij} + \nu\nabla^2\Omega_i$$

이다. 이 식은 유체입자의 소용돌이도의 시간 변화율을 기술하는 방정식이다. 소용돌이도 방정식과 나비에-스토크스 방정식은 기본적으로 같은 방정식이다. 한 가지만 알면 나머지는 바로 알 수 있다. 나비에-스토크스 방정식을 푸는 과정은 기본적으로 속도와 압력을 구하는 것인데 비해 소용돌이도 방정식을 푸는 과정은 소용돌이도와 속도를 구하는 과정이다.

식 (4.30)에서 우변의 두 번째 항 $\nu\nabla^2\Omega$은 나비에-스토크스 방정식에서의 점성력 항 $\nu\nabla^2 u$이 운동량을 확산시키는 역할을 하는 것과 비슷하다. 이 항의 물리적 의미를 이해하기 위해 우변의 첫 번째 항의 값이 0인 특별한 경우를 생각해보자.

$$\frac{\mathrm{D}\Omega}{\mathrm{D}t} = \nu\nabla^2\Omega \tag{4.31}$$

이 식에서 보면 유체입자가 소용돌이도를 얻는 것은 유체의 경계면에서 존재하는 점착 조건과 유체의 점성 성질로 인해 소용돌이도가 경계면 근처에서 생겨 $\nu\nabla^2\Omega$ 항에 의해 소용돌이도가 경계면에서 공간의 다른 부분으로 확산해 나가기 때문이다. 그러므로 **소용돌이도 확산**(vorticity diffusion)에 의한 소용돌이도의 시간변화율이 $\nu\nabla^2\Omega$이다. 식 (2.116)의

소산함수 항에서 보였듯이 소용돌이의 (거시적) 운동에너지는 유체의 점성 성질 때문에 결국 유체계 내의 열에너지(미시적 운동에너지)로 변환된다. 소용돌이도의 확산에 대한 더 자세한 설명은 9.4절에 있다. 그리고 위의 식에 따르면 만일 유체가 점성의 성질이 없다면 한번 생긴 소용돌이도는 사라지지 않는다.

그러나 점성이 없어도 식 (4.30)에서 우변의 첫 번째 항 $\boldsymbol{\Omega} \cdot \nabla \boldsymbol{u}$ 이 소용돌이도의 방향과 크기를 바꿀 수 있다. 이 항은 나비에-스토크스 방정식의 관성력 항에서 왔으며 비선형 효과에 의한 소용돌이 비틀기와 소용돌이 늘이기에 의한 소용돌이도의 시간 변화율을 표시한다. 이 항을 이해하기 위하여 점성력에 의한 항을 무시한 **비점성유체의 소용돌이도 방정식**을 생각해보자.

$$\frac{\mathrm{D}\boldsymbol{\Omega}}{\mathrm{D}t} = \boldsymbol{\Omega} \cdot \nabla \boldsymbol{u} \tag{4.32}$$

임의의 초기 순간 $t=0$ 에 유체입자의 소용돌이도가 그림 4.15(a)처럼 z축 방향으로만 향하면서 크기가 $\Omega_z > 0$이라고 가정하자. 즉 $t=0$ 일 때 유체입자들을 지나는 소용돌이선의 방향을 z축으로 정한 것이다.

$$\boldsymbol{\Omega} = (0, 0, \Omega_z) \tag{4.33}$$

이 초기 순간에 비점성유체의 소용돌이 방정식의 각 성분은 다음과 같이 적을 수 있다.

$$\begin{aligned} \frac{\mathrm{D}\Omega_x}{\mathrm{D}t} &= \Omega_z \frac{\partial u}{\partial z} \\ \frac{\mathrm{D}\Omega_y}{\mathrm{D}t} &= \Omega_z \frac{\partial v}{\partial z} \\ \frac{\mathrm{D}\Omega_z}{\mathrm{D}t} &= \Omega_z \frac{\partial w}{\partial z} \end{aligned} \tag{4.34}$$

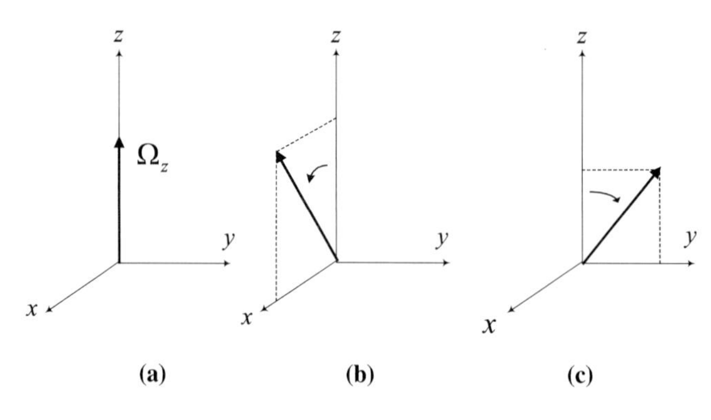

그림 4.15 소용돌이 비틀기

여기서 첫 번째 식의 $\partial u/\partial z$ 는 $t=0$ 에 z 축 방향으로만 떨어져 있던 다른 유체입자들이 시간이 흐름에 따라 x 축 방향으로도 멀어져 간다는 것을 의미한다. 그러므로 만일 $\partial u/\partial z > 0$ 이면 $t=0$ 에 z 축 방향으로만 향하던 소용돌이도가 시간이 흐름에 따라 x 축 방향 성분이 생기게 된다[그림 4.15(b)]. 마찬가지로 두 번째 식으로부터 시간이 흐름에 따라 y 축 방향의 소용돌이도 성분이 생기게 된다[그림 4.15(c)]. 이렇게 원래 z 축 방향으로 향하던 소용돌이도가 x 와 y 축 방향으로의 성분을 가지는 것은 소용돌이선을 비트는 것에 해당하므로 **소용돌이 비틀기**(vortex twisting)라 한다.

세 번째 식에서 만일 $\partial w/\partial z$ 가 양수이면, 즉 유체입자가 소용돌이도의 방향(z축)으로 늘어난다면, z 축 방향의 소용돌이도의 크기는 증가한다. 동시에 질량보존($\nabla \cdot \boldsymbol{u}=0$)에 의해 x축과 y축 방향으로는 유체입자의 크기가 줄어들어야 한다. 이 현상은 회전하는 강체의 경우에 관성모멘트를 줄이면 각운동량을 보존하기 위해 강체가 더 빨리 회전하는 곳과 같다[그림 4.16(a)]. 마찬가지로 만일 $\partial w/\partial z$ 이 음수이면 x 축과 y 축 방향으로 유체입자의 크기가 늘어나면서 동시에 소용돌이도의 크기는 감소한다[그림 4.16(b)]. 이러한 현상은 소용돌이선이 늘어나는 것에 해당하므로 **소용돌이 늘이기**(vortex stretching)라 한다.

소용돌이 비틀기와 늘이기는 관성력 때문에 소용돌이도와 속도구배 텐서가 서로 비선형 간섭을 하여 유체의 흐름을 복잡하게 하는 비선형 현상이다. 14장에서 나오는 난류는 이 현상 때문에 발생한다. 이에 반해 소용돌이도 확산은 점성력에 의한 발생하는 에너지 소산 현상이다. 그러므로 일반적인 점성유체의 흐름에서는 소용돌이 늘이기와 소용돌이 비틀기가 소용돌이도의 확산과 동시에 일어난다. 그러나 이상유체의 흐름에서는 소용돌이 늘이기와 소용돌이 비틀기만 일어난다. 그리고 2차원 흐름에서는 식 (4.34)의 $\partial u/\partial z = \partial v/\partial z = \partial w/\partial z = 0$ 이므로 소용돌이 비틀기와 소용돌이 늘이기가 일어나지 않고

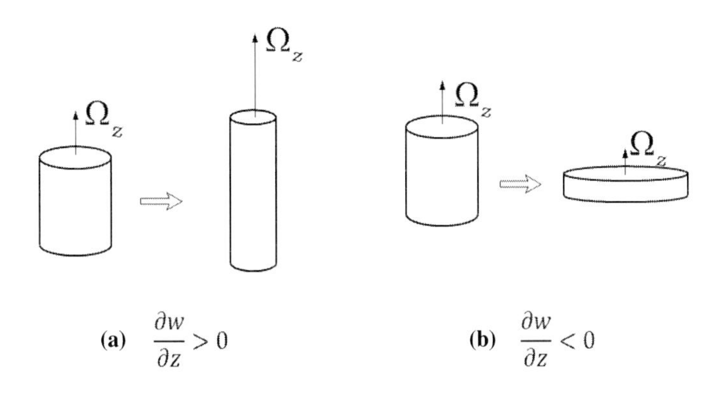

그림 4.16 소용돌이 늘이기

소용돌이도 확산만 일어난다.

4.7 언제 유체의 압축성질을 무시할 수 있을까?

유체의 흐름을 기술할 때 유체가 비압축성이면, 즉 $\rho = \mathrm{const}$ 이면 3.2절에서 설명한 바와 같이 유체의 기본방정식들이 매우 간단해진다. 그러나 유체의 밀도(ρ)는 일반적으로 압력(p)과 온도(T)에 따라 변한다. 즉 압력이 증가하면 유체의 밀도는 증가하고 온도가 증가하면 밀도는 감소한다. 특히 기체는 액체에 비해 이런 변화에 민감하다. 온도에 의한 밀도변화의 경우는 11장에서 대류현상을 다룰 때 구체적으로 생각해보기로 하고 여기서는 압력에 의한 밀도의 변화만을 생각해보자.

물질의 **압축률**(compressibility)은 식 (1.17)에서 설명한 것처럼 압력변화에 의한 단위부피당 부피의 변화율이다.

$$\beta \equiv -\frac{1}{V}\frac{\partial V}{\partial p} = \frac{1}{\rho}\frac{\partial \rho}{\partial p} \tag{4.35}$$

그러므로 유체 내의 압력변화 $\triangle p$ 에 의한 **밀도의 단위밀도당 변화율** $\triangle\rho/\rho$ 은

$$\frac{\triangle\rho}{\rho} \sim \beta\triangle p \tag{4.36}$$

이다. 만일 관심 있는 유체계의 흐름을 대표하는 속도의 크기가 U 라면, 이 유체의 흐름에 의해 생기는 압력 차의 대표적인 값은

$$\triangle p \sim \rho U^2 \tag{4.37}$$

이다[식 (5.9) 참조]. 그러므로

$$\frac{\triangle\rho}{\rho} \sim \beta\rho U^2 \tag{4.38}$$

이다. 6.3절에서 유도하겠지만 유체에서의 **음파의 전파속도** c_s 와 유체의 압축률 β, 그리고 밀도 ρ 사이의 관계는

$$c_s = \frac{1}{\sqrt{\beta\rho}} \tag{4.39}$$

이다[식 (6.29) 참조]. 그러므로 밀도의 변화율을 나타내는 식 (4.38)은

$$\frac{\Delta\rho}{\rho} \sim \frac{U^2}{c_s^2} = \mathrm{Ma}^2 \tag{4.40}$$

이다. 이 식에서 Ma 수

$$\text{Ma 수} \equiv \frac{U}{c_s} \tag{4.41}$$

는 유체의 속도와 유체 내에서의 음속의 비인 무차원계수이며, 마하(Ernst Mach, 1838~1916)의 이름을 따서 **마하수**(Mach number)로 알려져 있다. 식 (4.40)에 따르면 Ma 수가 크면 클수록 압축의 정도가 커져서 유체의 압축성질이 중요해진다. 일반적으로 $\mathrm{Ma} < 0.2$ 인 경우에는 흐름에 의해 유체가 압축되는 성질을 무시할 수 있다. 그러므로 $\mathrm{Ma} < 0.2$ 인 흐름을 비압축성이라 여겨도 된다.

참고

비압축성 유체

식 (4.40)에 따르면 Ma= 0.2인 경우에도 밀도의 변화율은 단지 4% 정도밖에 되지 않는다. 공기 중에서 음속 $c_s \sim 340\,\mathrm{m/s}$이고 물속에서 음속이 $c_s \sim 1500\,\mathrm{m/s}$임을 고려할 때 상당히 빠른 유체에서도 $\mathrm{Ma} \ll 1$이므로 유체의 압축성은 무시할 수 있을 만큼 적어 유체의 흐름에 영향을 미치지 못한다. 여기서 주의할 점은 유체가 비압축성이라는 뜻이 아니라 유체의 흐름이 비압축성이라는 것이다.

4.8 언제 유체의 점성 성질을 무시할 수 있을까?

유체의 흐름을 기술하는데 있어서 유체의 점성이 0이면, 즉 $\mu = 0$ 이면 유체의 기본방정식이 매우 간단해진다. 그러나 모든 유체는 점성의 성질을 어느 정도 가지고 있다. 그렇지만 다행히도 유체의 점성 성질이 유체의 흐름에 끼치는 영향이 무시할 수 있을 만큼 작은 경우가 많다.

나비에-스토크스 방정식에서 체적력 항을 무시하였을 때 중요한 세 가지 항은 관성력 항, 압력경도력 항, 점성력 항이다. 그러므로 유체의 흐름을 기술하는 데 있어 유체의 점성 성질을 무시하려면 다음의 두 가지 조건을 동시에 만족시켜야 한다. 첫 번째는 관성력의 크기가 점성력의 크기보다 훨씬 크다는 것이다. 두 번째는 압력 구배의 크기가 점성력의 크기보다 훨씬 크다는 것이다. 첫 번째 조건은 무차원계수인 Re 수의 정의인 식 (3.51)에 의하면

$$\mathrm{Re} \gg 1 \tag{4.42}$$

인 경우에 쉽게 만족된다. 두 번째 조건을 다시 쓰면

$$|\nabla p| \gg |\mu \nabla^2 \boldsymbol{u}| \tag{4.43}$$

이다. 무차원 분석법을 이용하여 계를 대표하는 속도 U와 길이 L을 사용하면 이 식은

$$\frac{p}{L} \gg \frac{\mu U}{L^2} \tag{4.44}$$

이다. 그러므로 이 식은

$$p \gg \frac{\mu U}{L} \tag{4.45}$$

과 같은 의미로서 유체 내의 가상의 면에 대해서는 층밀리기 응력의 크기가 수직응력의 크기보다 훨씬 작다는 뜻이다. 점성계수가 큰 경우에도 층밀리기 응력이 매우 작으면, 즉 U/L이 작은 경우에는 유체의 점성 성질을 무시할 수 있다. 이러한 예로서 경계면으로부터 멀리 떨어져 있어 L 값이 큰 경우에는 경계면에 의한 층밀리기 효과를 무시할 수 있다. 반대로 경계면으로부터 가까운 경우에는 U/L의 값이 커서 유체의 점성 성질이 중요해진다.

점성만을 무시할 수 있는 경우를 **비점성흐름**(inviscid flow)이라 하고 점성과 압축성을 동시에 무시할 수 있는 흐름을 **이상유체흐름**(ideal flow)라 한다. 5장에서 보이겠지만 이상유체에서는 유체의 흐름을 기술하는 수학적 식의 전개가 쉬워지고 이론적인 설명이 아름다워진다. 참고로 이상유체와 이상기체(ideal gas)는 물리적으로 전혀 관련이 없다.

4.9 압력분포와 흐름속도와의 관계

압력의 크기가 공간적으로 균일하면 압력은 유체입자에 어떤 유효한 힘도 가하지 않는다. 그러므로 나비에-스토크스 방정식에서 압력은 압력의 크기와 관계없이 항상 공간구배의 형태인 압력경도력으로만 나타난다. 이러한 압력의 공간적 분포와 흐름과의 관계를 더 잘 이해하기 위해 압력에 대해서 구체적으로 논해보자.

임의의 방향을 향하고 있는 가상 면을 생각해보자. 이 경우에 가상 면에 가해지는 수직응력은 가상 면이 향하는 방향으로, 가상 면의 단위면적당 느끼는 힘이다. 흐름이 없는 경우에 유체의 압력은 3.3절에서 소개한 정수압력으로 등방성의 성질을 가진다. 그러나 흐름이 있을 때는 수직점성응력텐서의 비등방적 성분에 의해 가상 면의 방향에 따라 수직응력의 크기가 다르다. 식 (2.87)을 보면 수직응력에서 열역학적 압력 성분(p)은 항상 등방적이고 수직점성응력 성분은 등방적인 부분과 비등방적인 부분으로 이루어져 있다. 그러므로 특정 방향으로 수직응력의 크기와 역학적 압력의 크기는 일반적으로 다르다. 식 (2.89)에서 볼 수 있듯이 수직응력들의 평균인 역학적 압력에는 비등방적인 성분은 없고 등방적인 성분만 남아있다.

열역학적 압력은 흐름이 없는 평형상태에서는 열적인 마구잡이 속도 성분에 의한 것이므로 등방성이 있다. 흐름이 발생하면 열역학적 압력의 크기는 일반적으로 바뀌지만, 압력은 등방성을 유지한다. 중력이 체적력일 때 비압축성 유체의 나비에-스토크스 방정식을 생각해보자.

$$\rho \frac{\mathrm{D}\boldsymbol{u}}{\mathrm{D}t} = -\nabla p + \rho \boldsymbol{g} + \mu \nabla^2 \boldsymbol{u} \tag{4.46}$$

이때 단위부피당 압력경도력은 다음과 같다.

$$\nabla p = \rho\left(\boldsymbol{g} - \frac{\mathrm{D}\boldsymbol{u}}{\mathrm{D}t}\right) + \mu \nabla^2 \boldsymbol{u} \tag{4.47}$$

이 식에 따르면 밀도와 점성계수를 알고 속도분포를 알고 있으면 우변을 공간 적분하여 압력의 공간적 분포를 구할 수 있다. 압력의 공간적 분포를 구하는 것은 일반적으로 다음의 5가지 경우로 나누어 생각해볼 수 있다.

(1) **정지 상태 또는 일정한 속도의 흐름**에서는 가속도와 점성력이 0이므로

$$\nabla p = \rho g \tag{4.48}$$

이다. 이 식을 적분하면 식 (3.13)의 정수압력의 경우로서 높이에 따라 압력의 값이 달라진다.

$$p = p_o - \rho g(z - z_o) \tag{4.49}$$

즉 속도의 공간구배가 없는 경우에는 압력의 크기는 흐름속도의 크기와 무관하다.

(2) **유체 전체가 강체처럼 행동하는 흐름**에서는 모든 유체입자의 운동은 병진운동과 회전운동으로만 기술되므로 유체입자들 사이에 상대운동이 없다. 즉 층밀리기 응력이 없으므로 점성력항을 무시할 수 있게 되어

$$\nabla p = \rho\left(g - \frac{\mathrm{D}u}{\mathrm{D}t}\right) \tag{4.50}$$

이다. 압력구배의 방향은 $g - \frac{\mathrm{D}u}{\mathrm{D}t}$ 와 나란하고 압력의 분포는 중력과 유체입자의 가속도와의 균형에 의해 결정된다. 그러므로 압력이 일정한 선 혹은 면이나 유체의 자유표면은 $g - \frac{\mathrm{D}u}{\mathrm{D}t}$ 에 수직이다. 연습문제 3.4에서 보인 회전하는 원통 내에 물이 차 있는 경우는 강체처럼 행동하는 흐름 중의 하나이다.

(3) **점성력이 0이고 비회전 흐름**에서는 베르누이 방정식에 의해 압력의 분포가 결정된다. 이에 대한 자세한 설명은 5.2절과 5.3절에 있다.

(4) **체적력과 점성력을 무시한 정상흐름**에서는

$$\nabla p = -\rho(u \cdot \nabla)u \tag{4.51}$$

이므로 압력이 감소하는 방향으로 흐름속도의 크기가 0이 아니며 속도가 증가한다 [연습문제 3.9 참조]. 역으로 생각하면 속도가 공간적으로 증가하는 방향으로 압력이 감소한다. 이는 5.2절과 5.3절에서 소개한 베르누이 방정식의 결과와 일치한다.

(5) **점성력을 무시할 수 없는 임의의 점성흐름**에서는 압력의 분포를 구하는 특별한 방법은 없고 나비에-스토크스 방정식을 공간 적분하여 압력의 분포를 구한다. 3.9절에서 소개한 쿠엣 흐름에서의 압력분포인 식 (3.71)을 예로 들 수 있다.

연습문제

4.1 소용돌이도

다음의 각 경우에 소용돌이도를 구하라.

(a) 속도가 일정한 흐름, $\boldsymbol{u} = u_o\hat{\mathbf{x}}$

(b) 층밀리기 흐름[그림 3.10(a)], $\boldsymbol{u} = u_o\frac{y}{h}\hat{\mathbf{x}}$

(c) 푸아죄유 흐름[그림 3.4], $\boldsymbol{u} = \frac{\Delta p}{2\ell\mu}(yh-y^2)\hat{\mathbf{x}}$

4.2 강체 소용돌이 흐름

그림 4.6에서 보인 강체 소용돌이 흐름에서 반경 r인 지점에 있는 가상의 원기둥 표면에 가해지는 층밀리기 응력 $\sigma_{r\theta}$의 크기가 0인 것을 보이고, 이로 인해 유체입자의 변형률 $\epsilon_{r\theta}$이 0임을 보여라.

Hint 3.9절에 있는 쿠엣 흐름을 참조하라.

4.3 비회전 소용돌이 흐름

위와 비슷한 방법으로 그림 4.7과 같은 비회전 소용돌이 흐름에서 유체입자의 변형률 $\epsilon_{r\theta}$이 0이 아님을 보여라.

4.4 베르누이 정리

다음의 경우에 5장에서 소개할 베르누이 정리가 잘 성립함을 보여라.

(a) 연습문제 3.4의 결과를 이용하여 비점성 회전흐름에서는 $p+\frac{1}{2}\rho u_\phi^2+\rho gz$의 값이 동일 흐름선 위에서는 같은 값을 가지고 다른 흐름선 위에서는 다른 값을 가짐을 보여라.

(b) 연습문제 3.5의 결과를 이용하여 비점성 비회전 흐름에서는 $p+\frac{1}{2}\rho u_\phi^2+\rho gz$의 값이 유체 내부에서 항상 일정함을 보여라.

4.5 실제 소용돌이 흐름

실제의 소용돌이 흐름은 그림 4.10에서와 같이

$$u_r = 0, \quad u_z = 0, \quad u_\theta \equiv \begin{cases} r\omega_o & r \le R \\ \dfrac{\omega_o R^2}{r} & r > R \end{cases}$$

표시될 수 있다. 소용돌이 흐름의 중심에서 멀리 떨어진 $r \to \infty$ 에서 압력이 p_o 인 경우에 원기둥좌표계에서 나비에-스토크스 방정식의 r 성분인 식 (D.8)을 이용하여 밀도가 ρ 인 소용돌이 흐름 내의 압력분포 $p(r)$ 을 구하라.

4.6 2차원 채널흐름

2차원 채널흐름에서 압력의 구배에 의한 정상상태의 흐름인 그림 3.4에서 아래의 물리량들을 구하라.

(a) 벽에서의 층밀리기 응력
(b) 흐름함수
(c) 소용돌이도의 분포

참고 소용돌이도의 분포

(c)의 결과에 따르면 2차원 채널흐름의 소용돌이도는 z 축만 향하며 비회전이 아니다. 소용돌이도는 마주 보고 있는 양쪽 벽 근처에서 가장 큰 값을 가지며, 방향은 서로 반대이고, 양쪽 벽의 가운데에서 크기가 0이다. 이는 점성에 의해서 경계벽 근처에서 소용돌이도가 발생하여 유체의 점성 성질에 의해 흐름 전체에 퍼져나가는 것을 뜻한다.

4.7 소용돌이 고리

소용돌이 고리를 이루고 있는 소용돌이관의 중심체의 세기가 K이고 반경이 a 이다. 고리의 반경이 b 인 소용돌이 고리가 정지해 있는 이상유체에서 움직이는 속도가

$$U \approx \frac{K}{4\pi b} \ln\left(\frac{8b}{a}\right)$$

임을 보여라. 여기서 $b \gg a$ 라고 가정한다.

4.8 자유 선소용돌이 간의 상호작용

그림 4.12(a)에서 두 개의 자유 선 소용돌이의 순환이 K_1 과 K_2가 같은 양의 부호를 가진 경우라면 이들 선 소용돌이들이 소용돌이들의 질량중심 $(d/2)(K_2 - K_1)/\ (K_2 + K_1)$ 주위로 각속도 $(K_1 + K_2)/2\pi d^2$ 의 반시계 방향으로 도는 것을 보여라.

4.9 고체 표면을 향하고 있는 소용돌이 고리

그림 4.14의 내용을 증명하라.

4.10 가속하고 있는 차의 짐칸에 실려 있는 액체의 자유표면

평지에서 운행하고 있는 트럭의 짐칸에 물이 반만 차있는 드럼통을 생각해보자.

(a) 트럭의 가속도에 따른 물의 자유표면과 평지가 이루는 각도를 식 (4.50)을 이용하여 구하라.

(b) 그림과 같이 오른쪽으로 운행하고 있는 트럭의 짐칸에 실힌 드럼통의 반경이 0.5 m 이고 높이 1.5 m일 때 물을 흘리지 않고 운행할 수 있는 트럭의 최대 가속도를 구하라.

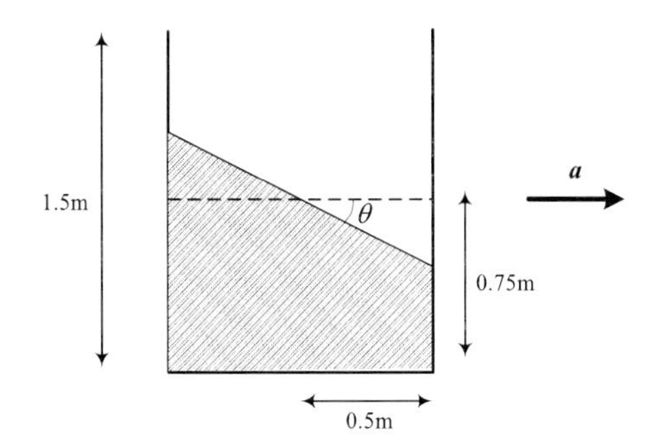

4.11 오일러방정식의 무차원화

3.7절에서는 연속방정식과 비압축성 점성유체의 나비에-스토크스 방정식을 무차원화 하여서 두 개의 다른 유체계가 동역학적으로 비슷하게 하였다. 비점성 흐름에서 흐름에 의한 밀도의 변화가 작은 경우에 연속방정식과 오일러 방정식을 무차원화할 수 있다. 식 (3.43)을 대신해서 아래와 같이 무차원 압력을 정의하자.

$$p' = \frac{p - p_o}{\rho_o U^2}$$

그리고 밀도의 변화가 작은 경우에는 밀도를

$$\rho = \rho_o + \frac{\partial \rho}{\partial p}(p - p_o)$$

로 적을 수 있다. 그러므로 식 (4.35)와 식 (4.41)을 이용하면 밀도를 무차원화할 수 있다.

$$\rho = \rho_o(1 + \mathrm{Ma}^2 p') = \rho_o \rho'$$

(a) 위의 결과와 식 (3.40)−(3.42)를 이용하여 식 (2.46)의 연속방정식과 식 (2.70)의 오일러방정식이 다음과 같이 무차원화할 수 있음을 보여라.

$$\nabla' \cdot \boldsymbol{u}' + \mathrm{Ma}^2 \left[\frac{\partial p'}{\partial t'} + \nabla \cdot (p' \boldsymbol{u}') \right] = 0$$

$$\frac{\partial \boldsymbol{u}'}{\partial t'} + (\boldsymbol{u}' \cdot \nabla')\boldsymbol{u}' = -\frac{\nabla' p'}{1 + \mathrm{Ma}^2 p'} + \frac{L}{U^2}\boldsymbol{f}$$

(b) 위에 따르면 두 개의 다른 유체계가 기하학적으로 비슷하고 속도들 사이에 비례관계가 있고 체적력을 무시할 수 있을 때는 동역학적으로 비슷하여 동일한 무차원 방정식을 따른다. 무차원화된 경계조건이 같을 때는 같은 해를 가진다. 체적력이 0가 아니더라도 단위질량당 체적력이 U^2/L에 비례할 때는 같은 무차원 방정식의 해를 가진다.

4.12 2차원 흐름에서의 소용돌이 방정식

2차원 흐름에서 소용돌이도는 2차원계에 수직이므로 항상 같은 방향을 향한다. 그리고 소용돌이도 방정식에서 소용돌이 비틀기와 소용돌이 늘이기를 뜻하는 항의 크기가 0이다.

$$\boldsymbol{\Omega} \cdot \nabla \boldsymbol{u} = 0$$

그러므로 식 (4.29)의 소용돌이 방정식은 다음과 같이 적을 수 있다.

$$\frac{\partial \boldsymbol{\Omega}}{\partial t} + \boldsymbol{u} \cdot \nabla \boldsymbol{\Omega} = \nu \nabla^2 \boldsymbol{\Omega}$$

즉 2차원 흐름에서는 소용돌이 비틀기와 소용돌이 늘이기가 없고 소용돌이 확산만 있다.

(a) 2차원 흐름에서 소용돌이도와 흐름함수의 관계가 다음이 됨을 보여라.

$$\Omega = -\nabla^2 \varphi$$

(b) xy 평면상의 2차원 흐름에서의 나비에-스토크스 방정식이 다음과 같이 적을 수 있음을 보여라.

$$\left(\frac{\partial}{\partial t} + \frac{\partial \varphi}{\partial y}\frac{\partial}{\partial x} - \frac{\partial \varphi}{\partial x}\frac{\partial}{\partial y} \right) \nabla^2 \varphi = \nu \nabla^2 \nabla^2 \varphi$$

CHAPTER

5

이상유체 흐름과 경계층 흐름

이상유체 흐름과 경계층 흐름

물체 주위에서 유체 흐름은 물체의 표면으로부터의 거리에 따라 보통 두 가지 흐름으로 나눈다. 첫 번째는 물체와 이웃하고 있는 얇은 공간에서의 흐름으로 유체의 점성이 중요한 **경계층 흐름**(boundary layer flow)이다. 두 번째는 물체와 좀 떨어져서 점성이 중요하지 않은 공간에서의 **비점성 흐름**(inviscid flow)이다. 3장에서 소개한 채널흐름을 보면 경계층 흐름과 비점성 흐름의 차이가 분명하다. 그림 5.1은 채널의 상하 두 경계면 사이의 거리가 매우 큰 경우에 채널의 입구 근처에서 본 한쪽 경계면 근처에서 높이에 따른 평균속도의 분포이다. 경계면에서 멀리 떨어진 곳에서는 흐름속도가 위치와 관계없이 거의 일정하다. 그러나 경계면 근처에는 흐름속도가 경계면으로부터의 거리에 따라 크게 변한다. 경계면에서 멀리 위치해 경계면의 영향을 받지 않는 지역을 비점성 흐름이라고 하고 비점성유체의 이론으로 설명되는 유속의 99%보다 낮은 유속의 지역의 흐름을 경계층 흐름으로 구분한다. 그림에서 $\delta(x)$는 경계층 흐름의 두께를 나타낸다. 비압축성이면서 비점성 흐름을 **이상유체 흐름**(ideal flow)이라고 부른다. 5장에서는 이상유체 흐름과 경계층 흐름을 2차원 정상흐름인 경우에 주로 다룬다. 3차원 흐름에서 훨씬 다양한 현상이 많이 일어나지만, 이 책에서 다루기에는 너무 복잡하다. 그러나 2차원 흐름에 대한 설명으로도 이상유체 흐름과 경계층 흐름의 중요한 성질을 거의 다 설명할 수 있다. 1절에서 5절은 이상유체 흐름에 관한 내용이고 6절에서 10절은 경계층 흐름에 관한 내용이다.

Contents

5.1 이상유체 흐름

이상유체 흐름(ideal flow)에서는 비압축성이며 비점성이므로 유체 내의 가상면에 대해서 층밀리기 응력이 없으며 오직 수직응력만 존재한다. 그러므로 이상유체의 조건은 다음과 같다.

$$\mu = 0\,,\ \nabla \cdot u = 0 \tag{5.1}$$

그러나 **실제유체 흐름**(real flow)에서는 압축 성질과 점성 성질이 항상 어느 정도 존재한다. 4.7절과 4.8절에서 보인 바와 같이 실제유체에도 때에 따라서는 위의 두 조건을 만족시키므로 이상유체로 취급하여 유체의 흐름을 잘 설명할 수 있다. 점성계수의 크기가 작고 비압축성인 유체에서는 유체와 경계하는 물체의 표면 근처의 좁은 영역인 경계층에서만 점성효과가 중요하게 나타난다. 그러므로 이 경우에 경계층을 제외한 나머지 지역에서의 유체 흐름은 이상유체로 해석하여도 실제유체와 비슷한 결과를 얻을 수 있다. 실제유체를 이상유체로 취급해서 얻는 가장 큰 장점은 수학적으로 식을 전개하기 쉽고 이론적으로 아름답게 설명된다는 것이다.

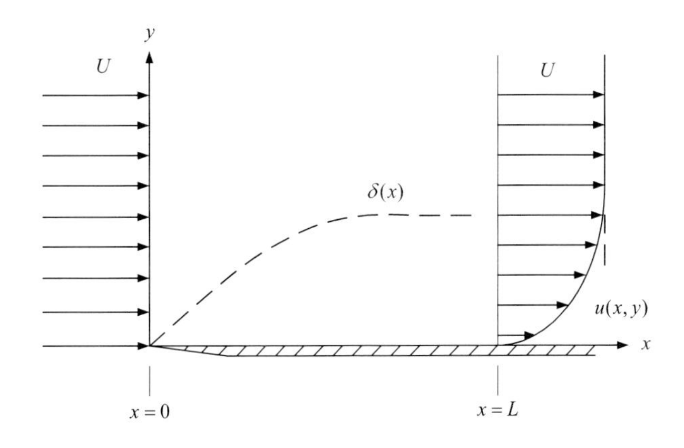

그림 5.1 채널흐름의 입구 근처에서 본 평균속도의 공간분포

5.2 베르누이 방정식(Bernoulli's equation)

이상유체 흐름에서의 나비에-스토크스 방정식은 비압축성이고 점성을 무시하므로 식 (2.70)에서 보인 것처럼

$$\rho\frac{\partial \boldsymbol{u}}{\partial t}+\rho(\boldsymbol{u}\cdot\nabla)\boldsymbol{u}=-\nabla p+\rho \boldsymbol{f} \tag{5.2}$$

이며, 이를 **오일러 방정식(Euler equation)**이라 부른다.

이상유체 흐름이 정상적이고($\partial u/\partial t=0$) 중력의 영향($\boldsymbol{f}=-g\hat{\mathbf{z}}$) 아래 있을 때는 식 (C.34)를 이용한 벡터 규칙

$$(\boldsymbol{u}\cdot\nabla)\boldsymbol{u}=\frac{1}{2}\nabla(\boldsymbol{u}\cdot\boldsymbol{u})-\boldsymbol{u}\times(\nabla\times\boldsymbol{u}) \tag{5.3}$$

을 사용하면 오일러 방정식은 다음과 같이

$$\frac{1}{2}\nabla(\boldsymbol{u}\cdot\boldsymbol{u})-\boldsymbol{u}\times(\nabla\times\boldsymbol{u})=-\frac{1}{\rho}\nabla p-g\hat{\mathbf{z}} \tag{5.4}$$

된다. 이 경우에 다음의 정의

$$q^2\equiv\boldsymbol{u}\cdot\boldsymbol{u}=\sum_j u_j^2=2\times\text{ 단위 질량당 운동에너지} \tag{5.5}$$

와 비압축 성질($\nabla\cdot\boldsymbol{u}=0$)을 사용하면 오일러 방정식은

$$\nabla\left(\frac{1}{2}q^2+\frac{p}{\rho}+gz\right)=\boldsymbol{u}\times\boldsymbol{\Omega} \tag{5.6}$$

이다. 만일 공간의 각 점에서 흐름선에 접한 단위벡터 $\hat{\ell}$로 위의 식의 양변에 벡터 내적을 취하면 단위벡터와 흐름선 위의 속도벡터 $\boldsymbol{u}$는 항상 나란하므로 우변의 값은 항상 0 이다 [그림 5.2 참조]. 그러므로

$$\frac{\partial}{\partial\ell}\left(\frac{1}{2}q^2+\frac{p}{\rho}+gz\right)=0 \tag{5.7}$$

이다. 여기서 ℓ은 흐름선 위에서의 변위이다. 그러므로 비압축성이고, 동시에 비점성인 유체의 흐름이 정상적일 때 흐름선 위에서는

$$\frac{1}{2}\rho q^2+p+\rho gz=C \tag{5.8}$$

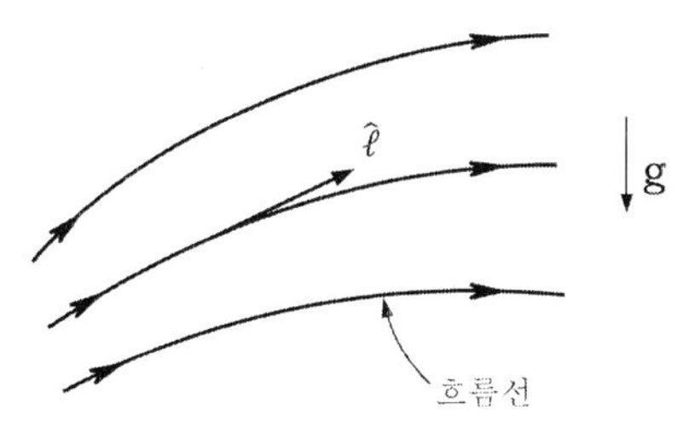

그림 5.2 흐름선과 단위벡터

를 항상 만족한다. 여기서 적분상수 C는 흐름의 경계조건으로부터 구할 수 있다. 이 식은 1738년 베르누이(Daniel Bernoulli, 1700~1782)에 의해 처음 제안되었다 하여 **베르누이 방정식**(Bernoulli' equation) 혹은 **베르누이 정리**(Bernoulli' theorem)라 부르며, 비압축성 유체가 정상흐름일 때 흐름선 위에서 위치에 따른 압력과 속도 사이의 관계를 보여준다. 이 식에 따르면 유체의 흐름방향으로 압력이 증가하면 유체입자가 일하여 운동에너지가 감소한다. 마찬가지로 압력이 감소하면 유체입자의 운동에너지가 증가한다[베르누이 방정식은 일종의 에너지 보존칙이다]. 만약 흐름이 **비회전**(irrotational)일 경우에는 모든 점에서 $\Omega = 0$이므로 위의 식은 흐름선 위에서뿐만 아니라 모든 점에서 성립한다.

참고

이상유체 흐름에서의 에너지보존

식 (2.106)과 식 (2.116)의 열에너지 방정식은 이상유체의 경우 $\rho \frac{\mathrm{D}e}{\mathrm{D}t} = -\sum_j \frac{\partial q_j}{\partial x_j}$ 로서 외부에서 들어온 열흐름이 없으면 라그랑주 관점에서 본 내부에너지는 항상 일정하다. 이에 반해 역학적 에너지 방정식인 식 (2.105)와 식 (2.115)는 이상유체의 경우 $\rho \frac{\mathrm{D}}{\mathrm{D}t}\left(\frac{1}{2}\sum_i u_i^2\right) = \rho \sum_i u_i f_i - \sum_i u_i \frac{\partial p}{\partial x_i}$ 이다. 그러므로 라그랑주 관점에서 본 운동에너지는 체적력의 방향으로 흐름이 있거나 압력이 감소하는 방향으로 흐름이 있으면 증가한다. 이 역학적 에너지 방정식은 베르누이 방정식과 일치한다.

참고

점성유체에서 베르누이 방정식

베르누이 방정식에서 $\frac{1}{2}\rho q^2$ 은 관성력에서 유래된 항이다. 그러므로 관성력이 무시되는 기어가는 흐름($\mathrm{Re} < 1$)에서는 흐름선을 따라서 속도가 감소한다고 압력이 증가하는 일은 없다. 그러나 Re 수가 증가하면 점성유체에서는 베르누이 방정식이 완벽히 적용되지 않지만, 속도의 감소가 압력의 증가를 어느 정도 초래한다. $\mathrm{Re} \gg 1$인 경우에는 베르누이 방정식이 잘 적용된다.

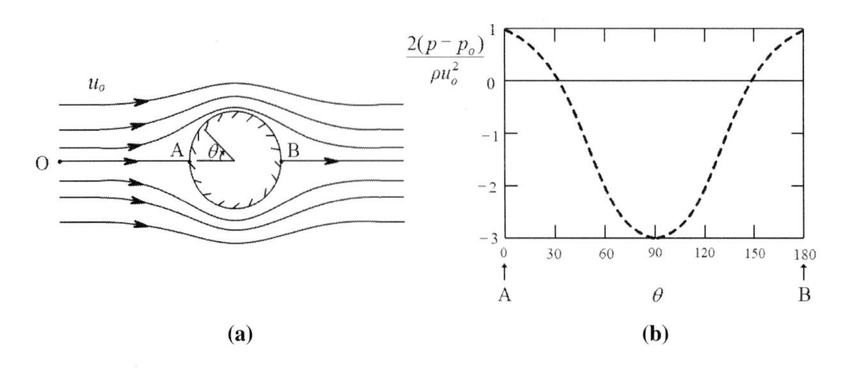

그림 5.3 이상유체 흐름 가운데 있는 원기둥 주위에서 흐름선(a)과 압력분포(b)

5.3 베르누이 방정식의 응용

이상유체 흐름 가운데 있는 원기둥

한쪽으로 일정한 속도(u_o)로 흐르는 이상유체 흐름 가운데에 원기둥이 그림 5.3(a)처럼 원기둥의 길이 방향 중심축이 흐름방향에 수직으로 위치하면 원기둥은 유체로부터 어떤 힘을 느낄까? 이 경우 흐름선의 분포는 원기둥의 축을 중심으로 좌우 대칭을 이룬다. 점 A($\theta = 0°$)에서는 한 개의 흐름선이 원기둥 표면에서 두 개로 갈라져서 원기둥의 표면을 따라 위쪽과 아래쪽으로 각각 존재한다. 그리고 점 B($\theta = 180°$)에서는 원기둥의 표면을 따라서 온 두 개의 흐름선이 만나 한 개의 흐름선으로 된다. 그러나 원기둥의 $\theta = 0°$에서부터 유체가 원기둥의 표면을 따라 가속되므로[이웃하는 흐름선 사이의 거리가 감소] 식 (5.8)에 의하면 유체의 압력이 줄어들게 된다. 그러나 $\theta = 90°$를 지나서부터는 원기둥의 표면을 따라 흐르는 유체가 감속하므로[이웃하는 흐름선 사이의 거리가 증가] 압력이 증가하게 된다. 그림 5.3(b)는 이상유체 흐름의 경우 θ에 따른 원기둥 표면에서의 압력의 변화를 보인 것이다. 원기둥의 왼쪽 표면에서의 압력분포와 원기둥의 오른쪽 표면에서의 압력분포는 서로 대칭이므로, 유체의 흐름이 원기둥에 가하는 총 힘은 0이다. 즉 점성력의 효과를 무시한 이상유체 흐름은 원기둥에 힘을 가하지 않는다. 그림 5.3의 흐름에 대한 자세한 설명은 연습문제 5.5에 있다.

점 A에서는 유체의 속도가 0이고, 점 O는 A와 깊이는 같지만 멀리 떨어져 원기둥의 영향을 받지 않는 위치에 놓여있다. 이 경우에 베르누이 방정식을 이용하면

$$\frac{1}{2}\rho u_O^2 + \ p_O = p_A \tag{5.9}$$

이고 $p_A \ = p_B$ 이다. 점 A와 B에서는 두 개의 흐름선이 만나고 흐름속도가 0이다. 식 (5.9)에 따르면 이곳에서의 압력 p_A와 p_B는 점 O에서의 압력 p_O보다 $\frac{1}{2}\rho u_o^2$ 크다. 점 A와 B를 **정체점**(stagnation point)이라고 부른다. 그리고 이곳에서의 압력 p_A와 p_B는 같은 값을 가지며 **정체압력**(stagnation pressure)이라고 부른다. 점 O에서의 압력 p_O는 흐름속도가 시공간적으로 균일하므로 **정압력**(static pressure)이라 부른다. 그리고 압력차 $\frac{1}{2}\rho u_o^2$를 점 A와 점 B에서의 **동압력**(dynamic pressure)이라 부른다. 이 동압력은 유체의 흐름이 없을 때는 사라지므로 3.3절에서 소개한 과잉압력이다. 3.7절에서 나비에-스토크스 방정식을 무차원화하는 과정에서 유체의 밀도가 ρ이고 흐름속도가 U 일 때 흐름에 의한 압력을 대표하는 값 ρU^2 으로 사용한 것은 동압력이기 때문이다.

참고

정압력과 동압력

정압력은 일정한 속도로 흐르는 유체에서 마구잡이 속도의 분자들에 의한 열역학적 압력이다. 그러므로 정확히 측정하려면 압력계를 흐름속도와 같은 속도로 움직여 흐름을 방해하지 않으면서 압력을 측정해야 한다. 이에 반해 **동압력**은 관성력에 의해 흐름속도의 위치에 따른 감소로 운동에너지가 소산됨에 따라 에너지보존에 의해 분자들의 마구잡이 속도 성분이 증가한 효과로 열역학적 압력의 일부이다. 그림 5.3(a)에서 정체점에서의 압력 p_A를 측정하기 위해서는 점 A에 구멍을 내어 압력계를 원기둥의 속에 위치시켜 흐름에 방해를 주지 않으면서 측정해야 한다. 동압력은 식 (5.9)를 이용하여 구할 수 있다.

그림 5.3(a)에서 만일 원기둥이 없는 상태에서 임의의 위치에 있는 x 방향을 향하는 가상의 수직면이 느끼는 단위면적당 힘인 수직응력은 두 가지 성분을 포함하고 있다. 그 가운데 열역학적 압력 성분은 속도가 일정하므로 정압력 p_O뿐이다. 나머지 성분은 점성응력 성분 $\left(\zeta+\frac{2}{3}\mu\right)(\nabla\cdot\boldsymbol{u})+2\mu\frac{\partial u}{\partial x}$이다. 그러므로 이상유체의 경우에는 점성응력 성분은 0이다. 점성유체에만 있는 점성응력성분은 압축이나 팽창의 효과($\nabla\cdot\boldsymbol{u}\neq 0$)와 가속의 효과($\frac{\partial u}{\partial x}\neq 0$)에 의한 것임을 유의하라. 그러나 점성유체라도 여기서는 x축 방향 흐름속도의 공간변화가 없으므로 점성응력의 수직성분은 항상 0이다.

그림 5.3(a)에서는 이상유체이므로 원기둥 표면의 점 A점와 B에서 느끼는 수직응력은 정압력과 동압력만 포함하고 있지 점성응력에 의한 효과는 없다. 딱딱한 고체 경계면이 점성유체로부터 느끼는 수직응력의 크기를 설명하는 연습문제 3.1에 따르면 점성응력에 의한 효과는 압축흐름의 경우에 흐름이 발생하는 초기의 짧은 시간 동안만 존재한다. 비압축 점성유체의 경우는 수직응력의 크기가 항상 0이다. 그러므로 우리가 맞바람을 맞을 때 느끼는 힘은 정상흐름의 경우에는 수직응력 가운데 동압력에 의한 효과만 있고 점성응력에 의한 효과는 없다.

벤튜리관

베르누이 방정식의 간단한 예는 그림 5.4에서 보이는 **벤튜리관**(Venturi tube)을 통한 유체의 흐름이다. 비점성의 성질로 인해 벤튜리관 전체가 하나의 흐름관처럼 행동하고 비압축성 흐름이므로 식 (4.4)에 의해

$$\frac{q_2}{q_1} = \frac{S_1}{S_2} \tag{5.10}$$

이다. 그리고 관이 중력과 수직으로 놓여있을 때는 관의 중심축 OO'을 지나는 흐름선 위에서는 중력 위치에너지의 변화가 없으므로 베르누이 방정식은 다음과 같아진다.

$$\frac{1}{2}\rho q_1^2 + p_1 = \frac{1}{2}\rho q_2^2 + p_2 \tag{5.11}$$

위의 두 식으로부터

$$q_1 = S_2\left[\frac{2(p_1 - p_2)}{\rho\left(S_1^2 - S_2^2\right)}\right]^{1/2}, \quad q_2 = S_1\left[\frac{2(p_1 - p_2)}{\rho\left(S_1^2 - S_2^2\right)}\right]^{1/2} \tag{5.12}$$

이다. 이 식에 따르면 벤튜리관에서 압력차$(p_1 - p_2)$의 값을 알면 각 위치에서의 속력을 알 수 있고 반대로 한 위치에서의 속력을 알면 압력차$(p_1 - p_2)$와 다른 위치에서의 속력을 구할 수 있다.

벤튜리관의 원리로 이해할 수 있는 간단한 예로는, 높은 건물들이 서로 가까이 있을 때 건물 사이로 지나가는 바람이 가속되므로 압력이 감소하여 건물의 창문이나 문들이 쉽게 열리는 것을 들 수 있다. 고속도로 위에서 대형트럭과 나란하게 고속으로 달리는 소형차가 대형트럭으로 빨려 들어가는 힘을 느끼는 것도 이 때문이다.

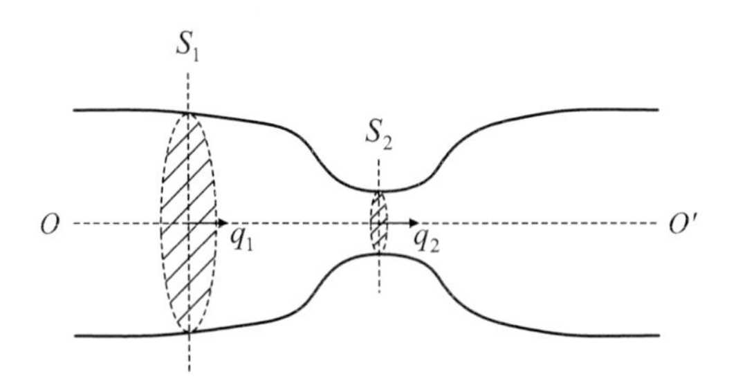

그림 5.4 벤튜리관

피토관

흐르는 유체 내의 임의의 지점에서 흐름속도를 측정하는 여러 방법 가운데 가장 간단한 경우는 그림 5.5와 같이 가늘고 휘어진 속이 비어 있는 관을 유체 속에 넣는 것이다. 이 관은 18세기 초에 처음으로 제안한 피토(Henry Pitot, 1695~1771)의 이름을 따서 **피토관**(Pitot tube)이라 불린다. 같은 깊이 h_O에 위치한 두 점 O와 Q를 생각해보자. 점 Q는 피토관의 뚫린 구멍 바로 앞에 놓여있어 유체의 속도가 0이므로 **정체점**이다. 점 O는 Q와 같은 깊이지만 충분히 떨어져 있어 피토관의 영향을 받지 않는 위치에 놓여있다. 이 경우에 베르누이 방정식을 이용하면

$$\frac{1}{2}\rho u_O^2 + p_O = p_Q \tag{5.13}$$

이고 이 식으로부터 점 O에서 속도는

$$u_O = \sqrt{\frac{2(p_Q - p_O)}{\rho}} \tag{5.14}$$

이다. 점 O에서 흐름속도가 공간적으로 균일하다면 식 (3.13)에 의해 점 O에서 정압력은 대기압에 정수압력이 더해진 $p_O = p_a + \rho g h_O$이고 점 Q에서 정체압력은 대기압에 피토관 내의 정수압력이 더해진 $p_Q = p_a + \rho g h_Q$이다. 여기서 p_a는 유체의 표면에서 대기압이다. 그러므로 흐름이 없을 때는 p_O와 p_Q가 같은 값을 가지므로

$$h_Q = h_O \tag{5.15}$$

이다. 그러나 흐름이 있을 때는 두 점 Q와 O에서 압력차는 동압력으로

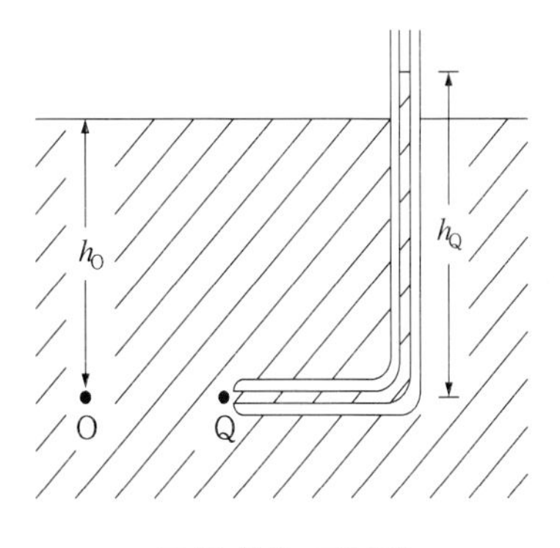

그림 5.5 피토관

$$p_Q - p_O = \frac{1}{2}\rho u_o^2 = \rho g(h_Q - h_O) \tag{5.16}$$

이므로 점 O에서 유체의 속도는

$$u_O = \sqrt{2g(h_Q - h_O)} \tag{5.17}$$

이다. 이 원리를 이용하면 높이차($h_Q - h_O$)를 측정함으로써 유체의 흐름속도를 간단하게 측정할 수 있다. 최근에 사용하는 피토관은 동압력인 압력차($p_Q - p_O$)를 측정하는 압력계를 피토관 끝에 부착하여 측정한 압력차를 식 (5.14)에 대입하여 속도 u_O를 바로 구하기도 한다. 참고로 여기서 실제 흐름에서 발생하는 점성효과와 7장에서 소개하는 모세관 효과를 무시하였다.

5.4 켈빈의 순환정리

이상유체 흐름에서는 수학적으로 식의 전개가 쉽고 이론적으로 아름답다. 대표적인 예가 **켈빈의 순환정리**(Kelvin's circulation theorem)이다. 이 정리에 따르면 체적력이 보존력일 때 이상유체의 흐름에 따라가는 폐곡선을 따라서 순환의 크기는 시간이 지나도 바뀌지 않는다. 식 (4.15)에서 정의한 유체의 **순환**

$$K \equiv \oint_C \boldsymbol{u} \cdot \mathrm{d}\boldsymbol{\ell} = \int_S \boldsymbol{\Omega} \cdot \mathrm{d}\boldsymbol{S} \tag{5.18}$$

에서 C는 유체 속에 있는 임의의 폐곡선이다. 유체의 흐름을 따라 움직이는 폐곡선 C를 생각해보자. 유체의 흐름에 따라 폐곡선이 움직이므로 폐곡선의 모양이 시간에 따라 변한다. 그러므로 순환의 시간 변화율은

$$\begin{aligned} \frac{\mathrm{D}K}{\mathrm{D}t} &= \frac{\mathrm{D}}{\mathrm{D}t}\oint_C \boldsymbol{u} \cdot \mathrm{d}\boldsymbol{\ell} \\ &= \oint_C \frac{\mathrm{D}\boldsymbol{u}}{\mathrm{D}t} \cdot \mathrm{d}\boldsymbol{\ell} + \oint_C \boldsymbol{u} \cdot \frac{\mathrm{D}}{\mathrm{D}t}(\mathrm{d}\boldsymbol{\ell}) \end{aligned} \tag{5.19}$$

이다. 여기서 폐곡선 위 임의의 미소 길이 요소 $\mathrm{d}\boldsymbol{\ell}$의 양 끝 A와 B는 순간적으로 각각 $\boldsymbol{u}$와 $\boldsymbol{u} + \mathrm{d}\boldsymbol{u}$로 움직인다고 하자[그림 5.6 참조]. 그러므로 길이 요소의 시간 변화율은 이들 두 점 사이의 순간 상대속도이다.

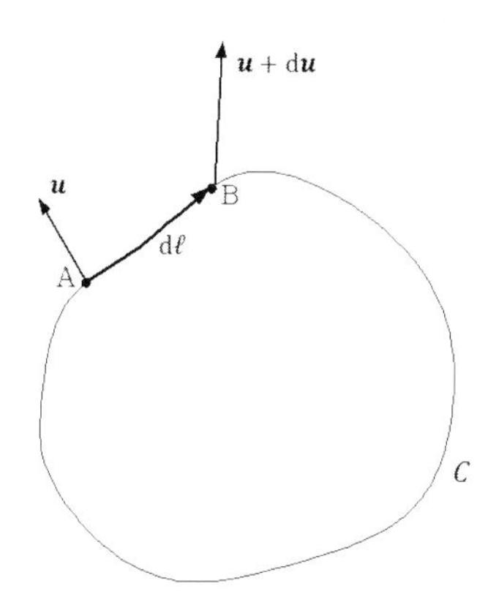

그림 5.6 폐곡선 C 위 임의의 길이 요소 $\mathrm{d}\ell$ 의 양끝 A와 B가 순간적으로 각각 $\boldsymbol{u}$ 와 $\boldsymbol{u}+\mathrm{d}\boldsymbol{u}$ 의 속도로 움직이는 경우

$$\frac{\mathrm{D}}{\mathrm{D}t}(\mathrm{d}\boldsymbol{\ell}) = \frac{\partial \boldsymbol{u}}{\partial \ell}\mathrm{d}\ell \tag{5.20}$$

그러므로 식 (5.19)의 우변에 있는 두 번째 항의 크기는 아래와 같이 0이다.

$$\begin{aligned}\oint_C \boldsymbol{u}\cdot\frac{\mathrm{D}}{\mathrm{D}t}(\mathrm{d}\boldsymbol{\ell}) &= \oint_C \boldsymbol{u}\cdot\frac{\partial \boldsymbol{u}}{\partial \ell}\mathrm{d}\ell \\ &= \oint_C \frac{\partial\left(\frac{1}{2}\boldsymbol{u}\cdot\boldsymbol{u}\right)}{\partial \ell}\mathrm{d}\ell \\ &= \oint_C \mathrm{d}\left(\frac{1}{2}u^2\right) \\ &= 0\end{aligned} \tag{5.21}$$

체적력이 중력과 같은 보존력인 경우를 생각해보자. 이 경우에 단위질량당 체적력 $\boldsymbol{f}$ 가 스칼라 함수 Π 의 공간 구배인

$$\boldsymbol{f} = -\nabla\Pi \tag{5.22}$$

로 표시되므로 식 (5.2)의 오일러 방정식을 이용하면 식 (5.19) 우변의 첫 번째 항은

$$\begin{aligned}\oint_C \frac{\mathrm{D}\boldsymbol{u}}{\mathrm{D}t}\cdot\mathrm{d}\boldsymbol{\ell} &= \oint_C\left[-\frac{1}{\rho}\nabla p - \nabla\Pi\right]\cdot\mathrm{d}\boldsymbol{\ell} \\ &= \oint_C\left[-\frac{1}{\rho}\mathrm{d}p - \mathrm{d}\Pi\right]\end{aligned} \tag{5.23}$$

$$= -\oint_C \mathrm{d}[\frac{p}{\rho} + \Pi]$$

$$= 0$$

이다. 그러므로 식 (5.21)과 식 (5.23)을 이용하면 식 (5.19)를 다음과 같이 나타낼 수 있다.

$$\frac{\mathrm{D}K}{\mathrm{D}t} = \frac{\mathrm{D}}{\mathrm{D}t}\oint_C \boldsymbol{u} \cdot \mathrm{d}\boldsymbol{\ell} = 0 \tag{5.24}$$

이 식은 **켈빈의 순환정리**로 알려져 있다. 이 정리에 따르면 체적력이 보존력이면 비점성이고 비압축성인 이상유체의 흐름을 따라 이동하는 폐곡선을 따라서 순환의 크기는 시간이 지나도 바뀌지 않는다.

그림 4.9(b)의 소용돌이 고리를 생각해보자. 전체 바탕 유체를 따라 흐름이 있어 고리가 흐름을 따라 이동하면 폐곡선도 이동하겠다. 만일 흐름에 의해 폐곡선이 차지하는 면적이 바뀌더라도 이상유체에서는 폐곡선을 통과하는 소용돌이도의 크기가 바뀔 수 있지만, 순환의 크기는 바뀌지 않는다. 즉 소용돌이도가 한순간 없다면 영원히 생기지 않는다. 이 정리는 소용돌이도 방정식과 일치한다. 이상유체 흐름에서는 점성계수가 0이므로 식 (4.29)의 **소용돌이도 방정식**은

$$\frac{\mathrm{D}\boldsymbol{\Omega}}{\mathrm{D}t} = \boldsymbol{\Omega} \cdot \nabla \boldsymbol{u} \tag{5.25}$$

이다. 그러므로 초기에 소용돌이도가 0이면 항상 소용돌이도가 0이다. 초기에 소용돌이도가 0이 아닌 이상유체에서는 식 (5.25)에 따라 소용돌이도가 소용돌이 비틀기와 소용돌이 늘이기를 통해서 시간이 지남에 따라 바뀔 수 있지만, 소용돌이관의 둘레를 따른 순환의 크기는 식 (5.24)에 의하면 시간이 지나도 변하지 않는다.

참고

켈빈의 순환정리와 소용돌이도 방정식은 언제 적용되지 않을까?

켈빈의 순환정리는 이상유체에서만 적용된다. 그러므로 점성과 압축성을 무시할 수 없는 유체에서는 식 (5.23)이 성립하지 않아 순환의 크기가 시간에 따라 변한다. 이에 반해 **소용돌이도 방정식**은 이상유체흐름과 실제 흐름에서 모두 잘 적용된다. 실제 흐름에서는 확산, 소용돌이 늘이기, 소용돌이 비틀기에 의해 순환의 크기는 시간이 흐름에 따라 바뀔 수 있다. 그리고 비보존력이 있는 흐름에서도 순환정리는 적용되지 않는다.

5.5 비회전흐름과 속도퍼텐셜

비회전 흐름(irrotational flow)에서는 유체 내의 어느 곳에서도 소용돌이도가

$$\Omega = \nabla \times \boldsymbol{u} = 0 \tag{5.26}$$

이다. 이러한 흐름에서는 속도 $\boldsymbol{u}(r, t)$를 스칼라양 $\phi(r, t)$의 공간구배로

$$\boldsymbol{u}(r,t) \equiv -\nabla \phi(r,t) \tag{5.27}$$

표시하여도 식 (5.26)은 성립한다. 이렇게 비회전 흐름에서 정의되는 스칼라양 ϕ을 **속도 퍼텐셜**(velocity potential)이라 한다. 비압축성 유체의 연속방정식($\nabla \cdot \boldsymbol{u} = 0$)으로부터 ϕ가 **라플라스 방정식**을

$$\nabla^2 \phi = 0 \tag{5.28}$$

만족함을 알 수 있다. 이렇게 속도퍼텐셜을 사용할 수 있는 흐름을 **퍼텐셜흐름**(potential flow)라고 하고 이에 대한 이론을 **퍼텐셜흐름 이론**(potential flow theory)이라 한다. 속도퍼텐셜은 점성유체의 비회전흐름에서도 사용할 수 있지만, 일반적으로 이상유체의 경우에 많이 사용한다.

비회전 흐름이며 이상유체 흐름에서는 식 (5.2)의 오일러 방정식은 식 (5.3)을 이용하면 중력의 영향 아래 있을 때

$$\frac{\partial \boldsymbol{u}}{\partial t} + \frac{1}{2}\nabla(\boldsymbol{u} \cdot \boldsymbol{u}) = -\frac{1}{\rho}\nabla p - g\hat{\mathbf{z}} \tag{5.29}$$

이다. 이 식은 속도퍼텐셜의 정의를 이용하면 다음과 같이 적을 수 있다.

$$-\frac{\partial \phi}{\partial t} + \frac{1}{2}|\nabla \phi|^2 = -\frac{p}{\rho} - gz \tag{5.30}$$

이 식은 비회전인 이상유체의 **비정상 베르누이 방정식**(unsteady Bernoulli equation)이다.

참고 **속도퍼텐셜과 전기퍼텐셜**

속도퍼텐셜과 속도와의 관계는 전기퍼텐셜과 전기장의 관계와 비슷하다. 전기퍼텐셜이 감소하는 방향으로 전기장벡터가 향하는 것처럼 속도퍼텐셜이 감소하는 방향으로 유체가 흐

른다. 단지 주의해야 할 다른 점은 속도퍼텐셜은 전기퍼텐셜처럼 실제로 존재하는 양이 아니라 문제를 쉽게 풀기 위해 만든 가상적인 양이다. 이렇게 함으로써 전기퍼텐셜처럼 경계조건을 이용하여 라플라스 방정식을 풀어 속도퍼텐셜을 구한 후에 식 (5.27)을 이용하여 속도를 구할 수 있다.

비회전이며 이상유체 흐름에서는 라플라스 방정식 (5.28)과 베르누이 방정식 (5.30)을 모두 사용할 수 있다. 그러므로 주어진 경계조건을 이용해 식 (5.28)을 풀어 속도퍼텐셜 ϕ을 구한 후에 이를 식 (5.30)에 대입하여 압력 p를 구할 수 있다. 뒷흐름이나 경계층흐름같이 소용돌이도를 무시할 수 없는 곳에서는 퍼텐셜흐름 이론이 흐름을 정확하게 설명하지는 못한다.

속도퍼텐셜과 흐름함수와의 관계

4.2절에서는 비압축성 2차원 흐름에서만 정의할 수 있는 흐름함수를 소개하였다. 비회전 비압축성 2차원 흐름에서는 식 (5.26)과 식 (4.7)을 이용하면 흐름함수도 속도퍼텐셜과 마찬가지로 라플라스 방정식($\nabla^2\varphi = 0$)을 만족한다. 그러므로 2차원 흐름에서는 흐름함수와 속도퍼텐셜과는 서로 밀접한 관계가 있다.

그림 5.7(a)에서와 같이 일정한 속도 $u = U\hat{\mathbf{x}}$ 로 한방향으로만 흐르는 **균일흐름**(uniform flow)에서 속도퍼텐셜 ϕ과 흐름함수 φ를 구해 서로 비교해보자. 먼저 식 (5.27)을 이용하여 속도퍼텐셜 ϕ을 구해보자.

$$-\frac{\partial\phi}{\partial x} = u = U, \quad -\frac{\partial\phi}{\partial y} = v = 0 \tag{5.31}$$

그러므로 속도퍼텐셜은 다음과 같다.

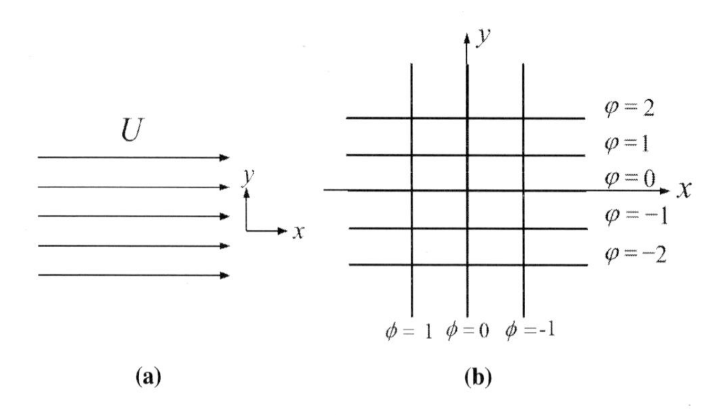

그림 5.7 균일흐름에서 속도퍼텐셜과 흐름함수

$$\phi = -U\,x + C_1 \tag{5.32}$$

비슷한 방법으로 식 (4.7)을 이용하여 흐름함수 φ를 구해보면,

$$\frac{\partial \varphi}{\partial y} = u = U, \qquad -\frac{\partial \varphi}{\partial x} = v = 0 \tag{5.33}$$

이므로 흐름함수는 다음과 같다.

$$\varphi = Uy + C_2 \tag{5.34}$$

여기에서 적분상수 C_1, C_2는 임의의 값이므로 0으로 두면 속도퍼텐셜과 흐름함수는 각각

$$\phi = -Ux, \quad \varphi = Uy \tag{5.35}$$

이다. 그림 5.7(b)는 $\boldsymbol{u} = U\hat{\mathbf{x}}$인 흐름에서 속도퍼텐셜(수직선)과 흐름함수(수평선)가 일정한 선들을 보인 것이다. 이러한 선들은 서로 직교하는 성질을 가지고 있다. 여기서 흐름함수의 크기가 일정한 선은 흐름선에 해당한다[식 (4.11) 참조]. 흐름의 방향은 속도퍼텐셜이 높은 곳에서 낮은 곳으로 향한다.

원점에서 지름방향으로 등방적으로 시간당 Q만큼의 유체를 방출하는 **지름방향 원천**(radial source)인 2차원 흐름을 생각해보자. 지름이 r인 위치에서 속도의 지름방향 성분은 $u_r = Q/2\pi r$이고 방위각 방향의 성분은 $u_\theta = 0$이다. 속도와 속도퍼텐셜의 관계는 원기둥 좌표계에서의 식 (5.27)을 이용하면

$$u_r = -\frac{\partial \phi}{\partial r} = \frac{Q}{2\pi r}, \qquad u_\theta = -\frac{1}{r}\frac{\partial \phi}{\partial \theta} = 0 \tag{5.36}$$

이다. 그러므로 속도퍼텐셜은

$$\phi = -\frac{Q}{2\pi}\ln r + C_1 \tag{5.37}$$

이다. 비압축성 유체의 연속방정식은 원기둥 좌표계에서 식 (D.7)을 이용하면

$$\nabla \cdot \boldsymbol{u} = \frac{1}{r}\frac{\partial}{\partial r}(ru_r) + \frac{1}{r}\frac{\partial u_\theta}{\partial \theta} = 0 \tag{5.38}$$

이므로 속도와 흐름함수의 관계는 4.2절에서 소개한 방법을 사용하면

$$u_r = \frac{1}{r}\frac{\partial \varphi}{\partial \theta} = \frac{Q}{2\pi r}, \qquad u_\theta = -\frac{\partial \varphi}{\partial r} = 0 \tag{5.39}$$

이다. 그러므로

$$\varphi = \frac{Q}{2\pi}\theta + C_2 \tag{5.40}$$

이다. 적분상수 C_1, C_2를 0으로 두면 속도퍼텐셜과 흐름함수는 각각

$$\phi = -\frac{Q}{2\pi}\ln r, \qquad \varphi = \frac{Q}{2\pi}\theta \tag{5.41}$$

이다. 그림 5.8(a)는 지름방향으로 등방적으로 시간당 Q만큼 방출하는 흐름에서 흐름함수(실선)와 속도퍼텐셜(점선)의 크기가 일정한 선들을 보여주고 있다. 만일 지름방향으로 등방적으로 한 점에 집중되는 **싱크**(sink)인 2차원 흐름을 생각하면 Q가 음수이고, 즉 흐름이 화살표와 반대 방향이고 흐름함수와 속도퍼텐셜은 같은 모양이다.

그림 5.8(b)는 그림 4.7에서 보인 비회전인 소용돌이 흐름에서 흐름함수(실선)와 속도퍼텐셜(점선)이 일정한 선들을 보여주고 있다. 이 경우는 그림 5.8(a)와 정반대의 모양이다.

비압축성이고 비회전흐름의 경우에 흐름함수와 속도퍼텐셜이 각각 선형미분방정식인 라플라스 방정식을 만족하기 때문에 그들의 기본 해를 임의로 합한 것도 역시 해가 된다. 위에서 소개한 균일흐름, 지름방향 원천, 그리고 싱크가 조합되었을 때 흐름함수와 속도퍼텐셜을 구하는 몇 가지 중요한 예를 연습문제 5.4에서 볼 수 있다.

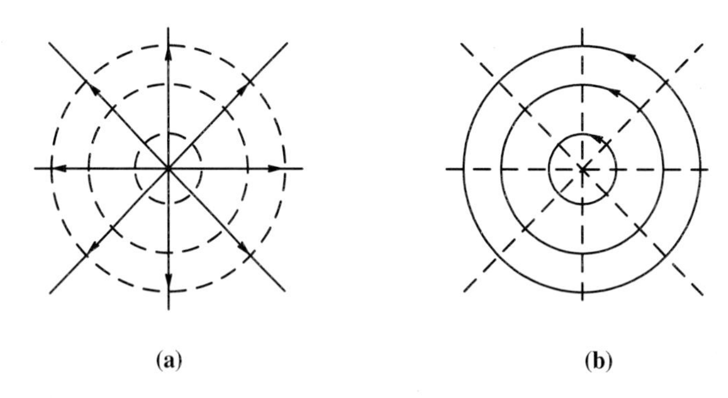

그림 5.8 지름방향 원천 흐름(a)과 비회전 소용돌이 흐름(b)에서 속도퍼텐셜과 흐름함수

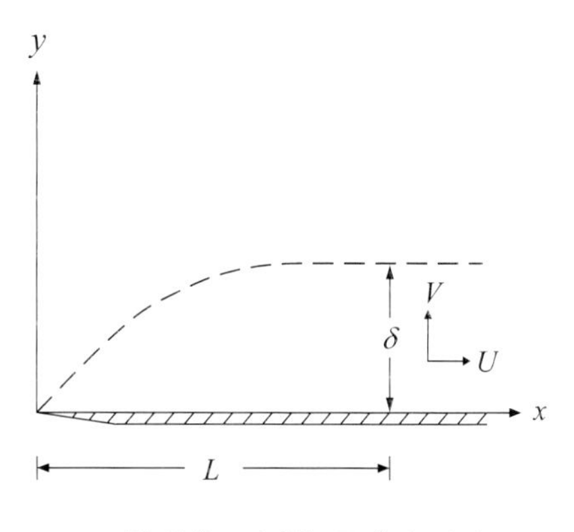

그림 5.9 경계층 두께의 정의

5.6 경계층 흐름

딱딱한 물체에 접하고 있는 유체의 경계조건인 식 (3.18)의 점착 조건에 따르면 딱딱한 표면에 접하고 있는 유체의 속도는 딱딱한 표면의 속도와 같다. 그리고 표면과 멀리 떨어진 곳에 있는 유체는 식 (3.24)에 의하면 표면의 영향을 받지 않는다. 그러므로 딱딱한 표면 근처에 있는 유체는 흐름속도의 공간 구배가 존재하여 층밀리기 응력이 0이 아니므로 5장의 서론에서 정의한 **경계층**(boundary layer) 내에서는 점성력의 역할이 매우 중요하다. 이러한 경계층 내부에서는 식 (4.31)에서 보였듯이 점성력에 의한 소용돌이도의 확산 때문에 경계층 내부에 있는 유체입자의 소용돌이도가 0이 아니다. 다르게 표현하면 경계층은 소용돌이도가 상당히 큰 지역이다. 그러므로 경계층 내에서는 층류와 난류가 모두 가능하다.

그림 5.1과 비슷한 그림 5.9를 이용한 차원 분석법을 사용하면 2차원 경계층 흐름을 쉽고 간단하게 설명할 수 있다. 입구에서 임의의 관심 있는 지점까지의 거리가 L이고, 그 지점에서의 경계층의 두께가 δ, x와 y 방향으로 특성속도가 각각 U와 V인 경우를 생각해보자. 경계층 흐름과 비점성 흐름과의 경계[**경계층의 한계**; 그림 5.9에서는 점선]에서는 비압축성 유체의 2차원 연속방정식

$$\frac{\partial u}{\partial x} + \frac{\partial v}{\partial y} = 0 \tag{5.42}$$

의 첫 번째 항과 두 번째 항을 대표하는 크기를 각각 U/L와 V/δ로 쓸 수 있다. 그러므로

$$V \sim \frac{U\delta}{L} \tag{5.43}$$

이다. 비압축성 유체의 2차원 정상흐름에서 나비에-스토크스 방정식의 x 성분은

$$u\frac{\partial u}{\partial x} + v\frac{\partial u}{\partial y} = -\frac{1}{\rho}\frac{\partial p}{\partial x} + \nu\frac{\partial^2 u}{\partial x^2} + \nu\frac{\partial^2 u}{\partial y^2} \tag{5.44}$$

이다. 임의의 지점 $x = L$에서 좌변에 있는 관성력의 첫째 항과 두 번째 항의 크기는 식 (5.43)을 이용하면 각각

$$|u\frac{\partial u}{\partial x}| \sim \frac{U^2}{L}, \quad |v\frac{\partial u}{\partial y}| \sim \frac{VU}{\delta} \sim \frac{U^2}{L} \tag{5.45}$$

이므로 각 항의 크기가 서로 비슷하다. 그러므로 $x = L$에서 관성력의 크기는

$$|\boldsymbol{u} \cdot \nabla \boldsymbol{u}| \sim \frac{U^2}{L} \tag{5.46}$$

이다. 비슷한 방법으로 점성력의 각 항은

$$|\nu\frac{\partial^2 u}{\partial x^2}| \sim \frac{\nu U}{L^2}, \quad |\nu\frac{\partial^2 u}{\partial y^2}| \sim \frac{\nu U}{\delta^2} \tag{5.47}$$

이다. 그러나 $L \gg \delta$ 이므로

$$\left|\nu\frac{\partial^2 u}{\partial x^2}\right| \ll \left|\nu\frac{\partial^2 u}{\partial y^2}\right| \tag{5.48}$$

이다. 그러므로 식 (5.44)에서 우변에 있는 두 번째 항의 크기가 세 번째 항보다 훨씬 작아 두 번째 항을 무시하면 $x = L$ 에서 점성력의 크기를

$$|\nu\nabla^2 \boldsymbol{u}| \sim \frac{\nu U}{\delta^2} \tag{5.49}$$

로 둘 수 있다.

이상유체 흐름에서는 점성력이 무시되고 관성력이 중요해지므로 경계층의 한계에서는 점성력 성분과 관성력 성분의 크기가 비슷해진다. 그러므로 식 (5.46)과 식 (5.49)를 이용하면 경계층의 두께 δ와 x 방향의 거리 L과의 비는

$$\frac{\delta}{L} \sim \left(\frac{UL}{\nu}\right)^{-1/2} \sim \mathrm{Re}_x^{-1/2} \tag{5.50}$$

이다. 여기서 Re_x는 **국부적인 레이놀즈 수**로서 위치에 따라 변한다. 식 (5.50)은 프란틀 (Ludwig Prandtl, 1875~1953)이 처음 제안한 식으로 실제 실험에서 비례상수를 제외하고는 매우 잘 맞는다. 이 식에 따르면 운동점성계수가 작아지면 질수록 Re_x의 값이 증가하므로 경계층의 두께가 작아진다. 그러므로 이상유체에서는 운동점성계수의 크기가 0이므로 경계층의 두께가 0이 되어 경계층을 무시할 수 있다. 소용돌이도 확산의 관점에서도 식 (5.50)을 구할 수 있다[식 (9.47) 참조].

경계층 내의 흐름은 입구 근처에서는 층류로 시작한다. 그러나 흐름을 따라 하류로 갈수록 식 (5.50)에서 보듯이 경계층의 두께가 증가한다. 그러다가 경계층 내의 흐름이 불안정해져 층류에서 난류로 전이된다. 이에 대한 자세한 설명은 12.5절에 있다. 경계층 흐름이 난류가 되면 경계층의 두께는 층류와는 달리

$$\frac{\delta}{L} \sim \mathrm{Re}_x^{-1/7} \tag{5.51}$$

이다. 그림 5.10은 경계층 내의 층류에서 난류로 전이되는 모습을 위에서 바라본 모습과 옆에서 바라본 모습이다. 난류 경계층과 딱딱한 경계면 사이에는 유체의 점성성질 때문에 작은 두께의 **점성저층**(viscous sublayer)이 존재한다[14.3절 참조]. 이곳에서는 점성력의 크기가 커서 층류의 성질이 유지된다.

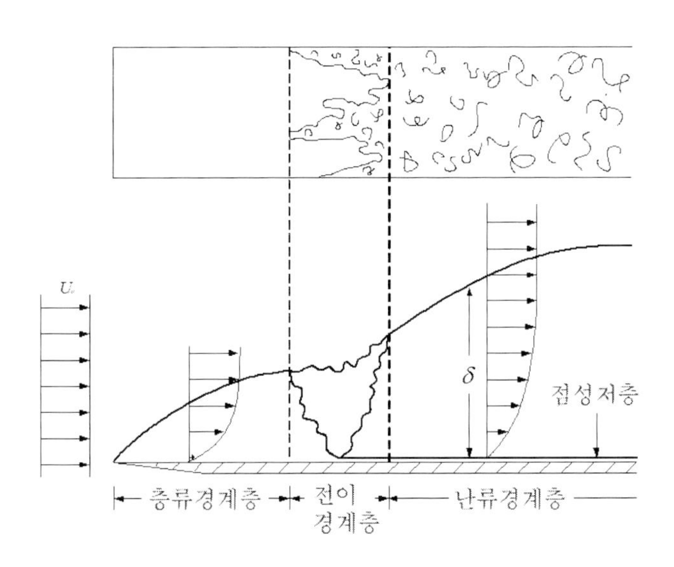

그림 5.10 경계층 내의 층류에서 난류로 전이되는 현상을 위에서 바라본 모습과 옆에서 바라본 모습

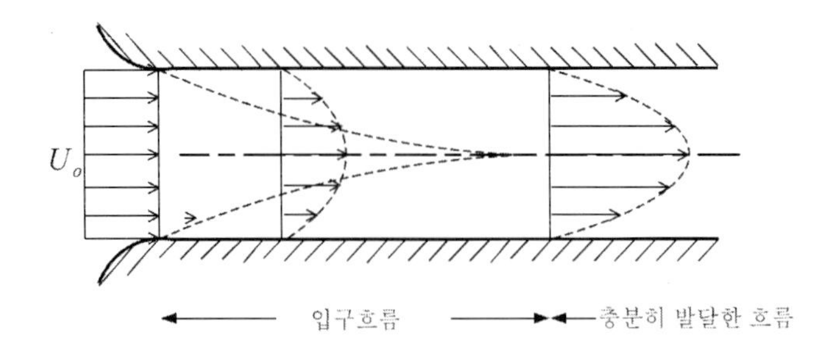

그림 5.11 충분히 발달한 흐름의 정의

그림 5.11은 파이프 흐름에서 입구 근처에서 속도분포를 보인 것이다. 입구로부터 멀어지면 양쪽 벽에서 붙어있는 경계층의 두께가 커지다가 특정한 거리에서 두 경계층이 만난다. 그리고 이 지점의 하류에서는 속도분포가 더 이상 변하지 않는다. 이렇게 파이프 단면적 전체에 점성력의 영향이 미치고 속도분포가 일정한 흐름을 **충분히 발달한 흐름**(fully developed flow)이라 하고, 그 이전 구간의 흐름을 **입구흐름**(entrance flow)이라 한다. 충분히 발달한 흐름이 되면 경계벽의 영향이 파이프 내의 중앙에까지 미친다. 충분히 발달한 흐름이 층류일 때는 **충분히 발달한 층류**(fully developed laminar flow)라 하고, 난류일 때는 **충분히 발달한 난류**(fully developed turbulent flow)라 한다.

5.7 경계층 박리

그림 5.3은 딱딱한 원기둥을 가로질러 흐르는 이상유체 흐름의 흐름선과 압력분포를 본 것이다. 여기서 압력분포와 흐름선의 모양은 원기둥의 중심을 두고 각각이 완전히 대칭을 이룬다. 즉 $\theta = 0°$에서는 한 개의 흐름선이 원기둥 표면에서 두 개로 갈라져서 원기둥의 위와 아래 표면을 따라 각각 있다. 그리고 $\theta = 180°$에서는 원기둥의 표면을 따라온 두 개의 흐름선이 만나서 하나가 된다. 그러므로 이상유체 흐름이 원기둥에 가하는 힘의 크기가 0이다[그림 5.3(b) 참조].

그러나 점성유체 흐름에서는 응력분포가 원기둥의 중심을 기준으로 대칭이 아니다. 그러므로 점성유체의 흐름은 원기둥에 힘을 가한다. 그림 5.12는 $\mathrm{Re} > 1$인 경우에 딱딱한 원기둥을 가로질러 흐르는 점성유체 흐름의 흐름선을 본 것이다. 점성유체에서는 원기둥의 상류($0° \leq \theta < 90°$)에 있는 흐름선의 모양이 이상유체의 경우와 비슷하다.

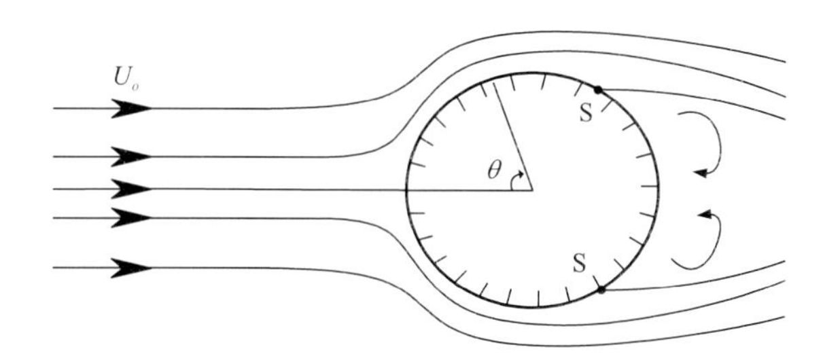

그림 5.12 Re > 1인 경우에 딱딱한 원기둥을 가로질러 흐르는 점성유체의 흐름선

그러나 원기둥의 하류($90° < \theta \leq 180°$)에서의 흐름선은 이상유체의 경우와 다르다. Re 수가 증가하면 원기둥의 표면을 따라서 위와 아래에서 대칭을 이루고 있는 두 흐름선이 합치는 대신에 $\theta = 180°$에 이르기 전에 각각이 대칭적으로 원기둥의 표면을 떠난다. 이렇게 흐름선이 물체의 경계 표면을 떠나는 현상을 **박리**(separation)라 한다.

박리는 경계층 내에서만 일어나며 유체의 점성에 의한 현상이다. 유체의 점성은 유체의 흐름을 방해하여 속도를 감소시키므로 압력을 증가시키는 역할을 한다. 그러므로 원기둥 표면 근처의 경계층 내에서 점성유체의 흐름속도가 줄어들면서 압력이 증가한다. 그러나 원기둥의 $\theta = 0°$에서부터 유체가 원기둥의 표면을 따라 가속되므로(이웃하는 흐름선 사이의 거리가 감소) 유체의 압력이 줄어들게 되어 점성에 의한 압력의 증가를 어느 정도 상쇄하게 되어 점성의 효과가 줄어든다[그림 5.18 참조]. 그러나 $\theta = 90°$를 경계로 하류 쪽으로 원기둥의 표면을 따라 흐르는 유체는 감속하게 되므로(이웃하는 흐름선 사이의 거리가 증가) 압력이 증가한다. 유체의 점성효과로 인한 압력의 증가와 기하학적인 효과로 인한 압력 증가의 복합적인 효과로 인해, 원기둥 표면을 따라 흐르던 유체는 $\theta = 180°$에 도달하기 전에 특별한 위치 θ_S에서 원기둥 표면을 떠나가게 되어 박리가 일어난다.

박리현상을 더욱 자세히 이해하기 위해 그림 5.12에서 S로 표시된 임의의 박리점 근처를 생각해보자. 그림 5.13(a)는 박리점 근처를 확대하여 흐름선을 보인 것이다. 여기서 x와 y의 방향은 그림 5.12의 방위각 방향 $\hat{\theta}$와 지름 방향 $\hat{\mathrm{r}}$에 각각 해당한다. 비압축성 유체의 2차원 정상흐름에서 나비에-스토크스 방정식의 x 성분은 식 (5.44)와 (5.48)을 이용하면

$$u\frac{\partial u}{\partial x} + v\frac{\partial u}{\partial y} = -\frac{1}{\rho}\frac{\partial p}{\partial x} + \nu\frac{\partial^2 u}{\partial y^2} \tag{5.52}$$

이다. 원기둥의 표면에서는 점착조건에 의해 $u = 0$이므로 원기둥의 표면에서는 관성력이

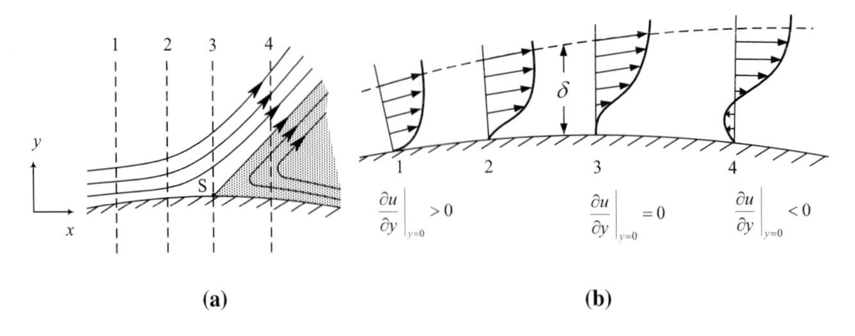

그림 5.13 박리점 근처에서의 흐름속도 분포

없고 x 방향으로 속도의 변화가 없다. 그러므로 원기둥 표면에서는 압력경도력과 점성력이 균형을 이룬다.

$$\mu\left(\frac{\partial^2 u}{\partial y^2}\right)_{\text{wall}} = \frac{\partial p}{\partial x} \tag{5.53}$$

박리점을 이해하기 위해 압력구배의 방향이 다른 두 가지 경우에 표면 근처에서 속도 분포를 고려해보자. 첫 번째 경우로 유체가 가속되고 있는 표면 근처에서는 압력이 줄어들게 되어 $\partial p/\partial x < 0$ 이다[그림 5.14(a)]. 그러므로 식 (5.53)에서

$$\left(\frac{\partial^2 u}{\partial y^2}\right)_{\text{wall}} < 0 \tag{5.54}$$

이다. 경계층 내에서는 표면에서 멀어질수록 자유 흐름속도 U_o에 가까워지므로 y가 증가함에 따라 $\partial u/\partial y$는 양수에서 0으로 감소한다[식 (3.24) 참조]. 그러므로 경계층 내부는 $\partial^2 u/\partial y^2 < 0$ 이다.

이에 반해 유체가 감속되고 있는 표면 근처에서는 압력이 증가하게 되어 $\partial p/\partial x > 0$이다[그림 5.14(b),(c)]. 그러므로 식 (5.53)에서

$$\left(\frac{\partial^2 u}{\partial y^2}\right)_{\text{wall}} > 0 \tag{5.55}$$

이다. 이때 $\partial u/\partial y$는 y가 증가함에 따라 증가하다가 감소하여 0으로 접근한다. 그러므로 $\partial p/\partial x > 0$ 인 경계층 내에서는 $\partial^2 u/\partial y^2 = 0$ 인 **변곡점**(Inflection Point: IP)이 항상 존재한다.

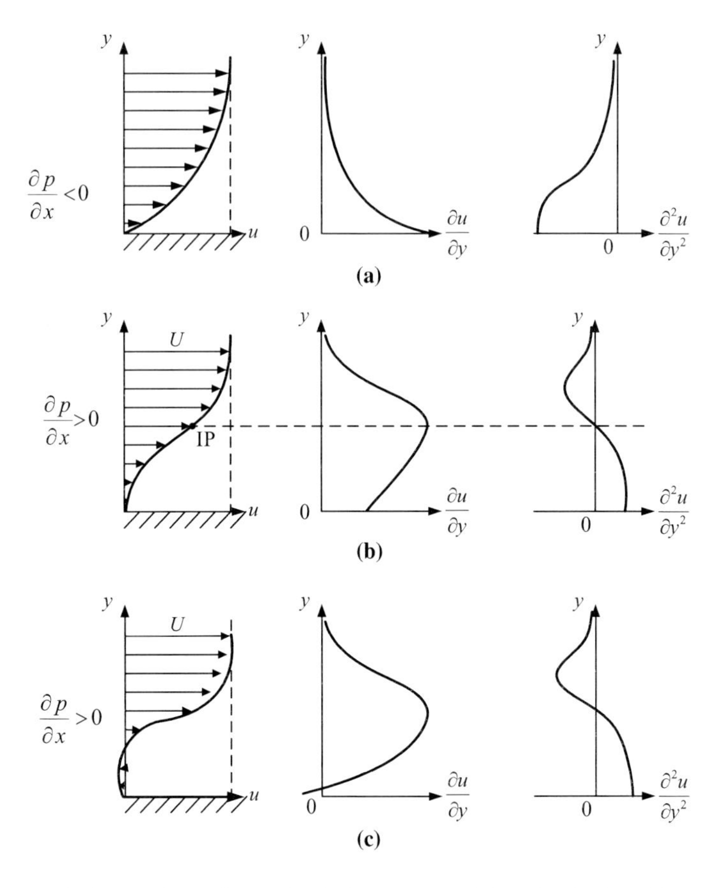

그림 5.14 압력구배의 방향에 따른 표면 근처에서의 흐름속도 분포

$\partial p/\partial x > 0$이면 역압력구배에 의해 경계층의 두께가 급격하게 증가한다. 원기둥 표면 근처에서 역압력구배가 충분하게 큰 경우에는 흐름방향이 역으로 바뀌게 된다[그림 5.14(c)]. 이렇게 서로 반대 방향의 두 흐름이 만나는 지점이 원기둥의 표면에 있을 때 이 점이 박리점이다. 박리점에서는 흐름의 방향이 바뀌므로 표면에서 응력이 사라지게 된다.

$$\left(\frac{\partial u}{\partial y}\right)_{\text{wall, S}} = 0 \tag{5.56}$$

그림 5.14에서는 (b)와 (c) 사이에 박리점이 있다. 그림 5.13(b)는 그림 5.13(a)의 박리점 근처에서 속도분포를 보인 것이다. 그림 5.13(b)에서 3에 해당하는 위치가 박리점에 해당한다. 그림 5.13(b)에서 점선은 경계층 흐름과 이상유체 흐름을 구분하는 경계인 경계층의 한계이다. 여기서 보이는 속도분포는 그림 3.11과 비교된다.

원기둥의 경우가 아니더라도 하류로 갈수록 경계층 내에서 표면 근처에서 유속이 감속될 때는, 즉 흐름의 하류로 갈수록 압력이 증가(역압력구배가 존재)하는 곳에서는 경계층이 급격하게 두꺼워지게 되고 결국에는 흐름선이 표면을 떠나는 박리현상이 항상 생긴다. 반대로 만일 흐름의 하류로 갈수록 압력이 감소하는 곳에서는 경계층의 두께가 점점 얇아지며 박리점이 생기지 않는다.

박리가 생기는 흐름에서는 박리점을 지나면서 하류에서 표면을 따라 **역류**가 항상 발생한다. 역류가 발생하는 이유는 경계층 내의 박리된 흐름선 안쪽[그림 5.13(a)에서 음영 표시 부분]에는 상류에서 온 흐름선이 있을 수가 없으므로 하류에서 역으로 온 유체의 흐름밖에 존재할 수 없다. 그리고 박리된 흐름선 주위의 흐름선은 박리된 흐름선과 나란한 방향이어야 하므로 이렇게 되기 위한 유일한 방법은 흐름이 하류에서 상류 쪽으로 역으로 흐르는 것이다[그림 5.13(a) 참조].

박리한 흐름선의 하류 영역[그림 5.13(a)에서 음영 표시 부분]을 **뒷흐름**(wake) 혹은 **후류**라고 한다. 원기둥과 같은 물체를 지나는 유체의 운동량은 감소한다. 즉 유체가 물체에 힘을 가하므로[5.8절 참조], 이로 인해 유체의 운동량이 물체의 상류보다 하류에서 더 작다. 그림 5.15는 Re 수가 큰 경우에 물체의 상류와 하류에서 관측한 유체속도의 공간분포이다. 뒷흐름 내의 운동량이 상류에서보다 작아진 것을 볼 수 있다.

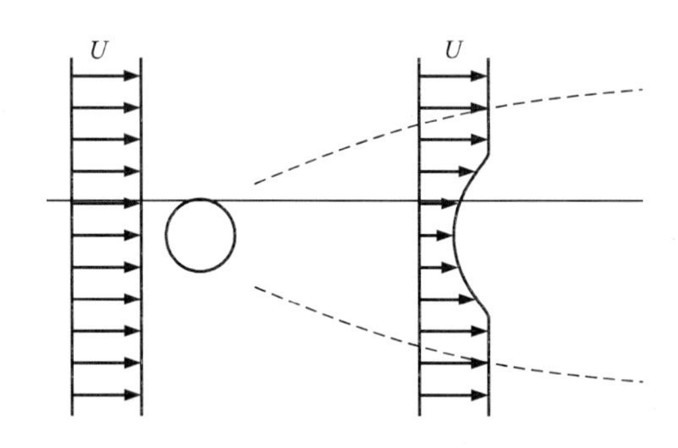

(a) 뒷흐름의 평균속도 분포

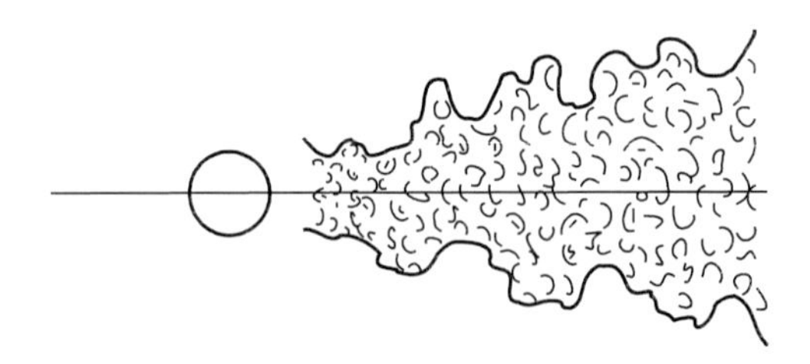

(b) 뒷흐름의 순간적인 모양

그림 5.15 원기둥에 의해 발생한 뒷흐름

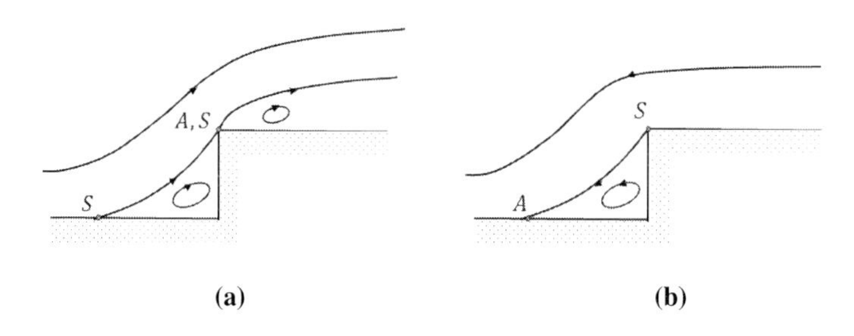

그림 5.16 Re $\gg$ 1 에서 박리와 부착

박리는 항상 경계층 흐름 내에서만 일어난다. 그리고 경계층 내의 흐름이 층류나 난류의 모든 경우에 박리가 일어날 수가 있다. 경계층 내에서 박리가 얼마나 잘 발생하는가는 경계층 흐름이 층류인가 난류인가에 따라서, 그리고 흐름의 기하학적인 구조에 따라 결정된다. Re 수가 큰 경우에는 날카로운 모서리 같은 것의 근처에서 압력변화가 크므로 모서리에서 박리가 쉽게 발생한다[그림 5.16에서 S]. 박리한 흐름선이 다시 경계면에 붙는 현상을 **부착**(attachment)이라 한다[그림 5.16에서 A]. Re $\ll$ 1 인 경우에는 식 (3.52)의 스토크스 방정식을 사용할 수 있고 흐름이 시간에 대해서 되짚기 성질을 가진다. 그러므로 이 경우에는 박리한 흐름에서 시간을 역방향으로 흐르게 하면 박리점을 향해 흐름이 되짚어 와서 박리점에 부착된다. 그림 4.11의 (a)와 (b)의 경우에 Re $\ll$ 1 이면 이에 해당한다. 그러나 Re $\gg$ 1 인 경우에는 흐름이 시간에 대해서 되짚기 성질이 없으므로 시간을 역방향으로 흐르게 하여도 박리점에서 부착이 항상 일어나는 것은 아니다. 그림 5.16의 (a)와 (b)는 Re $\gg$ 1 인 경우에, 같은 기하학적 조건에서 시간을 뒤집었을 때 발생한 흐름이다. 여기서는 흐름의 모양이 더 이상 시간에 대해서 대칭이 아니다.

그리고 층류 경계층 내에서는 Re 수를 증가하여도 박리점의 위치가 변하지 않으나 난류 경계층으로 전이하면 박리점이 하류 쪽으로 이동한다. 층류 경계층 내에서 유체입자의 운동량 확산이 난류 경계층 내에서 유체입자의 운동량 확산보다 적기 때문에 주어진 역압력 구배에 있어 난류 경계층보다 층류 경계층에서 박리가 쉽게 일어난다. 다르게 설명하면 난류 경계층의 경우에 관성력(이류)에 의한 확산의 효과가 층류 경계층의 경우보다 크므로, 물체 표면 근처의 속도가 느린 영역으로 흐름방향의 운동량이 이동하게 되어 역류가 늦게 일어나게 된다. 즉 같은 역압력 구배이지만 층류 경계층일 경우가 난류경 계층의 경우보다 역압력 구배의 효과가 크다. 그러므로 난류 경계층이 되면 역압력 구배를 층류 경계층보다 잘 견디므로 뒷흐름의 두께가 줄어들게 된다. 그러므로 경계층 흐름을 난류로 만들면 박리점의 발생을 늦출 수 있다.

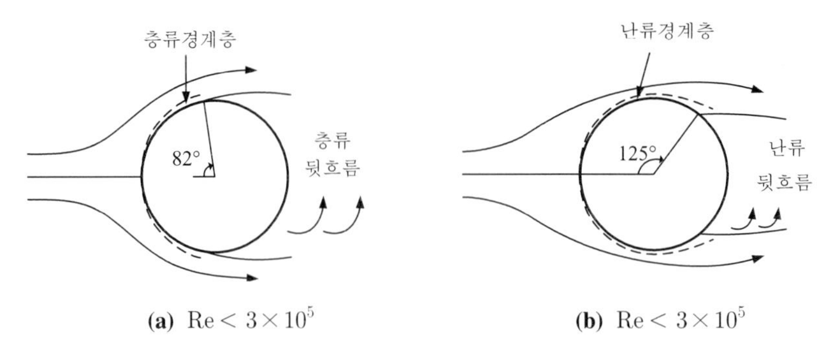

그림 5.17 Re 수에 따른 원기둥 주위의 박리점의 위치

그림 5.17은 Re 수에 따른 원기둥 주위의 박리점의 위치를 보이고 있다. 경계층 흐름이 층류인 $Re < 3\times10^5$ 에서의 박리점이 $Re \approx 3\times10^5$ 을 경계로 경계층 흐름이 난류로 바뀌면 박리점이 하류로 이동한다. 그림 5.18은 원기둥의 표면을 따라서 측정된 압력분포이다. 이 결과에 따르면 점성 흐름은 이상유체 흐름의 경우[그림 5.3 참조]와 매우 다르다. $\theta = 180°$ 인 지역에의 압력은 이상유체의 경우[점선으로 표시]보다도 상당히 낮다. 이러한 압력의 강하는 박리와 점성효과에 의해서 발생했다. 그러므로 이상유체 흐름과 달리 실제 흐름에서는 유체의 흐름이 물체에 가하는 힘이 하류 방향으로 존재한다. $\theta = 0°$ 인 정체점과 $\theta = 180°$ 인 지점의 압력차는 정체점에서의 동압력으로 규격화해서 보면 박리점이 늦게 나타나는 난류 경계층 흐름의 경우가 층류 경계층 흐름의 경우보다 작다. 즉 층류가 난류보다도 원기둥을 하류로 더 세게 민다. 여기서 주의해야 할 점은 원기둥이 단위면적당 받는 힘은 이 그림에서의 값보다 동압력인 $1/2\rho u_o^2$ 를 곱해야 한다.

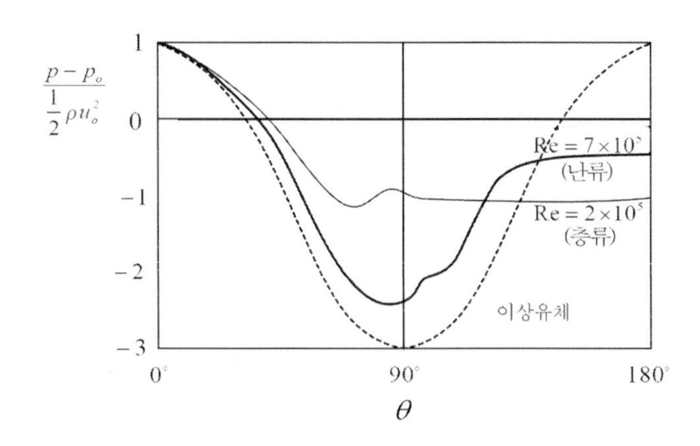

그림 5.18 여러 가지 흐름에서 원기둥의 표면을 따라서 측정된 압력분포

참고 **경계층 내외부에서의 흐름**

경계층 바깥에 있는 비점성 흐름이 비회전인 경우에는, 물체 표면에서 점착 조건 때문에 발생한 소용돌이도가 확산과정을 통해 얇은 경계층 내에서만 전파된다. 그러므로 경계층 바깥의 흐름은 마치 물체 표면 주위에 경계층이 없는 것처럼 간주하여 먼저 비회전 흐름의 해를 구할 수 있다. 경계층 내의 점성흐름은 물체 표면에서의 점착 조건과 앞에서 구한 비점성 흐름과 경계층 흐름의 경계면에서 연속조건을 이용해 구할 수 있다. 그러나 만일 경계층 내에 박리가 발생하면 하류에 뒷흐름이 발생하여 소용돌이도가 비점성 흐름의 지역까지 전파된다. 이 경우는 소용돌이도가 얇은 경계층 내부에만 있는 것이 아니므로 방금 소개한 방법으로는 흐름의 해를 구할 수 없어지며 정확한 해를 구하는 것이 매우 어려워진다.

5.8 점성항력과 형상항력

흐름 가운데 위치한 물체가 흐름을 방해하는 힘에는 두 가지가 있다. 유체의 점성에 의해 흐름을 방해하는 **점성항력**(viscous drag)과 물체의 기하학적인 구조에 의해 발생한 압력 차이로 인해 유체의 흐름을 방해하는 **형상항력**(form drag)이다. 그러므로 점성항력은 물체와 유체의 경계면 각 부분에 가해지는 층밀리기 응력을 경계면 전체에 대해서 합한 것으로 **표면마찰**(skin friction)이라고도 한다. 그리고 형상항력은 물체와 유체의 경계면 각 부분에 가해지는 수직응력을 경계면 전체에 대해 합한 것이다. 그러므로 형상항력을 **압력항력**(pressure drag)이라고도 한다. 유체의 흐름방향과 나란한 편평한 면은 점성항력만 받는다. 이에 반해서 유체의 흐름에 수직인 면이 있는 경우에는 점성항력뿐만 아니라 형상압력이 나타난다.

박리로 인하여 일어나는 뒷흐름은 두 가지 항력 가운데 주로 형상항력과 관련이 있다. 그림 5.18에서 $\theta = 0$과 $\theta = 180°$ 사이의 압력 차이는 점성항력과 형성항력의 복합적인 효과이다. 만약 물체 주위에서 일어나는 박리를 피할 수만 있다면 경계층의 두께는 얇게 유지되어 뒷흐름에서의 압력감소로 인한 항력을 줄일 수 있다.

날카로운 모서리에 의해 일어나는 박리현상을 줄이기 위해 물체의 앞부분을 둥글게 하고 뒷부분의 꼬리를 길게 하는 **유선형**(streamlined shape)으로 만드는 것도 이 때문이다. 이렇게 하여 박리점의 위치를 물체의 하류 쪽으로 이동시킬 수 있다. 유선형으로 만들어진 물체에서는 점성항력이 형상항력보다 큰 경우가 대부분이다. 예로서 2차원적인 유선형 물체가 느끼는 항력은 같은 두께의 2차원적인 원기둥에 비해 표면적의 증가에도 불구하고 항력의 크기가 1/15밖에 되지 않는다.

그림 5.17과 그림 5.18에서 보인 것처럼 경계층 내의 흐름이 층류인가 난류인가에 따라 박리점의 위치가 또한 달라진다. 그러므로 같은 크기의 Re 수 흐름에서도(같은 크기의 동압력에서도) 경계층 내의 흐름을 난류로만 만들 수 있다면 박리점이 하류로 이동하여 뒷흐름에 의한 형상항력의 효과를 줄일 수 있다. 골프공의 표면에 곰보 같이 있는 딤플, 야구공의 표면에 노출된 실밥(솔기), 그리고 테니스공의 보플은 공의 표면을 거칠게 함으로써 경계층 내의 흐름을 난류로 만들어 공의 앞과 뒷면에 작용하는 압력의 차에 의한 형상항력을 줄인 대표적인 예이다. 골프공의 경우에 표면의 딤플이 없다면 날아가는 거리가 거의 반으로 줄어들 것이다. 난류 경계층을 이용한 항력의 감소는 물체가 유체 속을 이동하면서 일어나는 에너지 소산의 크기가 같은 Re 수의 층류 경계층의 경우보다 작으므로 실용적으로 매우 중요하다.

속도 U로 흐르는 정상흐름 내에 있는 임의의 물체가 받는 항력 F_D는 보통 유체의 동압력과 물체의 단면적의 크기에 비례한다.

$$F_D = C_D A \frac{\rho U^2}{2} \tag{5.57}$$

여기서 A는 흐름방향에 수직 방향으로 물체의 단면적이고, $\rho U^2/2$ 는 속도 U로 흐르다가 물체에 의해서 멈추면서 발생한 과잉압력인 동압력의 크기이다. 그러므로 $A\rho U^2/2$ 는 동압력에 의해 물체가 받는 힘의 크기이다. C_D는 무차원으로 **항력계수**(drag coefficient)라

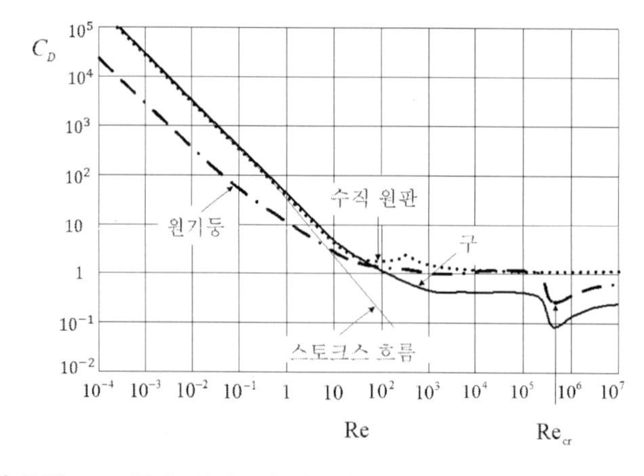

그림 5.19 구, 원판, 원기둥에 있어서 Re 수에 따른 항력계수의 크기

부르며 Re 수와 물체의 기하학적인 성질에 관계한다.

그림 5.19는 입사 흐름의 Re 수에 따른 항력계수를 구, 흐름방향에 수직인 원판과 원기둥에 대해 각각 나타낸 것이다. Re 수가 1보다 작으면 박리현상이 일어나지 않아 점성항력이 중요하게 되어 흐름이 선형적이다. 이러면 항력의 크기가 흐름속도에 비례하여 항력계수가 Re 수에 반비례한다. 이러한 흐름을 **스토크스 흐름**(Stokes flow)이라 한다. 그러나 Re 수가 점점 증가할수록 경계층에서 점점 박리현상이 나타나려 한다. $10^2 < \mathrm{Re} < 3\times10^5$ 사이에서는 항력계수가 거의 일정하다. 즉 Re 수가 큰 경우에는 점성항력의 영향은 무시되고 형상항력이 중요하게 되어 흐름이 비선형적이다. 그리고 항력의 크기가 흐름속도의 제곱에 비례한다. 그러나 경계층 흐름이 난류가 되면 형상항력의 크기가 줄어들기 때문에 항력계수가 작아진다. 원기둥의 경우는 Re 수$\sim 3\times10^5$, 그리고 구의 경우는 Re 수$\sim 5\times10^5$에서 항력계수의 크기가 서너 배나 급격히 감소한다. 입사하는 흐름이 난류로 될수록 경계층의 흐름도 더 빨리 난류가 되기 때문에 그림처럼 입사흐름의 Re 수가 원기둥에서는 3×10^5 근처에서, 구에서는 5×10^5 근처에서 항력계수가 급격히 작아지는 것은 입사흐름이 층류에서 난류로 바뀌는 원기둥과 구의 **임계 레이놀즈 수** Re_{cr}가 각각 3×10^5과 5×10^5임을 뜻한다. 이 경우에는 흐름속도가 증가하여도 항력의 크기가 감소한다. 그러나 Re 수를 Re_{cr} 이상으로 계속 증가하면 결국에는 항력계수의 크기가 다시 커진다.

일반적으로 입사흐름의 속도가 너무 빨라 유체의 압축성을 고려해야 할 때는 항력계수와 Re 수의 관계가 달라진다.

참고

흐름방향에 수직으로 있는 평면판의 항력계수

흐름방향에 수직으로 무한대 넓이의 평면판이 있어 평면판 위의 모든 점에서 흐름이 멈추는 경우를 생각해보자. 이는 점성항력은 0이고 형상항력만 있는 특별한 예이다. 이때 평면판 앞면의 모든 점은 정체점이고 평면 위의 동압력은 $\rho U^2/2$ 으로 항력계수는 $C_D = 1$이다. 그러나 실제의 경우에는 평면판의 넓이가 유한하므로 평면판의 중앙 위치에만 정체점이 있고 평면판의 나머지 면을 따라 흐르다가 평면의 끝에 이르면 평면을 지나가겠다. 이 경우에는 평면판 앞부분에서 $C_D < 1$이다. 그러나 실제로는 평면판의 뒷부분에서 음압이 발생하여 흐름의 진행을 방해하므로 얇은 원판의 경우에는 $C_D = 1.17$이다[그림 15.19의 수직 원판 참조].

스토크스 흐름

반경이 a인 구형의 물체가 일정한 속도 U의 흐름 가운데 놓여 있고 Re 수가 1보다 매우 작은(Re $\ll 1$) 흐름을 생각해보자. 점성력의 세기가 관성력보다 훨씬 크므로 관성력을 무시할 수 있게 되어 정상흐름에서는 식 (3.52)의 **기어가는 흐름방정식**(Equation of creeping motion)으로 흐름을 기술할 수 있다.

$$\nabla p = \mu \nabla^2 \boldsymbol{u} \tag{5.58}$$

이러한 관계를 만족하는 흐름을 **스토크스 흐름**(Stokes flow)이라 한다. 만일 유체의 흐름이 비압축성일 경우에는 식 (3.54)에 의하여 압력이 **라플라스 방정식**을 만족한다.

$$\nabla^2 p = 0 \tag{5.59}$$

구형 물체의 경우이므로 구 좌표계를 사용하면 흐름속도는

$$\boldsymbol{u} = u_r \hat{\mathbf{r}} + u_\theta \hat{\boldsymbol{\theta}} + u_\phi \hat{\boldsymbol{\phi}} \tag{5.60}$$

이다. 그림 5.20과 같이 $\theta = 0$ 인 방향을 흐름방향으로 두면 $\theta = 0$ 인 축을 중심으로 있는 흐름의 대칭성으로부터

$$u_\phi = 0 \tag{5.61}$$

이고, 이 흐름에 관련된 임의의 물리량의 $\hat{\phi}$ 방향의 편미분도

$$\frac{\partial}{\partial \phi} = 0 \tag{5.62}$$

이다.

이 경우 흐름의 경계조건은 식 (3.18)의 점착 조건으로부터

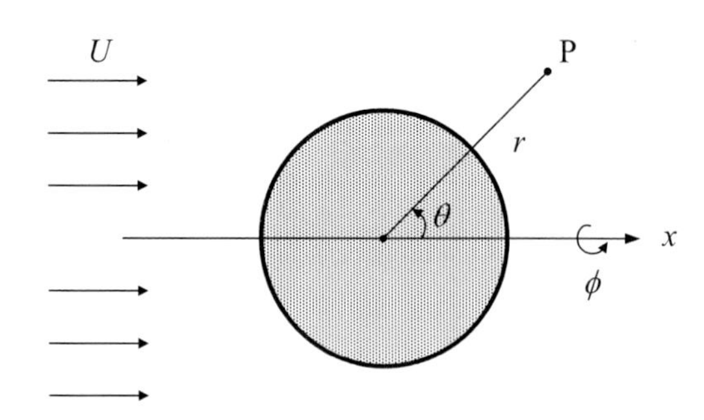

그림 5.20 일정한 속도의 흐름 가운데 놓여있는 구형 물체

$$u_r|_{r=a} = u_\theta|_{r=a} = 0 \tag{5.63}$$

이고 구형 물체로부터 먼 곳($r \gg a$)에서는 물체가 없는 경우의 속도여야 한다[식 (3.24) 참조].

$$\boldsymbol{u}|_{r \gg a} = U\hat{\mathbf{x}} \tag{5.64}$$

그러므로

$$u_r|_{r \gg a} = U\cos\theta, \quad u_\theta|_{r \gg a} = -U\sin\theta \tag{5.65}$$

이다.

식 (5.58)을 위의 경계 조건들을 이용해 구 좌표계에서 비등차 편미분 방정식의 일반적인 해결방법을 이용해 풀면 흐름속도와 압력은 각각

$$u_r = U\cos\theta\left[1 - \frac{3a}{2r} + \frac{a^3}{2r^3}\right] \tag{5.66}$$

$$u_\theta = -U\sin\theta\left[1 - \frac{3a}{4r} - \frac{a^3}{4r^3}\right] \tag{5.67}$$

$$u_\phi = 0 \tag{5.68}$$

$$p - p_o = -\frac{3}{2}\frac{\mu a U}{r^2}\cos\theta \tag{5.69}$$

이다. 여기서 p_o는 $r \gg a$인 곳에서의 압력으로 $p - p_o$ 는 물체가 없으면($a = 0$) 크기가 0로 물체 때문에 발생한 유체 내에서 압력의 변화를 설명한다. θ를 $\pi - \theta$로 고치면 $u_r \to -u_r$이 되고 $u_\theta \to u_\theta$가 되어서 흐름속도는 구를 중심으로 상류와 하류에서 대칭을 이루고 있다. 그림 5.21(a)는 위의 풀이에 해당하는 흐름선으로 구형 물체를 중심으로 흐름의 전후로 대칭이다. 이 결과는 연습문제 5.5에서 보이는 이상유체의 것과 비슷하다. 그

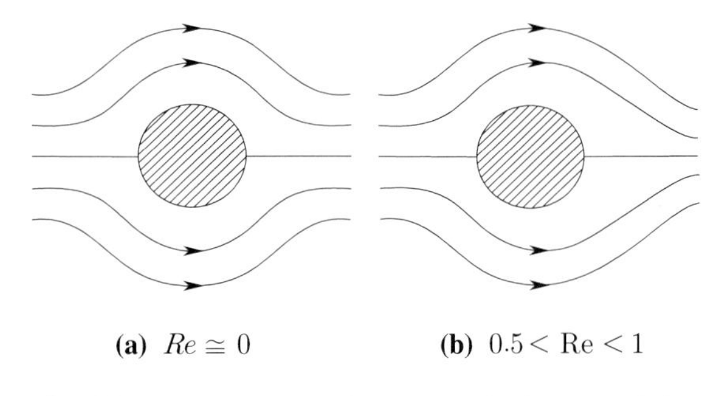

(a) $Re \cong 0$ **(b)** $0.5 < \mathrm{Re} < 1$

그림 5.21 구형 물체 주위에서 Re 수에 따른 흐름선의 분포

러나 이상유체의 경우는 수직응력의 효과만 있는데 비해 스토크스 흐름에서는 구형 물체의 표면에서 느끼는 응력은 압력에 의해서 표면에 수직으로 작용하는 수직응력과 점성에 의해 구의 표면에 θ가 증가하는 방향으로 가해지는 층밀리기 응력이 있다. 식 (5.69)와 식 (D.27)을 사용하면 구형 물체의 표면에서 수직응력과 층밀리기 응력의 크기는 각각

$$(p - p_o)_{r=a} = -\frac{3}{2}\frac{\mu U}{a}\cos\theta\,, \qquad \sigma_{rr}|_{r=a} = 0 \tag{5.70}$$

$$\sigma_{r\theta}|_{r=a} = \mu a\left[\frac{\partial}{\partial r}\left(\frac{u_\theta}{r}\right) + \frac{1}{a^2}\frac{\partial u_r}{\partial \theta}\right]_{r=a} = -\frac{3}{2}\frac{\mu U}{a}\sin\theta \tag{5.71}$$

이다. 그림 5.22는 구의 표면에서 θ에 따른 압력변화 $p-p_o$와 층밀리기 응력 $\sigma_{r\theta}$의 크기이다. 이에 따르면 압력은 상류 쪽($\theta=\pi$)이 하류 쪽($\theta=0$)보다 높고 층밀리기 응력 $\sigma_{r\theta}$는 $\theta=0$, π에서 0이고 $\theta=\pi/2$에서 최대이다. 그러므로 비록 흐름선의 모양이 대칭이지만 구의 표면에 단위면적당 가해진 힘은 $3\mu U/2a$임을 뜻한다. 또한 흐름으로부터 구형의 물체에 가해지는 총 힘 F_D는 여기에다 구형 물체의 면적 $4\pi a^2$을 곱하면 된다.

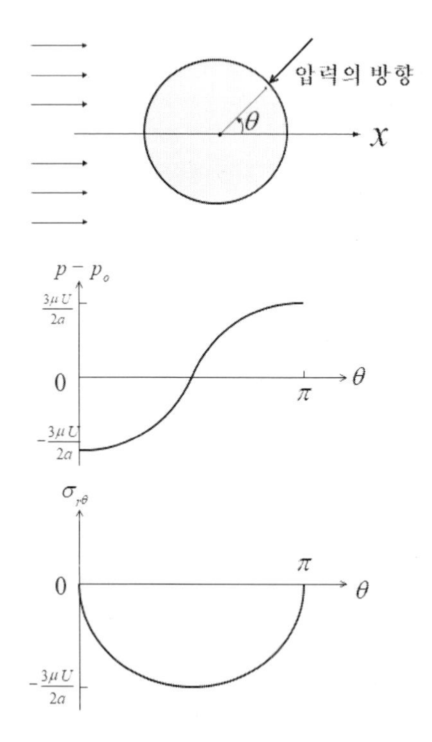

그림 5.22 일정한 속도의 흐름 가운데 있는 구의 표면에서 압력과 층밀리기 응력의 분포

$$F_D = 4\pi a^2 \cdot 3\mu U/2a = 6\pi a\mu U \tag{5.72}$$

스토크스(G. Stokes, 1819~1903)가 1851년에 이를 처음 구했다 하여 식 (5.72)를 **스토크스 법칙**(Stokes' law)이라 한다.

위의 결과가 정확하다면 식 (5.57)을 사용하면 항력계수는 $C_D = 12\mu/\rho a U = 24/\mathrm{Re}$ 이다. $\rho F_D/\mu^2 = 3\pi\mathrm{Re}$ 이므로 $\rho F_D/\mu^2$ 는 Re 에 비례하여야 한다. 그림 5.23에서 실선은 Re 수에 따른 구형 물체에 가해진 항력을 측정한 실험 결과이다. 그리고 점선은 식 (5.72)에 해당하는 이론적인 값이다. Re 수가 0.5보다 작을 때만 스토크스 법칙이 일치함을 알 수 있다. Re 수가 증가하면 관성력 $\rho(\boldsymbol{u} \cdot \nabla)\boldsymbol{u}$ 가 중요해져서 스토크스 법칙이 잘 맞지 않는다. Re 수가 0.5보다 커지면 관성력의 영향으로 인해 항력의 크기는

$$F_D = 6\pi a\mu U \left[1 + \frac{3}{8}\mathrm{Re}\right] + O(\mathrm{Re}^2) \tag{5.73}$$

로서 스토크스 법칙을 더 이상 적용할 수 없다. 그림 5.21(b)은 $0.5 < \mathrm{Re} < 1$ 인 경우에 흐름선의 분포로 흐름선이 더 이상 대칭이 아니다.

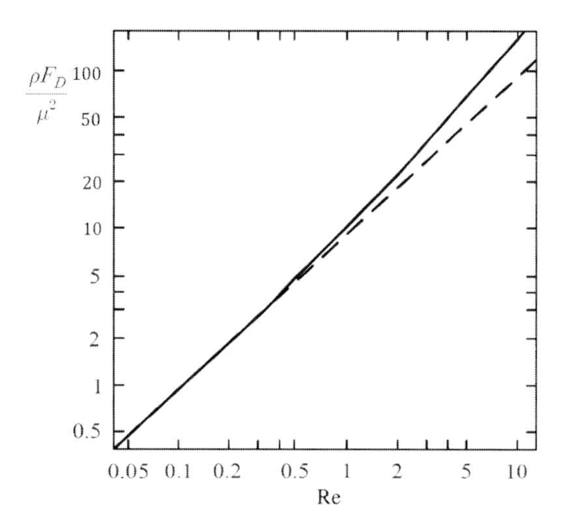

그림 5.23 구의 경우에 Re 수에 따른 항력의 크기

중력에 의해 자유낙하를 하는 구형의 입자

스토크스 법칙을 이용한 위대한 실험으로 20세기 초에 밀리컨(Robert A. Millikan, 1868~1953)은 **기름방울 실험**(oil drop experiment)을 이용하여 전하의 크기가 기본전하 e의 정수배임을 보였다. 그림 5.24(a)는 밀리컨이 사용했던 실험 장치도이다. 반경이 a이고 대전된 기름방울들이 중력의 작용으로 낙하할 때 기름방울을 이루는 기름의 밀도가 ρ_s라 하고 주위의 기체의 밀도가 ρ_f이면 각 기름방울이 느끼는 유효 중력의 크기는

$$\text{중력의 크기} = \frac{4}{3}\pi a^3(\rho_s - \rho_f)g \tag{5.74}$$

이다. 처음에는 기름방울 입자들이 중력에 의해서 가속되지만, 주위의 유체에 의한 점성 항력 역시 동시에 커진다. 그러므로 어느 정도 시간이 지나면 중력과 점성항력이 균형을 이룬다.

$$\frac{4}{3}\pi a^3(\rho_s - \rho_f)g = 6\pi a\mu u \tag{5.75}$$

이때 기름방울은 외력의 합이 0이므로 **종단속도**(terminal velocity)

$$u_T = \frac{2a^2(\rho_s - \rho_f)g}{9\mu} \tag{5.76}$$

로 낙하한다. 밀리컨은 양으로 대전된 기름방울에 중력과 반대 방향으로 적절한 전기장을 가하여 기름방울의 낙하 방향과 반대 방향으로 힘을 가했다. 이런 방법으로 종단속

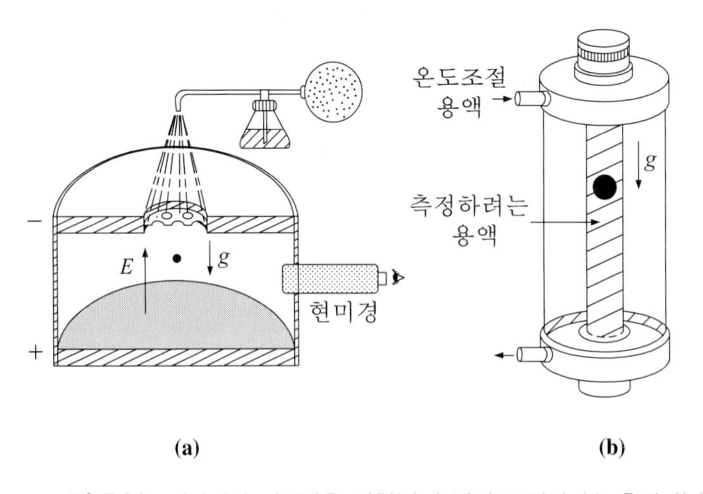

그림 5.24 밀리컨의 기름방울 실험(a)과 낙하구 점성계수 측정기(b)

도를 변경시킨 후 가해준 전기장의 값과 측정된 낙하 속도를 현미경을 통해 관측한 후 전하의 크기를 정확하게 측정한 업적으로 밀리컨은 1921년에 노벨물리학상을 받았다[연습문제 5.6 참조].

또한 위의 경우에 전기장이 없는 상태에서 알려진 크기의 낙하 입자의 종단속도를 측정하면 바탕 유체의 점성계수 μ와 운동점성계수 ν의 크기를 구할 수 있다. 그림 5.24(b)에서 보이는 **낙하구 점성계수 측정기**(falling sphere viscometer)는 이러한 예이다. 측정기 내의 관 속에 관심 있는 유체를 채운 후에 구형의 물체가 낙하하는 데 걸리는 시간을 측정한 후에 식 (5.76)을 이용해 유체의 점성계수를 구할 수 있다. 여기서 유체의 점성계수는 온도에 의존하므로 정확한 측정을 위해 온도를 일정하게 유지하도록 하였다.

카르만 소용돌이 열

원기둥을 가로질러 유체의 흐름이 있을 때 Re 수가 1보다 작으면 스토크스 흐름이 되어 그림 5.21(a)처럼 흐름선의 모양이 거의 대칭적이다. 그러나 $1 < \text{Re} < 40$ 정도에서는 박리로 인해 발생한 2개의 소용돌이가 그림 5.25(a)처럼 원기둥의 하류 쪽에 대칭을 이루며 안정하게 붙어있다. 소용돌이들은 정상적으로 회전만 하고 원기둥을 떠나지 않는다. 이러한 경우에 뒷흐름은 층류이다.

Re 수가 계속 증가하면 뒷흐름의 소용돌이들이 하류 방향으로 길어지다가 Re 수가 40이 넘으면 뒷흐름이 불안정해져 두 소용돌이가 교대로 주기적인 작은 요동을 하기 시작한다[12.5절의 켈빈-헬름홀츠 불안정 참조].

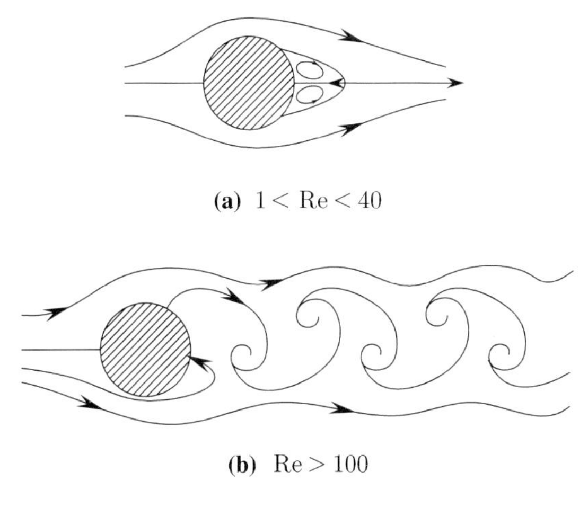

(a) $1 < \text{Re} < 40$

(b) $\text{Re} > 100$

그림 5.25 카르만 소용돌이 열

Re 수가 100을 넘으면 원기둥의 하류 쪽의 윗면에 있는 소용돌이와 아랫면에 있는 소용돌이가 교대로 원기둥으로부터 떨어져 나온다. 즉, 원기둥에 붙어있던 한 개의 소용돌이가 떨어질 때 다른 소용돌이는 떨어질 준비를 한다. 그런 후에 서로 계속해서 교대한다. 소용돌이도의 방향이 반대이고 크기가 같은 소용돌이가 주기적이면서 교대로 발생한다. 그림 5.25(b)는 한순간에 흐름선들의 이미지이다. 카르만(Von Karman, 1881~1963)은 이런 요동을 하는 소용돌이가 마치 길바닥(street)에 교대로 찍히는 발자국처럼 보인다 하여 **카르만 소용돌이열**(Karman vortex street)이라 불렀다. 그림 5.15에서 설명했듯이 흐름이 원기둥을 통과하면서 뒷흐름 때문에 흐름의 운동량이 감소하므로 소용돌이열은 상류의 흐름 속도보다 천천히 흘러간다. 그러므로 만일에 원기둥을 강제로 움직이면 소용돌이 문양이 원기둥을 따라 천천히 움직인다.

Re 수가 200까지는 뒷흐름이 층류이나, 계속 증가시키면 카르만 소용돌이열이 불안정해져 뒷흐름이 복잡해지다 결국에는 난류가 된다. 여기서 난류는 원기둥 뒤의 흐름방향으로만 한정되어 있다.

원기둥의 경우에는 반대 방향의 소용돌이가 연이어 떨어지는 것에 의해 다음 절에서 소개할 반대 방향의 순환이 원기둥 주위에 교대로 발생하여 반대 방향의 떠오름 힘이 교대로 발생한다. 이로 인해 흐름방향과 원기둥의 길이 방향에 수직 방향으로 원기둥을 진동시킨다. 그러므로 이 때 원기둥의 진동수는 카르만 소용돌이열의 발생률의 절반이다. 이에 대한 대표적인 예로, 겨울에 찬 바람이 불 때 전선이나 나뭇가지가 소리를 내는 것이 있다. 소용돌이는 전선의 상하에 서로 교대해서 생기므로 소용돌이가 두 번 발생할 때마다 한 번씩 진동하여 이에 해당하는 진동수의 소리를 발생한다. 지름이 20 cm인 나무에 20 m/s 의 바람이 불 때 카르만 소용돌이열의 발생 진동수는 20 Hz이며, 이에 해당하는 나무의 진동수는 10 Hz이다. 높은 건축물은 강한 바람에 의해 발생한 카르만 소용돌이열에 의해 건물이 좌우로 크게 진동을 한다. 만일 높이에 따라 건축물의 수평 방향의 너비를 다르게 하면 높이에 따라 진동수가 달라지므로 건물 전체가 좌우로 진동하는 현상을 줄일 수가 있다. 1940년에 미국의 터코마 해협에 있는 현수교가 갑자기 추락하는 사고가 있었다. 이것은 바람에 의해 현수교에 발생한 소용돌이 열에 의한 현수교의 진동수와 현수교 자체의 비틀림 고유진동수가 일치하여 발생한 공진으로 인해 현수교가 크게 흔들리다 추락한 유명한 사건이다.

구형의 물체는 뒷흐름에 소용돌이 흐름이 발생하고 Re 수가 증가함에 따라 구형 물체에 붙어있던 소용돌이들이 하류 방향으로 길어지다가 떨어지는 등 여러 가지로 원기둥과 비슷한 결과를 갖지만, 원기둥처럼 교대로 소용돌이가 떨어지는 카르만 소용돌이열은 발생하지 않는다.

5.9 떠오름 힘(양력)

지름방향으로 기하학적 대칭성을 가지고 있는 원기둥이나 구와 같은 물체에는 이상유체의 정상흐름이 물체에 힘을 가하지 않는다[그림 5.3 참조]. 그러나 물체가 기하학적인 비대칭 구조로 되어 있는 경우에는 유체의 흐름에 수직 방향으로 유체가 물체에 힘을 가할 수 있다. 이러한 힘을 **떠오름 힘**(lift force) 혹은 **양력**이라 한다. 이 힘은 흐름방향과 반대 방향으로 존재하는 **항력**(drag force)과 비교된다.

떠오름 힘을 설명하는 대표적인 경우가 고정익(fixed-wing) 비행기가 나는 원리이다. 그림 5.26은 비행기의 날개의 단면적이다. 일정한 속도로 날고 있는 비행기의 날개를 중심으로 한 좌표계에서 공기의 흐름을 쳐다보았을 때 흐름선의 분포이다. 비행기 날개의 공통적인 모양은 앞부분은 둥글게 생겼고 꼬리 쪽으로는 점점 좁아지는 유선형이다. 또한 그림 5.26에서 볼수 있듯이 비행기 날개의 윗부분과 아랫부분의 모양이 서로 비대칭이다. 잘 만들어진 비행기의 날개는 점성에 의한 항력보다도 떠오름 힘이 훨씬 크다.

날개의 위쪽에 있는 유체는 비행기 날개가 위로 볼록하게 만들어져 있으므로 평균적으로 가속된다[흐름선 사이의 거리가 좁아진다]. 반대로 날개의 아래쪽에 있는 유체는 비행기 날개가 아래쪽으로는 덜 볼록하게 만들어져 있으므로 평균적으로 감속된다[흐름선 사이의 거리가 넓어진다]. 이런 비대칭 모양의 흐름에 의해 비행기의 날개는 위쪽으로의 힘, 즉 떠오름 힘을 받는다.

자유흐름의 방향이 x 방향이고 비행기의 날개가 매우 얇고 x축에 거의 평행할 때 떠오름 힘을 구해보자. 만일 날개의 윗면과 아랫면에서 흐름속도가 각각 u_T와 u_B이면 y 방향으로 단위면적당 떠오름 힘은 점성력을 무시할 때에 식 (5.8)의 베르누이 방정식에 의해

$$\begin{aligned} p_B - p_T &= \frac{1}{2}\rho\left(u_T^2 - u_B^2\right) \qquad (5.77) \\ &= \frac{1}{2}\rho(u_T + u_B)(u_T - u_B) \\ &\cong \rho u_o(u_T - u_B) \end{aligned}$$

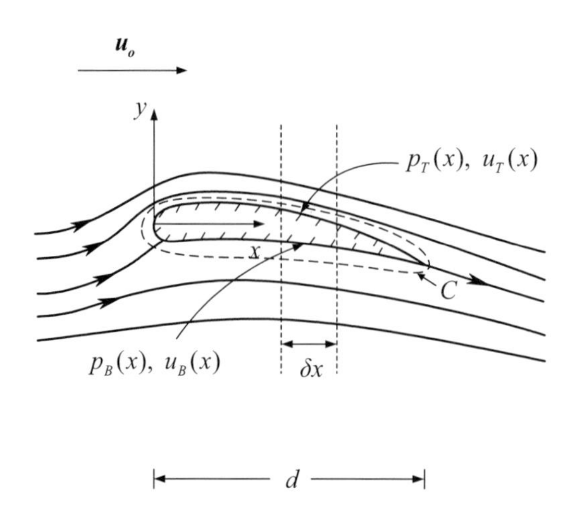

그림 5.26 비행기 날개에서의 떠오름 힘

이다. 여기서 첫 번째 관계는 날개의 바로 밑에 있는 흐름선과 바로 위에 있는 흐름선이 같은 흐름선에서 갈라진 것이고, 중력에 의한 효과를 무시할 만큼 날개의 두께가 작다는 가정의 결과다. 세 번째 관계는 날개 아래의 유속과 날개 위의 유속 평균은 자유흐름의 속도 u_o라는 가정의 결과다.

그러므로 길이 d인 2차원 날개에 흐름이 가하는 단위 두께당 떠오름 힘은

$$F_L = \int_0^d (p_B - p_T)\mathrm{d}x = \rho u_o \int_0^d (u_T - u_B)\mathrm{d}x \tag{5.78}$$

이다. 식 (5.18)에서 정의된 순환은 2차원 날개를 둘러싼 폐곡선 C에서는

$$\begin{aligned} K &= \oint_C \boldsymbol{u} \cdot \mathrm{d}\boldsymbol{\ell} \\ &= \int_0^d u_T \mathrm{d}x + \int_d^0 u_B \mathrm{d}x \\ &= \int_0^d (u_T - u_B)\mathrm{d}x \end{aligned} \tag{5.79}$$

이다. 여기서 날개 주위 폐곡선의 적분 방향은 시계방향이다[그림 5.28 참조]. 그러므로 단위 두께당 흐름방향에 수직 방향의 떠오름 힘과 순환과의 관계는

$$F_L = \rho u_o K \tag{5.80}$$

이다. 이 식은 쿠타(M. W. Kutta, 1867~1944)와 주콩스키(N. Y. Zhukovsky, 1847~1921)가 독

립적으로 유도했으며, **쿠타-주콩스키의 떠오름 힘 방정식**(Kutta-Zhuhovsky's lift equation)으로 알려져 있다. 이 식에 따르면 주위 유체에 대한 상대속도가 u_o이고 순환의 값이 K인 2차원 물체가 u_o에 수직 방향으로 받는 떠오름 힘의 크기는 상대속도와 순환의 곱에 비례한다. 그러므로 어떠한 종류의 2차원 물체라도 주위의 순환이 0이면, 즉 비회전 흐름이면 떠오름 힘이 없다. 연습문제 5.13은 흐름방향에 수직으로 위치한 원기둥 주위에 순환이 있는 경우에 식 (5.80)이 잘 들어맞는 것을 보여준다.

지금까지는 유체의 점성에 관하여 이야기하지 않고 떠오름 힘을 구했지만, 순환의 값이 0이 아니려면 4.4절에서 설명한 바와 같이 어떤 형태로든 점성이 존재하여야 한다. 순환은 경계에서 점성의 영향에 의해 생길 수밖에 없다. 그림 5.27은 수평에 대해 약간 기울어져 있는 비행기 날개 근처에서 본 이상유체(a)와 실제유체(b)에서의 흐름선의 문양이다. 이상유체의 경우는 날개가 기울어져 있고 날개의 윗부분의 길이가 아랫부분의 길이보다 더 긴 기하학적 모양 때문에 날개 끝에 못 미쳐서 날개 윗부분에 정체점이 생기게 된다. 그리고 이상유체에서는 식 (5.24)의 켈빈의 순환정리에 따르면 순환이 없다가 저절로 생길 수는 없다. 그러나 쿠타는 1902년에 비행기 날개처럼 꼬리 부분이 작은 크기의 예각을 가지고 있는 경우에는 실제유체의 점성 성질 때문에 순환이 생김을 관측했다. 그뿐만 아니라 날개의 머리 부분과 꼬리 부분의 연결선이 흐름방향과 수평을 이루어도, 윗부분이 아랫부분보다 길다는 기하학적인 이유로 꼬리를 지난 흐름의 방향이 아래쪽을 향하게 되

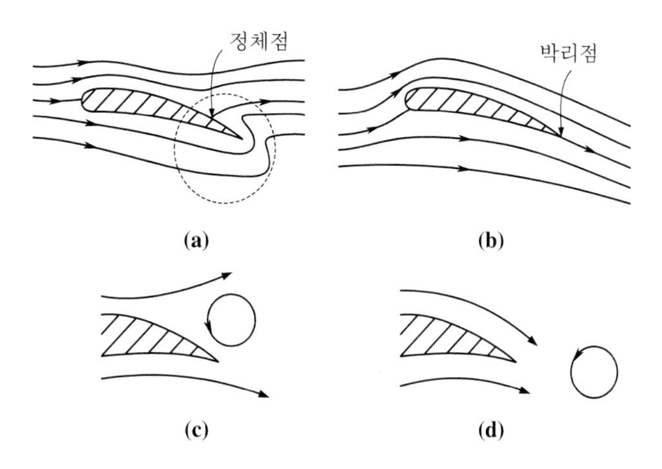

그림 5.27 수평에 대해 약간 기울어져 있는 비행기 날개 근처에서 본 이상유체(a)와 실제유체(b)에서의 정상흐름에서 흐름선의 문양. (c)와 (d)는 실제유체에서 비행기가 날기 시작한 직후에 날개의 꼬리 근처에 소용돌이가 발생하여 하류로 이동하는 모습.

어 떠오름 힘이 발생할 수 있다.

이러한 역설을 이해하기 위해 정지 유체 속에 있는 비행기가 정지 상태에서 갑자기 날기 시작했다고 하자. 그러므로 날기 시작한 순간에는 비회전 흐름($K=0$)이고 속도가 0이므로 날개의 표면 근처에는 경계층 흐름이 없다. 그러나 곧 날개의 밑 부분을 따라서 흐르는 유체는 날개 꼬리 부분을 매우 빠른 속도로 돌아서 정체점 근처로 가면서 속도가 급격히 감소하여 날개의 꼬리에서 정체점 방향으로 압력이 증가한다. 이때 날개의 표면에는 유체의 점성 성질 때문에 경계층 흐름이 있다. 점성효과로 인해 늦어진 흐름은 꼬리에서 정체점 방향으로 있는 역압력을 극복하고 흐를 만큼 충분한 운동에너지를 갖지 못해서 날개의 꼬리 끝에 박리가 생긴다. 이와 동시에 날개 윗부분의 흐름속도 u_T가 하단의 흐름속도 u_B보다 큰 흐름이 정상적으로 있게 된다. 이때 발생한 소용돌이는 날개의 꼬리 뒤로 흐름방향을 따라서 이동한다. 그림 5.27의 (c)와 (d)는 꼬리 부근[(a)에서 점선으로 이루어진 원의 내부에 해당]에서 소용돌이가 하류로 옮아가는 과정이다.

이렇게 생성된 소용돌이 흐름에는 반시계 방향의 순환이 있다. 켈빈의 순환정리에 따르면 이상유체 흐름에서 흐름을 따라가는 폐곡선의 순환은 시간에 따라 변하지 않는다. 비록 점성효과에 의해 폐곡선 안쪽의 비행기 날개 표면에서 소용돌이 흐름이 발생했지만, 소용돌이 흐름이 유체의 흐름에 따라 하류로 옮아감에 따라 동시에 비행기 날개의 둘레에 시계방향으로 순환이 발생한다[그림 5.28 참조]. 이렇게 되어야만 총순환의 크기는 폐곡선 C를 따라 항상 0이다. 하류로 이동한 순환과 방향은 반대이고 크기가 같은 순환을 가진 소용돌이가 날개의 주위에 발생하게 되어 날개에 떠오름 힘을 가한다. 그러므로 실제유체의 점성은 점성항력의 원인뿐만 아니라 비행체에 필요한 떠오름 힘과 비행기 날개 뒤에 발생하는 소용돌이 흐름의 원인을 제공한다.

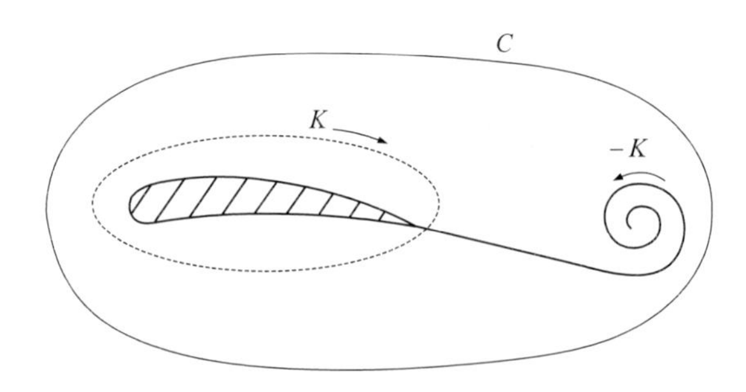

그림 5.28 비행기 날개의 둘레에서 순환의 생성

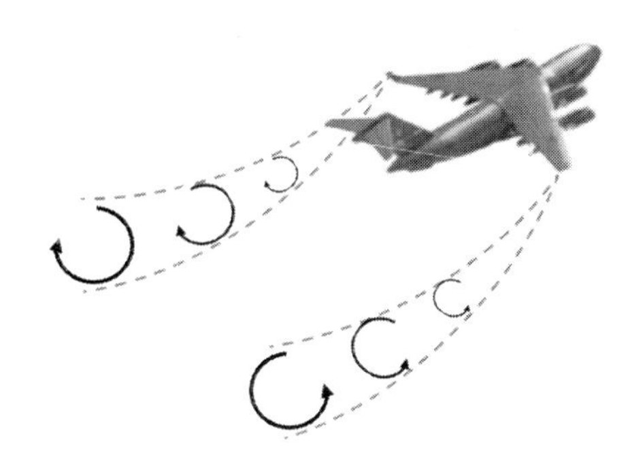

그림 5.29 이륙하기 위해 속도를 올리고 있는 비행기가 만든 소용돌이 흐름

위의 설명에 따르면 비행기의 속도가 바뀔 때마다, 그리고 비행기의 각도가 바뀔 때마다 날개 꼬리에서 소용돌이가 새롭게 발생하여 하류로 이동하면서 날개 주위에 새로운 크기의 순환이 발생한다. 그러므로 비행기가 이륙할 때나 착륙할 때도 이와 비슷한 소용돌이 흐름이 생긴다[그림 5.29 참조]. 이 소용돌이는 비행기가 착륙한 이후에도 얼마 동안 남게 된다. 그러므로 뒤이어 착륙하는 비행기가 앞 비행기의 소용돌이 흐름의 중심을 뚫고 지나갈 때는 한쪽으로는 위로 뜨는 힘을, 다른 한쪽으로는 아래로 가라앉는 힘을 받게 되어 비행기가 전복될 수 있다. 그래서 모든 비행장에서는 소용돌이 흐름에 의한 불의의 사고를 대비하기 위해 비행기들의 이착륙에 시차를 두고 있다. 일단 비행기에 있어서 떠오름 힘이 완전히 발달하면 한 방향의 순환만 존재한다. 그리고 비행 도중에 떠오름 힘의 크기가 변화한다면 그때마다 해당하는 소용돌이 흐름이 후미에 발생한다. 비행기 날개의 모양이 대칭일 때는 비행기가 바람 방향으로 기울어져 있지 않으면 떠오름 힘이 발생할 수 없다.

참고

비행기 날개 주위의 떠오름 힘에 대한 오개념

떠오름 힘과 관련된 일반적으로 많이 알려진 동시 통과 이론(Equal transit time theory)은 날개의 앞 모서리에서 갈라진 유체는 날개 바로 위의 흐름선과 바로 아래의 흐름선을 따라서 흐른 후에 날개의 끝 모서리에 동시에 도착한다는 것이다. 그리고 날개의 상단이 하단보다 길어서 상단에서 흐름속도가 빨라지게 되어($u_T > u_B$) 떠오름 힘이 발생한다는 것이다. 이것은 물리적으로 근거가 없는 가정이다. 실제로는 날개 상단을 따라서 흐르는 유체가 하단을 따라 흐르는 유체보다 날개의 끝 모서리에 먼저 도착한다.

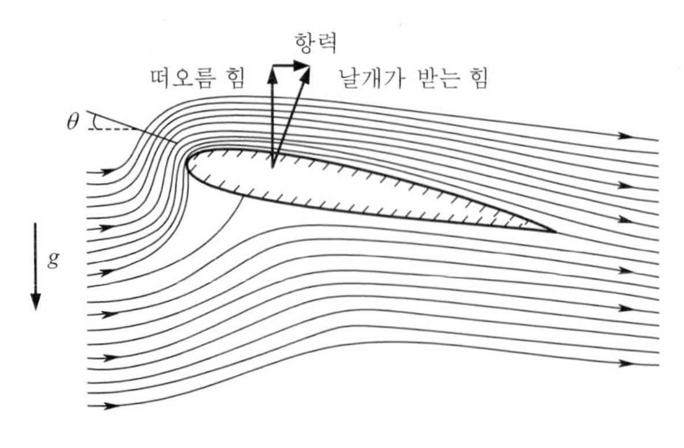

그림 5.30 비행기 날개 주위에서의 여러 가지 힘

그림 5.30과 같이 비행기 날개가 공기의 흐름방향과 각($\theta > 0$)을 이루고 있는 경우에는 비행기 날개에 수평으로 접근하던 흐름선은 비행기 날개를 지난 후에 아래쪽으로 향하게 된다. 실제로 비행기가 받는 떠오름 힘은 여러 가지 복합적 요인에 의해 수평 방향으로 다가오던 유체흐름이 비행기 날개를 지난 후 아래쪽으로 방향을 바꾸게 되어 유체의 운동량 변화를 상쇄하는 방향으로[운동량 보존을 위해] 비행기 날개가 위쪽으로 운동량을 가지는 것이다. 이 요인들에는 식 (5.80)에서 소개한 순환에 의한 것뿐만 아니라, $\theta > 0$ 인 경우에 다가오던 유체가 날개의 바닥 면을 치면서 발생하는 동압력의 효과도 포함한다. 그러므로 유체의 운동량 변화를 상쇄하는 방향으로 비행기 날개가 위쪽으로 운동량을 가지는 것이 떠오름 힘이라고 말할 수 있다[연습문제 5.15 참조]. 그러나 동시에 흐름 방향으로 항력이 발생한다. 그러므로 떠오름 힘과 항력에 의해 비행기의 날개가 받는 힘은 수직 방향에 대해 기울어져 있다. 항력으로 인해 비행기의 운동에너지가 주위 유체에 끊임없이 빼앗기므로 비행기를 계속하여 연료를 소모하여 추진하지 않으면 속도가 점점 떨어지게 된다. 그러므로 계속하여 추진하지 않으면 식 (5.80)에 의해 떠오름 힘은 감소하므로 결국 추락하게 된다. 그리고 θ 의 크기가 증가하면 떠오름 힘과 항력의 크기도 비례해서 증가하나, θ 의 크기가 어느 정도 이상이 되면 날개의 머리 부분에서 박리가 발생하여 떠오름 힘이 급격하게 감소하여 비행기가 추락하게 된다. 이를 **실속**(stall)이라고 한다.

여기서는 비행기 날개와 같은 고정익(fixed wing) 주위에서 발생하는 떠오름 힘을 기술했지만 다른 이유로도 떠오름 힘이 발생할 수 있다. 예를 들면 연, 헬리콥터의 회전익(rotary wing), 경주용 차의 날개, 풍력 발전용 터빈, 새나 곤충의 비행 등이 있다.

참고

원기둥의 진동과 떠오름 힘

5.8절에서 카르만 소용돌이 열에 의해서 원기둥이 힘을 받아 진동하는 이유는 소용돌이에 의하여 떠오름 힘이 발생하였기 때문이라고 설명하였다. 소용돌이가 떨어져 나올 때 원기둥을 둘러싼 폐곡선의 순환을 보존하기 위하여 원기둥 둘레에 순환이 생겼고, 이로 인해 원기둥에 떠오름 힘이 발생한 것이다. 그리고 다음번 소용돌이의 경우에는 방향이 반대이므로 반대 방향의 떠오름 힘이 발생하게 되어 원기둥이 상하로 진동을 일으키게 된다.

5.10 유체 속에서 회전하면서 진행하는 물체

지금까지는 흐르는 유체 가운데에 물체가 멈추어 있거나 직진 운동을 하는 경우만 다루어 왔다. 앞 절에서 설명했듯이 날카로운 꼬리를 가진 비행기 날개는 떠오름 힘이 발생하지만, 물체가 지름방향으로 대칭성을 가진 원기둥이나 구의 경우에는 떠오름 힘이 발생할 수 없다. 그러면 물체가 회전하고 있으면 어떻게 될까? 1667년에 뉴턴은 테니스공이 라켓에 비스듬하게 맞으면 공이 회전하며 이로 인해 공의 궤도가 휘어지는 현상을 보고하였다. 이러한 현상은 테니스뿐만 아니라 야구나 골프 등에서도 쉽게 관찰할 수 있다. 이는 회전하는 물체에서 떠오름 힘이 발생하기 때문이다. 이에 관한 자세한 연구를 한 독일의 물리학자인 마그누스(Heinrich Magnus, 1802~1870)의 이름을 따서 이 현상은 **마그누스 효과**(Magnus effect)로 불린다. 회전하는 물체는 완전히 다른 두 가지의 물리적인 원인에 의해 떠오름 힘을 받는다. 첫 번째는 순환에 의한 떠오름 효과이고 두 번째는 경계층 내에서 흐름의 종류에 따른 박리점의 이동으로 발생한 떠오름 효과이다.

회전하는 원기둥

그림 5.31과 같이 바탕 유체의 흐름방향에 수직인 축을 중심으로 시계방향으로 회전하는 원기둥을 생각해보자. 원기둥 표면 근처의 유체는 점착 조건과 점성의 효과로 원기둥 표면의 속도로 회전을 한다. 그러므로 원기둥의 회전 방향이 원기둥의 위쪽에서는 바탕 유체의 흐름방향과 같고 아래쪽에서는 유체의 흐름방향과 반대이다. 그러므로 원기둥의 위쪽에서는 유체의 흐름이 원기둥 회전축의 위치에 대해 상대적으로 높은 속도를 가지고

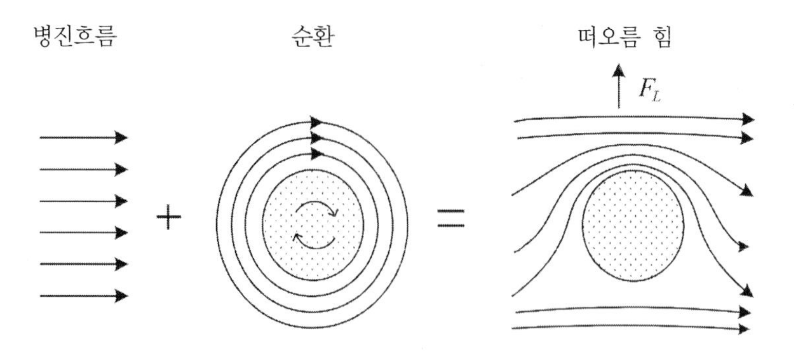

그림 5.31 흐름방향에 수직인 축을 중심으로 시계방향으로 회전하는 원기둥

원기둥의 아래쪽은 상대적으로 낮은 속도를 가진다. 베르누이의 정리에 따르면 원기둥의 위쪽에서 압력이 낮아지고 원기둥의 아래쪽에서는 압력이 높아진다. 그러므로 원기둥은 위쪽으로 떠오름 힘을 받는다. 그림에서는 원기둥 주위의 흐름을 병진 방향의 흐름과 비회전 소용돌이 흐름의 합으로 나타냈다. 속도가 U인 유체의 흐름방향에 수직인 축을 중심으로, 시계방향으로 ω의 각속도로 회전하는 반지름이 a인 원기둥을 생각해보면 직진 방향의 흐름은 순환의 크기가 0이지만 원기둥의 표면을 따른 순환은 식 (4.15)를 이용하면

$$K = 2\pi\omega a^2 \tag{5.81}$$

이다. 식 (5.80)의 떠오름 힘 방정식에 따르면 2차원 물체가 흐름방향에 수직 방향으로 받는 떠오름 힘의 크기는 주위 유체에 대한 상대속도와 순환의 곱에 비례한다. 이를 이용하면 위쪽으로 향하는 떠오름 힘의 크기는

$$F_L = \rho U K = 2\pi\rho U\omega a^2 \tag{5.82}$$

이다. 즉 회전하는 원기둥의 둘레를 따라 유체의 점성의 효과로 인해 발생한 순환 때문에 원기둥이 떠오름 힘을 받는다.

그러나 이러한 설명은 경계층의 효과를 무시했으므로 **실제유체**의 경우에는 흐름이 매우 복잡해진다. 그림 5.25의 설명에 따르면 회전을 하고 있지 않은 원기둥의 경우에 $Re > 100$이면 하류에 카르만 소용돌이 열이 생긴다. 원기둥의 하류 쪽의 윗면과 아랫면에 주기적으로 교대로 떨어져 나오는 소용돌이는 원기둥이 회전을 시작하면 영향을 받는다. 원기둥으로부터 떨어지기 직전의 소용돌이들은 원기둥과 같은 방향으로 회전을 하여 카르만 소용돌이 열의 모양이 달라진다. 그러므로 소용돌이 열의 영향에 의해 떠오름 힘

의 크기가 평균값 근처에서 진동한다.

회전하는 구

속도가 U인 유체의 흐름 속에서 흐름방향에 수직인 회전축을 가지고 시계방향으로 회전하는 구의 경우는 어떻게 될까? 그림 5.19를 보면 회전하지 않을 때는 **임계 레이놀즈 수** Re_{cr} 근처에서는 Re 수가 Re_{cr} 보다 작은 경우가 큰 경우보다 항력이 더 크다. 구의 경우에 $\mathrm{Re}_{cr} = 5 \times 10^5$ 이다. 구가 회전을 하는 경우를 생각해보면 Re 수가 Re_{cr} 보다 매우 작으면 층류 경계층에 발생하는 박리점의 위치가 상하로 대칭을 이루어 3차원 구조이지만 그림 5.31의 경우와 비슷한 이유로 구가 위쪽으로 약하게 떠오름 힘을 받는다. 그러나 Re 수가 Re_{cr} 보다 약간 작은 경우($\mathrm{Re} < \mathrm{Re}_{cr}$)를 생각해보자. 구의 위쪽에는 층류 경계층이 생기나 구의 아래쪽에서는 구의 표면에 비해 흐름의 상대속도가 증가하므로 실제의 Re 수가 커져 난류 경계층이 생긴다. 그러므로 구의 아래쪽에서는 그림 5.17에서 보인 것 같이 박리점의 위치가 하류 쪽으로 이동하게 되어 구의 하류에 생기는 난류 뒷흐름은 그림 5.32(a)와 같이 위쪽으로 구부러지는 모습을 가지게 된다. 이는 유체의 흐름이 위쪽으로 방향 성분을 얻게 됨을 의미하며, 그 반사작용에 의하여[운동량 보존정리에 의해] 구는 아래쪽으로 떠오름 힘을 받게 된다. 이와 반대로 $\mathrm{Re} > \mathrm{Re}_{cr}$ 인 경우에는 구의 위쪽과 아래쪽 둘 다 난류 경계층이 생긴다. 그러나 이 경우에는 그림 5.19에서 보였듯이 Re 수가 증가할수록 항력도 증가한다. 그러므로 구의 아래쪽에서는 박리점의 위치가 상류 쪽으로 이동하게 되어 구의 하류에 생기는 난류 뒷흐름은 그림 5.32(b)와 같이 아래쪽으로 구부러지는 모습을 가지게 된다. 이는 유체의 흐름이 아래쪽으로 방향 성분을 얻게 됨을 의미하며 그 반사작용에 의하여[운동량 보존정리에 의해] 구는 위쪽으로 떠오름 힘을 받게 된다.

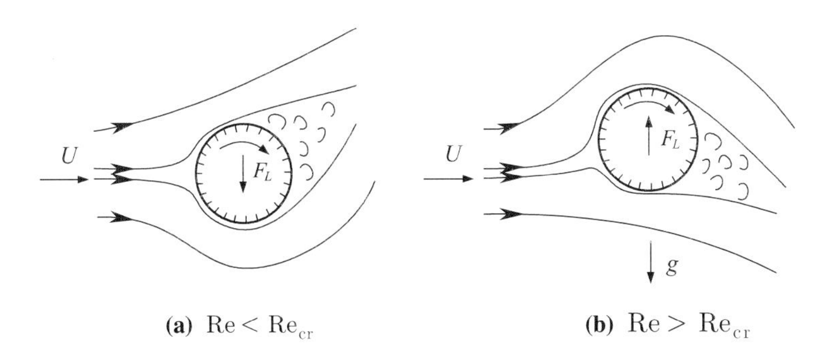

그림 5.32 회전하는 구에서 Re 수에 따른 떠오름 힘

참고 **회전 원기둥과 회전 구**

2차원 물체로 다룰 수 있는 회전 원기둥에서는 그림 5.31에서 보인 순환에 의한 떠오름 힘뿐만 아니라 그림 5.32의 경우와 비슷하게 비대칭적인 박리점의 위치에 의한 떠오름 힘도 있다. 그러나 회전 원기둥에서는 박리점 이동에 의한 떠오름 힘보다도 순환에 의한 떠오름 힘의 효과가 훨씬 크다. 3차원 물체인 회전 구에서는 2차원이 아니므로 회전에 의한 순환의 효과는 무시할 만큼 작아 비대칭적인 박리점의 위치에 의한 떠오름 힘이 주된 역할을 한다.

운동경기에서의 회전하는 공

운동경기에 사용하는 공들은 공의 표면을 거칠게 만들어 놓았으므로 Re_{cr}의 크기가 일반적으로 5×10^5보다 훨씬 작아진다. 그러므로 공을 회전시키면서 던지는 경우는 쉽게 $\mathrm{Re} > \mathrm{Re}_{cr}$가 되어 그림 5.32(b)에 해당한다. 테니스 공을 생각해보면 표면에 보풀이 있다. 그림 5.32(b)는 테니스에서 하부회전(under-spin)으로 공을 치는 경우와 일치한다. 이럴 경우에 공의 무게에 의한 아래쪽으로 당기는 힘을 극복하고 공이 위로 치솟는 것을 쉽게 볼 수 있다. 골프공의 경우는 표면에 딤플(dimple)이라고 부르는 깊이가 0.175 mm인 홈이 400여 개 있다. 프로 골퍼들이 가장 세게 치는 드라이버샷의 경우에는 이러한 딤플의 영향으로 공이 거의 3초 정도까지 일직선으로 공중에 떠오른 후 떨어지기 시작한다. 이처럼 오랫동안 공이 공중에 떠 있는 이유는 그림 5.32(b)에서와 같이 떠오름 힘을 받기 때문이다. 골프공에 있어서 딤플의 유무에 따라서 항력계수의 크기가 10배나 차이가 난다. 보통 드라이버샷의 경우에 골프공은 치는 이에 따라 1초에 40에서 120회 정도로 빨리 회전한다. 그림 5.32(b)에서와 반대 방향으로 공이 회전하는 경우의 예로 테니스공을 상

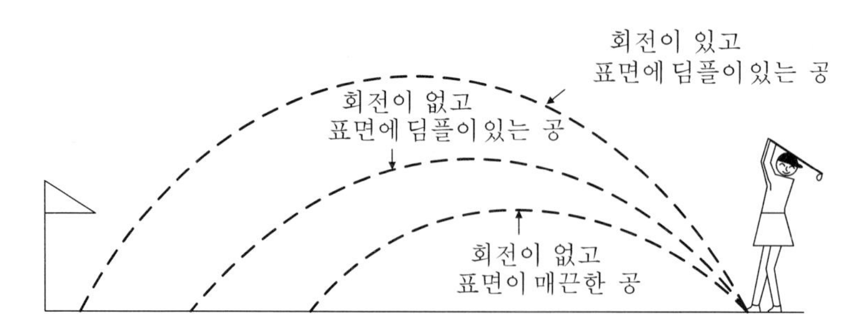

그림 5.33 드라이버샷을 칠 때에 골프공 표면의 상태와 회전에 따른 공의 활공거리

부회전(top-spin)이 일어나도록 치는 것과 야구투수가 드롭볼(drop ball)을 던지는 것이 있다. 야구의 경우는 야구공의 표면에 있는 솔기(seams)가 다양한 변화구를 만드는 데 중요한 역할을 한다.

만일 공의 회전축이 바탕유체의 흐름방향과 수직을 이루지 않고 있다면 어떻게 될까? 공의 중심에서 바람이 불어오는 방향을 쳐다볼 때 공의 회전축의 오른쪽 부분이 수평보다 밑으로 기울어져 있다면 공이 떠오르는 힘은 오른쪽의 성분을 가지게 될 것이며, 공의 궤도는 오른쪽으로 휘게 된다. 야구의 커브볼과 축구의 바나나킥이 이러한 이유로 생긴다.

실제로 회전하는 공에 대한 항력과 떠오름 힘은 공의 직진속도, 회전속도, 그리고 공 표면의 거친 정도에 따른다. 야구나 골프에서 맞바람이 있을 때 공과 공기와의 상대속도가 커지므로 형상항력이 증가한다. 동시에 떠오르는 힘도 커져 체공시간이 길어지므로 얼마나 멀리 날아가는지는 이들 사이의 경쟁으로 결정된다. 그림 5.33은 드라이버샷을 칠 때 골프공 표면의 상태와 회전에 따라 공이 얼마나 멀리 날아가는지를 보인다.

연습문제

5.1 비회전 2차원 흐름

비회전 2차원 흐름에서 속도퍼텐셜과 흐름함수가 아래의 관계식들을 만족함을 보여라.

$$\nabla^2 \phi = 0$$

$$\nabla^2 \varphi = 0$$

$$\nabla \phi \cdot \nabla \varphi = 0$$

5.2 스토크스 흐름 속의 구

식 (5.66)부터 식 (5.69)까지 유도하라.

5.3 비회전 소용돌이 흐름

그림 4.7과 그림 5.8(b)에서 보이고 있는 비회전 소용돌이 흐름에서 지름이 r 인 위치에서 속도의 지름 방향 성분과 방위각 방향의 성분이 각각

$$u_r = 0\,,\ \ u_\theta = \frac{\Gamma}{2\pi r}$$

일 때 속도퍼텐셜과 흐름함수가 다음과 같음을 보여라.

$$\phi = -\frac{\Gamma}{2\pi}\theta\,,\ \ \varphi = -\frac{\Gamma}{2\pi}\ln r$$

5.4 흐름함수와 속도퍼텐셜

비압축성이고 비회전인 흐름의 경우에 속도퍼텐셜과 흐름함수가 각각 선형미분방정식인 라플라스 방정식을 만족하기 때문에 그들의 기본 해를 임의로 합한 것도 역시 해가 되는 성질을 이용하여 다음의 세 가지 경우에 흐름함수와 속도퍼텐셜을 구해보자.

(a) 지름방향 원천과 싱크(쌍극자 흐름; dipole flow)

(b) 균일흐름과 싱크(랭킨 반체흐름; Rankine half-body flow)

(c) 싱크와 비회전 소용돌이(회오리바람)

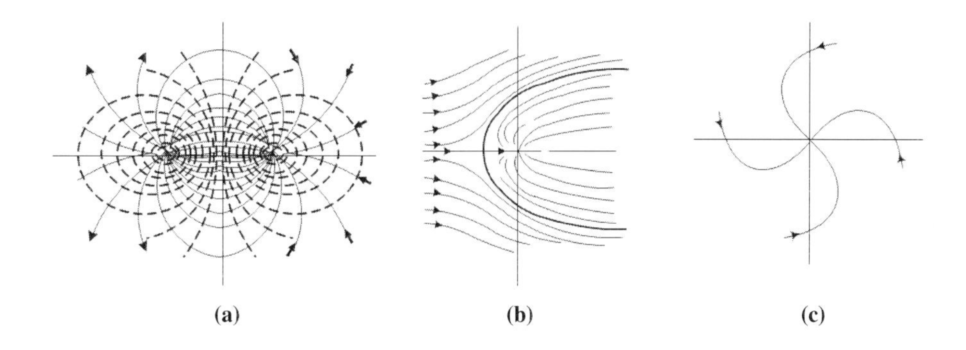

5.5 원기둥을 지나는 이상유체 흐름

그림 5.3(a)와 같이 이상유체의 흐름방향에 수직하게 원기둥이 위치한 경우에

(a) 흐름속도의 분포가 다음과 같음을 보여라.

$$u_r = -u_o \cos\theta \left(1 - \frac{a^2}{r^2}\right)$$

$$u_\theta = u_o \sin\theta \left(1 + \frac{a^2}{r^2}\right)$$

여기서 원기둥의 중심 위치가 $r=0$ 이다. 이 식을 보면 θ 를 $\pi-\theta$ 로 고치면 $u_r \to -u_r$ 이 되고 $u_\theta \to u_\theta$ 가 되어서 흐름속도의 크기는 원기둥을 중심으로 상류와 하류에서 대칭을 이루고 있다. 그러므로 흐름선은 원기둥을 중심으로 흐름의 전후로 대칭을 이룬다. 원기둥의 표면을 따라서 보면 $u_\theta = 2u_o \sin\theta$ 로서 $\theta = 0, \pi$ 에서 $u_\theta = 0$ 이므로 정체점이고 $\theta = \frac{\pi}{2}, -\frac{\pi}{2}$ 에서 $u_\theta = 2u_o$ 로 속도가 최대이다.

(b) 원기둥의 표면을 따라서 압력변화가 다음과 같음을 보여라.

$$\frac{p - p_o}{\frac{1}{2}\rho u_o} = 1 - 4\sin^2\theta$$

이는 그림 5.3(b)와 일치하는 결과이다. θ 를 $\pi-\theta$ 로 고쳐도 압력 p 의 값이 변하지 않아 스토크스 흐름과 달리 이상유체 흐름은 원기둥에 힘을 주지 못한다.

5.6 밀리컨의 기름방울 실험

그림 5.24에서의 밀리컨의 기름방울 실험을 생각해보자. 전하 q 로 대전된 반경이 a 인 기름방울의 경우에 전기장이 없을 때 기름방울의 종단속도가 u_1 이고 중력 방향으로 전기장을 E 만큼 걸어주었을 때 기름방울의 종단속도가 u_2 이다. 이때 기름방울에 대전된 전하의 크기가 $q = \frac{6\pi\mu a(u_2 - u_1)}{E}$ 임을 보여라.

5.7 물통에 뚫린 구멍에서의 흐름속도

그림과 같이 물통의 바닥 근처에 구멍이 나서 물이 흘러나오는 경우를 생각해보자. 여기서 물의 표면으로부터 단면적의 크기가 S인 구멍까지의 깊이가 h이라고 가정하자. 여기서 구멍의 크기가 작지 않아 점성을 무시한다고 생각하자.

(a) 유체의 흐름속도가 $\sqrt{2gh}$ 임을 베르누이 방정식을 이용하여 구하라.

(b) 구멍 위에 위치한 물 전체를 비우는 데 걸리는 시간을 계산하라.

(c) 유체가 구멍을 통해 흘러나오면서 물통에 가하는 수평방향 힘의 크기가 $(p_o+\rho gh)S$임을 보여라. 여기서 p_o는 대기압의 크기이고 ρ는 유체의 밀도이다.

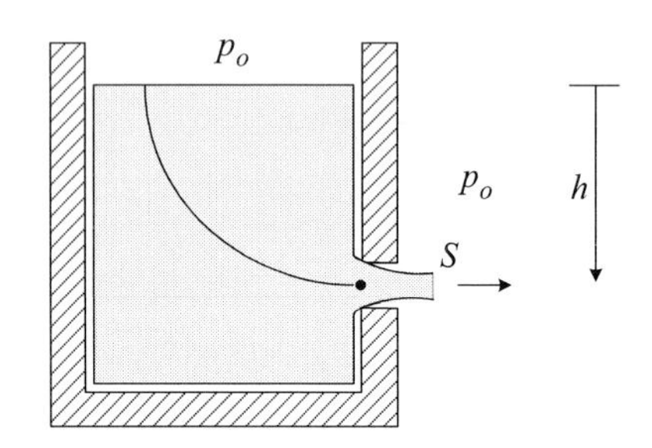

5.8 벤튜리관

그림과 같이 벤튜리관의 오목한 목 부분에 연결된 저장탱크에 있는 액체를 흡입하려면 목 부분에서 유체의 속도를 구하라. 저장탱크 내의 액체의 자유표면과 벤튜리관의 목 부분까지 거리는 h이다.

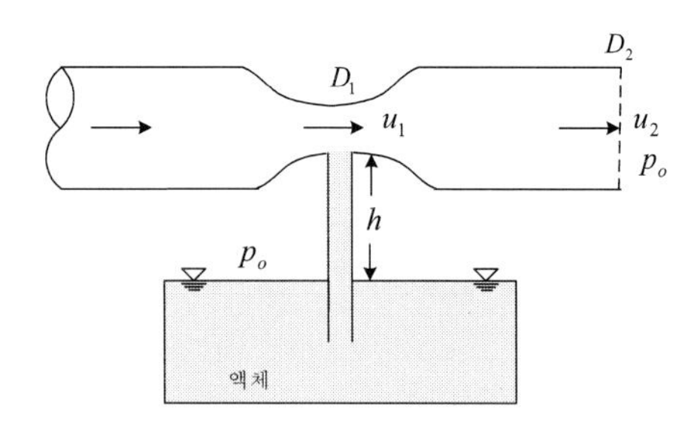

5.9 항력

질량(m)이 2톤이고 항력계수(C_D)의 크기가 0.3이며 정면에서 쳐다본 단면적의 크기(A)가 $1\mathrm{m}^2$인 경주용 자동차가 있다. $100\ \mathrm{m/s}$의 속도로 주행하고 있던 자동차를 브레이크를 사용하지 않고 항력을 이용하여 감속하는 경우를 생각해보자. 공기의 밀도(ρ)는 $1.2\ \mathrm{kg/m^3}$이다.

(a) 자동차의 항력만으로 속도를 10 m/s와 1 m/s로 감속하는 데 걸리는 시간을 각각 계산하라[바퀴의 마찰력은 무시].

(b) 항력의 크기를 증가시키기 위해 자동차의 후미에 단면적이 $2\ m^2$이고 항력계수의 크기가 1.2인 낙하산을 장착한 경우를 생각해보자. 속도를 10 m/s와 1 m/s로 감속하는 데 걸리는 시간을 각각 계산하라[바퀴의 마찰력과 자동차의 뒷흐름의 효과를 무시].

5.10 비압축성 점성유체에서 구의 회전력

흐름이 없는 비압축성 점성유체 속에서 일정한 각속도 ω로 회전하는 반경 a의 구를 생각해보자. ω의 크기가 작고 z축을 중심으로 회전할 때 구 주위의 정상흐름은 식 (5.58)의 기어가는 흐름방정식을 이용하여 기술할 수 있겠다. 이 경우에 $\mathrm{Re} = \dfrac{\rho a^2 \omega}{\mu} \ll 1$로 가정한다.

(a) 구의 주위에 바탕 유체의 속도와 압력의 분포가 아래와 같음을 보여라. 일정한 속도로 움직이는 구 주위의 흐름을 기어가는 흐름방정식과 구 좌표계에서 경계조건을 이용하여 식 (5.66~69)를 구한 과정과 비슷한 방법으로 구할 수 있다.

$$u_r = u_\theta = 0$$
$$u_\phi = \frac{a^3\omega}{r^2}\sin\theta$$
$$p = p_o$$

(b) 위의 결과를 이용하여 구가 일정한 각속도를 유지하는 데 필요한 회전력이

$$T_z = 8\pi\mu a^3\omega$$

임을 보여라.

Hint 식 (5.72)의 스토크스 법칙을 구한 과정과 쿠엣 흐름에서 원기둥의 회전력 식 (3.73)을 구하는 과정과 비슷한 방법을 이용하면 되겠다.

5.11 구의 항력계수

그림 5.19에서 구의 경우에 Re 수에 따른 항력을 생각해보자.

(a) Re 수가 1보다 작은 스토크스 흐름의 경우 항력계수가 Re 수의 크기에 반비례함을 보여라.

(b) 이 그림에서 $10^2 < \mathrm{Re} < 3\times10^5$ 인 경우에 항력계수가 거의 일정하다. 이때 항력의 크기가 흐름속도의 제곱에 비례함을 보여라.

(c) 스토크스 흐름에서는 항력의 크기가 흐름속도와 비례하는 것과 달리 Re 수가 큰 영역에서는 항력의 크기가 흐름속도의 제곱에 비례하는 것을 물리적으로 설명하라.

5.12 회전 원기둥의 떠오름 힘

속도가 U인 바탕유체의 흐름 방향에 수직한 축을 중심으로 시계방향으로 ω의 각속도로 회전하는 반지름이 a인 원기둥을 생각해보자.

(a) 순환의 크기를 구하라.

(b) 단위 길이당 원기둥이 느끼는 떠오름 힘의 크기를 구하라.

(c) 식 (5.57)의 항력계수와 비슷하게 **떠오름힘 계수**(lift coefficient, 양력계수)를 $F_L = C_L A \frac{\rho U^2}{2}$로 정의할 때 원기둥의 떠오름힘 계수를 구하라.

5.13 떠오름 힘

연습문제 5.12를 자세히 이해하기 위해 그림 5.3(a)와 같이 이상유체의 흐름방향에 수직으로 원기둥이 위치하고 원기둥 주위에 순환 K가 있는 경우를 생각해보자. 이때 속도분포는 연습문제 5.5를 참고하면 다음과 같다.

$$u_r = -u_o \cos\theta \left(1 - \frac{a^2}{r^2}\right)$$

$$u_\theta = u_o \sin\theta \left(1 + \frac{a^2}{r^2}\right) + \frac{K}{2\pi r}$$

원기둥의 표면을 따라서 압력분포를 구하고 단위 길이당 떠오름 힘의 크기가 $F_L = -\rho u_o K$임을 보여라.

5.14 스토크스 흐름 속의 실린더

지름이 b이고 길이가 ℓ 인 작은 실린더가 일정한 속도 U의 흐름 가운데 있는 경우를 생각해보자. Re 수가 1보다 매우 작은 스토크스 흐름에서 항력의 크기가 다음과 같음을 보여라.

(a) 바탕흐름의 방향이 실린더의 길이 방향일 때

$$F_D = \frac{2\pi\mu\ell U}{\ln(\ell/b)}$$

(b) 바탕흐름의 방향이 실린더의 길이 방향과 수직일 때

$$F_D = \frac{4\pi\mu\ell U}{\ln(\ell/b)}$$

5.15 이상유체의 2차원 제트 흐름

밀도가 ρ_f, 두께가 d이고, 속도가 U인 이상유체의 2차원 **제트 흐름**(jet flow)이 그림과 같이 y축 방향과 각도 θ를 이룬 평평한 벽을 향해 x축 방향으로 진행할 때를 생각해보

자. 중력의 효과를 무시할 때 제트 흐름이 벽을 부딪친 후에 갈라진 두 개의 제트 흐름의 두께는 $\theta=0$인 경우를 제외하고는 다르다. 밑쪽 흐름의 두께가 d_1이고 위의 흐름의 두께가 d_2일 때를 생각해보자.

Hint 이상유체이므로 벽에 나란한 방향으로는 제트 흐름이 힘을 가하지 못한다.

(a) $U=U_1=U_2$, $d=d_1+d_2$, $d_1-d_2=d\sin\theta$을 보여라.

(b) 그리고 제트 흐름이 벽면에 수직인 방향으로 가하는 힘이 z축 방향 단위 길이당 $F=\rho_f U^2 d\cos\theta$ 임을 보여라.

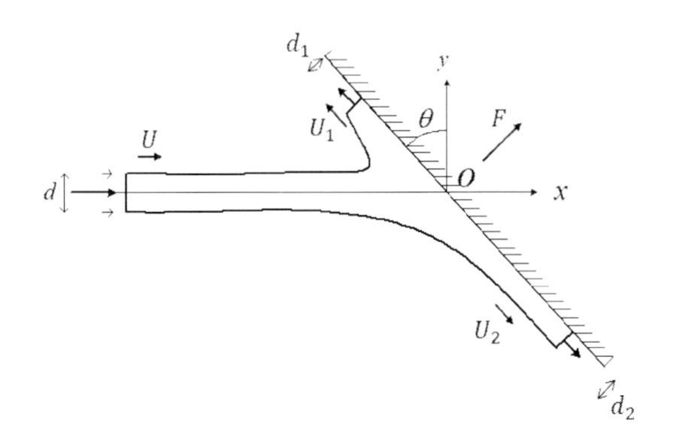

참고 **관성저항력**

$F=\rho_f U^2 d\cos\theta$은 유체의 점성 성질을 무시했을 때 제트 흐름이 물체에 가하는 **관성저항력**(inertial resistance force)으로 속도의 제곱과 유체의 밀도에 각각 비례한다. 제트 흐름이 벽에 수직으로 향하는 $\theta=0$인 경우를 생각해보자. 이때 단위 단면적($d=1$)의 제트 흐름이 벽에 가하는 힘은 $\rho_f U^2$으로 식 (5.9)에서 보인 정체점에서의 동압력 $\frac{1}{2}\rho_f U^2$과 다름을 유의하라. 이 동압력은 정체점에서의 압력 증가이므로 정체점이 아닌 곳에서는 적용할 수 없다. 그러나 여기서는 2차원 제트 흐름의 두께가 무한하지 않아 정체점이 점 O를 지나는 z축에만 있고 제트 흐름 가운데 정체점을 향하지 않는 나머지 유체도 관성저항력에 공헌하므로 식 (5.9)의 경우와 다르다. 이상유체의 제트 흐름이 3차원인 경우는 문제가 매우 복잡해진다. 어떻게 달라질지 생각해보자.

5.16 입구흐름 구간의 길이

그림 5.11은 파이프 흐름에서 파이프 입구에서 거리가 멀어짐에 따른 속도분포를 보여준다. 입구흐름 구간의 끝에 이르면 양쪽 벽에서 붙어있는 두 경계층이 만난다. 이를 이용하면 직경이 d인 파이프 흐름에서 입구흐름 구간의 길이 L_e를 구할 수 있다.

(a) 식 (5.50)을 이용하여 층류흐름에서 입구흐름 구간의 길이가 다음을 만족함을 보여라.

$$\frac{L_e}{d} \sim \frac{Ud}{\nu} \sim \mathrm{Re}$$

(b) 식 (5.51)을 이용하여 난류흐름에서 경계층이 빨리 성장하여 입구흐름 구간의 길이가 층류흐름의 경우보다 훨씬 작으며 다음을 만족함을 보여라.

$$\frac{L_e}{d} \sim \left(\frac{Ud}{\nu}\right)^{\frac{1}{6}} \sim \mathrm{Re}^{\frac{1}{6}}$$

5.17 스토크스 수

레이놀즈 수가 1보다 훨씬 작은 스토크스 흐름에 있는 지름이 d인 작은 입자를 생각해보자. 그리고 유체의 밀도가 ρ_f이고 입자의 밀도가 ρ_p이며 유체의 점성계수가 μ이라고 가정하자.

(a) 이때 유체의 흐름속도와 다른 속도를 가진 입자가 유체의 흐름속도와 같은 속도에 이를 때까지 걸리는 시간인 **완화시간**(relaxation time)이 다음과 같음을 보여라.

$$t_o = \frac{(\rho_p - \rho_f)d^2}{18\mu}$$

이 시간은 유체의 운동량이 확산 때문에 입자 크기만큼의 거리를 지나는 데 걸리는 시간과 같다.

(b) 유체흐름의 특성시간이 t_f일 때 입자의 완화시간과 유체흐름의 특성시간의 비인 **스토크스 수**(Stokes number)를 정의할 수 있다.

$$\mathrm{Stk}\ 수 \equiv \frac{t_o}{t_f} = \frac{입자의\ 완화시간}{유체흐름의\ 특성시간}$$

Stk 수 $\ll 1$면 입자의 시간에 따른 궤적이 유체입자의 경로인 흐름경로선[4.1절에서 정의됨]과 잘 일치한다. 즉 입자의 움직임은 흐름을 잘 기술한다. 그러나 Stk 수 $\gg 1$이면 입자가 흐름을 잘 따라가지 못해 입자의 궤적이 흐름경로선과 일치하지 않겠다. 그러므로 유체 속에 입자를 넣어 입자의 궤적을 통해 흐름을 관찰하려면 Stk 수 $\ll 1$인 경우에만 가능하다.

Stk 수는 연습문제 3.3에서 정의한 **비정상 수**(nonsteady number)와 비슷한 의미를 지닌다. 여기서는 입자의 밀도가 고려된 것을 주의하라.

CHAPTER

6

압축성 흐름

압축성 흐름

지금까지는 마하수가 작은 비압축성 흐름을 주로 다루었다. 그러므로 유체의 흐름을 기술하는 데 있어 연속방정식과 나비에-스토크스 방정식만 가지고서도 충분했다. 그러나 항공기 주위나 내연기관 속에서의 기체의 흐름과 같이 **마하수**가 큰 경우에는 유체의 **압축 성질**을 무시하지 못한다. 이 경우에는 연속방정식과 나비에-스토크스 방정식 이외에도 에너지 방정식, 열적 상태방정식, 그리고 열량 상태방정식을 알아야 유체의 흐름을 기술할 수 있다. 액체의 경우에는 음속 크기의 흐름속도를 만들기 위해서는 10^4기압 정도의 압력이 필요하다. 이에 반해 기체의 경우에는 압력의 크기를 두 배만 바꾸어도 음속 크기의 흐름속도를 만들 수 있다. 그러므로 압축성 흐름은 주로 기체의 경우이다. 유체의 압축 성질에 관한 관심은 두 가지 중요한 관점이 있다. 하나는 **음파**나 **충격파**와 같이 정보의 전달에 대한 것으로 **음향학**(acoustics)과 관계가 있다. 다른 하나는 흐름의 관점에서 본 것으로 일반적으로 액체의 압축 성질은 기체의 압축 성질에 비해 거의 무시할 수 있으므로 압축성 흐름에 관한 연구를 **기체역학**(gas dynamics)이라 부른다.

Contents

6.1 유체의 압축 성질

완벽한 비압축성 흐름 속에 있는 임의의 한 점에서 압력변화가 생겼다고 가정하자. 이때 한 점에서의 압력변화와 동시에 유체 공간의 모든 점에 있는 유체입자들이 영향을 받아 이동한다. 그러므로 정보의 전달 속도가 무한대이다. 그러나 자연계에서는 완벽한 비압축성 물질은 없다. 즉 모든 물질은 어느 정도 압축의 성질을 가지고 있으므로 정보의 전달 속도는 압축 성질에 따라 달라진다. 압축성 흐름에서는 한 점에서의 압력의 변화가 해당 지점의 유체입자를 압축하거나($\Delta p > 0$) 팽창시켜서($\Delta p < 0$), 그 옆에 있는 다른 유체 입자들의 밀도를 변화시키고 다시 그 옆에 있는 입자들에 영향을 미치는 식으로 계속하여 한 점에서의 압력 변화 정보가 공간적으로 전파된다. 이렇게 전파되는 파를 **압축파**(compression waves)라 한다. 이는 고체에서의 **탄성파**(elastic waves)와 비교된다. 압축파에서 요동의 진폭이 작을 경우는 압축파가 선형 성질을 가지고 있으며 **선형 압축파**(linear compression waves)라 하고 대표적인 예가 **음파**(sound waves)이다. 요동의 진폭이 큰 비선형 압축파는 비선형 성질이 중요해지며 **충격파**(shock wave)라 한다.

4.7장에서 유체의 흐름에 있어 압축 성질과 관련된 무차원계수로 **마하수**(Mach number)를 정의했다. 마하수에 따라 유체의 흐름을 일반적으로 다음과 같이 나눈다.

(1) 비압축성(incompressible) 흐름 : $\mathrm{Ma} < 0.3$
압력의 변화에 따른 밀도의 변화를 무시할 수 있다.

(2) 아음속(subsonic) 흐름 : $0.3 < \mathrm{Ma} < 0.8$
압력의 변화에 따른 밀도의 변화가 중요하다. 그러나 충격파는 없다.

(3) 천이음속(transonic) 흐름 : $0.8 < \mathrm{Ma} < 1.2$
충격파가 나타나기 시작한다.

(4) 초음속(supersonic) 흐름 : $1.2 < \mathrm{Ma} < 3.0$
충격파가 항상 존재한다.

(5) 극초음속(hypersonic) 흐름 : $\mathrm{Ma} > 3.0$
충격파의 세기가 매우 크다. 유체의 빠른 흐름이 경계층을 가열하여 경계층 위의 분자들이 플라스마 상태가 되는 등 여러 가지 문제가 발생한다.

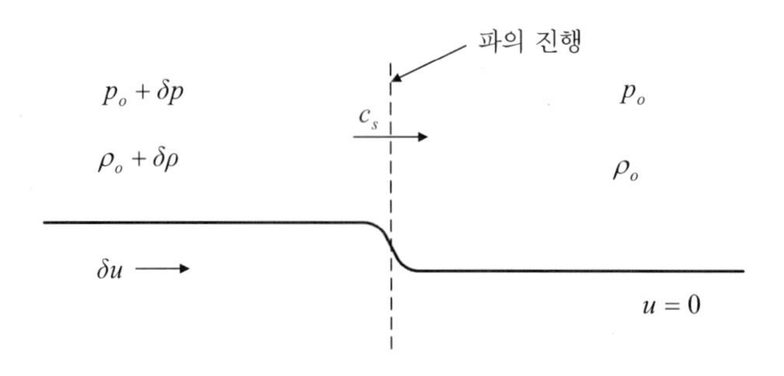

그림 6.1 정지해있는 유체가 들어 있는 파이프의 한쪽 끝에 압축 요동을 가하는 경우

6.2 선형 압축파 : 압축파의 진폭이 작은 경우

압축성 유체에서 압축파의 진폭이 매우 작은 선형압축파의 대표적인 예가 **음파**(sound waves)이다. 음파는 압축과 팽창이 시공간적으로 주기성을 가지며 전파하는 작은 진폭의 압축파이다. 공기 중에서 음파에 의한 압력의 변화는 일반적으로 $10^{-4}\,\text{Nm}^{-2}$에서 $1\,\text{Nm}^{-2}$ 사이에 있다. 이 값은 대기압 크기의 $10^{-9} \sim 10^{-5}$ 밖에 되지 않으므로 음파를 선형으로 취급할 수 있다.

고체에서의 음파는 **종파**(세로파동, longitudinal wave)와 **횡파**(가로파동, transverse wave) 성분이 모두 가능하다. 그러나 뉴턴 유체에서는 층밀리기 응력의 크기가 평형상태에서 0이기 때문에 음파의 횡파 성분은 단 한 개 파장의 거리도 전파되지 않아서 세기가 매우 감소한다. 그러므로 뉴턴 유체에서는 횡파 성분을 무시하고 종파 성분만 고려한다. 여기서는 압축 성질이 한 방향으로만 중요한 1차원 경우만 다루겠다. 2차원과 3차원의 경우에서도 압축파의 기본적인 개념은 1차원의 경우와 비슷하다.

정적인 평형상태($u = 0$)의 유체가 들어 있는 파이프의 한쪽 입구에 피스톤을 $+x$ 방향으로 밀어서 입구 근처의 내부에 있던 밀도 ρ_o 인 유체를 약간 압축하는 경우를 생각해보자. 이로 인해 위치에 따라서 밀도의 크기에 있어 요동이 발생하고 이 요동은 시간이 흐름에 따라 $+x$ 방향으로 이동한다. 이 경우에 압축파에 의해 발생한 속도 요동의 횡파 성분인 δv 와 δw는 0이고 종파 성분인 δu 만 존재한다. 그리고 종파 성분의 크기는 위치 y와 z 의 값과 관계없다. 그림 6.1은 위치에 따른 밀도와 압력을 보인다. 여기서 ρ_o와 p_o는 정적인 평형상태에 있는 유체에서의 밀도와 압력이고 $\delta\rho$ 와 δp 는 압축으로 생긴 요동 성분이다.

$$u = \delta u \hat{\mathbf{x}} \tag{6.1}$$

$$\rho = \rho_o + \delta\rho \tag{6.2}$$

$$p = p_o + \delta p \tag{6.3}$$

6.3절에서 설명하겠지만 압축파의 전파에서는 비가역적인 점성효과(에너지 소산)를 무시할 수 있다. 그러므로 나비에-스토크스 방정식에서 점성력항을 무시한 식 (3.55)의 **오일러 방정식**

$$\rho\frac{\partial \boldsymbol{u}}{\partial t} + \rho(\boldsymbol{u} \cdot \nabla)\boldsymbol{u} = -\nabla p \tag{6.4}$$

이 잘 적용된다. 속도 $\boldsymbol{u}$ 는 x 방향 성분인 δu 를 제외하고 0이므로 식 (6.1)~(6.3)을 이용하면 오일러 방정식은

$$(\rho_o + \delta\rho)\left[\frac{\partial}{\partial t}\delta u + \delta u\frac{\partial}{\partial x}\delta u\right] = -\frac{\partial}{\partial x}(p_o + \delta p) \tag{6.5}$$

이다. δu 의 크기가 매우 작은 경우만 생각하므로 2차 이상의 요동 항들을 무시하면 비선형방정식이던 오일러 방정식이 선형방정식으로 변한다.

$$\rho_o\frac{\partial}{\partial t}\delta u + \frac{\partial}{\partial x}\delta p = 0 \tag{6.6}$$

식 (3.1)의 **연속방정식**을 위와 같은 방법으로 다시 쓰면

$$\frac{\partial}{\partial t}(\rho_o + \delta\rho) + \frac{\partial}{\partial x}[(\rho_o + \delta\rho)\delta u] = 0 \tag{6.7}$$

이다. 식 (6.6)을 유도할 때와 비슷하게 1차 요동 항들만 고려하면 연속방정식이 선형화된다.

$$\frac{\partial}{\partial t}\delta\rho + \rho_o\frac{\partial}{\partial x}\delta u = 0 \tag{6.8}$$

식 (6.8)을 시간에 대하여 편미분한 결과와 식 (6.6)을 x 방향으로 공간에 대하여 편미분한 결과를 비교하면

$$\frac{\partial^2}{\partial t^2}\delta\rho = \frac{\partial^2}{\partial x^2}\delta p \tag{6.9}$$

이다. 요동의 크기가 작을 때 압력의 변화 δp 에 따른 밀도의 변화 $\delta\rho$ 는

$$\delta\rho \equiv \left(\frac{\partial\rho}{\partial p}\right)_o \delta p \tag{6.10}$$

이다. 여기서 $(\partial\rho/\partial p)_o$는 압력이 p_o이고, 밀도가 ρ_o인 경우의 미분값이다. 이 관계를 식 (6.9)의 δp에 대입하면 $\delta\rho$에 대한 선형화된 **1차원 파동방정식**을 구할 수 있다.

$$\frac{\partial^2}{\partial t^2}\delta\rho = \left(\frac{\partial p}{\partial\rho}\right)_o \frac{\partial^2}{\partial x^2}\delta\rho \tag{6.11}$$

식 (6.10)을 이용하면 아래와 같이 밀도의 요동 $\delta\rho$뿐만 아니라 압력의 요동 δp와 속도의 요동 δu도 전파속도 c_s를 가진 1차원 파동방정식을 만족하는 것을 알 수 있다.

$$\frac{\partial^2}{\partial t^2}\delta\rho = c_s^2 \frac{\partial^2}{\partial x^2}\delta\rho \tag{6.12}$$

$$\frac{\partial^2}{\partial t^2}\delta p = c_s^2 \frac{\partial^2}{\partial x^2}\delta p \tag{6.13}$$

$$\frac{\partial^2}{\partial t^2}\delta u = c_s^2 \frac{\partial^2}{\partial x^2}\delta u \tag{6.14}$$

$$c_s = \pm\sqrt{\left(\frac{\partial p}{\partial\rho}\right)_o} \tag{6.15}$$

그러므로 **선형 압축파**를 **밀도파**(density waves) 혹은 **압력파**(pressure waves)로도 부른다. 압력 요동과 밀도 요동이 파동방정식을 만족시키므로 속도 요동도 파동방정식을 만족해야 하므로 식 (6.14)은 당연한 결과다.

식 (6.12)의 1차원 파동방정식을 만족시키는 밀도 요동의 일반적인 표현은

$$\delta\rho = f(x - c_s t) \tag{6.16}$$

이다. 가장 대표적인 예로, 공간적·시간적으로 주기적인 진동 형태를 가진 음파의 일반적인 표현은

$$\delta\rho = \delta\rho_o \cos(kx - \omega t) \quad \text{혹은} \quad \delta\rho = \delta\rho_o\, e^{i(kx - \omega t)} \tag{6.17}$$

이다. 또한 δp와 δu도 이와 비슷한 꼴의 형태로 적을 수 있다. 식 (6.17)을 식 (6.12)에 대입하면 각진동수 ω와 파수벡터 $\boldsymbol{k}$ 사이의 **분산 관계**(dispersion relation)를 구할 수 있다.

$$\omega = c_s\,|\boldsymbol{k}| \tag{6.18}$$

즉, 음파의 진동수는 파수에 비례한다.

식 (6.10)은 밀도 요동과 압력 요동 사이의 관계이다. 그럼 밀도 요동과 속도 요동 사이의 관계는 어떻게 될까? 식 (6.10)을 이용하여 식 (6.6)을 다시 적으면

$$\rho_o \frac{\partial}{\partial t}\delta u + \left(\frac{\partial p}{\partial \rho}\right)_o \frac{\partial}{\partial x}\delta\rho = 0 \tag{6.19}$$

이다. 속도 요동이 식 (6.14)의 파동방정식을 만족하므로 속도 요동을 식 (6.16)과 비슷하게 적을 수 있다.

$$\delta u = f(x - c_s t) \tag{6.20}$$

이러한 경우에

$$\frac{\partial}{\partial t}\delta u = -c_s \frac{\partial f}{\partial x} = -c_s \frac{\partial}{\partial x}\delta u \tag{6.21}$$

이므로 식 (6.19)는 식 (6.15)를 이용하면

$$\frac{1}{c_s}\partial\delta u = \frac{1}{\rho_o}\partial\delta\rho \tag{6.22}$$

이다. 요동이 없을 때 $\delta u = \delta\rho = 0$ 인 것을 이용하여 위의 식을 적분하면

$$\frac{\delta u}{c_s} = \frac{\delta\rho}{\rho_o} \tag{6.23}$$

이다. 이 결과에 따르면 압축이 되면($\delta\rho > 0$) 속도의 요동은 증가한다($\delta u > 0$). 반대로 팽창이 되면($\delta\rho < 0$) 속도의 요동은 감소한다($\delta u < 0$). 또한 선형 압축파에서는 밀도 요동의 크기가 밀도 자체의 크기보다 훨씬 적으므로($|\delta\rho| \ll \rho_o$) 속도 요동은 압축파의 전파속도보다 훨씬 적다($|\delta u| \ll c_s$). 식 (6.10)과 식 (6.15)를 이용하면 식 (6.23)으로부터 압력 요동과 속도 요동 사이의 관계를 알 수 있다.

$$\delta p = \rho_o c_s \delta u \tag{6.24}$$

위의 식들로부터 압축파에 있어 압축의 경우와 팽창 사이에 차이점을 알 수 있다. 그림 6.1과 같이 c_s 의 속도로 오른쪽으로 전파되는 압축 요동의 경우($\delta\rho > 0$)에는 파면 뒤에서 유체를 구성하는 입자들은 파면을 따라서 오른쪽으로 움직인다[$\delta u > 0$, 그림 6.2(a)]. 이에 반해 c_s의 속도로 오른쪽으로 전파되는 팽창 요동의 경우($\delta\rho < 0$)에는 파면 뒤에서 유체를 구성하는 입자들은 왼쪽으로 움직이면서 파면의 진행 방향과 반대 방향을 향한다

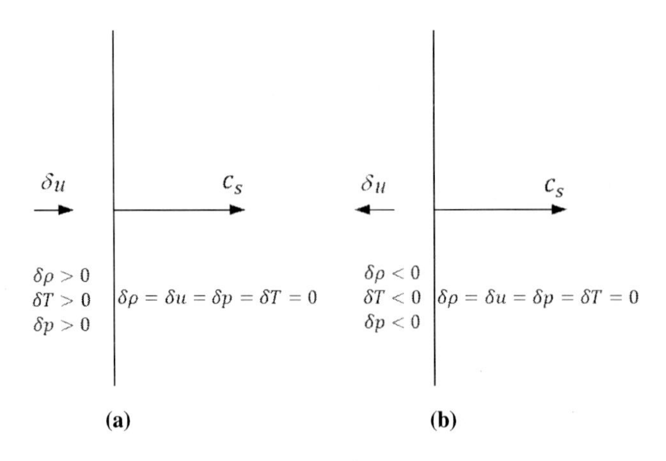

그림 6.2 압축(a)과 팽창(b)에서 파면 주위의 물리량 변화

[$\delta u < 0$, 그림 6.2(b)]. 여기서 유체입자들이 움직이는 속도 δu는 음파의 속도 c_s와 무관함을 유의하라.

6.3 압축파의 전파속도

6.2절에서 보인 선형 압축파의 파동방정식은 17세기 후반에 뉴턴이 처음 유도했다. 그러나 그의 계산에 따르면 공기 중에서 선형 압축파인 음파의 전파속도 c_s는 실제 관측값보다 16% 정도 작은 값을 가졌다. 뉴턴(Isaac Newton, 1643~1727)은 이론값과 측정값 사이의 차이를 공기 속에 있는 먼지와 같은 불순물의 탓으로 돌렸다. 그러나 사실은 뉴턴이 음파의 성질을 제대로 이해하지 못하고 있었기 때문이다. 그는 음파가 지나갈 때 유체의 온도가 일정한 등온과정이라고 생각했었다.

그러나 음파의 전파는 등온과정이 아니라 가역적 단열과정, 즉 등엔트로피 과정이다. 라플라스(Pierre Simon Laplace, 1749~1829)는 뉴턴의 이러한 실수를 찾아내어 측정값과 일치하는 이론값을 구했다. 라플라스의 생각에 따르면 음파 발생원의 역학적 진동 정보가 임의의 다른 위치에 매우 빠르게 전달되어 국부적인 지역이 진동하지만[즉, 발생원이 다른 국부적인 위치에 일하지만], 발생원의 열적인 정보는 역학적인 정보만큼 빨리 전달되지 못한다. 그러므로 음파의 전파과정에서 압축성 유체계는 열적으로 고립되어 있다. 즉, 단열과정이다($\Delta Q = 0$). 그리고 음파가 지나가는 동안 각 유체입자는 팽창과 압축의 과정을 하지만 이는 유체의 점성 성질과 무관하므로[에너지 소산이 없으므로] 열역학적 가역과정이다. 즉 식 (1.9)에서 $\Delta Q = T\Delta S$이므로 이 과정은 엔트로피가 일정한 등엔트로피 과정(isentropic process; $\Delta S = 0$)이다. 그러므로 식 (1.17)의 압축률과 식 (6.15)의 음파의 전파속도는

$$\beta_s = \frac{1}{\rho}\left(\frac{\partial\rho}{\partial p}\right)_s \tag{6.25}$$

$$c_s^2 = \left(\frac{\partial p}{\partial\rho}\right)_s \tag{6.26}$$

이다.

이상기체의 등엔트로피 과정에서는 식 (1.15), (1.20), (1.23), (1.24)에 의해

$$\gamma \equiv \frac{C_p}{C_v},\ p = \rho RT\ ,\ \frac{p}{\rho^\gamma} = \text{일정},\ \beta_s = \frac{1}{\gamma p} \tag{6.27}$$

이므로

$$\mathrm{d}p = \frac{\gamma p}{\rho}\mathrm{d}\rho \tag{6.28}$$

$$c_s^2 = \left(\frac{\partial p}{\partial\rho}\right)_s = \frac{\gamma p}{\rho} = \gamma RT \tag{6.29}$$

이다. 즉, γ가 크면 전파속도가 크다. 그리고 음파의 전파속도는 $\sqrt{T}$에 비례한다. 그러므로 온도가 높을수록 음파의 전파속도가 크다.

대표적인 예로 공기의 경우는 20°C의 표준조건에서

$$\gamma = 1.4\ ,\ p = 1.013\times10^5\,\mathrm{Nm^{-2}}\ ,\ \rho = 1.204\ \mathrm{kgm^{-3}} \tag{6.30}$$

이므로 식 (6.29)를 사용하면

$$c_s = 343\,\mathrm{ms^{-1}}\quad(\text{공기}) \tag{6.31}$$

으로 실험 결과와 일치한다.

뉴턴의 생각에 따르면 음파의 전파는 등온과정이므로 식 (1.25)를 이용하면

$$\beta_T = \frac{1}{\rho}\left(\frac{\partial\rho}{\partial p}\right)_T = \frac{1}{\rho RT} = \frac{1}{p} \tag{6.32}$$

이다. 공기 중에서 $c_s = \sqrt{p/\rho} = 290\ \mathrm{ms^{-1}}$으로 식 (6.31)의 실제 값보다 16% 정도 작은 값을 가진다.

앞에서 언급했지만 완벽하게 비압축성인 물질($\beta = 0$)은 음파의 전파속도가 무한대이다. 그러나 모든 물질은 어느 정도의 압축성을 가지고 있으므로 일정한 전파속도를 가진다. 물의 경우는 $c_s = 1400 \sim 1500\,\mathrm{ms}^{-1}$ 이다. 여기서 음파의 전파속도의 값은 유체의 흐름속도와 무관하게 유체의 고윳값임을 주의하라. 표 6.1은 여러 가지 종류의 유체에서 음파의 전파속도를 보여준다. 유체에서 음파의 전파는 압축파에 의한 것인데 비해 고체에서 음파의 전파는 탄성파에 의한 것이다. 그러므로 전파속도가 유체보다 일반적으로 빠르다. 금속의 경우는 $c_s = 6000\,\mathrm{ms}^{-1}$ 근처의 크기를 가진다.

표 6.1 음파의 전파속도 (1기압)

매 질	c_s(m/s)
공기 (0°C)	331
공기 (20°C)	343
헬륨	965
수소	1284
물 (0°C)	1402
물 (20°C)	1482
바닷물 (20°C, 염도 3.5%)	1522

참고

음파의 전파가 등엔트로피 과정인 것에 대한 보충 설명

흐르고 있는 유체에서 엔트로피의 시간 변화율은 식 (2.121)에 의해

$$\rho \frac{\mathrm{D}s}{\mathrm{D}t} = \sum_i \frac{\partial}{\partial x_i}\left(\frac{q_i}{T}\right) + \sum_i \frac{k}{T^2}\left(\frac{\partial T}{\partial x_i}\right)^2 + \frac{1}{T}\left(\zeta - \frac{2}{3}\mu\right)\left(\sum_k \frac{\partial u_k}{\partial x_k}\right)^2 + \frac{\mu}{T}\sum_{i,j}\left(\frac{\partial u_i}{\partial x_j} + \frac{\partial u_j}{\partial x_i}\right)\frac{\partial u_i}{\partial x_i} \qquad (6.33)$$

이다. 이 식에서 엔트로피의 발생을 기술하는 우변의 두 번째, 셋째, 넷째 항에서는 엔트로피의 시간 변화율이 온도 혹은 속도의 구배의 제곱에 비례한다. 그러나 음파의 경우는 압축과 팽창의 정도가 매우 작으므로 이러한 항들을 무시할 수 있다. 우변 첫 항은 유체의 흐름에 의한 열 자체의 이동으로 음파와 무관하다. 즉, 각 유체입자는 음파가 지나가는 동안 팽창과 압축의 과정을 겪으나 이 과정은 엔트로피가 일정한 등엔트로피 과정($\Delta S = 0$)이다. 또한 $\Delta Q = T\Delta S$이므로 이 과정은 단열과정($\Delta Q = 0$)이기도 하다.

6.4 음파

앞에서 설명했듯이 음파는 밀도, 압력, 속도 요동이 주기적인 진동을 하는 선형 압축파이다. 인간은 진동수가 16 ~ 20,000 Hz인 음파의 경우에 들을 수 있으므로 이 범위를 **가청주파수**라고 하고, 이 범위보다 높은 주파수 영역을 **초음파**라고 한다. 따라서 우리가 듣는 소리는 일반적으로 파장이 1.7 cm에서 21 m 사이에 있는 비교적 긴 파장의 종파이다. 예를 들어 피아노의 중앙건반을 두드렸을 때 나는 C음은 주파수가 261 Hz로 파장의 길이가 1.3 m이다.

공기의 경우에 음파에 의한 압축요동의 크기는 보통 $\delta p = 10^{-4} \sim 1\,\mathrm{N\,m^{-2}}$이므로 이에 해당하는 공기의 속도 요동의 크기는 식 (6.24)를 이용하면 $\delta u = 3\times 10^{-7} \sim 3\times 10^{-3}\,\mathrm{m\,s^{-1}}$ 이다. 그러므로 가청 주파수에 해당하는 음파의 경우에 한 진동주기 동안 공기의 이동 거리는 $\delta x = 10^{-11} \sim 10^{-4}\,\mathrm{m}$ 정도로 매우 작은 거리이다. 인간의 귀가 구별하는 가장 작은 소리에 해당하는 공기의 이동 거리는 10 pm 정도로 전형적인 원자반지름의 1/10 크기이다. 즉 인간의 청각 시스템은 엄청나게 민감한 측정 장치이다. 그리고 큰 소리에 해당하는 이동 거리도 공기 분자들의 평균 자유거리($\sim 0.1\,\mu\mathrm{m}$)와 비슷한 작은 크기이다. 이는 1장에서 논의한 유체역학의 최소거리보다 짧은 거리에서 움직이므로 유체역학을 적용할 수 없는 것처럼 보인다. 그러나 1장에서 소개한 평균 자유거리는 구성 분자가 무질서하게 움직이는 열적인 효과에 의한 마구잡이 충돌 사이의 평균 이동 거리를 말했다. 이에 반해 음파에 있어서는 음파의 파장 길이에 걸쳐 있는 수많은 분자가 같은 방향으로 일관성 있게 움직이므로 음파는 구성 분자들의 평균적인 이동에 의한 유체역학적 효과이다. 6.3절에서 음파에 있어 발생원의 열적인 정보는 역학적인 정보만큼 빨리 전달되지 못한다고 하였는데, 열적인 정보는 마구잡이 움직임의 효과를 뜻하지만, 음파에서 전달되는 것은 일관성 있는 움직임에 의한 효과의 전달이므로 역학적인 정보만 전달되는 것이다.

음파가 지나가는 동안 각 유체입자는 압축과 팽창의 과정을 되풀이하면서 밀도와 압력뿐만 아니라 온도와 속도도 증가와 감소의 과정을 되풀이한다. 식 (6.10)에 따르면 밀도 요동이 양이면 압력 요동도 양이다. 비슷하게 식 (6.23)에 따르면 밀도 요동이 양이면 속도 요동도 양이다. 다시 말해 압축과정에서는 밀도 요동과 압력 요동, 그리고 유체를 이루고 있는 분자들의 평균 이동속도(속도의 요동)가 양의 값을 취한다. 이에 반해 팽창 과정

참고

음파의 세기와 데시벨

가청 주파수 영역 내에서 공기의 최대 이동거리와 최소 이동거리의 비는 앞의 결과에 따르면 10^7이다. 음파의 세기는 진폭의 제곱에 비례하므로 사람의 청각기관이 들을 수 있는 음파 세기의 최대, 최소 양쪽 극한의 비는 10^{14}이다. 이 값은 너무 크기 때문에 음파의 세기를 일반적으로 log 함수를 이용하여 **데시벨**(decibel)로 나타낸다.

$$\mathrm{dB} \equiv 10\log\frac{I}{I_o} \tag{6.34}$$

이 값의 단위는 데시벨(dB)이다. 여기서 $I_o = 10^{-12}\,\mathrm{W/m^2}$로 사람이 들을 수 있는 음파의 가장 작은 세기에 해당한다.

에서는 이들 값이 음의 값을 취한다. 온도의 경우에 있어서는

$$\delta T = \left(\frac{\partial T}{\partial p}\right)_S \delta p \tag{6.35}$$

$$\left(\frac{\partial T}{\partial p}\right)_S = -\frac{\left(\dfrac{\partial s}{\partial p}\right)_T}{\left(\dfrac{\partial s}{\partial T}\right)_p} = \frac{\left(\dfrac{\partial v}{\partial T}\right)_p}{C_p/T} = \frac{Tv\alpha}{C_p} > 0 \tag{6.36}$$

이므로 음파가 지나가는 동안 압축되는 곳에서는 온도가 올라가고 ($\delta p > 0$, $\delta T > 0$), 팽창되는 곳에서는 온도가 내려간다($\delta p < 0$, $\delta T < 0$). 즉 파동이 전파하는 동안 임의의 순간을 보면 국부적으로 밀한 곳은 온도가 주위보다 높고, 소한 곳은 온도가 주위보다 낮다. 그림 6.3은 유체 내의 음파에 있어서 밀도, 압력, 온도의 요동을 임의의 순간에 쳐다본 모습이다. 여기서 유체를 구성하는 분자들의 밀도가 높은 부분($\delta\rho > 0$)은 음파에 의해 유체입자가 압축된 곳($\delta p > 0$)으로서 온도가 올라가고($\delta T > 0$), 반대로 분자의 밀도가 낮은 부분($\delta\rho < 0$)은 음파에 의해 팽창되는 곳($\delta p < 0$)으로 온도가 내려간다($\delta T < 0$).

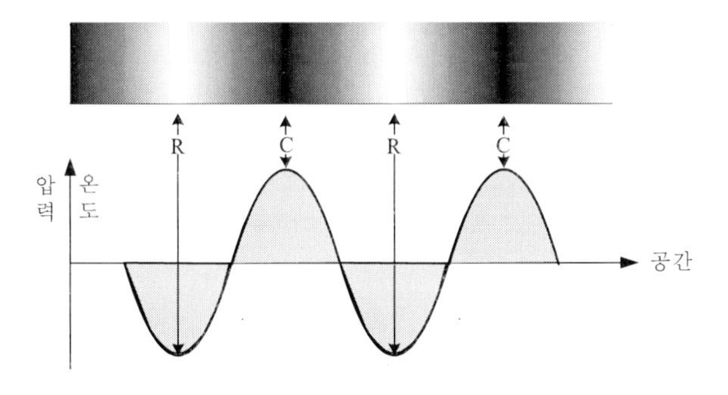

그림 6.3 유체 내의 음파에 있어서 밀도, 압력, 온도 요동의 공간분포를 한순간에 쳐다본 경우

6.5 압축성 흐름에서의 베르누이 방정식

5.2절에서 소개한 베르누이 방정식인 식 (5.8)은 비점성이고 비압축성인 이상유체의 흐름이 정상적이고 중력의 영향 아래 있을 때 흐름선을 따라 만족하는 에너지보존식이다. 비점성인 유체가 정상흐름을 보일 때 흐름의 압축 성질을 고려해 생각해보자. 이러한 경우에 나비에-스토크스 방정식은

$$(\boldsymbol{u} \cdot \nabla)\boldsymbol{u} = -\frac{1}{\rho}\nabla p - g\hat{\mathbf{z}} \tag{6.37}$$

이며 벡터 규칙 식 (C.34)에 의해 다음과 같이 고쳐 적을 수 있다.

$$\frac{1}{2}\nabla(\boldsymbol{u} \cdot \boldsymbol{u}) - \boldsymbol{u}\times(\nabla\times\boldsymbol{u}) = -\frac{1}{\rho}\nabla p - g\hat{\mathbf{z}} \tag{6.38}$$

그림 5.2에서와 같이 만일 각 점에서 흐름선에 접한 단위벡터 $\hat{\ell}$ 로 식 (6.38)의 양변에 벡터 내적을 취하면

$$\rho\frac{\partial}{\partial\ell}\left(\frac{1}{2}q^2\right) = -\frac{\partial p}{\partial\ell} - \rho\frac{\partial}{\partial\ell}(gz) \tag{6.39}$$

이다. 여기서 $q^2 \equiv \boldsymbol{u} \cdot \boldsymbol{u}$ 로서 운동에너지에 비례하는 양이다. 이상기체에서 등엔트로피 과정을 기술하는 식 (6.28)을 이용하여 구한 관계식

$$\frac{\partial}{\partial \ell}\left(\frac{p}{\rho}\right) = \frac{1}{\rho}\frac{\partial p}{\partial \ell} - \frac{p}{\rho^2}\frac{\partial \rho}{\partial \ell} \tag{6.40}$$

$$= \frac{1}{\rho}\left(1 - \frac{1}{\gamma}\right)\frac{\partial p}{\partial \ell}$$

을 식 (6.39)에 대입하면

$$\rho\frac{\partial}{\partial \ell}\left(\frac{1}{2}q^2\right) = -\frac{\rho}{1-\frac{1}{\gamma}}\frac{\partial}{\partial \ell}\left(\frac{p}{\rho}\right) - \rho\frac{\partial}{\partial \ell}(gz),$$

$$\frac{\partial}{\partial \ell}\left(\frac{\gamma}{\gamma-1}\frac{p}{\rho} + \frac{1}{2}q^2 + gz\right) = 0 \tag{6.41}$$

이다. 그러므로 **압축성 유체의 흐름선 위에서 베르누이 방정식**은

$$\frac{\gamma}{\gamma-1}\frac{p}{\rho} + \frac{1}{2}q^2 + gz = C \tag{6.42}$$

이다. 이 식은 식 (6.29)를 이용하면 다음과 같이 적을 수 있다.

$$\frac{c_s^2}{\gamma-1} + \frac{1}{2}q^2 + gz = C \tag{6.43}$$

식 (6.42)는 비압축성일 경우에는 γ의 값이 무한대이므로 식 (5.8)에서 보인 비압축성 유체의 베르누이 방정식이 된다. 그러므로 압축성 유체의 경우에는 5.3절에서 소개한 비압축성 유체의 베르누이 정리의 응용에서 보인 예들을 수정하여 기술해야 한다.

정체점 주위에서 음파의 전파속도

흐름속도가 0인 정체점은 압축성 흐름을 기술할 때 기준 상태로 많이 사용된다. 그림 6.4와 같이 방해물 근처에서 흐르는 압축성 유체의 흐름에서 중력의 효과가 중요하지 않을 때 세 지점 A, B, C를 생각해보자.

여기서 A는 B로부터 멀리 떨어져 있어서 방해물의 영향을 받지 않는 곳으로 압력, 밀도, 흐름속도가 각각 p_o, ρ_o, U_o이다. 그러므로 A에서 Ma 수와 음파의 전파속도는 다음과 같다.

$$\text{Ma}_o = \frac{U_o}{c_{so}}, \; c_{so} = \sqrt{\frac{\gamma p_o}{\rho_o}} \tag{6.44}$$

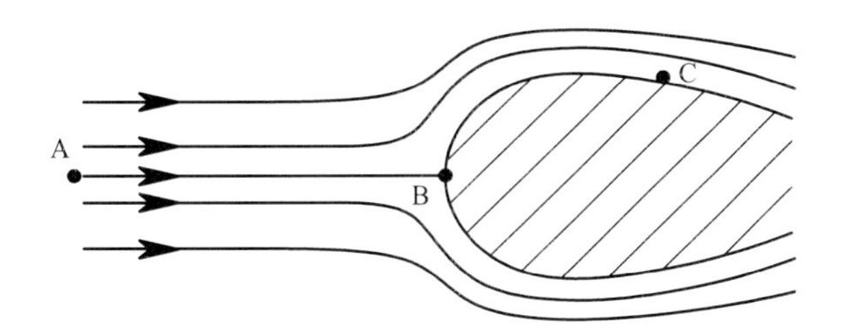

그림 6.4 방해물 근처에 흐르는 압축성 유체의 흐름

B는 정체점으로 흐름속도가 0이다. A와 B가 같은 흐름선에 위치하므로 식 (6.43)의 압축성 유체의 베르누이 방정식을 이용하면

$$\frac{c_{so}^2}{\gamma-1}+\frac{1}{2}U_o^2=\frac{c_{sB}^2}{\gamma-1} \tag{6.45}$$

이다. 그러므로 B에서 음파의 전파속도 c_{sB}는

$$c_{sB}=c_{so}\left[1+\frac{1}{2}(\gamma-1)\mathrm{Ma}_o^2\right]^{1/2} \tag{6.46}$$

로서 A에서의 전파속도 c_{so}보다 빠르다.

A와 C가 같은 흐름선에 위치하면 C에서는 흐름이 빨라지므로 $U_c > U_o$이다[연습문제 5.5(a) 참조, 이상유체 흐름에서 원기둥의 경우에 $U_c = 2U_o$임]. 베르누이 방정식 (6.43)을 이용하면

$$\frac{c_{so}^2}{\gamma-1}+\frac{1}{2}U_o^2=\frac{c_{sC}^2}{\gamma-1}+\frac{1}{2}U_c^2 \tag{6.47}$$

이므로 C에서 음파의 전파속도 c_{sC}는

$$c_{sC}=c_{so}\left[1-\frac{1}{2}(\gamma-1)\frac{U_c^2-U_o^2}{c_{so}^2}\right]^{1/2} \tag{6.48}$$

로서 A에서의 전파속도 c_{so}보다 늦다. 그러므로 세 지점에서 음파의 전파속도의 크기는

$$c_{sB} > c_{so} > c_{sC} \tag{6.49}$$

의 순서이다. 또한 위치에 따른 Ma 수는

$$\mathrm{Ma_C} > \mathrm{Ma_o} > \mathrm{Ma_B} = 0 \tag{6.50}$$

의 순서이다. 그러나 만일 상류의 흐름이 아음속이 되고 하류인 C에서 초음속이 되게 적당히 Ma_o를 택하면 실제의 흐름에서는 아음속에서 초음속으로 연속적으로 변화하지 않고 $Ma = 1$인 날카로운 경계를 가진다[그림 6.15 참조].

6.6 단면적의 크기가 단조롭게 변하는 곳에서 압축성 흐름

단면적의 크기 A가 단조롭게 변하는 도관(duct)에서 열전달과 마찰이 없이 등엔트로피 과정으로 흐르는 이상기체의 흐름을 생각해보자[이상유체가 아니라 이상기체임을 유의하라]. 정상적으로 흐르는 유체에 있어서 질량의 보존은 식 (2.45)에서

$$\int_V \nabla \cdot (\rho \boldsymbol{u}) \mathrm{d}V = \oint_S \rho \boldsymbol{u} \cdot \mathrm{d}\boldsymbol{S} = 0 \tag{6.51}$$

이다. 그림 6.5와 같이 x 방향으로만 흐름이 있다면 위의 식은

$$\frac{\mathrm{d}}{\mathrm{d}x}(\rho u A) = 0 \tag{6.52}$$

으로 나타낼 수 있으므로

$$\frac{1}{\rho}\frac{\mathrm{d}\rho}{\mathrm{d}x} + \frac{1}{u}\frac{\mathrm{d}u}{\mathrm{d}x} + \frac{1}{A}\frac{\mathrm{d}A}{\mathrm{d}x} = 0 \tag{6.53}$$

이다. 만일 흐름이 비압축성($\mathrm{d}\rho/\mathrm{d}x = 0$)이라면 단면적의 감소($\mathrm{d}A/\mathrm{d}x < 0$)는 흐름속도의 증가($\mathrm{d}u/\mathrm{d}x > 0$)를 가져오므로 식 (6.53)은 식 (4.4)와 같아진다.

운동량 보존식인 나비에-스토크스 방정식에서 점성효과가 제거된 식 (3.55)의 오일러

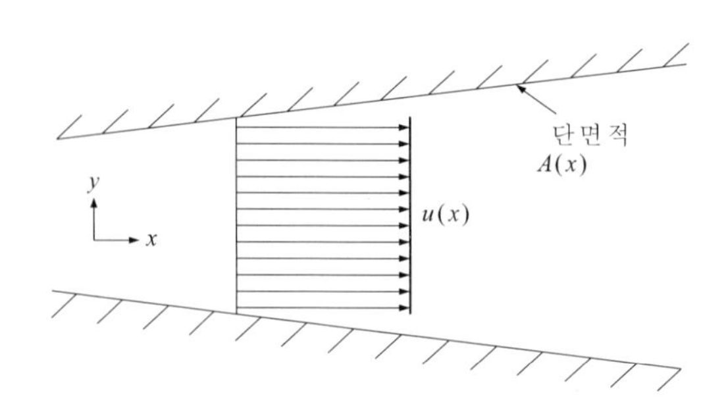

그림 6.5 x 방향으로 단면적의 크기가 단조 증가할 때 압축성 유체의 흐름

방정식은 1차원 압축성 정상흐름에서

$$u\frac{du}{dx} = -\frac{1}{\rho}\frac{dp}{dx} \tag{6.54}$$

이다. 이 식은 식 (6.29)를 이용하면

$$\gamma Ma^2\frac{1}{u}\frac{du}{dx} + \frac{1}{p}\frac{dp}{dx} = 0 \tag{6.55}$$

이다.

이상기체에서의 에너지 보존식을 기술한 연습문제 6.5의 베르누이 방정식은 1차원 흐름에서

$$C_p\frac{dT}{dx} + u\frac{du}{dx} = 0 \tag{6.56}$$

로 적을 수 있다. 식 (1.15), 식 (1.20), 식 (1.22), 식 (6.29)를 이용하면, 이 식은

$$\frac{1}{T}\frac{dT}{dx} + (\gamma - 1)Ma^2\frac{1}{u}\frac{du}{dx} = 0 \tag{6.57}$$

이 된다.

이상기체 방정식인 식 (1.20)을 x로 미분하면

$$\frac{1}{p}\frac{dp}{dx} - \frac{1}{\rho}\frac{d\rho}{dx} - \frac{1}{T}\frac{dT}{dx} = 0 \tag{6.58}$$

이다.

위의 4개 식 (6.53), (6.55), (6.57), (6.58)은 4개의 미지수 du/udx, $d\rho/\rho dx$, dp/pdx, dT/Tdx를 구하는 연립방정식이다. 이들로부터 du/udx를 구하면

$$\frac{1}{u}\frac{du}{dx} = \frac{1}{Ma^2 - 1}\frac{1}{A}\frac{dA}{dx} \tag{6.59}$$

이다. 이 식은 면적의 변화에 따른 속도의 변화를 보이는 식이다. 식 (6.53)과 식 (6.59)를 이용하면

$$\frac{1}{\rho}\frac{d\rho}{dx} = -Ma^2\frac{1}{u}\frac{du}{dx} \tag{6.60}$$

이므로 식 (6.55)와 함께 분석하면 흐름속도의 증가($du/dx > 0$)는 압력의 감소($dp/dx < 0$)와 밀도의 감소($d\rho/dx < 0$)를 초래한다.

식 (6.54), 식 (6.59), 식 (6.60)을 압축성 유체의 아음속 흐름과 초음속 흐름에 각각 적용하면 비압축성 흐름과는 전혀 다른 성질을 볼 수 있다. 단면적의 증가와 감소 그리고 아음속과 초음속의 조합은 네 가지의 가능한 경우를 생각해 볼 수 있다. **아음속 흐름**($\mathrm{Ma} < 1$)에서 단면적의 감소는 흐름속도의 증가와 더불어 압력과 밀도의 감소를 가져온다. 그리고 단면적의 증가는 반대의 결과를 가져온다. 이 결과는 비압축성 흐름과 같은 성질이다. 그에 반해서 **초음속 흐름**($\mathrm{Ma} > 1$)에서는 단면적의 감소는 흐름속도의 감소와 더불어 압력과 밀도의 증가를 가져온다. 그리고 단면적의 증가는 반대의 결과를 가져온다. 이렇게 되는 이유는 식 (6.60)에서 알 수 있듯이 $\mathrm{Ma} > 1$ 이면 밀도의 감소율이 흐름속도의 증가율보다 크다. 이에 반해 $\mathrm{Ma} < 1$ 이면 밀도의 감소율이 흐름속도의 증가율보다 작다. 그러므로 초음속 흐름($\mathrm{Ma} > 1$)에서 흐름을 가속하기 위해서는 단면적을 단조 증가시켜야 한다. 이 결과는 속도의 변화와 밀도가 전혀 관계없는 비압축성 흐름과는 완전히 다른 성질이다. 그림 6.6은 이러한 네 가지 경우를 보인다.

위의 결과를 이용하여 로켓 추진 장치의 중요한 부분인 **노즐**(nozzle)을 생각해보자. 그림 6.7의 노즐은 스웨덴의 라발(Gustaf de Laval, 1845~1913)이 증기엔진의 목적으로 1888년에 고안하였다 하여 **라발 노즐**(de Laval nozzle)이라 부른다. 고압의 기체는 노즐을 통하여 오른쪽으로 이동하면서 팽창되어 압력이 감소하고 고속으로 가속되는 **제트**(jet)가 된다. 이를 시험하기 위해 노즐의 출구(오른쪽 끝)에 강력한 펌프를 위치시켜서 압축성 유체를 하류로 빨아들이면 노즐의 입구(왼쪽 끝)에서 $\mathrm{Ma} \approx 0$ 인 아음속의 유체가 가속되어 출구에서는 $\mathrm{Ma} > 1$ 인 초음속의 유체가 되는 도관을 만들 수 있다. 이 경우에 그림 6.6에 따

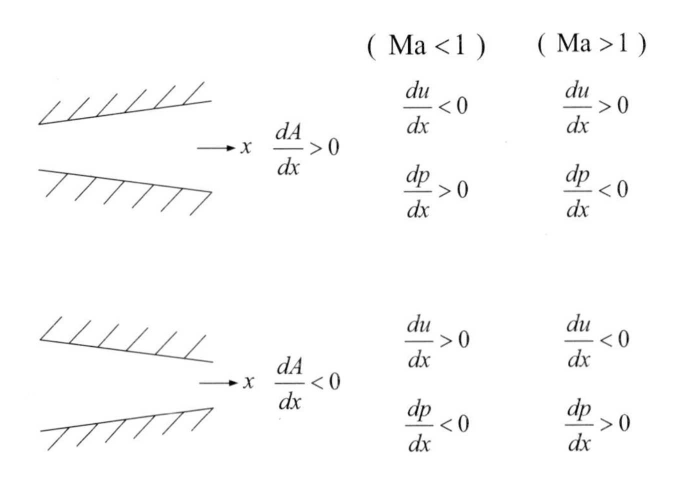

그림 6.6 단면적의 증감소에 따른 아음속 흐름과 초음속 흐름

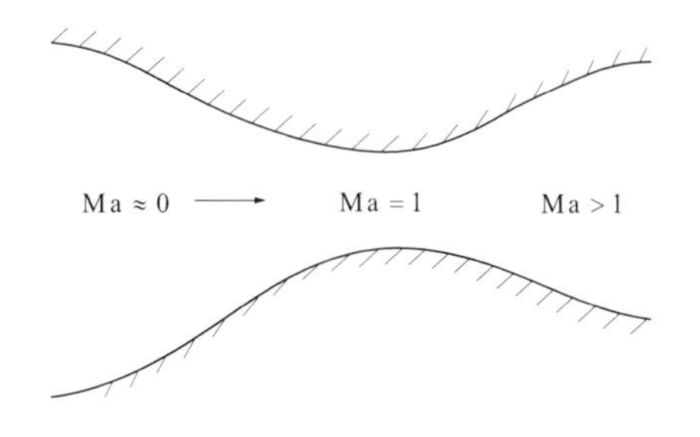

그림 6.7 라발 노즐에서의 초킹 현상

르면 흐름의 상류에서는 $dA/dx < 0$, $du/dx > 0$이고 하류에서는 $dA/dx > 0$, $du/dx > 0$이므로 노즐의 목 부분에서는 단면적의 크기가 증가도 감소도 하지 않고 최솟값을 가지므로 항상 $Ma = 1$이다. 즉 펌프의 세기를 아무리 늘여도 목 부분에서 흐름속도는 음파의 속도보다 빨라질 수 없다. 펌프의 세기에 대한 정보가 상류로 전달되지 않으므로 이런 현상을 **초킹**(choking)되었다고 한다. 이 독특한 성질은 그림 5.4에 있는 비압축성 유체의 벤튜리 관과 비교된다. 라발 노즐은 모양에 있어서 벤튜리 관과 비슷하지만 만일 입구 쪽과 출구 쪽을 모두 아음속으로 만들거나 모두를 초음속으로 만들면 목 부분에서 $Ma = 1$을 이룰 수 없다.

이상적인 노즐의 경우 출구에서의 단면적이 A_e이고 밀도가 ρ_e이며 기체의 흐름속도가 u_e일 때 출구에서의 압력 p_e가 대기압과 같으면 추진력은 $\rho_e u_e^2 A_e$이다[연습문제 6.8 참조]. 그러나 실제의 로켓 추진 장치의 노즐에서는 입구에 연소실이 위치하여 여기서 발생한 고온 고압의 기체가 목을 통해 초음속으로 가속되면서 압력이 감소한다. 그러나 노즐의 출구 바깥의 압력이 대기압이므로 출구 근처에서 압력이 급격하게 증가하면서 흐름속도가 급격히 감소하여 아음속이 된다. 그러므로 출구 근처에 있는 초음속-아음속 전이지역에서는 6.7절에서 소개할 충격파가 발생하여 위의 추진력만큼 되지는 않는다.

이 노즐의 원리는 고더드(Robert Goddard, 1882~1945)가 로켓엔진에서 처음 사용하였으며 현대에 사용하는 고온 연소방식의 로켓은 이 원리를 사용하고 있다.

참고

라발 노즐의 열역학

식 (6.56)을 생각해보면 라발 노즐은 압축성 유체의 미시적 열에너지를 거시적 운동에너지로 전환하면서 아음속 흐름을 초음속 흐름으로 가속한다. 목 부분을 통과한 후 압력이 줄어들어 온도가 감소하며 초음속으로 팽창되는 과정은 줄-톰슨 과정(Joule-Thomson process)이다.

6.7 비선형 압축파(충격파) : 압축파의 진폭이 큰 경우

앞에서 보인 음파의 파동방정식은 밀도 요동 $\delta\rho$의 크기가 요동이 없을 때의 밀도 ρ_o에 비해 대단히 작은 경우로 선형방정식이다. 그러나 요동의 크기가 커지면 압축파의 파동방정식은 더 이상 선형이 아니다. 이러한 경우에 밀도 요동은 전파되면서 **충격파**를 만든다. 이를 설명하기 위하여 파이프의 왼쪽 입구에 있는 피스톤을 짧은 시간 동안 $+x$ 방향으로 빠른 속도로 밀어서 입구 근처의 내부에 있던 밀도 ρ_o인 기체를 빠르게 압축하는 경우를 생각해보자. 이로 인해 위치에 따라서 펄스 형태의 밀도 요동이 발생하고 이 요동은 시간이 흐름에 따라 $+x$ 방향으로 이동한다. 이 경우가 그림 6.1과 다른 점은 요동 $\delta\rho$의 크기가 위치에 따라 다를 뿐 아니라 요동이 있기 전의 밀도 ρ_o에 비해서 무시할 만큼 작지도 않다. 그러므로 비선형 항들을 무시할 수 없다.

나비에-스토크스 방정식에서 비가역적 점성효과가 무시된 식인 오일러 방정식에서 x 방향 성분인 식 (6.5)를 다시 적으면

$$(\rho_o + \delta\rho)\left[\frac{\partial}{\partial t}\delta u + \delta u\frac{\partial}{\partial x}\delta u\right] = -\frac{\partial}{\partial x}(p_o + \delta p) \tag{6.61}$$

이다. 밀도 요동과 압력 요동, 밀도 요동과 속도 요동 사이의 관계인

$$\delta\rho = \frac{\partial\rho}{\partial p}\delta p,\ \delta\rho = \frac{\partial\rho}{\partial u}\delta u \tag{6.62}$$

을 식 (6.61)의 우변에 대입하면

$$(\rho_o + \delta\rho)\left[\frac{\partial}{\partial t}\delta u + \delta u\frac{\partial}{\partial x}\delta u\right] = -\frac{\partial p}{\partial\rho}\frac{\partial\rho}{\partial u}\frac{\partial}{\partial x}\delta u \tag{6.63}$$

이다.

식 (6.7)의 연속방정식을 다시 적으면

$$\frac{\partial}{\partial t}(\rho_o + \delta\rho) + \frac{\partial}{\partial x}[(\rho_o + \delta\rho)\delta u] = 0 \tag{6.64}$$

이다. 이를 식 (6.62)의 관계들을 이용하여 식 (6.63)과 비슷하게 만들면

$$(\rho_o + \delta\rho)\left[\frac{\partial}{\partial t}\delta u + \delta u\frac{\partial}{\partial x}\delta u\right] = -(\rho_o + \delta\rho)^2\frac{\partial u}{\partial\rho}\frac{\partial}{\partial x}\delta u \tag{6.65}$$

이다. 식 (6.63)과 식 (6.65)의 좌변들이 같으므로 우변들끼리도 같아야 한다.

$$\frac{\partial p}{\partial \rho}\frac{\partial \rho}{\partial u}\frac{\partial}{\partial x}\delta u = (\rho_o + \delta\rho)^2 \frac{\partial u}{\partial \rho}\frac{\partial}{\partial x}\delta u \tag{6.66}$$

이 식은 다음과 같이 고쳐 적을 수 있다.

$$\partial u \, \partial u = \frac{1}{(\rho_o + \delta\rho)^2}\frac{\partial p}{\partial \rho}\partial\rho \, \partial\rho \tag{6.67}$$

그러므로

$$\partial u = \pm\sqrt{\frac{\partial p}{\partial \rho}}\frac{\partial \rho}{\rho} \tag{6.68}$$

이다. 여기서 다음과 같은 새로운 물리량을 정의하면

$$c^2 \equiv \frac{\partial p}{\partial \rho} \tag{6.69}$$

식 (6.68)은 식 (6.1)과 식 (6.2)를 이용하여

$$\frac{1}{c}\partial\delta u = \pm\frac{1}{\rho}\partial\delta\rho \tag{6.70}$$

로 다시 적을 수 있다. 요동의 크기가 무한히 작아지면 $c \to c_s$와 $\rho \to \rho_o$이므로 위의 식은 ± 기호만 빼면 선형의 경우인 식 (6.22)이 된다. 식 (6.22)는 양의 x 방향으로 요동이 진행하는 경우이다. 그러므로 식 (6.70)에서 + 기호는 $+x$ 방향으로, − 기호는 $-x$ 방향으로 요동이 진행하는 것을 뜻한다. $+x$ 방향으로 요동이 진행할 때 식 (6.70)을 오일러 방정식인 식 (6.63)에 대입하면

$$\frac{\partial}{\partial t}\delta u + (\delta u + c)\frac{\partial}{\partial x}\delta u = 0 \tag{6.71}$$

이 된다. 이 관계를 만족시키는 $+x$ 방향으로 진행하는 속도 요동의 일반적인 표현은

$$\delta u = f(x - (\delta u + c)t) \tag{6.72}$$

으로 $+x$ 방향으로 전파속도 C를 가지고 진행하는 진행파를 나타낸다.

$$C \equiv \delta u + c \tag{6.73}$$

여기에서 요동의 크기가 무한히 작아지면 $C \to c_s$ 로 선형의 경우로 돌아간다.

이상기체의 등엔트로피 흐름에서의 관계식 (1.23)을 사용하면

$$\frac{p}{\rho^{\gamma}} = \frac{p_o}{\rho_o^{\gamma}} \tag{6.74}$$

이므로 식 (6.29)에서 $c_s^2 = \gamma p_o/\rho_o$ 와 식 (6.69)를 이용하면

$$\begin{aligned} c &= \sqrt{\frac{\partial p}{\partial \rho}} \\ &= \sqrt{\gamma \rho^{\gamma-1} \frac{p_o}{\rho_o^{\gamma}}} \\ &= c_s \left(\frac{\rho}{\rho_o} \right)^{(\gamma-1)/2} \end{aligned} \tag{6.75}$$

이다. 식 (6.70)에서 $+x$ 방향으로 진행하는 속도 요동은 위의 식을 참조하면

$$\partial \delta u = \frac{c_s}{\rho_o^{(\gamma-1)/2}} \rho^{(\gamma-3)/2} \partial \delta \rho \tag{6.76}$$

이다. 요동이 없을 때 $\delta u = \delta \rho = 0$ 이므로 위의 식을 적분하면

$$\begin{aligned} \delta u &= \int_{\rho_o}^{\rho} \frac{c_s}{\rho_o^{(\gamma-1)/2}} \rho^{(\gamma-3)/2} \mathrm{d}\rho = \frac{2}{\gamma-1} \left[c_s \left(\frac{\rho}{\rho_o} \right)^{(\gamma-1)/2} - c_s \right] \\ &= \frac{2}{\gamma-1} (c - c_s) \end{aligned} \tag{6.77}$$

이다. 이 식은 속도 요동 δu 과 음파의 전파속도 c_s, 그리고 c 사이의 관계이다. 그러므로 비선형 압축파에서 요동의 전파속도는 식 (6.73)에서

$$\begin{aligned} C(x,\ t) &= \delta u + c \\ &= c_s + \frac{\gamma+1}{2} \delta u \end{aligned} \tag{6.78}$$

이다. 이 식에 따르면 요동의 전파속도 C 는 속도 요동 δu 의 크기에 따라 달라진다. 속도 요동이 양수($\delta u > 0$)인 압축의 경우($\delta \rho > 0$)에 요동은 음파보다 빨리 전파된다. 그리고 속도 요동의 크기가 크면 클수록 요동은 더 빨리 전파된다. 그러므로 요동으로 유체입자의 압축이 매우 큰 경우는

$$\frac{\delta\rho}{\rho_o} > 0 \quad \Rightarrow \quad C > c_s \tag{6.79}$$

이며 온도가 증가한다[식 (6.35) 참조]. 반대로 속도 요동이 음수($\delta u < 0$)인 팽창의 경우 ($\delta\rho < 0$)에 요동은 음파보다 늦게 전파된다. 그리고 속도 요동의 진폭이 크면 클수록 요동은 더 늦게 전파된다. 그러므로 요동에 의한 유체입자의 팽창이 매우 큰 경우는

$$\frac{\delta\rho}{\rho_o} < 0 \quad \Rightarrow \quad C < c_s \tag{6.80}$$

이며 온도가 감소한다[식 (6.35) 참조]. 밀도가 높아짐에 따라 압축파의 전파속도가 커지는 것은 밀도가 높아짐에 따라 기체분자의 평균 자유거리가 짧아지므로 정보의 전달 속도가 빨라지기 때문이다.

그림 6.8(a)는 피스톤을 순간적으로 밀어 요동을 일으킨 직후에 입구 근처에 있는 압축된 1차원적인 밀도의 요동 펄스를 보인 것이다. 종 모양인 펄스의 중간 부분에는 요동의 크기가 크지만, 양쪽 끝은 그림 6.1과 같이 요동의 크기가 매우 작은 경우이다. 그러므로 펄스의 양쪽 끝에서는 압축파의 전파속도는 c_s이고 펄스의 중간 부분에서는 압축파의 전파속도는 C이다. 그림 (a)에서 화살의 길이는 요동 펄스의 위치에 따른 전파속도를 나타낸다. 요동 펄스의 중간 부분에서의 전파속도가 요동 펄스의 양쪽 끝보다 속도가 빠르므로 시간이 지남에 따라 중간 부분의 요동이 앞쪽 끝을 추월하게 된다. 그림 6.8(b)에서 점선은 추월하는 순간을 보인다. 그러나 공간의 한 점에서 두 개의 밀도를 동시에 가질 수 없으므로 밀도의 공간분포는 연속적으로 바뀌는 실선과 같이 되지 않고 점선에서 보이는 것처럼 불연속적으로 바뀐다.

그림 6.9는 초기 $t = 0$에 유체입자가 갑자기 국부적으로 압축되어 밀도 $\rho(x, 0)$의 공간분포가 종의 모양인 요동 펄스가 시간($t_3 > t_2 > t_1 > 0$)에 따라 $+x$ 방향으로 전파될 때 밀도의 공간분포 변화이다. $\delta\rho/\rho_o$의 크기에 따라 요동의 전파속도가 다르므로 $\delta\rho/\rho_o$

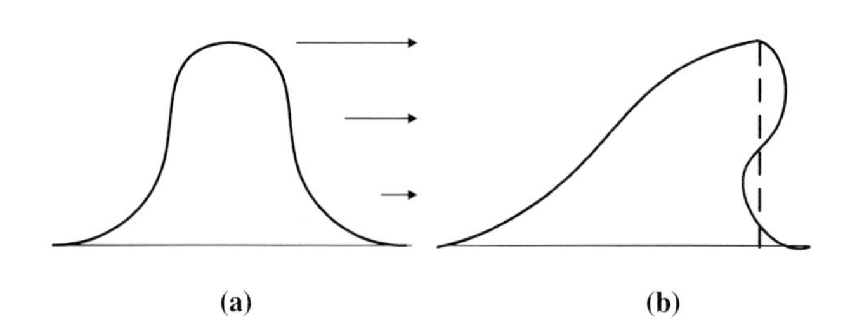

그림 6.8 피스톤에 의해 발생한 1차원 충격파 요동 펄스의 전파

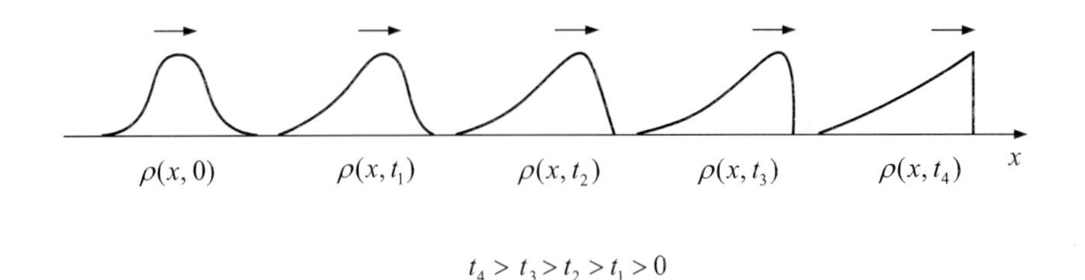

$t_4 > t_3 > t_2 > t_1 > 0$

그림 6.9 1차원 충격파에서 요동 펄스의 시간에 따른 변화

가 큰 부분이 전파 방향의 선두에 서게 된다. 이러한 압축파의 선두 부분을 **충격선두**(shock front)라 한다. 충격선두가 가장 빨리 진행하는 데 비해 요동 펄스의 진행 방향의 반대에 있는 요동의 꼬리 부분은 음파의 속도인 c_s로 진행하게 되어 파의 길이는 시간에 따라 점점 길어진다. 그러나 질량보존법칙에 의해 그림 6.9의 곡선 아래에서의 면적이 항상 일정해야 하므로 충격선두의 세기가 시간에 따라 감소하면서 충격선두와 **충격꼬리**(shock tail) 사이의 길이가 점점 늘어난다. 즉 초기의 집중된 압축에너지가 시간이 지남에 따라 점점 공간에 흩어져 분포할 것이다. 이렇게 날카로운 충격선두와 긴 충격꼬리를 가지고 진행하는 압축파를 **충격파**(shock wave)라 한다.

기체의 경우에 충격선두의 두께는 밀도 요동의 크기가 작았을 때는 1 mm 정도로 두껍지만, 밀도 요동이 클 때는 분자의 평균 자유거리와 비슷한 수 μm 정도로 얇다. 그러므로 지금까지는 압축파에서는 열전도나 점성에 의한 열의 발생을 무시하는 가역적인 과정을 가정했으나 충격선두에서는 유체입자의 압축이 거의 불연속적으로 바뀔 뿐 아니라 압력, 밀도, 온도, 속도 등의 구배의 크기가 매우 크다. 그러므로 충격선두에서는 열전도나 점성에 의한 열의 발생을 무시할 수 없는 비가역적 과정이 일어난다.

위에 따르면 충격파는 $\delta\rho/\rho_o$가 크면 항상 발생한다. 보통 Ma 수가 크면 충격파가 발생한다. 예로서 초음속 비행기에서 발생하는 충격파는 '쿵'하는 **음속폭음**(sonic boom)을 통해서 인지한다. 초기에 흐름이 없어 Ma 수가 0일 경우에서도 강력한 폭발 같은 것이 있는 곳에서는 $\delta\rho/\rho_o$가 큰 값을 가질 수 있으므로 충격파가 있을 수 있다. 예로서 원폭이 터질 때 원폭의 영향은 강력한 빛 말고도 충격파의 형태로 위력을 발휘한다. 실제로 원폭이 가지고 있는 에너지 가운데 거의 50%는 충격파의 형태로 주위 모든 것을 날려버린다. 충격선두 근처에서는 밀도가 불연속이므로 빛의 굴절률도 불연속적으로 바뀐다. 예를 들면 강력한 폭발이 있는 곳의 주위에 방사상으로 공간이 휘어지는 것처럼 보이면서 퍼지는 것을 눈으로 볼 수가 있다.

고정된 방해물을 향해 유체가 정상적으로 흐를 때는 방해물 주위에 발생하는 충격파는 공간에 정지해 있다. 이에 반해 파이프의 밸브를 갑자기 닫을 때나 갑자기 큰 폭발이 있을 때 발생하는 충격파는 공간에서 전파해 나간다.

6.8 수직충격파

수직충격파(normal shock wave)는 충격선두와 유체의 흐름방향이 수직일 경우를 말한다. 그림 6.10과 같이 정지해 있는 수직의 충격선두를 가로질러 유체가 흐르는 경우를 생각해보자. 충격선두의 왼쪽에서는 유체의 속도, 압력, 밀도가 U_1, p_1, ρ_1이고 오른쪽에서는 U_2, p_2, ρ_2이라고 가정하자. 만일 상류의 조건인 U_1, p_1, ρ_1을 알고 있다고 하면 하류의 조건인 세 개의 미지수 U_2, p_2, ρ_2를 구하기 위해서는 세 개의 방정식이 필요하다. 충격선두를 경계로 질량, 운동량, 에너지가 보존되어야 하므로 세 개의 방정식을 구성할 수 있다.

에너지 보존으로 압축성 유체의 흐름선 위에서의 베르누이 정리인 식 (6.42)에서 중력의 효과를 무시하면

$$\frac{\gamma}{\gamma-1}\frac{p_1}{\rho_1} + \frac{1}{2}U_1^2 = \frac{\gamma}{\gamma-1}\frac{p_2}{\rho_2} + \frac{1}{2}U_2^2 \tag{6.81}$$

이다. 단위면적의 충격선두를 통한 유체의 질량보존에 의해

$$\rho_1 U_1 = \rho_2 U_2 \tag{6.82}$$

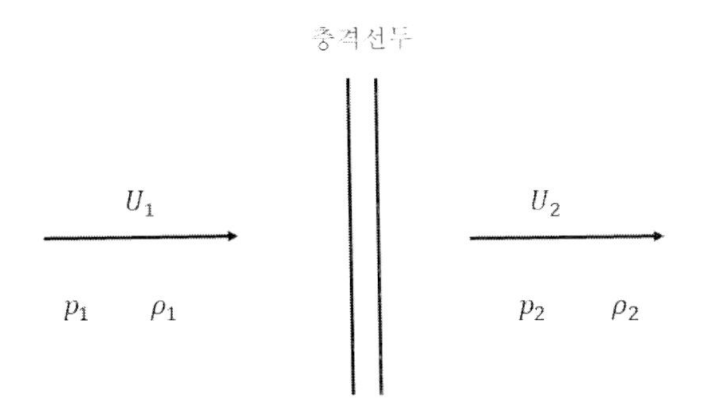

그림 6.10 수직충격파의 충격선두(정지해 있는 경우)

이다. 그리고 단위면적의 충격선두에 가해지는 힘의 합은 운동량 보존에 의해 충격선두의 전후에 단위부피당 운동량 플럭스의 차이와 같다.

$$p_1 - p_2 = \rho_2 U_2^2 - \rho_1 U_1^2 \tag{6.83}$$

식 (6.82)와 식 (6.83)을 이용해 식 (6.81)에서 ρ_2와 U_2를 소거한 후에 p_2에 대한 2차 방정식을 풀면

$$p_2 = \frac{1}{\gamma + 1}\left[p_1 + \rho_1 U_1^2 \pm \left(\gamma p_1 - \rho_1 U_1^2\right)\right] \tag{6.84}$$

이다. 두 개의 가능한 압력 가운데 하나는 충격파가 존재하지 않는 경우인 $p_1 = p_2$ 이고, 나머지 하나는

$$\begin{aligned} p_2 &= \frac{1-\gamma}{1+\gamma}p_1 + \frac{2}{1+\gamma}\rho_1 U_1^2 \\ &= p_1 + \frac{2\gamma p_1}{\gamma+1}\left(\frac{\rho_1 U_1^2}{\gamma p_1} - 1\right) \end{aligned} \tag{6.85}$$

이다. 식 (4.41)과 식 (6.29)에 따르면

$$\mathrm{Ma}^2 = \rho U^2/\gamma p = U^2/\gamma RT \tag{6.86}$$

이므로 식 (6.85)는 다음과 같다.

$$\frac{p_2}{p_1} = 1 + \frac{2\gamma}{\gamma+1}\left(\mathrm{Ma}_1^2 - 1\right) \tag{6.87}$$

이 식은 상류의 Ma 수인 Ma_1의 크기에 따라 충격선두를 경계로 압력 p가 어떻게 불연속적으로 변화하는가를 보여준다. 충격파에 의해서 하류의 유체가 압축되려면 $p_2 > p_1$ 이므로 **충격파의 조건**은 식 (6.87)에서

$$\mathrm{Ma}_1 > 1 \tag{6.88}$$

이다. 식 (6.86)을 이용하여 식 (6.83)의 운동량 보존식을 고쳐 적으면

$$p_1 + \gamma p_1 \mathrm{Ma}_1^2 = p_2 + \gamma p_2 \mathrm{Ma}_2^2 \tag{6.89}$$

이다. 이 식을 식 (6.87)에 적용하면

$$\mathrm{Ma}_2^2 = \frac{(\gamma-1)\mathrm{Ma}_1^2 + 2}{2\gamma \mathrm{Ma}_1^2 + 1 - \gamma} \tag{6.90}$$

이다. 이 식은 충격선두를 경계로 Ma 수가 어떻게 불연속적으로 변화하는가를 보여준다. 그리고 이 식에 따르면 충격선두의 상류에서는 초음속($Ma_1 > 1$)이므로 하류에서는 아음속이다.

$$Ma_2 < 1 \tag{6.91}$$

비슷한 방법으로 밀도와 온도가 충격선두를 경계로 어떻게 불연속적으로 변화하는가를 구할 수 있다.

$$\frac{\rho_2}{\rho_1} = \frac{U_1}{U_2} = \frac{(\gamma+1)Ma_1^2}{(\gamma-1)Ma_1^2+2} \tag{6.92}$$

$$\frac{T_2}{T_1} = 1 + \frac{2(\gamma-1)}{(\gamma+1)^2}\frac{\gamma Ma_1^2+1}{Ma_1^2}(Ma_1^2-1) \tag{6.93}$$

이다. 이 식에 따르면 $Ma_1 > 1$ 이면 $\rho_2 > \rho_1$, $T_2 > T_1$ 이다.

위의 관계들은 영국의 랭킨(William J. M. Rankine, 820~1872)과 프랑스의 위고니오(Pierre Henry Hugoniot, 1851~1887)에 의해서 독립적으로 구해졌으므로 **랭킨-위고니오 방정식**(Rankine-Hogoniot equations)이라고 부른다. 충격선두를 경계로 상류에서 하류로 진행함에 따라 압력, 밀도, 온도 뿐만 아니라 엔트로피도 불연속으로 증가한다[연습문제 6.11 참조]. 이는 충격파가 유체를 압축할 뿐 아니라 가열하는 것을 뜻한다.

그림 6.10의 경우와 달리 폭발 현상 같은 경우에는 하류에서 발생한 폭발에 의한 압력의 증가로 인한 충격선두가 상류에 정지해 있는 유체를 밀고 나간다. 이러한 경우는 그림 6.11을 이용하면 설명할 수 있다. 그림 6.11은 그림 6.10에다 전체적으로 $-U_1$ 의 흐름을 더한 것이다. 그렇게 되면 충격선두의 상류인 왼쪽은 정지해 있으면서 시간이 지남에 따라 충격선두와 만난다. 즉 충격선두가 속도 U_1 으로 왼쪽으로 전진한다. 그리고 충격선두

참고

랭킨-위고니오 방정식

이 방정식을 유도할 때 베르누이 정리를 사용하였지만 실제로는 충격선두 내에 에너지소산이 일어나므로 위의 설명은 정확하지 않다. 정확한 방법으로 유도하여도 같은 결과를 가져오지만, 너무 복잡하므로 쉽게 설명하기 위하여 베르누이 정리를 그냥 사용했다.

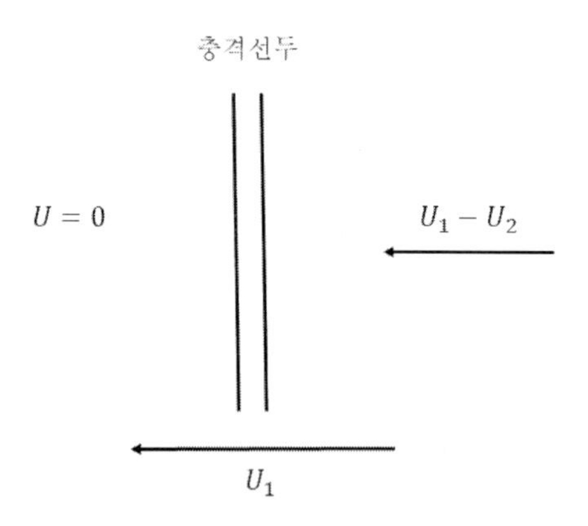

그림 6.11 수직충격파의 충격선두(진행하고 있는 경우)

의 하류인 오른쪽에 있는 유체는 정지해 있는 유체를 향해서 충격선두의 뒤를 따라 $U_1 - U_2$의 속도로 이동한다. 이 경우에 $\mathrm{Ma}_1 = U_1/c_{s1} > 1$이다. 크기가 큰 압력의 요동이 정지해 있는 유체를 통해 초음속으로 전파해 나가는 것을 뜻한다. 열역학적인 성질을 나타내는 관계인 식 (6.84)~(6.93)들은 모두 유효하다.

6.9 경사충격파

수직충격파에서는 충격선두와 유체의 흐름방향이 수직이다. 즉 충격파의 전파 방향과 유체의 흐름이 나란한 경우이다. 그러나 많은 경우에 충격파의 전파 방향과 유체의 흐름방향이 각을 이루고 있다. 이러한 충격파를 **경사충격파**(oblique shock wave)라 한다. 수직충격파의 흐름속도 U_1과 U_2에 수직성분 V를 각각 더해주면 경사충격파를 쉽게 설명할 수 있다[그림 6.12(a) 참조]. 이 그림에서는 정지해 있는 충격선두를 통해 유체가 흐르는 경우이다. 그러므로 충격선두의 상류에서는 흐름속도가 W_1이며 충격선두와 β_1의 각을 이루고, 하류에서는 흐름속도가 W_2이고 충격선두와 β_2의 각을 이룬다[그림 6.12(b) 참조]. 이때 β_1을 **충격각**(shock angle)이라 하며, $\delta \equiv \beta_1 - \beta_2$를 **굴절각**(deflection angle)이라 한다.

$$W_1 \sin\beta_1 = U_1, \qquad W_2 \sin\beta_2 = U_2 \tag{6.94}$$

$$W_1 \cos\beta_1 = W_2 \cos\beta_2 = V$$

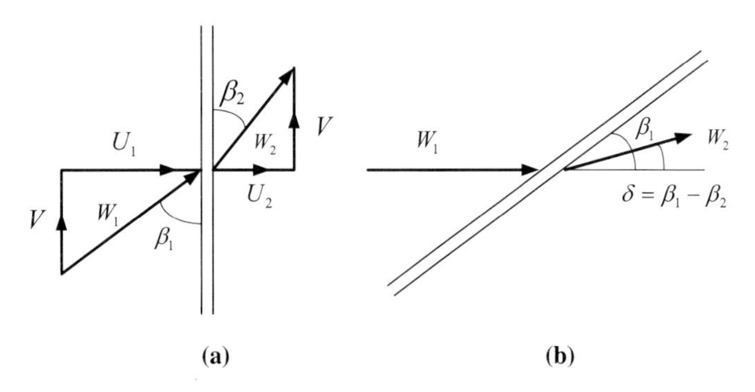

그림 6.12 경사충격파의 충격선두(정지해 있는 경우)

상류와 하류에서의 Ma 수는 각각

$$\mathrm{Ma}_1 = \frac{W_1}{c_{s1}}, \quad \mathrm{Ma}_2 = \frac{W_2}{c_{s2}} \tag{6.95}$$

이다. 이때 수직 충격 성분의 Ma 수인 U_1/c_{s1}과 U_2/c_{s2}는 다음의 관계를 가진다.

$$\frac{U_1}{c_{s1}} = \mathrm{Ma}_1 \sin\beta_1, \quad \frac{U_2}{c_{s2}} = \mathrm{Ma}_2 \sin\beta_2 \tag{6.96}$$

상류와 하류에서의 수직성분의 Ma 수끼리의 관계인 식 (6.90)을 이용하면

$$\mathrm{Ma}_2^2 \sin^2\beta_2 = \frac{(\gamma-1)\mathrm{Ma}_1^2 \sin^2\beta_1 + 2}{2\gamma \mathrm{Ma}_1^2 \sin^2\beta_1 + 1 - \gamma} \tag{6.97}$$

이다. 그리고 식 (6.87)과 식 (6.92)에서 보인 압력과 밀도의 불연속 관계를 이용하면

$$\frac{p_2}{p_1} = 1 + \frac{2\gamma}{\gamma+1}\left(\mathrm{Ma}_1^2 \sin^2\beta_1 - 1\right) \tag{6.98}$$

$$\frac{\rho_2}{\rho_1} = \frac{U_1}{U_2} = \frac{(\gamma+1)\mathrm{Ma}_1^2 \sin^2\beta_1}{(\gamma-1)\mathrm{Ma}_1^2 \sin^2\beta_1 + 2} = \frac{\tan\beta_1}{\tan\beta_2} = \frac{\tan\beta_1}{\tan(\beta_1 - \delta)} \tag{6.99}$$

이다. 여기서 수평성분 V는 상류와 하류에서 같으므로 열역학적인 성질에 영향을 미치지 않는다. 그러므로 경사충격파의 경우에 Ma_1과 β_1을 안다면 식 (6.99)를 이용하여 굴절각 δ를 구할 수 있다. 이 식에 따르면 주어진 상류의 Ma_1에 대해 충격각 β_1을 증가하면 굴절각 δ가 증가하다가 특정한 충격각에서 최대 굴절각 $\delta_{\max}$을 가진 후에 감소하다가 $\beta_1 = 90°$가 되면 수직충격파가 되어 δ가 0이 된다.

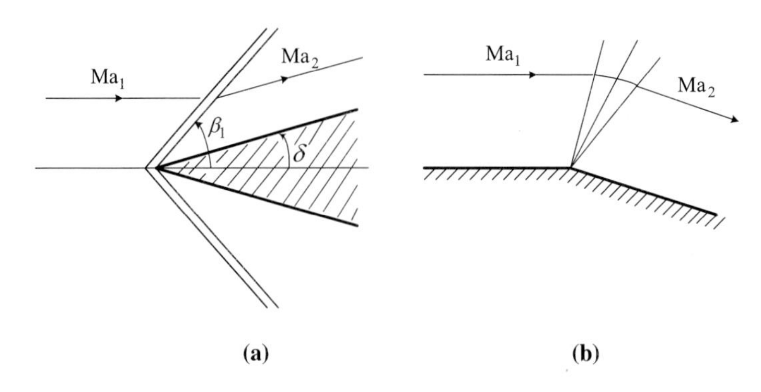

그림 6.13 두 가지 경우의 경사충격파(방해물이 있는 경우)

그림 6.13(a)와 같이 쐐기모양의 방해물(빗금친 부분)을 향해 Ma_1의 초음속으로 흐르는 압축성 유체의 2차원 흐름을 생각해보자. 만일 쐐기의 면이 흐름방향과 이루는 쐐기반각이 δ이면, 쐐기의 날카로운 끝을 향해 전진하는 압축성 유체입자는 대칭적으로 갈라져 각각 아래와 위의 표면을 따라 흐른다. 그러나 쐐기의 끝을 정면으로 향하지 않는 유체입자는 쐐기의 표면에 부딪히기도 전에 방향을 바꿀 것이다. 그러므로 그림 6.12(b)의 경우와 쐐기의 윗부분을 비교하면 δ는 굴절각이다. 그러므로 식 (6.99)를 이용하면 입사흐름과 충격선두가 이루는 충격각 β_1을 구할 수 있다. 유체의 흐름선을 생각하면 흐름선의 방향이 갑자기 바뀌는 점들의 집합이 경사충격파의 충격선두이다.

그림 6.13(b)와 같이 방해물의 경계면이 흐름방향을 향하고 있다가 갑자기 흐름방향으로부터 멀어질 때 2차원 압축성 흐름을 생각해보자. 이 경우는 그림 6.13(a)와 반대 경우로 흐름이 부채꼴 모양으로 팽창되는 경우이다. 즉 경계면에 붙어서 흐르던 흐름은 모서리를 지나 다시 경계면을 따라 흐르나 경계면에서 떨어져서 흐르던 유체는 모서리를 지나면서 급격하게 팽창한다. 그렇지만 압력은 연속적으로 감소하고 Ma 수는 서서히 증가한다($Ma_1 < Ma_2$). 이렇게 모서리를 중심으로 부채꼴 모양으로 유체가 팽창하는 지역을 이를 연구한 프란틀(Ludwig Prandtl, 1875~1953)과 그의 학생인 마이어(Theodore Meyer, 1882~1972)의 이름을 따서 **프란틀-마이어 팽창부채**(Prandtl-Meyer expansion fan)이라 부른다. 그림 6.13(a)의 경우는 흐름선이 갑자기 방향을 변경하면서 충격선두를 이루었으나 (b)에서는 흐름선의 방향이 연속적으로 부드럽게 바뀐다. 충격선두 내에서는 엔트로피가 일정하지 않으나 팽창부채 안에서는 엔트로피가 일정하다. 그림 6.14는 그림 6.13의 (a)와 (b)를 합한 모양으로 충격선두와 팽창부채를 동시에 볼 수 있는 경우이다. 방해물이 하류 방향으로 그림 6.14와 같이 대칭을 이룰 때는 모서리들에서 팽창부채들을 볼 수 있고 쐐기

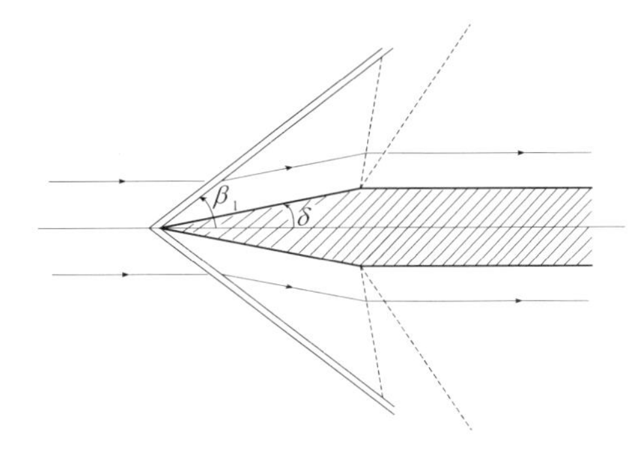

그림 6.14 그림 6.13에서 보인 두 가지 경우가 같이 있는 경우의 경사충격파

모양의 가장자리 근처에서는 항상 충격선두가 있다.

만일 그림 6.15와 같이 방해물의 쐐기반각이 큰 경우에는 어떻게 될까? 식 (6.99)를 이용하면 주어진 상류의 Ma 수에 대해 충격각이 증가함에 따라 굴절각이 증가하다가 특정한 충격각에서 최대 굴절각 δ_{max} 을 가진다. 쐐기반각이 최대 굴절각 δ_{max} 보다 큰 경우에는 충격선두가 방해물의 쐐기 끝으로부터 흐름의 상류 방향으로 떨어지면서 곡선 모양을 가진다. 즉 충격선두가 수직충격파와 경사충격파의 중간의 성질을 띤다. 쐐기의 끝을 향하는 압축성 유체는 수직충격파처럼 행동하고 쐐기 끝으로부터 멀리 떨어진 곳을 향하던 유체는 경사충격파처럼 행동한다.

충격선두를 경계로 하류 부분에서의 압력이 상류에서의 바탕 압력보다 크다. 이로 인해 유체 내에서 발사된 발사물(projectile)은 항력을 받는다. 이 항력은 충격파에 의한 효과이다. 실제로 Ma 수가 0.7보다 큰 경우에는 항력이 매우 증가한다. 그러므로 발사물의 앞

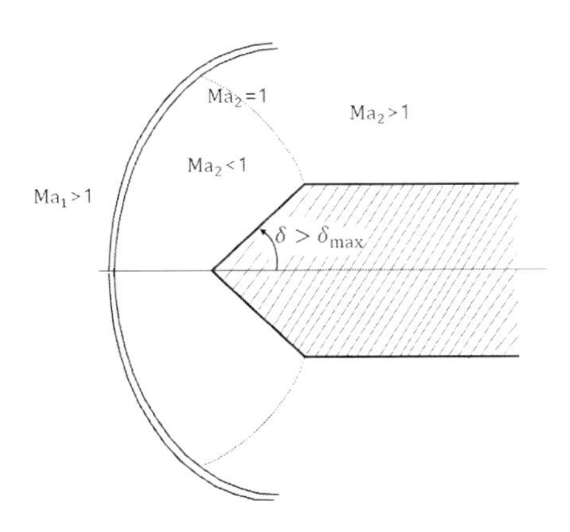

그림 6.15 방해물의 쐐기반각이 큰 경우의 경사충격파

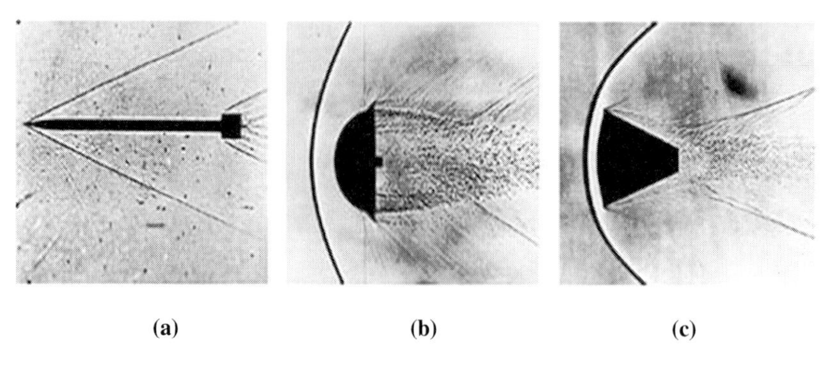

그림 6.16 비행체의 선두의 모양에 따른 충격파의 사진(NASA)

부분을 뾰족하게 하여 쐐기반각을 줄인다. 이렇게 하면 좁은 충격파를 만들기 때문에 압력이 높은 부분의 면적을 감소시켜 항력이 감소한다. 총알이나, 포탄, 로켓이 대표적인 예다. 이는 Ma 수가 낮은 흐름에서 항력을 줄이기 위해 물체를 유선형으로 만드는 것과 크게 대비된다. 그림 6.16은 미국이 첫 번째 유인우주선인 머큐리 로켓을 개발할 당시에 여러 가지 모양의 지구귀환 캡슐을 테스트한 충격파의 사진을 보인다. (a)는 그림 6.13(a)의 경우이고 (b)는 그림 6.15의 상황에 해당한다. 그리고 (c)는 실제로 선택된 지구귀환 캡슐의 경우이다.

6.10 압축파에서의 도플러 효과

유체 가운데 이동 중인 임의의 파원에서 파장이 λ 이고 주기가 τ 인 압축파가 나오고 있다고 가정하자. 그림 6.17은 파원의 이동속도를 달리했을 때 $t=0$, τ, 2τ, 3τ 의 시간에 파원에서 발생한 압축파를 $t = 4\tau$ 인 시간에 관측한 선두 부분을 나타내고 있다. 여기서 원점 O는 $t=0$ 일 때 압축파를 발생하는 파원의 위치이다. 그리고 각 그림은 파원의 속도가 달라 Ma 수의 크기가 다르다.

그림 6.17(b)는 파원이 x 의 방향으로 아음속(Ma $<$ 1)의 속도 U로 진행하고 있는 경우이다. 여기서 제일 바깥에 있는 원은 $t = 0$ 일 때 발생한 압축파의 $t = 4\tau$ 일 때 선두에 해당하고, 그 안에 있는 원들은 각각 $t = \tau$, 2τ, 3τ 일 때 발생한 압축파의 $t = 4\tau$ 일 때의 선두에 해당한다. 만일 파원의 이동속도가 U이고 관측자가 진행하는 파원의 앞에 정

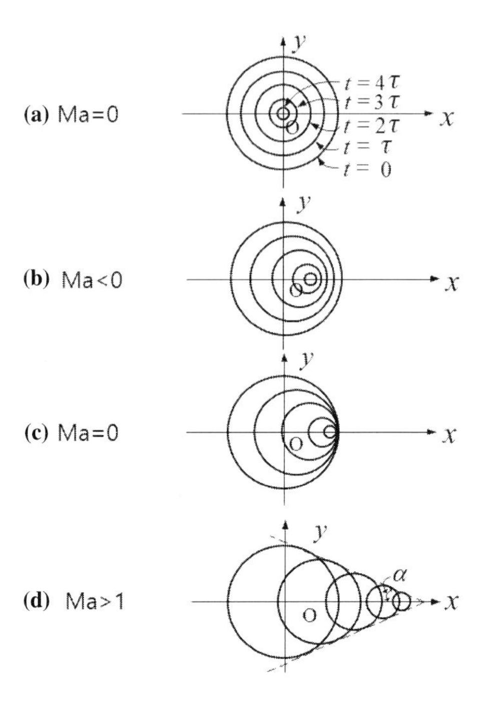

그림 6.17 주어진 Ma 수에서 시간에 따른 압축파의 선두위치

지해 있다면 관측자가 보는 압축파의 파장은 **도플러**(Doppler) **효과**에 의해 $\lambda(1 - U/c_s)$ 이다. 즉, 파원의 진행 방향으로 압축파들이 더 많이 몰려 있다.

그림 6.17(c)는 파원이 음속의 속도($U = c_s$)로 이동 중인 경우이다. 즉 $\mathrm{Ma} = 1$이다. 파원에서 발생한 압축파들의 파면이 파원의 이동 방향으로는 파원 위에 머물러 있는 상태이다. 그러므로 파원 위에서의 압축파들은 모두 같은 위상을 가지고 있으므로 보강간섭을 하여 이 지점에서의 압축파의 진폭은 매우 크다. 즉 에너지가 집중된 충격파이다.

그림 6.17(d)는 파원이 초음속($\mathrm{Ma} > 1$)의 속도로 이동 중인 경우이다. 이 경우는 압축파보다 파원이 더 빨리 이동하고 있으므로 순차적으로 생긴 모든 압축파들의 파면의 접선이 원뿔의 형태로 파원의 이동속도로 **원뿔파**(conic waves)가 전파된다. 이 원뿔상의 모든 압축파는 위상이 같으므로 보강간섭을 하여 압축파의 진폭이 매우 큰 충격선두이다. 이때 꼭지각 α는 다음과 같이 주어진다.

$$\sin\alpha = \frac{c_s t}{Ut} = \frac{c_s}{U} = \frac{1}{\mathrm{Ma}} \tag{6.100}$$

이 현상은 마하(Ernst Mach, 1838~1916)가 처음 규명했다고 해서 꼭지각 $\alpha = \sin^{-1}(1/\mathrm{Ma})$

그림 6.18 음속 근처의 속도에서 F18 Hornet 전투기 주위에 압력 강하에 의한 응축현상으로 형성된 수증기 원뿔

을 **마하 각**(Mach angle)이라고 하고, 원뿔을 **마하 원뿔**(Mach cone)이라 한다. 이 마하 원뿔은 초음속 비행기가 근처를 지날 때 갑자기 들리는 폭음이나 수면에서 배의 항적이 수면파의 속도보다 빨리 진행할 때 쉽게 관측된다.

그림 6.17은 파원이 정지한 유체 속에서 오른쪽으로 움직이는 경우이지만, 만일 파원이 정지해 있고 주위의 유체가 왼쪽으로 흐를 때는 어떻게 될까? 유체의 흐름이 아음속일 때 파원에서 나온 압축파가 전 공간으로 퍼져나가지만, 초음속일 때는 흐름의 상류 쪽으로는 압축파가 퍼져나가지 못한다. 그러므로 초음속 흐름의 경우에는 임의의 방해물이 흐름을 막고 있는 경우에 방해물의 영향이 하류에는 미치지만, 상류에는 미치지 못해 상류 쪽에서 내려오는 임의 물체는 하류에 있는 방해물에 직접 부딪힐 때까지 방해물의 존재를 느끼지 못한다.

참고

음속폭음과 수증기 원뿔

많은 사람은 비행기 주변에 수증기 막이 생기는 그림 6.18의 현상을 **음속폭음**(sonic boom)에 의한 것이라 알고 있다. 그러나 이 현상은 비행기의 속도가 갑자기 Ma=0.8–0.9의 영역으로 증가할 때 비행기 주위에 베르누이 정리에 따른 압력의 순간적 강하로 인해 기체들이 단열팽창을 이루어 수증기가 응축되어 수증기 막을 만든 것으로 **수증기 원뿔**(vapor cone)이라 부른다. 음속폭음은 비행기의 속도가 Ma=1을 돌파할 때의 현상으로, 단지 소리를 통해서만 인지할 수 있다.

6.11 폭발에 의한 충격파

고성능 폭약을 대기 중에서 폭발시키면 폭발의 중심에서 고압의 뜨거운 기체가 순간적으로 발생한다. 이 뜨거운 기체는 주위의 낮은 압력 때문에 곧 팽창하여 방사상으로 충격파를 발생한다. 이 경우는 앞에서 언급했지만 $\delta\rho/\rho_o$의 크기가 커서 발생하는 충격파이다. 원자폭탄의 경우에는 폭발로 인해 발생하는 엄청난 열이 주위 기체의 온도를 올려 기체가 급격히 팽창하면서 그림 6.19(a)와 비슷한 충격파를 발생한다. 원자폭탄의 폭발에서 발생한 충격파에 관련된 교육적인 일화가 있어 소개한다.

미국이 1945년에 처음으로 원자폭탄 실험을 했을 때 미국 정부는 보안을 이유로 폭탄의 모든 제원을 숨긴 채 폭발 순간에 발생한 불덩어리들이 팽창하는 일련의 사진들을 인기 대중잡지인 라이프지(Life Magazine)에 실었다. 그러나 영국의 물리학자이자 수학자인 테일러(G. I. Taylor, 1886~1975)는 이들 사진으로부터 차원 분석법을 이용하여 원자폭탄이 얼마나 큰 에너지를 발생하는지 상당히 정확하게 계산해냄으로써 그 당시에 미국 정부의 최고급 비밀을 밝혀냈다.

테일러는 이들 불덩어리가 강한 충격파의 형태로 주위 공기에 방사상으로 확산해 나가고 있음을 인지했다. 그러므로 그는 충격선두가 이루는 구의 반경이 시간에 따라 어떻게 변화하는지에 대한 정보 $R(t)$를 사진들로부터 구할 수 있었다. 이 $R(t)$를 결정하는데 있어 중요한 변수는 폭발의 순간에 발생한 에너지 E와 폭발이 있기 전 주변 공기의 밀도 ρ와 시간 t이다. 에너지와 밀도의 차원은 각각이 질량 성분을 포함하고 있으나 반경 $R(t)$

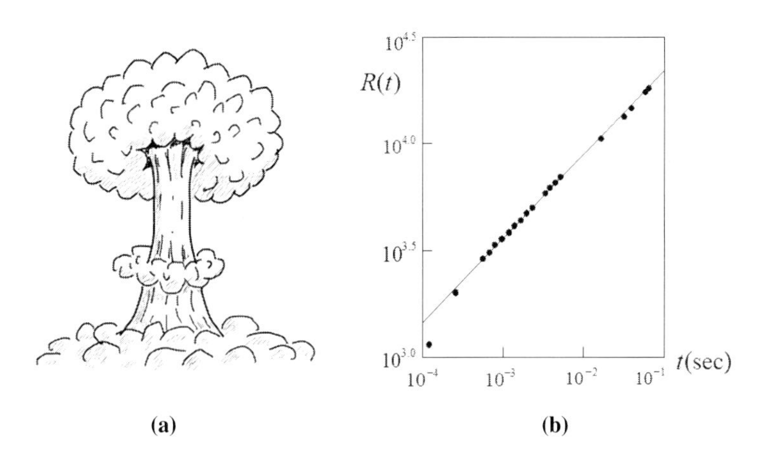

그림 6.19 원자폭탄의 폭발 장면(a)과 시간에 따른 폭발반경(b)

에는 질량 성분이 없으므로 에너지와 밀도는 서로 나누어진 형태 E/ρ로 항상 표시되어 질량 성분을 없애야 한다. 차원 분석법을 이용하여 분석하면

$$\begin{aligned}[R(t)] &= [L] = \left[\frac{E}{\rho}\right]^{\alpha}[t]^{\beta} \\ &= \left(\frac{[M][L]^2[T]^{-2}}{[M][L]^{-3}}\right)^{\alpha}[T]^{\beta} \\ &= [L]^{5\alpha}[T]^{-2\alpha+\beta}\end{aligned} \tag{6.101}$$

가 되고, 여기서 $\alpha = 1/5$, $\beta = 2/5$이다. 그러므로

$$R(t) \propto \left(\frac{E}{\rho}t^2\right)^{1/5} \tag{6.102}$$

이다. 테일러는 사진들로부터 구한 $R(t)$ 대 t를 log-log 그래프상에서 기울기가 2/5임을 확인하여 차원 분석법의 결과가 맞는 것을 확인했다[그림 6.19(b) 참조].

$$\log R(t) \approx \frac{1}{5}\log\left(\frac{E}{\rho}\right) + \frac{2}{5}\log t \tag{6.103}$$

또한 위의 식에 따르면 $\log t$가 0인 점에서의 $\log R$은 $\frac{1}{5}\log(E/\rho)$이므로 측정값을 외삽하여 구한 $\frac{1}{5}\log(E/\rho)$에 공기의 밀도 값을 대입하여 원자폭탄의 에너지를 계산하였다. 그 후 테일러는 차원 분석법을 이용하지 않고 정밀한 계산을 통해

$$R(t) = 1.03\left(\frac{E}{\rho}t^2\right)^{1/5} \tag{6.104}$$

임을 밝혔다. 테일러는 쉽게 넘길 수 있는 대중잡지의 사진들로부터 간단한 차원 분석법을 이용하여 미국 정부의 최고급 군사비밀을 매우 정확하게 밝혀낸 것이다. 이 이야기는 차원 분석법의 중요성을 보여주는 좋은 예이다.

6.12 압축파를 이용한 빛의 회절

디바이(Peter Debye, 1884~1966)와 시어즈(Francis Weston Sears, 1898~1975)는 유체 속에 초

음파를 이용하여 빛을 회절하는 재미있는 실험을 하였다. 이 실험의 원리는 투과격자(투과에돌이발)를 이용한 **빛의 회절**과 비슷한 원리이다. 그림 6.20과 같이 투명한 두 개의 유리판을 좁은 간격으로 평행하게 놓고 그사이에 유체를 가두어 놓자. 파장이 λ 인 빛을 유리판에 수직으로 통과시키면 빛은 그냥 직진하며 아무런 현상도 나타나지 않는다. 그러나 파장이 δ 인 초음파를 유리판에 나란하게, 즉 빛의 진행 방향에 수직으로 통과시키면 유리판을 통과한 빛은 회절무늬를 가진다. 여기서 말하는 초음파는 사람의 귀로 들을 수 없는 20 kHz 이상의 주파수인 음파를 말한다.

입사 방향으로부터 회절 각도가 θ_n 인 곳이

$$n\lambda = \delta \sin\theta_n \quad (n = \text{정수}) \tag{6.105}$$

의 조건을 만족시키면 격자의 크기가 δ 인 투과회절격자(투과에돌이발)를 놓은 경우와 똑같은 결과를 보인다. 이는 유체의 압축성 성질로 인해 초음파의 파장 δ 을 주기로 유체의 밀도가 공간상에 변조되었기 때문이다. 여기서 초음파의 진행으로 인해 회절무늬가 흐려지지 않는 이유는 초음파의 진행 속도에 비해 빛의 진행 속도가 너무 빠르므로 유체의 밀도 변조가 빛의 측면에서 볼 때 공간상에 멈추어 있는 것처럼 보이기 때문이다.

초음파 발생장치를 켜고 끄고 하는 데에 따라서 회절 광이 생기기도 하고 생기지 않기도 하므로 빛을 이용한 스위치로 응용될 수 있다.

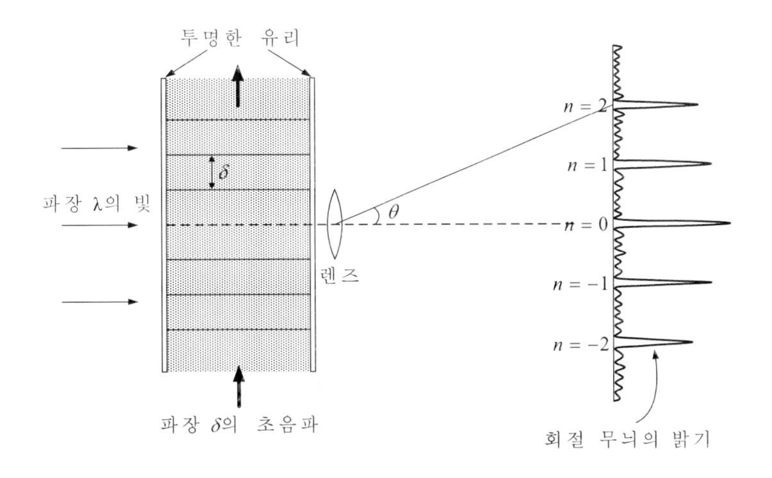

그림 6.20 압축파에 의한 빛의 회절

연습문제

6.1 음속흐름을 만드는데 필요한 압력의 크기

액체의 경우에는 음속의 속도로 흐름을 만들기 위해서는 10,000기압 정도의 압력이 필요하나 이에 반해 기체의 경우에는 압력의 크기를 두 배만 바꾸어도 음속의 흐름을 만들 수 있다. 1차원 나비에－스토크스 방정식을 이용하여 이를 보여라.

6.2 음파의 횡파성분

보통 뉴턴유체에서는 층밀리기 응력의 크기가 평형상태에서 0이기 때문에 음파의 횡파성분은 단 한 파장의 거리도 가지 않아서 세기가 크게 줄어든다. 이를 보여라.

6.3 음파의 밀한 부분과 소한 부분에서 밀도, 온도, 속도 변화

1기압, 20℃의 공기를 통해 음파가 전파하는 경우를 생각해보자. 공기가 진동될 때 밀한 부분과 소한 부분의 압력차가 50 Pa일 때 밀한 부분과 소한 부분의 밀도변화, 온도변화, 그리고 속도변화를 구하라.

6.4 음파의 굴절

대기의 상층으로 갈수록 온도가 감소하는 낮에는 지표면 가까이에서 나는 소리가 굴절하여 위쪽으로 흩어지는 데 비해 상층으로 갈수록 온도가 증가하는 밤이나 이른 아침에는 소리가 지표면을 향해 구부러져서 멀리까지 전파된다. 그 이유를 설명하라.

Hint 공기 중의 음속 $c_s = 331 + 0.6\,T(\mathrm{ms}^{-1})$. 여기서 T는 온도(℃)

6.5 이상기체의 베르누이 방정식

압축성 유체의 베르누이 방정식인 식 (6.42)가 이상기체의 경우에 다음과 같이 적을 수 있음을 보여라.

$$C_p T + \frac{1}{2}q^2 + gz = \mathrm{C}$$

6.6 요동펄스의 시간 변화

요동에 의한 유체입자의 팽창이 매우 큰 경우, 요동 펄스는 그림 6.8(a)에서 보인 것처럼 종의 모양을 가지고 있다. 이럴 때 시간이 지남에 따라 요동의 모양이 어떻게 되겠는가? 그림 6.9와 관련지어서 기술하라.

6.7 충격선두에서의 운동량 보존

그림 6.10에서 보이는 1차원 흐름에서 충격선두를 포함하는 물질부피에서 체적력을 무시한 운동량 보존식은 식 (2.9)의 레이놀즈의 전달정리를 이용하면 정상흐름의 경우에 다음과 같다.

$$\oint_{S(t)} \rho \boldsymbol{u}\boldsymbol{u} \cdot \hat{\mathrm{n}} \mathrm{d}S = \oint_{S(t)} \sum_j \sigma_{ji} n_j \mathrm{d}S$$

이 식을 유도하고 이를 이용하여 식 (6.83)을 구하라.

6.8 추진력

6.6절에 따르면 로켓과 같은 비행체의 추진 장치는 노즐 입구에 연소실이 위치해 그곳에서 발생한 고온고압의 연소 기체가 노즐의 목을 통해 등엔트로피 과정으로 팽창되면서 압력이 감소하고 초음속으로 가속된다. 이때 발생한 **추진력(thrust)**에 의해 로켓이 앞으로 움직인다. 그림에서 보이는 물질부피에서 운동량 보존은 연습문제 6.7에서 유도한 식의 우변에 추진력 T_h를 더해야 한다. 여기서 체적력을 무시한 운동량 보존식은 다음과 같다.

$$\oint_{S(t)} \rho \boldsymbol{u}\boldsymbol{u} \cdot \hat{\mathrm{n}} \mathrm{d}S = \oint_{S(t)} \sum_j \sigma_{ji} n_j \mathrm{d}S + T_h$$

우변의 첫 번째 항인 면적력에서 점성의 효과를 무시하면 위의 식은 다음과 같아진다.

$$\rho_e u_e^2 A_e = (p_e - p_a) A_e + T_h$$

여기서 A_e는 노즐 출구의 단면적, p_e는 노즐 출구의 압력, p_a는 로켓 밖의 대기압, ρ_e는 로켓 연소 기체의 밀도, 그리고 u_e는 연소 기체의 흐름속도이다.

로켓의 노즐의 출구 압력이 $5 \times 10^4 \mathrm{Pa}$이고, 비행체 밖의 기압이 10^5 Pa이며, 출구에서 연소 기체의 속도가 $800 \mathrm{m/s}$, 노즐 출구의 단면적이 $0.01 \mathrm{m}^2$, 연소 기체의 밀도가 $1.2 \mathrm{kg/m}^3$인 경우를 생각해보자. 이때 추진력의 크기는 얼마일까?

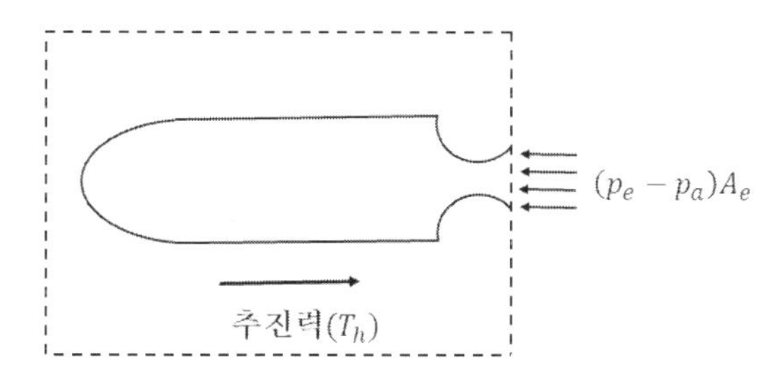

6.9 라발 노즐

그림 6.7의 라발 노즐에서는 입구의 압력보다 출구의 압력이 매우 낮아서 노즐의 목 부분에서 Ma=1이 되는 초킹 현상이 발생한다. 만일 출구의 압력이 그렇게 낮지 않아 노즐의 목 부분에서 Ma<1인 아음속 흐름이 발생했다면 목의 하류에서는 흐름방향으로 흐름속도가 어떻게 변하겠나?

6.10 구형의 충격파

그림처럼 $\gamma = 1.4$인 공기 속에서 폭발이 일어나 표준조건(1기압, 0℃)의 정지한 공기에서 지름방향으로 전파되는 구형의 충격파가 발생한 경우를 생각해보자. 충격파 내부의 압력이 20기압인 경우에 충격파의 전파속도와 충격선두 뒤에서의 온도와 공기속도를 구하라.

Hint 지름방향으로 전파되는 구형의 충격파이지만 충격선두와 충격파의 전파 방향이 서로 수직이므로 수직충격파의 경우를 이용할 수 있다.

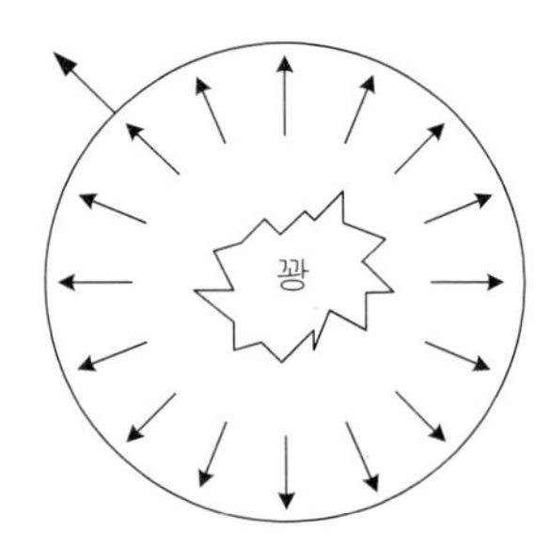

6.11 충격선두에서의 엔트로피 변화

충격선두에서는 밀도, 압력, 온도, 속도 등의 구배가 매우 큰 비가역적 과정이 일어난다. 이상기체에서 충격선두를 경계로 엔트로피의 변화가 아래와 같음을 보여라.

$$\Delta s = (C_p - R)\log\left(\frac{p_2}{p_1}\right) - C_p \log\left(\frac{\rho_2}{\rho_1}\right)$$

CHAPTER 7

표면파

표면파

물의 표면에서 발생하는 다양한 형태의 파동을 주위에서 쉽게 볼 수 있다. 작게는 물컵을 놓을 때 물 표면에 생기는 파동에서 크게는 지진에 의해 바다에서 발생한 해일인 쓰나미가 중요한 예이다. 액체의 표면에서 발생하는 파동인 **표면파**는 다양하고 복잡하다. 그러나 여기서는 수학적으로 쉽게 다룰 수 있는 몇 가지 경우만을 다루겠다. 액체의 표면에서 보이는 다양한 물리현상을 이해하기 위해서는 먼저 **표면장력**을 이해하여야 한다. 표면장력의 크기는 액체의 종류에 따라서 다르며 액체 표면의 정적인 성질뿐만 아니라 동적인 성질에도 큰 영향을 미친다. 이러한 성질 때문에 표면파의 전파속도가 파장에 따라 다르다. 파의 세기나 수심, 그리고 액체가 들어있는 용기의 기하학적인 모양에 따라서도 표면파의 성질이 달라진다.

Contents

7.1 표면장력

표면장력을 쉽게 설명하기 위해 간단한 실험을 생각해보자. U자 모양으로 된 매우 가는 유리막대 위에 일자의 유리막대를 그림 7.1과 같이 올려놓아 만든 고리를 상상해보자. 두 유리막대 사이에 마찰력을 무시하면 일자 유리막대에 아무리 작은 힘을 가해도 U자 유리막대 위를 움직이겠다. 유리막대 고리를 비눗물에 담갔다 빼는 순간에 고리 안에 얇은 **비눗물 박막**(soap film)이 형성되어 있고 비눗물 박막의 면적이 줄어드는 왼쪽으로 유리막대가 움직이는 것을 볼 수 있다. 이는 비눗물 박막이 유리막대를 당기는 힘이 있다는 것을 뜻한다. 실제로는 박막의 모든 가장자리에서 이러한 힘이 존재하므로 유리막대를 움직이는 힘의 크기는 유리막대의 길이 L에 비례한다. 그리고 비눗물 박막은 두 개의 표면을 가지고 있으므로 유리막대에 가해지는 힘 F는 박막의 각 면에 의해서 가해지는 힘의 2배이다. 그러므로

$$F = 2\gamma L \tag{7.1}$$

이다. 여기서 단위 길이당 가해지는 힘 γ는 액체의 표면이 가지고 있는 고유 성질에 관계하는 물리량으로 **표면장력**(surface tension)이라 부르며 단위는 $\mathrm{N\,m^{-1}}$이다.

그림 7.1과 같이 추를 달아 유리막대를 Δx 만큼 오른쪽으로 움직이는 경우를 생각해보자. 이것은 마치 용수철 상수가 k인 용수철을 늘이는 것과 비슷하다. 용수철의 경우에 축적된 퍼텐셜에너지는

$$\Delta E = \frac{1}{2}k(\Delta x)^2 \tag{7.2}$$

이다. 그러므로 비눗물 박막의 경우는 왼쪽으로 향하는 표면장력에 반해 외부에서 일 ΔW

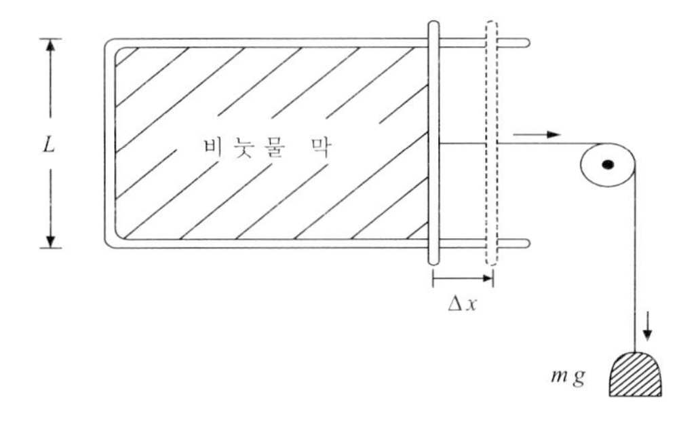

그림 7.1 비눗물 박막에서 표면장력을 측정하는 장치

을 해주어 비눗물 박막의 에너지가

$$\Delta E = \Delta W = F \cdot \Delta x = 2\gamma L \Delta x \tag{7.3}$$

만큼 증가한다. 비눗물 박막이 면적 $L\Delta x$ 에 비례하는 퍼텐셜에너지를 가지고 있는 것은 비눗물 박막을 터트리면 비눗물이 여러 방향으로 튐으로써 운동에너지로 바뀌는 것으로 쉽게 확인할 수 있다. 위의 식으로부터 알 수 있듯이 표면장력 γ는 **단위면적당 표면에너지**로도 정의된다.

참고 **표면장력은 힘이 아니다.**

식 (7.1)에서 γ는 유리막대에 수직이면서 비눗물의 방향으로 존재하는 가장자리의 단위 길이당 힘이다. 표면장력 γ는 고리를 이루는 4개의 유리막대를 단위 길이당 같은 힘으로 각각 당긴다. 그러나 일 ΔW은 Δx 의 길이만큼 움직인 유리막대에만 행해진다. 식 (7.2)에서 언급한 용수철의 경우는 당기는 힘을 용수철의 늘어난 길이로 나누면 일정한 값 k이다. 그러나 비눗물 박막의 경우는 가장자리의 단위 길이당 당기는 힘이 γ이다. 여기서 유리막대를 택한 이유는 7.2절에서 설명하는 이유로 물이 유리 표면을 완벽하게 젖기 때문에 유리막대를 당기는 힘이 크다.

7.2 표면장력의 원인과 젖음현상

액체 표면에 있는 분자들은 액체 내부에 있는 분자들과 다른 환경에 있다. 액체 내부에 있는 분자들은 주위의 모든 방향으로 이웃한 분자들에 의해 그림 1.1에 있는 레너드-존스 퍼텐셜과 비슷한 퍼텐셜의 영향을 등방적으로 받아서 평균적으로 받는 힘은 0다. 그러나 액체의 표면에 있는 분자들은 그림 7.2에서 보이는 것처럼 표면 바깥쪽으로는 이웃한 분자들이 없고 표면 안쪽으로만 이웃한 분자들이 있다. 이로 인해 그림에서 보이는 것처럼 표면에 있는 분자들은 액체 내부를 향하는 알짜 힘을 받는다. 이 힘으로 인해 액체의 표면층의 면적이 작아지려 한다. 이렇게 표면에 있는 분자들이 비등방적으로 느끼는 힘들 사이의 차이가 표면장력을 준다. 물방울이나 비누 거품의 모양이 세모나 네모를 이루지 않고 둥글둥글한 것은 주어진 부피에 있어 표면적의 크기를 최소화하기 위해서다.

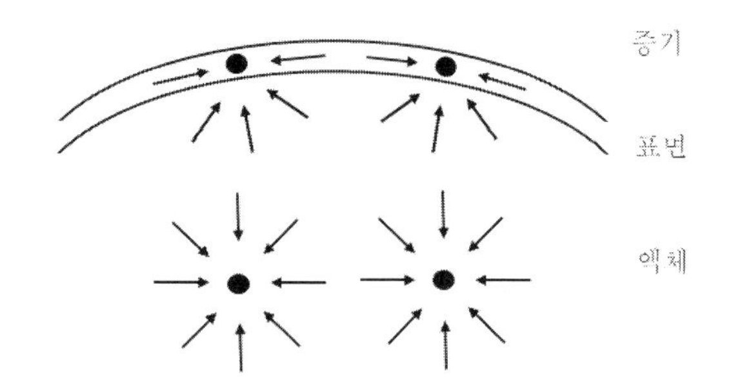

그림 7.2 액체 표면 근처에 있는 분자들은 내부로 향하는 알짜힘을 받는다.

힘의 관점에서 한 위의 설명은 에너지의 관점에서도 설명할 수 있다. 액체 내부에 있는 분자들은 주위의 모든 방향으로 이웃한 분자들에 의한 인력에 의해 낮은 에너지 상태에 있다. 그러나 액체의 표면에 있는 분자들은 비등방적으로 위치한 이웃한 분자들로 인해 액체 내부에 있는 분자들에 비해 높은 에너지 상태에 있다. 이러한 이 두 상태의 에너지 차이는 표면에 있는 분자들의 수에 비례하겠다. 즉 표면적에 비례하겠다. 평형상태는 에너지가 최소인 상태에 해당하므로 표면적을 줄이려 하는 힘이 존재한다. 즉 액체의 표면이 울퉁불퉁하지 않음을 설명한다.

물의 표면장력의 크기는 상온에서 72×10^{-3} N m^{-1}, 메틸알코올은 22×10^{-3} N m^{-1}이다. 그에 비해 수은의 경우는 표면장력의 값이 485×10^{-3} N m^{-1}로서 물보다도 7배 정도 크다. 물의 경우에 물에 잘 녹는 알코올이나 글리세린 같은 수용성 액체를 섞어서 표면장력을 원하는 크기로 바꿀 수 있겠다. 표 7.1은 25°C 에서 물질의 종류에 따른 표면장력의 크기이다. 표면장력의 의미는 보통 액체뿐만 아니라 고체의 표면에서도 같이 적용된다. 그러나 이들 액체 표면이나 고체 표면이 공기를 제외한 다른 액체나 고체에 접하고 있을 때는 표면장력 대신에 **계면장력**(interfacial tension) 혹은 **단위면적당 계면에너지**라 부른다.

표 7.1 물질에 따른 표면장력의 크기

물질의 종류	표면장력(mN/m)	물질의 종류	표면장력(mN/m)
물	72	헥산	18
알콜	22	헥사데칸	27
아세톤	23	수은	485

참고

표면장력의 크기

고체와 액체의 계면을 생각해보자. 고체 표면을 이루고 있는 물질의 결합에너지(bonding energy)가 1eV 정도로 높은 화학결합의 경우에는 거의 모든 액체가 고체 표면에 젖음이 잘된다. 이러한 **화학결합**에는 이온결합, 공유결합, 금속결합이 일반적으로 해당한다. 이때는 고체와 액체 사이의 계면장력 γ_{SL} 은 화학결합을 이루는 원자나 분자 사이의 평균 거리가 a일 때 다음과 같이 큰 값을 가진다. 표 7.1에서 수은이 이에 해당한다.

$$\gamma_{\mathrm{SL}} \approx \frac{\text{결합에너지}}{a^2} \sim 500-5000\ \mathrm{mN/m} \tag{7.4}$$

이에 반해서 고체 표면을 이루고 있는 분자들의 결합에너지가 $k_B T$ 정도로 작은 **물리결합**의 경우는 거의 모든 액체가 고체 표면에 젖음이 잘되지 않는다. 대표적인 물리 결합으로 반데르발스 결합이 있다. 그리고 분자 결정들이나 플라스틱 등도 이에 해당한다. 이러한 경우에 계면장력의 크기는 일반적으로 다음과 같이 작은 값을 가진다. 표 7.1에서 수은을 빼고 모든 물질이 이에 해당한다.

$$\gamma_{\mathrm{SL}} \approx \frac{k_B T}{a^2} \sim 10-50\ \mathrm{mN/m} \tag{7.5}$$

어떤 액체는 특별한 고체 표면에 잘 젖고 다른 고체 표면에 잘 젖지 않는다. 예를 들어 물은 매우 깨끗한 유리 표면에 잘 젖으나 파라핀으로 처리된 고체 표면에는 잘 젖지 않는다. 이는 물과 유리 표면 사이의 계면에너지가 공기와 유리 표면 사이의 계면에너지보다 낮기 때문이다. 그에 반해서 물과 파라핀 표면 사이의 계면에너지가 공기와 파라핀 표면 사이의 계면에너지보다 높기 때문이다. 이렇게 계면에서의 **젖음**(wetting)은 계면에너지를 낮추려는 현상이다.

그림 7.3은 액체 방울이 평평한 고체 표면에 놓여있을 때 가능한 두 가지 평형 상태들

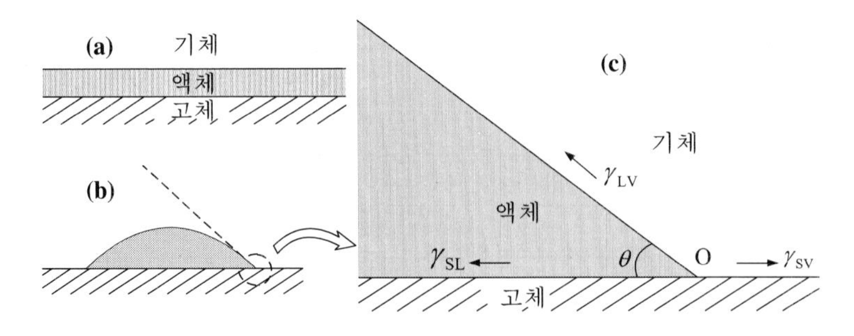

그림 7.3 고체·액체·기체가 공존할 때 완전젖음(a)과 부분젖음(b, c)

을 보인다. 위에 있는 [참고]에서 설명한 것은 일반적인 경향을 보인 것으로 고체, 액체, 기체가 같이 공존할 때 젖음 현상을 정확히 설명하기 위해서는 γ_{SL} 한 가지만으로는 불충분하다. 세 가지 계면장력 γ_{SV} (고체/기체), γ_{SL} (고체/액체), γ_{LV} (액체/기체)에 대한 정보가 모두 필요하다. 이들 계면장력 사이의 크기를 비교하는 **젖음계수**(spreading parameter) S를 다음과 같이 정의하자.

$$S \equiv \gamma_{SV} - \gamma_{SL} - \gamma_{LV} \tag{7.6}$$

만일 고체/액체의 계면과 액체/기체의 계면을 동시에 형성하는 데 필요한 에너지 ($\gamma_{SL} + \gamma_{LV}$)가 고체/기체의 계면을 만드는 데 사용되는 에너지(γ_{SV})보다 작은 경우, 즉 $S \geq 0$이면 액체가 자신의 부피를 펼쳐서 고체 표면을 최대한으로 젖은 상태가 된다. 그림 7.3(a)은 이러한 경우에 평형상태를 보이며, 이를 **완전젖음**(complete wetting)이라 한다.

그에 반해 고체/액체의 계면과 액체/기체의 계면을 동시에 형성하는 데 필요한 에너지 ($\gamma_{SL} + \gamma_{LV}$)가 고체/기체의 계면을 만드는 데 사용되는 에너지(γ_{SV})보다 큰 경우에, 즉 $S < 0$이면 고체 표면이 기체와 접하는 것을 선호하지만 액체가 기체보다 무거워 기체보다 밑에 위치하려 하므로 액체 방울이 부분적으로 고체 표면을 젖게 한다. 그림 7.3(b)는 이러한 경우를 보이며, 이를 **부분젖음**(partial wetting)이라 한다. 그림 7.3(c)는 부분젖음에서 액체, 고체, 기체가 동시에 만나는 부분을 확대한 것이다. 여기서 액체/고체의 계면과 액체/기체의 계면이 평형상태에서 이루는 각 θ_w를 **접촉각**(contact angle)이라 한다. 완전젖음의 경우에 $\theta_w = 0$이다. 세 가지 계면장력이 평형상태에서는 점 O를 중심으로 수평 방향으로 중심으로 아래의 **영의 관계**(Young's relation)를 만족한다. 이 식은 **영의 방정식**(Young's equation)이라고도 불린다.

$$\gamma_{LV} \cos\theta_w + \gamma_{SL} = \gamma_{SV} \tag{7.7}$$

세 가지 계면장력의 크기를 다 알고 있을 때 이 식을 이용하여 접촉각을 구할 수 있다.

깨끗한 유리 표면에 물은 $\theta_w = 0$로 완전젖음을 보이나, 수은의 경우에는 $\theta_w = 140°$로 부분젖음을 보인다. 이는 왜 적은 양의 수은이 고체 표면에서 다른 액체에 비해 훨씬 둥근 방울 상태로 존재하는지를 잘 설명한다. 응용의 측면에서 생각해보면 벽에 페인트를 칠할 때(혹은 종이에 비닐 코팅을 할 때), 벽(종이)과 페인트(비닐) 사이의 계면장력 γ_{SL}과 페인트(비닐)과 공기 사이의 표면장력 γ_{LV}의 합이 벽(종이)의 표면장력 γ_{SV}보다 작은 것을 선택하면 페인팅(코팅) 효과를 극대화할 수 있다.

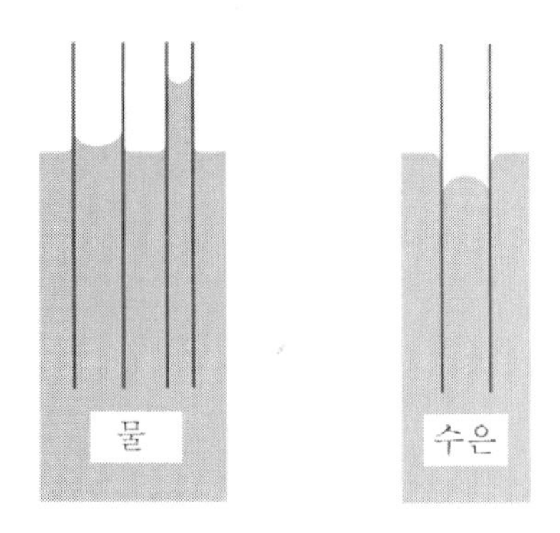

그림 7.4 모세관 현상

참고

모세관 현상

유리로 된 모세관 내에 물이 들어 있는 경우와 수은이 들어 있는 경우에 내부액체의 높이와 자유표면은 정반대의 성질을 보인다[그림 7.4 참조]. 물이 수은보다 모세관을 높은 곳까지 채운다. 그리고 **물**의 경우에는 위쪽(중력과 반대 방향)으로 **오목**하나 **수은**의 경우에는 위쪽으로 **볼록**하다. 물의 경우는 오목한 이유는 유리 표면에 대해 $\theta_w = 0$인 데 반해 수은의 경우에 볼록한 이유는 유리 표면에 대해 $\theta_w = 140°$이기 때문이다. 이로 인해 유리가 수은보다 물을 더 당기므로 물의 높이가 수은 경우보다 높다[연습문제 7.1 참조].

고체 표면에 액체 방울이 있는 경우와 비슷하게 액체 표면에 다른 액체 방울이 떠 있는 경우를 생각해보자[그림 7.5 참조]. 밀도가 낮은 액체 방울(1)이 밀도가 높고 서로 섞이지 않는 다른 액체(2) 위에 떠 있을 때는 그림 7.5의 (a)와 같은 완전젖음과 (b)와 같은 부분젖음의 두 가지로 나눌 수 있다. 이 경우는 식 (7.6)과 비슷하게 젖음계수를 정의할 수 있다.

$$S = \gamma_{2V} - \gamma_{12} - \gamma_{1V} \tag{7.8}$$

여기서 그림 (a)는 $S \geq 0$로서 완전젖음을 보이고, 그림 (b)는 $S < 0$로서 부분젖음을 보인다. 부분젖음의 경우에 평형상태의 접촉각 θ_1, θ_2, θ_3 사이에는 **노이만의 법칙**(Neumann's law)을 이용할 수 있다.

$$\frac{\gamma_{12}}{\sin\theta_1} = \frac{\gamma_{1V}}{\sin\theta_2} = \frac{\gamma_{2V}}{\sin\theta_3} \tag{7.9}$$

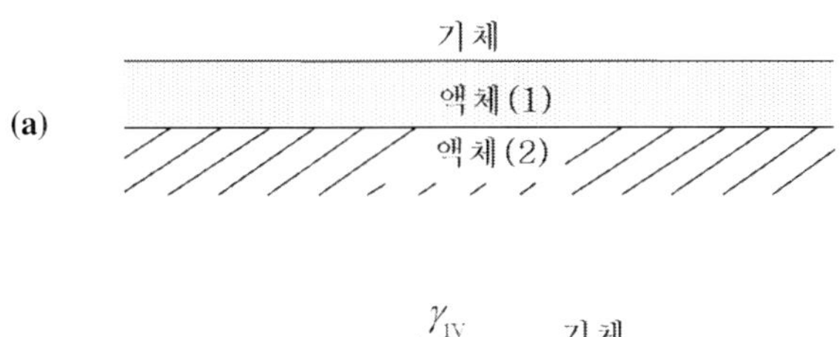

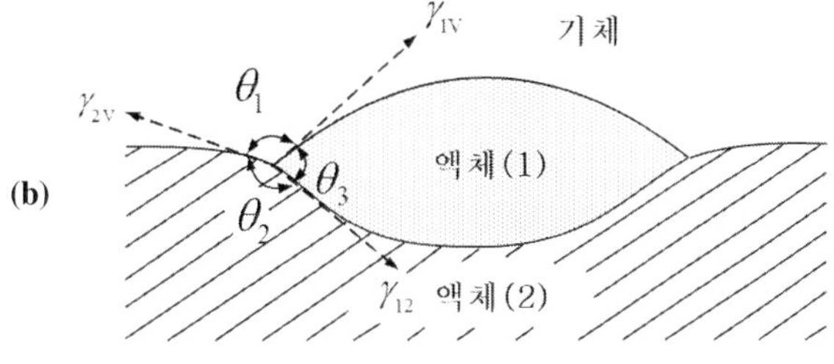

그림 7.5 액체·액체·기체가 공존할 때 완전젖음(a)과 부분젖음(b)

물 위에 석유 기름 한 방울을 떨어뜨리면 공기·물 사이의 계면장력이 물·석유, 공기·석유 사이의 계면장력의 합보다 크기 때문에 그림 7.5(a)의 경우를 선호하여 기름방울은 순식간에 물 표면을 다 덮어버린다. 이론적으로는 5 ml의 기름이 단일 분자층 두께로만 물의 표면을 적실 때는 약 5,000 m^2의 물을 덮을 수 있다. 이런 경우에는 한 티스푼의 액체만으로 운동장 넓이의 물의 표면 성질을 완전히 바꿀 수 있다. 뒤에서 설명할 표면파의 경우에는 이러한 완전젖음을 이용하면 표면파의 성질을 쉽게 바꿀 수 있다. 고깃국을 먹을 때 고기 기름이 국 위에 떠 있는 것은 부분젖음에 해당한다.

참고

계면활성제

표면장력의 크기는 온도에 따라 변한다. 그러나 온도보다도 표면장력의 크기에 더 큰 영향을 미치는 것은 액체 표면에 **계면활성제**(surface active agents: surfactants)의 존재 여부이다. 이 물질이 액체 표면에 조금만 있어도 액체의 표면장력의 크기는 크게 변한다. 계면활성제의 대표적인 예가 **비누**이다. 일반적인 비눗물의 표면장력(25 mN/m)은 물의 표면장력(72 mN/m)에 비해 1/3 정도다. 그러므로 계면활성제를 물에 타면 물의 부피 성질은 바뀌지 않으나 표면 성질은 크게 변화되어 다양한 표면 현상이 발생한다.

7.3 액체 표면이 곡면을 이룰 때 생기는 과잉압력

우리 주위에서 액체의 표면이나 계면이 곡면을 이루고 있는 것을 쉽게 볼 수 있다. 이렇게 굽어진 표면이 안정적으로 존재하려면 표면의 양쪽에서의 압력이 서로 같지 않아야 한다. 액체 표면의 오목한 쪽에서 볼록하게 튀어나온 쪽으로 작용하는 압력이 볼록한 쪽에서 반대 방향으로 향하는 압력보다 크다. 이는 고무풍선 속에 압력이 대기압보다 높고 풍선의 표면이 곡면을 이루는 경우와 비슷하다.

가장자리의 길이가 각각 $\delta\ell_1$과 $\delta\ell_2$인 면적소 A의 표면이 평평하지 않고 굽어진 경우를 생각해보자[그림 7.6 참조]. 면적소의 가장자리에서 곡률반경이 각각 R_1, R_2이고, 이들 $\delta\ell_1$, $\delta\ell_2$가 곡률 중심에 대해 이루는 각이 $\delta\theta_1$, $\delta\theta_2$이라면

$$\delta\ell_1 = R_1\delta\theta_1,\ \delta\ell_2 = R_2\delta\theta_2 \tag{7.10}$$

이므로 면적소의 크기는 다음과 같다.

$$A = \delta\ell_1\delta\ell_2 = R_1\delta\theta_1 R_2\delta\theta_2 \tag{7.11}$$

만일 압력차 Δp에 의해 표면에 수직 방향으로 면적소가 미소길이 δz만큼 이동하면 이때 생기는 면적소의 크기 변화량은

$$\begin{aligned}\Delta A &\approx (R_1+\delta z)\delta\theta_1(R_2+\delta z)\delta\theta_2 - R_1\delta\theta_1 R_2\delta\theta_2 \\ &\approx (R_1+R_2)\delta\theta_1\delta\theta_2\delta z\end{aligned} \tag{7.12}$$

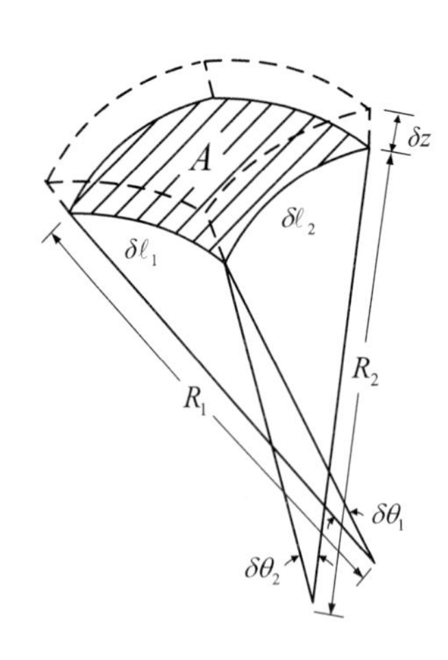

그림 7.6 굽어진 면적소에서의 과잉압력

이다. 여기서 $(\delta z)^2$에 비례하는 양은 너무 작아 무시하였다. 표면을 δz 만큼 이동하면서 한 일은 표면에너지의 증가와 같으므로 표면에너지의 증가는 다음과 같다.

$$\Delta W = \gamma \Delta A = \gamma(R_1 + R_2)\delta\theta_1 \delta\theta_2 \delta z \tag{7.13}$$

액체의 표면을 δz 만큼 옮길 때 한 일 ΔW는 위에서 언급한 압력차 Δp가 표면에 하는 일이다. 그러므로 식 (7.10)을 이용하면

$$\Delta W = \Delta p \, \delta\ell_1 \delta\ell_2 \delta z = \Delta p \, R_1 \delta\theta_1 R_2 \delta\theta_2 \delta z \tag{7.14}$$

이다. 그러므로 식 (7.13)과 식 (7.14)를 이용하면 압력차는

$$\Delta p \equiv p - p_o = \gamma\left(\frac{1}{R_1} + \frac{1}{R_2}\right) \tag{7.15}$$

이다. 여기서 p_o는 볼록하게 튀어나온 바깥쪽의 압력이고 p는 오목한 안쪽의 압력이다.

이 법칙은 라플라스(Pierre Simon Laplace, 1749~1827)가 처음 유도했다 하여 **라플라스의 법칙**(Laplace's formula)이라 부르며, 이렇게 굽어진 표면의 양쪽에 존재하는 압력차를 **라플라스 압력**(Laplace pressure)이라 한다. 만일 여기서 액체의 표면이 아니라 앞에서 보인 비눗물 박막과 같이 두 개의 표면이 같이 항상 존재하는 막의 경우에는 위의 식에서 γ 대신 2γ를 사용해야 한다.

이 식에 따르면 그림 7.7(a)와 같이 물속의 공기 방울과 같은 구형의 표면에서는 $R_1 = R_2 = R$이므로

$$\Delta p = \frac{2\gamma}{R} \tag{7.16}$$

이다. 그리고 그림 7.7(b)와 같이 비눗방울의 경우에는 두 개의 표면이 존재하므로

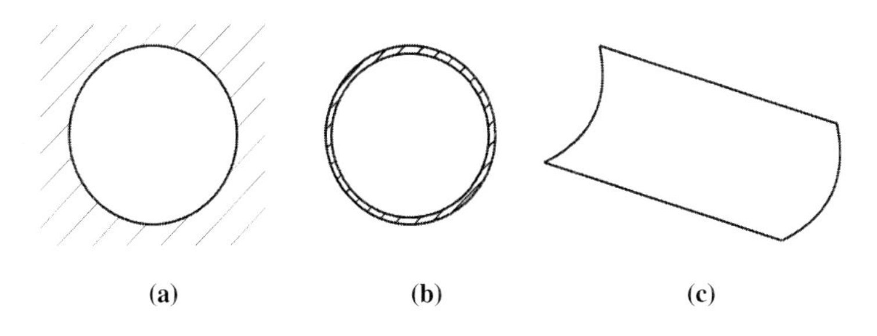

그림 7.7 굽어진 모양에 따른 과잉압력

$$\Delta p = \frac{4\gamma}{R} \tag{7.17}$$

이다. 그림 7.7(c)와 같이 실린더 모양의 액체 표면에 있어서는 $R_1 = R$, $R_2 = \infty$ 이므로

$$\Delta p = \frac{\gamma}{R} \tag{7.18}$$

이고 액체의 표면이 평면일 때 $R_1 = R_2 = \infty$ 이므로

$$\Delta p = 0 \tag{7.19}$$

이다. 곡률반경이 0에 가까운 경우에는 액체의 안과 밖 사이의 압력차가 무한대이다. 이러한 조건은 자연에서 저절로 쉽게 만들어지지 않는다. 그래서 물에서 기포가 생기거나 혹은 구름이 형성할 때는 유한한 크기의 핵이 있으면 핵을 바탕으로 기포나 물방울이 쉽게 커진다. 인공강우를 위해 구름 속에 드라이아이스나 요오드화은 입자를 뿌리는 것도 이러한 이유다. 곡률반경이 작은 물질의 경우에는 이로 인한 단위부피당 에너지의 축적이 매우 크다.

참고

물방울 내부의 압력과 물방울의 표면 에너지

공기 중에 있는 물방울의 경우에 식 (7.16)을 이용하여 상온에서 물방울의 내부와 외부 대기압 사이의 압력차를 계산하면 반지름이 1 cm일 때 14 Pa이다. 그러나 반지름이 $1\mu m$ 인 경우에는 압력 차이가 1.4×10^6 Pa로서 대기압($\sim 10^5$ Pa)보다 14배 정도 크다.

그리고 반지름이 R인 구형의 액체 방울을 고려할 때 단위부피당 표면에너지는 $\frac{4\pi R^2 \gamma}{\frac{4}{3}\pi R^3} = \frac{3}{R}\gamma$로서 반지름이 엄청 작아지면 무한대로 발산한다. 여기서 다루는 물방울의 껍질층의 두께는 0으로 가정하여 표면에너지만 고려했다. 만일 껍질층이 두께를 가진다면 표면에너지뿐만 아니라 껍질층이 휘어질 때 필요한 에너지인 **휨에너지**(bending energy)도 동시에 고려해야 한다. 여기서는 중력에너지의 효과를 무시하고 있다. 섞이지 않는 두 가지 유체의 경계에서 중력과 표면력 사이의 비를 정의하는 무차원계수로 **본드 수**(Bond number)가 있다. $\mathrm{Bo} \equiv \frac{\Delta \rho g L^2}{\gamma}$. 여기서 $\Delta\rho$는 두 유체의 밀도차이고 L은 계의 특성 길이다. 위에서의 논의는 $\mathrm{Bo} \ll 1$ 에 해당한다.

7.4 액체의 표면파

물이 있는 곳에서는 어디에서나 물의 표면에서 파동이 이는 것을 쉽게 볼 수 있다. 정지해 있는 잔잔한 호수에서 표면의 움직임은 바람이 불어 공기와 호수 표면과의 마찰에 의해 생길 수도 있고 표면에 돌이 떨어져서 생길 수도 있다. 이렇게 호수나 바다 등에서 액체의 자유표면에 생기는 파동인 **표면파**(surface waves)를 생각해보자.

공기의 점성계수가 액체에 비해 일반적으로 무시할 만큼 작아서 액체의 표면에 대해 공기가 가해주는 층밀리기 응력을 무시하면 점성의 효과는 바닥과 접해있는 경계층들에서만 나타난다고 가정할 수 있다. 여기서 다루는 유체의 흐름속도는 음속에 비해 크기가 무시할 만큼 작으므로 비압축성이라 가정한다.

정지한 액체에서는 소용돌이도 Ω가 0이다. 그러므로 이상유체의 소용돌이도 방정식인 식 (5.25)에 관련된 논의에 따르면 액체 표면 근처의 요동에 의한 액체의 움직임에 대해서도 소용돌이도가 항상 0인 비회전 흐름으로 간주할 수 있다.

$$\Omega = \nabla \times u = 0 \tag{7.20}$$

그러므로 이러한 경우에 액체의 속도 u는 **속도퍼텐셜** ϕ의 공간 구배

$$u = -\nabla \phi \tag{7.21}$$

로 표시할 수 있다[식 (5.27) 참조]. 이 식을 액체의 비압축성 조건($\nabla \cdot u = 0$)에 대입하면 속도퍼텐셜이 라플라스 방정식을 만족함을 알 수 있다.

$$\nabla^2 \phi = 0 \tag{7.22}$$

그림 7.8과 같이 정지 상태에 있는 액체의 자유표면 위치가 $z = 0$이고 액체와 고체가 경계하는 바닥의 위치가 $z = -d$인 경우에 표면 근처에서 임의의 요동으로 표면에서 파가 x 방향으로만 퍼져나가는 경우를 생각해보자. y축 방향으로는 파가 항상 일정하다고 가정하면 유체의 움직임이 xz 평면에서만 있다. 이러한 경우에 라플라스 방정식은 2차원으로

$$\frac{\partial^2 \phi}{\partial x^2} + \frac{\partial^2 \phi}{\partial z^2} = 0, \qquad \frac{\partial \phi}{\partial y} = 0 \tag{7.23}$$

이다.

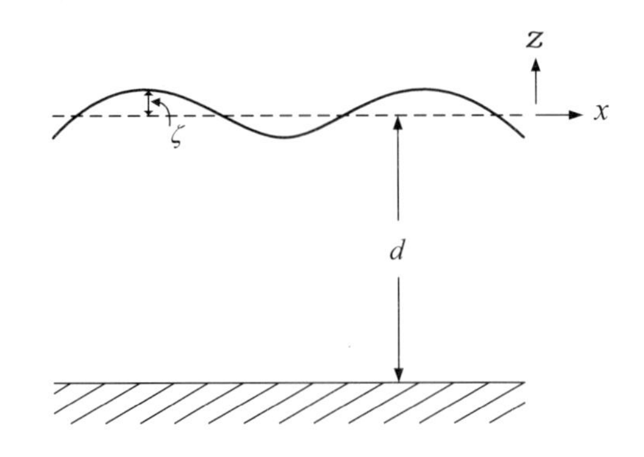

그림 7.8 액체의 자유 표면에서의 요동

변수분리법을 이용해

$$\phi = X(x)Z(z)T(t) \tag{7.24}$$

라 가정하면 식 (7.23)의 라플라스 방정식은 다음과 같다.

$$-\frac{1}{X}\frac{d^2X}{dx^2} = \frac{1}{Z}\frac{d^2Z}{dz^2} = C \tag{7.25}$$

여기서 첫 번째 항과 두 번째 항이 서로 독립적이므로 C는 임의의 상수이다. 이 미분방정식의 해

$$X = X_o\, e^{\pm i\sqrt{C}x}, \qquad Z = Z_o\, e^{\pm \sqrt{C}z} \tag{7.26}$$

에서 만일 C의 값이 음수이면 양의 x 방향, 음의 x 방향 모두가 다 X가 무한대로 발산하므로 물리적으로 불가능하다. 그러므로 C의 값은 항상 양수이다.

$$C = k^2 \quad (> 0) \tag{7.27}$$

가능한 k의 값 중에 임의의 한 k 성분만 고려하면 속도퍼텐셜은 식 (7.26)과 식 (7.27)을 식 (7.24)에 대입하면

$$\phi_k(x,\, z,\, t) \propto \phi_k^{\pm} = e^{\pm kz}e^{ikx} \tag{7.28}$$

이다. 그러므로 임의의 k값은 표면파의 파장과 $\lambda = 2\pi/k$ 의 관계가 있다. 라플라스 방정식은 선형 미분방정식이므로 **속도퍼텐셜의 일반해**는

$$\phi = \sum_k \left(a_k^+(t)\phi_k^+ + a_k^-(t)\phi_k^-\right) \tag{7.29}$$

이다. 이 식이 뜻하는 바는 일반적인 표면파는 여러 가지 크기의 파수 성분들이 동시에 존재한다는 것이다. 여기서 다루는 표면파의 진동수는 8장에서 다룰 지구회전의 진동수에 비해 매우 크므로 지구회전의 효과가 표면파에 미치는 영향을 무시할 수 있다.

7.5 경계조건

액체의 표면에서 발생하는 파동을 기술하려면 먼저 몇 가지 경계조건을 알아야 한다.

(i) 액체가 고체와 만나는 바닥($z=-d$)에서는 점착 조건에 의해 속도 u 의 z 성분이 0 이므로 다음과 같다.

$$w_{z=-d} = -\left(\frac{\partial\phi}{\partial z}\right)_{z=-d} = 0 \tag{7.30}$$

(ii) 액체의 자유표면은 정지 상태에서 $z=0$ 이지만 표면파가 있을 때의 **자유표면의 변위**는 $z=0$ 으로부터 수직거리를 ζ 로 표시한다.

$$\zeta(x,t) \equiv \text{자유표면에서의 } z\text{값} \tag{7.31}$$

그러므로 자유표면에 있는 액체입자들의 속도의 수평 방향 성분($u_{z=\zeta}$)과 수직 방향 성분($w_{z=\zeta}$)은

$$u_{z=\zeta} = -\left(\frac{\partial\phi}{\partial x}\right)_{z=\zeta},\quad w_{z=\zeta} = -\left(\frac{\partial\phi}{\partial z}\right)_{z=\zeta} \tag{7.32}$$

이다. 그러므로 자유표면에 있는 액체입자를 따라가면서 본 ζ 의 시간 변화율은

$$\frac{\mathrm{D}\zeta}{\mathrm{D}t} = \frac{\partial\zeta}{\partial t} + u_{z=\zeta}\frac{\partial\zeta}{\partial x} + w_{z=\zeta}\frac{\partial\zeta}{\partial z} \tag{7.33}$$

이다. z 축에서 z 의 값을 바꾸는 것은 ζ 와 z 축 상의 길이에 전혀 영향을 미치지 못해

$$\frac{\partial\zeta}{\partial z} = 0,\quad \frac{\mathrm{D}\zeta}{\mathrm{D}t} = w_{z=\zeta} \tag{7.34}$$

이므로 식 (7.33)은 다음과 같다.

$$-\left(\frac{\partial \phi}{\partial z}\right)_{z=\zeta} = \frac{\partial \zeta}{\partial t} - \left(\frac{\partial \phi}{\partial x}\right)_{z=\zeta}\frac{\partial \zeta}{\partial x} \tag{7.35}$$

(iii) 비압축성 유체의 베르누이 방정식은 흐름이 정상적이고 비회전인 경우에 식 (5.8)에 의해 유체의 모든 점에서 다음의 관계를 만족한다.

$$\frac{1}{2}\rho q^2 + p + \rho g z = C \tag{7.36}$$

만일 유체의 흐름이 비정상적일 경우에는 식 (5.2)에서 $\partial \boldsymbol{u}/\partial t$ 을 더 이상 무시할 수 없으므로 속도퍼텐셜을 이용해 $\partial \boldsymbol{u}/\partial t$ 대신에 $-\frac{\partial}{\partial t}\nabla\phi$ 를 사용하면 비정상적이고 비회전인 흐름에서의 일반적인 베르누이 방정식은 다음과 같다[식 (5.30) 참조].

$$p + \rho\left(\frac{1}{2}q^2 + gz - \frac{\partial \phi}{\partial t}\right) = C \tag{7.37}$$

여기서 자유표면 근처의 액체가 비회전이라는 가정 때문에 액체의 어느 곳에서나 이 식을 적용할 수 있음을 주의하라. 만일 액체의 자유표면에 면하는 점에서의 기체의 압력이 p_o 라면 위의 베르누이 방정식은

$$p + \rho\left(\frac{1}{2}q^2 + gz - \frac{\partial \phi}{\partial t}\right) = p_o \tag{7.38}$$

이다. 식 (7.15)의 라플라스의 법칙과 식 (F.9)를 이용하면 액체의 표면에서 압력차는

$$p_{z=\zeta} - p_o = \frac{\gamma}{R} = -\gamma\frac{\partial^2 \zeta}{\partial x^2} \tag{7.39}$$

이다. 여기서 우변의 표면장력 γ 앞에 음의 부호를 붙인 이유는, 부록 그림 F.1에서는 곡률의 방향이 아래쪽으로 볼록한 경우가 양의 값이지만 여기서는 반대의 경우를 생각하기 때문이다. 그러므로 식 (7.39)를 이용하면 식 (7.38)은 자유표면에서의 베르누이 방정식

$$g\zeta + \left(\frac{1}{2}q^2 - \frac{\partial \phi}{\partial t}\right)_{z=\zeta} = \frac{\gamma}{\rho}\frac{\partial^2 \zeta}{\partial x^2} \tag{7.40}$$

이다. 이 식은 주어진 시간에 자유표면의 궤적은 중력에너지, 운동에너지, 표면에너지의 균형에 의해 결정됨을 뜻한다.

참고

점성효과의 무시

실제 액체들은 일정한 점성계수를 가지고 있으므로 바닥에서 점착 조건과 자유표면에서 공기가 액체에 주는 층밀리기 응력을 고려해야 한다. 그러나 이를 고려하면 소용돌이도가 생겨 식 (7.21)의 속도퍼텐셜을 도입할 수 없어 문제의 해결이 매우 어렵다. 그러나 다행히도 자유표면과 바닥 근처에서 경계층의 두께는 무시할 수 있을 만큼 작으므로 무시해도 좋다. 이러한 점성효과의 무시로 인해 아래에서 다룰 분산 관계에서는 점성에 의한 감쇠 효과가 빠져 있다.

7.6 파의 세기가 작고 수심이 깊은 액체에서의 표면파 ($|\zeta| \ll \lambda \ll d$)

파동의 진폭이 매우 작은 표면파만 고려하면 식 (7.35)와 (7.40)에서 비선형 성분들을 무시할 수 있다.

$$\left(\frac{\partial\phi}{\partial x}\right)_{z=\zeta}\frac{\partial\zeta}{\partial x} \approx 0 \ , \ q^2 \approx 0 \tag{7.41}$$

그리고 파의 진폭 크기 $|\zeta|$가 파장 $\lambda(=2\pi/k)$보다 훨씬 작으므로

$$\left(\frac{\partial\phi}{\partial z}\right)_{z=\zeta} \approx \left(\frac{\partial\phi}{\partial z}\right)_{z=0}, \quad \left(\frac{\partial\phi}{\partial t}\right)_{z=\zeta} \approx \left(\frac{\partial\phi}{\partial t}\right)_{z=0} \tag{7.42}$$

의 가정을 하면 7.4절과 7.5절의 결과들은 다음과 같이 요약된다.

$$\boldsymbol{u} = -\nabla\phi \tag{7.43}$$

$$\frac{\partial^2\phi}{\partial x^2} + \frac{\partial^2\phi}{\partial z^2} = 0 \tag{7.44}$$

$$\phi = \sum_k \left(a_k^+(t)\phi_k^+ + a_k^-(t)\phi_k^-\right), \ \phi_k^\pm = e^{\pm kz}e^{ikx} \tag{7.45}$$

$$\text{(i)} \quad \left(\frac{\partial\phi}{\partial z}\right)_{z=-d} = 0 \tag{7.46}$$

$$\text{(ii)} \quad -\left(\frac{\partial\phi}{\partial z}\right)_{z=0} = \frac{\partial\zeta}{\partial t} \tag{7.47}$$

$$\text{(iii)} \quad g\zeta - \left(\frac{\partial\phi}{\partial t}\right)_{z=0} = \frac{\gamma}{\rho}\frac{\partial^2\zeta}{\partial x^2} \tag{7.48}$$

만일 외부에서 액체의 자유표면에 가해지는 요동이 한 가지 파수 $k(>0)$ 로 이루어져 있는 특별한 경우만 고려하면 속도퍼텐셜은

$$\phi = a_k^+(t)e^{kz}e^{ikx} + a_k^-(t)e^{-kz}e^{ikx} \tag{7.49}$$

이다. 수심이 깊은 곳$(-z \gg \lambda)$에는 표면의 요동이 영향을 거의 미치지 못해야 하지만 오른쪽 항의 e^{-kz} 는 바닥 쪽으로 갈수록 증가하므로 물리적으로 적당하지 못하다. 그러므로 $a_k^- = 0$이다.

$$\phi = a_k(t)e^{kz}e^{ikx}, \ k > 0 \tag{7.50}$$

이 식을 식 (7.47)의 경계조건 (ii)에 대입하면

$$-k\, a_k(t)e^{ikx} = \frac{\partial \zeta}{\partial t} \tag{7.51}$$

이므로

$$\zeta \propto e^{ikx} \tag{7.52}$$

이다. 그러므로 식 (7.48)의 경계조건 (iii)은

$$g\zeta - \frac{\partial a_k}{\partial t}e^{ikx} = -k^2\frac{\gamma}{\rho}\zeta \tag{7.53}$$

$$\frac{1}{g + k^2\frac{\gamma}{\rho}}\frac{\partial a_k}{\partial t}e^{ikx} = \zeta$$

이 된다. 이 식을 시간 t에 대해 편미분한 후 식 (7.51)에 대입하면

$$\left(ka_k + \frac{1}{g + k^2\frac{\gamma}{\rho}}\frac{\partial^2 a_k}{\partial t^2}\right)e^{ikx} = 0 \tag{7.54}$$

이므로

$$\frac{\partial^2 a_k}{\partial t^2} = -k\left(g + k^2\frac{\gamma}{\rho}\right)a_k \tag{7.55}$$

이다. 여기서

$$k\left(g + k^2\frac{\gamma}{\rho}\right) > 0 \tag{7.56}$$

이므로

$$\omega^2 \equiv gk + \frac{\gamma k^3}{\rho} \tag{7.57}$$

라고 정의하면 식 (7.55)의 해는

$$a_k = a_o e^{-i\omega t}, \qquad \omega > 0 \tag{7.58}$$

이다. 그러므로 **속도퍼텐셜의 k 성분**은 식 (7.50)으로부터

$$\phi = a_o e^{kz} e^{i(kx - \omega t)} \tag{7.59}$$

의 형태로 액체로 들어갈수록 감쇠되나 액체의 표면을 따라가는 방향으로 파수 k와 각진동수 ω로 전파되는 파이다.

식 (7.51)과 식 (7.58)을 이용하면 자유표면의 변위 ζ는

$$\zeta = \frac{ka_o}{i\omega} e^{i(kx - \omega t)} \tag{7.60}$$

이다. a_o가 실수이므로 물리적으로 의미가 있는 값은 ζ의 실수부분이다.

$$\mathrm{Re}(\zeta) = \frac{ka_o}{\omega} \sin(kx - \omega t) \tag{7.61}$$

즉 표면파의 변위는 사인파(sine wave)의 형태를 가지고 있다.

자유표면 근처에서 액체 입자의 궤적

자유표면 근처에 있는 액체입자에서 속도의 수평성분은 식 (7.43)과 (7.59)를 이용하면

$$u = -\frac{\partial \phi}{\partial x} = -ika_o e^{kz} e^{i(kx - \omega t)} \tag{7.62}$$

이고 물리적으로 의미가 있는 실수부분은

$$\mathrm{Re}(u) = ka_o e^{kz} \sin(kx - \omega t) \tag{7.63}$$

이다. 마찬가지로 속도의 수직성분은

$$w = -\frac{\partial \phi}{\partial z} = -ka_o e^{kz} e^{i(kx - \omega t)} \tag{7.64}$$

이고, 실수부분은

$$\mathrm{Re}(w) = -ka_o e^{kz} \cos(kx - \omega t) \tag{7.65}$$

이다.

자유표면 근처에서의 액체입자의 궤적을 구하기 위해 임의의 액체입자의 시간에 따른 위치 $(x,\ z)$를 임의의 평균 기준점 $(x_o,\ z_o)$에 대해 아래와 같이 기술하면

$$x(t) = x_o + X(t), \qquad z(t) = z_o + Z(t) \tag{7.66}$$

속도의 실수부분과 다음의 관계가 있다.

$$\mathrm{Re}(u) = X'(t), \qquad \mathrm{Re}(w) = Z'(t) \tag{7.67}$$

그러므로 위의 식들을 식 (7.63)과 식 (7.65)를 이용하여 시간에 대해 적분하면

$$X(t) = x - x_o = \frac{k}{\omega}a_o e^{kz}\cos(kx_o - \omega t) \tag{7.68}$$

$$Z(t) = z - z_o = \frac{k}{\omega}a_o e^{kz}\sin(kx_o - \omega t) \tag{7.69}$$

이고

$$X(t)^2 + Z(t)^2 = \frac{k^2 a_o^2}{\omega^2}e^{2kz} \tag{7.70}$$

이다. 그러므로 자유표면 근처에 있는 액체입자들은 각속도가 ω이고, 반경이 $\frac{ka_o}{\omega}e^{kz}$ 인 원운동을 한다. 그러나 이 원운동은 그림 4.8(b)에서와 같이 소용돌이도가 0인 비회전 원운동이다. 이 원운동의 반경은 액체 속으로 $\lambda/2\pi$만 들어가도 e^{-1}만큼 지수적으로 감소하는 함수다. 그림 7.9는 오른쪽으로 진행하고 있는 표면파에서 이를 잘 보여준다. 이 그림에

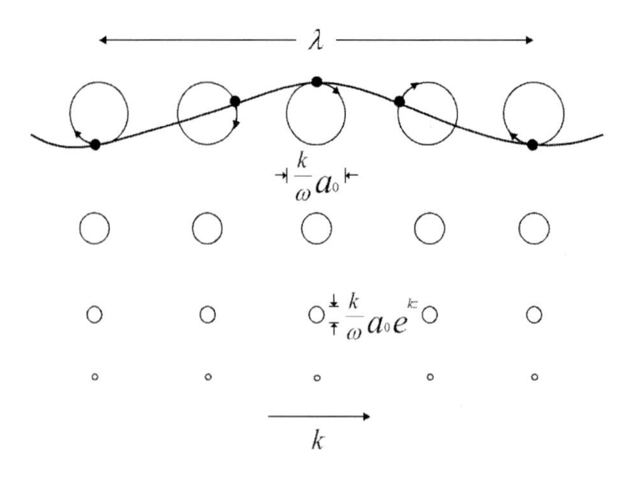

그림 7.9 깊은 액체계의 표면파에서 액체입자의 궤적

서 수직 방향으로 위치한 액체입자들은 같은 순간에는 같은 위상을 가지고 있다. 원운동 중에 유체입자는 표면파의 진행 방향 성분뿐만 아니라 수직성분도 가지고 있다. 이러한 측면에서 보면 액체에서의 표면파는 횡파와 종파의 성질을 동시에 가지고 있다.

표면파의 분산관계

수심이 깊은 액체의 자유표면에서 파의 진폭이 매우 작은 경우의 **분산관계**(dispersion relation)는 식 (7.57)에서 다음과 같다.

$$\omega^2 = gk + \frac{\gamma k^3}{\rho}, \qquad |\zeta| \ll \frac{2\pi}{k} \ll d \tag{7.71}$$

여기서 $k \geq 0$이므로 $\omega^2 \geq 0$이다. 즉 ω의 값은 항상 실수이다. $\phi \propto e^{-i\omega t}$이므로 액체의 표면에서 생긴 임의의 요동은 시간에 따라 발산이나 감소하지는 않고 안정적으로 파의 형태를 지속한다. 위의 식에 따르면 파장(λ)이 작을수록 각진동수(ω)가 커진다. 또한 작은 k(큰 λ)의 경우는 해당하는 각진동수 ω의 크기가 중력에 의해 결정되고 큰 k(작은 λ)의 경우는 표면장력의 크기가 각진동수를 결정한다.

그림 7.10은 물의 표면에서 파수의 크기에 따른 표면파의 각진동수 ω를 log−log 그래프에서 본 것이다. 꺾어지는 지점($k = k_m$)은 중력과 표면장력이 같은 크기의 영향력을 표면파에 미치는 경우이다.

$$gk_m = \frac{\gamma k_m^3}{\rho} \tag{7.72}$$

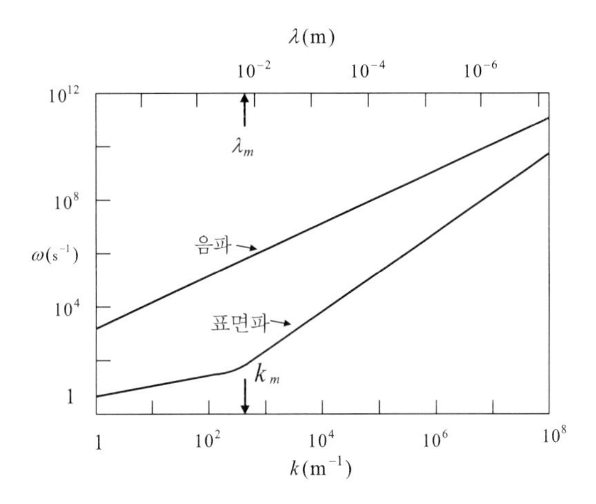

그림 7.10 파수에 따른 음파와 표면파의 각진동수

이에 해당하는 파수의 크기 k_m 은

$$k_m = \frac{2\pi}{\lambda_m} = \left(\frac{\rho g}{\gamma}\right)^{1/2} \tag{7.73}$$

이다. 물의 경우에 중력과 표면장력의 영향력의 크기가 같을 때 표면파의 파장은 $\lambda_m = 17\,\mathrm{mm}$ 이다. 이에 해당하는 각진동수 ω_m 과 주기 T_m 은

$$\omega_m = \sqrt{gk_m + \frac{\gamma k_m^3}{\rho}} = 86\ \mathrm{sec}^{-1},\ T_m = \frac{2\pi}{\omega_m} = 0.073\,\mathrm{sec} \tag{7.74}$$

이다. 또한 중력과 표면장력의 영향력이 비슷한 경우를 특성 지우는 길이로 **모세관 길이**(capillary length) ℓ_c 를 정의한다.

$$\ell_c = \frac{\lambda_m}{2\pi} = \left(\frac{\gamma}{\rho g}\right)^{1/2} \tag{7.75}$$

물의 경우는 $\ell_c = 2.7\ \mathrm{mm}$ 이다. 이 길이는 7.3절에서 언급한 본드 수가 1인 경우의 길이이다.

표면파의 파장 크기가 λ_m 보다 훨씬 큰 경우는 중력에 의한 영향이 중요하므로 **중력파**(gravity waves)라 부른다. 이때의 각진동수는

$$\omega = \sqrt{gk}\ , \quad \lambda \gg \lambda_m \tag{7.76}$$

이다. 반대로 파장의 크기가 λ_m 보다 훨씬 작은 경우는 표면장력에 의한 영향이 중요하므로 **모세관파**(capillary waves) 혹은 **잔물결파**(ripple waves)라 부른다. 이때의 각진동수는

$$\omega = \sqrt{\frac{\gamma k^3}{\rho}}\ , \quad \lambda \ll \lambda_m \tag{7.77}$$

이다.

식 (7.71)의 분산 관계를 이용하여 파의 위상속도 v_p와 군속도 v_g를 구해보면

$$v_p = \frac{\omega}{k} = \sqrt{\frac{g + \frac{\gamma k^2}{\rho}}{k}} \tag{7.78}$$

$$v_g = \frac{\mathrm{d}\omega}{\mathrm{d}k} = \frac{\frac{1}{2}\left(g + 3\frac{\gamma k^2}{\rho}\right)}{\sqrt{gk + \frac{\gamma k^3}{\rho}}} \tag{7.79}$$

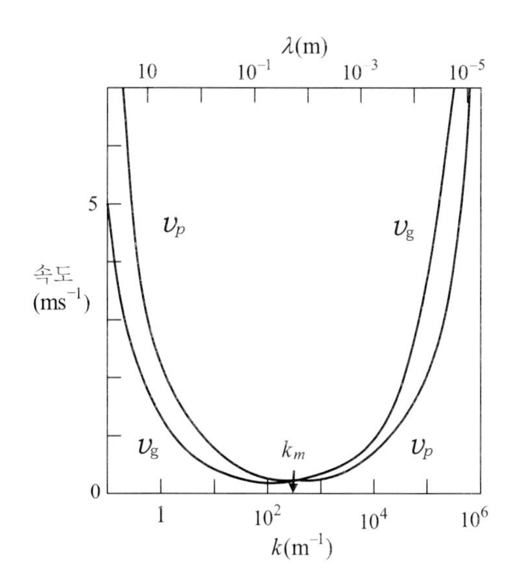

그림 7.11 물에서 파수에 따른 위상속도와 군속도

이다.

그림 7.11은 물의 경우에 각 파수에 해당하는 표면파의 위상속도 v_p와 군속도 v_g를 식 (7.78)과 식 (7.79)를 이용하여 그려놓은 것이다. 위상속도의 최솟값은 $0.23\,\mathrm{m\,s^{-1}}$이고, 군속도의 최솟값은 $0.18\,\mathrm{ms^{-1}}$이다. 군속도가 최솟값을 가질 때의 파장은 44 mm이다. 연못의 물에 돌을 던졌을 때 먼저 다른 k에 해당하는 파들이 빠른 속도로 퍼져 지나간 후 눈에 두드러지게 천천히 전파하는 파가 이에 해당하며, 이 파의 속도는 $0.18\,\mathrm{m\,s^{-1}}$이고 파장은 $44\,\mathrm{mm}$이다. 그림에서 파수의 값이 k_m일 때, 즉 파장이 $\lambda_m = 17\,\mathrm{mm}$일 때 군속도와 위상속도는 같은 값을 가진다.

참고

위상속도와 군속도

위상속도(phase velocity)는 일정한 위상이 이동하는 속도이다. 그러나 파장에 따라 위상속도가 달라지는 분산 성질의 매질에서는 파의 에너지는 **군속도**(group velocity)에 의해 전파된다. 그러므로 군속도는 다른 위상속도로 이동하는 파들로 이루어진 파군(wave group)이 만드는 변조 진폭이 이동하는 속도이다. 표면파에서 위상속도와 군속도는 방향은 같으나 크기가 다르다.

7.7 파의 세기가 작고 수심이 얕은 액체에서의 표면파 ($|\zeta| \ll \lambda \approx d$)

앞에서는 파의 진폭이 매우 작고 수심이 깊은 ($|\zeta| \ll 2\pi/k \ll d$) 액체계의 표면파에 관하여 기술했다. 그러면 파의 진폭이 매우 작고 수심이 얕아 파장의 크기가 수심과 비슷한 경우 ($|\zeta| \ll 2\pi/k \approx d$) 액체계에서 표면파가 어떻게 될까?

외부에서 액체 표면에 가해지는 요동이 한 가지의 파수 값 $k(>0)$만 가지고 있는 특별한 경우만 고려하면 식 (7.49)로부터

$$\phi = a_k^+(t)e^{kz}e^{ikx} + a_k^-(t)e^{-kz}e^{ikx} \tag{7.80}$$

이다. 수심이 얕아 표면의 요동이 바닥까지 영향을 미치므로 $a_k^-(t)$를 더 이상 무시할 수 없다[수심이 깊은 경우에는 $a_k^-(t) = 0$]. 그러므로 위의 식을 다음처럼 고쳐 적을 수 있다.

$$\phi = \left(a_k^+ e^{kz} + a_k^- e^{-kz}\right)e^{i(kx-\omega t)} \tag{7.81}$$

액체와 고체가 만나는 바닥에서의 경계조건 (i)인 식 (7.46)에 위의 식을 대입하면

$$a_k^- = a_k^+ e^{-2kd} \tag{7.82}$$

이므로 속도퍼텐셜은 다음과 같다.

$$\begin{aligned}\phi &= a_k^+ e^{-kd}\left(e^{k(d+z)} + e^{-k(d+z)}\right)e^{i(kx-\omega t)} \\ &= 2a_k^+ e^{-kd}\cosh[k(d+z)]\,e^{i(kx-\omega t)}\end{aligned} \tag{7.83}$$

수심이 깊은 경우에는 이 식에서 $\exp[-k(d+z)]$를 무시할 수 있으므로 속도퍼텐셜은 식 (7.59)와 같아진다. 식 (7.83)의 속도퍼텐셜을 자유표면에서의 경계조건 (ii)인 식 (7.47)에 대입하면

$$2ka_k^+ e^{-kd}\sinh(kd)e^{i(kx-\omega t)} = i\omega\zeta \tag{7.84}$$

가 된다. 자유표면에서의 베르누이 정리인 경계조건 (iii)인 식 (7.48)은

$$g\zeta - \left(\frac{\partial\phi}{\partial t}\right)_{z=0} = \frac{\gamma}{\rho}\frac{\partial^2\zeta}{\partial x^2} \tag{7.85}$$

이다.

중력이 표면장력보다 표면파에 미치는 영향이 훨씬 큰 경우

이 경우에는 식 (7.85)의 경계조건 (iii)을 다음과 같이 고쳐 적을 수 있다.

$$g\zeta = \left(\frac{\partial \phi}{\partial t}\right)_{z=0} \tag{7.86}$$

이 식에 식 (7.83)의 속도퍼텐셜을 대입하면

$$-2i\omega a_k^{+} e^{-kd}\cosh(kd)e^{i(kx-\omega t)} = g\zeta \tag{7.87}$$

이다. 식 (7.84)를 식 (7.87)로 나누면 파의 진폭이 매우 작고 수심이 얕은 ($|\zeta| \ll 2\pi/k \approx d$) 액체계에서 중력의 역할이 중요한 경우에 발생하는 표면파의 분산관계를 구할 수 있다.

$$\omega^2 = gk\ \tanh(kd) \tag{7.88}$$

이 경우에 위상속도는 다음과 같다.

$$v_p = \left[\frac{g}{k}\tanh(kd)\right]^{1/2} \tag{7.89}$$

이 식에서 만일 표면파의 파장이 λ_m보다 길고 액체의 깊이보다 훨씬 짧으면

$$\lambda_m < \lambda \ll d \quad \Rightarrow \quad kd \gg 1 \tag{7.90}$$

이므로 식 (7.88)의 분산관계는 식 (7.76)에서 보인 수심이 깊은 액체계에서 중력파의 분산관계

$$\omega = \sqrt{gk} \tag{7.91}$$

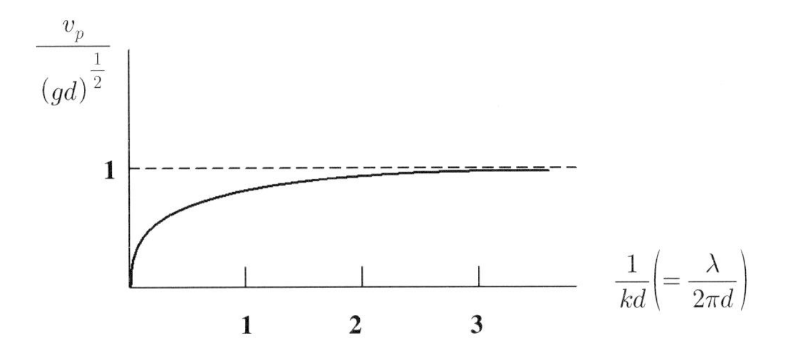

그림 7.12 중력의 역할이 중요한 경우에 파장의 크기에 따른 표면파의 위상속도

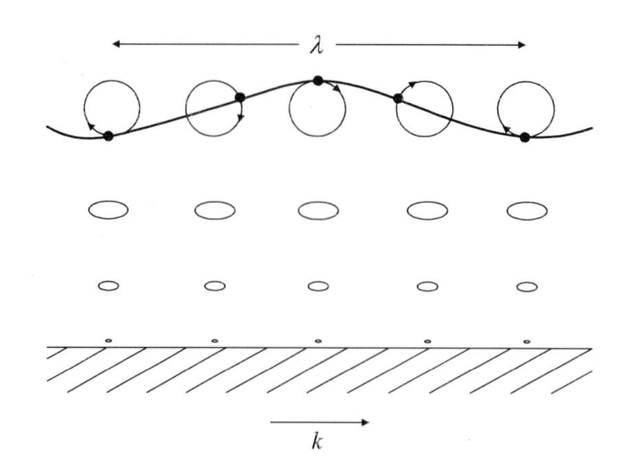

그림 7.13 얕은 액체계의 표면파에서 액체입자의 궤적

와 같아진다. 이 경우에 위상속도는

$$v_p = \frac{\omega}{k} = \sqrt{\frac{g}{k}} \tag{7.92}$$

로서 파장이 길수록 빨라진다.

만일 반대로 액체의 깊이보다 파장이 훨씬 큰 경우에는

$$\lambda \gg d \quad \Rightarrow \quad kd \ll 1 \tag{7.93}$$

이므로 위의 분산관계는

$$\omega = \sqrt{gd}\, k\left(1 - \frac{1}{6}d^2k^2\right) \tag{7.94}$$

로 바뀐다. 이 경우에의 위상속도는

$$v_p = \frac{\omega}{k} = \sqrt{gd}\left(1 - \frac{1}{6}d^2k^2\right) \approx \sqrt{gd} \tag{7.95}$$

이므로 거의 **비분산적**(non-dispersive)이다. 즉 위상속도는 파장의 크기와 관계없다. 그림 7.12은 파장과 깊이에 따른 위상속도의 변화를 보인 것이다. $\lambda < 3d$ 인 경우에는 식 (7.92)가 잘 들어맞고 $\lambda > 15d$ 인 경우에는 식 (7.95)가 잘 들어맞는다.

수심이 얕은 표면파에서는 바닥의 영향으로 액체입자들은 더 이상 그림 7.9와 같은 원운동을 하지 않고 타원운동을 한다. 그림 7.13은 수심이 얕은 경우에 오른쪽으로 진행하고 있는 표면파에서 이를 잘 보인다.

파도

파의 세기가 작은 표면파의 구체적인 예로 파도를 생각해보자. 바다와 같이 깊은 물에서는 파도의 파장은 일반적으로 100 m 정도이다. 그에 비해 파도의 높이는 1 m 정도이므로 $|\zeta| << \lambda \ll d$ 이다. 이때는 $\lambda > \lambda_m (\approx 17\text{mm})$이므로 파도는 중력파이다. 이에 해당하는 각진동수와 주기는 식 (7.76)을 사용하면

$$\omega = \sqrt{gk} = \sqrt{9.8\text{msec}^{-2} \times 2\pi/100\text{m}} = 0.78\text{sec}^{-1} \tag{7.96}$$

$$T = \frac{2\pi}{\omega} = 8\text{sec} \tag{7.97}$$

이다. 이러한 파도 형태의 표면파가 해안에 접근하면 파장보다도 물의 깊이가 훨씬 작아지므로, 즉 $\lambda \gg d$이므로 식 (7.94)의 분산관계

$$\omega^2 = gdk^2 \tag{7.98}$$

을 이용해야 한다. 파도는 먼바다에서 해안으로 전파되는 것이므로 해안에서 파도의 각진동수와 주기는 먼바다에서의 경우와 같아야 한다. 위의 관계에 따르면 ω가 일정한 경우에 d가 적어지면 k의 값이 증가해야 한다. 동시에 파도의 전파속도는 감소한다. 그러므로 파도의 파장은 먼바다에서 해안 쪽으로 접근하면 할수록 짧아진다. 그러다가 모래사장 근처에서는 모래사장의 경사 때문에 d가 급격하게 줄어들면서 파도가 더 이상 잔잔한 파의 형태가 아니라 그림 7.14처럼 바닷가에서 쉽게 보는 위험한 파도로 변한다. 먼바다와는 달리 해변에서 물의 깊이는 모래사장과 나란한 방향으로 일반적으로 일정하다. 그러므로 모래사장에서부터 동일한 거리로 떨어진 곳에서 파도의 전파속도는 식 (7.95)를 따르면서 크기가 같다. 이러한 이유로 파도가 해변에서 모래사장에 나란하게 일직선을 이루며 밀려

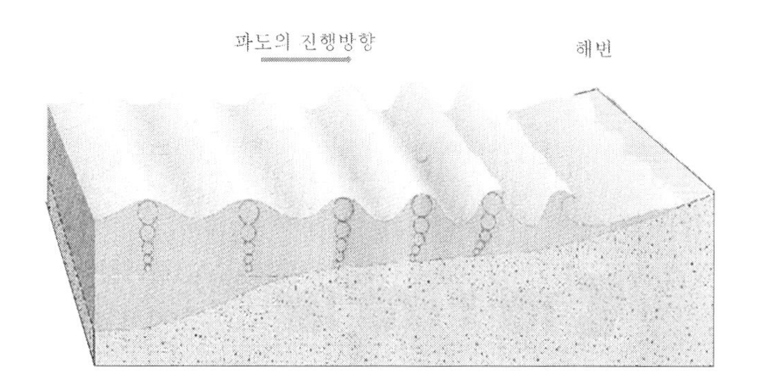

그림 7.14 해안 근처에서의 파도: 해안에 접근할수록 파도의 파장이 짧아진다.

온다. 그림 7.14에서 물속에 있는 원들은 유체입자들의 궤적이다.

참고 **모세관파와 중력파**

모세관파는 표면이 요동을 받으면 표면에너지와 운동에너지가 서로 에너지를 주고받으면서 발생한다. 상온($T = 300\,K$)에서는 온도에 해당하는 만큼의 열에너지가 액체의 표면을 열적으로 불안정하게 하여 액체의 표면에 모세관파가 항상 존재한다. 물의 경우는 이에 해당하는 모세관 파의 진폭이 약 4Å 정도이다. 그러나 이 값은 수소 원자 크기의 8배 정도로 너무 적어 보통 눈으로는 볼 수 없다. 이에 반해 연못이나 강의 수면에서 쉽게 볼 수 있는 중력파는 평형상태에 중력 방향에 수직인 자유표면이 물 위로 부는 바람 등이 가하는 응력에 의해 변형을 있을 때 발생한다. 이로 인해 표면에 발생한 요동에 대해 중력이 복원력의 역할을 하여 파동이 발생한다. 외부에서 가한 응력이 표면 내부에도 영향을 미치므로 표면 내부에도 그림 7.9에서 보이듯이 표면중력파가 어느 정도 존재한다. 그러나 모세관파는 자유표면에서만 존재한다.

7.8 열린 채널흐름

자유표면이 공기와 접하고 있는 **열린 흐름**(open flow)을 생각해보자. 주위에서 쉽게 볼 수 있는 열린 흐름의 예로 강, 고랑 등이 있다. 파이프 흐름(pipe flow) 등과 같은 **닫힌 채널흐름**(closed channel flow)에서는 압력차가 흐름을 발생시키지만[3.5절 참조], **열린 채널흐름**(open channel flow)에서는 많은 경우에 중력이 흐름을 유발한다[3.9절의 수직한 벽 표면에서의 정상흐름 참조]. 이 경우에는 중력에 의한 효과와 채널의 고체 경계벽에 의한 점성력이 균형을 이루면서 흐름의 성질이 결정된다.

이러한 열린 흐름에서는 유체의 내부에서의 흐름뿐만 아니라 자유표면에서 발생하는 표면파를 고려해야 한다. 유체가 깊지 않을 때는 파장이 긴 중력파의 역할이 중요해져 자유표면에 발생한 요동의 전파속도가 유체의 흐름속도보다 빠른 경우와 느린 경우는 다른 특성을 보인다. 얕은 수위의 열린 흐름을 특성 짓는 무차원계수로 **프루드 수**(Froude number, Fr 수)가 있다. 유체의 깊이가 d이고 특성 흐름속도가 U일 때 프루드 수는 유체의 흐름속도와 중력파의 위상속도와의 비이다.

$$\mathrm{Fr} \equiv \left[\frac{\text{관성력}}{\text{중력}}\right]^{1/2} = \left[\frac{\rho U^2/d}{\rho g}\right]^{1/2} \tag{7.99}$$

$$\equiv \frac{\text{유체의 흐름속도}}{\text{중력파의 위상속도}} = \frac{U}{\sqrt{gd}}$$

여기서 중력파의 위상속도로 중력파의 파장이 유체의 깊이보다 훨씬 큰 경우인 $\sqrt{gd}$ 를 사용한다[식 (7.95) 참조]. $\mathrm{Fr} > 1$이면 흐름속도가 크고 액체의 수위가 낮은 경우에 해당하여 중력파가 흐름속도보다 천천히 전파된다. 그에 비해 $\mathrm{Fr} < 1$이면 흐름속도가 작고 액체의 수위가 높은 경우에 해당하여 중력파가 흐름속도보다 빨리 전파된다. Fr 수가 흐름속도와 중력파의 위상속도와의 비라는 것을 고려하면 압축성 흐름에서 유체의 흐름속도와 유체 내의 밀도파의 위상속도인 음속의 비를 나타내는 Ma 수와 Fr 수는 비슷한 역할을 한다. Ma 수의 크기에 따라 압축성 흐름을 **초음속**(supersonic)과 **아음속**(subsonic)으로 나누는 것처럼 $\mathrm{Fr} > 1$인 열린 채널흐름을 **초임계**(supercritical)로, $\mathrm{Fr} < 1$인 열린 채널흐름을 **아임계**(subcritical)로 칭해 나눈다. 열린 채널흐름에서 유체의 임계속도는 $\sqrt{gd}$ 이다. 참고로 깊이가 1 m인 열린 흐름에서 임계속도는 $3.1\ \mathrm{m\,s^{-1}}$로 주위에서 쉽게 볼 수 있는 흐름속도이다. 아래에서 열린 채널흐름에서 Fr 수가 임계치 근처에서 나타나는 두 가지 대표적인 예를 소개한다. 개념을 쉽게 이해하기 위해 여기서는 이상유체흐름[비압축성이고 비점성]만 고려한다.

바닥에 요철이 있는 열린 채널흐름

그림 7.15와 같이 깊이가 d_o인 열린 채널흐름의 바닥에 요철이 있는 경우를 생각해보자. 요철이 날카로운 모서리가 없는 매끈한 모양 $h(x)$를 하고 있어서 요철 주위에 박리가 없다고 가정하자. 그리고 요철의 상류에서는 깊이가 d_o이고 x 방향 흐름속도가 U이지만 요철 근처에서는 각각 $y(x)$, $u(x)$이다. 여기서 유체의 깊이가 얕아 z 방향의 흐름속도가 없다고 가정한다.

흐름이 정상적이고 비압축성, 비점성일 경우, 자유표면에서의 흐름선을 따라서 에너지 방정식인 베르누이 방정식을 이용하면

$$\frac{1}{2}U^2 + g\,d_o + \frac{p_o}{\rho} = \frac{1}{2}u^2 + g\,(y+h) + \frac{p_o}{\rho} \tag{7.100}$$

이다[식 (5.8) 참조]. 여기서 p_o는 자유표면에서의 대기압의 크기로 위치와 관계없이 일정하다. 그러므로

$$u^2 = U^2 + 2g(d_o - y - h) \tag{7.101}$$

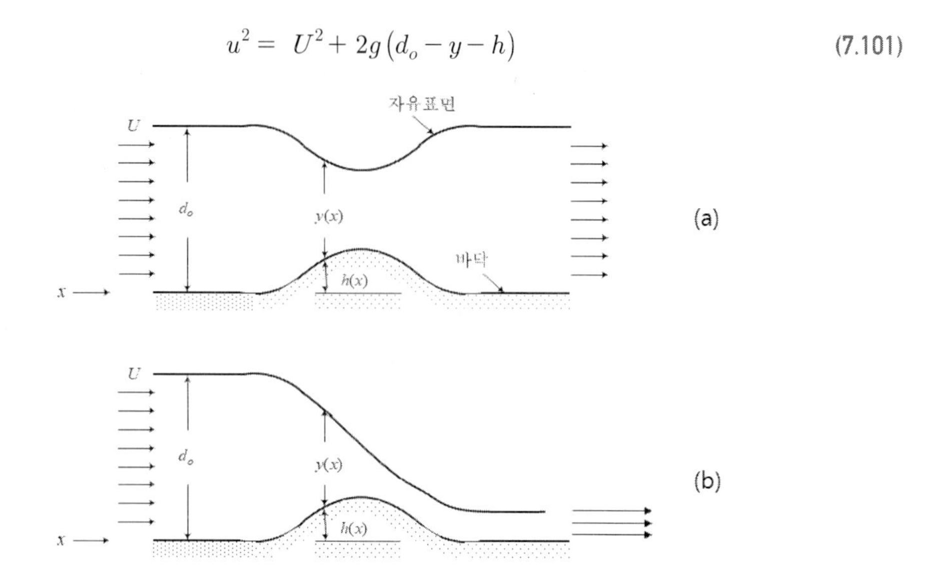

그림 7.15 바닥에 요철이 있는 두 가지 열린 채널흐름. (a) 상류(Fr〈1)와 하류(Fr〈1)가 대칭인 경우. (b) 상류(Fr〈1)와 하류(Fr〉1)가 비대칭인 경우

이다. 그리고 식 (4.4)의 질량 보존법칙을 이용하면

$$Ud_o = uy \tag{7.102}$$

이다. 이 식을 식 (7.101)에 대입하여 $u(x)$를 소거하면

$$\frac{U^2 d_o^2}{y^2} = U^2 + 2g(d_o - y - h) \tag{7.103}$$

이다. 식 (7.102)와 식 (7.103)의 양변을 x로 미분한 결과들을 이용해 정리하면

$$\frac{\mathrm{d}y}{\mathrm{d}x}\left(\frac{u^2}{gy} - 1\right) = -\frac{y}{u}\frac{\mathrm{d}u}{\mathrm{d}x}\left(\frac{u^2}{gy} - 1\right) = \frac{\mathrm{d}h}{\mathrm{d}x} \tag{7.104}$$

이다. 그러므로 자유표면 깊이의 기울기 $(\mathrm{d}y/\mathrm{d}x)$는 **국부적인 프루드 수**$(\mathrm{Fr} = u/\sqrt{gy})$에 따라 바뀐다. 일반적으로 국부적인 프루드 수는 상류에서의 프루드 수와 거의 같으므로 상류에서의 프루드 수를 사용해도 결과는 거의 달라지지 않는다.

요철의 상류가 흐름속도가 작거나 유체깊이가 클 때에 해당하는 아임계 열린 흐름 $(\mathrm{Fr} < 1)$의 경우를 생각해보자. 식 (7.104)에 따르면 바닥의 높이가 증가하면$(\mathrm{d}h/\mathrm{d}x > 0)$ 자유표면의 깊이가 감소하고 $(\mathrm{d}y/\mathrm{d}x < 0)$ 동시에 흐름속도는 증가한다$(\mathrm{d}u/\mathrm{d}x > 0)$. 그림 7.15(a)의 경우에 요철의 마루에서는 $\mathrm{d}h/\mathrm{d}x = 0$이다. 식 (7.104)에서 이렇게 될 수 있는 경우는 두 가지 뿐이다.

첫 번째는 요철의 하류에서 그림 7.15(a)처럼 바닥의 높이와 자유표면의 깊이가 상류에서의 값인 0와 d_o로 각각 돌아가는 경우로 상류와 하류의 흐름이 서로 대칭이다. 이때는 요철의 마루에 있는 자유표면의 깊이와 흐름속도가 변하지 않는다($dy/dx = 0$, $du/dx = 0$). 이때 요철의 하류는 상류와 같이 아임계 열린 흐름($Fr < 1$)이다. 그러나 아임계 열린 흐름이면서 요철이 움푹 들어갈 때에는($dh/dx < 0$) 자유표면의 깊이가 증가하면서($dy/dx > 0$) 흐름속도는 감소한다($du/dx < 0$). 그리고 요철을 지나면 다시 아임계 열린 흐름($Fr < 1$)으로 돌아간다.

두 번째는 요철의 하류의 흐름속도가 상류에서보다 빨라 그림 7.15(b)처럼 하류에서 자유표면의 깊이가 상류에서의 값인 d_o보다 훨씬 작은 경우로 상류와 하류의 흐름이 서로 비대칭이다. 이때는 요철의 마루에서 $Fr = u/\sqrt{gy} = 1$이다. 이때는 마루 이전에 증가하던 흐름속도가 마루를 지나면서 흐름속도가 계속 증가한다($du/dx > 0$). 동시에 자유표면의 깊이가 감소하여($dy/dx < 0$) 요철의 하류에서는 흐름이 초임계 열린 흐름($Fr > 1$)이 된다. 즉 상류에서는 아임계 열린 흐름이었다가 요철을 지난 후에 초임계 열린 흐름이 된다.

참고

열린 채널흐름과 라발 노즐

요철의 상류에서 $Fr < 1$이다가 요철의 마루에서 $Fr = 1$이 되고 하류에서 $Fr > 1$가 되는 두 번째 경우는 그림 6.7에서 소개한 라발 노즐에서 **초킹**(choking)현상과 매우 비슷하다. 노즐의 상류에서는 $Ma < 1$인 아음속인 압축성 유체가 노즐의 목 부분에서 $Ma = 1$으로 가속되었다가 하류에서 $Ma > 1$의 초음속 흐름이 된다. 이 경우 하류에서의 정보가 상류로 전파되지 않는다.

수력도약

부엌의 개수대에서 수도꼭지 물이 바닥에 떨어질 때 흐르는 것을 보면 물이 떨어지는 곳에서 지름방향으로 바닥을 타고 물이 얇고, 빠르게 흐르다 갑자기 물의 높이가 갑자기 증가하면서 천천히 흐르는 것을 본 경험이 있을 것이다[그림 7.16(a)]. 이렇게 자유표면을 가진 채로 흐르는 유체의 높이가 갑자기 증가하는 현상을 **수력도약**(hydraulic jump)이라 한다. 개수대에서와 같이 원형으로 발생하는 수력도약은 특별히 **원형 수력도약**(circular hydraulic jump)이라고 따로 칭하기도 한다. 그러나 일반적인 수력도약은 그림 7.16(b)와

비슷한 경우이다. 예로서 저수지와 같은 댐의 물막이 부분에서 낙차에 의해 얕은 수위의

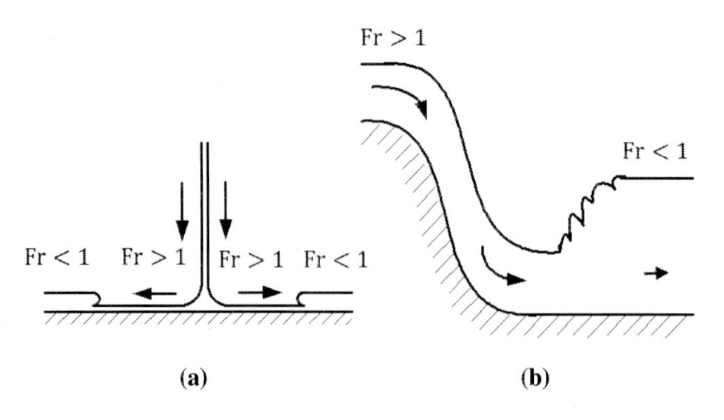

그림 7.16 수력도약의 예

물이 빠른 속도로 높이가 낮은 지역을 향해 흐르다가, 바닥에 부딪힌 후에 높은 수위로 천천히 흐르는 현상이 있다.

수력도약은 Fr > 1인 초임계 열린 흐름이 Fr < 1의 아임계 열린 흐름으로 바뀔 때 발생한다. 그림 7.16(b)의 경우에 상류에 생성된 Fr > 1인 초임계 열린흐름이 갑자기 속도를 급격하게 줄이면서 깊은 흐름과 만나면서 Fr < 1이 되는 경우를 생각할 수 있다. 수력도약을 이해하기 위해 그림 7.17과 같은 비압축성, 비점성 2차원 정상흐름을 생각해보자. 여기서는 x 방향으로 깊이가 d_1인 유체가 U_1의 속도로 흐르다가 깊이가 d_2이면서 속도가 U_2로 변하는 정상흐름이다. 그림에서 점선으로 표시된 z 축 방향 단위 두께의 고정부피를 생각해보자. 고정부피에 가해지는 힘의 합은 뉴턴의 제2법칙에 의해 고정부피의 운동량 시간 변화율과 같다. 이에 관련된 운동량보존 방정식은 식 (2.75)에서 정상흐름이므로 좌변은 0이고 우변의 첫 번째항 (운동량 플럭스)과 세 번째 항 (면적력)을 고려하면 된다. 이때 고정부피의 왼쪽 면에 수직으로 오른쪽으로 가해지는 수압에 의한 힘은

$$\int_0^{d_1}[(p_o + \rho g(d_1 - y)]\mathrm{d}y = p_o d_1 + \frac{1}{2}\rho g d_1^2 \tag{7.105}$$

이고, 고정부피의 오른쪽 면에 수직으로 왼쪽으로 가해지는 수압에 의한 힘은

$$\int_0^{d_2}[(p_o + \rho g(d_2 - y)]\mathrm{d}y = p_o d_2 + \frac{1}{2}\rho g d_2^2 \tag{7.106}$$

이다. 그리고 물질체적의 왼쪽 면에 수직으로 가해지는 공기압에 의한 힘은

$$p_o(d_2 - d_1) \tag{7.107}$$

이다. 그러므로 수압과 공기압에 의해 단위 두께의 고정부피에 가해지는 x 방향으로 힘의

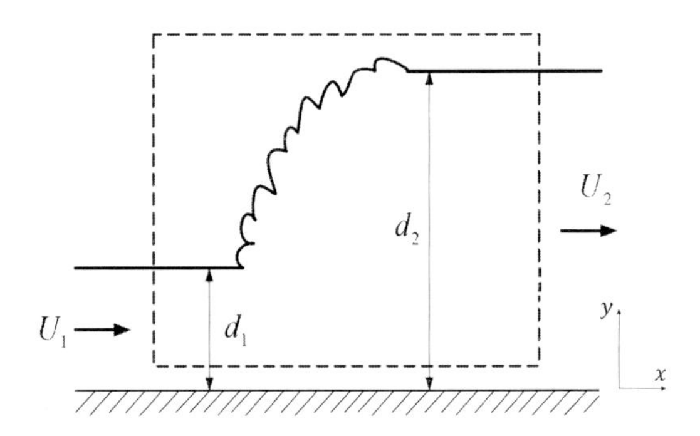

그림 7.17 깊이가 d_1 인 유체가 U_1 의 속도로 흐르다가 깊이가 d_2 이면서 속도가 U_2 로 변하는 정상흐름

크기는

$$\int_0^{d_1}[(p_o+\rho g(d_1-y)]\mathrm{d}y-\int_0^{d_2}[(p_o+\rho g(d_2-y)]\mathrm{d}y+p_o(d_2-d_1)=\frac{\rho g}{2}(d_1^2-d_2^2) \quad (7.108)$$

이다. 비슷하게 단위 두께의 고정부피를 통해 x 방향으로 단위시간 동안 나가는 운동량의 크기는

$$\rho(U_1^2 d_1-U_2^2 d_2) \quad (7.109)$$

이다. 그러므로 운동량의 보존법칙은 식 (7.108)과 식 (7.109)를 이용하면

$$\frac{\rho g}{2}(d_1^2-d_2^2)+\rho(U_1^2 d_1-U_2^2 d_2)=0 \quad (7.110)$$

이다. 식 (4.4)의 질량보존법칙을 이용한

$$U_1 d_1= U_2 d_2 \quad (7.111)$$

를 식 (7.110)에 대입하면

$$\left(\frac{d_2}{d_1}\right)^2+\frac{d_2}{d_1}-2\frac{U_1^2}{g d_1}=0 \quad (7.112)$$

이다. 수력도약의 경우에 $d_2 > d_1$ 이므로 식 (7.111)과 식 (7.112)로부터 다음과 같다.

$$\frac{d_2}{d_1}=\frac{U_1}{U_2}=\frac{1}{2}[-1+\sqrt{1+8\mathrm{Fr}_1^2}] \quad (7.113)$$

그리고 위의 식에서 $\mathrm{Fr}_1 > 1$, 즉 $U_1 > \sqrt{gd_1}$ 을 만족시켜야 한다. 또한 위의 식에 식 (7.111)을 이용하여 Fr_1 대신에 Fr_2를 넣으면

$$\mathrm{Fr}_2^2 = \frac{1}{2}\frac{(d_1 + d_2)d_1}{d_2^2} \tag{7.114}$$

이 되어 $\mathrm{Fr}_2 < 1$, 즉 $U_2 < \sqrt{gd_2}$ 이다. 그러므로 수력도약이 일어날 조건은 상류에서의 $\mathrm{Fr}_1 > 1$ 과 하류에서의 $\mathrm{Fr}_2 < 1$ 을 동시에 만족해야 한다. 즉 수력도약은 $\mathrm{Fr} > 1$ 의 초임계 열린 흐름이 $\mathrm{Fr} < 1$의 아임계 열린 흐름으로 바뀔 때 발생한다. 그림 7.16의 (a)와 (b)에서 수위가 얕은 지역과 깊은 지역의 경계는 $\mathrm{Fr} = 1$ 에 해당한다. 만일 전체 흐름이 $\mathrm{Fr} = 1$ 이어서 $d_1 = d_2$ 이고 $U_1 = U_2 = \sqrt{gd}$ 이면 흐름속도와 중력파의 위상속도가 같아 수력도약이 사라진다.

그림 7.17의 경우는 수력도약 영역이 정지해 있다. 그러나 왼쪽으로 흐름속도가 U_1 인 흐름을 더하면 그림 7.18과 같이 된다. 이때는 수력도약 영역이 왼쪽으로 U_1 의 속도로 깊이가 낮고 정체된 유체에 접근한다. 이러한 수력도약 현상은 $\sqrt{gd_1} < U_1 < \sqrt{gd_2}$ 인 조건에서 발생한다.

지금까지 열린 채널흐름을 기술하면서 유체의 점성효과를 무시하고 이상유체로 가정했으나 실제 흐름에서는 점성효과도 중요하다. 그리고 원형 수력도약의 경우에는 점성효과뿐만 아니라 표면장력의 효과도 중요하다. 이때는 중력의 효과보다도 표면장력의 효과가 더 중요한 역할을 한다. 즉 보통의 수력도약은 중력에 의한 압력이 유체의 운동량과 균형을 이룬 결과이지만 원형 수력도약은 점성력과 표면장력이 유체의 운동량과 균형을 이룬 결과이다.

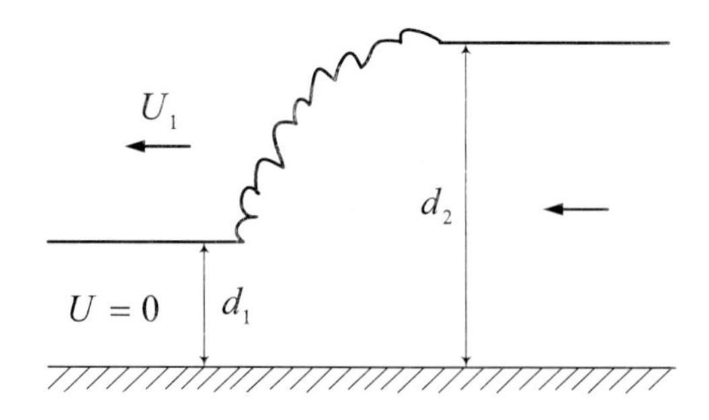

그림 7.18 깊이가 d_1 인 정체된 유체가 깊이가 d_2 이면서 속도가 U_1 로 변하는 수력도약

참고 **수력도약과 수직충격파**

수력도약의 경우에 유체의 깊이가 증가하는 것은 수직충격파의 경우에 하류의 방향으로 압력이 증가하는 것과 비슷한 현상이다[6.6절 참조]. 또한 이러한 수력도약 현상은 유체의 자유표면에서만 발생하는 것이 아니라 **밀도성층 흐름**(stratified flow)에서 밀도가 갑자기 바뀌는 경계면에서도 발생한다[8.6절 참조].

7.9 파의 세기가 큰 경우의 표면파: 솔리톤(Soliton) ($|\zeta| \approx \lambda \approx d$)

지금까지 다룬 표면파는 유체의 속도와 파의 세기가 작아서 나비에-스토크스 방정식의 비선형 성분들을 무시한 경우이다. 여기서는 액체의 수심이 표면파의 파장에 비해 매우 깊은 경우가 아니고 표면파의 진폭이 파장과 비슷한 경우를 생각해보자. 이처럼 파의 세기가 큰 경우는 비선형 성질을 더 이상 무시할 수 없다. 1895년에 코테베그(Diederik Korteweg, 1848~1941)와 드 브리스(Gustav de Vries, 1866~1934)는 이러한 경우에 자유표면의 변위 ζ가 다음의 비선형 방정식을 만족함을 보였다.

$$\underbrace{\frac{\partial \zeta}{\partial t} + \sqrt{gd}\,\frac{\partial \zeta}{\partial x}}_{\text{선형, 비분산적}} + \sqrt{gd}\left(\underbrace{\frac{1}{6}d^2\frac{\partial^3 \zeta}{\partial x^3}}_{\text{선형, 분산적}} + \underbrace{\frac{3}{4}\frac{\partial}{\partial x}\frac{\zeta^2}{d}}_{\text{비선형}}\right) = 0 \tag{7.115}$$

이 방정식은 그들의 이름을 따서 **코테베그-드 브리스 방정식**(korteweg-De Vries equation)으로 알려져 있으나 줄여서 **KdV 방정식**으로 많이 부른다.

위의 식에서 파의 진폭이 작은 경우, 즉 비선형인 마지막 항을 무시한 후 파의 진폭에 $\zeta = ae^{i(kx - \omega t)}$를 대입하면 분산관계

$$\omega = \sqrt{gd}\,k\left(1 - \frac{1}{6}d^2k^2\right) \tag{7.116}$$

와 위상속도

$$v_p = \frac{\omega}{k} = \sqrt{gd}\left(1 - \frac{1}{6}d^2k^2\right) \tag{7.117}$$

가 얻어진다. 이 두 식은 파의 세기가 작고 파장의 크기가 액체의 깊이보다 훨씬 큰 경우

($kd \ll 1$)의 결과인 식 (7.94), 식 (7.95)와 똑같다. 이 식에 따르면 짧은 파장의 파가 긴 파장의 파보다 천천히 전파된다. 그러므로 초기에는 여러 가지 파장이 섞여 있는 종 모양의 파동이었다면, 시간이 지남에 따라 파의 모양이 퍼져서 평평하게 되려 한다. 그러므로 KdV 방정식의 첫 두 항은 선형적이고 비분산적인 한계를 설명하고, 세 번째 항은 액체가 충분히 깊지 않아 생기는 분산적 성질을 설명한다. 그리고 마지막 항은 파의 세기가 커짐으로 인한 비선형적 성질을 설명한다.

비선형 효과에 의해 파의 세기가 큰 부분이 작은 부분보다 빨리 진행하여 처음에 대칭이었던 파의 머리 부분이 아래의 부분보다 앞서 진행하기 때문에 가파르게 되면서 기울어진다. 그러므로 세 번째 항(분산적)은 발생한 파를 분산시켜 넓게 퍼져 없애려 하지만 마지막 항(비선형)은 발생한 파를 가파르게 증폭시키려 한다. 이 두 효과가 함께 작용하여 균형을 이룬다면 파는 원래의 모양을 유지한 채로 계속 진행할 수 있다.

컴퓨터를 이용해 계산하면 KdV 방정식의 해는 파의 세기가 커짐에 따라 파의 봉우리가 점점 뾰족해지고 봉우리 사이의 고랑은 점점 납작해짐을 보인다. 다시 말해 평평한 액체 표면들 사이에 고립된 뾰족한 봉우리가 전파되는 형태이다. 그림 7.19는 이를 잘 보인다. 이렇게 고립된 상태로 전파되는 봉우리 형태의 파를 **솔리톤**(soliton) 혹은 **고립파**(solitary waves)라 부른다. 이 그림은 두 개의 솔리톤[진폭이 큰 것과 작은 것]이 충돌한 후에도 충돌 전의 모양을 그대로 보존하는 특징을 보인다. 이 솔리톤의 모습은 다음과 같은 식으로 주어진다.

$$\zeta = a \ \mathrm{sech}^2\left[\left(\frac{3a}{4d^3}\right)^{1/2}(x - v_s t)\right] \tag{7.118}$$

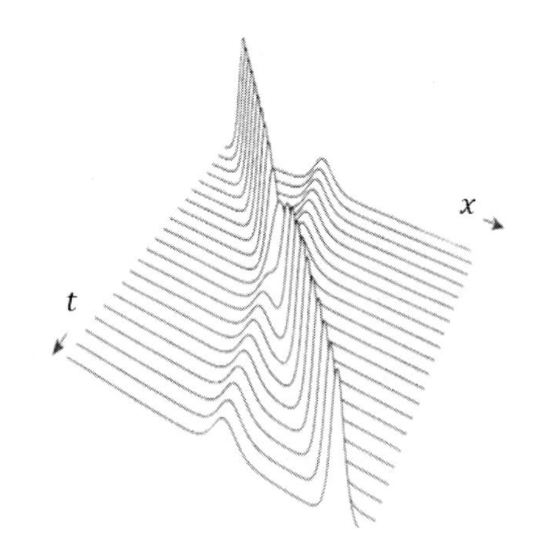

그림 7.19 고립된 상태로 전파되는 솔리톤

여기서 솔리톤의 전파속도 v_s는

$$v_s = \sqrt{gd}\left(1 + \frac{a}{2d}\right) \tag{7.119}$$

로서 봉우리의 높이(a)가 증가할수록 커진다.

2004년 인도네시아와 인접 국가들에 그리고 2011년 일본에 엄청난 피해를 남긴 해일은 대표적인 솔리톤이다. 해저의 지각 변동이나 해저화산이 폭발하면 엄청나게 큰 에너지가 발생하여 바닷물을 크게 요동시켜 해일을 만든다. 예를 들어 일본 근해에서 지진 등의 현상에 의해 만들어진 해일은 태평양을 건너 하와이, 칠레나 페루까지 전해진다. 이렇게 멀리까지 영향을 미치는 이유는 솔리톤인 해일이 전파 도중에 감소하거나 소멸하지 않기 때문이다. 이 해일은 **쓰나미**(Tsunami)라고 부르며, 먼 바다에서 전파속도는 무려 시속 800km나 되어 웬만한 비행기보다 빠르다.

7.10 액체와 액체 사이의 계면에서의 표면파

지금까지는 액체와 기체 사이의 계면에 대해 논하였지만 서로 섞이지 않는 두 액체 사이의 계면은 어떻게 될까? 물 위에 기름이 떠 있는 경우가 좋은 예다. 만일 위에 있는 가벼운 액체의 밀도를 ρ'라고 하고 아래에 있는 무거운 액체의 밀도를 ρ라고 한다면[그림 7.20 참조], 식 (7.39)에서 보인 표면에서의 라플라스 법칙은 **계면에서의 라플라스 법칙**으로 바뀐다.

$$(p - p')_{z=\zeta} = -\gamma\frac{\partial^2\zeta}{\partial x^2} \tag{7.120}$$

여기서 γ는 단위면적당 계면에너지이다. 그리고 비정상적이고 비회전인 흐름에서의 일반적인 베르누이 방정식은 식 (7.37)에서 변형이 필요하다.

$$p_{z=\zeta} + \rho\left(\frac{1}{2}q^2 + g\zeta\right) - \rho\left(\frac{\partial\phi}{\partial t}\right)_{z=\zeta} = p'_{z=\zeta} + \rho'\left(\frac{1}{2}q^2 + g\zeta\right) - \rho'\left(\frac{\partial\phi'}{\partial t}\right)_{z=\zeta} \tag{7.121}$$

7.6절에서와 같이 $\left(\frac{\partial\phi}{\partial t}\right)_{z=\zeta} \approx \left(\frac{\partial\phi}{\partial t}\right)_{z=0}$, $\left(\frac{\partial\phi'}{\partial t}\right)_{z=\zeta} \approx \left(\frac{\partial\phi'}{\partial t}\right)_{z=0}$의 가정을 하면

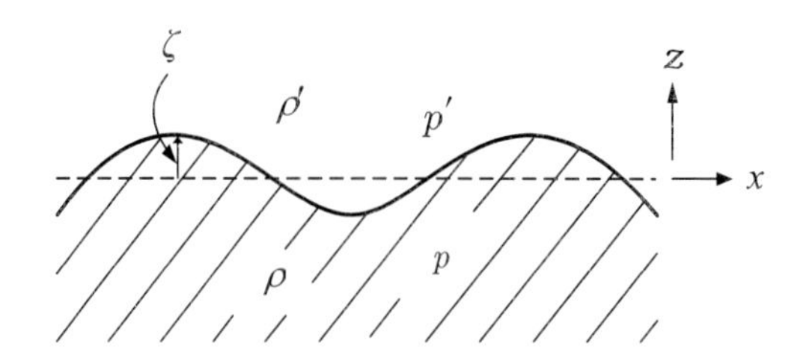

그림 7.20 액체와 액체 사이의 계면에서의 표면파

$$(\rho-\rho')\left(\frac{1}{2}q^2+g\zeta\right)-\rho\left(\frac{\partial\phi}{\partial t}\right)_{z=0}+\rho'\left(\frac{\partial\phi'}{\partial t}\right)_{z=0}=-(p-p')_{z=\zeta} \tag{7.122}$$

이다. 계면에서 멀리 떨어지면 요동의 영향이 미치지 못하므로 한 가지 파수($k>0$)의 경우에 속도퍼텐셜은 다음과 같이 가정할 수 있다.

$$\phi = a_k e^{kz} e^{i(kx-\omega t)}, \quad z<0 \tag{7.123}$$

$$\phi' = a'_k e^{-kz} e^{i(kx-\omega t)}, \quad z>0$$

그리고 계면에서 유체의 속도는 연속적이어야 하므로 식 (7.47)의 경계조건 (ii)를 이용하면

$$\frac{\partial\zeta}{\partial t} = -\left(\frac{\partial\phi'}{\partial z}\right)_{z=0} = -\left(\frac{\partial\phi}{\partial z}\right)_{z=0} \tag{7.124}$$

$$= k\phi' \qquad =-k\phi$$

이므로

$$\phi'_{z=0} = -\phi_{z=0} + C \tag{7.125}$$

이다. 식 (7.123)과 식 (7.124)를 이용하면

$$\zeta = \frac{k}{i\omega}a_k e^{i(kx-\omega t)} \tag{7.126}$$

이다. 계면파의 진폭이 작은 경우에는 q^2을 무시할 수 있으므로 식 (7.122)는 식 (7.120)과 식 (7.125)를 이용하면

$$(\rho-\rho')g\zeta-(\rho+\rho')\left(\frac{\partial\phi}{\partial t}\right)_{z=0} = \gamma\frac{\partial^2\zeta}{\partial x^2} = -\gamma k^2\zeta \tag{7.127}$$

이다. 이 식은 표면에서의 경계조건 (iii)인 식 (7.48)을 계면에서 대응하는 조건이다.

식 (7.123)과 식 (7.126)을 식 (7.127)에 대입하여 **계면파의 분산 관계**를 유도하면

$$\omega^2 = \frac{\rho - \rho'}{\rho + \rho'} gk + \frac{\gamma k^3}{\rho + \rho'} \tag{7.128}$$

이다. 만일 $\rho \gg \rho'$이면, 이 식은

$$\omega^2 = gk + \frac{\gamma k^3}{\rho} \tag{7.129}$$

가 되어 공기와 접하고 있는 액체에서의 표면파의 분산 관계인 식 (7.57)과 같아진다.

7.11 용기 속에 담겨있는 액체의 표면파

커피잔을 테이블 위에 놓을 때나 테이블이 흔들릴 때 테이블 위에 놓인 잔 속의 커피 표면에서 특이한 파동을 쉽게 볼 수 있다. 용기 속에 담겨있는 액체의 표면에 발생하는 파는 경계조건에 매우 민감하다. 그림 7.21과 같이 깊이가 d이고 반경이 a인 원기둥 모양의 용기에 담긴 액체에서 발생하는 표면파를 생각해보자. 다른 용기에 대해서도 여기서 사용한 방법을 이용하여 표면파를 이해할 수 있다. 용기 속의 표면파는 7.4절에서 설명한 액체 표면파의 모든 성질을 만족해야 한다. 그러므로 원기둥 좌표계에서 변수분리법을 이용하면 속도퍼텐셜은

$$\phi = R(r)\Theta(\theta)Z(z)T(t) \tag{7.130}$$

이다. 보통의 용기는 수심이 깊지 않으므로 표면의 요동이 바닥까지 미친다. 그러므로 식 (7.83)과 비슷하게 바닥($z = -d$)의 경계조건을 적용하면 파수의 크기가 k인 경우에 속도퍼텐셜은 다음과 같다.

$$\phi = R(r)\Theta(\theta)\cosh[k(d+z)]\, e^{-i\omega t} \tag{7.131}$$

액체의 표면파에서 속도퍼텐셜은 식 (7.22)와 같이 라플라스 방정식을 만족한다. 그러므로 원기둥 좌표계에서 라플라스 방정식

$$\frac{1}{r}\frac{\partial}{\partial r}\left(r\frac{\partial \phi}{\partial r}\right) + \frac{1}{r^2}\frac{\partial^2 \phi}{\partial \theta^2} + \frac{\partial^2 \phi}{\partial z^2} = 0 \tag{7.132}$$

에 식 (7.131)을 대입하면

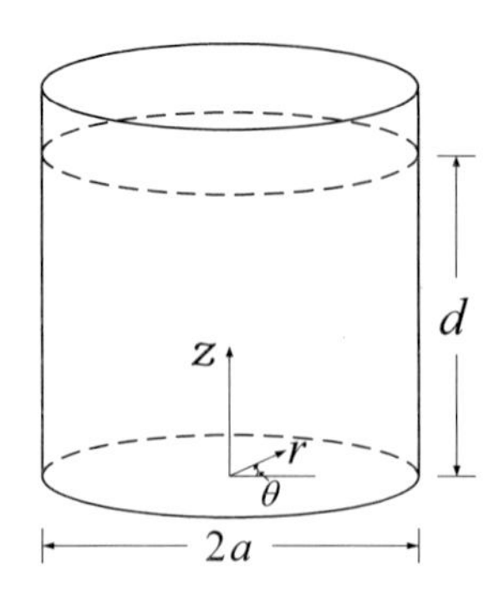

그림 7.21 원기둥 모양의 용기에 담긴 깊이 d 인 유체

$$\frac{1}{R}\left[r^2\frac{\mathrm{d}^2R}{\mathrm{d}r^2}+r\frac{\mathrm{d}R}{\mathrm{d}r}+k^2r^2R\right] = -\frac{1}{\Theta}\frac{\mathrm{d}^2\Theta}{\mathrm{d}\theta} \tag{7.133}$$

이다. 왼쪽 항과 오른쪽 항은 다른 변수로 이루어져 있으므로 이 식이 성립하려면 크기가 0이나 양수인 상수 n^2 으로 놓을 수 있다. 그러면 오른쪽 항은

$$\frac{\mathrm{d}^2\Theta}{\mathrm{d}\theta^2}+ n^2\Theta= 0,\ n \geq 0 \tag{7.134}$$

으로 **헬름홀츠 방정식**이고 왼쪽 항은

$$r^2\frac{\mathrm{d}^2R}{\mathrm{d}r^2}+r\frac{\mathrm{d}R}{\mathrm{d}r}+(k^2r^2-n^2)R= 0 \tag{7.135}$$

으로 이 식은 원과 같은 대칭을 가진 2차 편미분 방정식에 자주 적용되는 **차수가 n 인 베셀 방정식**이다. 이 방정식의 일반해는 $J_n(kr)$ 과 $Y_n(kr)$ 의 두 가지 종류의 베셀 함수이다. **베셀 함수**의 일반적인 성질은 수학 관련 책에서 쉽게 찾아볼 수 있으므로 여기서는 논하지 않는다. 그러나 $Y_n(kr)$ 은 r 이 0으로 접근함에 따라 $-\infty$ 로 발산하므로 적당한 해가 될 수 없다. 그러므로 속도퍼텐셜의 지름방향 변화를 보이는 $R(r)$ 은 $J_n(kr)$ 에 비례한다. 그러므로 차수 n 에 해당하는 속도퍼텐셜은

$$\phi_n = (A_n\sin n\theta + B_n\cos n\theta)J_n(kr)\cosh[k(z+d)]e^{-i\omega t} \tag{7.136}$$

이다.

용기 속에 담겨있는 액체의 표면파는 7.7절에서 다른 수심이 얕은 경우의 표면파와 비슷한 경우이므로 중력이 표면장력보다 표면파에 미치는 영향이 훨씬 큰 경우에 표면파의

분산관계는 식 (7.88)과 같다.

$$\omega^2 = gk\ \tanh(kd) \tag{7.137}$$

그러므로 파수의 크기를 알면 이에 해당하는 각진동수의 값이 바로 정해진다.

경계조건으로 $r = a$에서 지름방향의 속도는 0이므로 다음과 같다.

$$\frac{\partial\phi}{\partial r}\Big|_{r=a} = 0 \rightarrow \left[\frac{\mathrm{d}}{\mathrm{d}r}J_n(kr)\right]_{r=a} = 0 \tag{7.138}$$

위의 경계조건에 해당하는 파수의 값은 불연속적이다. 즉 원기둥 용기의 표면파는 지름방향으로 **정상파동**(standing waves)을 이룬다. 그러므로

$$\dot{J}_n(k_{nm}a) = 0 \tag{7.139}$$

여기서 k_{nm}는 차수가 n인 베셀 함수에서 m번째 가능한 파수의 값이다. 그러므로 속도 퍼텐셜의 일반해는

$$\phi = \sum_{n=0}^{\infty}\sum_{m=0}^{\infty}(A_{nm}\sin n\theta + B_{nm}\cos n\theta)J_n(k_{nm}r)\cosh[k_{nm}(z+d)]e^{-i\omega_{nm}t} \tag{7.140}$$

이다. 여기서 각진동수는 식 (7.137)에 의해 분산관계

$$\omega_{nm}^2 = gk_{nm}\ \tanh(k_{nm}d) \tag{7.141}$$

를 만족한다. 즉 파장이 작을수록 각진동수가 크다.

자유표면의 변위는 식 (7.86)에 의해

$$\zeta = \frac{1}{g}\left(\frac{\partial\phi}{\partial t}\right)_{z=0} \tag{7.142}$$

이다. 그러므로 식 (7.140)을 식 (7.142)에 대입하면 자유표면의 변위를 구할 수 있다.

자유표면의 문양

물컵에 약간의 충격을 주었을 때 물의 표면에서 반사되는 빛의 세기에 따라 사람 눈으로 구별할 수 있는 문양은 일반적으로 $n = 0, 1$일 때뿐이다. n의 값이 커지면 방위각 방향으로 변화가 커서 문양이 복잡해지므로 눈으로 쉽게 구별할 수 없다. $n = 0, 1$의 경우에 표면에 생기는 문양을 이해하려면 $n = 0, 1$의 베셀 함수를 먼저 알아야 한다. 그림 7.22는

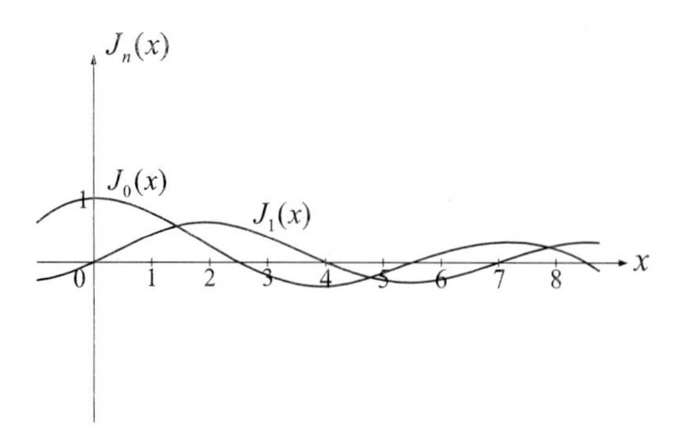

그림 7.22 베셀 함수

$J_0(x)$ 와 $J_1(x)$ 를 보여주고 있다. 주의할 점은 $x=0$ 에서 $J_0(x)$ 은 극댓값을 가지고 $J_1(x)$ 는 0이다.

(i) 차수의 값이 $n=0$일 때

속도퍼텐셜은 식 (7.140)으로부터

$$\phi_0 = \sum_{m=0}^{\infty} A_{0m}\, J_0(k_{0m}r)\cosh[k_{0m}(z+d)]e^{-i\omega_{0m}t} \tag{7.143}$$

이고 불연속적인 파수의 크기를 결정하는 경계조건인 식 (7.139)를 만족하는 파수는 베셀 함수의 일반식으로부터 구할 수 있다.

$$\begin{array}{llll} & m=0 & m=1 & m=2 \\ k_{0m}a & =0 & 3.8318 & 6.9847 \end{array} \tag{7.144}$$

그러므로 각 m 에 해당하는 자유표면의 변위는 식 (7.142)에 의해

$$\zeta = \frac{i\omega_{0m}}{g} A_{0m}\cosh(k_{0m}d)J_o(k_{0m}r)e^{-i\omega_{0m}t} \tag{7.145}$$

의 실수 성분이다. 이 경우에 $n=0$ 이므로 변위는 θ 에 무관하다. 그림 7.23은 임의의 순간에 몇 가지 문양이다. (a)는 자유표면의 높이가 공간적으로 변화가 없는 기본상태($k_{00}=0$)인 $m=0$, (b)는 공간적 진동을 보이는 $m=1$, (c)는 공간적 진동을 보이는 $m=2$의 문양이다. 주어진 파수 k_{om} 에 대한 시간적 진동은 식 (7.141)에 의해 각진동수 ω_{om} 이 결정된다.

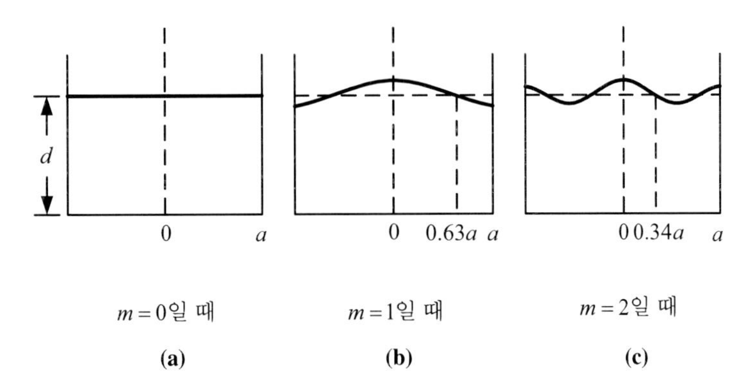

그림 7.23 원기둥 용기에서의 자유표면에서 가장 낮은 차수의 문양($n = 0$)

> **참고**
>
> **음료수 잔에서 자유표면 문양**
>
> 반지름이 $a = 10$ cm 이고 깊이가 $d = 10$ cm 인 원기둥 모양의 용기의 경우에는 식 (7.144)에 의해 $k_{01} = 0.383\ \mathrm{cm}^{-1}$이고 $k_{02} = 0.698\ \mathrm{cm}^{-1}$이다. 또한 해당하는 각진동수는 식 (7.141)에 의해 $\omega_{01} = 19.37$ Hz이고 $\omega_{02} = 26.16$ Hz 이다. 그러므로 그림 7.23(b)와 같은 표면 진동을 계속 보기 위해서는 계에 $f = 3.08$ Hz 의 외부 자극이 계속해서 필요하다.

(ii) 차수의 값이 $n = 1$일 때

속도퍼텐셜은 식 (7.140)으로부터

$$\phi_1 = \sum_{m=0}^{\infty} (A_{1m}\sin\theta + \mathrm{B}_{1\mathrm{m}}\cos\theta) J_1(k_{1m}r)\cosh[k_{1m}(z+d)]e^{-i\omega_{1m}t} \tag{7.146}$$

이고 경계조건인 식 (7.139)를 만족하는 파수는 베셀 함수의 일반식으로부터 구할 수 있다.

$$\begin{array}{cccc} & m=1 & m=2 & m=3 \\ k_{0m}a = & 1.8410 & 5.3313 & 8.5357 \end{array} \tag{7.147}$$

$n = 1$일 때 가능한 속도퍼텐셜은 두 가지이다.

$$\phi_{1m} = A\ J_1(k_{1m}r)\cos\theta\cosh[k_{1m}(z+d)]e^{-i\omega_{1m}t} \tag{7.148}$$

$$\phi_{1m} = B\ J_1(k_{1m}r)\ \cosh[k_{1m}(z+d)]e^{i(\theta - \omega_{1m}t)} \tag{7.149}$$

그리고 이에 해당하는 자유표면의 변위는 식 (7.142)에 의해 각각

$$\zeta_{1m} = \frac{i\omega_{1m}}{g} A \ J_1(k_{1m}r)\cos\theta\cosh(k_{1m}d)e^{-i\omega_{1m}t} \tag{7.150}$$

$$\zeta_{1m} = \frac{i\omega_{1m}}{g} B \ J_1(k_{1m}r)\cosh(k_{1m}d)e^{i(\theta - \omega_{1m}t)} \tag{7.151}$$

이다. 이 경우는 $n = 0$일 때와는 달리 자유표면의 변위는 θ에 따라 값이 변한다. 그림 7.24의 (a)에서 화살표를 뺀 것과 (b)는 $m = 1$과 $m = 2$일 때에 식 (7.150)의 실수부에 의한 자유표면의 문양이다. (a)에서 화살표를 포함하면 식 (7.151)에서 $m = 1$일 때 자유표면의 문양이 된다. 화살표의 방향은 θ 방향으로 파가 전파됨을 뜻한다. 즉 r 방향으로는 정상파동이지만 θ 방향으로는 진행파이다.

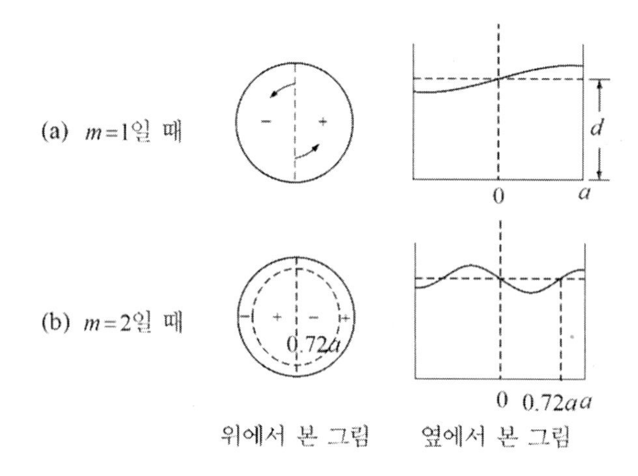

그림 7.24 원기둥 용기에 담긴 액체의 자유표면에서 $n = 1$에 해당하는 문양

연습문제

7.1 모세관현상: 평형상태

유리관에 채워진 액체의 자유표면에서 유리관의 벽을 적시는 부분이 관 속에서 중력에 반대 방향으로 벽을 따라 상승하는 현상을 쉽게 볼 수 있다[그림 7.4 참조]. 이 현상은 표면장력에 의한 효과이다. 그림과 같이 반경이 R인 원기둥 모양의 유리관에서 상승 높이가 $h = \frac{2\gamma\cos\theta_w}{\rho g R}$ 이다. 여기서 γ는 액체의 표면장력이고 θ_w는 접촉각이다.

(a) 위의 결과를 힘의 평형에 대한 관점에서 구하라.

(b) 위의 결과를 표면에너지와 중력에너지의 관점에서 구하라.

(c) 위의 결과를 라플라스 법칙을 이용하여 압력의 관점에서 구하라.

(d) 유리관이 아니라, 중력 방향으로 무한히 나란한 두 평평한 유리판을 사용하고 유리판 사이의 거리가 d일 때 액체의 상승 높이를 구하라.

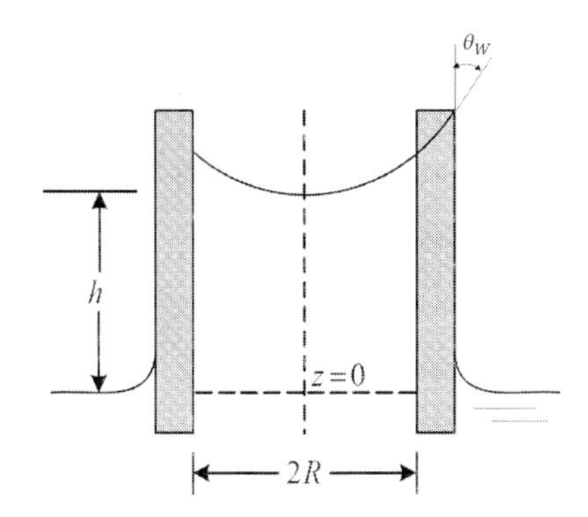

7.2 모세관현상: 높이에 따른 압력변화

위 문제에서 점선을 따라 높이에 따른 압력의 변화를 구해보라.

7.3 라플라스 압력

표면이 곡면일 경우에 발생하는 과잉압력인 라플라스 압력에 대한 식 (7.15)를 구할 때 에너지 보존의 관점에서 이루어졌다. 같은 결과를 곡면 양쪽에서 힘 평형의 관점에서 구하라.

7.4 모세관현상: 비평형상태

문제 7.1(a)에서 유리관을 $t=0$일때 액체에 수직으로 담그면, 유리 표면에서 표면장력의 효과에 의한 압력차로 형성되는 액체 기둥이 형성되기 시작하여 $t=\infty$ 에 평형상태에 해당하는 높이 $h=\dfrac{2\gamma\cos\theta_{\mathrm{w}}}{\rho g R}$ 의 액체 기둥이 형성된다. 시간 t 에 따른 액체 기둥의 높이 $L(t)$ 를 구해보자.

이 과정에서 모세관 내부의 흐름의 상승 속도는 푸아죄유 흐름을 다루는 연습문제 3.2의 결과를 이용하면 다음과 같다.

$$\frac{\mathrm{d}L}{\mathrm{d}t}=u_{\mathrm{ave}}=\frac{R^2\Delta p}{8\mu L}$$

여기서 Δp는 $z=0$ 에서 $z=L(t)$ 사이에 표면장력의 효과에 의한 압력차이다. 그러므로 연습문제 7.2의 결과를 이용하면 $\Delta p(t)=\rho g(h-L)$ 으로 시간에 따라 달라진다. 이를 이용하면 $\dfrac{\mathrm{d}L}{\mathrm{d}t}=\dfrac{\rho g R^2}{8\mu}\left(\dfrac{h}{L}-1\right)$ 이다.

(a) $L\ll h$ 인 초기에는

$\dfrac{\mathrm{d}L}{\mathrm{d}t}\simeq\dfrac{\rho g R^2 h}{8\mu}\dfrac{1}{L}$ 로서 $L(t)=\sqrt{\dfrac{\rho g R^2 h}{4\mu}t}$ 으로 액체 기둥의 높이는 $t^{1/2}$에 비례하여 증가한다.

(b) 평형상태 h의 높이에 가까운 한참 후에는 $0\ll L\le h$ 이므로 매우 작은 무차원 값 $0\le\delta\ll 1$ 을 이용하여 $L(t)=h(1-\delta)$ 를 새롭게 정의하면 $\dfrac{\mathrm{d}\delta}{\mathrm{d}t}\simeq-\dfrac{\rho g R^2}{8\mu h}\delta$ 로서 $\delta(t)\propto\exp\left(-\dfrac{\rho g R^2}{8\mu h}t\right)$ 이다. 그러므로

$$L(t)=h\left[1-\exp\left(-\frac{\rho g R^2}{8\mu h}t\right)\right]$$

이다. 이 결과에 따르면 시간이 $t=\dfrac{8\mu h}{\rho g R^2}$ 을 지나면 원기둥의 높이가 평형 높이 h 근처에 도달한다. 그러나 완전하게 평형 높이에 도달하려면 $t=\infty$ 까지 기다려야 한다.

(c) 만일 유리관을 중력에 수직 방향으로 눕혀서 위치한 후에 유리관 왼쪽에 액체가 있을 때 유리 표면에서 표면장력의 효과에 의한 압력차로 형성되는 액체 기둥이 형성되기 시작하여 시간에 따라 기둥의 길이가 증가한다. 이 경우에는 중력의 효과를 무시할 수 있으므로 평형상태가 없이 계속 기둥의 길이가 증가한다. 시간 t 에 따른 액체 기둥의 길이 $L(t)$ 가 아래와 같음을 보여라. 이 식은 **워시번의 법칙**(Washburn's law)로 알려져 있다.

$$L(t)=\left(\frac{\gamma R\cos\theta}{8\mu}t\right)^{1/2}\propto\sqrt{t}$$

7.5 입으로 불어 비눗방울 만들기

(a) 입에서 속도 v 의 바람이 나와 반경이 R_o 인 철사 고리에 맺혀있는 비눗물 박막을 수직

방향으로 밀어서 누른다고 할 때 이로 인해서 비눗물 박막의 양단에 발생하는 압력차 Δp 는 얼마인가? (Hint: 베르누이 방정식을 이용하자.)

(b) 이 압력차 Δp 로 인해 비눗물 박막이 반구 모양으로 쑥 들어갔다고 하면 이때 반구의 반경 r 은 얼마이겠나? (Hint: 비눗물 박막의 표면장력은 γ 이다.)

(c) 바람의 속도가 얼마 이상일 때 비눗방울이 발생하는지 문턱 속도 v_{th} 를 구하라.

Hint 만들어진 반구의 반경 r 이 비눗물 박막 고리의 반경 R_o 보다 커지면 비눗방울이 만들어진다고 가정할 수 있다.

7.6 젖음차이(wettability gradient)에 의한 액적의 흐름

중력 방향과 수직인 고체 표면 위에 액적(liquid droplet)이 놓여있는 경우를 생각해보자. 관련된 계면장력($\gamma_{LV}, \gamma_{SV}, \gamma_{SL}$)이 각각 일정한 값을 가질 때는 식 (7.7)의 영의 관계에 의해 평형상태에서 세 가지의 계면장력이 정지한 접촉선을 중심으로 접촉각(θ_w)을 이루면서 평형을 이루고 있다. 그러나 계면장력들의 크기가 위치의 함수이면 총 표면에너지를 감소하는 방향으로 액적이 이동하겠다.

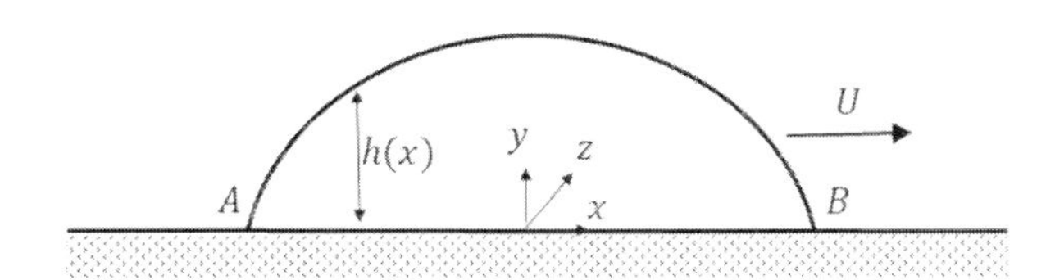

그림과 같이 고체 표면에 x 방향으로 **계면장력의 구배**가 존재할 때, 액적을 움직이게 하는 힘을 생각해보자. 문제를 간단하게 만들기 위해 액적이 z 방향으로는 무한대이고 x 방향으로는 액적의 모서리가 A와 B에 각각 있는 2차원 액적을 생각해보자. 계면장력의 구배에 의해 액적이 일정한 속도 U로 움직이고 액적의 높이는 $h(x)$인 경우를 살펴보자. 이 경우에 액적에 작용하는 힘은 두 가지다.

첫 번째 힘은 계면장력의 구배가 x방향으로 액적에 가하는 힘으로 z 방향으로 단위 길이 당 다음의 크기를 가진다.

$$F_{\text{driving}} = (\gamma_{SV} - \gamma_{SL})_B - (\gamma_{SV} - \gamma_{SL})_A$$

두 번째 힘은 고체 표면이 액적에 가하는 점성력으로 z 방향으로 단위 길이당 다음의 크기를 가진다.

$$F_{\text{viscous}} = \int_A^B \sigma_{yx}(0)\, \mathrm{d}x$$

여기서 $\sigma_{yx}(0)$는 고체-액체 경계면($y=0$)에서 점성응력이다. 이 두 가지 힘이 평형을 이루면서 액적의 속도 U가 결정된다.

(a) 채널흐름의 식 (3.28)을 고체 표면에서의 점착 조건인 식 (3.18)과 액체－기체 표면에서의 부드러운 경계조건인 식 (3.19)와 (3.20)을 이용하여 액적 내의 흐름속도가 $u(y) = \frac{3U}{2h^2}(-y^2 + 2yh)$인 것을 보이고 고체 표면에서의 점성응력의 크기가 $\sigma_{yx}(0) = 3\mu\frac{U}{h}$ 임을 보여라. 이 경우에 고체 표면에 액적 안의 흐름으로 생긴 총점성력은

$$F_{\text{viscous}} = 3U\mu\int_A^B \frac{dx}{h}$$

이 된다.

(b) 액적이 일정한 속도 U 로 움직이고 있으므로 액적의 구동힘(F_{driving})과 점성력(F_{viscous})의 크기는 같아야 하므로

$$(\gamma_{SV} - \gamma_{SL})_B - (\gamma_{SV} - \gamma_{SL})_A = 3U\mu\int_A^B \frac{dx}{h}$$

이다.

(c) 그러므로 액적의 이동속도는 계면장력의 구배에 비례하겠다.

$$U = const\,\frac{h_o}{\mu}\frac{\partial}{\partial x}(\gamma_{SV} - \gamma_{SL})$$

여기서 h_o는 액적 중심에서의 두께이다. 이러한 계면장력의 구배는 고체 표면을 화학적으로 처리하여 만들 수 있다.

7.7 거품의 터짐

그림과 같이 밀도가 ρ_ℓ인 액체를 받치고 있는 바닥에 뚫린 지름이 D_o인 구멍을 통해 밀도가 ρ_g인 기체를 불어넣어 구형의 거품이 발생하는 경우를 생각해보자. 액체와 바닥 사이의 계면장력이 γ인 경우에 구멍의 테두리에 접해있는 액체가 완전젖음했다고 가정할 때 발생한 표면력이 거품을 아래로 당긴다. 그러나 기체로 채워진 거품의 부피 효과로 발생한 부력이 표면력과 같은 크기에 이를 때 거품이 터진다. 이렇게 거품이 터지는 순간에 거품의 지름 D가 다음과 같음을 보여라.

$$D = \left[\frac{6D_o\gamma}{(\rho_\ell - \rho_g)g}\right]^{1/3}$$

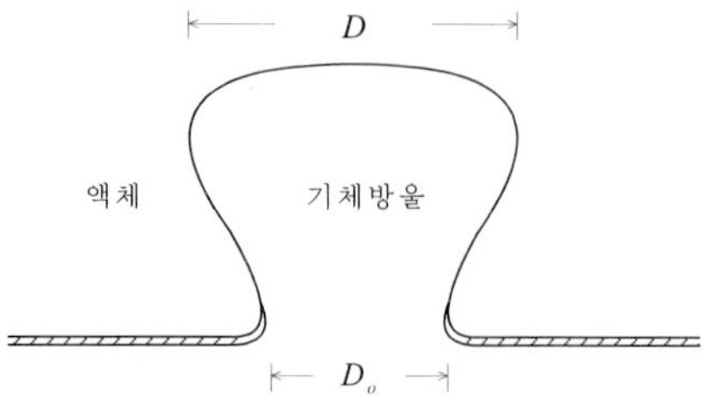

D

액체 기체방울

D_o

7.8 방사상 흐름에서의 수력도약

식 (7.113)은 2차원 흐름에서 본 수력도약의 결과이다. 그림 7.16(a)과 같이 개수대에서 볼 수 있는 원형 수력도약에서 이 식을 구하라.

7.9 용기에 담겨있는 액체의 표면파

7.11절에서는 원기둥 모양의 용기에 담긴 액체의 표면파에 대해서 다루었다. 자유표면이 정사각형을 이루는 용기에 담긴 액체의 표면파에 대해서 비슷하게 다루어 보아라.

7.10 표면파의 분산관계

식 (7.149)와 식 (7.151)은 깊이가 d이고 반경이 a인 원기둥 모양의 용기에 담긴 유체에서 θ 방향으로 전파되는 표면파를 설명한다. 즉 r 방향으로는 정상파동이지만 θ 방향으로는 진행파이다. 이러한 표면파는 단면적의 너비가 a이고, 깊이가 d인 수로에 담긴 물의 표면을 진행하는 표면파와 비슷하다. 수로의 길이 방향을 x로 두고, 너비 방향을 y로 두면 식 (7.149)를 이용하여 x 방향으로 파수 K로 진행하는 표면파의 속도퍼텐셜을 다음과 같이 둘 수 있다.

$$\phi = B\cos\left(\frac{n\pi y}{a}\right)\cosh[k(z+d)]e^{i(Kx-\omega t)}$$

속도퍼텐셜이 라플라스 방정식을 만족하는 것을 이용하여 k와 K 사이의 관계를 구해 표면파의 분산 관계가 다음과 같음을 보여라.

$$\omega^2 = g\left[K^2+\left(\frac{n\pi}{a}\right)^2\right]^{1/2}\tanh\left[K^2d^2+\left(\frac{n\pi}{a}\right)^2 d^2\right]^{1/2}$$

CHAPTER

8

회전유체와 지구유체

회전유체와 지구유체

대기나 해양이 없는 지구에서는 생명체가 살 수 없다. 그러므로 대기나 해양에서 일어나는 대규모의 흐름은 인간의 생존에 있어 매우 중요하다. 중요한 예로서 날씨의 변화, 태풍, 해류 등이 있다. 대기나 해양처럼 지구를 둘러싼 유체를 통틀어서 **지구유체**(geophysical fluids)라고 한다. 물론 지구유체는 지구가 아닌 다른 행성을 둘러싼 유체도 포함하고 있다. 이러한 행성들은 스스로 회전하고 있다. 비회전하는 유체와 달리 행성의 자전 때문에 지구유체는 **코리올리힘**(Coriolis force)을 느끼므로 여러 가지의 특이한 현상들이 발생한다. 지구유체처럼 회전하고 있는 계에서의 유체를 **회전유체**(rotating fluids)라 한다. 지구유체에서 일어나는 중요한 또 다른 예는 밀도가 다른 유체끼리의 만남으로 인해 일어나는 현상이다. 예를 들어 차가운 공기와 따뜻한 공기의 만남, 민물과 바닷물과의 만남, 바닷물이나 대기에서 깊이에 따른 밀도의 변화 등이 있다. 8장에서는 **회전계에서 나비에-스토크스 방정식**을 구하고, 회전계에 있는 유체가 느끼는 코리올리힘과 원심력의 영향에 의한 흐름과 밀도의 차이로 인한 흐름을 다룬다.

Contents

8.1 회전유체의 흐름

지구는 일정한 각속도로 자전을 하고 있는 회전계이다. 그러므로 지구상에서 일어나는 대기, 해양, 지구 중심의 핵 등을 기술하는 데 있어 지구의 회전을 고려하여야 한다. 이를 이해하기 위해서는 회전계 위에서 기술할 수 있는 나비에-스토크스 방정식이 필요하다.

회전좌표계

두 좌표계 x, y, z와 x^*, y^*, z^*를 생각해보자. 여기서 좌표계 x^*, y^*, z^*는 **관성좌표계** x, y, z에 대해 그림 8.1과 같이 임의의 회전축 $\overline{\mathrm{OQ}}$를 중심으로 일정한 각속도 ω로 회전을 하는 회전좌표계이다. 이때 임의의 벡터 물리량 $\boldsymbol{A}$는 두 좌표계에서 다음과 같이 각각 표시된다.

$$\begin{aligned} \boldsymbol{A} &= A_x\hat{\mathbf{x}} + A_y\hat{\mathbf{y}} + A_z\hat{\mathbf{z}} \\ &= A_x^*\hat{\mathbf{x}}^* + A_y^*\hat{\mathbf{y}}^* + A_z^*\hat{\mathbf{z}}^* \end{aligned} \tag{8.1}$$

시간 $\mathrm{d}t$ 동안 $\hat{\mathbf{x}}$, $\hat{\mathbf{y}}$, $\hat{\mathbf{z}}$는 고정되어 있고, $\hat{\mathbf{x}}^*$, $\hat{\mathbf{y}}^*$, $\hat{\mathbf{z}}^*$는 변하는 시간 미분을 $\frac{\mathrm{d}}{\mathrm{d}t}$로 정의하자[관성좌표계에서 본 시간 미분]. 또한 반대로 시간 $\mathrm{d}t$ 동안 $\hat{\mathbf{x}}^*$, $\hat{\mathbf{y}}^*$, $\hat{\mathbf{z}}^*$는 고정되어 있고 $\hat{\mathbf{x}}$, $\hat{\mathbf{y}}$, $\hat{\mathbf{z}}$는 변하는 시간 미분을 $\left(\frac{\mathrm{d}}{\mathrm{d}t}\right)_*$로 정의하자[회전좌표계에서 본 시간 미분]. 이경우에

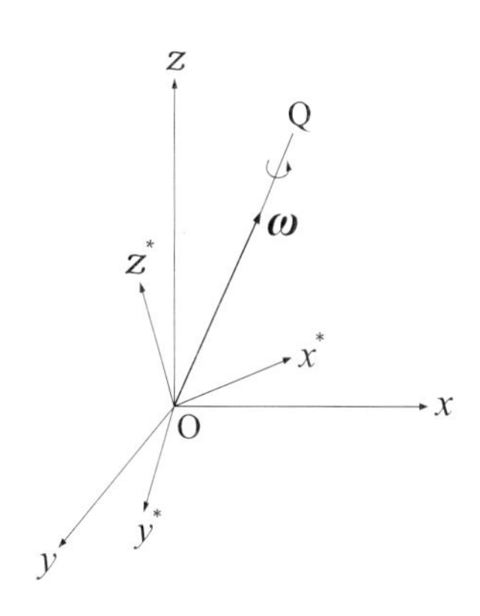

그림 8.1 일정한 각속도 ω로 회전하고 있는 회전좌표계

임의의 벡터 물리량 $\boldsymbol{A}$의 시간 미분은

$$\frac{\mathrm{d}\boldsymbol{A}}{\mathrm{d}t} = \frac{\mathrm{d}}{\mathrm{d}t}\left(A_x^*\hat{\mathbf{x}}^* + A_y^*\hat{\mathbf{y}}^* + A_z^*\hat{\mathbf{z}}^*\right) \tag{8.2}$$

$$= \dot{A}_x^*\hat{\mathbf{x}}^* + \dot{A}_y^*\hat{\mathbf{y}}^* + \dot{A}_z^*\hat{\mathbf{z}}^* + A_x^*\frac{\mathrm{d}\hat{\mathbf{x}}^*}{\mathrm{d}t} + A_y^*\frac{\mathrm{d}\hat{\mathbf{y}}^*}{\mathrm{d}t} + A_z^*\frac{\mathrm{d}\hat{\mathbf{z}}^*}{\mathrm{d}t}$$

이다. 회전좌표계에서는 $\hat{\mathbf{x}}^*$, $\hat{\mathbf{y}}^*$, $\hat{\mathbf{z}}^*$가 고정되어 있으므로 우변 첫 번째 세 개의 항은 $\left(\frac{\mathrm{d}\boldsymbol{A}}{\mathrm{d}t}\right)_*$와 같다.

그림 8.2에서처럼 만일 단위벡터 $\hat{\mathbf{x}}^*$가 회전축 $\overline{\mathrm{OQ}}$와 각도 α를 이루고 있다면

$$\frac{\mathrm{d}\hat{\mathbf{x}}^*}{\mathrm{d}t} = \omega\sin\alpha\frac{\mathrm{d}\mathbf{x}^*}{|\mathrm{d}\mathbf{x}^*|} = \omega\times\hat{\mathbf{x}}^* \tag{8.3}$$

이다. 비슷한 방법으로 하면

$$\frac{\mathrm{d}\hat{\mathbf{y}}^*}{\mathrm{d}t} = \omega\times\hat{\mathbf{y}}^*, \qquad \frac{\mathrm{d}\hat{\mathbf{z}}^*}{\mathrm{d}t} = \omega\times\hat{\mathbf{z}}^* \tag{8.4}$$

이다. 그러므로 식 (8.2)는 다음과 같이 적을 수 있다.

$$\frac{\mathrm{d}\boldsymbol{A}}{\mathrm{d}t} = \left(\frac{\mathrm{d}\boldsymbol{A}}{\mathrm{d}t}\right)_* + A_x^*\left(\omega\times\hat{\mathbf{x}}^*\right) + A_y^*\left(\omega\times\hat{\mathbf{y}}^*\right) + A_z^*\left(\omega\times\hat{\mathbf{z}}^*\right) \tag{8.5}$$

$$= \left(\frac{\mathrm{d}\boldsymbol{A}}{\mathrm{d}t}\right)_* + \omega\times\boldsymbol{A}$$

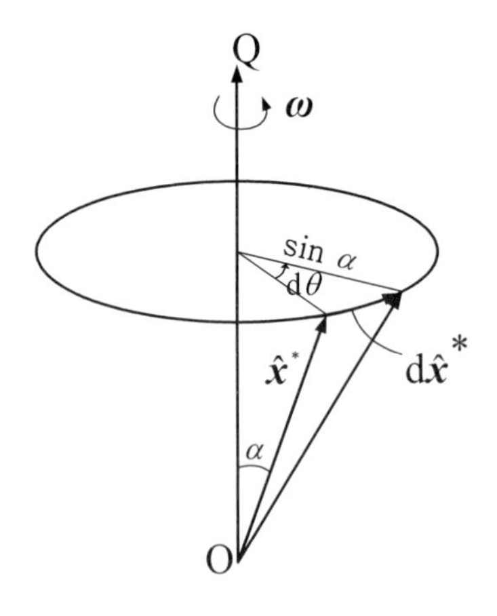

그림 8.2 단위벡터 $\hat{\mathbf{x}}^*$가 회전축 $\overline{\mathrm{OQ}}$와 각도 α를 이루고 있는 경우

이 식은 회전좌표계와 관성좌표계에서 임의의 벡터 물리량 $\boldsymbol{A}$의 시간 변화율끼리의 관계이다. 그러므로 관성좌표계에서의 시간 변화율 $\frac{\mathrm{d}\boldsymbol{A}}{\mathrm{d}t}$는 회전좌표계에서의 시간 변화율 $\left(\frac{\mathrm{d}\boldsymbol{A}}{\mathrm{d}t}\right)_*$에 벡터양이 회전좌표계에 고정되었을 때 관성좌표계에서의 시간 변화율 $(\boldsymbol{\omega}\times\boldsymbol{A})$과의 합이다. 여기서 임의의 벡터양 $\boldsymbol{A}$를 위치벡터 $\boldsymbol{r}$로 대치하면

$$\frac{\mathrm{d}\boldsymbol{r}}{\mathrm{d}t} = \left(\frac{\mathrm{d}\boldsymbol{r}}{\mathrm{d}t}\right)_* + \boldsymbol{\omega}\times\boldsymbol{r} \tag{8.6}$$

$$\boldsymbol{u} = \boldsymbol{u}^* + \boldsymbol{\omega}\times\boldsymbol{r} \tag{8.7}$$

이다. 식 (8.5)에서 임의의 벡터양 $\boldsymbol{A}$를 속도벡터 $\boldsymbol{u}$로 대치하면

$$\frac{\mathrm{d}\boldsymbol{u}}{\mathrm{d}t} = \left(\frac{\mathrm{d}\boldsymbol{u}}{\mathrm{d}t}\right)_* + \boldsymbol{\omega}\times\boldsymbol{u} \tag{8.8}$$

이다. 식 (8.7)을 위의 식에 대입하면

$$\begin{aligned} \frac{\mathrm{d}\boldsymbol{u}}{\mathrm{d}t} &= \left[\frac{\mathrm{d}}{\mathrm{d}t}(\boldsymbol{u}^* + \boldsymbol{\omega}\times\boldsymbol{r})\right]_* + \boldsymbol{\omega}\times(\boldsymbol{u}^* + \boldsymbol{\omega}\times\boldsymbol{r}) \\ &= \left(\frac{\mathrm{d}\boldsymbol{u}^*}{\mathrm{d}t}\right)_* + \left(\frac{\mathrm{d}\boldsymbol{\omega}}{\mathrm{d}t}\right)_*\times\boldsymbol{r} + \boldsymbol{\omega}\times\left(\frac{\mathrm{d}\boldsymbol{r}}{\mathrm{d}t}\right)_* + \boldsymbol{\omega}\times\boldsymbol{u}^* + \boldsymbol{\omega}\times(\boldsymbol{\omega}\times\boldsymbol{r}) \\ &= \left(\frac{\mathrm{d}\boldsymbol{u}^*}{\mathrm{d}t}\right)_* + 2\boldsymbol{\omega}\times\boldsymbol{u}^* + \boldsymbol{\omega}\times(\boldsymbol{\omega}\times\boldsymbol{r}) \end{aligned} \tag{8.9}$$

이다. 이 식의 세 번째 줄에서 우변의 첫째 항은 회전좌표계에 대한 가속도이고, 두 번째 항은 **코리올리**(Coriolis) **가속도**이다. 그리고 세 번째 항은 회전축에 대해 회전 중인 한 점의 **구심 가속도**이다.

회전좌표계에서의 나비에 - 스토크스 방정식

식 (8.9)를 이용하면 회전좌표계에서 흐름속도의 물질도함수는 다음과 같다.

$$\frac{\mathrm{D}\boldsymbol{u}}{\mathrm{D}t} = \left(\frac{\mathrm{D}\boldsymbol{u}^*}{\mathrm{D}t}\right)_* + 2\boldsymbol{\omega}\times\boldsymbol{u}^* + \boldsymbol{\omega}\times(\boldsymbol{\omega}\times\boldsymbol{r}) \tag{8.10}$$

여기서 회전좌표계는 관성좌표계에 대하여 일정한 각속도 $\boldsymbol{\omega}$로 회전하고 있는 경우이다. 그러므로 비압축성 유체의 나비에-스토크스 방정식인 식 (3.7)에 식 (8.7)과 식 (8.10)을

대입하면

$$\left(\frac{\mathrm{D}\boldsymbol{u}^*}{\mathrm{D}t}\right)_* + 2\boldsymbol{\omega}\times\boldsymbol{u}^* + \boldsymbol{\omega}\times(\boldsymbol{\omega}\times\boldsymbol{r}) = -\frac{1}{\rho}\nabla p + \boldsymbol{f} + \nu\nabla^2(\boldsymbol{u}^*+\boldsymbol{\omega}\times\boldsymbol{r}) \tag{8.11}$$
$$= -\frac{1}{\rho}\nabla p + \boldsymbol{f} + \nu\nabla^2\boldsymbol{u}^*$$

이다. 그러므로 일정한 각속도 ω 로 회전하고 있는 **회전좌표계에서 비압축성 유체의 나비에-스토크스 방정식**은 * 표시를 제거하면

$$\frac{\partial \boldsymbol{u}}{\partial t} + (\boldsymbol{u}\cdot\nabla)\boldsymbol{u} = -\frac{1}{\rho}\nabla p + \boldsymbol{f} + \nu\nabla^2\boldsymbol{u} \underbrace{- 2\boldsymbol{\omega}\times\boldsymbol{u}}_{\text{코리올리힘 항}} \underbrace{- \boldsymbol{\omega}\times(\boldsymbol{\omega}\times\boldsymbol{r})}_{\text{원심력 항}} \tag{8.12}$$

이다. 여기에서 속도 $\boldsymbol{u}$ 는 * 표시가 없지만 모두 회전좌표계에서 관측한 유체의 속도이다. 지금부터 이 절에서 사용되는 속도 $\boldsymbol{u}$ 는 모두 회전좌표계에서 유체의 속도이다. 관성좌표계에서의 나비에-스토크스 방정식과 다른 점은 우변 네 번째 항의 코리올리 가속도와 마지막 항의 원심가속도이다. 이 항들은 관성좌표계에서의 관성력항이 회전좌표계에서 표현될 때 부가적으로 나타나는 효과이다.

코리올리힘은 속도에 비례하나 **원심력**은 회전축과의 거리 R 에 비례한다. 그러므로 회전계에서 흐름이 없으면 유체는 원심력만 느낀다. 그러나 회전계에서 흐름이 있는 경우에는 유체는 코리올리힘과 원심력을 동시에 느낀다. 임의의 위치에서 **단위질량당 원심력**은 그림 8.3을 보면

$$-\boldsymbol{\omega}\times(\boldsymbol{\omega}\times\boldsymbol{r}) = \omega^2\boldsymbol{R} \tag{8.13}$$

로 표시될 수 있다. 여기서 $\boldsymbol{R}$ 은 회전축으로부터 수직 방향으로 위치를 나타내는 벡터이

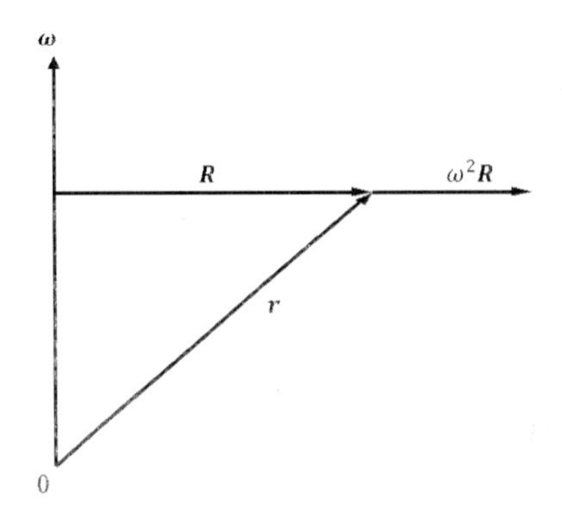

그림 8.3 원심가속도의 크기와 방향

다. 지구 표면의 경우를 생각하면 지구 표면에 있는 모든 물체는 지구 바깥쪽으로 당기는 원심력을 느낀다. 그러나 지구 중심으로 당기는 중력의 존재로 인해 지구 표면에 고정되어 있다.

이 장에서 관심 있는 체적력은 지구의 중력에 의한 효과이다. 그러므로 f 대신에 단위질량당 중력 g를 사용하겠다. 중력과 원심력에 의한 효과를 합쳐 **단위질량당 유효중력** g_e를 정의하고 유효중력을 퍼텐셜함수의 구배로 표시할 수 있다.

$$\boldsymbol{g}_e \equiv \boldsymbol{g} + \omega^2 \boldsymbol{R} = -\nabla\left(\Pi - \frac{1}{2}\omega^2 R^2\right) \tag{8.14}$$

여기서 Π는 단위질량당 중력 퍼텐셜이고 $-\frac{1}{2}\omega^2 R^2$은 단위질량당 원심력 퍼텐셜이다. 그리고 이들 두 항을 합한 괄호 안의 양을 **단위질량당 유효중력 퍼텐셜**이라 한다. 실제 중력은 그림 8.4에서와 같이 지구의 중심을 향하나 원심력의 영향으로 유효중력은 극점과 적도를 제외하고는 지구 중심을 향하지 않는다. 그러므로 유효중력 퍼텐셜이 일정한 유효중력 등퍼텐셜면은 유효중력에 수직이며, 바다에서 수면의 평균 높이에 해당한다.

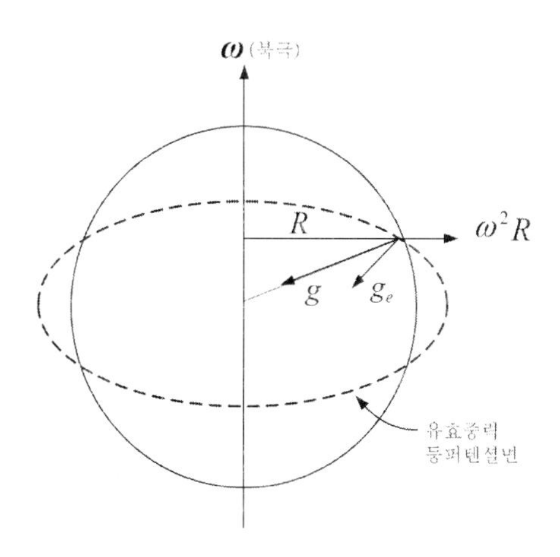

그림 8.4 지구 표면에서의 유효중력의 방향

> **참고** **지구 표면에서의 유효중력**
>
> 지구 자전각속도는 $\omega = 0.727 \times 10^{-4}\mathrm{s}^{-1}$이고 지구의 평균반경이 6371km이므로 원심가속도 $\omega^2 R$의 평균 크기는 $0.034\mathrm{ms}^{-2}$이다. 이 크기는 중력의 크기 g에 비해 0.3% 정도밖에 되지 않아 지구의 경우에 원심력에 의해 변형되는 정도가 매우 작다.

유효중력 퍼텐셜과 압력을 합쳐 **유효압력** p_e를 정의할 수 있다.

$$p_e \equiv p + \rho\left(\Pi - \frac{1}{2}\omega^2 R^2\right) \tag{8.15}$$

그러므로 유효압력을 이용하면 회전좌표계에서 나비에-스토크스 방정식은 체적력 항과 원심력 항이 없어져 간단하게 된다.

$$\begin{aligned} \frac{\partial \boldsymbol{u}}{\partial t} + (\boldsymbol{u} \cdot \nabla)\boldsymbol{u} &= -\frac{1}{\rho}\nabla p + \boldsymbol{g}_e + \nu\nabla^2\boldsymbol{u} - 2\omega \times \boldsymbol{u} \\ &= -\frac{1}{\rho}\nabla p_e + \nu\nabla^2\boldsymbol{u} - 2\omega \times \boldsymbol{u} \end{aligned} \tag{8.16}$$

여기서 중요한 것은 중력과 원심력 항이 없어진 것이 아니라 원심력과 중력이 압력의 지름 방향 구배 성분과 서로 균형을 이루고 있는 것이다. 그러므로 회전좌표계에서의 나비에-스토크스 방정식과 관성좌표계에서의 나비에-스토크스 방정식과 다른 점은 코리올리힘뿐인 것처럼 보인다. 코리올리힘은 1828년에 프랑스의 물리학자인 코리올리(Gaspard-Gustave de Coriolis, 1792~1843)가 회전하는 그릇 안에서 물체가 움직일 때 물체가 진행하는 방향에 대해 수직 방향으로 힘이 작용하는 것을 관측함으로써 처음 알려졌으며 **전향력**이라고도 불린다.

참고

코리올리힘과 원심력은 유체에 일을 하지 않는다.

줄 끝에 묶여 있는 공이 등속원운동을 하는 경우를 생각해보자. 정지좌표계에서 볼 때 공을 잡아당기는 줄의 힘이 구심력을 만든다. 구심력의 크기는 일정하나 방향이 회전중심을 향하므로 구심력 벡터는 시간에 따라 바뀐다. 이 경우에 공에 가하는 알짜힘은 구심력이다. 그러나 공과 같이 회전하는 회전좌표계에서 보면 공은 정지해 있으므로 공에 가해지는 알짜힘이 0이다. 그뿐만 아니라 회전좌표계에서는 공이 정지해 있으므로 구심력이 0이다. 그러므로 회전좌표계에서는 공을 당기는 줄의 힘은 그대로 있지만, 구심력은 없다. 그리고 줄이 당기는 힘과 원심력은 크기는 서로 같고 방향이 반대이다. 코리올리힘이나 원심력은 운동을 하는 힘이 아니라 단지 운동의 방향을 바꾸는 힘이다. 그러므로 코리올리힘과 원심력은 유체에 일하지 않는다. 즉 일은 $W = \int \boldsymbol{F} \cdot d\boldsymbol{s} = \int \boldsymbol{F} \cdot \boldsymbol{u}\, dt$인데 코리올리힘과 원심력은 속도 $\boldsymbol{u}$에 수직이므로 $\boldsymbol{F} \cdot \boldsymbol{u} = 0$으로 일의 크기는 0이다. 그뿐만 아니라 이 힘은 가상의 힘이므로 작용과 반작용의 법칙도 적용되지 않는다.

코리올리힘은 회전유체의 흐름에 큰 영향을 미치므로 관성력과 코리올리힘의 비, 그리고 점성력과 코리올리힘의 비를 이용하여 두 개의 새로운 무차원계수를 정의할 수 있다. 먼저 차원 분석법을 이용하여 코리올리힘과 관성력 그리고 점성력의 크기를 구할 수 있다. 계를 대표하는 속도가 U이고 길이가 L일 때 코리올리힘 항, 관성력 항, 점성력 항의 특성 크기를 다음과 같이 둘 수 있다.

$$\begin{aligned} &\text{코리올리힘}: |2\omega \times \boldsymbol{u}| \sim \omega U \\ &\text{관성력}: |(\boldsymbol{u} \cdot \nabla)\boldsymbol{u}| \sim U^2/L \\ &\text{점성력}: |\nu \nabla^2 \boldsymbol{u}| \sim \nu U/L^2 \end{aligned} \tag{8.17}$$

그러므로 코리올리힘과 관성력의 비, 코리올리힘과 점성력의 비를 뜻하는 두 개의 **무차원계수**는 다음과 같다.

$$\begin{aligned} \text{로스비 수(Rb)} &= \frac{\text{관성력의 크기}}{\text{코리올리힘의 크기}} \\ &= \frac{|\boldsymbol{u} \cdot \nabla \boldsymbol{u}|}{|2\omega \times \boldsymbol{u}|} \\ &\approx \frac{U^2/L}{\omega U} \\ &= \frac{U}{\omega L} \end{aligned} \tag{8.18}$$

$$\begin{aligned} \text{에크만 수(Ek)} &= \frac{\text{점성력의 크기}}{\text{코리올리힘의 크기}} \\ &= \frac{|\nu \nabla^2 \boldsymbol{u}|}{|2\omega \times \boldsymbol{u}|} \\ &\approx \frac{\nu U/L^2}{\omega U} \\ &= \frac{\nu}{\omega L^2} \end{aligned} \tag{8.19}$$

여기서 **로스비 수**(Rossby number)를 Rb 수, 그리고 **에크만 수**(Ekman number)를 Ek 수로 축약해서 부른다. 이들 무차원계수의 크기가 작을수록 코리올리힘의 효과가 더 중요해진다.

Rb 수와 Ek 수를 이용하면 식 (8.16)을 3.7절처럼 회전좌표계에서의 나비에-스토크스 방정식을 무차원화할 수 있다. 회전계를 대표하는 시간을 ω^{-1}로 두고 대표하는 압력을 $\rho\omega LU$로 두면 다음의 무차원 변수들을 정의할 수 있다.

$$r' = \frac{r}{L} \tag{8.20}$$
$$u' = \frac{u}{U}$$
$$t' = t\,\omega$$
$$p' = \frac{p}{\rho\omega LU}$$

이러한 관계들을 식 (8.16)에 대입한 후에 prime을 제거하면

$$\frac{\partial \mathbf{u}}{\partial t} + \mathrm{Rb}(\mathbf{u}\cdot\nabla)\mathbf{u} = -\nabla p_e + \mathrm{Ek}\,\nabla^2\mathbf{u} - 2\hat{\omega}\times\mathbf{u} \tag{8.21}$$

이다. 이 식은 밀도가 일정한 **회전좌표계에서 무차원 나비에-스토크스 방정식**이다.

8.2 지구유체에서의 나비에-스토크스 방정식

그림 8.5는 지구상에서 위도가 ψ인 임의의 지점에서 느끼는 코리올리힘을 설명하기 위하여 임의의 지점을 원점으로 하는 새로운 좌표계를 설명한다. 남극과 북극을 잇는 축을 중심으로 자전하고 있는 지구에서 지구의 중심에서 관심 있는 임의의 위치로의 방향을 z축으로 정의하고, 관심 있는 위치를 통과하는 경선의 북쪽을 y축, 그리고 이에 수직한 위선을 따라 동쪽을 x축이라고 정의하자. 새로운 좌표계에서 자전 각속도 $\boldsymbol{\omega}$와 유체의 속도 $\mathbf{u}$는 다음과 같다.

$$\begin{aligned} \boldsymbol{\omega} &= \omega\cos\psi\,\hat{\mathbf{y}} + \omega\sin\psi\,\hat{\mathbf{z}} \\ \mathbf{u} &= u\hat{\mathbf{x}} + v\hat{\mathbf{y}} + w\hat{\mathbf{z}} \end{aligned} \tag{8.22}$$

그러므로 새로운 좌표계에서 **단위질량당 코리올리힘**은 다음과 같다.

$$\begin{aligned} -2\boldsymbol{\omega}\times\mathbf{u} &= 2\omega\left[(v\sin\psi - w\cos\psi)\hat{\mathbf{x}} - u\sin\psi\,\hat{\mathbf{y}} + u\cos\psi\,\hat{\mathbf{z}}\right] \\ &= (vf - wf^*)\hat{\mathbf{x}} - uf\,\hat{\mathbf{y}} + uf^*\,\hat{\mathbf{z}} \end{aligned} \tag{8.23}$$

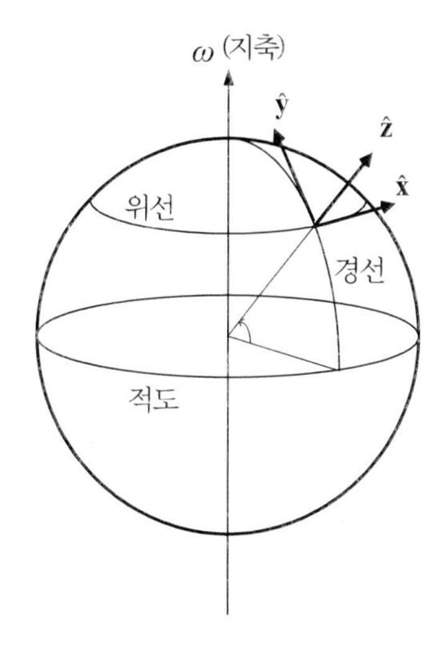

그림 8.5 위도가 ψ인 지점에서 정의한 새로운 좌표계

여기서 f와 f^*는 각각 **코리올리 모수**(Coriolis parameter)와 **역코리올리 모수**(reciprocal Coriolis parameter)로 다음과 같이 정의한다.

$$f \equiv 2\omega\sin\psi, \qquad f^* \equiv 2\omega\cos\psi \tag{8.24}$$

식 (8.23)과 식 (8.24)를 이용하면 회전좌표계에서의 나비에-스토크스 방정식인 식 (8.16)은 새로운 좌표계에서 다음과 같다.

$$\frac{\partial u}{\partial t}+u\frac{\partial u}{\partial x}+v\frac{\partial u}{\partial y}+w\frac{\partial u}{\partial z}=-\frac{1}{\rho}\frac{\partial p}{\partial x}+\nu\frac{\partial^2 u}{\partial x^2}+\nu\frac{\partial^2 u}{\partial y^2}+\nu\frac{\partial^2 u}{\partial z^2}+fv-f^*w \tag{8.25}$$

$$\frac{\partial v}{\partial t}+u\frac{\partial v}{\partial x}+v\frac{\partial v}{\partial y}+w\frac{\partial v}{\partial z}=-\frac{1}{\rho}\frac{\partial p}{\partial y}+\nu\frac{\partial^2 v}{\partial x^2}+\nu\frac{\partial^2 v}{\partial y^2}+\nu\frac{\partial^2 v}{\partial z^2}-fu \tag{8.26}$$

$$\frac{\partial w}{\partial t}+u\frac{\partial w}{\partial x}+v\frac{\partial w}{\partial y}+w\frac{\partial w}{\partial z}=-\frac{1}{\rho}\frac{\partial p}{\partial z}-g+\nu\frac{\partial^2 w}{\partial x^2}+\nu\frac{\partial^2 w}{\partial y^2}+\nu\frac{\partial^2 w}{\partial z^2}+f^*u \tag{8.27}$$

지구유체는 2차원계

지구의 대기나 해양에서 볼 수 있는 대규모의 흐름에 대해서 생각해보자. 대기나 바다의 깊이는 기껏해야 수 km에 지나지 않은 것에 비해 수평 방향으로의 길이는 수백에서 수천 km나 된다. 즉, 유체의 깊이(H)가 수평 방향의 길이(L)에 비해 너무 작아 지구유체계를 2차원계로 간주할 수 있다. 표 8.1은 지구의 대기와 해양에 있어서 유체흐름과 관

표 8.1 대기와 해양에서의 여러 가지 특성 크기

변수	특성크기	대기	해양
$x,\ y$	L	$100\ \text{km} = 10^5\ \text{m}$	$10\ \text{km} = 10^4\ \text{m}$
z	H	$1\ \text{km} = 10^3\ \text{m}$	$100\ \text{m} = 10^2\ \text{m}$
t	T	$\geq$ 0.5일 $\simeq 4 \times 10^4\ \text{s}$	$\geq$ 1.0일 $\simeq 9 \times 10^4\ \text{s}$
$u,\ v$	U	10 m/s	0.1 m/s
w	W	~0	~0

련된 여러 가지 특성 크기들이다. 유체의 수직 방향 특성속도 W보다 수평 방향 특성속도 U가 훨씬 크다.

$$H \ll L,\ W \ll U \tag{8.28}$$

그러므로 적도 근처($\psi \approx 0$)를 제외하고는 코리올리힘에서 수직 방향 속도 W에 의한 효과를 무시할 수 있어 식 (8.23)이 간단해진다.

$$-2\omega \times \boldsymbol{u} = v\,\mathrm{f}\,\hat{\mathbf{x}} - u\,\mathrm{f}\,\hat{\mathbf{y}} + u\,\mathrm{f}^*\,\hat{\mathbf{z}} \tag{8.29}$$

지구는 하루에 한 번 자전하므로 **자전각속도의 크기**는

$$\omega = 2\pi\,\text{rad/day} = 0.73 \times 10^{-4}\text{s}^{-1} \tag{8.30}$$

이다. 일반적으로 지구유체의 시간 단위 T는 거의 모든 경우에 0.5일보다 크다. 그러므로

$$T \geq \frac{1}{\omega}, \qquad \frac{1}{T} \sim \frac{U}{L} \leq \omega \tag{8.31}$$

이다. 만일 위치에 따라 밀도가 달라지는 경우가 있다면 밀도를 평균값과 요동 성분으로 나눌 수 있겠다.

$$\rho = \rho_o + \rho^*(x,\ y,\ z) \tag{8.32}$$

식 (3.14)에서 보인 바와 같이 정수압력과 중력에 의한 압력 차이의 효과는 서로 상쇄되므로 과잉압력 p^*만 유효하다.

$$p = p^* - \rho_o g z + p_o \tag{8.33}$$

그러므로 위의 두 식을 이용하면 식 (8.27)의 오른쪽 첫 번째 두 항을 다음과 같이 바꾸어 적을 수 있다.

$$-\frac{1}{\rho}\frac{\partial p}{\partial z}-g \simeq -\frac{1}{\rho_o}\frac{\partial p^*}{\partial z}-\frac{\rho^*}{\rho_o}g \tag{8.34}$$

2차원계 지구유체에서는 유체의 깊이(H)가 수평 방향의 길이(L)보다 훨씬 작아 흐름이 준수평적이기 때문에, 나비에-스토크스 방정식에서는 점성력 항의 세 개 항 가운데 한 개 항만 중요하다($\nu\partial^2/\partial z^2 \gg \nu\partial^2/\partial x^2,\ \nu\partial^2/\partial y^2$). 그러므로 수평 방향 성분인 식 (8.25)와 식 (8.26)은 식 (8.28)을 이용하면 식 (8.35)와 식 (8.36)으로 고쳐 적을 수 있다. 또한 수직축 성분인 식 (8.27)에 있어 왼쪽 첫 번째 항의 특성 크기인 W/T는 식 (8.31)에 의해 ωW보다 작고, ωW는 오른쪽 마지막 항의 크기인 ωU보다 훨씬 작다. 그러므로 왼쪽 첫 번째 항인 $\partial w/\partial t$를 무시할 수 있다. 왼쪽 두 번째 항에서 네 번째 항까지의 특성크기인 UW/L, UW/L, W^2/H는 각각이 ωU보다 훨씬 작으므로 모두 무시할 수 있다. 마찬가지로 오른쪽 다섯 번째 항의 크기인 $\nu W/H^2$도 ωU보다 작으므로 무시할 수 있다. ωU의 크기는 오른쪽 처음 두 개 항보다 훨씬 작은 값을 가지므로 $f^* u$를 역시 무시할 수 있다. 그러므로 **지구유체에서의 나비에-스토크스 방정식**의 각 성분은 다음과 같이 간단해진다.

$$\frac{\partial u}{\partial t}+u\frac{\partial u}{\partial x}+v\frac{\partial u}{\partial y}+w\frac{\partial u}{\partial z} = -\frac{1}{\rho_o}\frac{\partial p}{\partial x}+\nu\frac{\partial^2 u}{\partial z^2}+\mathrm{f}\,v \tag{8.35}$$

$$\frac{\partial v}{\partial t}+u\frac{\partial v}{\partial x}+v\frac{\partial v}{\partial y}+w\frac{\partial v}{\partial z} = -\frac{1}{\rho_o}\frac{\partial p}{\partial y}+\nu\frac{\partial^2 v}{\partial z^2}-\mathrm{f}\,u \tag{8.36}$$

$$0 = -\frac{\partial p}{\partial z}-\rho g \tag{8.37}$$

여기서 p는 과잉압력이고, ρ는 평균값으로부터 차이로 위치에 따라서 바뀌는 밀도 부분이다. f는 북반구($\psi > 0$)에서는 양수이나 남반구($\psi < 0$)에서는 음수가 된다. 그러므로 코리올리 모수의 크기는 다음과 같다.

$$-1.45\times10^{-4}\mathrm{s}^{-1} < \mathrm{f} < 1.45\times10^{-4}\mathrm{s}^{-1} \tag{8.38}$$

일반적인 회전유체에서는 Rb 수와 Ek 수의 정의를 식 (8.18)과 식 (8.19)를 사용하지만 지구유체에서는 편의를 위해 다음과 같이 쓰기도 한다.

$$\mathrm{Rb}\ 수 = \frac{U}{\mathrm{f}\,L} \tag{8.39}$$

$$\mathrm{Ek}\ 수 = \frac{\nu}{\mathrm{f}\,L^2} \tag{8.40}$$

8.3 지형흐름

회전유체의 흐름에 있어 코리올리힘이 다른 힘들에 비해 크기가 매우 큰 경우에는 유체의 운동방정식이 매우 간단해진다. 로스비 수와 에크만 수가 1보다 매우 작으면서(Rb 수, Ek 수≪1) 일정한 회전각속도로 회전하는 비압축성 정상흐름인 경우만 고려하면 식 (8.16)은

$$2\boldsymbol{\omega} \times \boldsymbol{u} = -\frac{1}{\rho}\nabla p \tag{8.41}$$

가 된다. 여기서 압력경도력 항은 원심력 항이 포함된 식 (8.15)의 유효압력에 의한 힘이다. 이렇게 코리올리힘과 유효압력의 공간 구배에 의한 힘이 서로 균형을 이루는 흐름을 **지형흐름**(geostrophic flow) 혹은 **지균흐름**이라 한다.

코리올리힘은 흐름방향에 항상 수직이므로 식 (8.41)에 따르면 압력경도력도 흐름방향에 수직이어야 한다. 그러므로 지형흐름에서는 흐름선을 따라서 유효압력이 일정하다. 이 현상은 회전유체가 아닌 보통의 흐름과는 전혀 다른 결과이다. 예를 들면 회전유체가 아니면서 이상유체의 경우에는 식 (5.8)의 베르누이 방정식에 따르면 흐름선을 따라 유체의 흐름속도가 변화하면 압력의 크기도 바뀐다.

식 (8.41)에 회오리 연산자($\nabla \times$)를 취하면

$$\nabla \times (\boldsymbol{\omega} \times \boldsymbol{u}) = 0 \tag{8.42}$$

이다. 이 식은 식 (C.41)의 벡터 규칙을 이용하면 다음과 같다.

$$(\boldsymbol{\omega} \cdot \nabla)\boldsymbol{u} - \boldsymbol{u} \cdot \nabla\boldsymbol{\omega} + \boldsymbol{u}(\nabla \cdot \boldsymbol{\omega}) - \boldsymbol{\omega}(\nabla \cdot \boldsymbol{u}) = 0 \tag{8.43}$$

여기서 $\boldsymbol{\omega}$가 상수 벡터이므로 두 번째와 세 번째 항이 0이다. 그리고 네 번째 항은 비압축성 성질에 의해 역시 무시할 수 있다. 그러므로

$$(\boldsymbol{\omega} \cdot \nabla)\boldsymbol{u} = 0 \tag{8.44}$$

이다.

만일 $\boldsymbol{\omega}$의 방향을 z 방향으로 선택한다면 위의 식은

$$\frac{\partial \boldsymbol{u}}{\partial z} = 0 \tag{8.45}$$

이다. 그러므로 회전축의 방향으로는 흐름속도의 변화가 없다. 즉 로스비 수와 에크만 수가 1보다 많이 작을 때는 흐름이 2차원이다. 이 결과는 처음에 이론을 제시한 프라우드만(Joseph Proudman, 1888~1975)과 실험을 통해 확인한 테일러(G. I. Taylor, 1886~1975)를 기념하여 **테일러-프라우드만 정리**(Taylor-Proudman theorem)라 부른다. 만일 회전축에 수직 방향으로 두 개의 딱딱한 경계가 있는 경우에는 식 (3.16)의 경계조건에 의해 z 방향으로는 흐름이 없다. 그러므로 다음과 같이 나타낼 수 있다.

$$\frac{\partial u}{\partial z} = \frac{\partial v}{\partial z} = 0, \quad w = 0 \tag{8.46}$$

즉 회전축에 수직인 방향으로만 흐름이 있는 2차원 흐름이다. 여기서 주의할 점은 경계면은 회전좌표계에서는 정지해 있지만, 관성좌표계에서 보면 ω의 각속도로 회전하고 있다.

테일러는 이 정리를 확인하기 위해 그림 8.6과 같은 간단한 실험을 했다. 일정한 각속도로 회전하고 있는 물탱크의 바닥에 작은 원기둥[그림에서 사선으로 이루어짐]을 얹은 상태에서 점 A에 잉크를 흘렸다. 물탱크가 회전하지 않을 때는 잉크는 움직이는 원기둥의 위를 지나서 흐를 수 있지만, 물탱크가 회전할 때는 잉크가 점 B에서 갈라져서 마치 원기둥이 그 자리에 있어 비껴가는 것처럼 흘렀다. 즉 원기둥의 위쪽으로 실제로는 원기둥이 없어도 마치 연장되어 계속 있는 것 같이 흐름이 가상 원기둥을 돌아서 흐른다. 그

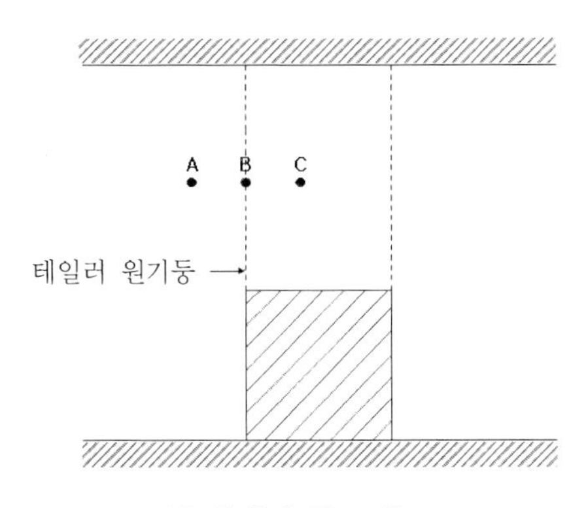

(a) 옆에서 본 모양

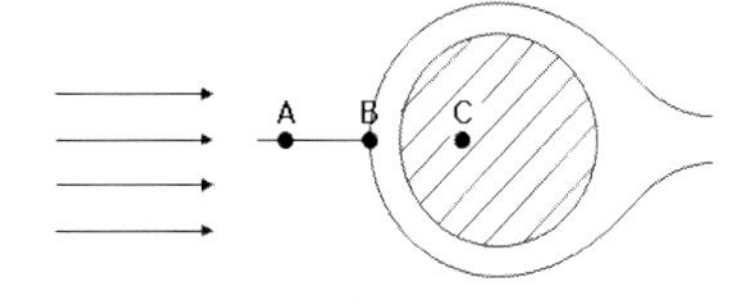

(b) 위에서 본 모양

그림 8.6 테일러 원기둥 실험

러나 점 C에서 흘린 잉크는 원기둥이 움직이면 따라서 움직이면서 원기둥으로부터는 항상 같은 지점에 머물러 있었다. 이러한 실험 결과는 흐름이 2차원임을 잘 보이고 있다. 이러한 가상의 원기둥은 테일러를 기념하여 **테일러 원기둥**(Taylor column)이라 불린다.

대기에서의 지형흐름

적도에서 멀리 떨어진 곳에서 대규모의 공기흐름을 생각해보자. 위도가 45°인 곳에서 코리올리 모수의 크기는 $\mathrm{f} \sim 10^{-4}\mathrm{s}^{-1}$ 정도이고 일반적인 대기의 수평 방향 흐름속도가 10 m/s이며, 흐름이 일어나는 수평 방향의 거리가 $L \sim 1000$ km 정도이다. 이에 반해서 수직 방향 흐름속도는 $10^{-2}\mathrm{m/s}$ 정도로 작아서 무시할 수 있다. 이 경우에 단위질량당 코리올리힘의 크기가 $\mathrm{f}U \sim 10^{-3}\mathrm{m\,s^{-2}}$ 정도이고 단위질량당 관성력의 크기는 $U^2/L \sim 10^{-4}\mathrm{m\,s^{-2}}$ 정도이므로 Rb 수는 0.1 정도밖에 되지 않아 관성력의 효과를 무시할 수 있다. 그뿐만 아니라 지표면에서 멀리 떨어진 상층대기를 생각하면 점성력의 효과는 거의 무시할 수 있으므로 Ek 수도 매우 작다. 그러므로 적도에서 멀리 떨어지면서 상층에서의 대규모 공기흐름은 식 (8.41)에서처럼 코리올리힘과 압력경도력이 서로 균형을 이루는 지형흐름의 대표적인 예이다.

그림 8.5와 같이 중력에 반대 방향을 $\hat{\mathbf{z}}$로 할 때 식 (8.41)의 수평성분은 다음과 같이 근사적으로 적을 수 있다.

$$\mathrm{f}\,\hat{\mathbf{z}} \times \boldsymbol{u} = -\frac{1}{\rho}\nabla p \tag{8.47}$$

이 식에 따르면 북반구에서는 코리올리 모수의 크기가 $\mathrm{f} > 0$이므로 코리올리힘의 방향이 흐름속도에 대해 시계방향으로 90° 향한다. 압력의 구배항$\left(-\frac{1}{\rho}\nabla p\right)$은 코리올리힘$(-\mathrm{f}\,\hat{\mathbf{z}} \times \boldsymbol{u})$과 반대 방향이므로 흐름의 방향은 압력의 구배 방향으로부터 시계방향으로 90° 향한다[그림 8.7(a) 참조]. 그러므로 대기의 흐름은 등압선[그림 8.7(b)에서 실선]을 따라 흐르며 흐르는 방향의 왼쪽이 저기압 상태이다. 만일 대기의 흐름속도가 너무 크거나 작아서 코리올리힘과 압력경도력의 크기가 같지 않을 때는 위의 식을 만족할 때까지 흐름이 가속되거나 감속된다.

그러므로 북반구($\mathrm{f} > 0$)에서는 저기압 주위에서는 대기의 흐름이 반시계 방향을 향하고 고기압 주위에서는 대기의 흐름이 시계 방향을 향한다. 남반부에서는 $\mathrm{f} < 0$이므로 반대 현상이 일어나 저기압 주위에서는 대기의 흐름이 시계 방향을 향하고 고기압 주위에서

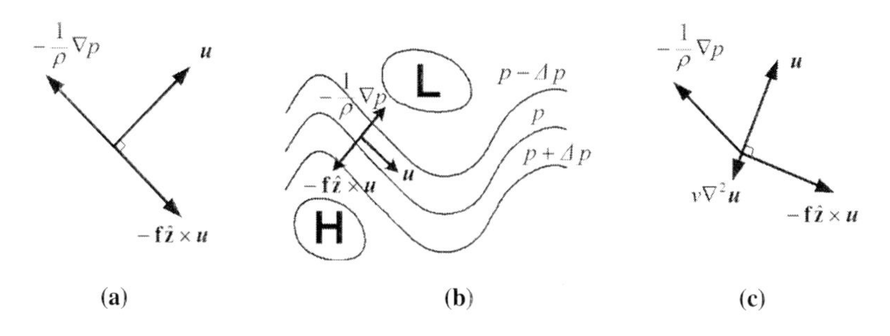

그림 8.7 지형흐름에서 대기의 흐름방향($f > 0$)

는 대기의 흐름이 반시계 방향을 향한다. 그림 8.8은 북반구에서 지형흐름에 의한 대기의 흐름을 보인다. 그림에서 실선은 등압선을 뜻하며 화살표의 방향은 흐름의 방향이다. (a)는 저기압 주위에서 흐름이고, (b)는 고기압 주위에서 흐름이다. 그러나 실제 흐름에서는 지표면 등에 의한 점성력의 효과를 무시할 수 없다. 그러므로 식 (8.47)에 점성력 항을 넣어야 한다.

$$-\nu\nabla^2 u + f\hat{z}\times u = -\frac{1}{\rho}\nabla p \tag{8.48}$$

따라서 그림 8.7(a)는 그림 8.7(c)로 수정되어야 한다. 그림 2.11과 식 (2.95)의 설명을 따르면 층밀리기 흐름에서 점성력의 방향은 흐름의 방향과 반대이다. 점성력과 코리올리힘의 합이 압력경도력과 방향이 반대이고 크기가 같아져 실제 흐름의 방향은 등압선과 나란하지 않고 약간 각을 이룰 것이다. 그러므로 북반구에서 저기압 주위에는 흐름이 반시계 방향으로 나선형을 이루면서 안쪽으로 향한다. 그림 8.8의 (c)와 (d)는 북반구에서 저기

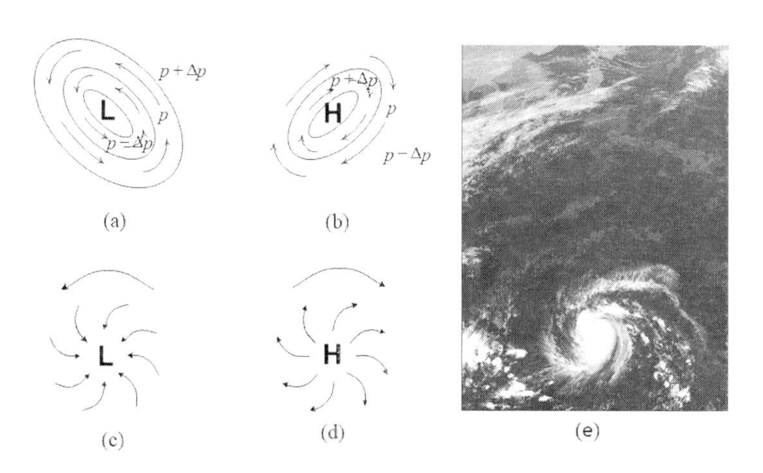

그림 8.8 북반구에서 저기압(a, c)과 고기압(b, d) 주변에서의 흐름의 모습($f>0$),
한반도를 접근하는 태풍의 위성사진(e)

압 주위와 고기압 주위에서 실제의 흐름방향을 각각 보여주고 있다. 또한 안쪽으로 이동하면서 공기의 속력은 각운동량 보존법칙에 따라 점점 커질 것이다. **태풍**의 경우에 태풍의 눈 바로 가장자리에서 가장 빠르고 강한 파괴력이 있는 바람이 부는 이유는 이 때문이다. (e)는 한반도를 접근하는 태풍의 위성사진으로 (c)에 해당한다.

실제로 대기나 대양에는 깊이에 따른 밀도의 변화에 의한 효과로 테일러 원기둥의 현상을 보기 힘들다. 테일러-프라우드만 정리는 Ek 수가 1보다 훨씬 작은 경우로 유체의 점성을 무시하고 있는 경우이다. 그러나 유체를 경계하고 있는 딱딱한 표면 근처에서는 더 이상 점성 성질을 무시할 수 없다. 경계에 가까운 지역에는 Rb 수 <1이지만 Ek 수 >1이므로 테일러-프라우드만 정리를 적용할 수 없다. 이러한 경계층을 **에크만 경계층**(Ekman boundary layer)이라 하며 8.4절에서 상세히 다룬다.

참고

부엌의 개수대에서 소용돌이 흐름방향

부엌의 개수대에서 바닥에 있는 구멍을 통해 물이 빠질 때 소용돌이를 이루는 것을 본 적이 있을 것이다. 일각에는 코리올리힘의 영향으로 소용돌이의 흐름방향이 북반구와 남반구에서 서로 반대라는 이야기가 있다. 이는 잘못된 상식이다. 개수대에서 소용돌이의 흐름속도를 $U \sim 1$ m/s, 개수대의 크기 $L \sim 1$ m, 그리고 코리올리 모수의 크기를 $f = 0.0001$로 하면 식 (8.39)를 이용하여 로스비 수의 크기를 계산하면 약 10,000의 값을 가진다. 다시 말해 관성력의 크기가 코리올리힘보다 10,000배 정도로 크므로 코리올리힘을 무시할 수 있다. 그러므로 개수대에서 소용돌이의 흐름방향은 개수대의 구조나 초기에 물의 흐름상태 등의 다른 요인에 의해서 결정된다. 실제로 개수대에 물을 채운 후에 직접 실험해보면 쉽게 확인할 수 있다.

8.4 에크만 경계층 흐름

테일러-프라우드만 정리는 Ek 수가 1보다 훨씬 작은 경우로 유체의 점성을 무시하고 있는 경우다. 그러나 유체를 경계하고 있는 딱딱한 표면 근처에서는 더 이상 점성 성질을 무시할 수 없다. 경계에 가까운 지역에는 Rb 수 <1이지만 Ek 수 >1이므로 테일러-프라우드만 정리를 적용할 수 없다. 그러므로 회전유체에서의 이러한 경계층을 **에크만 경계층**(Ekman boundary layer, Ekman layer)이라 한다.

Ek 수가 1인 위치는 코리올리힘과 점성력의 크기가 같으므로 에크만 경계층과 주위의 흐름을 구분 짓는다. 그러므로 에크만 경계층의 두께를 d 라고 한다면 식 (8.40)에 있는 Ek 수의 정의로부터

$$d \sim \sqrt{\frac{\nu}{\mathrm{f}}} \tag{8.49}$$

이다. 비회전유체는 경계층의 두께가 하류로 갈수록 증가하지만 회전유체에서는 에크만 경계층의 두께가 상류와 하류와 관계없이 일정하다. 또한 회전각속도 ω 의 크기가 0으로 접근함에 따라 에크만 경계층의 두께는 무한대로 발산하므로 5장에서 언급한 경계층의 정의와 여기서 말하는 에크만 경계층은 물리적 원인이 완전히 다르다. 스웨덴의 해양물리학자인 에크만(Vagn Walfrid Ekman, 1874~1954)이 이러한 새로운 경계층을 제안하였다 하여 그의 이름을 따서 에크만 경계층이라 부른다.

딱딱한 바닥 근처의 에크만 경계층

그림 8.9는 평평한 바닥 위를 흐르는 지구유체이다. 바닥 근처에서는 점성력의 효과로 속도의 구배가 존재하는 에크만 경계층이 있고, 경계층 위에는 x 축 방향으로 일정한 속도 $\bar{u}$ 로 흐르는 **내부흐름**이 있다고 가정할 수 있다. 내부흐름이 $\mathrm{Rb} \ll 1$ 이라고 가정하면 관성력을 무시할 수 있고, 또한 내부흐름 내에서는 점성을 무시할 수 있으므로 내부흐름은 지형흐름이다. 그러나 바닥에서는 점착 조건 때문에 흐름속도가 0이므로 점성력의 효과로 바닥과 내부흐름 사이에는 속도의 구배가 있을 것이다. 대기의 경우에는 지표면 위의 대기 경계층을 생각할 수 있고, 바다의 경우는 해저 바닥 위의 해수 경계층이 이에 해당한다.

유체의 밀도가 항상 일정하다고 가정하면 식 (8.35)~(8.37)의 나비에-스토크스 방정식은 $\rho = 0$ 이므로 관성력 항을 무시하고 정상흐름의 경우에

$$-\mathrm{f}\,v = -\frac{1}{\rho_o}\frac{\partial p}{\partial x} + \nu\frac{\partial^2 u}{\partial z^2} \tag{8.50}$$

$$\mathrm{f}\,u = -\frac{1}{\rho_o}\frac{\partial p}{\partial y} + \nu\frac{\partial^2 v}{\partial z^2} \tag{8.51}$$

$$0 = -\frac{\partial p}{\partial z} \tag{8.52}$$

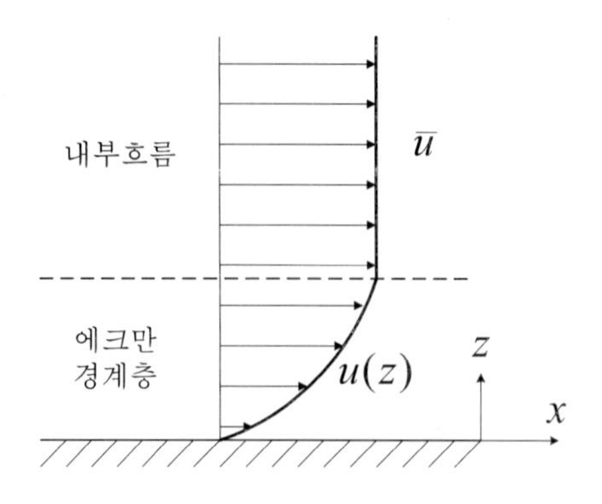

그림 8.9 바닥 근처에서의 에크만 경계층

이다. 여기서 경계조건은 점착 경계조건인 식 (3.18)과 식 (3.24)를 이용하면 다음과 같다.

$$\text{바닥}(z=0)\ :\ \boldsymbol{u}=0 \tag{8.53}$$

$$\text{내부흐름과의 경계}(z\rightarrow\infty)\ :\ u=\bar{u},\ v=0,\ p=\bar{p}(x,y) \tag{8.54}$$

밀도가 일정하므로 식 (8.52)에 의하면 과잉압력(p)의 크기가 깊이와 무관하다. 그러므로 $p=\bar{p}(x,y)$ 이다.

내부흐름($z\rightarrow\infty$)에서는 수평 방향으로 속도의 변화가 없으므로 식 (8.50)과 식 (8.51)은 내부흐름 속에서는

$$0=-\frac{1}{\rho_o}\frac{\partial\bar{p}}{\partial x} \tag{8.55}$$

$$f\bar{u}=-\frac{1}{\rho_o}\frac{\partial\bar{p}}{\partial y} \tag{8.56}$$

이다. 즉 내부흐름에서는 코리올리힘이 바닥 경계와 나란하고 흐름방향에 수직인 y 방향의 압력구배와 균형을 이룬다.

바닥경계의 근처에서는 점성력이 중요해지므로 $\partial p/\partial x=\partial\bar{p}/\partial x=0$과 $\partial p/\partial y=\partial\bar{p}/\partial y$을 이용하여 식 (8.55)와 식 (8.56)을 식 (8.50)과 식 (8.51)에 각각 대입하면

$$-fv=\nu\frac{\partial^2 u}{\partial z^2} \tag{8.57}$$

$$f(u-\bar{u})=\nu\frac{\partial^2 v}{\partial z^2} \tag{8.58}$$

이다. 위의 식들을 만족하는 $u=\bar{u}+Ae^{\lambda z}$와 $v=Be^{\lambda z}$를 해로 가정하면 λ가

$\nu^2\lambda^4 + f^2 = 0$을 만족하고

$$\lambda = \pm(1 \pm i)\frac{1}{d}, \quad d \equiv \sqrt{\frac{2\nu}{f}} \tag{8.59}$$

이다.

북반구($f > 0$)에서는 경계조건인 식 (8.54)를 고려할 때 지수적으로 발산하는 항을 무시할 수 있다. 그러므로 경계조건인 식 (8.53)으로부터 흐름속도는

$$u = \bar{u}\left(1 - e^{-z/d}\cos\frac{z}{d}\right) \tag{8.60}$$

$$v = \bar{u}e^{-z/d}\sin\frac{z}{d} \tag{8.61}$$

이다. 이 결과에 따르면 바닥으로부터 거리 d에 이르면 수평 방향의 속도 u가 내부흐름의 수평 방향 속도 $\bar{u}$과 비슷해진다. 이 거리는 식 (8.49)에서 보인 에크만 경계층의 두께와 비슷하다. 내부흐름에서는 y 방향으로 속도는 0이었으나 코리올리 효과로 인하여 경계층 내에서는 0가 아니다. 바닥에 가까워질수록($z \to 0$), 수평 방향의 속도는 같아진다 ($u \sim v \sim \bar{u}z/d$). 그러므로 북반구의 경계층 내부에서는 내부흐름에 비해 45° 각도 왼쪽으로 흐름이 있다. 남반구에서는 $f < 0$이므로 경계층 내부에서는 내부흐름에 비해 45° 각도 오른쪽으로 흐름이 있다. 이런 흐름을 **에크만 나선**(Ekman spiral)이라 부른다.

참고

에크만 경계층의 두께

만일 대기의 흐름이 **층류**라면 위도가 45°인 곳에서는 공기의 점성계수가 $10^{-6}\,m^2/s$이므로 에크만 경계층의 두께가 $d \sim 0.4\,m$ 정도밖에 되지 않는다. 그러나 실제 대기의 흐름은 거의 모든 경우에 **난류**이므로 공기의 점성계수 대신에 14.2절에서 소개하는 **에디 점성계수**(eddy viscosity) ν_e를 사용해야 한다. 실제 대기의 경우 에디 점성계수가 $\nu_e \sim 50\,m^2/s$로 해당하는 에크만 경계층의 두께는 $d \sim 1\,km$ 정도이다. 이에 반해 비슷한 위도에서의 바다에서는 에디 점성계수가 $\nu_e \sim 10^{-2}\,m^2/s$로서 에크만 경계층의 두께가 $d \sim 10\,m$ 정도이다.

자유표면 근처의 에크만 경계층

그림 8.10은 바다와 같은 해양에서 자유표면 근처에 있는 지구유체이다. 자유표면(해수면) 위를 지나는 대기(바람)의 영향으로 자유표면 근처의 바닷물은 자유표면에 나란한 방향으로 흐르게 된다. 이러한 흐름을 **취송류**(wind driven current)라 한다. 이로 말미암아 자유표면 근처의 흐름에는 층밀리기 응력이 존재한다. 점성력의 효과로 속도의 구배가 존재하는 에크만 경계층이 있고 경계층의 밑에는 일정한 속도$(\overline{u}, \overline{v})$로 흐르는 내부흐름이 있다고 가정하자. $\mathrm{Rb} \ll 1$ 의 가정 아래 관성력은 무시한다. 그러므로 정상흐름의 경우에 자유표면 근처에 있는 지구유체의 나비에-스토크스 방정식은 식 (8.35)~(8.37)을 이용하면 식 (8.57)과 식 (8.58)의 바닥 근처의 경우와 비슷한 이유로 다음과 같이 된다.

$$-\mathrm{f}(v-\overline{v}) = \nu \frac{\partial^2 u}{\partial z^2} \tag{8.62}$$

$$\mathrm{f}(u-\overline{u}) = \nu \frac{\partial^2 v}{\partial z^2} \tag{8.63}$$

여기서 경계조건은 다음과 같다. 첫 번째는 자유표면 위를 지나는 대기가 자유표면에 주는 응력의 크기가 각각 σ_{zx}, σ_{zy} 라 할 때 식 (3.22)를 이용하면 자유표면에 나란한 방향의 응력성분이 연속이어야 한다. 두 번째는 경계층에서 멀리 떨어진 곳의 흐름속도는 식 (3.24)에서 보였듯이 내부흐름의 속도와 같다.

$$\text{자유표면 } (z=0) : \rho_o \nu \frac{\partial u}{\partial z} = \sigma_{zx}, \quad \rho_o \nu \frac{\partial v}{\partial z} = \sigma_{zy} \tag{8.64}$$

$$\text{내부흐름과의 경계 } (z \to -\infty) : u = \overline{u}, \ v = \overline{v} \tag{8.65}$$

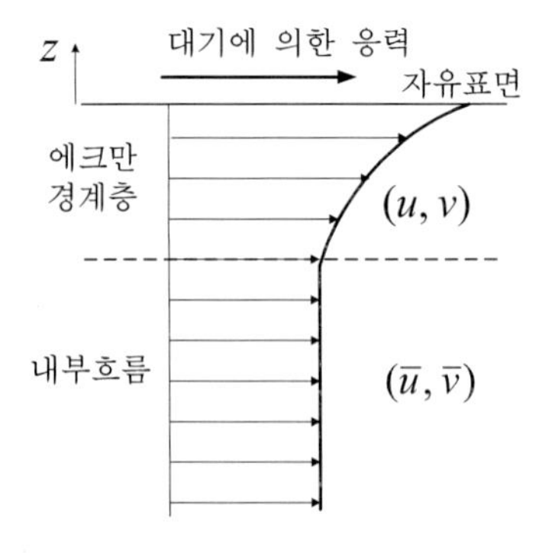

그림 8.10 자유표면 근처에서의 에크만 경계층

바닥에서의 에크만 경계층에서와 비슷한 방법으로 해를 구하면

$$u = \bar{u} + \frac{\sqrt{2}}{\rho_o \, \mathrm{f} \, d} e^{z/d} \left[\sigma_{zx} \cos\left(\frac{z}{d} - \frac{\pi}{4} \right) - \sigma_{zy} \sin\left(\frac{z}{d} - \frac{\pi}{4} \right) \right] \tag{8.66}$$

$$v = \bar{v} + \frac{\sqrt{2}}{\rho_o \, \mathrm{f} \, d} e^{z/d} \left[\sigma_{zx} \sin\left(\frac{z}{d} - \frac{\pi}{4} \right) + \sigma_{zy} \cos\left(\frac{z}{d} - \frac{\pi}{4} \right) \right] \tag{8.67}$$

으로 에크만 나선을 볼 수 있다. 여기서 경계층에서의 흐름속도와 내부흐름의 속도와의 차이는 내부흐름의 속도와는 관계없이 대기에 의한 층밀리기 응력과 지구의 자전에 의한 코리올리 효과에만 관계한다. 경계층 내에서 속도의 변화는 북반구($\mathrm{f} > 0$)에서는 대기의 흐름에 의한 응력의 방향으로부터 오른쪽으로, 그리고 남반구($\mathrm{f} < 0$)에서는 대기의 흐름에 의한 응력의 방향으로부터 왼쪽으로 향한다. 이 현상은 북대서양에서 물에 떠 있는 빙산들이 바람의 방향에 대해 오른쪽으로 흐르는 것을 설명한다.

참고

북태평양 해류

북태평양 지역에서의 해류를 생각해보면 중위도 지역의 편서풍에 의해 취송류인 북태평양 해류가 발생하고 적도 바로 북쪽 지역에는 북동무역풍에 의해 북적도 해류가 발생한다. 그러나 에크만 경계층의 존재에 의해 흐름방향에 대해 오른쪽으로 해수의 흐름이 발생한다. 이로 인해 북태평양 한가운데의 해수면의 높이가 다른 곳보다 높아진다. 이러한 해수면의 높이차는 수압경도력을 발생시켜 해수가 움직이기 시작하면 코리올리힘이 평형을 이루는 지형흐름이 발생한다. 그러므로 북태평양에서는 시계방향으로 해류가 흐른다. 이처럼 **표층수의 대순환**은 대기 대순환과 지구자전에 의한 코리올리힘에 의해서 일어난다. 북태평양 지역에서는 아시아 대륙을 따라서 흐르는 서안경계류(western boundary current)인 **쿠로시오 해류**(Kuroshio current)가 아메리카 대륙을 따라서 흐르는 동안경계류(eastern boundary current)인 **캘리포니아 해류**(California current)보다 빠르고 강해지는데, 이는 코리올리힘의 크기가 위도에 따라 다르기 때문이다.

8.5 로스비 파동

7.4절에서 액체의 표면파를 논할 때는 표면파의 진동수가 코리올리 모수보다도 훨씬 큰 경우이어서 코리올리힘을 무시하였다. 그러나 여기에서 소개할 지구유체의 **로스비 파동**(Rossby waves)은 파장의 크기가 표면파에 비해서 훨씬 크고 진동수는 코리올리 모수에 비해서 훨씬 작으므로 넓은 지역의 지구유체의 층에서는 코리올리힘의 영향을 고려해야 한다. 또한 위도에 따른 코리올리 모수의 변화로 인한 효과도 고려해야 한다.

그림 8.11에서 굵은 실선은 지구유체에서 물리적 성질[여기서는 압력]이 균일한 임의의 유체층의 공간적 분포를 보인다. 액체의 표면파를 설명할 때의 액체의 자유표면을 보인 그림 7.8의 경우와 비교된다. 밀도가 ρ_o인 지구유체에서 바닥으로부터 거리가 z 인 위치에서 정수압력의 과잉압력 성분은

$$p = \rho_o g(H + \zeta - z) \tag{8.68}$$

이다. 여기서 H는 관심 있는 유체층의 평균깊이이고, ζ는 평균깊이로부터 요동으로 인해 멀어진 거리로서 수평 방향의 위치에 따라 크기가 달라진다. 그러므로 수평 방향으로 압력의 구배는

$$\frac{1}{\rho_o}\frac{\partial p}{\partial x} = g\frac{\partial \zeta}{\partial x}, \qquad \frac{1}{\rho_o}\frac{\partial p}{\partial y} = g\frac{\partial \zeta}{\partial y} \tag{8.69}$$

로서 평균깊이 H와는 무관하다.

지형흐름처럼 점성력을 무시할 수 있고(Ek $\ll$ 1) 흐름속도의 크기가 작아서 비선형 항

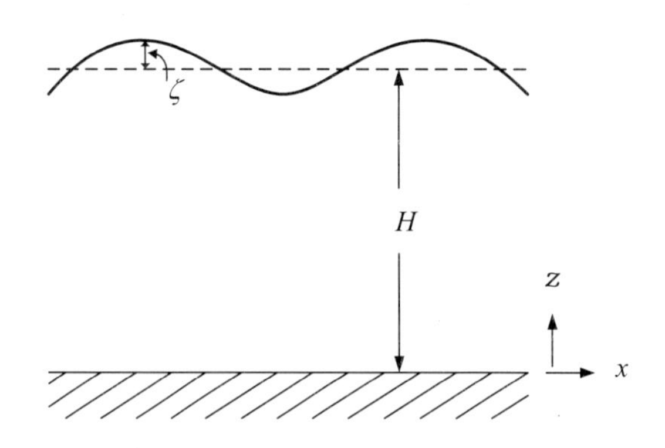

그림 8.11 물리적 성질이 균일한 유체층의 공간분포

들을 무시할 수 있는 경우에($Rb \ll 1$) 밀도가 일정한 지구유체에서의 나비에-스토크스 방정식의 x 와 y 성분은 식 (8.35), 식 (8.36), 그리고 식 (8.69)를 이용하면

$$\frac{\partial u}{\partial t} = -g\frac{\partial \zeta}{\partial x} + \mathrm{f}\,v \tag{8.70}$$

$$\frac{\partial v}{\partial t} = -g\frac{\partial \zeta}{\partial y} - \mathrm{f}\,u \tag{8.71}$$

이다. 여기서 z 성분은 식 (8.68)로 대체된다. 그리고 연속방정식은

$$\frac{\partial u}{\partial x} + \frac{\partial v}{\partial y} + \frac{\partial w}{\partial z} = 0 \tag{8.72}$$

이다. 연속방정식의 첫 두 항은 지형흐름의 특징 때문에 수직 방향의 위치 z 에 무관하나 크기가 0은 아니다. 그러므로 수직 방향의 속도는 z에 따라서 비례하여 증가한다. 수직 방향을 따라서 바닥에서 관심 있는 유체층까지 연속방정식을 적분하면

$$\left(\frac{\partial u}{\partial x} + \frac{\partial v}{\partial y}\right)\left(H+\zeta\right) + w_{z=H+\zeta} = 0 \tag{8.73}$$

이다. 적분 과정에서 바닥에서의 수직성분 속도는 $w_{z=0} = 0$ 로 주어졌다. 그리고 관심 있는 유체층의 표면에서의 수직 방향 속도는 식 (7.33)과 식 (7.34)를 이용하면

$$w_{z=H+\zeta} = \frac{\mathrm{D}\zeta}{\mathrm{D}t} = \frac{\partial \zeta}{\partial t} + u\frac{\partial \zeta}{\partial x} + v\frac{\partial \zeta}{\partial y} \tag{8.74}$$

이다. 그러므로 식 (8.73)은

$$\frac{\partial \zeta}{\partial t} + \frac{\partial}{\partial x}[u(H+\zeta)] + \frac{\partial}{\partial y}[v(H+\zeta)] = 0 \tag{8.75}$$

이다. 여기서 비선형 항들을 무시하면 관심 있는 유체층에서의 연속방정식은 다음과 같다.

$$\frac{\partial \zeta}{\partial t} + H\left(\frac{\partial u}{\partial x} + \frac{\partial v}{\partial y}\right) = 0 \tag{8.76}$$

이 식은 식 (8.70)과 식 (8.71)과 더불어 수평 방향의 길이가 수직 방향의 길이보다 훨씬 큰 지구유체에서의 중력파를 기술하는 데 이용될 수 있다.

수평 방향으로 파장의 크기가 대기에서는 수천 km에 이르고, 대양에서는 수백 km에

이르며, 파동의 특성시간이 수일에서 수년이나 걸리는 지구유체계에서 볼 수 있는 파동은 스웨덴의 기상학자인 로스비(Carl-Gustaf Rossby, 1898-1957)를 기념하여 **로스비 파동**(Rossby waves)이라 한다. 이렇게 긴 파장과 작은 진동수를 가지는 파동은 지구유체의 크기에서만 관측할 수 있으므로 **행성 파동**(planetary waves)이라고도 부른다. 이러한 지구유체계에서는 계의 크기가 매우 크기 때문에 코리올리 모수의 크기가 위치에 따라서 다르다. 만일 임의의 기준 위치에서 북극을 향하는 방향을 y 축으로 정의하면 기준점의 위도가 ψ_o인 경우에 위치에 따른 위도는

$$\psi = \psi_o + \frac{y}{a} \tag{8.77}$$

이다[그림 8.5 참조]. 여기서 a는 지구의 반경으로 6371 km이다. 코리올리 모수의 요동 크기가 작은 경우($|y/a| < 1$)만 고려하므로 식 (8.24)의 코리올리 모수는 1차 항까지 테일러 전개하면

$$\begin{aligned} \mathrm{f} &= 2\omega \sin\left(\psi_o + \frac{y}{a}\right) \\ &\cong 2\omega \sin\psi_o + 2\omega \frac{y}{a} \cos\psi_o \\ &\equiv \mathrm{f}_o + \beta y \end{aligned} \tag{8.78}$$

이다. 여기서

$$\beta \equiv 2\frac{\omega}{a}\cos\psi_o \tag{8.79}$$

로서 이 값은 위치에 따른 코리올리 모수의 변화를 뜻한다. 코리올리 모수에서 이러한 요동의 존재는 지형흐름을 비정상흐름으로 만든다. 이러한 경우에 식 (8.70)과 식 (8.71)의 나비에-스토크스 방정식과 식 (8.76)의 연속방정식은 각각

$$\frac{\partial u}{\partial t} = -g\frac{\partial \zeta}{\partial x} + (\mathrm{f}_o + \beta y)v \tag{8.80}$$

$$\frac{\partial v}{\partial t} = -g\frac{\partial \zeta}{\partial y} - (\mathrm{f}_o + \beta y)u \tag{8.81}$$

$$\frac{\partial \zeta}{\partial t} + H\left(\frac{\partial u}{\partial x} + \frac{\partial v}{\partial y}\right) = 0 \tag{8.82}$$

이다.

여기서 코리올리 모수의 위도에 따른 변화 βy를 무시하고 정상흐름인 경우의 수평 방향 속도를 계산하면 $u \cong -(g/\mathrm{f}_o)\partial\zeta/\partial y$과 $v \cong (g/\mathrm{f}_o)\partial\zeta/\partial x$이다. 이를 식 (8.80)과 식

(8.81)에 대입하면

$$-\frac{g}{\mathrm{f}_o}\frac{\partial^2\zeta}{\partial y\,\partial t} = -g\frac{\partial\zeta}{\partial x} + \mathrm{f}_o v + \frac{\beta g}{\mathrm{f}_o}y\frac{\partial\zeta}{\partial x} \tag{8.83}$$

$$\frac{g}{\mathrm{f}_o}\frac{\partial^2\zeta}{\partial x\,\partial t} = -g\frac{\partial\zeta}{\partial y} - \mathrm{f}_o u + \frac{\beta g}{\mathrm{f}_o}y\frac{\partial\zeta}{\partial y} \tag{8.84}$$

이다. 여기서 u와 v를 구하면 다음과 같다.

$$u = -\frac{g}{\mathrm{f}_o^2}\frac{\partial^2\zeta}{\partial x\,\partial t} - \frac{g}{\mathrm{f}_o}\frac{\partial\zeta}{\partial y} + \frac{\beta g}{\mathrm{f}_o^2}y\frac{\partial\zeta}{\partial y} \tag{8.85}$$

$$v = -\frac{g}{\mathrm{f}_o^2}\frac{\partial^2\zeta}{\partial y\,\partial t} + \frac{g}{\mathrm{f}_o}\frac{\partial\zeta}{\partial x} - \frac{\beta g}{\mathrm{f}_o^2}y\frac{\partial\zeta}{\partial x} \tag{8.86}$$

위의 결과는 위치에 따른 코리올리 모수의 변화로 속도에 영향을 주는 것 중에서 가장 큰 성분들만 포함하고 있다. u와 v를 유체층의 표면에서의 연속방정식인 식 (8.82)에 대입하면 관심 있는 유체층의 파동을 나타내는 ζ에 대한 식이 된다.

$$\frac{\partial\zeta}{\partial t} - H\left(\frac{g}{\mathrm{f}_o^2}\frac{\partial}{\partial t}\nabla^2\zeta + \frac{\beta g}{\mathrm{f}_o^2}\frac{\partial\zeta}{\partial x}\right) = 0 \tag{8.87}$$

관심 있는 유체층에서 파동의 높이인 ζ가 $\zeta_o\exp[i(k_x x + k_y y - \omega_R t)]$ 의 꼴을 하고 있다고 가정하고 위의 식을 이용하면 로스비 파동의 분산관계는 다음과 같다.

$$\omega_R = -\frac{\beta k_x}{k_x^2 + k_y^2 + \mathrm{f}_o^2/c^2} \tag{8.88}$$

여기서 $c = \sqrt{gH}$ 로 식 (7.95)에서 본 중력파의 위상속도와 같은 모양이다. 주어진 x와 y의 위치에서 유체층은 시간이 흐름에 따라 z축 방향으로 아래위로 ω_R의 각진동수로 진동한다. 그리고 임의의 순간에 xy 평면상의 위치에 따라 유체층의 위상이 달라진다. 여기서 x와 y 방향에 대칭성이 없는 이유는 코리올리 모수의 요동이 x 방향으로는 없고 y 방향으로만 있기 때문이다. 그러므로 코리올리 모수의 위도에 따른 변화를 고려하면 로스비 파동의 x 방향의 위상속도는

$$c_R = \frac{\omega_R}{k_x} = -\frac{\beta}{k_x^2 + k_y^2 + \mathrm{f}_o^2/c^2} \tag{8.89}$$

이다. 여기서 음의 부호는 $-x$ 방향으로 파동이 전파됨을 뜻한다. 즉 지구유체에서는 로스

비 파동이 서쪽으로 진행한다.

만일 코리올리 모수가 변하는 y 방향에 수직인 x 방향으로 지구유체가 전체가 속도 U로 흐르는 바탕 흐름이 있는 경우에는 로스비 파동의 진동수가 다음과 같이 변한다.

$$\omega_R = k_x U - \frac{\beta k_x}{k_x^2 + k_y^2 + f_o^2/c^2} \tag{8.90}$$

즉, 바탕 흐름에 의해 U의 속도로 진행하면서 동시에 로스비 파동에 의해 아래위로 진동한다. 바탕 흐름으로 동쪽으로 진행하는 **제트기류**(jet stream)를 고려하면 대기에서의 로스비 파동에서는 $U > 0$이다. 만일 코리올리 모수의 분포를 무시하여 생각하면($\beta = 0$), 로스비 파동의 진동수는 $\omega_R = k_x U$이다. 즉 파가 바탕흐름에 의해 x 방향으로 속도 U로 흘러가는 경우이다. 그러므로 코리올리 모수의 위도에 따른 변화를 고려하면 로스비 파동의 x 방향의 위상속도는

$$c_R = \frac{\omega_R}{k_x} = U - \frac{\beta}{k_x^2 + k_y^2 + f_o^2/c^2} \tag{8.91}$$

이다. 즉 바탕흐름인 제트기류가 동쪽으로 속도 U로 흐르는 데 반해 로스비 파동은 서쪽으로 위상속도 $\beta/\left(k_x^2 + k_y^2 + f_o^2/c^2\right)$로 움직인다.

그림 8.12는 북극을 중심으로 중위도 상공을 구불구불하게 흐르는 압력이 50 kPa인 제트기류를 보인다. 같은 압력의 지점은 그림 8.11에서의 굵은 실선인 유체층과 비슷한 역할을 한다. 로스비 파장의 크기가 워낙 커서 북극 주위 지구 둘레 전체가 5~6개의 파장으로 이루어져 있다. 편서풍 가운데 풍속이 강한 좁은 영역에 형성되는 제트기류가 이 파동과 겹쳐있음을 볼 수 있다.

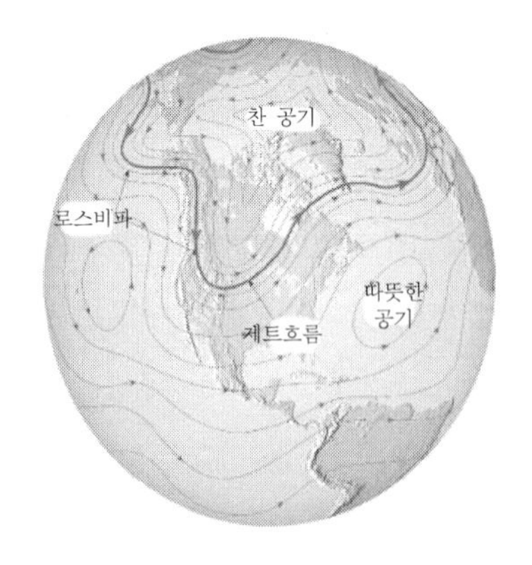

그림 8.12 북극 주위에서의 로스비 파동

실험실에서 간단하게 구현한 제트기류

제트기류(jet stream)는 위도가 30~40도 사이의 중위도 지역의 대류권과 성층권 사이에서 부는 아주 빠른 바람으로 속도가 550 km/h에 까지 이를 수 있다. 서쪽에서 동쪽으로 똑바로 흐르는 것이 아니고 남북 방향으로 굽이치면서 흐르는데 그 파장이 3000~6000 km 정도이다.

그림 8.13과 같이 지름의 크기가 다른 원기둥 모양의 물통 세 개와 회전판을 이용해서 실험실에서 제트기류를 만들어보자. 큰 물통의 내부에 중간 크기의 물통, 그리고 그 안에 가장 작은 크기의 물통을 각각 위치시킨다. 가장 안쪽 물통에는 얼음물을 넣고 가장 바깥에 있는 공간에는 뜨거운 물을 가득 채운다. 그리고 중간에 있는 공간에는 상온의 물을 채운 후에 유체의 흐름을 잘 관측할 수 있게 고기비늘처럼 얇고 한쪽으로 길이가 긴 알루미늄 입자로 이루어진 가루를 약간 탄다. 알루미늄 입자는 입자의 장축이 유체의 흐름방향과 나란하게 배열되므로 빛에 의한 반사로 인해 유체의 흐름방향으로의 밝기가 그렇지 않은 방향으로의 밝기와 차이가 크게 되어 흐름의 방향을 쉽게 알 수 있다. 물통들의 중심을 회전판의 회전축에 일치하게 회전판 위에 놓은 채로 회전판을 회전시킨다.

이 경우에 내부에 있는 차가운 물통은 북극의 역할을, 그리고 바깥에 있는 뜨거운 물통은 적도의 역할을 하고 중간의 공간에 있는 물은 중위도의 대류권에 있는 대기의 역할을 한다. 중위도의 대기의 적도 쪽에 있는 대기는 가열되어서 상승하는 반면에 극 쪽에 있는 대기는 차가워져 하강한다. 여기서 회전판의 회전은 지구의 자전의 역할을 한다. 회전판의 회전각속도가 0이거나 크기가 작은 경우에는 자유표면 근처에서는 안쪽으로 흐르고 바닥 근처에서는 바깥쪽으로 흐르는 대류현상이 정상적으로 유지된다[11장 참조]. 그러나

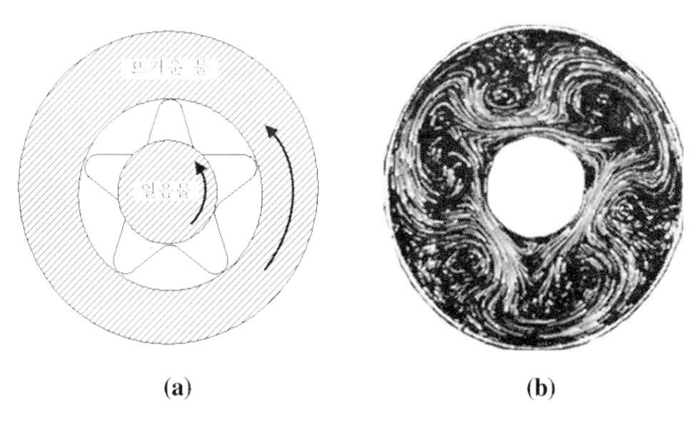

그림 8.13 실험실에서 구현하는 제트기류

회전각속도가 커짐에 따라 코리올리힘이 중요해져 유체의 흐름이 불안정해져 꾸불꾸불하게 흐르는 냇물처럼 되어 흐르면서 제트기류를 만든다. 파동의 진동수는 온도 차이와 회전각속도에 의해 결정된다. 이렇게 코리올리힘과 중력 사이의 균형에 의해 발생한 불안정을 **경압 불안정**(baroclinic instability)이라 부르고, 이에 의한 파동을 **경압 파동**(baroclinic waves)이라 한다. 북대서양의 걸프 해류(멕시코 만류)도 이와 같은 이유로 꾸불꾸불한 해류가 발생한다. 경압 파동은 로스비 파동과 모양이 비슷해 보이지만 일반적으로 로스비 파동보다 파장이 짧고 흐름이 불균일하다.

8.6 밀도성층 흐름

앞에서 에크만 경계층과 로스비 파동을 기술할 때 지구유체의 밀도는 일정한 상태에서 지구의 자전에 의한 효과만 다루었다. 그러나 실제 지구유체의 밀도는 깊이에 따라서 크기가 달라지므로 지구유체의 흐름에 영향을 미친다. 중력 방향으로 유체의 밀도가 변화하나 유체의 흐름이 중력에 수직 방향만 있는 흐름을 **밀도성층 흐름**(stratified flow)이라 한다. 높이에 따라 밀도가 감소하는 경우를 **안정한 밀도성층 흐름**이라 하고, 높이에 따라 증가하는 경우를 **불안정한 밀도성층 흐름**이라 한다. 불안정한 밀도성층 흐름의 대표적인 예는 대류 현상으로서 11장에서 자세하게 다루므로 여기서는 안정한 밀도성층 흐름에 대하여 주로 다룬다. 안정한 밀도성층 흐름의 대표적인 예는 바다로서 수평 방향으로는 밀도가 일정하나 깊은 곳으로 들어갈수록 바닷물의 염도가 증가하여 밀도가 증가한다.

안정한 밀도성층 흐름의 중요한 성질 가운데 하나가 **내부파동**(internal waves)이다. 이 파동은 유체입자가 중력 방향으로 움직이는 것을 방해하는 안정한 밀도성층 흐름의 성질 때문에 발생한다. 만일 임의의 깊이 z 에 위치한 유체입자가 Δz 만큼 상승하여 $z+\Delta z$ 에 위치한 가벼운 유체입자를 밀어 올리는 경우를 생각해보자. 이 경우에 z 에 위치한 밀도가 $\rho(z)$ 인 유체가 단위부피당 받는 힘을 기술하는 운동방정식은

$$\rho(z)\frac{\mathrm{d}^2\Delta z}{\mathrm{d}t^2} = g\left[\rho(z+\Delta z) - \rho(z)\right] \tag{8.92}$$

이다. 만일 높이에 따른 밀도 차이가 매우 작다면 위의 식은

$$\frac{d^2 \Delta z}{dt^2} - \frac{g}{\rho_o}\frac{d\rho}{dz}\Delta z = 0 \tag{8.93}$$

으로 고쳐 적을 수 있다. 여기서 ρ_o는 평균밀도이다. 밀도의 구배가 $d\rho/dz < 0$ 이므로 이 식은 진동수가

$$N = \sqrt{-\frac{g}{\rho_o}\frac{d\rho}{dz}} \tag{8.94}$$

인 진동방정식이다. N은 **밀도성층 진동수**(stratification frequency) 혹은 **부력진동수**(buoyancy frequency)로 불린다. 그러므로 위의 진동방정식은 유체입자가 $z+\Delta z$로 올라가 보니 가벼운 입자에 둘러싸여서 내려가다가 관성에 의해서 $z-\Delta z$까지 내려갔다가 무거운 입자에 둘러싸여서 다시 올라가는 것을 진동수 N으로 반복하는 흐름을 나타낸다. 밀도의 구배가 없는 경우에는 $N=0$로 파동이 없다. 밀도성층 흐름에서 수평 방향의 물리적 성질은 일정한 데 반해 수직(중력) 방향의 밀도는 위치에 따라 변하므로 내부파동은 비등방적이다. 이 파동은 요동에 대해서 중력이 복원력으로 작용하는 경우로 7장에서의 표면파의 일종인 중력파(gravity waves)와 비슷하다.

만일 밀도의 구배가 온도의 구배에 의한 것이라면 밀도성층 진동수를 다음과 같이 적을 수 있다.

$$N = \sqrt{g\alpha\frac{dT}{dz}} \tag{8.95}$$

여기서 α는 식 (1.16)에서 정의한 유체의 열팽창계수이다. 이에 반해 밀도의 구배가 농도의 구배에 의하였을 때는

$$N = \sqrt{-g\beta\frac{dc}{dz}} \tag{8.96}$$

이며, 여기서 β는 밀도에 따른 유체의 농도변화를 나타내는 양이다.

위의 예는 단지 국부적인 진동을 설명하므로 실제유체의 흐름을 기술하기 위해서는 유체의 흐름에 관련된 기본방정식을 포함하여야 한다. 경계에서 멀리 떨어져서 비점성유체이고 흐름속도의 크기가 작아 비선형 성분을 무시할 수 있는 경우의 나비에-스토크스 방정식은

$$\rho\frac{\partial \boldsymbol{u}}{\partial t} = -\nabla p + \rho \boldsymbol{g} \tag{8.97}$$

이다. 그리고 식 (2.47)의 연속방정식은

$$\frac{\partial\rho}{\partial t} + \boldsymbol{u}\cdot\nabla\rho + \rho\nabla\cdot\boldsymbol{u} = 0 \tag{8.98}$$

이다. 여기서 유체가 비압축성이라고 가정하면

$$\frac{\mathrm{D}\rho}{\mathrm{D}t} = 0 \quad \rightarrow \quad \frac{\partial\rho}{\partial t} + \boldsymbol{u}\cdot\nabla\rho = 0 \tag{8.99}$$

이므로 연속방정식은

$$\nabla\cdot\boldsymbol{u} = 0 \tag{8.100}$$

이다. 여기서 식 (8.99)는 연속방정식인 식 (8.100)과 구분하기 위하여 **밀도방정식**(density equation)이라 부른다.

높이 z 에 위치한 밀도와 압력을 평균 성분과 요동 성분으로 다음과 같이 표시하자.

$$\rho(z) = \bar{\rho} + \rho^{*}, \quad p(z) = \bar{p} + p^{*} \tag{8.101}$$

여기서 평균 성분들은 파동이 없는 정적상태에서의 밀도와 압력으로 식 (3.12)을 만족한다.

$$\frac{\mathrm{d}\bar{p}}{\mathrm{d}z} = -\bar{\rho}g \tag{8.102}$$

흐름이 없는 정적상태에서 유체의 움직임이 파동에 의한 것이라면 속도벡터는 요동 성분을 뜻한다. 이 경우에 식 (8.97)에서의 나비에-스토크스 방정식을 다음과 같이 적을 수 있다.

$$\frac{\partial\boldsymbol{u}}{\partial t} = -\frac{1}{\rho_o}\nabla p^{*} + \frac{\rho^{*}}{\rho_o}\boldsymbol{g} \tag{8.103}$$

또한 식 (8.99)의 밀도방정식에서 밀도의 평균 성분은 시간에 무관하고 수평 방향으로 변화가 없어 $\partial\bar{\rho}/\partial t = \partial\bar{\rho}/\partial x = \partial\bar{\rho}/\partial y = 0$이라 가정하고 선형 항들만 고려하면

$$\frac{\partial\rho^{*}}{\partial t} + w\frac{\mathrm{d}\bar{\rho}}{\mathrm{d}z} = 0 \tag{8.104}$$

이다. 그러므로 한 점에서 밀도의 요동은 평균 밀도분포의 수직 방향 이류에 의해 발생한다고 할 수 있다. 여기에 식 (8.94)의 밀도성층 진동수를 대입하면 위의 밀도방정식은

$$\frac{\partial\rho^{*}}{\partial t} - \frac{N^{2}\rho_o}{g}w = 0 \tag{8.105}$$

이다. 그리고 나비에-스토크스 방정식인 식 (8.103)의 성분들과 연속방정식인 식 (8.100)을 다시 적으면

$$\frac{\partial u}{\partial t} = -\frac{1}{\rho_o}\frac{\partial p^*}{\partial x} \tag{8.106}$$

$$\frac{\partial v}{\partial t} = -\frac{1}{\rho_o}\frac{\partial p^*}{\partial y} \tag{8.107}$$

$$\frac{\partial w}{\partial t} = -\frac{1}{\rho_o}\frac{\partial p^*}{\partial z} - \frac{\rho^*}{\rho_o}g \tag{8.108}$$

$$\frac{\partial u}{\partial x} + \frac{\partial v}{\partial y} + \frac{\partial w}{\partial z} = 0 \tag{8.109}$$

이다.

내부파동에 관련된 요동의 물리량들이 다음과 같이 시공간상에서 주기적인 꼴을 하고 있다고 가정하자.

$$\begin{aligned} \boldsymbol{u} &= \boldsymbol{U}\exp i(\boldsymbol{k}\cdot\boldsymbol{r} - \omega t) \\ p^* &= P^*\exp i(\boldsymbol{k}\cdot\boldsymbol{r} - \omega t) \\ \rho^* &= Q^*\exp i(\boldsymbol{k}\cdot\boldsymbol{r} - \omega t) \end{aligned} \tag{8.110}$$

여기서 $\boldsymbol{k}\cdot\boldsymbol{r} = k_x x + k_y y + k_z z$ 이고 $\boldsymbol{U} = (U,\ V,\ W)$이다. 7장에서 소개된 표면파는 2차원 자유표면을 따라서만 퍼져나가지만, 내부파동은 유체 내부에서 일어나므로 파동의 진행 방향은 어떤 방향이든지 가능함을 주의하라. 식 (8.110)을 유체의 흐름을 기술하는 기본방정식들인 식 (8.105)~(8.109)에 대입하면

$$\begin{aligned} i\omega Q^* + \frac{N^2\rho_o}{g}W &= 0 \\ \omega U &= \frac{P^*}{\rho_o}k_x \\ \omega V &= \frac{P^*}{\rho_o}k_y \\ i\omega W &= i\frac{P^*}{\rho_o}k_z + \frac{Q^*}{\rho_o}g \\ k_x U + k_y V + k_z W &= 0 \end{aligned} \tag{8.111}$$

이다. 위의 식들로부터 U, V, W, P^*, Q^*를 제거하는 과정에서 다음의 **분산관계**가 얻을

수 있다.

$$\omega^2 = N^2\left(1 - \frac{k_z^2}{k^2}\right) \tag{8.112}$$

$$\omega = N|\cos\theta|, \quad \cos\theta = \frac{\left(k_x^2 + k_y^2\right)^{1/2}}{k} \tag{8.113}$$

이에 따르면 내부파동의 각진동수는 파수벡터의 크기 k 에 의존하지 않고 방향 θ 에만 의존한다. 그러므로 내부파동의 각진동수 ω 는 방향에 대한 정보인 θ 의 크기에 따라 0부터 밀도성층 진동수인 N 까지 있을 수 있다. 물론 $N=0$ 인 경우에는[밀도의 공간구배가 0인 경우] 내부파동의 각진동수 ω 도 0로 내부파동이 없다.

그리고 내부파동의 위상속도는

$$\boldsymbol{c}_p = \frac{\omega}{k}\frac{\boldsymbol{k}}{k} = \frac{N(k^2 - k_z^2)^{1/2}}{k^3}\left(k_x\hat{\mathbf{x}} + k_y\hat{\mathbf{y}} + k_z\hat{\mathbf{z}}\right) \tag{8.114}$$

이고, 군속도는

$$\boldsymbol{c}_g = \nabla_k\,\omega = \frac{Nk_z}{k^3(k^2 - k_z^2)^{1/2}}\left[k_x k_z\hat{\mathbf{x}} + k_y k_z\hat{\mathbf{y}} - (k^2 - k_z^2)\hat{\mathbf{z}}\right] \tag{8.115}$$

이다. 그리고

$$\boldsymbol{c}_g \cdot \boldsymbol{c}_p = 0 \tag{8.116}$$

이므로 군속도의 방향과 위상속도의 방향이 서로 수직이다. 즉 내부파동은 에너지의 전파가 파면을 따라 발생하는 특이한 경우이다. 이에 비교해 7장에서 소개한 표면파는 군속도와 위상속도의 방향이 서로 같고 단지 크기만 다르다. 식 (8.111)에서 마지막에 있는 연속방정식을 보면

$$\boldsymbol{U} \cdot \boldsymbol{k} = 0 \tag{8.117}$$

로서 내부파동은 유체입자의 운동 방향($\boldsymbol{U}$)과 파의 방향($\boldsymbol{k}$)이 서로 수직으로 횡파이다.

이해를 돕기 위해 그림 8.14와 같이 $k_y = 0$ 인 특별한 경우를 생각해보자. 이 경우에는 식 (8.111)의 세 번째 관계 때문에 $V=0$ 이다. 그러므로 유체입자의 운동과 파의 진행 방향이 xz 평면상에만 한정된다. 그리고 위상속도와 파수벡터가 나란하고($\boldsymbol{c}_p // \boldsymbol{k}$), 유체입자의 운동 방향과 파의 방향이 서로 수직이므로($\boldsymbol{U} \perp \boldsymbol{k}$), 이 경우에는 유체입자의 운동 방향과 군속도의 방향은 나란하다($\boldsymbol{c}_g // \boldsymbol{U}$). 그러므로 분산관계인 식 (8.113)에서 정의한 θ 는 유체입자의 운동 방향과 수직 방향(z 축) 사이의 각이다. $\theta = 0$ 일 때, 즉 유체입자가

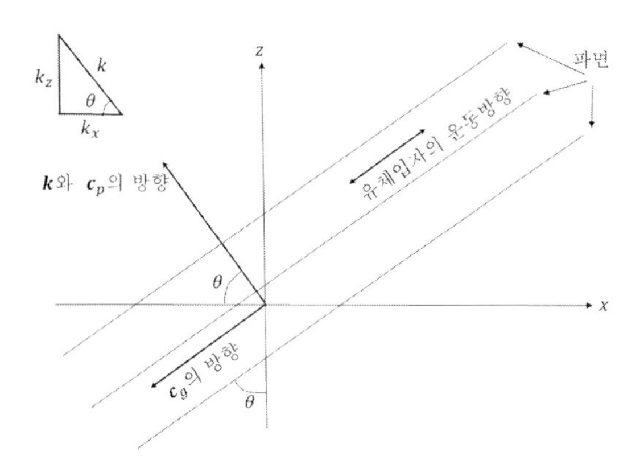

그림 8.14 xz 평면상에만 한정된 흐름에서의 내부파동

수직 방향(z 축)으로만 진동할 때 내부파동의 각진동수 ω는 최댓값인 밀도성층 진동수 N과 일치한다. 이 경우는 $k_z = 0$로서 유체입자가 밀도구배의 방향으로만 진동하고 파동은 밀도구배가 없는 수평 방향으로만 퍼져나가는 것에 해당한다.

밀도성층 흐름은 부력에 의한 효과에 의해 발생하므로 두께가 H이고, 평균밀도가 ρ_o이며, 수평 방향의 속도가 U인 유체층에서 관성력과 부력과의 비인 **내부프루드 수**(internal Froude number)를 정의할 수 있다.

$$\mathrm{Fr}' \equiv \left[\frac{\text{관성력}}{\text{부력}}\right]^{1/2} = \left[\frac{\dfrac{\rho_o U^2}{H}}{g\dfrac{\mathrm{d}\rho}{\mathrm{d}z}H}\right]^{1/2} = \frac{U}{NH} \tag{8.118}$$

7장에서 소개한 수력도약을 특성 지우는 무차원계수인 **프루드 수**(Froude number)인 Fr 수와 내부프루드 수인 Fr′ 수의 차이점은 중력 대신에 부력이 사용된 것이다[부력도 일종의 중력의 효과이다]. Fr′ 수 ≤ 1이면 부력의 효과를 무시할 수 없다. Fr′ 수가 작을수록 부력의 효과가 관성력보다 더 중요해진다. 이럴 때는 무거운 유체가 가벼운 유체 미는 현상이 유체의 흐름을 유발한다.

지구 자전에 의한 효과와 밀도성층에 의한 효과의 비교

Fr′ 수($= U/NH$)는 속도를 진동수와 길이로 나눈 값이라는 점에서 로스비 수($= U/\omega L$)와 비슷하다. 다른 점은 Rb 수는 수평 방향의 길이 L과 회전진동수 ω를 사용하는 대신에 Fr′ 수는 수직 방향의 길이 H와 밀도성층 진동수 N을 사용하는 것이다.

지구유체의 경우에 일반적으로 수평 방향의 길이가 수직 방향의 길이보다 훨씬 크다($L \gg H$). 그리고 지구의 회전진동수($\omega \sim 10^{-4}\,\mathrm{s}^{-1}$)보다 밀도성층 진동수($N \sim 10^{-2}\,\mathrm{s}^{-1}$)가 훨씬 크기 때문에($N \gg \omega$) 밀도성층의 효과를 생각할 때 지구 자전의 효과를 무시할 수 있다.

버거(Alewyn P. Burger, 1927~2003)가 제안한 무차원계수인 **버거 수**(Burger number)는 Fr′ 수와 Rb 수의 비의 제곱이다.

$$\mathrm{Bu}\,수 = \left(\frac{\mathrm{Fr}'\,수}{\mathrm{Rb}\,수}\right)^2 = \left(\frac{NH}{\omega L}\right)^2 \tag{8.119}$$

Bu 수 ≈ 1 이 되면 지구 자전과 밀도성층의 효과가 비슷해진다. Bu 수의 값이 1보다 작으면 지구 자전에 의한 회전흐름이 밀도성층의 효과에 의해 요동을 받은 것처럼 다룬다. 이와 반대로 Bu 수의 값이 1보다 크면 밀도성층의 효과가 지구 자전에 의해 요동을 받은 것처럼 다룬다. 그리고 Bu 수의 값이 증가함에 따라 테일러 원기둥의 형성이 어렵게 된다.

연습문제

8.1 목성에서 중력가속도와 원심가속도

목성에서의 하루는 지구 시간으로 9.9일이다. 목성의 적도를 따라서 둘레가 448,600 km 이다. 적도 위에서 관측된 중력가속도의 크기가 $26.4\ \mathrm{m/s^2}$일 때 실제 중력가속도의 크기와 원심가속도의 크기를 구하라.

8.2 회전좌표계의 무차원 나비에-스토크스 방정식

밀도가 일정한 회전좌표계의 무차원 나비에-스토크스 방정식인 식 (8.21)을 유도하라.

8.3 회전좌표계에서의 소용돌이도 방정식

회전좌표계에서 거의 비압축성인(부시네스크 근사) 유체의 소용돌이도 방정식이 다음과 같음을 보여라.

$$\frac{\mathrm{D}\boldsymbol{\Omega}}{\mathrm{D}t} = \frac{\partial \boldsymbol{\Omega}}{\partial t} + \boldsymbol{u}\cdot\nabla\boldsymbol{\Omega} = (\boldsymbol{\Omega}+2\boldsymbol{\omega})\cdot\nabla\boldsymbol{u} + \frac{1}{\rho^2}\nabla\rho\times\nabla p + \nu\nabla^2\boldsymbol{\Omega}$$

여기서 $\boldsymbol{\Omega}$는 관성좌표계에 대해서 일정한 각속도 $\boldsymbol{\omega}$로 회전하는 회전좌표계에서 관측한 유체입자의 소용돌이도이다. 부시네스크 근사에 대한 설명은 11.2절에서 찾을 수 있다.

8.4 회전좌표계에서의 소용돌이도 방정식

연습문제 8.3의 식에서 오른쪽에 있는 각 항의 물리적 의미를 설명하라.

8.5 회전좌표계에서 켈빈의 순환정리

연습문제 8.3에서 보였던 회전좌표계에서의 소용돌이도 방정식을 이용해 회전좌표계에서 켈빈의 순환정리가 다음과 같을 보여라[식 (5.24) 참조]. 그리고 이 식의 물리적 의미를 설명하라.

$$\frac{\mathrm{D}K_R}{\mathrm{D}t} = 0 \qquad \text{여기서} \quad K_R \equiv \int_S (\boldsymbol{\Omega} + 2\boldsymbol{\omega})\cdot \mathrm{d}\boldsymbol{S}$$

8.6 에크만 경계층

무한히 넓고 딱딱한 바닥 위에 물이 가득 차 있는 경우를 생각해보자. 만일 바닥을 1분에 10번씩 회전시키면 바닥 근처의 에크만 경계층의 두께가 얼마일까? (물의 운동점성계수는

$\nu = 10^{-6}\,\mathrm{m^2/s}$ 이다.)

8.7 딱딱한 바닥 근처의 에크만 경계층

식 (8.60)과 식 (8.61)을 유도하라.

8.8 자유표면 근처의 에크만 경계층

연습문제 8.7과 비슷한 방법으로 식 (8.66)과 식 (8.67)을 유도하라.

8.9 태풍과 회오리바람

코리올리 모수의 크기가 $10^{-4}\,\mathrm{s^{-1}}$인 위치에서 다음 두 가지의 경우에 바람의 속도를 구해 보자.

(a) 수평 방향으로 $10^3\,\mathrm{km}$의 거리에 걸쳐 $10^3\,\mathrm{Nm^{-2}}$의 압력차가 있는 태풍을 생각해보자. 이 경우에 태풍의 풍속의 크기는 구하라.

(b) 수평 방향으로 $10^2\,\mathrm{m}$의 거리에 걸쳐 $5\times10^3\,\mathrm{Nm^{-2}}$의 압력차가 있는 회오리바람을 생각해보자. 이 경우에 바람의 특성속도를 구하라.

8.10 내부파동의 분산관계

식 (8.112)와 식 (8.113)을 유도하라.

8.11 회전각속도가 시간에 따라 바뀌는 회전좌표계의 나비에-스토크스 방정식

식 (8.12)는 관성좌표계에 대하여 일정한 각속도 ω로 회전하고 있는 회전좌표계에서 비압축성 유체의 나비에-스토크스 방정식이다. 각속도가 시간에 따라 바뀌는 경우 $(\partial\omega/\partial t \neq 0)$에는 식 (8.12)이 아래와 같이 바뀐다. 이 식을 유도하고 새롭게 나타난(밑줄 친 부분) **오일러 가속도**(Euler acceleration)의 물리적 의미를 설명하라.

$$\frac{\partial \boldsymbol{u}}{\partial t} + (\boldsymbol{u}\cdot\nabla)\boldsymbol{u} = -\frac{1}{\rho}\nabla p + \boldsymbol{f} + \nu\nabla^2\boldsymbol{u} - 2\omega\times\boldsymbol{u} - \omega\times(\omega\times\boldsymbol{r}) - \underline{\frac{\partial\omega}{\partial t}\times\boldsymbol{r}}$$

CHAPTER

9

확산

확산

지금까지는 유체가 한 가지 물질로만 구성되어 있고 밀도가 균일한 간단한 경우에 대하여 생각하였다. 만일 유체가 여러 성분으로 이루어져 있고 또한 각 성분의 분포가 공간적으로 균일하지 않다면 어떻게 될까? 만일 유체 내의 온도 분포가 공간적으로 균일하지 않다면 어떻게 될까? 이러면 외부에서 가해진 물리적인 강제력이 없어도 유체는 비평형상태이므로 공간적으로 균일한 상태인 평형상태에 다다를 때까지 물리량의 이동이 계속된다. 즉 계의 엔트로피가 최대로 될 때까지 비평형상태가 지속된다. 이렇게 농도(질량밀도)나 온도의 시공간적 불균일은 근본적으로 비슷한 현상이므로 **확산이론**에 의해 설명될 수 있다. 그러나 외부에서 가해진 강제적인 압력차 등에 의한 흐름이 동시에 존재한다면 문제는 훨씬 복잡해진다. 또한 유체 운동량의 크기가 공간적으로 균일하지 않아서 일어나는 소용돌이도 역시 비슷한 방법으로 퍼져나간다. 9장에서는 농도나 온도와 같은 스칼라양이나 소용돌이도와 같은 벡터양이 공간적으로 균일하게 분포하고 있지 않을 때 균일하게 분포하기 위해 일어나는 과정이 원인과 관계없이 같은 모양의 **확산방정식**을 만족함을 보이고 이에 대한 일반해를 구한다.

Contents

9.1 확산현상과 관련된 유체의 기본방정식

확산(diffusion)은 다른 성분의 물질들이 균일하지 않게 혼합되었으면 각 성분을 이루는 입자들이 마구잡이 움직임을 통해 균일하게 섞이는 과정으로 비평형상태에서 평형상태로 가는 과정이다.

확산현상을 설명하기 전에 식 (2.46)에서 보인 **연속방정식**을 생각해보자.

$$\frac{\partial \rho}{\partial t} + \nabla \cdot (\rho \boldsymbol{u}) = 0 \tag{9.1}$$

이 식이 뜻하는 바는 임의의 부피를 차지하는 질량의 시간 변화율은 부피를 감싸는 닫힌 표면적을 통해 드나드는 플럭스의 합과 같다[그림 2.9 참조]. 이 식은 확산의 여부와 관계없이 항상 성립한다. 여기서 ρ는 단위부피의 유체가 차지하는 질량이다.

만일 여러 가지 물질이 혼합되었을 때는 어떻게 될까? i 번째 성분의 질량과 총 질량의 비를 c_i라고 정의하면 c_i는 i 번째 성분의 농도이고 i 번째 성분의 단위부피당 질량은 ρc_i이다. 그리고 농도는 다음의 규격화조건을 만족해야 한다.

$$\sum_i c_i = 1 \tag{9.2}$$

관심 있는 성분의 농도 $c(\boldsymbol{r}, t)$는 시간과 공간에 따라 달라질 수 있다. 그러므로 ρc는 단위부피의 유체에서 관심 있는 성분의 질량이고, $\rho c \boldsymbol{u}$는 흐름에 의해 단위시간 동안 단위면적을 통해 통과하는 관심 있는 성분의 질량으로 **질량흐름밀도**라고 부른다.

만일 확산이 일어나지 않는다면 관심 있는 물질의 농도는 물질부피를 따라서 시간과 공간에 관계없이 항상 일정하다. 이러한 경우에 물질도함수를 사용하면

$$\frac{\mathrm{D}c}{\mathrm{D}t} = \frac{\partial c}{\partial t} + \boldsymbol{u} \cdot \nabla c = 0 \tag{9.3}$$

이다. 여러 가지 성분이 포함된 유체 전체의 연속방정식인 식 (9.1)과 관심 있는 성분의 보존방정식인 식 (9.3)에 c와 ρ를 각각 곱한 후 합하면

$$\frac{\partial}{\partial t}(\rho c) + \nabla \cdot (\rho c \boldsymbol{u}) = 0 \tag{9.4}$$

이다. 이 식은 확산이 일어나지 않을 때 관심 있는 특정한 성분에 대한 연속방정식이다.

만일 확산이 일어나고 있다면 식 (9.4)는

$$\frac{\partial}{\partial t}(\rho c) = -\nabla \cdot (\rho c \boldsymbol{u}) - \nabla \cdot \boldsymbol{J} = -\nabla \cdot \boldsymbol{J}_{\text{tot}} \tag{9.5}$$

와 같이 변해야 한다. 여기서 $\boldsymbol{J}$는 확산 때문에 단위시간 동안 단위면적을 통해 통과하는 관심 있는 성분의 질량으로 **확산질량흐름밀도**라 부른다. 그러므로 총질량흐름밀도($\boldsymbol{J}_{\text{tot}}$)는 순전한 유체의 흐름에 의한 질량흐름밀도($\rho c \boldsymbol{u}$)와 확산에 의한 질량흐름밀도($\boldsymbol{J}$)의 합이다.

$$\boldsymbol{J}_{\text{tot}} \equiv \rho c \boldsymbol{u} + \boldsymbol{J} \tag{9.6}$$

식 (9.1)에 c를 곱한 후에 이 식을 식 (9.5)에서 빼면 확산이 일어나고 있는 경우에 관심 있는 성분에 대한 연속방정식이 된다.

$$\rho\left(\frac{\partial c}{\partial t} + \boldsymbol{u} \cdot \nabla c\right) = -\nabla \cdot \boldsymbol{J} \tag{9.7}$$

여러 가지 물질이 균일하게 혼합되어 있지 않은 경우는 열역학 제1법칙과 제2법칙은 더 이상 식 (1.8)~(1.10)으로 표현할 수 없다. 그러므로 식 (1.10)으로부터 단위질량당 내부에너지의 변화는

$$\mathrm{d}e = T\mathrm{d}s - p\mathrm{d}v + \sum_i \mu_i \mathrm{d}n_i \tag{9.8}$$

로 바뀐다. 여기서 $\sum_i$은 모든 성분에 대한 합을 나타내며, μ_i는 i 성분의 입자 한 개의 **화학퍼텐셜**이고, n_i는 단위질량당 i 성분 입자의 개수이다.

계가 두 가지 성분만으로 이루어진 간단한 경우만을 생각해보자. 각 성분을 구성하는 입자 한 개의 질량을 각각 m_1, m_2로 하면 규격화조건은

$$n_1 m_1 + n_2 m_2 = 1 \tag{9.9}$$

이다. 이 경우 우리가 관심 있는 물질이 첫 번째 물질이라면, 이 물질의 농도는

$$c = n_1 m_1 \tag{9.10}$$

이다. 이때 식 (9.9)와 식 (9.10)을 이용하면 식 (9.8)은

$$\mathrm{d}e = T\mathrm{d}s - p\mathrm{d}v + \mu \mathrm{d}c \tag{9.11}$$

라고 적을 수 있으며, 여기서 두 가지 물질로 이루어진 **혼합물질의 화학퍼텐셜**은

$$\mu \equiv \frac{\mu_1}{m_1} - \frac{\mu_2}{m_2} \tag{9.12}$$

로 정의된다. 이러면 식 (9.11)은

$$Tds = de + pdv - \mu dc = de - \frac{p}{\rho^2} d\rho - \mu dc \tag{9.13}$$

이므로 흐르고 있는 유체의 **단위질량당 엔트로피의 시간 변화율**을 설명하는 식 (2.119)와 식 (9.13)을 이용하여 다음과 같이 쓸 수 있다.

$$\rho T \frac{Ds}{Dt} = \rho \frac{De}{Dt} - \frac{p}{\rho} \frac{D\rho}{Dt} - \rho\mu \frac{Dc}{Dt} \tag{9.14}$$

그러므로 **엔트로피 증가의 관점에서 본 에너지 방정식**은 식 (2.120), 식 (9.7), 식 (9.14)를 이용하면

$$\rho T \left(\frac{\partial s}{\partial t} + \boldsymbol{u} \cdot \nabla s \right) = \Phi - \nabla \cdot \boldsymbol{q} + \mu \nabla \cdot \boldsymbol{J} \tag{9.15}$$

이다. 여기서 오른쪽 첫 번째 항과 두 번째 항의 물리적 설명은 2.9절에서 찾아볼 수 있다. 그리고 오른쪽 세 번째 항은 물질 확산에 의한 효과로서 비가역과정이다.

지금까지 여러 가지 물질이 혼합된 유체를 기술하는 데 필요한 기본방정식들을 모두 유도했다. 질량보존을 보이는 연속방정식인 식 (9.1)은 기존의 연속방정식과 같으나 관심 있는 성분에 대한 연속방정식인 식 (9.7)은 새로운 식이다. 그리고 운동량의 보존을 기술하는 나비에-스토크스 방정식인 식 (2.65)에서는 변화가 없다. 그러나 에너지의 보존을 나타내는 엔트로피의 시간 변화율에 대한 식은 식 (9.15)이다.

9.2 질량흐름밀도와 열흐름밀도

확산질량흐름밀도 $\boldsymbol{J}$ 와 열흐름밀도 $\boldsymbol{q}$는 유체 내의 농도와 온도가 공간적으로 각각 일정하지 않아 생겨난 흐름에 의한 양이라고 가정하자. 농도와 온도의 공간구배의 크기가 작은 경우에는 흐름밀도는 농도와 온도의 공간구배에 각각 비례한다. 피크의 법칙과 푸리에의 열전도 법칙은 이러한 성질들을 각각 설명하는 식이다.

피크의 법칙

피크의 법칙(Fick's law)은 "온도와 압력이 일정한 계에서 관심 있는 성분의 질량 흐름은 관심 있는 성분의 농도가 감소하는 방향으로 일어나며, 농도의 공간구배의 크기에 비례한다."

$$J = -\rho D \nabla c \tag{9.16}$$

여기서 D는 **확산계수**(diffusion coefficient) 혹은 **질량확산계수**라 하며, 단위는 $\mathrm{m}^2\,\mathrm{s}^{-1}$이다. 이 식은 유체의 흐름이 없고 농도의 변화가 매우 작은 $\Delta c \ll c$ 인 경우에만 사용할 수 있다.

푸리에의 열전도 법칙

푸리에의 열전도 법칙(Fourier's law of heat conduction)은 식 (2.92)에서 보인 바와 같이 "질량확산이 없는 계에서 열흐름은 온도가 감소하는 방향으로 일어나며 온도구배의 크기에 비례한다."

$$q = -k \nabla T \tag{9.17}$$

여기서 k는 **열전도계수**(thermal conductivity)이며, 단위는 $\mathrm{J\,m^{-1}\,s^{-1}\,K^{-1}}$이다. 이 식은 유체의 흐름이 없고 온도의 변화가 매우 작은 $\Delta T \ll T$ 인 경우에만 사용할 수 있다.

일반적인 경우

일반적으로는 온도와 밀도의 공간구배가 외부에 의한 압력구배와 동시에 있으므로 위의 식들은 아래의 두 식과 같이 일반화된다. 이 식들에 대한 자세한 유도는 여기서 생략한다.

먼저 **확산질량흐름밀도**는 다음과 같다.

$$J = -\rho D \left[\nabla c + \left(\frac{k_T}{T} \right) \nabla T + \left(\frac{k_p}{p} \right) \nabla p \right] \tag{9.18}$$

여기서 온도의 공간구배에 의한 질량확산을 특징짓는 $k_T D$는 **열확산계수**(thermal diffusion coefficient)이고, k_T는 무차원이다. 그리고 압력의 공간구배에 의한 질량확산을 특징짓는 $k_p D$는 **압력확산계수**(barodiffusion coefficient)이고, k_p는 무차원이다. 만일 유체가 단일 성분으로 이루어져 있다면 c는 상수이고 k_T와 k_p의 값은 모두 0이므로 확산에 의한 질량의 흐름은 없다($J=0$). 여기서 온도구배에 의한 항은 온도가 높은 곳에 있는 유체를 구성하는 입자들이 온도가 낮은 곳에서의 열적 운동에너지보다 크기 때문에 온도가 높은 곳에 있는 유체가 낮은 곳으로 이동하는 것을 뜻한다. 그리고 여기서 압력구배에 의한 항은 외부의 압력차 등에 의해 압력구배가 매우 큰 경우에만 중요하다. 만일 온도의 공간구배와 압력구배가 없다면 식 (9.18)은 식 (9.16)의 피크의 법칙과 일치한다.

확산과 열전도에 의한 **열흐름밀도**는 다음과 같다.

$$q = \left[k_T\left(\frac{\partial \mu}{\partial c}\right)_{p,T} - T\left(\frac{\partial \mu}{\partial T}\right)_{p,c} + \mu\right]\boldsymbol{J} - k\nabla T \tag{9.19}$$

여기서 대괄호 속에 있는 항들은 질량의 확산이 있으면 유체입자들이 열을 지닌 채로 움직이므로 열흐름밀도(q)가 확산질량흐름밀도($\boldsymbol{J}$)와 비례하는 성분이 있다는 것을 뜻한다. 대괄호 속의 첫 번째 두 항은 화학퍼텐셜의 공간구배에 관련된 질량확산으로 유체입자들이 열을 지닌 채로 이동하는 것을 뜻한다. 대괄호 속의 세 번째 항은 식 (9.15)의 우변 마지막 항과 관련된 항으로 농도의 공간구배에 의한 질량확산으로 유체입자들이 열을 지닌 채로 이동하는 것을 뜻한다. 만일 확산에 의한 흐름이 없으면($\boldsymbol{J}=0$) 이 식은 식 (9.17)의 푸리에의 열전도 법칙과 일치한다.

9.3 확산방정식과 열전도 방정식

농도나 온도가 공간적으로 균일하지 않을 때 균일하게 분포하기 위해 일어나는 비평형 과정은 원인과 관계없이 같은 모양의 확산방정식을 만족한다. 그러므로 이에 대한 일반해의 모양은 비슷해야겠다.

확산방정식

압력과 온도의 공간구배의 크기가 매우 작아서 이들을 무시할 수 있지만, 농도의 공간구배는 무시할 수 없는 경우를 생각해보자. 식 (9.7)의 연속방정식에서 유체의 흐름속도와 농도의 공간구배의 크기가 작아서 비선형 항인 $\rho(\boldsymbol{u}\cdot\nabla)c$를 무시하고 식 (9.16)을 식 (9.7)에 대입하면 농도의 차에 의한 확산 흐름만을 설명하는 **확산방정식**(diffusion equation)

을 구할 수 있다.

$$\frac{\partial c}{\partial t} = D \nabla^2 c \tag{9.20}$$

열전도 방정식

열전도 현상만 기술하는 방정식을 위와 비슷한 방법으로 유도할 수 있다. 일반적으로 유체의 밀도는 온도에 따라 변한다. 그러므로 열전도 과정에 있어 유체의 부피는 일정하지 않으나 압력은 일정한 상태로 있다고 가정할 수 있다. 그러므로 열전도 과정에 있어 열역학적인 양의 미분을 결정할 때는 압력을 일정하게 두고 계산한다. 그러므로 식 (1.13)을 이용하면

$$\frac{\partial s}{\partial t} = \left(\frac{\partial s}{\partial T}\right)_p \frac{\partial T}{\partial t} = \frac{C_p}{T}\frac{\partial T}{\partial t} \tag{9.21}$$

$$\nabla s = \left(\frac{\partial s}{\partial T}\right)_p \nabla T = \frac{C_p}{T} \nabla T \tag{9.22}$$

이다. 그러므로 엔트로피 증가의 관점에서 본 에너지 방정식인 식 (9.15)는

$$\rho C_p \left(\frac{\partial T}{\partial t} + \boldsymbol{u} \cdot \nabla T\right) = \Phi - \nabla \cdot \boldsymbol{q} + \mu \nabla \cdot \boldsymbol{J} \tag{9.23}$$

이다. 여기서 유체의 흐름과 확산에 의한 질량의 흐름을 무시하면

$$\boldsymbol{u} = 0 \ , \ \Phi = 0 \ , \ \boldsymbol{J} = 0 \tag{9.24}$$

이므로 식 (9.17)의 푸리에 열전도 법칙을 이용하고 열전도계수 k가 일정한 상수라고 가정하면, 식 (9.23)의 에너지 방정식은

$$\frac{\partial T}{\partial t} = D_T \nabla^2 T \tag{9.25}$$

이다. 이 식은 열전도 현상만 포함된 방정식으로 **열전도 방정식**(heat conduction equation)으로 알려져 있다. 여기서

$$D_T \equiv \frac{k}{\rho C_p} \tag{9.26}$$

이며 열의 확산을 특징짓는 값이므로 **열확산율**(thermal diffusivity)이라 부른다.

확산방정식의 일반 해

확산현상만 기술하는 확산방정식인 식 (9.20)과 열전도 현상만 기술하는 열전도 방정식인 식 (9.25)는 확산계수를 제외하고는 똑같은 형태의 방정식이다. 그러므로 이들 해의 모양은 같다. 확산방정식은 2차 편미분방정식이므로 초기조건과 경계조건에 따라 해의 모양이 다양하고 복잡하다. 여기서는 초기에 한 점에 집중되있는 성분이 등방적으로 확산하는 간단한 경우의 해를 구해보자.

만일 초기조건($t=0$)으로 $\boldsymbol{r} = 0$인 원점에 관심 있는 성분이 c_o의 농도로 집중되어있다고 하자.

$$c(\boldsymbol{r},\,0) = c_o\,\delta(\boldsymbol{r}) \tag{9.27}$$

이 경우에 농도 $c(\boldsymbol{r},\,t)$의 **푸리에 변환**을 다음과 같이 정의하자.

$$\widehat{C}(\boldsymbol{k},\,t) = \frac{1}{(2\pi)^{3/2}}\int\int_{-\infty}^{\infty}\int \mathrm{e}^{i\boldsymbol{k}\cdot\boldsymbol{r}}c(\boldsymbol{r},\,t)\mathrm{d}\boldsymbol{r} \tag{9.28}$$

$$c(\boldsymbol{r},\,t) = \frac{1}{(2\pi)^{3/2}}\int\int_{-\infty}^{\infty}\int \mathrm{e}^{-i\boldsymbol{k}\cdot\boldsymbol{r}}\,\widehat{C}(\boldsymbol{k},\,t)\mathrm{d}\boldsymbol{k} \tag{9.29}$$

여기서 $\widehat{C}(\boldsymbol{k},\,t)$는 파수 공간에서의 농도이다. 푸리에 변환의 원리를 적용하면

$$\mathrm{FT}\left\{\frac{\partial c(\boldsymbol{r},t)}{\partial t}\right\} = \frac{\partial\widehat{C}(\boldsymbol{r},\,t)}{\partial t}, \qquad \mathrm{FT}\{\nabla^2 c(\boldsymbol{r},t)\} = -k^2\widehat{C}(\boldsymbol{k},\,t) \tag{9.30}$$

이다[연습문제 9.1 참조]. 그러므로 식 (9.20)의 확산방정식은 푸리에 변환하면 파수 공간에서

$$\frac{\partial\widehat{C}(\boldsymbol{k},\,t)}{\partial t} = -k^2 D\;\widehat{C}(\boldsymbol{k},\,t) \tag{9.31}$$

이며, 식 (9.27)의 초기조건은 푸리에 변환하면 파수 공간에서

$$\widehat{C}(\boldsymbol{k},\,0) = \frac{1}{(2\pi)^{3/2}}c_o = \widehat{C}_o \tag{9.32}$$

이다. 그러므로 식 (9.31)과 식 (9.32)를 이용하면

$$\widehat{C}(\boldsymbol{k},t) = \widehat{C}_o e^{-Dk^2t} = \frac{c_o}{(2\pi)^3}e^{-Dk^2t} \tag{9.33}$$

이다. 이 식을 푸리에 변환하면 3차원 공간에서 **확산방정식의 해**를 구할 수 있다.

$$c(\boldsymbol{r},\, t) \;=\; \frac{1}{(2\pi)^{3/2}}\int\int_{-\infty}^{\infty}\int e^{-ik\cdot r}\hat{C}(\boldsymbol{k},\, t)\mathrm{d}\boldsymbol{k} \tag{9.34}$$

$$= \frac{c_o}{(2\pi)^3}\int\int_{-\infty}^{\infty}\int e^{-ik\cdot r}\exp(-k^2Dt)\mathrm{d}\boldsymbol{k}$$

$$= \frac{c_o}{8(\pi Dt)^{3/2}}\exp(-r^2/4Dt)$$

여기서 구한 $c(r,t)$를 전 공간에 걸쳐 적분하면 관심 있는 물질의 총질량이 보존되는 것을 확인할 수 있다.

$$\int_0^{\infty} c(r,\, t)4\pi r^2\mathrm{d}r \;=\; c_o \tag{9.35}$$

비슷한 방법으로 3차원 공간에서 식 (9.25)에 있는 **열전도 방정식의 해**를 구하면

$$T(r,\, t) \;=\; \frac{T_o}{8\left(\pi D_T t\right)^{3/2}}\exp\!\left(-r^2/4D_T t\right) \tag{9.36}$$

이다.

일반해의 물리적 의미

식 (9.34)와 식 (9.36)은 농도와 온도가 각각 공간적으로 **가우스 분포**(Gaussian distribution)의 형태로 시간에 따라 퍼져나가는 모양을 하고 있다. 그림 9.1은 시간 $t = 0$에 $r = 0$인 곳에서 온도가 T_o인 경우와 농도가 c_o인 경우를 시간과 위치에 따른 온도와 농도에 대해 동시에 보인다. 상단에 있는 수평축은 온도의 분포를 보기 위해 공간을 $2\sqrt{D_T}$

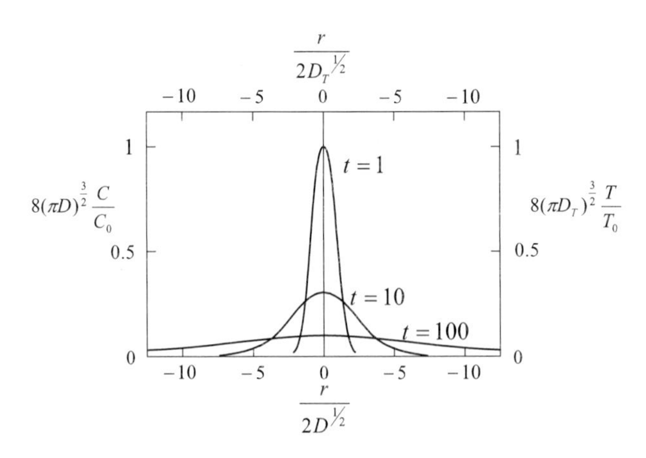

그림 9.1 정격화된 온도와 농도의 시간에 따른 공간분포

로 정격화한 것이고, 오른쪽 수직축은 정격화한 온도의 크기이다. 이에 반해 하단에 있는 수평축은 농도의 분포를 보기 위해 공간을 $2\sqrt{D}$ 로 정격화한 것이고, 왼쪽 수직축은 정격화한 농도의 크기이다. $r = 0$ 인 원점의 위치에서 농도와 온도의 크기는 시간이 지남에 따라 각각 $t^{-3/2}$ 로 감소함을 알 수 있다. 그리고 시간이 지남에 따라 원점 주위의 공간에서는 농도와 온도의 분포가 각각 가우스 분포를 이루면서 공간적으로 퍼져나간다. 각 시간에 해당하는 분포의 **특성반경**을 $\ell(t)$이라고 하면 온도의 경우는

$$\ell_T(t) \sim \sqrt{D_T t} \tag{9.37}$$

이며, 농도의 경우는

$$\ell_c(t) \sim \sqrt{Dt} \tag{9.38}$$

이다.

그림 9.2는 시간이 t 인 한순간에 농도의 공간분포를 식 (9.34)를 이용해서 그린 것이다. 여기에서는 가우스 분포의 모양을 한 농도 분포에서 원점에서의 농도 크기에 비해 농도가 e^{-1} 만큼 감소한 곳의 위치를 보인다.

위의 두 식을 시간의 관점으로 해석하면 중요한 결론에 이를 수가 있다. 만일 관심 있는 유체계의 크기가 L 이라고 하면 한 점에 집중되어있던 농도와 온도가 유체계 전체에 어느 정도 골고루 퍼지는 **특성시간**은 각각

$$\tau_c \sim \frac{L^2}{D} \tag{9.39}$$

$$\tau_T \sim \frac{L^2}{D_T} \tag{9.40}$$

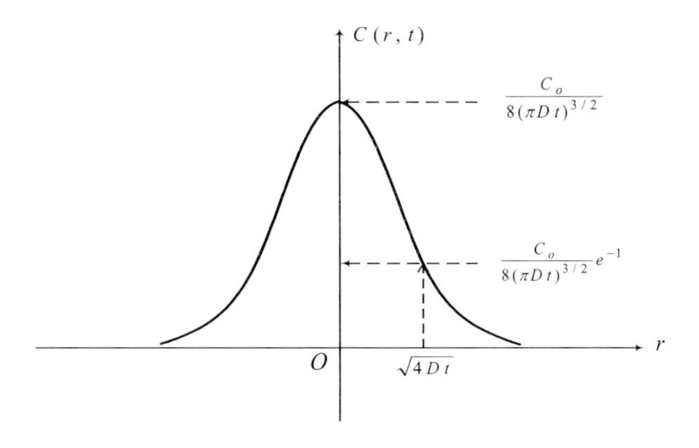

그림 9.2 시간이 t 인 임의의 순간에 본 농도의 공간분포

이다. τ_c는 관심 있는 유체계의 **확산 특성시간**이고, τ_T는 관심 있는 유체계의 **열전도 특성시간**으로 유체의 성질인 확산계수와 유체계의 기하학적인 크기 L에 관계한다.

온돌방에서 열확산에 의해 방을 데우는 데 걸리는 시간

높이가 4 m인 방의 경우에 방바닥에서 데워진 따뜻한 공기가 방 전체에 확산하는 데 필요한 시간을 계산해보자. 부록 B를 참조하면 상온에서 공기의 열확산율의 크기가 $D_T = 2\times 10^{-5}$ m^2/s이므로 식 (9.40)을 이용하면 $\tau_T = 8\times 10^5$ sec이다. 즉 순수하게 열전도에 의한 확산의 효과에 의해 방을 데우려면 9.2일이나 걸려 현실성이 전혀 없다. 그러나 온도 분포의 공간구배가 큰 경우에는 확산보다는 이류나 **대류의 효과**가 훨씬 중요해진다. 11장에서는 이러한 특별한 경우를 집중적으로 다룬다.

9.4 소용돌이도의 확산

"운동량의 공간분포가 일정하지 않아서 발생하는 소용돌이도는 운동량의 공간분포가 균일한 방향으로 확산한다."

일반적으로 흐름이 있을 때 경계벽에서의 점착 조건에 의해 경계벽 주위에서 흐름속도의 공간구배를 만들게 되고, 이로 인해 경계벽 근처에서는 소용돌이도는 0이 아니다. 이렇게 경계벽에서 발생한 소용돌이도는 초기에 소용돌이도가 0이었던 곳으로 유체의 점성에 의해 퍼져간다. 이렇게 벡터양인 소용돌이도가 퍼져나가는 과정은 온도나 농도와 같이 스칼라양이 확산하여 가는 현상과 매우 유사하다.

식 (4.29)의 소용돌이도 방정식은

$$\frac{\partial \boldsymbol{\Omega}}{\partial t} + \boldsymbol{u}\cdot\nabla\boldsymbol{\Omega} - \boldsymbol{\Omega}\cdot\nabla\boldsymbol{u} = \nu\nabla^2\boldsymbol{\Omega} \tag{9.41}$$

이다. 이 식에서 유체의 흐름을 무시하면

$$\frac{\partial \boldsymbol{\Omega}}{\partial t} = \nu\nabla^2\boldsymbol{\Omega} \tag{9.42}$$

으로 **소용돌이도 확산방정식**이 된다. 여기서 운동점성계수 ν는 소용돌이도의 확산을 특징짓는 유체의 고유 성질이므로 **운동량확산계수**(momentum diffusion coefficient)라고도 불린다. 그러므로 소용돌이도가 경계벽으로부터 시간에 따라 확산하는 거리는 식 (9.37), 식 (9.38)과 비슷하게

$$\ell_v(t) \sim \sqrt{\nu t} \tag{9.43}$$

이다. 또한 관심 있는 유체계의 크기가 L이라고 하면, 한 점에 집중되어있던 소용돌이도가 유체계 전체에 어느 정도 골고루 퍼지는 특성시간은 식 (9.39), 식(9.40)과 비슷하게

$$\tau_v \sim \frac{L^2}{\nu} \tag{9.44}$$

이다. 연습문제 9.12는 선소용돌이의 확산에 대한 것이다. 이 문제의 결과는 식 (9.43)과 잘 일치한다.

참고

운동량 확산과 소용돌이도 확산

나비에-스토크스 방정식에서 관성력, 압력경도력, 그리고 체적력 항들을 제외하면

$$\partial \boldsymbol{u}/\partial t = \nu \nabla^2 \boldsymbol{u} \tag{9.45}$$

이므로 **흐름속도의 확산**이라고 말할 수 있다. 그리고 밀도 ρ를 양변에 곱하면 단위부피당 **운동량의 확산**이라고 말할 수 있다. 일부 책에서는 운동량의 확산 혹은 흐름속도의 확산이라는 말을 쓰고 있지만, 이는 운동량(흐름속도)의 공간분포가 일정하지 않았을 때 운동량(흐름속도)의 공간분포가 일정해지려는 현상이므로 소용돌이도의 확산과 같은 뜻이다. **소용돌이도의 확산**이 온도나 농도의 확산과 다른 중요한 점은 온도와 농도의 경우는 유체의 흐름이 없는 곳에서도 생각할 수 있으나, 소용돌이도의 경우는 소용돌이가 발생하는 원인이 유체의 흐름 때문이므로 4.6절에서 보인 것처럼 유체의 흐름에 의한 소용돌이 늘이기와 소용돌이 비틀기가 소용돌이도의 확산과 동시에 존재한다.

쿠엣 점성계수 측정기에서 본 소용돌이도의 확산

그림 3.13의 쿠엣 점성계수 측정기는 소용돌이도의 확산을 이용한 측정 장치의 대표적인 예이다. 바깥 원기둥이 ω_o의 각속도로 회전을 시작한 순간에 점착 경계조건 때문에 바깥 원기둥의 표면에 있는 유체에 발생한 소용돌이도가 확산과정을 통해 내부 원기둥의 표면에 이르러 내부 원기둥이 소용돌이도를 느끼는 데까지 걸리는 시간은 식 (9.44)를 이용하면

$$\tau_v \sim \frac{L^2}{\nu} = \frac{(a_o - a_i)^2}{\nu} \tag{9.46}$$

이다. 여기서 흐름방향이 지름방향과 수직이므로 유체의 흐름이 지름방향으로의 확산에 영향을 미치지 못한다. 만일 간격 $(a_o - a_i)$의 크기가 1 mm라면 물의 경우는 $\nu = 10^{-6} \mathrm{m}^2/\mathrm{s}$ 이므로 $\tau_v = 1$ sec로서 외부 원기둥이 회전을 시작한 후에 1초가 지나야 내부 원기둥이 외부 원기둥의 회전을 느낀다. 그리고 공기의 경우에는 같은 조건에서 0.1초밖에 걸리지 않아 확산에 걸리는 시간이 공기가 물의 경우에 비해 훨씬 짧다. 그러나 내부 원기둥에 걸리는 회전력은 식 (3.73)에서 보듯이 ν에 관계하지 않고 μ에만 관계하므로 내부 원기둥이 느끼는 회전력의 크기는 물의 경우가 공기보다 50배 정도 크다. 즉 외부 원기둥이 내부 원기둥에 하는 일의 크기가 물이 공기보다 훨씬 크다. 따라서 공기 가운데 걷는 것보다 물속에서 걷는 것이 운동량이 큰 이유는 이 때문이다.

경계층의 두께와 소용돌이도의 확산

5.6절에서 경계층의 두께는 식 (5.50)으로 표시된다.

$$\delta \sim \frac{L}{\mathrm{Re}_x^{1/2}} \sim \left(\nu \frac{L}{U}\right)^{1/2} \sim \sqrt{\nu t} \tag{9.47}$$

경계층이 시작되는 입구에서부터 흐름속도 U로 시간 t 동안 흐름방향으로 유체가 이동한 거리는 $L = Ut$ 이다. 그리고 경계층의 입구 근처에서는 소용돌이도가 경계벽 근처에서만 크기를 가진다. 그러나 하류로 갈수록 입구에서 발생한 소용돌이도가 하류로 흘러감과 동시에 경계벽에 수직인 방향으로 소용돌이도가 확산을 하게 되어 하류로 갈수록 경계층의 두께가 증가한다. 그러므로 L만큼 흐름방향으로 흐르는 데 걸리는 시간 t 동안 흐름에 수직 방향으로 소용돌이도가 δ의 거리만큼 확산을 한다. 그러므로 식 (9.47)은 식 (9.43)과 같은 모양이다.

이 식에 따르면 Re 수가 큰 경우에는 유체의 흐름에 의한 소용돌이도의 이동이 소용돌이도의 확산에 의한 효과보다 더 크게 되어, 소용돌이가 빨리 하류로 흘러가버려 경계벽 근처에는 아주 얇은 두께에만 큰 소용돌이도가 보인다. 즉 경계층의 두께가 얇다. 그에 반해 Re 수가 작은 경우에는 점성에 의한 확산이 유체의 흐름에 의한 효과보다 중요해져 경계면 근처에서 소용돌이도가 큰 곳의 두께가 크다. 즉 경계층의 두께가 크다. 그러므로 Re 수가 증가할수록 경계층의 두께가 얇아진다. 그림 5.15에서 뒷흐름의 두께가 하류로 갈수록 커지는 이유도 소용돌이도의 확산에 의한 것이다.

참고 **정지해 있는 유체와 흐르는 유체에서 소용돌이도 확산**

정지해 있는 물속의 한 점에서 발생한 속도(소용돌이도)의 요동이 확산으로 10 cm 떨어진 위치에 전달되는 시간은 식 (9.44)를 이용하면 10^4 초이다. 이는 장시간으로 요동의 전파에 있어 별로 효과적이지 않다. 이에 비해서 **이류가 있는** 경우에는 한 점에서 발생한 속도(소용돌이도)의 요동이 이류의 흐름방향으로 이류의 흐름속도로 빨리 전파된다.

9.5 유체 속에 분산되어 있는 입자들의 확산

유체에 분산된 마이크론 크기의 작은 입자들을 생각해보자. 각 입자는 주위의 유체를 이루고 있는 분자들에 의해 끊임없이 충돌을 당한다. 분자의 질량이 입자에 비해서 무시할 만큼 작으므로 각각의 충돌은 입자의 운동에 거의 영향을 미치지 못한다. 그러나 각 입자들은 유체를 이루는 분자들과 1초에 약 10^{21}번 정도의 엄청나게 많은 충돌을 하므로 충돌에 의한 통계적인 효과로 인해 한 번의 충돌이 한 입자의 거시적인 운동을 일으킬 확률은 극히 낮지만 1초 동안에 입자의 거시적인 운동이 일어날 확률은 사람의 눈으로 현미경으로 관찰될 만큼 커서 현미경 아래에 연속적으로 입자가 움직이는 것처럼 보인다. 유체를 이루는 분자들의 운동은 열적인 효과이므로 분자들이 분산 입자에 충돌하는 것도 마구잡이 하다. 그러므로 분산 입자들이 마구잡이 움직임을 한다. 이 현상은 1827년에 생물학자인 브라운(Robert Brown, 1773~1858)에 의하여 처음 관측되었다 하여 **브라운 운동**(Brownian motion)이라 한다. 아인슈타인(Albert Einstein, 1879~1955)은 1905년에 이 현상이 확산현상임을 이론적으로 처음 보였다. 그림 9.3은 1908년에 프랑스의 물리학자 페린(Jean Baptiste Perrin, 1870~1942)이 아인슈타인의 이론을 확인하기 위해 현미경을 통해 본 분산 입자의 궤적이다.

아인슈타인의 이론을 간단히 설명하면 분산 입자들의 농도가 매우 작은 경우에 식 (9.20)의 확산방정식을 이용할 수 있다. 확산계수 D는 두 가지 중요한 인자를 가지고 있다. 첫 번째는 유체의 온도이다. 온도는 유체를 이루고 있는 각 분자가 가지고 있는 운동

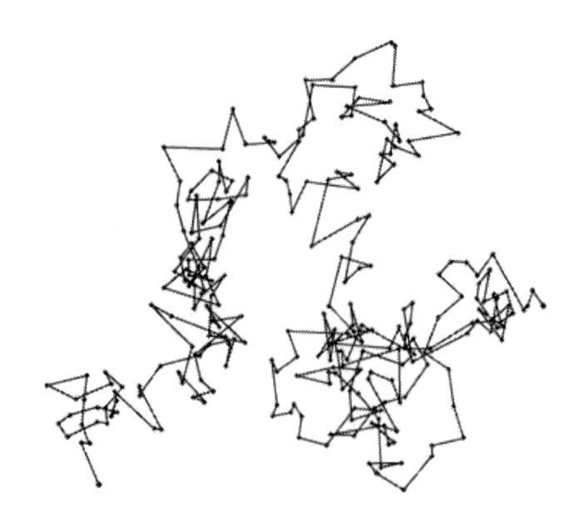

그림 9.3 페린이 관찰한 분산입자의 궤적

에너지의 척도이므로[식 (1.19) 참조] 확산계수는 유체의 **열에너지** k_BT에 비례한다. 다른 하나는 분산 입자의 **이동도**(mobility)이다. 반경 a인 구형의 매우 작은 분산 입자가 열적 효과에 의해 점성계수가 μ인 유체 속을 u의 속도로 움직일 때, Re $\ll$ 1 이므로 식 (5.72)의 스토크스의 법칙에 따라 유체는 입자의 움직임에 대해 $F = 6\pi a\mu u$의 힘의 크기로 방해를 한다. 이러한 경우에 입자의 이동도는 $b \equiv u/F = 1/6\pi a\mu$ 이며, 분산 입자의 확산계수는 이동도에 비례한다. 계산을 정확히 하면 확산계수는 열에너지와 이동도의 곱으로 표현된다. 그러므로 구형입자의 확산계수는

$$D = \frac{k_BT}{6\pi a\mu} \tag{9.48}$$

이며, **스토크스-아인슈타인 확산계수**(Stokes-Einstein diffusion coefficient)로 알려져 있다[연습문제 9.7과 10.10 참조]. 확산계수의 크기는 온도에 비례하고 입자의 크기와 바탕 유체의 점성계수의 크기에 반비례한다. 그러나 분산 입자의 질량밀도와 바탕 유체의 질량밀도는 확산계수의 크기와 무관하다.

위의 식을 이용하여 물속에 있는 반지름이 1 μm인 입자의 확산계수를 상온에서 구해보면 $D = 2\times10^{-9}\text{cm}^2/\text{s}$ 이다. 식 (9.38)을 이용하여 1초 동안 이동하는 거리를 계산해보면 $\ell = (Dt)^{1/2} = 0.44\,\mu$m로서 입자의 크기보다도 작은 거리이다. 이에 반해 반지름이 0.1 μm인 입자의 확산계수는 $D = 2\times10^{-8}\text{cm}^2/\text{s}$ 로서 1초 동안 1.4 μm을 움직여 자신의 크기에 비해 훨씬 많이 움직인다. 그러므로 열적 효과에 의한 확산은 작은 입자의 경우에는 중요하나 큰 입자의 경우에는 무시할 수 있다. 표 9.1은 구 입자의 반지름에 따른 확산계수와 1초 동안 확산으로 이동한 거리를 보인다.

표 9.1 입자의 반지름에 따른 확산계수와 1초당 확산거리

반지름 (μm)	물속		공기 중	
	D (cm^2/s)	확산속도(μm/s)	D (cm^2/s)	확산속도 (μm/s)
0.001	2×10^{-6}	14	10^{-4}	100
0.01	2×10^{-7}	4.4	10^{-5}	33
0.1	2×10^{-8}	1.4	10^{-6}	10
1	2×10^{-9}	0.44	10^{-7}	3.3
10	2×10^{-10}	0.14	10^{-8}	1.0
100	2×10^{-11}	0.044	10^{-9}	0.33

작은 입자의 확산계수의 크기는 **레이저 광산란**(laser light scattering)을 이용한 광학적 방법으로 측정할 수 있다. 이 방법을 사용하면 주어진 시간에 입자들이 이동한 평균거리를 구할 수 있으므로 이를 이용해 입자의 확산계수의 크기를 구한다. 측정된 D의 값과 해당 유체의 온도와 점성계수의 크기를 식 (9.48)에 대입하면 0.1 μm 보다 작은 크기의 입자라도 분산 입자의 반지름 a를 정확하게 측정할 수 있다. 이렇게 작은 입자는 광학현미경으로는 측정할 수 없고 전자현미경으로나 측정할 수 있는 매우 작은 크기이지만 분산 입자의 확산 성질과 광산란을 이용하여 정확하게 측정할 수 있다.

개체가 한 개의 세포로 이루어져 있는 원생동물이나 크기가 1 mm 이하의 작은 동물에서는 체내 물질들의 이동은 물리적인 확산으로 주로 이루어진다. 이에 반해 체구가 크면 확산만으로는 체내 물질들의 수송을 원활하게 할 수 없다. 그러므로 체구가 큰 동물의 경우 혈장과 혈구로 구성된 혈액이 체내 각 부위를 흐르면서 산소나 이산화탄소와 같은 호흡가스, 영양물질, 배설물, 호르몬, 항체, 염류 등의 물질을 수송한다.

지금까지는 확산은 **병진확산**(translational diffusion)을 설명하고 있다. 그러나 입자의 회전도 동시에 진행되므로 **회전확산**(rotational diffusion)도 고려해야 한다. 구형 입자의 경우를 생각하면 입자의 표면에 표시된 임의의 점은 입자의 질량중심 좌표계에서 보면 회전확산으로 시간에 따라 마구잡이 방향으로 구 표면 위를 옮겨 다닌다. 이에 해당하는 **회전확산방정식**(rotational diffusion equation)은 다음과 같다.

$$\frac{\partial \mathrm{p}_{\theta,\phi}}{\partial t} = D_{\mathrm{rot}}\nabla^2 \mathrm{p}_{\theta,\phi} \tag{9.49}$$

$$= D_{\mathrm{rot}}\left[\frac{1}{\sin\theta}\frac{\partial}{\partial\theta}\left(\sin\theta\frac{\partial \mathrm{p}}{\partial\theta}\right)+\frac{1}{\sin^2\theta}\frac{\partial^2 \mathrm{p}}{\partial\phi^2}\right]$$

여기서 $\mathrm{p}_{\theta,\phi}$ 은 반지름이 1인 구의 표면에서 한 점의 확률분포함수로 생각할 수 있다. 그리고 D_{rot} 는 **회전확산계수**(rotational diffusion coefficient)로 반지름 a 인 구 입자의 경우에 다음과 같다.

$$D_{\mathrm{rot}} = \frac{k_B T}{8\pi\mu a^3} \tag{9.50}$$

이 식은 식 (9.48)과 분모의 크기를 제외하고는 비슷하다. 반지름이 a 인 구 입자가 일정한 각속도 ω 로 회전할 때 구 입자가 느끼는 **점성회전력**이 연습문제 5.10에 따르면

$$\boldsymbol{T} = -8\pi\mu a^3\omega \tag{9.51}$$

인 것을 생각하면 회전확산계수에 대한 위의 식은 당연한 결과이다.

지금까지는 확산하는 입자가 구형이라고 가정했으므로 만일 확산하는 입자가 구형이 아니면 어떻게 될까? 예를 들어 한쪽의 길이가 다른 쪽보다 큰 **회전타원체**(prolate spheroid) 입자가 확산하는 경우를 생각해보자. 이 경우에는 병진확산에 있어서 장축과 나란한 방향으로의 확산계수와 장축에 수직인 단축 방향의 확산계수가 다를 것이다. 장축 방향의 회전확산은 입자의 장축과 나란한 단위벡터가 반지름이 1인 구의 표면을 따라서 확산하는 것으로 표현할 수 있다. 여기서 구의 중심은 입자의 질량중심으로 생각하면 된다. 장축을 중심으로 하는 회전이나 단축을 중심으로 하는 회전도 무시할 수 없다. 구 입자가 아닌 입자들의 확산은 이 책의 수준을 넘기 때문에 여기서는 다루지 않으므로 다른 책을 참고하기를 바란다.

참고

액체와 기체를 구성하는 분자들의 확산계수

지름이 10^{-9}m인 분자의 경우에 상온에서 확산계수를 구해보자. 액체의 경우에 점성계수의 크기가 $\mu = 10^{-2}$ poise이므로 $D = 2\times10^{-6}\mathrm{cm}^2/\mathrm{s}$ 이고, 공기의 경우에 점성계수의 크기가 $\mu = 2\times10^{-4}$ poise이므로 $D = 10^{-4}\mathrm{cm}^2/\mathrm{s}$ 로서 공기 분자의 경우가 물 분자의 경우보다도 확산계수의 크기가 50배 정도 크다. 그러므로 확산의 효과만 고려하면 기체가 물보다 훨씬 크다.

9.6 확산과 이류의 비교

확산은 유체의 물리량을 골고루 섞어 공간적으로 균일하게 되기 위해 임의의 물리량이 공간적으로 이동하는 현상이다. 이에 비해서 유체의 **이류**(advection)나 11장에서 소개할 **대류**(convection)는 유체 자체가 이동하는 현상이다. 속도가 U인 유체가 길이 L인 계를 이동하는 데 걸리는 특성시간은 L/U이다. 그에 반해서 확산으로 임의의 물리량이 길이 L만큼 퍼지는 데 걸리는 시간은 식 (9.39), 식 (9.40)과 식 (9.44)에 설명했듯이 L^2을 확산계수로 나눈 값이다. 참고로 이 장에서 소개한 확산계수 D_T, D, ν는 모두가 같은 차원 $[L]^2[T]^{-1}$을 가진다. 다양한 물리계에서 여러 가지의 확산과 이류가 동시에 이루어지고 있다. 이러한 물질의 이동에 관계하는 여러 가지의 효과를 비교하기 위해 아래의 무차원 계수들을 정의할 수 있다.

레이놀즈 수(Reynolds number)

먼저 3장에서 정의된 Re 수를 생각해보자. 관성력과 점성력의 비라는 정의 대신에 확산과 이류에 의해 운동량이 이동하는 데 걸리는 특성시간들을 비교할 수 있다.

$$\mathrm{Re}\ 수 = \frac{\text{점성에 의한 운동량 확산의 특성시간}}{\text{이류에 의한 운동량이동의 특성시간}} = \frac{L^2/\nu}{L/U} = \frac{UL}{\nu} \qquad (9.52)$$

페클릿 수(Peclet number)

이류에 의한 유체입자의 이동과 확산에 의한 유체입자의 이동이 동시에 이루어질 때 페클릿 수를 정의한다. Pe 수가 클수록 유체입자의 이동에 있어 이류의 효과가 확산의 효과보다 더 중요하다.

$$\mathrm{Pe}\ 수 = \frac{\text{확산에 의한 질량이동의 특성시간}}{\text{이류에 의한 질량이동의 특성시간}} = \frac{L^2/D}{L/U} = \frac{UL}{D} \qquad (9.53)$$

열적 페클릿 수(Thermal Peclet number)

이류에 의한 유체입자의 이동에 의한 열의 전달과 확산에 의한 열의 전도가 동시에 이루어질 때 열적 페클릿 수를 정의한다. Pe_θ 수가 클수록 열전달에 있어 이류의 효과가 열전도의 효과보다 더 중요하다.

$$\text{Pe}_\theta \ \text{수} = \frac{\text{확산에 의한 열전도의 특성시간}}{\text{이류에 의한 열전달의 특성시간}} = \frac{L^2/D_T}{L/U} = \frac{UL}{D_T} \tag{9.54}$$

프란틀 수(Prandtl number)

운동량의 확산과 열의 확산이 동시에 이루어질 때 프란틀 수를 정의한다. 운동량 확산과 열의 확산은 모두 유체의 흐름을 안정시키는 데 중요한 역할을 한다. Pr 수가 클수록 흐름 안정시키는 데 있어 운동량 확산의 효과가 열확산의 효과보다 더 중요하다[11.3절 참조].

$$\text{Pr} \ \text{수} = \frac{\text{열확산의 특성시간}}{\text{운동량 확산의 특성시간}} = \frac{L^2/D_T}{L^2/\nu} = \frac{\nu}{D_T} \tag{9.55}$$

루이스 수(Lewis number)

질량의 확산과 열의 확산이 동시에 이루어질 때 루이스 수를 정의한다.

$$\text{Le} \ \text{수} = \frac{\text{열확산의 특성시간}}{\text{질량확산의 특성시간}} = \frac{L^2/D_T}{L^2/D} = \frac{D}{D_T} \tag{9.56}$$

슈미트 수(Schmidt number)

운동량의 확산과 질량의 확산이 동시에 이루어질 때 슈미트 수를 정의한다. 질량 프란틀 수라고도 한다.

$$\text{Sc} \ \text{수} = \frac{\text{질량확산의 특성시간}}{\text{운동량확산의 특성시간}} = \frac{L^2/D}{L^2/\nu} = \frac{\nu}{D} \tag{9.57}$$

9.7 확산과 이류, 확산과 난류의 상호관계

유체 내에서 임의의 물리량을 이동하는 역할을 하는 것은 확산 이외에도 이류와 난류를 생각할 수 있다.

확산과 이류

식 (9.20)의 확산방정식을 유도할 때 이류의 효과인 비선형의 항($\boldsymbol{u} \cdot \nabla c$)을 무시하였다. 그러므로 흐름의 효과가 더해진 일반적인 확산방정식은 다음과 같다.

$$\frac{\mathrm{D}c}{\mathrm{D}t} = \frac{\partial c}{\partial t} + \boldsymbol{u} \cdot \nabla c = D\nabla^2 c \tag{9.58}$$

연습문제 9.10은 이 식의 예로서 층류의 경우에 확산의 효과를 다루고 있다.

비슷하게 식 (9.41)의 소용돌이 방정식도 흐름의 효과가 포함되어 있다.

$$\frac{\partial \boldsymbol{\Omega}}{\partial t} + \boldsymbol{u} \cdot \nabla \boldsymbol{\Omega} - \boldsymbol{\Omega} \cdot \nabla \boldsymbol{u} = \nu\nabla^2 \boldsymbol{\Omega} \tag{9.59}$$

Re $\ll$ 1 인 기어가는 흐름일 때는 관성력의 성분이 무시되어서 소용돌이도가 확산에 의해서만 전파되지만 Re 수가 커짐에 따라 관성의 성질이 나타나서 소용돌이 늘이기, 소용돌이 비틀기도 소용돌이도의 전파에 공헌한다[4.6절 참조].

그리고 소용돌이도의 이동에는 일반적으로 두 가지 중요한 측면이 있다. 첫 번째는 점착 조건 때문에 경계면 근처에서 발생한 소용돌이도가 경계면으로부터 멀리 위치한 소용돌이도의 크기가 작은 곳으로 확산 때문에 전파된다. 두 번째는 점성의 성질을 무시한다면 켈빈의 순환정리에 따르면 순환은 시간에 따라 크기는 변하지 않으면서 이류에 의해 공간적으로 이동한다.

확산과 섞임 그리고 난류

유체의 물리적 성질이 골고루 섞이는 방법으로 확산 이외에도 층밀리기 흐름이 있다. 그림 9.4는 쿠엣 흐름 속에 잉크 방울을 주입한 경우이다. 흐름이 없는 경우에는 잉크 방울이 확산에 의해서만 바탕 유체와 섞인다. 즉 시간이 지남에 따라 잉크 입자들의 마구잡이

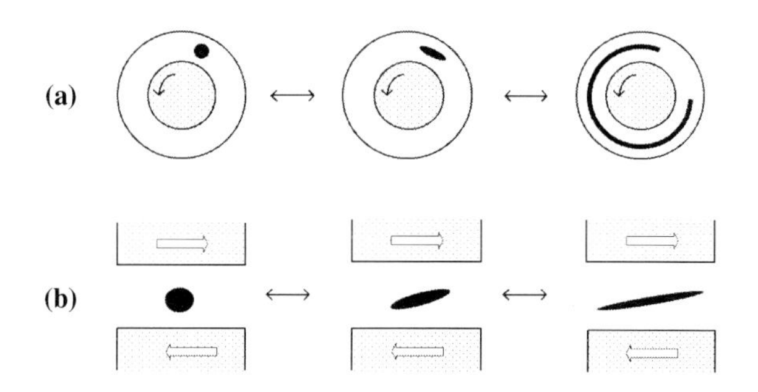

그림 9.4 Re수가 작은 쿠엣 흐름에서 잉크 방울의 시간에 따른 모습

움직임 때문에 구형의 잉크 방울의 반지름이 점차 커지면서 색깔이 옅어진다.

그림 9.4(a)의 경우는 그림 3.12에서 보인 회전 쿠엣 흐름으로 안쪽 원기둥이나 바깥 원기둥을 돌려서 층류의 층밀리기 흐름을 만들면 잉크 방울의 내부에서 지름방향의 위치에 따라 흐름속도가 다르므로 위치에 따른 상대속도의 최대치에 해당하는 속도로 잉크 방울이 방위각 방향으로 늘어난다. 그리하여 잉크 띠로 이루어진 여러 개의 원을 만든다. 이 경우에 잉크가 바탕 유체에 섞이는 현상은 잉크 입자의 움직임에 의한 것보다는 잉크 입자가 조직적으로 방위각 방향으로 층밀리기 흐름에 의해 빠르게 퍼져나가는 것이다. 그러나 띠의 두께는 확산 때문에 시간의 제곱근에 비례하여 증가한다. 이 경우에는 흐름방향으로의 섞는 속도가 띠의 두께방향으로 섞는 속도보다 훨씬 크다. 그림 9.4(b)는 그림 3.10(a)의 경우로 상대운동을 하는 두 평행판 사이에서 층밀리기 흐름에 의해 잉크 방울이 늘어나는 것을 보인다.

그림 9.4의 쿠엣 흐름에서 두 경계면 사이의 상대속도를 증가시켜 Re 수가 커지면 층밀리기 흐름이 불안해져 13장에서 소개할 카오스 흐름이 나타나고 계속 증가시키면 14장에서 소개할 난류의 층밀리기 흐름이 된다. 회전 쿠엣 흐름의 경우에는 전체적으로는 평균 층밀리기 흐름이 있어 원의 띠를 만든다. 그리고 국부적으로 층밀리기의 방향이 난류 때문에 순간순간 바뀌므로 원의 띠의 두께가 층류일 때보다 훨씬 빨리 증가하여 빠르게 바탕 유체 전체에 잉크가 골고루 섞일 것이다.

요약하면 난류 층밀리기 흐름의 경우가 섞임 효과가 가장 크고 카오스 층밀리기 흐름, 층류 층밀리기 흐름, 확산의 순서로 섞임 효과가 감소한다. 커피에 크림을 탔을 때 그냥 놓아두면 확산에 의해서만 크림이 퍼지는데, 티스푼으로 두세 번만 휘저으면 곧바로 골고루 섞이는 것은 휘젓는 행동이 난류를 형성하여서 섞임이 효과적으로 이루어지기 때문이다.

참고

$\mathrm{Re} \ll 1$ 인 경우 잉크 방울에서 시간되짚기 성질

그림 9.4(a)에서 두 경계면 사이의 상대속도를 작게 하여 $\mathrm{Re} \ll 1$ 인 경우에는 안쪽 원기둥을 여러 번 회전하여 잉크 방울이 가늘고 긴 띠의 형태로 늘어난 후에 반대 방향으로 같은 Re 수를 유지하면서 같은 수만큼 회전하여 시작한 위치로 되돌아가면 처음의 잉크 방울과 거의 같은 모양으로 돌아간다. 이렇게 된 이유는 $\mathrm{Re} \ll 1$ 인 경우에는 3.8절에서 설명한 바와 같이 식 (3.52)의 스토크스 방정식이 시간에 대해 되짚기 성질을 띠기 때문이다. 완벽하게 같은 모양으로 돌아오지 못한 것은 시간에 대해 되짚기 성질이 없는 확산의 효과 때문이다.

연습문제

9.1 확산방정식의 푸리에 변환

식 (9.30)의 중간과정을 보여라.

9.2 확산방정식: 3차원계에서의 일반해

식 (9.34)와 식 (9.35)의 중간과정을 보여라.

9.3 확산방정식: 1차원계와 2차원계에서의 일반해

식 (9.34)는 3차원 공간에서 확산방정식의 일반해이다. 1차원 공간과 2차원 공간에서 $t=0$에서 초기농도 c_0로 원점에 집중되었을 때 확산방정식의 해가 각각 아래와 같음을 보여라.

- 1차원의 경우: $c(x, t) = \dfrac{c_o}{2(\pi Dt)^{1/2}}\exp(-x^2/4Dt)$
- 2차원의 경우: $c(\boldsymbol{r}, t) = \dfrac{c_o}{4\pi Dt}\exp(-r^2/4Dt)$

9.4 확산방정식: 평균제곱거리

3차원 공간에서 $t=0$때 원점에 있던 입자가 시간 t에 원점으로부터 거리 r부터 $r+\mathrm{d}r$ 사이에 있을 확률은 식 (9.34)의 $c(\boldsymbol{r}, t)$에 구각의 부피 $4\pi r^2\mathrm{d}r$을 곱하면

$$P(r, t)\,\mathrm{d}r = \frac{1}{2\sqrt{\pi D^3 t^3}}\exp\left(-r^2/4Dt\right)r^2\mathrm{d}r$$

이다.

(a) 시간 t에 입자의 **평균제곱거리**(mean square distance)가 $<r^2>_{3\mathrm{D}} = 6Dt$ 임을 보여라.

(b) 비슷한 경우에 연습문제 9.3의 결과를 이용해서 1차원과 2차원에서 평균제곱거리가 각각 $<r^2>_{1\mathrm{D}} = 2Dt$, $<r^2>_{2\mathrm{D}} = 4Dt$ 임을 보여라.

9.5 산소분자의 확산

허파의 조그만 기공들 속에 있는 산소분자가 기공과 모세혈관을 가르는 막을 통해 모세혈관의 피로 확산하는 데 걸리는 시간이 어느 정도 될까? 일반적으로 산소분자의 확산계수가 $1.8\times10^{-1}\,\mathrm{m}^2/\mathrm{s}$이고 모세혈관을 감싸고 있는 막의 두께는 보통 $1.2\times10^{-8}\,\mathrm{m}$ 정도 된다.

9.6 평형확산

농도의 공간 구배가 없이 농도가 일정한 평형상태에서도 구성 성분이 국부적인 공간을 통해 확산이 계속해서 일어난다. 왜 그런지 설명하라.

9.7 스토크스–아인슈타인 확산계수

아인슈타인은 1905년에 브라운운동에 관해서 연구하다가 식(9.48)에 있는 스토크스–아인슈타인 확산계수를 유도했다. 이에 따르면 확산계수는 분산 입자의 이동도와 열적에너지의 곱으로 표시된다. 이 식을 설명하기 위해 반경 a인 분산 입자들이 온도 T의 액체 속에 낮은 농도로 있는 경우를 생각해보자. 열적 요동 때문에 입자들의 순간적인 농도구배 ∇c가 있다면 낮은 농도의 방향으로 입자들이 확산하는 질량흐름밀도는 $J=-\rho D\nabla c$이다. 확산 질량흐름밀도는 **삼투압**(osmotic pressure) k_BTc에 의해 각 분산 입자가 느끼는 평균 삼투압힘은 $-\dfrac{k_BT}{c}\nabla c$으로 설명할 수 있다. 그리고 이때 입자계의 국부적인 평균속도가 u_d라고 할 때 평형상태에서 이에 맞서는 액체 분자들이 각 입자에 가하는 평균 힘은 스토크스 법칙에 따라 $-6\pi a\mu u_d$ 이다. 이러한 평균속도의 흐름에 의한 질량흐름밀도는 $J_d=c\rho u_d$이다. 평형상태에서 이 두 흐름의 합은 0이다[$J_{\text{tot}}=J+J_d=0$, 식 (9.6) 참조)]. 이를 이용하여 스토크스–아인슈타인 확산계수를 유도하라. 열적 요동을 고려한 정확한 유도는 연습문제 10.10을 참조하라.

9.8 일정 속도로 흐르는 1차원 계에서 한 점에서 초기 농도가 주어질 때 확산

1차원 공간에서 일정 속도 u_o로 흐르고 있는 경우에 총질량흐름밀도가 식 (9.6)에 의해

$$J_{tot}=-\rho D\frac{\partial c}{\partial x}+\rho c u_o$$

으로 되는 것을 이용하여 확산방정식이

$$\frac{\partial c}{\partial t}=D\frac{\partial^2 c}{\partial x^2}-u_o\frac{\partial c}{\partial x}$$

임을 보이고 $t=0$일 때 $x=x_o$에 초기농도 c_o로 집중되었을 때 확산방정식의 해가

$$c(x,t;x_o)=\frac{c_o}{2(\pi Dt)^{1/2}}\exp\left[-(x-x_o-u_ot)^2/4Dt\right]$$

임을 보여라. 이 문제는 균일한 전기장 아래 단백질의 확산이나, 균일한 전기장 아래 같은 크기의 전하를 띠고 있는 같은 입자들의 확산에 해당한다[10.5절의 내용과 그림 10.12 참조].

9.9 정지해 있는 유체의 한 점에 일정하게 물질이 계속 공급될 때 확산

만일 확산물질이 계속해서 공급될 때 확산은 어떤 모양을 가질까?

(a) 3차원 공간의 원점 $r=0$에 시간당 $\phi(t)$의 농도로 확산물질이 공급될 때 확산이 다음의 모양을 가짐을 보여라.

$$c(\boldsymbol{r},t) = \frac{1}{8(\pi Dt)^{3/2}}\int_0^t \phi(t')\exp[-r^2/4D(t-t')]\frac{dt}{(t-t')^{3/2}}$$

(b) 확산물질의 공급률이 $\phi=\phi_o$로 일정할 때, 확산이 다음과 같음을 보여라.

$$c(\boldsymbol{r},t) = \frac{\phi_o}{4\pi Dr}\left(1-\mathrm{erf}\frac{r}{2\sqrt{Dt}}\right)$$

9.10 흐르는 유체에서 점원천 잉크가 정상적으로 계속 공급될 때 확산

z축 방향으로 일정한 속도 u_o로 흐르고 있는 층류 가운데 임의의 한 점에 잉크를 일정하게 계속해서 흘리는 경우를 생각해보자. 이 잉크는 z축 방향으로 흐르면서 흐름방향과 수직이면서 방사상으로 확산한다. 정상상태에서 이를 기술하는 방정식은 식 (9.58)과 식 (C.23)을 이용하면 원기둥 좌표계에서

$$u_o\frac{\partial c}{\partial z} = D\left[\frac{1}{r}\frac{\partial}{\partial r}\left(r\frac{\partial c}{\partial r}\right)+\frac{\partial^2 c}{\partial z^2}\right]$$

이다. 여기서 D는 잉크의 확산계수이다. 잉크가 공급되는 점을 원점으로 두고 관심 있는 지점까지의 거리가 s라 할 때 $s^2=r^2+z^2=x^2+y^2+z^2$이다.

(a) 이때 위 식을 다음과 같이 고쳐 적을 수 있음을 보여라.

$$u_o\left(\frac{z}{s}\frac{\partial c}{\partial s}+\frac{\partial c}{\partial z}\right) = D\left[\frac{1}{s^2}\frac{\partial}{\partial s}\left(s^2\frac{\partial c}{\partial s}\right)+\frac{\partial^2 c}{\partial z^2}+2\frac{z}{s}\frac{\partial^2 c}{\partial s\partial z}\right]$$

(b) 매초에 공급되는 잉크의 양이 Q_o인 경우에 경계조건이 다음과 같음을 보여라.

(i) $s=\infty$에서 $c=0$

(ii) $s\to 0$이면 $-4\pi s^2 D\frac{\partial c}{\partial s}\to Q_o$

(iii) $r=0$에서 $\frac{\partial c}{\partial r}=0$

(c) 이를 만족시키는 해의 모양이 다음과 같음을 보여라.

$$c = \frac{Q_o}{4\pi Ds}\exp\left[-\frac{u_o(s-z)}{2D}\right]$$

9.11 초기에 농도 분포가 공간에 퍼져있을 때 확산

지금까지는 초기에 공간상의 한 점에 초기농도 c_o로 집중된 경우의 확산만 고려했다. 이와는 달리 초기에 농도의 분포가 공간상에 퍼져있을 때는 어떻게 될까? 1차원 공간에서

초기 $t=0$에

$$c = \begin{cases} c_o, & x<0 \\ 0, & x>0 \end{cases}$$

인 경우에 시간과 위치에 따른 농도가 다음과 같음을 보여라.

$$\begin{aligned} c(x,t) &= \frac{c_o}{2(\pi Dt)^{1/2}}\int_x^{\infty}\exp(-\xi^2/4Dt)\,d\xi \\ &= \frac{c_o}{\sqrt{\pi}}\int_{x/2\sqrt{Dt}}^{\infty}\exp(-\eta^2)\,d\eta \\ &= \frac{1}{2}c_o\left(1-\mathrm{erf}\frac{x}{2\sqrt{Dt}}\right) \end{aligned}$$

여기서 $\eta=\dfrac{\xi}{2\sqrt{Dt}}$이다. 이 문제의 핵심은 $x<0$에 있는 모든 점이 초기농도 c_o를 가졌으므로 각 점이 확산의 원점이 된다는 것이다.

9.12 선 소용돌이의 확산

그림 4.7에서 보인 비회전 소용돌이처럼 반경이 0인 원기둥의 회전에 의한 선 소용돌이를 생각해보자. 이 경우에 원기둥 좌표계를 사용하면 $r=0$의 위치에 z축 방향으로 소용돌이도의 크기가 무한대인 선 소용돌이가 있고 나머지 지역에서는 비회전인 운동점성계수 ν의 유체이다. 시간 $t=0$에 원기둥이 갑자기 회전을 멈추면 $r=0$에 있던 소용돌이도가 시간이 지남에 따라 주위로 확산한다.

(a) 선 소용돌이의 순환 크기가 K_o인 경우에 원기둥 좌표계에서의 시간에 따른 속도의 분포가 다음과 같음을 보여라.

$$\boldsymbol{u} = \frac{K_o}{2\pi r}\left[1-\exp(-r^2/4\nu t)\right]\hat{\boldsymbol{\theta}}$$

이 문제는 경계조건

$$u_\theta(r,0)=\frac{K_o}{2\pi r},$$

$$u_\theta(0,t)=0,$$

$$u_\theta(r\to\infty,t)=\frac{K_o}{2\pi r}$$

을 만족하는 편미분방정식

$$\frac{\partial u_\theta}{\partial t}=\nu\frac{\partial}{\partial r}\left[\frac{1}{r}\frac{\partial}{\partial r}(ru_\theta)\right]$$

의 해를 구하는 것이다.

(b) 위의 결과를 이용해 시간에 따른 소용돌이도의 분포가 다음과 같음을 보여라.

$$\Omega = \frac{K_o}{4\pi\nu t}\exp(-r^2/4\nu t)\hat{\mathbf{z}}$$

(c) 위와는 달리 흐름이 없는 유체에서 시간 $t=0$에 선 소용돌이가 $r=0$의 위치에 생긴 경우를 생각해보자. 이는 갑자기 원기둥이 갑자기 회전을 시작하는 경우다. 이때 시간에 따른 속도분포가 다음과 같음을 보여라.

$$\boldsymbol{u} = \frac{K_o}{2\pi r}\exp(-r^2/4\nu t)\hat{\boldsymbol{\theta}}$$

CHAPTER

10

작은 크기의 계에서 유체의 흐름

작은 크기의 계에서 유체의 흐름

지금까지 다룬 유체의 흐름은 일반적인 환경에서의 유체에 대한 것이다. 그러면 이와 달리 특수한 환경, 특히 관심 있는 **계의 크기가 매우 작은 경우**에는 어떻게 될까? 가장 중요한 성질은 Re 수가 작아지면서 관성력이 거의 역할을 못 해 **점성력**의 효과가 중요해진다. 또한 계의 크기가 작아지면 유체계를 이루는 부피의 중요성에 못지않게 **표면적**의 효과도 중요해진다. 그리고 계의 열용량이 작아서 **열적 요동**에 대해서도 계가 매우 민감하게 반응한다. 작은 유체계의 중요한 예로 두 개의 고체가 서로 미끄러질 때 고체 사이에 있는 유체가 마찰을 줄이면서 쉽게 미끄러지게 하는 윤활용 유체박막의 흐름, 각종 물질을 거르는 데 중요한 통기성 물체에서의 유체흐름, 순간적인 압력의 감소 때 발생하는 캐비테이션 등이 있다. 또 다른 중요한 예는 생체 내에서의 유체의 흐름이다. 예를 들면 핏속의 적혈구, 백혈구가 느끼는 유체의 흐름이 있다. 그리고 박테리아처럼 생물체의 크기가 작아지면 유체와 관련된 물리현상이 우리가 항상 느끼고 있는 거시적인 유체의 흐름과 크게 달라진다.

Contents

10.1 유체박막의 흐름

두께가 매우 얇고 Re 수가 작은 경우의 흐름을 **유체박막**(thin fluid film) **흐름**이라 한다. 이러한 박막 상태에 대한 예로 딱딱한 두 고체면 사이에 있는 유체에 관한 문제인 윤활유와 베어링, 그리고 액체가 중력이나 계면장력의 영향으로 고체 표면 위에 도포되는 등이 있으며 주위에서 흔히 볼 수 있다.

윤활 이론

얇은 종이가 바람에 날리다가 평평한 바닥 근처에 이르면 바닥에 접선방향으로 오랫동안 미끄러져 날아가는 것을 본 적이 있을 것이다. 이 현상이 오랫동안 지속되는 이유는 바닥과 종이 사이에 있는 얇은 공기층이 종이를 받쳐 올리는 압력을 주기 때문이다. 또한 비가 오는 날에 아스팔트 위에 깔린 얇은 물의 막에 의해 자동차가 미끄러져 큰 사고가 발생하는 것도 비슷한 예이다. 기계 산업에서 특히 중요한 두 고체면 사이의 마찰력을 줄이는 일반적인 방법은 고체면 사이에 윤활유를 넣는 것이다. 이러한 **윤활 작용의 원리**는 두 고체면 사이의 상대운동에 의해 윤활유의 흐름이 유체박막에 과잉압력을 만들어서 외부의 누르는 힘을 이겨내는 것이다.

상대운동을 하는 거리 h 인 두 평행판 사이에 있는 비압축성 유체에 x축 방향으로 일정한 크기의 압력구배가 있을 때 정상흐름의 속도분포는 그림 3.9와 식(3.59)에 의해

$$u = \frac{y^2 - yh}{2\mu}\frac{\partial p}{\partial x} + \frac{Uy}{h} \tag{10.1}$$

이다. 오른쪽 첫 번째 항은 푸아죄유 흐름에 의한 것이고, 두 번째 항은 쿠엣 흐름에 의한 것이다. 단위시간 동안 평행한 두 판 사이에 x 방향으로 흘러가는 유체의 부피는 식(3.60)에 의해 z 방향으로 단위 두께당

$$q = -\frac{h^3}{12\mu}\frac{\partial p}{\partial x} + \frac{Uh}{2} \tag{10.2}$$

이다.

이와는 달리 그림 10.1처럼 두 판 사이의 거리 h 가 일정하지 않고 x 축을 따라서 단조롭게 변하며 위에 있는 판의 x 방향 너비가 L 인 경우를 생각해보자.

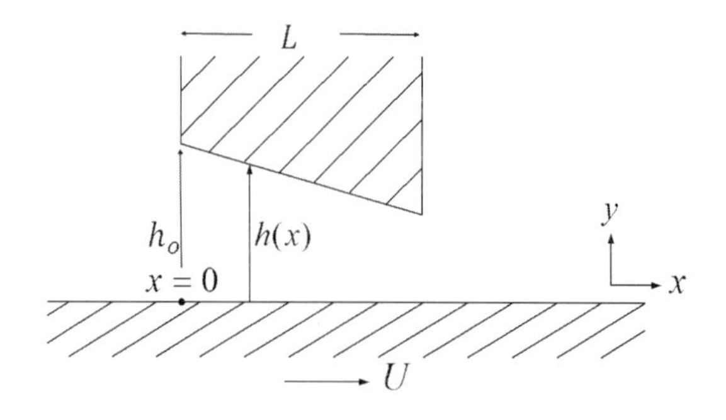

그림 10.1 두 판 사이의 거리가 단조롭게 감소하는 경우의 윤활현상

$$h = h(x) \tag{10.3}$$

여기서는 문제를 쉽게 이해하기 위해 바닥 면이 x 방향으로 일정한 속도 U로 움직이고 있다고 가정하자. 정상흐름에서 단위시간 동안 두 판 사이를 흘러간 비압축성 유체의 연속조건

$$\frac{\partial q}{\partial x} = 0 \tag{10.4}$$

은 식 (10.2)를 이용하면

$$\frac{\partial}{\partial x}\left(\frac{h^3}{12\mu}\frac{\partial p}{\partial x}\right) = \frac{\partial}{\partial x}\left(\frac{Uh}{2}\right) \tag{10.5}$$

이 된다. 이 식은 레이놀즈(Osborne Reynolds, 1842~1912)가 1886년에 발표한 **레이놀즈 방정식**(Reynolds equation)이다. 엄밀하게 말하면

$$\frac{h}{L} \ll 1, \qquad \frac{Uh^2}{L\nu} \ll 1 \tag{10.6}$$

의 두 조건을 만족하는 경우에만 두 평행판의 결과인 식 (10.2)을 레이놀즈 방정식을 유도하는 과정에서 적용할 수 있다. 위에서 첫 번째 조건은 두 판 사이의 간격이 판의 길이에 비해 훨씬 작음을 의미하고 두 번째 조건은 정상흐름을 의미한다. 식 (10.5)의 양변을 적분하면

$$\frac{\partial p}{\partial x} = 6\mu U \frac{h(x) - h_c}{h(x)^3} \tag{10.7}$$

이다. 여기서 h_c는 $\partial p/\partial x = 0$ 인 곳에서 유체박막의 두께이다. 즉 그림 10.2(a)의 경우에

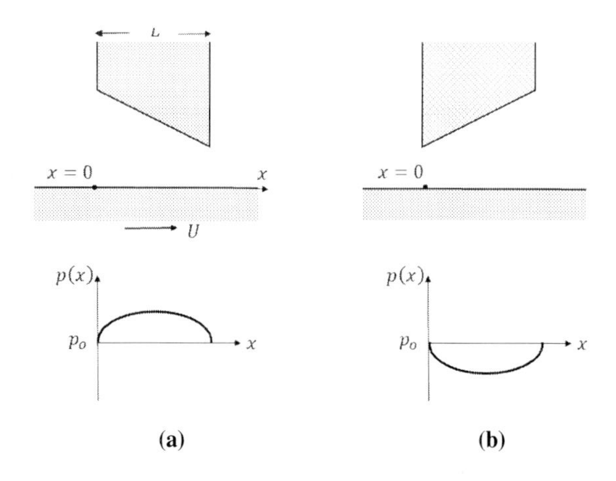

그림 10.2 유체박막의 두께 변화에 따른 과잉압력

서는 두 판 사이의 압력이 최대가 되는 지점의 두께이다. 그리고 $x = 0$과 $x = L$인 지점에서의 압력은 모두 p_o이다. 위치에 따른 압력을 구하기 위해 적분을 다시 하면

$$p(x) - p_o = 6\mu U \int_0^x \frac{h(x') - h_c}{h(x')^3} \mathrm{d}x' \tag{10.8}$$

이다. 여기서 h_c는

$$\int_0^L \frac{h(x) - h_c}{h(x)^3} \mathrm{d}x = 0 \tag{10.9}$$

의 조건에 의해 결정된다. 이 식에 따르면 두 판 사이에 있는 비압축성 유체에서의 압력은 위치에 따라 다르다. 이에 반해 평행판의 경우에는 압력의 변화가 없다. 여기서 압력차이 $p(x) - p_o$는 외부에서 가한 것이 아니라 흐름에 의해서 발생한 **과잉압력**이다. 과잉압력이 발생하는 이유는 박막의 두께 h가 x에 따라 다르므로 쿠엣 흐름에 의한 층밀리기 변화율의 크기가 위치에 따라 달라져 식 (10.4)의 연속조건을 만족시키기 위해서는 푸아죄유 흐름처럼 압력구배가 필요해지기 때문이다. 즉 바닥 판이 오른쪽으로 이동하면서 점성효과에 의해 유체가 오른쪽으로 이동하려 하나 공간이 좁아지므로 과잉압력이 발생한다. 그러므로 U가 크고, 점성이 크며, 박막이 얇고 두께 변화가 클수록 과잉압력이 커지겠다. 그러므로 식 (10.8)에 따르면 과잉압력의 크기는 점성계수 μ와 바닥 판의 속도 U에 비례하고 상판 기울기의 함수가 된다.

이렇게 기하학적인 이유로 발생한 압력은 계에 가해지는 누르는 힘을 견딜 수 있게 된다. 그러므로 상판이 z 방향의 단위 두께당 견딜 수 있는 수직 방향(y 방향)으로의 누르는 힘

은 식 (10.8)의 과잉압력에 비례한다.

만일 $h(x)$가 단조 감소하면 그림 10.2(a)에서 보이듯이 두 판 사이의 유체의 압력이 주변 압력 p_o보다 커서 무거운 물체를 받쳐 줄 수 있다. 그러나 만일 $h(x)$가 단조 증가하면 그림 10.2(b)에서 보이듯이 두 판 사이의 유체의 압력이 주변 압력 p_o보다 작아진다. 이 경우는 10.4절에서 기술할 **캐비테이션** 현상이 발생할 가능성이 있다.

저널 베어링

그림 10.2의 (a)와 (b)를 동시에 이용한 중요한 응용이 **저널 베어링**(journal bearing)이다. 그림 10.3은 이 베어링의 단면도이다. 반시계 방향으로 회전하는 원기둥(저널; journal)이 속이 비어 있는 원통(부시; bush) 내의 윤활유에 잠겨 있다. 이때 회전하는 원기둥의 외경과 고정된 원통의 내경 사이에 간격을 차지하고 있는 얇은 윤활유 막이 원기둥의 무게를 받쳐준다. 요동 때문에 원기둥의 회전축 O'이 원통의 축 O보다 오른쪽으로 옮겨졌다고 가정하자. 원기둥과 원통 내경 사이의 간격이 가장 작은 방향을 $\theta = 0$로 할 때 $-\pi < \theta < 0$인 지역에서는 그림 10.2(a)와 같은 경우로 과잉압력이 양의 값으로 원기둥을 밑에서 위로 밀어주고, $0 < \theta < \pi$인 지역에서는 그림 10.2(b)와 같은 경우로 과잉압력이 음의 값으로 원기둥을 위로 당기므로 전체적으로 원기둥의 무게를 받쳐준다.

만일 원기둥이 회전하지 않으면 원기둥이 원통의 내경 위에 접촉하게 되어 $\overline{OO'}$이 중력 방향을 향한다. 원기둥이 회전을 시작하면 원기둥은 원통의 내경에서 분리되어 원기둥의 회전축 O'이 원통의 축 O보다 오른쪽에 위치하게 될 것이다. 식 (10.8)에 따르면 회전속도가 증가할수록 회전속도의 크기에 비례하는 과잉압력이 발생한다. 그러므로 회전속도가 증가하면 원기둥의 회전축 O'이 원통의 축 O로 점점 접근한다. 그러다가 O와 O'

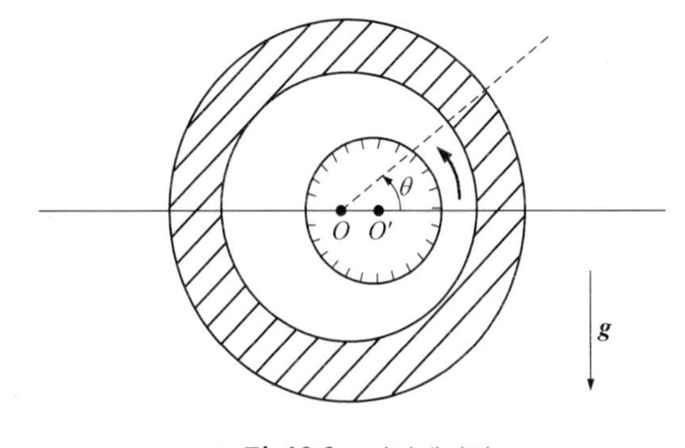

그림 10.3 저널베어링

이 일치할 때 원기둥과 원통 내경의 간격이 전체적으로 일정하게 되어 과잉압력이 사라진다. 그러므로 회전하는 원기둥과 원통의 내경이 격리되어 마찰은 얇은 간격에 있는 점성유체의 층밀리기에 의해서만 생기므로 점성유체가 없어 두 고체면이 접촉마찰인 경우에 비해 고체면의 마모가 거의 없어 이상적인 베어링 역할을 한다.

자유표면을 가진 액체 박막의 흐름

액체가 중력의 영향으로 고체 표면 위에 도포되는 현상 등으로 주위에서 흔히 볼 수 있는 예로 자동차 유리에 젖은 상태로 흐르는 빗물 등이 있다. 이렇게 자유표면을 가진 액체 박막의 흐름은 액체 박막의 두께에 따라 보통 세 가지 흐름으로 나눈다.

(1) 고체 표면의 분자들과 액체 분자들 사이의 상호작용이 중요한 흐름
(2) 중력과 점성력이 중요한 흐름
(3) 중력, 점성력, 모세관 힘이 중요한 흐름

고체 표면의 분자와 액체 분자의 상호작용은 액체박막의 두께가 100 nm보다 작은 곳에서 주로 중요하다. 여기서는 그보다는 두꺼운 경우를 생각하므로 중력과 점성력, 그리고 모세관 힘이 서로 경쟁하는 경우에 관하여서만 기술하겠다. **모세관 힘**(capillary force)은 식 (7.18)에서 설명한 것과 같이 굽어진 표면의 양쪽 사이에 존재하는 과잉압력인 라플라스 압력의 공간구배이다.

$$\text{모세관 힘} = -\nabla \frac{\gamma}{R} \tag{10.10}$$

여기서 R은 액체 박막의 표면이 가지고 있는 곡률반경으로 위치에 따라 크기가 다르다.

3.9절에서 소개한 수직 벽 표면에서의 흐름은 위에서 두 번째 경우에 해당하는 중력과 점성력만 고려한 흐름이다. 그러므로 정상흐름이며 $\mathrm{Re} \ll 1$ 인 경우의 나비에-스토크스 방정식은 식 (3.75)에 모세관 힘을 더하면 된다[그림 10.4 참조].

$$0 = \rho g \hat{\mathbf{x}} + \mu \nabla^2 \boldsymbol{u} - \nabla\left(\frac{\gamma}{R}\right) \tag{10.11}$$

x 성분만 보면

$$\mu \frac{\partial^2 u}{\partial y^2} = -\rho g + \frac{\partial}{\partial x}\left(\frac{\gamma}{R}\right) \tag{10.12}$$

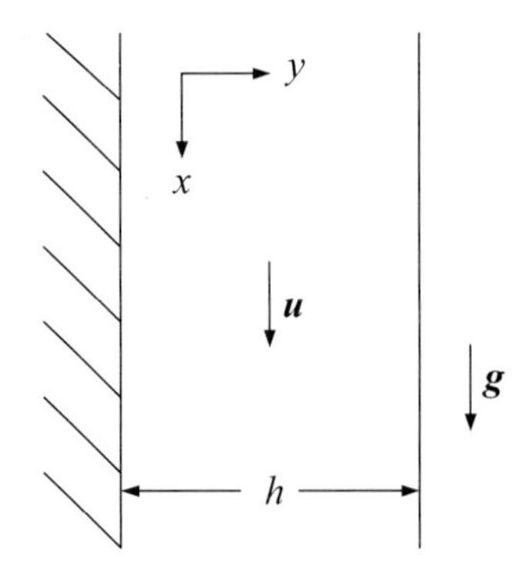

그림 10.4 자유표면을 가진 액체 박막의 정상흐름

이고, y 방향으로 두 번 적분하면 x 방향 속도를 구할 수 있다.

$$u = -\frac{1}{2\mu}\left[\rho g - \frac{\partial}{\partial x}\left(\frac{\gamma}{R}\right)\right]y^2 + C_1 y + C_2 \tag{10.13}$$

여기서 경계조건으로 고체 표면과 액체가 만나는 곳에서는 식 (3.18)의 점착 조건

$$u(y=0) = 0 \tag{10.14}$$

을 만족해야 하며, 두께가 h 인 액체가 공기와 접하는 자유표면에서는 응력 성분이 연속하는 식 (3.22)와 식 (3.78)을 이용하면

$$\left(\frac{\partial u}{\partial y}\right)_{y=h} = 0 \tag{10.15}$$

을 만족해야 한다. 이러한 두 경계조건을 식 (10.13)에 대입하면 h 가 고정된 정상흐름에서의 흐름속도는

$$u = -\left[\frac{\rho g}{\mu} - \frac{1}{\mu}\frac{\partial}{\partial x}\left(\frac{\gamma}{R}\right)\right]\left(\frac{y^2}{2} - yh\right) \tag{10.16}$$

으로서 y 방향으로는 포물선 형태의 속도분포를 가진다[그림 3.15 참조]. 여기서는 표면장력과 표면의 곡률반경이 위치와 관계없이 일정하다고 가정했으므로 식 (10.16)은 식 (3.79)와 비례상수를 제외하고는 같다. 만일 표면장력이나 곡률반경이 위치에 따라 변한다면 복잡한 결과를 가져올 것이다. h 가 고정된 정상흐름에서 단위 시간당 x 방향으로 흘러가는 유체의 부피 중 z 방향으로 단위 두께의 부분은

$$q = \int_0^h u(y)\mathrm{d}y = \frac{h^3}{3}\left[\frac{\rho g}{\mu} - \frac{1}{\mu}\frac{\partial}{\partial x}\left(\frac{\gamma}{R}\right)\right] \tag{10.17}$$

이다. 이 경우는 3.9절에서도 보였듯이 유체가 위로부터 계속 공급되는 정상흐름의 결과이다.

그러나 공급되는 유체의 총부피가 일정한 경우는 흐르는 비압축성 액체박막의 총부피는 항상 보존되어야 하므로 연속방정식은

$$\frac{\partial h}{\partial t} + \frac{\partial q}{\partial x} = 0 \tag{10.18}$$

이다. 이 식이 식 (10.4)와 다른 이유는 정상흐름이 아니기 때문이다. 식 (10.17)을 위의 식에 대입하면

$$\frac{\partial h}{\partial t} + \frac{\partial}{\partial x}\left\{\frac{h^3}{3}\left[\frac{\rho g}{\mu} - \frac{1}{\mu}\frac{\partial}{\partial x}\left(\frac{\gamma}{R}\right)\right]\right\} = 0 \tag{10.19}$$

이다. 표면장력의 크기가 작거나 표면이 평평하여 모세관 힘을 무시할 수 있는 경우를 생각해보자. 이러한 경우에 식 (10.19)는 다음과 같다.

$$\frac{\partial h}{\partial t} + \frac{\rho g}{3\mu}\frac{\partial h^3}{\partial x} = 0 \tag{10.20}$$

초기($t = 0$)에 액체 박막의 두께가 무한대라면 액체 박막의 두께는 변수분리법을 이용하여 구할 수 있다.

$$h(x,t) = X(x)\,T(t) \tag{10.21}$$

를 식 (10.20)에 대입하면

$$\frac{1}{T^3}\frac{\partial T}{\partial t} = -\frac{\rho g}{\mu}X\frac{\partial X}{\partial x} = -C \tag{10.22}$$

이다.

$$T = \frac{1}{\sqrt{2Ct}}, \quad X = \sqrt{\frac{2\mu}{\rho g}Cx} \tag{10.23}$$

이므로

$$h(x,t) = \sqrt{\frac{\mu}{\rho g}\frac{x}{t}} \tag{10.24}$$

이다. 시간이 증가함에 따라 일정한 위치 x에서는 시간 t가 지남에 따라 두께 h가 감소하고 중력 방향으로 두께가 증가한다. 그러나 페인트, 비누 거품 등의 흐름에 있어서는 모세관 힘이 중요하므로 위의 결과를 적용할 수 없다.

참고

스핀코팅(spin coating)

고분자 용액이나 고농도의 용액을 평평한 기판에 코팅하는 방법으로 매우 널리 사용되는 방법이다. 중력에 수직 방향으로 놓인 평평한 기판을 고속으로 회전시킨 후에 고분자 용액이나 고농도의 용액을 회전중심에 가하면 원심력에 의해 용액이 지름방향으로 흐르나 점성력에 의해 균형을 이룬다. 이 방법은 위의 경우에 중력의 역할을 원심력이 대신하여 지름방향으로 코팅을 하는 것이다[연습문제 10.1 참조].

10.2 표면장력 구배에 의한 흐름

7장과 10.1절에서는 표면장력의 크기가 일정한 경우를 생각하였다. 만일에 자유표면에서의 표면에너지나 계면에서의 계면에너지가 위치에 따라 일정하지 않으면 어떤 일이 생기나 생각해보자. 이러한 조건을 가장 쉽게 만드는 방법은 표면이나 계면에서 위치에 따라 온도가 다른 경우이다. 온도를 올리면 분자 간의 응집력이 작아지므로 표면장력의 크기 γ는 감소한다. 그러므로 온도 차이 ΔT에 의한 표면장력의 차이는

$$\Delta\gamma = \gamma(T + \Delta T) - \gamma(T) = \frac{\partial\gamma}{\partial T}\Delta T \tag{10.25}$$

이다. 여기서 $\partial\gamma/\partial T$의 크기는 항상 음수이며 물질의 성질에 따라 크기가 다르다.

그림 10.5와 같이 임의의 액체의 표면에 나란한 방향으로 온도의 구배 $\mathrm{d}T/\mathrm{d}x > 0$가 있는 경우를 생각해보자. 이에 의한 표면장력의 공간구배는

$$\frac{\mathrm{d}\gamma}{\mathrm{d}x} = \frac{\partial\gamma}{\partial T}\frac{\mathrm{d}T}{\mathrm{d}x} \tag{10.26}$$

이다. 자유표면은 평형상태에서 표면에너지가 작은 경우를 선호하므로 표면장력이 큰 쪽으로 표면장력이 작은 쪽의 표면에 있는 액체 분자가 끌려가서 표면을 덮어 씌운다. 그러므로 표면장력의 공간구배는 자유표면에 층밀리기 응력 σ_{yx}^{γ}을 준다.

$$\sigma_{yx}^{\gamma} = \frac{\mathrm{d}F}{L\,\mathrm{d}x} = \frac{L\,\mathrm{d}\gamma}{L\,\mathrm{d}x} = \frac{\mathrm{d}\gamma}{\mathrm{d}x} = \frac{\partial\gamma}{\partial T}\frac{\mathrm{d}T}{\mathrm{d}x} \tag{10.27}$$

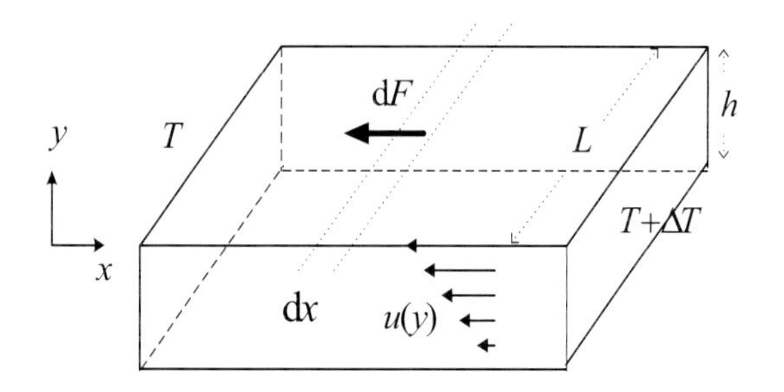

그림 10.5 표면장력의 구배에 의한 흐름

여기서 L은 z 방향의 임의의 길이이고, $\mathrm{d}F$는 면적 $L\mathrm{d}x$에 가해진 표면장력의 구배에 의한 힘 $L\mathrm{d}\gamma$이다. 이 그림에서 층밀리기 응력의 방향은 온도가 감소하는 $-x$ 방향이다. 그러므로 층밀리기 응력은 자유표면을 따라서 표면장력이 큰 왼쪽으로 액체의 흐름을 유도한다. 이렇게 표면장력의 공간구배에 의해서 일어나는 유체 흐름을 **마랑고니 흐름**(Marangoni flow)이라 하고, 이러한 현상을 통틀어서 **마랑고니 효과**(Marangoni effect)라 한다.

자유표면 바로 아래에 있는 가상의 수평면을 생각해보자. 가상의 면 위에는 마랑고니 효과로 인해 $-x$ 방향으로 층밀리기 응력이 가상의 면에 가해지나, 가상의 면 아래는 액체의 점성력에 의한 층밀리기 응력 σ_{yx}^{μ}이 $\mu\partial u/\partial y$로서 $+x$ 방향으로 가상의 면에 가해지겠다. 가상의 면에 가해지는 응력의 합이 0가 되지 않으면 가상의 면이 무한대 크기로 가속되지 않으려면 표면장력의 공간구배에 의해 자유표면에 가해진 층밀리기 응력 σ_{yx}^{γ}은 자유표면 바로 아래에 있는 액체의 점성에 의한 층밀리기 응력 σ_{yx}^{μ}과 균형을 이뤄야 한다.

$$\sigma_{yx}^{\gamma} + \sigma_{yx}^{\mu} = \frac{\partial \gamma}{\partial T}\frac{\mathrm{d}T}{\mathrm{d}x} - \mu\frac{\partial u}{\partial y}\bigg|_{\text{자유표면}} = 0 \tag{10.28}$$

여기서 자유표면 위에 있는 기체는 액체에 비해 점성계수의 크기가 너무 작아서 자유표면에 있는 액체에 응력을 거의 가하지 못하므로 무시했다. 그리고 점성력에 의한 층밀리기 응력에 대한 설명은 그림 2.11의 설명을 참조하라.

이때 깊이에 따른 정상상태의 흐름을 보기 위해서 나비에-스토크스 방정식 가운데 x 방향의 성분을 생각해보자. 중력이 음의 y 방향으로 향할 때 압력구배와 체적력의 x 성분이 없으므로 비선형 성분을 무시하면 식 (3.7)의 나비에-스토크스 방정식의 x 성분은 정상상태에서

$$\mu \frac{\partial^2 u}{\partial y^2} = 0 \tag{10.29}$$

이다. 그러므로

$$\frac{\partial u}{\partial y} = C \tag{10.30}$$

이다. 이 식은 어떤 깊이에서도 성립해야 하므로 자유표면에서의 식 (10.28)을 이용하면 $-x$ 방향의 흐름속도는 y에 따라 선형적으로 증가한다.

$$\frac{\partial u}{\partial y} = \frac{1}{\mu}\frac{\partial \gamma}{\partial T}\frac{\mathrm{d}T}{\mathrm{d}x} < 0 \tag{10.31}$$

그러므로 액체의 두께가 h인 경우에 y에 따른 흐름속도의 변화는 바닥($y = -h$)에서 흐름이 없는 점착 조건을 이용하면 정상상태의 흐름속도는

$$u(y) = \frac{1}{\mu}\frac{\partial \gamma}{\partial T}\frac{\mathrm{d}T}{\mathrm{d}x}(h + y) \tag{10.32}$$

이다. 여기서 $\partial\gamma/\partial T < 0$이고 $y < 0$이다.

여기서 보인 마랑고니 효과는 온도의 공간구배로 발생한 계면에너지의 공간구배에 의한 흐름이다. 그러나 이러한 계면에너지의 공간구배는 고체와 액체가 이루는 계면의 경우에는 온도뿐만 아니라 화학적인 방법이나 전기적인 방법으로도 구현할 수 있다[연습문제 10.6 참조]. 예를 들어 얕은 물에 경사진 고체 표면을 비스듬히 세워놓는 경우를 생각해보자. 고체 표면과 물과의 경계면에 있어서 높은 곳으로 갈수록 물과의 계면에너지가 낮아지도록 화학적으로 고체 표면에 코팅하면 물이 중력 방향과 반대 방향으로 경사를 따라 고체 표면을 따라 위쪽으로 흐른다. 또 다른 예로 비눗물 같은 계면활성제를 물의 자유표면에 떨어뜨리면 표면 위에 있는 먼지가 방사상으로 빠르게 움직이는 것을 볼 수 있다. 이것은 계면활성제가 집중된 곳의 물의 계면에너지가 낮으므로 계면활성제가 집중된 곳의 표면에 있는 물이 계면활성제가 없어 표면에너지가 높은 지역을 덮어서, 계면활성제가 없던 곳의 표면에너지를 낮추려고 발생하는 흐름이다.

참고 **와인의 눈물(tears of wine)**

이 현상은 알코올이 많이 함유된 와인을 잔에 따르고 흔들 때 잔의 곁 면에 흘러내리는 액체의 모양을 말한다. 와인이 담긴 잔의 곁 면에 있는 와인 속의 알코올이 물보다 더 증발하여 와인 속의 알코올 농도가 낮아진다. 표 7.1을 보면 알코올의 표면장력이 물의 1/3도 되지 않는다. 이로 인해 와인 잔의 곁 면에 있는 와인의 표면장력이 잔 내에 있는 와인의 것보다 크다. 이로 인해 와인 잔의 곁 면에서 **마랑고니 흐름**이 발생하여 와인이 계속해서 표면을 따라 올라가다가 중력에 의해서 마치 눈물을 흘리는 것처럼 흘러내린다. 그림 10.6은 와인의 눈물의 모습과 원리를 보인다. 여기서 (b)는 (a)에서 사각 부분을 확대해 시간에 따라 쳐다본 것이다.

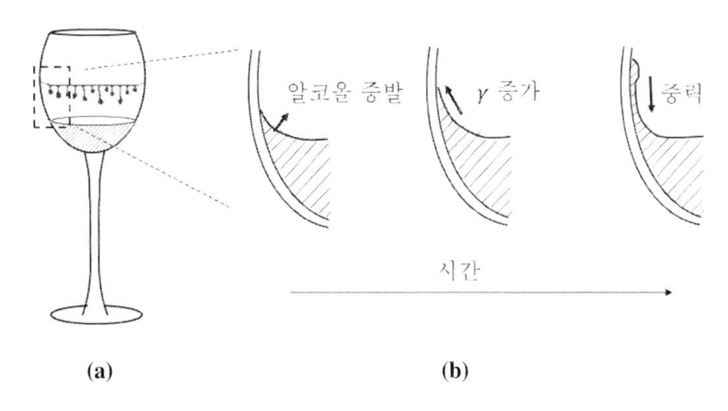

그림 10.6 와인의 눈물 이미지(a)와 점선 사각 부분을 확대한 시간에 따른 원리(b)

10.3 통기성 물질을 통한 흐름

통기성 물질(porous medium, porous material)은 서로 연결된 많은 구멍으로 이루어진 물질이다. 주위에서 쉽게 볼 수 있는 예로 스펀지, 모래, 흙, 각종 필터 등이 있다. 이러한 구멍들은 일반적으로 서로 연결되어 있으므로 이를 통해 유체가 흘러갈 수 있다. 이러한 통기성 물질을 통한 흐름을 이해하는 것은 지하수, 유정, 천연가스 채취, 필터 등 경제적으로 중요한 것들에 관련되므로 매우 중요하다.

3차원의 통기성 물질을 통한 흐름을 기술하기에 앞서 준2차원적인 통기성 흐름인 헬레쇼 흐름을 생각해보자.

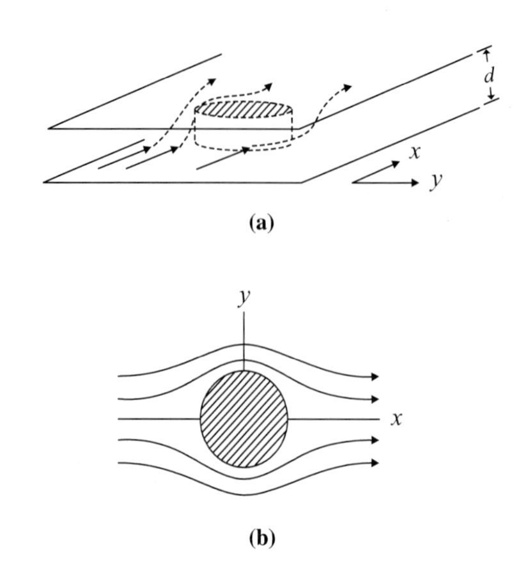

그림 10.7 두 평행판 사이의 방해물에 의한 점성유체의 흐름

헬레쇼 흐름(Hele-Shaw flow)

매우 짧은 거리 d만큼 떨어진 두 평행판 사이에 점성유체가 흐르고 있는 스토크스 흐름을 생각해보자. 평행판이 중력에 수직으로 있어 중력에 의한 흐름이 없고 단지 압력의 공간구배 ∇p에 의한 흐름만 있다고 하자. 이 흐름은 이 문제를 처음 연구한 헬레쇼(Henry Selby Hele-Shaw, 1854~1941)의 이름을 따서 **헬레쇼 흐름**(Hele-Shaw flow)이라 한다. 만일 방해물이 그림 10.7(a)처럼 흐름을 가로막고 있다고 생각해보자. 3.9절의 푸아죄유 흐름에서는 압력구배가 한 방향으로만 있어 흐름이 한 방향인 것에 비해 여기서는 방해물 등의 존재로 인해 국부적 압력구배가 더 이상 한 방향이 아니어서 흐름방향이 2차원이다.

흐름방향에 수직방향의 단위 길이를 통해 단위시간에 흘러가는 유체의 양은 식 (3.60)의 첫 항인 푸아죄유 항을 이용하면

$$\boldsymbol{q} = -\frac{d^3}{12\mu}\nabla p \tag{10.33}$$

이다. 그러므로 유체의 평균속도는

$$\langle \boldsymbol{u} \rangle = \frac{\boldsymbol{q}}{d} = -\frac{d^2}{12\mu}\nabla p \tag{10.34}$$

이다. 이 결과로부터 식 (5.27)에서 정의한 것과 비슷한 **평균 속도퍼텐셜**을 정의할 수 있다.

$$\langle \boldsymbol{u} \rangle = -\nabla\phi \tag{10.35}$$

$$\phi = \frac{d^2 p}{12\mu} \tag{10.36}$$

이 속도퍼텐셜은 압력에 비례하는 값을 가지고 있다. 그리고 단위시간에 흐르는 유체의 양은 연속적이어야 하므로 다음과 같이 적을 수 있다.

$$\nabla \cdot \boldsymbol{q} = 0 \tag{10.37}$$

그러므로 식 (10.34)와 식 (10.35)를 식 (10.37)에 대입하면 다음과 같다.

$$\frac{\partial^2 \phi}{\partial x^2} + \frac{\partial^2 \phi}{\partial y^2} = 0 \tag{10.38}$$

그러므로 평균 속도퍼텐셜과 압력은 라플라스 방정식을 만족한다. 그리고 헬레쇼 흐름에서는 압력이 2차원 비압축성 퍼텐셜 흐름에서의 속도퍼텐셜 역할을 한다. 그림 10.7(b)는 위에서 쳐다본 원기둥을 지나는 헬레쇼 흐름의 흐름선이다. 이는 2차원 비압축성 흐름 가운데 원기둥이 있는 스토크스 흐름의 경우와 비슷한 흐름선을 가진다.

통기성 흐름

준2차원 흐름인 헬레쇼 흐름의 결과는 중력의 효과가 무시되는 복잡한 구조의 3차원 통기성 물질을 통한 흐름에 적용할 수 있다. 그림 10.8은 통기성 물질을 통한 흐름을 보인다. 이러한 통기성 물질에는 두 가지의 특성 길이가 있다. 하나는 기공(pore)의 크기로서 미시적인 크기다. 다른 하나는 통기성 물질의 크기로서 거시적인 크기다. 이 두 가지 크기의 중간적인 크기라도 수많은 기공을 포함하고 있으므로 국부적으로 평균속도 $\boldsymbol{u}$와 평균

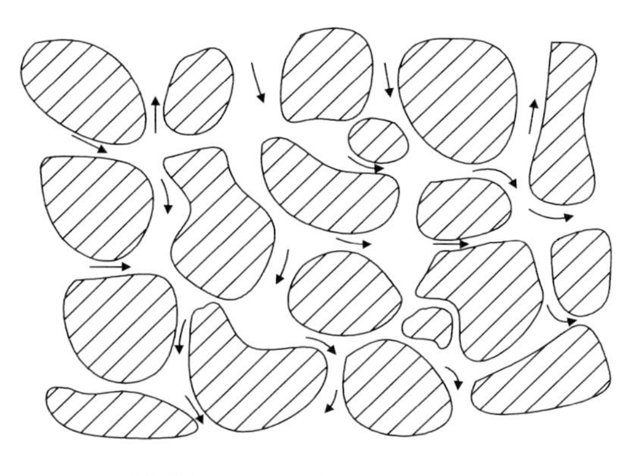

그림 10.8 통기성 물질을 통한 흐름

압력 p를 정의할 수 있다. 실제로는 기공을 통과하는 흐름은 미시적으로 보면 여러 방향이고 속도의 크기도 제각각이지만 u와 p는 거시적으로 보면 단조롭게 연속적으로 변하는 값을 가진다고 할 수 있다.

실험적으로 본 통기성 물질을 통한 국부 흐름속도는 식 (10.34)와 비슷하게

$$u = -\frac{k_p}{\mu}\nabla p \tag{10.39}$$

를 만족시킨다. 여기서 k_p는 **투과율**(permeability)로서 물체의 전체 부피 중 구멍들이 차지하는 부피의 비와 비례하는 양으로 유체의 성질과 무관하다. 위의 식은 이를 연구한 **다시**(Henry Darcy, 1803~1858)으로 알려져 있으며, 헬레쇼 흐름을 3차원계로 확장한 결과이다. 이 식은 나비에-스토크스 방정식보다 훨씬 간단한 형태이다.

10.4 캐비테이션

베르누이 방정식의 응용으로 그림 5.4에서 소개한 벤튜리 관의 목 부분[오목하게 관의 반경이 줄어드는 부분]에서는 식 (5.11)에 의하면 유체의 흐름이 빨라지고 동시에 압력이 감소한다. 만일 목 부분에서 관의 반경을 충분히 줄이면 목 부분에서의 압력 p_2가 0이 될 수 있다. 이러한 경우에 식 (5.11)은

$$\frac{1}{2}\rho q_1^2 + p_1 = \frac{1}{2}\rho q_2^2 \tag{10.40}$$

이다. 이때 $q_2 \gg q_1$이므로 q_1을 무시하면

$$p_1 \cong \frac{1}{2}\rho q_2^2 \tag{10.41}$$

이다. 만일 p_1의 크기가 대기압과 같은 1기압이고 사용된 유체가 물이라면 목 부분에서의 유속 q_2가 14 m/sec 정도만 되어도 목 부분에서 압력이 $p_2 = 0$이다. 그러면 만일 목 부분에서 유속이 14 m/sec보다 크면 어떻게 될까? 기체는 압축성의 성질 때문에 어렵지만 액체는 압력의 값이 음수가 될 수 있다. 그림 1.3에 따르면 액체에서 압력이 감소하면 끓는점 온도가 낮아진다. **캐비테이션**(cavitation)은 액체가 국부적으로 증발하여 증기 방울이 발생하는 현상이다. 7.3절에서 설명했듯이 곡률반경이 0에 가까운 기포를 만드는 것은

단위부피당 에너지가 많이 들어 쉽지 않다. 순수한 물은 상온에서는 −100기압의 낮은 압력에서도 요동이 없으면 캐비테이션이 발생하지 않는다. 그러나 액체가 접하고 있는 고체 표면이 거칠거나 액체에 다른 미립자들이 분포하고 있는 경우 이들이 핵자(nuclei) 역할을 하여 −100기압보다 훨씬 높은 압력에서도 캐비테이션이 일어난다. 중요한 예로 고속으로 회전하고 있는 프로펠러 날개의 날카로운 끝에서 캐비테이션에 의해 발생한 증기 방울들을 쉽게 볼 수 있다.

참고

캐비테이션과 증기압력

캐비테이션을 발생시키는 다른 방법은 액체의 온도를 올리는 방법이다. 액체의 **증기압력**(vapor pressure)은 온도에 의존한다. 그림 1.3에서 임의의 온도에 해당하는 공존곡선에 일치하는 압력이 증기압력이다. 20°C의 물의 경우에 증기압력은 0.023기압이고, 100°C에서는 1기압이다. 그러므로 보통 물은 100°C에서 끓는다.

캐비테이션에 의해 생긴 작은 증기 방울은 액체의 속도가 감소하는 등의 이유로 압력이 증가하면 증기 방울이 함몰하면서 증기 방울의 중심에 에너지가 집중한다. 이 증기 방울의 함몰에 의한 에너지 집중은 액체를 전달하는 파이프의 부식을 초래한다든지 배의 프로펠러의 수명을 단축하게 하는 등 실용적인 면에서 매우 중요한 현상이다. 그림 10.9는 작은 구멍을 통과한 액체가 캐비테이션 증기 방울을 형성하고 함몰되는 과정을 간단하게 보인다.

이에 대한 자세한 이해로서 비압축성 액체계에서 캐비테이션에 의해 발생한 반경 a_o인 구형의 증기 방울이 주위의 압력이 갑자기 증가하여 p_o가 되면서 함몰하는 경우를 생각해보자[그림 10.10]. 증기 방울의 함몰은 방울의 반경이 감소하는 현상이므로 지름방향으

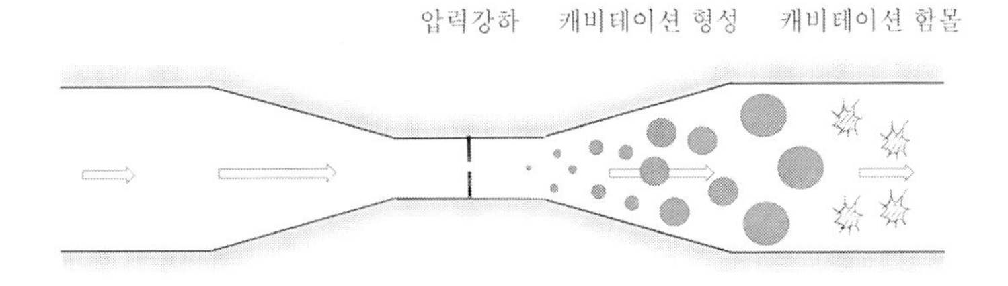

그림 10.9 작은 구멍을 통해서 흐르는 액체에서 캐비테이션 증기 방울이 발생하고 함몰되는 원리

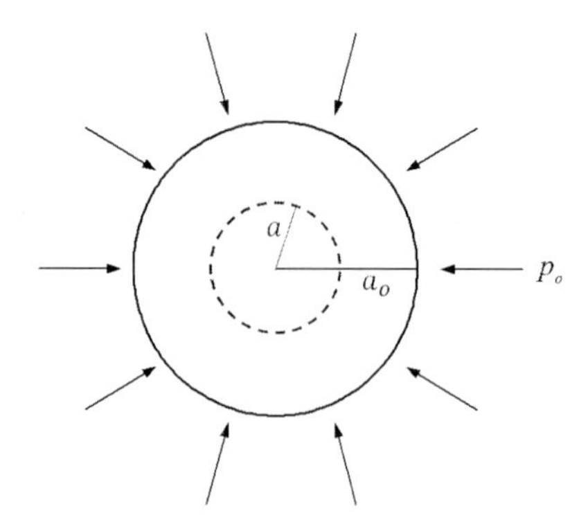

그림 10.10 비압축성 액체계에서 캐비테이션의 원리

로만 속도가 있으므로 구 좌표계에서 비압축성 유체의 연속방정식은

$$\nabla \cdot \boldsymbol{u} = 0 \tag{10.42}$$

$$\frac{du_r}{dr} + \frac{2u_r}{r} = 0$$

이다. 어느 순간에 반경이 a인 증기 방울의 표면에서 구의 중심을 향하는 지름방향의 속도가 u_a라면 $r \geqq a$인 지점에서의 지름방향 속도는 위의 식으로부터

$$u_r = u_a \left(\frac{a}{r} \right)^2 \tag{10.43}$$

이다. 증기 방울의 반경이 최초의 크기인 a_o에서 반경 a로 함몰되면서 반경 a인 증기 방울에 저장되는 운동에너지를 계산해보면

$$\begin{aligned} \text{저장된 운동에너지} &= \frac{1}{2}\rho \int_a^{a_o} u_r^2 4\pi r^2 dr \\ &= \frac{1}{2}\rho \int_a^{a_o} \left[u_a \left(\frac{a}{r} \right)^2 \right]^2 4\pi r^2 dr \\ &= 2\pi\rho\, u_a^2\, a^4 \left(\frac{1}{a} - \frac{1}{a_o} \right) \end{aligned} \tag{10.44}$$

이다. 여기서 ρ는 액체의 밀도이다. 증기 방울 내부의 압력이 0이라고 가정하면, 주위 압력 p_o가 증기 방울의 반경이 최초의 크기인 a_o에서 a로 감소하면서 압력 p_o인 바탕 액체가 증기 방울에 한 일은 다음과 같다.

$$\text{증기 방울에 한 일} = \int_a^{a_o} p_o \mathrm{d}V = \int_a^{a_o} p_o 4\pi r^2 \mathrm{d}r = \frac{4}{3}\pi p_o \left(a_o^3 - a^3\right) \tag{10.45}$$

식 (10.44)의 저장된 에너지는 압력 p_o 인 바탕 액체가 한 일인 식 (10.45)와 같으므로

$$2\pi\rho\, u_a^2\, a^4 \left(\frac{1}{a} - \frac{1}{a_o}\right) = \frac{4}{3}\pi p_o \left(a_o^3 - a^3\right), \tag{10.46}$$

$$u_a = \left(\frac{2p_o}{3\rho}\right)^{1/2} \left(\frac{a_o^3}{a^3} + \frac{a_o^2}{a^2} + \frac{a_o}{a}\right)^{1/2} \tag{10.47}$$

이다. 사용된 액체가 물이고 주위의 기압이 1기압($= p_o$)이며 $a_o \gg a$이라 가정하면

$$u_a \approx \left(\frac{2p_o}{3\rho}\right)^{1/2} \left(\frac{a_o}{a}\right)^{3/2} \approx 10 \left(\frac{a_o}{a}\right)^{3/2} \ \mathrm{ms}^{-1} \tag{10.48}$$

이다. 이 결과에 따르면 함몰 중에 증기 방울이 작아지면서 지름방향의 속도가 엄청나게 증가한다. 이 계산과정에서 에너지소산에 의한 효과와 증기 방울 내부에 있는 기체의 효과가 무시되었지만, 증기 방울이 함몰된 후에 함몰중심에서의 에너지밀도가 엄청나게 커서 중심의 온도가 매우 높을 것임을 알 수 있다. 실제의 경우에는 내부 기체의 효과에 의한 증기 방울의 발생과 함몰과정에서 증기 방울의 벽의 이동속도가 소리의 전파속도보다 빨라 충격파가 발생한다. 그리고 함몰하는 동안에 증기 방울 중심에서의 엄청난 에너지밀도에 의해 온도가 5,000°C 정도까지 순식간에 올라간다. 때에 따라서는 증기 방울의 중심에서 순간적으로 빛이 발생하기도 한다. 또한 압력이 수백 기압까지 올라간다.

7.3절에서 정의한 라플라스 압력의 설명에 따르면 프로펠러의 표면에 있는 작은 흠이 핵의 역할을 하여 흠 근처에서 캐비테이션이 일어나겠다. 그러므로 액체와 프로펠러 금속의 경계면 가운데 흠이 있는 곳에서 발생한 반구 모양의 캐비테이션 증기 방울이 함몰할 때는 반구의 중심이 있는 부분이 엄청난 에너지밀도로 인해 금속 표면이 점점 약해져 결국에는 프로펠러에 금이 갈 수 있다. 혹은 이로 인해 흠이 있던 곳을 중심으로 금속 표면이 쉽게 부식된다.

금속제 및 유리제 기구들의 표면에 붙은 이물질의 제거에 쓰이는 **초음파세척기**(ultrasonic cleaner)는 캐비테이션을 이용한 대표적인 기구이다. 물 혹은 용액 속에 피세척물을 넣은 채 초음파 발진기로써 발진을 시키면 용액 속에 매우 작은 기포가 발생하고 이 기포가 피세척물의 표면에 붙은 이물질에 접근하여 기포가 깨어질 때의 충격파로 이물질을 깨어 용액 속으로 부유시켜서 세척하는 효과를 낸다. 여기서 세기가 큰 초음파의 매우

짧은 팽창 주기 동안 액체 분자들 사이의 거리를 증가시켜 발생한 음(negative)의 압력 때문에 캐비테이션이 일어난 것이다.

10.5 침전

유체 속에 부유된 미세입자의 밀도가 유체의 밀도보다 클 때는 입자가 중력 방향으로 하강한다. 이러한 유체-입자 복합계가 용기 속에 들어 있을 때 시간이 충분히 지나 계가 평형상태에 이르면 미세입자의 농도가 용기의 바닥 방향으로 갈수록 증가한다. 이렇게 용기의 바닥 근처에 미세입자가 쌓이는 현상을 **침전**(sedimentation)이라고 한다. 이러한 경우에 침전을 일으키는 힘은 중력이다. 그러나 중력에 의한 효과가 작아서 침전을 일으키기에 적합하지 않을 때나 침전에 걸리는 시간을 줄이고 싶을 때는 전기장이나 원심력을 이용해서 강제적으로 침전 효과를 일으킬 수 있다. 먼저 중력의 효과에 대해서 자세히 설명하고 전기력을 이용한 전기영동과 원심력을 이용한 원심분리 방법을 간단히 설명하겠다.

밀도가 ρ_s 이고 반지름 a 인 구형 입자가 밀도가 ρ_f 이고 점성계수가 μ 인 유체 속에서 위치할 때 입자의 **종단속도**(terminal velocity)는 식 (5.76)에 따르면 다음과 같다.

$$u_T = \frac{2a^2(\rho_s - \rho_f)g}{9\mu} \tag{10.49}$$

공기 중에 반지름이 10^{-5}m인 물방울이 떠 있는 경우를 생각해보자. 이 경우에 물방울의 종단속도는 식 (10.49)를 이용하면 $u_T = 1.2\times10^{-2}\,\mathrm{m/s}$ 정도로 입자의 크기에 비해 매우 빠르다. 이에 반해서 밀도가 $\rho_s = 2700\ \mathrm{kg/m^3}$ 이고 반지름 $a = 10^{-7}$m 인 알루미늄 입자가 물속에 분산된 경우를 생각하면 입자의 종단속도는 $u_T = 4\times10^{-8}\,\mathrm{m/s}$ 로 입자의 크기에 비해 매우 느리다. 높이가 10 cm인 비커를 생각하면 입자들 모두가 바닥에 이르는 데 걸리는 시간은 공기 중의 물방울의 경우는 8초 정도이나 물 속의 알루미늄 입자의 경우는 10개월 가까이 걸린다. 종단속도는 침전의 정상상태 속도이므로 **침전속도**(sedimentation velocity)라고도 불린다.

입자들의 종단속도를 구하는 식 (10.49)는 중력과 점성항력만을 고려했지만, 입자의 크기가 작아지면 9장에서 소개한 열적 효과, 확산에 의한 입자의 이동이 점점 중요해진다.

그러므로 입자가 중력 방향으로 일직선으로 하강만 하는 것이 아니라 마구잡이 방향으로의 요동을 동반한다. 이 현상을 설명하는 방정식은 연습문제 9.8에서 $u_o = -u_T$를 대입하여 구할 수 있다. 입자가 바닥 근처에 이르면 종단속도의 효과는 사라지지만 열적 효과는 여전히 입자에 작용한다. 그러므로 입자는 바닥 근처의 한 위치에서만 머물지 않고 끊임없이 요동한다. 입자의 유효질량을 식 (5.74)를 이용해

$$m_{\rm eff} = \frac{4}{3}\pi a^3(\rho_s - \rho_f) \tag{10.50}$$

로 정의하면 평형상태에서 바닥으로부터의 높이 z에 따른 입자의 농도 분포는 온도가 T인 경우에

$$c(z) = c(0)e^{-m_{\rm eff}gz/k_BT} \tag{10.51}$$

이다[연습문제 10.4 참조]. 여기서 $c(0)$는 바닥에서의 입자의 농도이고 T는 계의 절대온도이다. 이 식에 따르면 주어진 온도에서 입자의 농도는 바닥으로부터 멀어짐에 따라 지수적으로 감소한다. 그러나 온도가 0K 인 경우에는 바탕 유체가 어는 효과를 무시하면 입자는 바닥에만 위치한다. 그러므로 온도가 T인 경우에 **입자들의 평균 높이**는

$$< z > \equiv \frac{\displaystyle\int_0^\infty z\,c(z){\rm d}z}{\displaystyle\int_0^\infty c(z){\rm d}z} = \frac{k_BT}{m_{\rm eff}g} \tag{10.52}$$

이다. 이 식을 이용하면 공기 중에서 반지름 10^{-5}m인 물방울 입자의 평균 높이는 상온에서 $< z > = 10^{-10}$m 로 거의 모든 입자가 용기 바닥에 붙어있다고 말할 수 있다. 이에 반해 밀도가 $\rho_s = 2700\,{\rm kg/m^3}$ 이고 반지름 $a = 10^{-7}$m 인 알루미늄 입자의 경우는 물속에서 평균 높이가 6×10^{-5}m 로 입자의 크기보다 100배 정도 크다. 그렇지만 비커의 크기에 비해 매우 작으므로 바닥에 침전해 있는 것처럼 보인다. 그러나 물과 비슷한 밀도를 가지는 미세입자의 경우에는 유효질량의 크기가 작아서 평균 높이가 비커보다 훨씬 커지기 때문에 실제로 비커 내의 입자의 분포확률은 높이와 관계없이 일정하다. 즉 침전이 일어나지 않고 **분산**(dispersion)효과만 있다. 쉽게 볼 수 있는 예로 고분자로 이루어진 마이크론 크기의 입자들이 액체 속에 분산된 페인트나 우유를 들 수 있다.

그러므로 침전이 생기는지 분산이 생기는지는 분산 입자의 중력에너지와 열에너지의 크기 비를 이용해서 기준을 정할 수 있다. 밀도가 ρ_s이고 반지름 a인 구형 입자가 밀도가

ρ_f 인 바탕 유체에서 높이 a에 위치할 때 중력에너지와 열에너지의 비는

$$\frac{\text{중력에너지}}{\text{열에너지}} = \frac{m_{\text{eff}}ga}{k_BT} = \frac{\frac{4}{3}\pi a^3(\rho_s - \rho_f)ga}{k_BT} \sim \frac{(\rho_s - \rho_f)a^4 g}{k_BT} \tag{10.53}$$

이다. 만일 비중 차이가 $\Delta\rho \equiv \rho_s - \rho_f \sim 1\,\text{g/cm}^3$ 이고 반지름이 $a > 1\mu\text{m}$ 이면 위의 값이 1보다 커지고 중력의 효과가 열적 효과보다 중요해져 입자들이 평균적으로 바닥에 붙어 있으므로 침전이 일어난다고 말 할 수 있다. 이에 반해 같은 비중 차이로 $\Delta\rho \sim 1\,\text{g/cm}^3$ 이지만 $a < 1\mu\text{m}$ 이면 입자들의 평균 위치가 입자의 반지름 a 보다 커서 분산이 일어난다고 말할 수 있다. 비중 차이 $\Delta\rho$가 더 작을수록 분산이 잘 일어난다.

입자의 크기가 작거나 비중 차이 $\Delta\rho$가 너무 작은 경우에는 분산되지만, 침전이 꼭 필요한 경우에는 어떻게 하면 될까? 먼저 온도를 낮추어 열에너지의 크기를 작게 한다. 그러나 온도가 너무 낮으면 바탕 유체가 얼어버려서 곤란하다. 그러므로 중력을 대신해서 큰 크기의 원심력이나 전기력을 유체-입자 복합계에 가해 식 (10.53)의 비를 크게 만들면 된다.

원심력을 이용한 침전

입자의 크기 a가 너무 작거나 비중 차이 $\Delta\rho$가 너무 작으면 열적 효과인 확산 때문에 입자들이 분산되므로 중력을 이용해 입자를 침전시키는 것은 불가능해진다. 이러한 경우에 입자에 원심력이 중력의 역할을 하게 만드는 **원심분리기**(centrifuge)를 이용한다. 이 방법은 분리해야 되는 입자가 분산된 액체가 들어있는 튜브 모양의 용기를 회전시켜서 회전축의 지름방향으로 중력보다 훨씬 큰 원심력을 입자에 가해 지름방향으로 입자를 침전시킨다. 회전속도를 크게 하여 원심력의 크기를 중력보다 수십만 배 정도까지 크게 하고 동시에 튜브 내의 온도를 내려 확산의 효과를 줄인 고성능 원심분리기를 **초원심분리기**(ultracentrifuge)라 한다. 이를 이용하면 바탕 유체와 분산입자 사이의 비중차가 매우 작은 경우에도 강한 원심력에 의해 지름방향으로 입자를 침전시킬 수 있다. 그리고 또한 비슷한 크기의 비중이나 모양을 가진 다른 입자들을 분리하기 위해 이 방법을 이용하면 입자들의 침강속도에 차등을 가져와 입자들을 효과적으로 분리할 수 있다.

그림 10.11은 원심분리기의 일반적인 구조이다. 그림자가 있는 직사각형은 용액이 들어 있는 튜브이다. 튜브를 회전 평면에 나란하게 위치하고 회전시키면 튜브의 장축이 회

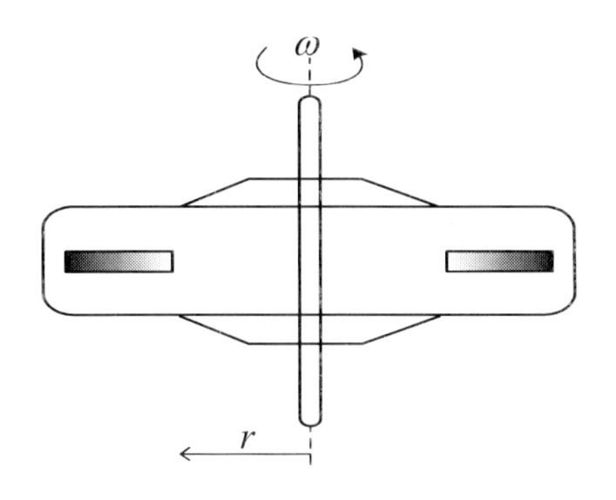

그림 10.11 원심분리기의 구조

전계의 지름방향에 나란해진다. 그러므로 튜브 내의 용액에 분산된 입자들이 지름방향의 원심력을 느낀다. 연습문제 10.5는 원심분리기에서 침강속도와 원심분리 후에 동역학적 평형상태에서 입자들의 분포를 논의하고 있다.

전기력을 이용한 침전

단백질이나 DNA를 효과적으로 분리하는 대표적인 방법이 **전기영동**(electro-phoresis, 전기이동)이다. 이 방법은 한천과 같은 겔(gel) 상태의 통기성 물질을 통해 전하를 띠고 있는 단백질이나 DNA를 분자의 성질에 따라 다른 속도로 침전시키는 장치이다. 일반적으로 일정한 pH의 **완충용액**(buffer)을 바탕 액체로 사용한다. 이 방법은 바탕 액체의 양단에 전압 차이를 가해서 바탕 액체 속에 분산된 전하를 띤 거대 분자들이 통기성의 미로를 통해 한 방향으로 이동을 할 때 분자의 크기와 전하량에 따라 주어진 시간 동안 전기장 방향으로 침강하는 정도가 달라지는 것을 이용한다. 이는 그림 5.24(a)에서 소개한 **밀리컨의 기름방울 실험**과 비슷하다. 중요한 차이는 중력보다 전기력의 크기가 훨씬 커서 중력을 무시할 수 있고 관심 있는 입자들이 바탕 액체가 들어찬 통기성 미로 속에 부유하고 있다. 그림 10.12는 이 장치의 얼개이다. 여기서는 시료로 사용된 거대 분자가 음의 표면 전하를 띤 경우로 전기장에 의해 양의 전극 쪽으로 이동한다. 표면 전하의 크기가 클수록 그리고 분자의 크기가 작을수록 빨리 이동한다. 여러 가지 종류의 거대 분자를 사용하면 같은 종류끼리는 같은 속도로 무리를 지어 이동을 하므로 전기장 방향으로 겔 위에 여러 개의 띠 모양의 조각을 만든다. 전기영동은 초원심분리와 더불어 거대 분자의 분석과 분리에 이용하는 가장 중요한 분석 방법 가운데 하나다[연습문제 5.6과 연습문제 9.8 참조].

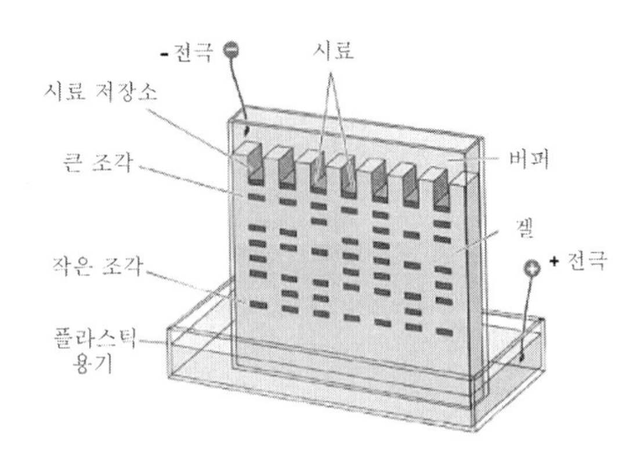

그림 10.12 전기영동장치의 구조

10.6 미세한 크기 액체계에서의 흐름

액체의 경우에 이웃하는 구성 분자들 간의 평균 거리가 4Å 정도이므로 유체입자의 최소 크기가 수 nm 정도로 가정할 수 있다[1.4절 참조]. 그러므로 1μm 정도 크기의 액체계에서는 나비에-스토크스 방정식을 적용하는 데 문제가 없다. 마이크론 크기의 계에서 일어나는 액체의 흐름은 최근까지도 기술적인 어려움 때문에 실험적으로 확인이나 응용이 어려웠지만, 반도체 기술의 발달에 부수된 미세가공기술, 광학현미경, 다중초점현미경(confocal microscope), 원자현미경(AFM, atomic force microscope), 레이저 등의 덕분에 큰 진전을 이루게 되었다.

미세한 생물이 느끼는 유체

사람이 물에서 수영할 때는 Re $\sim 10^4$ 정도이고 금붕어가 어항에서 헤엄칠 때는 Re $\sim 10^2$ 정도이다. 그림 10.13(a)에서와 같이 길이 1 cm 정도의 가리비를 생각해보자. 이 조개는 이동할 때 입을 열어 물을 천천히 빨아 들였다가 일순간에 입을 닫으면서 물을 내뿜어서 운동량을 발생시킨다. 이로 인한 순간적인 힘이 관성의 효과로 인해 한 방향으로 전진한다. 그런 후에 입을 다시 여닫는 반복적인 과정을 계속한다. 이 경우에 속도가 수 cm/s 정도이므로 Re 수는 약 100 정도이다.

그러면 박테리아와 같이 매우 작은 생물체는 어떻게 이동할까? 예를 들어 1μm 정도

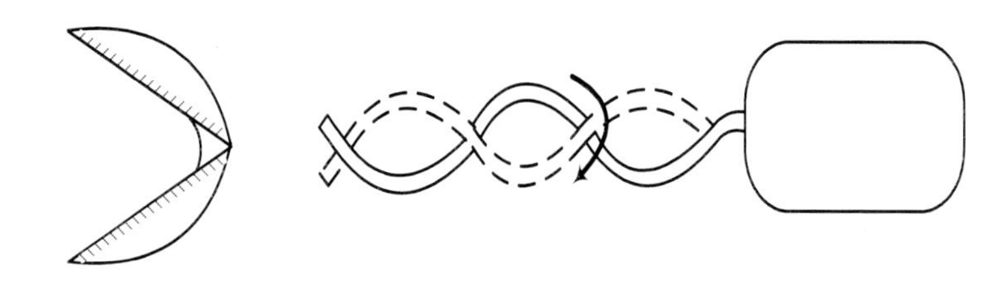

(a) 가리비(Re $\approx$ 100) **(b)** 박테리아(Re $\approx 3\times10^{-5}$)

그림 10.13 크기에 따른 생물체의 이동방법

크기의 박테리아는 물속에서 보통 30 μm/sec의 속도로 움직인다. 이때 Re 수는 3×10^{-5}로 Re $\ll$ 1이므로 공간 관성력 $\rho(\boldsymbol{u}\cdot\nabla)\boldsymbol{u}$ 보다 점성력 $\mu\nabla^2\boldsymbol{u}$의 크기가 훨씬 크므로 공간 관성력항을 무시할 수 있다. 박테리아가 유체 속에서 움직일 때 관성력의 역할이 얼마나 미미한지를 설명하기 위해 예를 들어 보자. 점성계수가 μ인 유체 속에 질량이 m인 박테리아의 1차원 운동을 기술하는 데 있어 Re $\ll$ 1 이므로 공간 관성력항을 무시하고 시간 관성력항만 고려한 식(5.72)의 **스토크스 법칙**을 사용하자.

$$m\frac{\mathrm{d}u}{\mathrm{d}t} = -6\pi a\mu u \tag{10.54}$$

초기의 속도가 u_o라면 다른 외력이 없으므로 박테리아 입자의 시간에 따른 속도의 변화는

$$u(t) = u_o e^{-\frac{6\pi a\mu}{m}t} \tag{10.55}$$

이다. 그리고 박테리아 입자가 유체의 점성 성질에 의해 임의의 초기속도 u_o에서 $u_o e^{-1}$로 감속하는 데 걸리는 특성시간은 $\tau = \dfrac{m}{6\pi a\mu}$이다. 그러므로 박테리아 입자를 u_o의 속도로 밀다가 멈추면 입자가 정지할 때까지(특성시간 동안) 이동한 특성 거리는 $\lambda = u_o\tau = \dfrac{mu_o}{6\pi a\mu}$이다.

위에서 언급한 1 μm 크기의 박테리아의 경우는 u_o= 30 μm/sec이고 a= 1 μm 이므로, τ= 0.3 μsec이고 λ= 0.1 Å이다. 그러므로 만일 박테리아가 가리비처럼 물속에서 움직인다면 원자의 크기보다도 훨씬 짧은 거리인 0.1 Å를 움직인 후 유체의 점성력에 의해 정지한다. 그러므로 관성력의 영향은 0.3 μsec 이후에는 무시할 수 있다. 즉 Re 수가 1보다 훨씬 작은 경우에는 관심 있는 물체의 유체역학적 이동은 가해진 힘이 작용하는 순간에만 유효하다. 즉 거시적 운동에너지는 순간적으로 열에너지로 소산된다. 그러므로 과거

에 가한 힘은 지금 순간의 이동속도에 전혀 영향을 못 미친다. 이러한 계를 **과감쇠계**(overdamped system)라 한다.

박테리아는 가리비와 같은 방법으로 스스로 만든 순간적인 힘으로는 앞으로 나갈 수 없으므로 추진하는 힘을 연속적으로 가해야 한다. 그리고 $\mathrm{Re} \ll 1$ 이므로 식 (5.58)의 기어가는 흐름방정식을 사용해야 한다.

$$\nabla p = \mu \nabla^2 \boldsymbol{u} \tag{10.56}$$

이 식은 간단한 선형방정식이고 시간에 대한 항이 없다. 즉 스토크스 흐름에서는 모든 운동이 시간에 대해서 대칭이다. 그러므로 압력구배의 방향을 반대 방향으로 바꾸더라도 흐름선의 분포는 바뀌지 않고 단지 흐름의 방향만 바뀐다. 그러므로 박테리아가 끊임없이 힘을 가해 몸을 비틀면서 반복적인 운동을 해도 시간에 대해 대칭적인 운동을 하면 전혀 앞으로 나아갈 수가 없다. 그러므로 $\mathrm{Re} \ll 1$ 인 경우에는 반복적이지만 시간에 대해 비대칭적인 운동을 하여야만 앞으로 나아갈 수 있다. 실제로 박테리아는 자기 몸에 붙은 편모(flagellum)들이 코르크 마개를 여는 코르크스크루(corkscrew)처럼 나선 방향으로 한 방향으로만 돌면서 앞으로 나아가므로 Re 수가 작아서 관성력의 크기가 작아도 시간에 대해 대칭인 운동을 하지 않아 바탕 액체 속에서 움직일 수 있다[그림 10.13(b) 참조]. 이것은 퍼셀(Edward Mills Purcell, 1912~1997)이 1977년에 제안했으며 **가리비 정리**(Scallop theorem)로 알려져 있다.

참고

가리비 정리

가리비의 경우에 바탕 액체의 점도를 높이든지 조개의 크기를 줄여서 $\mathrm{Re} \ll 1$인 조건을 만들었다고 가정해보자. 이때는 경첩을 축으로 하여 입을 여닫아도 모든 운동이 시간에 대한 대칭이므로, 입을 열 때는 앞으로 갔다가 입을 닫을 때는 뒤로 돌아가 원위치하는 반복 운동만 되풀이 하여 한 방향으로 움직일 수 없다. 만일 바탕 액체가 비선형 점탄성 유체라면 $\mathrm{Re} \ll 1$이고 시간에 대해 대칭인 운동의 경우라도 가리비 정리가 적용되지 않고 한 방향으로 움직일 수 있다. 사람의 경우에는 바탕 액체의 점도를 높이든지 하여 $\mathrm{Re} \ll 1$이라 하더라도 수영하는 동안 팔과 다리의 운동이 시간에 대한 비대칭이므로 앞으로 진행한다. 참고로 시럽을 가득 채운 수영장에서 수영하는 실험에서 시럽의 점성에 의한 항력에 의해 진행 속도가 느려지는 만큼 바탕 액체가 단단해지면서 손바닥으로 물을 긁었을 때 몸이 앞으로 나아가는 능력이 향상돼서 실제로 진행하는 수영 속도는 보통의 물속에서 수영할 때와 비슷했다.

분자 크기의 입자가 물속에서 움직이는 경우를 생각해보자. 일반적인 단백질 분자는 크기가 $a = 10^{-8} \sim 10^{-9}\,\mathrm{m}$ 정도이고 생체계의 바탕 액체인 물속에서 움직인다. 이 경우에 단백질 분자의 특성확산시간은 식 (9.39)와 식 (9.48)에 의해

$$\tau_c = \frac{a^2}{D} \tag{10.57}$$

이고 $D = k_B T / 6\pi\eta a$ 이다. 물속에 있는 지름이 $10^{-9}\,\mathrm{m}$인 입자의 경우에 상온에서 확산계수는 $D = 2 \times 10^{-10}\,\mathrm{m^2/s}$ 이므로 입자 자신의 크기만큼 확산하는 데 걸리는 특성확산시간은 위의 식을 이용하면 $5 \times 10^{-9}\,\mathrm{sec}$로 매우 짧다. 그러나 입자의 크기가 극히 작으므로 $\mathrm{Re} \ll 1$ 이 되어 입자가 자신의 힘을 이용해서 자신의 크기만큼 이동하는 데 걸리는 시간은 확산으로 이동하는 시간보다도 훨씬 길다. 이에 반해 위에서 설명한 박테리아는 입자의 크기가 훨씬 큰 $\mu\mathrm{m}$ 정도이므로 자신의 힘으로 자신의 크기만큼 이동하는 데 걸리는 시간보다 확산하는 데 걸리는 시간이 길다. 그러므로 분자 크기의 생물체는 확산의 효과가 너무 커서 유체역학적인 방법으로는 스스로 이동할 수 없다. 분자 크기의 생물체의 경우는 여기에서는 설명하지 않지만, 완전히 다른 원리로 작동하는 **분자모터**(molecular motor)를 이용하여 이동한다.

10.7 미세유체학

현대에 과학기술의 발달로 마이크론 크기의 장치를 만들 수 있게 되자 이를 이용하여 미세한 유체계에서 사용하려는 시도가 많아졌다. **미세유체학**(microfluidics)은 매우 작은 부피의 유체를 이용한 실용적인 응용에 관련된 학문으로 공학, 물리, 화학, 나노공학, 바이오공학 등에 관련되어 있다. 특히 최근에는 **생명과학**(biological science)과 **나노과학**(nano science) 분야가 합쳐진 **나노-바이오 과학**(nano-bio science)이라는 새로운 융합 분야의 중요한 연구, 응용 방법으로 이용되고 있다.

계의 크기가 매우 작아서 Re 수가 1보다 훨씬 작은 경우에는 점성력이 관성력보다 커서 난류는 없고 층류만 존재하므로 9.7절에서 설명한 이유로 인해 확산만이 혼합(mixing)의 중요한 수단이 된다. 또한 계의 크기가 작으므로 부피에 비해 표면의 효과가 중요해져 표면장력의 크기가 중요한 역할을 한다. 만일 유체에 전하가 포함되어 있거나 유체 속에

있는 미세입자가 전기를 띠고 있는 경우에는 전기적인 힘을 이용하여 흐름을 제어할 수 있다. 아래는 이러한 미세유체학을 이용한 몇 가지 중요한 예들이다.

전기유체역학

미세유체에서는 많은 경우에 전자기장과 유체의 상호작용 때문에 흐름이 발생한다. 이렇게 전자기장에 의한 흐름의 연구를 **전기유체역학**(electro-hydrodynamics)이라 한다. 전자기장이 흐름에 영향을 주는 방법은 체적력에 전자기력이 포함된 경우이다. 질량밀도가 ρ이고 전하밀도가 ρ_{el}인 유체에 전기장 $\boldsymbol{E}$와 자기장 $\boldsymbol{B}$이 가해진 경우에 비압축성 선형유체의 나비에-스토크스 방정식인 식 (3.7)은 다음과 같이 변한다.

$$\rho\frac{\partial \boldsymbol{u}}{\partial t}+\rho(\boldsymbol{u}\cdot\nabla)\boldsymbol{u} = -\nabla p+\mu\nabla^2\boldsymbol{u}+\rho\boldsymbol{g}+\rho_{\text{el}}\boldsymbol{E}+\rho_{\text{el}}\boldsymbol{u}\times\boldsymbol{B} \tag{10.58}$$

이 식에서 체적력은 중력($\rho\boldsymbol{g}$), 전기력($\rho_{\text{el}}\boldsymbol{E}$), 자기력($\rho_{\text{el}}\boldsymbol{u}\times\boldsymbol{B}$)이다.

미세유체계에서 전기유체역학의 대표적인 예가 앞에서 논의한 전기영동을 이용한 침전이다. 전기영동에서 사용된 입자는 일반적으로 진공 중에서도 전하를 띤다. 그러나 진공 중에서는 전하를 띠지 않아서 전기장 아래에서도 입자가 전기력을 받지 않지만, 액체 내에서는 입자가 전하를 띠기 때문에 전기장을 가하면 전기력을 받게되어 입자가 이동하는 경우가 있다.

소금과 같은 **전해질**(electrolyte)을 물에 녹이면 전해질은 양이온과 음이온으로 분리되어 전기가 통하는 전해질 용액이 된다. 전해질 용액이 고체 표면과 접하면 이온과 고체 표면과의 친화성에 따라 전기적으로 중성인 고체 표면이 양이온과 음이온 가운데 어느 한쪽과 선택적 흡착을 하여 고체 표면이 전하를 띨 수 있다. 다른 경우로는 고체 표면에 있는 분자들이 해리하여 고체 표면이 한쪽 극성의 전하를 띠고 이와 반대 극성의 이온들이 떨어져 나가 용액으로 이동한다. 이 두 경우에 용액 내의 이온들과 고체 표면과의 전기적인 힘에 의한 이온의 분포는 주어진 온도 T의 평형상태에서 특별한 농도분포를 이룬다. 원자가 $+Z$인 양이온과 $-Z$인 음이온의 경우를 생각하면 평형상태에서 평평한 고체 표면에서 수직으로 z만큼 떨어진 위치에서 **평형 이온 농도분포**는

$$c_{\pm}(z) = c(0)e^{\mp Ze\psi(z)/k_BT} \tag{10.59}$$

이다. 여기서 $c_+(z)$는 양이온의 농도분포이고 $c_-(z)$는 음이온의 농도분포이다. 그리고

$\psi(z)$은 위치 z에서의 전기퍼텐셜, $c_{\pm}(\infty) = c_o$는 고체 표면에서 멀리 떨어져 표면의 영향을 받지 않는 곳의 농도이고 $\psi(\infty) = 0$의 경계조건을 가진다. 그러므로 위치 z에서의 **평형전하밀도**는

$$\rho_{\mathrm{el}}(z) = Ze\left[c_+(z) - c_-(z)\right] = -2Ze\,c_o \sinh\left[\frac{Ze}{k_B T}\psi(z)\right] \tag{10.60}$$

이다. 그림 10.14(a)와 (b)는 고체 표면이 음전하를 띠고 있는 경우로 표면 근처의 용액에서는 $c_+(z) > c_-(z)$이겠다. 전자기학의 기본방정식인 **맥스웰 방정식**(Maxwell equation)에 따르면 유전율이 ε인 용액에서 전하밀도 ρ_{el}에 의한 전기퍼텐셜의 분포 $\psi(z)$는 **푸아송 방정식**(Poisson equation)을 따른다.

$$\frac{\partial^2 \psi(z)}{\partial z^2} = -\frac{\rho_{\mathrm{el}}(z)}{\varepsilon} = \frac{2Ze\,c_o}{\varepsilon}\sinh\left[\frac{Ze}{k_B T}\psi(z)\right] \tag{10.61}$$

$z = 0$에 위치한 xy 면에 고체 표면이 무한대로 펼쳐져 있고 고체 표면의 전기퍼텐셜이 $\psi(0) \equiv \zeta$라고 하자. 그리고 전해질이 $z > 0$에만 있다고 하면 위의 식으로부터 위치에 따른 전기퍼텐셜 $\psi(z)$을 구할 수 있다.

$$\psi(z) = \frac{4k_B T}{Ze}\operatorname{arctanh}\left[\tanh\left(\frac{Ze\zeta}{4k_B T}\right)\exp\left(-\frac{z}{\ell_D}\right)\right] \tag{10.62}$$

여기서

$$\ell_D \equiv \sqrt{\frac{\varepsilon k_B T}{2}(Ze)^2 c_o} \tag{10.63}$$

는 **디바이 길이**(Debye length)로서 $\psi(\ell_D) = \zeta e^{-1}$에 해당한다. 이 길이는 고체 표면의 전하분포에 의해 발생한 정전기력이 용액에 미치는 특성 길이다. 그림 10.14(c)는 위치에 따른

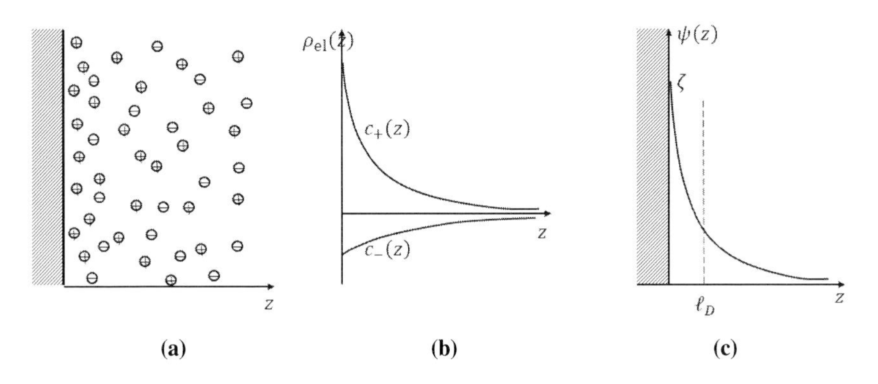

그림 10.14 고체 표면 근처에서의 이온들의 분포(a, b)와 전기퍼텐셜(c)

전기퍼텐셜이다.

> **참고** **전기퍼텐셜**
>
> 일반적으로 디바이 길이보다 짧은 거리에 위치한 이온들이 느끼는 전기에너지의 크기는 열에너지의 크기보다 매우 작다($Ze\zeta \ll k_BT$). 이 경우에는 식 (10.62)의 위치에 따른 전기퍼텐셜은 다음과 같이 간단해진다.
>
> $$\psi(z) = \frac{4k_BT}{Ze}\operatorname{arctanh}\left[\tanh\left(\frac{Ze\zeta}{4k_BT}\right)\exp\left(-\frac{z}{\ell_D}\right)\right] \approx \zeta\exp\left(-\frac{z}{\ell_D}\right) \qquad (10.64)$$

전기삼투 흐름

3.5절에서 소개한 2차원 채널흐름에서는 압력차 Δp에 의해서 포물선 모양의 푸아죄유 흐름이 발생한다. 만일 흐름의 양단에 압력차가 아닌 외부에서 가한 전기퍼텐셜의 차 ΔV가 주어지면 어떤 일이 발생할까? 채널의 위와 아래의 경계면인 고체 표면 근처의 액체 속에 분포하고 있는 전하밀도 $\rho_{el}(z)$인 이온들이 전기퍼텐셜의 차에 의한 전기장 $E_{ext}\hat{x}$에 의해 전기력을 받아 **전기삼투 흐름**(electro-osmotic flow)이 발생한다[그림 10.15 참조]. 이때 나비에-스토크스 방정식은 다음과 같다.

$$\rho\frac{\partial \boldsymbol{u}}{\partial t} + \rho(\boldsymbol{u}\cdot\nabla)\boldsymbol{u} = \mu\nabla^2\boldsymbol{u} + \rho_{el}E_{ext}\hat{x} \qquad (10.65)$$

채널의 높이 h가 디바이 길이 ℓ_D보다는 훨씬 큰 경우를 생각해보자($h \gg \ell_D$). 이 채널 흐름은 흐름이 x방향의 전기장에 의해 발생하므로 유체의 속도가 x방향 성분만 있는 2차원 흐름이므로 정상흐름의 경우 위의 식은 연속방정식 (3.6)과 식 (10.61)을 이용하여 다음과 같이 적을 수 있다.

$$0 = \mu\frac{\partial^2 u}{\partial z^2} - \varepsilon\frac{\partial^2\psi}{\partial z^2}E_{ext} \qquad (10.66)$$

점착 조건인 $u(z=\pm h/2)=0$과 $\zeta=\psi(z=\pm h/2)$을 이용하면 흐름속도는

$$u(z) = \frac{\varepsilon E_{ext}}{\mu}\left[\psi(z)-\zeta\right] \qquad (10.67)$$

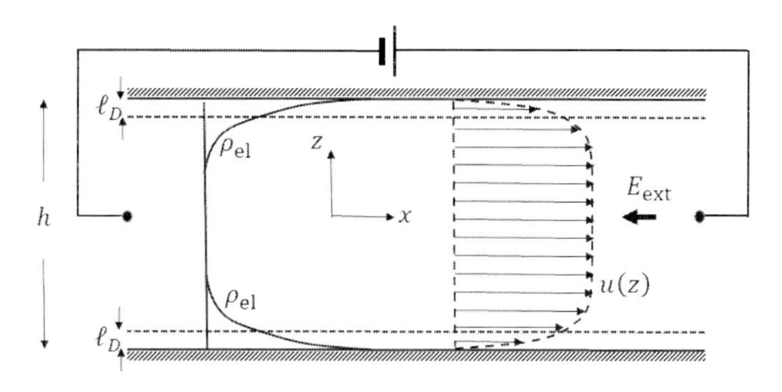

그림 10.15 채널흐름에서 전기삼투속도의 분포

이다. 고체 표면이 $z=\pm h/2$에 위치하는 것을 고려하여 좌표이동을 하면 식 (10.64)의 전기퍼텐셜을 아래와 같이 고칠 수 있다.

$$\psi(z)=\zeta\frac{\cosh(z/\ell_D)}{\cosh(h/2\ell_D)} \tag{10.68}$$

식 (10.64)는 $Ze\zeta \ll k_BT$인 경우임을 유의하면 흐름속도는

$$u(z)=-\frac{\varepsilon\zeta E_{\text{ext}}}{\mu}\left[1-\frac{\cosh(z/\ell_D)}{\cosh(h/2\ell_D)}\right]=u_{\text{eo}}\left[1-\frac{\cosh(z/\ell_D)}{\cosh(h/2\ell_D)}\right] \tag{10.69}$$

이다. 여기서

$$u_{\text{eo}}=-\frac{\varepsilon\zeta}{\mu}E_{\text{ext}}=u|_{z=0} \tag{10.70}$$

은 채널의 중간에서 흐름속도로 **전기삼투속도**(electro-osmotic velocity)라 한다. 여기서 $\zeta<0$을 가정했으므로 전기삼투속도는 양의 값을 가진다[그림 10.14(c) 참조]. 그림 10.15는 이에 해당하는 전기삼투흐름을 보인다. 이를 이용하여 **전기삼투펌프**(electro-osmotic pump)를 만들어 유체를 이동하기도 한다. 이 원리를 이용한 **모세관 전기이동**(capillary electrophoresis)장치는 이온을 띤 물질을 분리하는 데 사용한다. 이 방법은 전기영동과 **액체 크로마토그래피**(liquid chromatography)의 장점을 결합한 것이다.

참고 **디바이 길이와 전기차폐**

진공 중에서도 전하를 띠는 작은 입자가 전해질 용액 속에 있는 경우에는 입자를 둘러싸고 있는 반대 극성의 이온들의 분포로 원래 띠고 있던 전하들의 정전기력이 부분적으로 **차폐**(screening)되어 전하의 전기적 효과는 감소한다. **디바이 길이**(Debye length)는 정전기력이 미치는 특성 길이이다. 그러므로 외부에서 전기장을 가해도 비전해질 용액 속의 입자에 비해 전해질 용액 속에서는 전기력의 영향이 감소하여 입자의 이동이 달라진다. 그러므로 전기영동의 완충용액에 전해질이 포함되어 있을 때는 앞에서 소개된 것보다 흐름의 예측이 단순하지 않다.

유전영동

전하를 띤 입자나 유체는 전기장을 가해 전기영동이나 전기삼투흐름을 통해 흐름을 만들 수 있지만, 전기적으로 중성인 입자는 일정한 크기의 전기장에서 힘을 받지 않는다. 그러나 전기장의 크기가 공간적으로 불균일하고 입자가 전기쌍극자모멘트 $\boldsymbol{p}$를 가지고 있는 경우에는 입자는

$$\boldsymbol{F}_{\text{dip}} = \boldsymbol{p} \cdot \nabla \boldsymbol{E} \tag{10.71}$$

의 힘을 받는다. 여기서 $\nabla \boldsymbol{E}$는 전기장의 공간적 불균일 정도를 나타내는 전기장구배다. 이러한 경우에 전기쌍극자모멘트의 성질이 서로 다른 미세입자들은 받는 힘의 크기가 달라 이동속도가 같지 않다. 이 원리를 이용하여 액체 속에 있는 미세입자나 생체 세포를 분리하고 이동하는 것을 **유전영동**(dielectrophoresis)이라 한다.

비슷하게 공간적으로 균일하지 않은 자기장 아래에서 자성물질로 이루어진 입자는 힘을 받는다. 이 현상을 **자화영동**(magnetophoresis)이라 한다.

광학집게

광학집게(optical tweezers)는 레이저의 강한 빛을 이용하여 작은 입자나 거대 분자에 힘을 가하고 작은 생물체가 가진 힘을 분석하는 데 유용한 방법이다. 유전상수의 크기가 바탕 액체의 것보다 크면서 $1 \sim 10\,\mu\text{m}$ 정도 크기의 구형 입자가 레이저광의 초점 근처에 있을 때 광학집게는 입자에 **광압에 의한 힘**(optical pressure force)을 가해 입자를 초점의 위치로 당긴다. 초점으로부터 입자까지 거리가 Δx라고 할 때 입자가 느끼는 힘은

$-k_{\mathrm{op}}\Delta x$의 복원력이다. 여기서 k_{op}는 레이저광의 공간구배에 의해 발생한 스프링 상수이다. 이때 관련된 힘의 크기는 피코 뉴턴(10^{-12}N) 정도로 너무 작아 일반적으로 측정이 거의 불가능하나 유체역학을 이용하면 가능하다. 만일 반지름 a인 입자에 흐름속도 U의 스토크스 흐름을 광압에 의한 힘의 반대 방향으로 입자에 가해 역학적 평형을 이루게 하면

$$-k_{\mathrm{op}}\Delta x = 6\pi\eta a U \tag{10.72}$$

을 만족하므로, 광학집게가 입자에 가하는 힘의 크기를 실험적으로 측정할 수 있다. 이 장치는 생체분자들 사이의 힘을 측정하는데 많이 사용된다. 광학집게를 처음 만든 애쉬킨(Arthur Ashkin, 1922~2020)은 이에 대한 공로로 노벨물리학상을 받았다. 최근에는 비슷한 개념으로 자기장을 이용한 **자기집게**(magnetic tweezers)도 많이 이용된다. 이들 장치의 응용은 광학과 유체역학, 그리고 생명과학이 결합한 좋은 예이다.

중합효소연쇄반응

DNA를 증폭시키는 **중합효소연쇄반응**(PCR; Polymerase Chain Reaction)을 생각해보자. 이 장치는 서로 꼬인 2개의 가닥 구조 DNA가 들어있는 바탕 액체의 온도를 올려 꼬인 것을 풀고, 분리된 2개의 가닥 DNA를 각각 생화학적으로 복사한 후에 온도를 내려 꼬인 구조상태의 DNA를 2개 만든다. 이 과정을 되풀이하여 DNA를 증폭시킨다. 현재의 PCR 장비는 시료가 들어있는 용기의 크기가 DNA의 크기에 비해 엄청나게 커서, DNA 증폭을 위한 온도 변화를 빠른 속도로 할 수 없다. 그러므로 작은 양의 DNA가 있을 때는 DNA 증폭이 비효율적이다. 만일 마이크론 환경에 있는 DNA를 준비할 수 있다면 온도를 빨리 바꿀 수 있으므로 짧은 시간에 대량으로 DNA를 증폭할 수 있겠다. 또한 바탕 액체 내에 들어있는 지름이 2nm이면서 길이가 수 μm에서 수 m에 이르는 다양한 DNA를 분리하기 위해서는 유체 흐름을 이용하는 것이 중요한 방법이다. 그러나 미세유체계에서 압력경도력을 이용해 유체의 흐름을 발생시키는 것이 기술적으로 거의 불가능하므로 [다시의 법칙을 생각해보자] 대신에 **동전기력**(electrokinetic force)을 이용하여 흐름을 만드는 것은 가능하다.

미세전자기계시스템

잉크젯 프린터(ink jet printer)의 **프린트 헤드**(print-head)에는 매우 작은 잉크 방울을 내뿜는 미세한 노즐이 있다. 헤드가 노즐 내의 잉크를 급격하게 가열하면 잉크가 기화하면서 부피팽창을 하여 노즐 밖으로 유출되어 인쇄용지 위에 안착하면 즉시 증발하면서 용지에 인쇄된다. 잉크가 유출된 즉시 노즐 내의 온도가 내려가서 노즐 내의 남은 잉크 기체가 잉크 액체로 변하면서 모세관현상에 의해 잉크저장소에서 잉크를 빨아올려 노즐에 잉크를 충전한다. 그런 후에 다시 위의 과정을 반복한다. 일반적인 프린트 헤드에는 이러한 노즐이 수백 개가 있어 각 노즐이 한 개의 픽셀(pixel)을 이룬다. 한 개의 픽셀이 차지하는 크기는 머리카락 굵기의 1/10 정도까지 될 수 있다. 이러한 모든 과정은 전자적으로 제어된다. 이러한 가열식 잉크젯 프린터는 유체역학과 전자공학이 결합한 **미세전자기계시스템**(MEMS; Micro Electro Mechanical Systems)의 대표적인 예이다.

10.8 나노미터 크기 계에서의 흐름

1.4절에 따르면 기체를 이루는 분자의 평균 자유거리인 ℓ_{ave}의 크기가 관심 있는 계의 크기 L과 비슷하거나 크면 더 이상 유체역학을 적용할 수 없다. 이런 경우에는 국부적인 열적 평형의 가정을 할 수도 없고 응력텐서와 속도구배텐서 사이의 선형관계를 사용할 수도 없다. 그리고 흐름속도, 압력, 온도 등의 물리량들이 연속적으로 바뀌지 않는다. 또한 전통적인 점착 경계조건을 사용할 수 없다. 이러한 크기를 **크누센 영역**(Knudsen regime)이라 부른다. 이러한 영역에서는 기체 입자의 움직임이 불연속적이며 음파가 존재할 수 없다. 상온 1기압에서 공기의 평균 자유거리는 $\ell_{\text{ave}} \sim 10^{-7}$ m이고, 10^{-3} 기압에서 $\ell_{\text{ave}} \sim 0.1$ mm로서 눈으로 볼 수 있는 크기이다.

기체의 경우에 평균 자유거리와 관심 있는 계의 크기의 비로서 무차원계수인 **크누센 수**(Knudsen number)를 정의한다.

$$\text{Kn 수} = \frac{\ell_{\text{ave}}}{L} \tag{10.73}$$

일반적으로 $\text{Kn} < 10^{-3}$이면 나비에-스토크스 방정식과 점착 조건을 잘 적용할 수 있다. $10^{-3} < \text{Kn} < 10^{-1}$이면 구성 분자들의 희박한 밀도가 흐름에 영향을 미치기 시작

한다. 이 영역에서는 나비에-스토크스 방정식을 적용할 수는 있다. 경계로부터 멀리 떨어진 곳은 연속의 개념이 잘 적용된다. 그러나 경계에 가까운 곳에서는 분자의 성질이 중요해져 분자들이 경계의 표면을 따라서 미끄러질 수 있으므로 경계에서의 온도 정의가 모호해진다. $10^{-1} < Kn < 10$에서는 나비에-스토크스 방정식이 들어맞지 않기 시작한다. 그러므로 이 영역에서는 컴퓨터를 이용한 **몬테카를로 시뮬레이션**(Direct Simulation Monte Carlo; DSMC) 방법을 주로 사용하여 흐름을 연구한다. 그리고 $Kn > 10$ 에서는 연속의 개념은 완전히 사라지고 분자들의 충돌도 거의 없으므로 **자유분자 흐름**(free molecular flow)으로 다룬다.

액체의 경우에는 분자의 운동에너지가 매우 작고 분자 사이의 평균 거리가 $r_o \sim 4$ Å정도로 작으므로 분자의 평균 자유거리의 크기를 정의하기가 곤란하다. 그렇지만 기체에서 정의된 평균 자유거리의 역할을 하는 크기는 액체에서는 4 Å 정도라고 가정할 수 있을 것이다. 액체의 경우는 기체와 달리 평균 자유거리를 명확하게 정의할 수 없으므로 이러한 경우에 크누센 수를 정의하지 않는다. 그리고 계의 크기가 100나노미터(nm) 이하이면 미세유체와 MEMS 대신에 **나노미세유체**(nanofluidics)와 **NEMS**(Nano Electro Mechanical systems)라는 말을 사용한다. 일반적으로 액체계의 크기가 10nm 이상이면 나비에-스토크스 방정식과 점착 조건을 사용할 수 있다. 그러나 그 이하의 크기에서는 액체분자와 경계면을 이루는 분자들 사이의 상호작용이 중요해진다. 액체계의 층밀리기 속도구배의 크기, 고체 경계면에 대한 액체의 젖음 정도, 표면의 매끄러운 정도 등에 따라 점착 조건이 깨어지는 공간의 길이가 달라진다. 이에 대해 **원자현미경**(AFM, Atomic Force Microscope) 등을 이용한 실험적인 연구가 활발하나 현재의 과학기술로는 아직도 어려움이 많다. 대신에 이 영역에서의 연구는 컴퓨터를 이용한 **분자동역학 시뮬레이션**(molecular dynamics simulation; MD) 방법을 주로 사용하고 있다.

연습문제

10.1 스핀코팅

자유표면을 가진 액체박막의 흐름을 기술한 10.1절의 내용과 비슷한 방법으로 스핀코팅의 경우에 일정한 각속도 ω로 회전하고 있는 평평한 기판 위에 올려 있는 액체박막의 흐름을 기술하자.

(a) 회전계에서의 나비에-스토크스 방정식인 식 (8.12)에서 관성력, 중력에 의한 정수압력 효과, 그리고 코리올리힘을 무시하고 모세관 힘을 더하면 정상흐름의 경우에

$$-\nabla\frac{\gamma}{R}+\mu\nabla^2\boldsymbol{u}-\rho\boldsymbol{\omega}\times(\boldsymbol{\omega}\times\boldsymbol{r})=0$$

이다. 원기둥 좌표계를 이용하면 두께가 h인 액체박막에서 지름방향 속도 성분은

$$u_r=\frac{1}{\mu}\left(\rho\omega^2 r-\nabla\frac{\gamma}{R}\right)\left(hz-\frac{1}{2}z^2\right)$$

이고 단위 시간당 지름방향으로 흘러가는 유체의 부피가

$$q_r=\int_0^h u_r\,\mathrm{d}z=\frac{1}{3\mu}h^2\left(\rho\omega^2 r-\nabla\frac{\gamma}{R}\right)$$

임을 보여라.

(b) 액체박막의 총부피는 보존되므로

$$\frac{\partial h}{\partial t}+\frac{1}{r}\frac{\partial}{\partial r}(rq_r)=0$$

인 관계를 이용하고 모세관 힘을 무시하면 두께가 $h(t)$이고 반경이 $R(t)$인 원반에서

$$h(t)=\left(\frac{3\mu}{4\rho\omega^2 t}\right)^{1/2}$$

$$R(t)\propto t^{1/4}$$

임을 보여라. 그러므로 코딩되는 액체박막의 두께는 $t^{-1/2}$에 따라 감소하고 반지름은 $t^{1/4}$에 따라 증가한다.

10.2 윤활 이론

그림 10.1에서 두 판 사이의 거리가 다음과 같이 선형적으로 변하는 경우를 생각해보자.

$$h(x) = \begin{cases} h_o\left(1 - \dfrac{m}{L}x\right), & 0 < x < L \\ 0 & \text{나머지 구간} \end{cases}$$

(a) 이 경우 위치 x에 따른 압력의 변화가 다음과 같음을 보여라.

$$p(x) = p_o + 6\mu U \frac{Lmx(L-x)}{(2-m)h_o^2(L-mx)^2}$$

여기서 m이 양수인 경우가 그림 10.2(a)에 해당하고 음수인 경우가 그림 10.2(b)에 해당한다. 판 사이의 거리가 일정한 경우($m=0$)는 압력이 변하지 않는다.

(b) $h(x) = h_o - 0.1x$일 때 $x = [0,\ 5h_o]$ 구간에서 압력의 변화를 x의 함수로 구하고 그려보라.

10.3 평행 박막판 누르기

그림 10.1과 비슷한 경우이지만 두 판이 서로 나란한 평행판 사이의 유체를 눌러서 짜내는 경우를 생각해보자. x방향으로는 판의 길이가 L이고 z방향으로는 판의 너비가 무한대이다. 높이 $y=h$에 위치한 판이 $-y$방향으로 V_h의 속도로 움직이고 $y=0$에 위치한 바닥 판은 정지해 있다. 이 경우에 평행판 사이의 유체필름에는 큰 크기의 압력이 발생하여 위에서 누르는 힘을 지탱한다.

(a) 두 판 사이의 압력이 위치에 따라 다음과 같음을 보여라.

$$p(x) = p_o + \frac{6\mu}{h^3} V_h x(L-x)$$

(b) 만일 $y=h$에 위치한 상판에 단위면적당 F_o의 힘이 $-y$방향으로 가해진다면 상판의 높이에 따른 V_h가 다음과 같음을 보여라.

$$V_h = \frac{F_o h^3}{\mu L^2}$$

이 결과는 판 사이의 거리(h)가 가까워지면 상판의 하강 속도가 거의 0가 됨을 뜻한다. 즉, 판이 완벽하게 매끄러운 경우는 상판이 바닥 판을 닿는 데 거의 무한대 시간이 소요되므로 유체박막은 완벽한 쿠션 역할을 한다.

10.4 침전

질량이 m_{eff}인 같은 구 입자들이 유체 속에 분산되었을 때 온도가 T인 열적 평형상태에서 위치에 따른 입자들의 농도를 구해보자. 여기서 질량 m_{eff}에는 부력의 효과가 이미 포함되어 있고[식 (10.50) 참조], 입자의 크기가 너무 작아서 Re 수 $\ll 1$이므로 스토크스 흐름(Stokes flow)을 만족시킨다고 가정하자.

(a) 종단속도로 침전하는 것과 확산의 효과에 의한 총질량흐름밀도가 아래와 같음을 연습문제 9.8과 식 (10.49), 식 (9.48)을 이용하여 보여라.

$$J_{\text{tot}} = -\rho D\left(\frac{\partial c}{\partial z} + \frac{m_{\text{eff}}\, gc}{k_B T}\right)$$

(b) 평형상태에서 총질량흐름밀도가 0인 것을 이용해 입자들의 위치에 따른 농도가 다음과 같음을 보여라.

$$c(z) = c(0)\,\mathrm{e}^{-m_{\text{eff}}\, gz/k_B T}$$

10.5 원심분리기

그림 10.11은 원심분리기의 구조를 보인다. 질량이 m_{eff}인 같은 입자들이 튜브 용기 내의 액체에 분산되어있고 회전축을 중심으로 각속도 ω로 회전하는 경우를 생각해보자. 이러한 경우에 회전계에서 회전축에서 입자까지 거리가 r인 경우에 입자가 느끼는 원심력의 크기는 $m_{\text{eff}}\,\omega^2 r$이다. 여기서 질량 m_{eff}에는 부력의 효과가 이미 포함되어 있다[식 (10.50) 참조].

(a) 온도가 T이고 입자의 확산계수의 크기가 D일 때 회전계의 지름방향의 침강속도가

$$u_{r,T} = \frac{m_{\text{eff}}\, D\omega^2 r}{k_B T}$$

임을 보여라.

(b) 원심분리 후 동역학적 평형상태에서 입자들의 위치에 따른 농도가 다음과 같음을 보여라.

$$c(r) = \text{const} \times e^{m_{\text{eff}}\,\omega^2 r^2/2k_B T}$$

이 식에 따르면 회전축으로부터 멀어질수록 농도가 증가한다. 이는 원심분리기에서 시료가 담긴 튜브의 끝에 입자들이 쌓여 입자들의 농도를 증가시키는 것을 뜻한다.

(c) 여기서 주어진 회전각속도 ω에서 확산효과를 줄여서 원심분리 효과를 극대화하기 위해서 어떻게 하면 좋을까?

10.6 마랑고니 효과에 의한 액적의 이동

연습문제 7.6은 고체 표면에 화학적인 처리를 하여 액적을 움직이는 예이다. 이와는 다르게 열적 방법으로 계면장력의 공간적 구배를 만들어서 액적을 움직일 수 있다. 그림과 같이 액적이 z 방향으로 무한대이고 x 방향으로는 액적의 모서리가 A와 B에 각각 있고

높이가 $h(x)$ 인 2차원 액적을 생각해보자. x 방향으로 온도의 구배가 있어 계면장력의 구배가 x 방향으로 있다. 이 경우에 액적이 일정한 속도 U 로 움직인다. 여기서 액적에 작용하는 힘은 두 가지가 있다. 첫 번째는 계면장력의 구배에 의한 힘(F_{driving})이다. 그리고 또 다른 힘은 액적이 고체표면과 경계에서 일어나는 점성력(F_{viscous})이다. 이 두 가지 힘이 평형을 이루면서 액적의 속도 U가 결정된다.

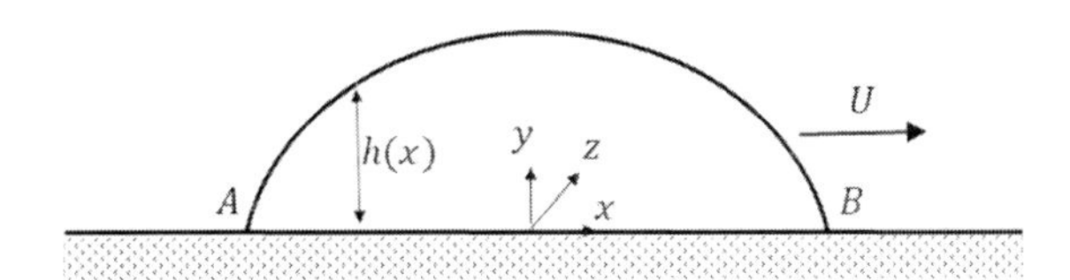

계면장력의 구배가 x 방향으로 액적에 가하는 힘의 크기는 그림에서 z 방향으로 단위 길이당 다음과 같다.

$$F_{\mathrm{driving}} = (\gamma_{SV} - \gamma_{SL})_B - (\gamma_{SV} - \gamma_{SL})_A$$

고체 표면이 액적에 가하는 점성력은 z 방향으로 단위 길이당 다음의 크기를 가진다.

$$F_{\mathrm{viscous}} = \int_A^B \sigma_{yx}(0)\,\mathrm{d}x$$

액적의 자유표면($y=h$)에서 응력은 식 (10.28)에 의해 다음과 같이 나타낼 수 있다.

$$\mu\left(\frac{\partial u}{\partial y}\right)_{y=h} = \frac{\partial \gamma_{LV}}{\partial x}$$

따라서 액적 내부의 속도분포는 액적 내부의 압력차 $(\partial p/\partial x)$에 의한 푸와죄유 흐름과 응력 $(\partial \gamma_{LV}/\partial x)$에 의한 층밀리기 흐름의 합으로 나타난다.

$$u(x,y) = \frac{1}{2\mu}\frac{\partial p}{\partial x}(y^2 - 2yh) + \frac{1}{\mu}\frac{\partial \gamma_{LV}}{\partial x}y$$

여기서 $\partial\gamma_{LV}/\partial x = (\partial\gamma_{LV}/\partial T)(\partial T/\partial x)$이다. 그리고 이 식의 양변을 적분하면

$$\int_0^h u(x,y)\,\mathrm{d}y = \frac{1}{2\mu}\frac{\partial p}{\partial x}\int_0^h (y^2 - 2yh)\mathrm{d}y + \frac{1}{\mu}\int_0^h \frac{\partial \gamma_{LV}}{\partial x}\,y\,\mathrm{d}y$$

$$= -\frac{1}{3\mu}h^3\frac{\partial p}{\partial x} + \frac{\partial \gamma_{LV}}{\partial x}\frac{h^2}{2\mu}$$

$$= Uh$$

이다. 그러므로

$$U = -\frac{1}{3\mu}h^2\frac{\partial p}{\partial x} + \frac{\partial \gamma_{LV}}{\partial x}\frac{h}{2\mu}.$$

이를 이용하면 액적 내부의 속도분포는 다음과 같다.

$$u(x,y) = -\frac{3}{2h^2}\left(U - \frac{h}{2\mu}\frac{\partial \gamma_{LV}}{\partial x}\right)(y^2 - 2yh) + \frac{1}{\mu}\frac{\partial \gamma_{LV}}{\partial x}y$$

그러므로 고체와 액적 사이의 경계면에서 점성응력은

$$\sigma_{yx}(0) = \mu\frac{\partial u}{\partial y}\Big|_{y=0} = 3\,\mu\frac{U}{h} - \frac{1}{2}\frac{\partial \gamma_{LV}}{\partial x}$$

이다. 따라서 열적 효과에 의한 고체 표면에 작용하는 총점성력은

$$F_{\text{viscous}} = \int_A^B \sigma_{yx}(0)\,\mathrm{d}x = \int_A^B 3\,\mu\frac{U}{h}\,\mathrm{d}x - \frac{1}{2}(\gamma_{LV}^A - \gamma_{LV}^B)$$

이다. 여기서 우변의 두 번째 항은 마랑고니 흐름이 기여하는 항이다. 액적의 구동힘 (F_{driving})과 열적 효과를 고려한 점성력(F_{viscous})은 같아야 하므로 속도 U는 다음과 같다.

$$U = const\frac{h_o}{\mu}\left[\frac{\mathrm{d}}{\mathrm{d}T}(\gamma_{SV} - \gamma_{SL}) + \frac{1}{2}\frac{\mathrm{d}\gamma_{LV}}{\mathrm{d}T}\right]\frac{\mathrm{d}T}{\mathrm{d}x}$$

따라서 만약 고체 표면이 화학적으로 균일하지 않고 동시에 온도가 일정하지 않아 계면장력들의 구배가 존재할 때 액적의 운동 속도는 연습문제 7.6의 결과와 위의 결과를 이용하면 다음과 같다.

$$U = const\frac{h_o}{\mu}\left[\frac{\partial}{\partial x}(\gamma_{SV} - \gamma_{SL}) + \frac{\mathrm{d}}{\mathrm{d}T}(\gamma_{SV} - \gamma_{SL})\frac{\mathrm{d}T}{\mathrm{d}x} + \frac{1}{2}\frac{\mathrm{d}\gamma_{\mathrm{LV}}}{\mathrm{d}T}\frac{\mathrm{d}T}{\mathrm{d}x}\right]$$

10.7 기체 방울의 생성

10.4절은 임의의 순간에 형성된 기체 방울이 외부압력이 높아 지름방향으로 함몰하는 과정을 설명하고 있다. 반대의 경우로 임의의 순간에 형성된 기체 방울이 내부압력이 높아 계속 팽창하여 내부압력과 외부압력의 차이가 평형상태인 $2\gamma/R$ 될 때까지 커지는 경우를 생각해보자. 밀도가 ρ, 점성계수가 μ, 압력이 p_o인 비압축성 액체 속에 임의의 시간 t에 반지름이 $R(t)$이고 내부압력이 p_B인 구형의 기체 방울이 형성되었다고 가정하자. 문제를 간단하기 위해 기체 방울의 내부압력은 항상 p_B로 일정하다고 가정한다. 이때 $r \geq R$인 곳에서의 지름방향 속도는 비압축성 유체의 연속방정식의 결과인 식 (10.43)에 따르면

$$\boldsymbol{u} = u_r\hat{\mathbf{r}}, \qquad u(r,t) = \frac{R^2}{r^2}u(R,t) = \frac{F(t)}{r^2}, \qquad F(t) \equiv R^2\frac{\mathrm{d}R}{\mathrm{d}t}$$

이다. 방사상으로 대칭인 구조를 고려하면 구 좌표계에서 나비에-스토크스 방정식은 식 (D.19)에 의해

$$\rho\left[\frac{\partial u_r}{\partial t} + u_r\frac{\partial u_r}{\partial r}\right] = -\frac{\partial p}{\partial r} + \mu\left[\frac{\partial^2 u_r}{\partial r^2} + \frac{2}{r}\frac{\partial u_r}{\partial r} - \frac{2u_r}{r^2}\right]$$

이다. 위의 식에 연속방정식의 결과를 대입하면 점성력항이 사라진다. 그러나 관성력항은

살아남아 기체 방울의 성장에 주된 역할을 한다.

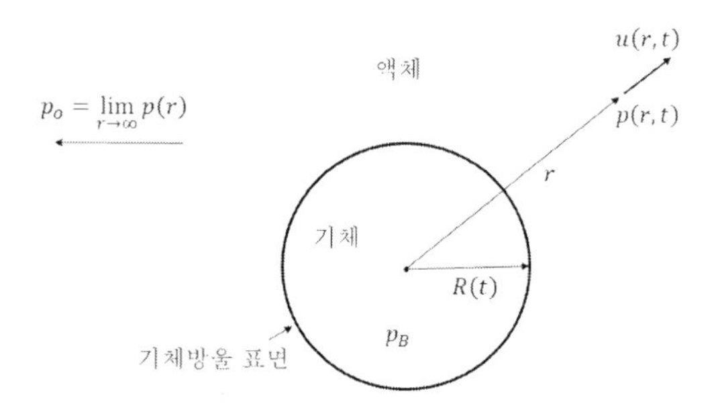

$$\rho\left[\frac{1}{r^2}\frac{\mathrm{d}F}{\mathrm{d}t}-\frac{2F^2}{r^5}\right]= -\frac{\partial p}{\partial r}$$

$r\rightarrow\infty$ 로 접근함에 따라 $p\rightarrow p_o$이므로 위 식을 r에 대해서 적분하면

$$\frac{p-p_\infty}{\rho}=\frac{1}{r}\frac{\mathrm{d}F}{\mathrm{d}t}-\frac{1}{2}\frac{F^2}{r^4}$$

이다.

기체 방울의 표면에서 동적 경계조건을 생각하기 위해서 반경이 $R(t)$ 인 방울의 경계면이 무한히 얇은 층으로 된 물질부피를 생각해보자. 이때 얇은 층의 안쪽에서 방사상으로 얇은 층의 바깥쪽으로 단위면적당 가해지는 힘은 수직응력에 라플라스 압력의 효과가 더해진

$$\sigma_{rr}|_{r=R}=p_B-\frac{2\gamma}{R}$$

이다. 그리고 외부의 액체가 얇은 층의 바깥 면에서 지름방향 바깥쪽으로 단위면적당 가해지는 힘은 식 (D.22)와 식 (D.28)을 이용하면

$$\sigma_{rr|_{r=R}}=-p_R+2\mu\frac{\partial u_r}{\partial r}|_{r=R}=-p_R-\frac{4\mu}{R}\frac{\mathrm{d}R}{\mathrm{d}t}$$

이다. 여기서 p_R은 기체 방울의 바깥 표면에서 압력이다. 그러므로 지름방향으로 단위면적당 가해지는 총 힘은

$$p_B-p_R-\frac{4\mu}{R}\frac{\mathrm{d}R}{\mathrm{d}t}-\frac{2\gamma}{R}$$

이다. 기체 방울이 팽창하면서 물질부피를 통해서 유체의 이동이 없으므로 위의 힘은 0이다. 그러므로 임의의 순간에 기체 방울의 경계면을 통한 압력의 불연속은 다음 식으로 기술된다.

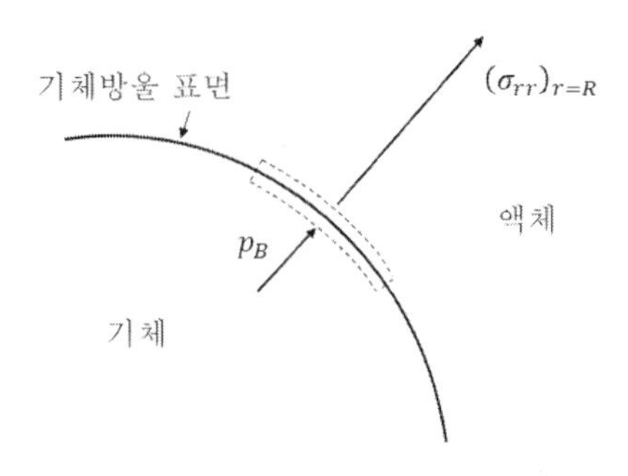

$$p_R = p_B - \frac{4\mu}{R}\frac{\mathrm{d}R}{\mathrm{d}t} - \frac{2\gamma}{R}$$

이 식을 위에서 구한 나비에-스토크스 방정식의 결과에 대입하면

$$\frac{p_B - \frac{4\mu}{R}\frac{\mathrm{d}R}{\mathrm{d}t} - \frac{2\gamma}{R} - p_o}{\rho} = \frac{1}{R}\frac{\mathrm{d}}{\mathrm{d}t}\left(R^2\frac{\mathrm{d}R}{\mathrm{d}t}\right) - \frac{1}{2R^4}\left(R^2\frac{\mathrm{d}R}{\mathrm{d}t}\right)^2$$

이고 이를 정리하면

$$\frac{p_B - p_o}{\rho} = R\frac{\mathrm{d}^2R}{\mathrm{d}t^2} + \frac{3}{2}\left(\frac{\mathrm{d}R}{\mathrm{d}t}\right)^2 + \frac{4\mu}{\rho R}\frac{\mathrm{d}R}{\mathrm{d}t} + \frac{2\gamma}{\rho R}$$

이다. 이 식은 **레일리-플레셋 방정식**(Rayleigh-Plesset equation)으로 알려져 있으며 p_o와 p_B를 미리 알 때 R에 대해서 풀면 시간에 따른 기체 방울의 반경에 대한 정보 $R(t)$를 준다. 만일 시간이 지나 평형상태에 이르러 반경이 고정된 경우를 생각하면 위의 식은 **라플라스의 법칙**($p_B - p_o = 2\gamma/R$)으로 돌아간다.

(a) 레일리(Lord Rayleigh, 1842~1919)는 1917년에 점성과 표면장력의 효과를 무시하였을 때 위의 식을 유도하였으며 플레셋(Milton S. Plesset, 1908~1991)은 1949년에 레일리-플레셋 방정식을 구했다. 점성과 표면장력을 무시할 때 기체 방울의 반지름이 시간에 따라 어떻게 바뀔지 구해보라.

(b) 실제로는 내부압력 p_B의 크기는 방울의 크기가 증가함에 따라 감소한다. 이로 인해 어떤 효과가 발생할까?

(c) 일반적으로 팽창하는 기체 방울의 외부에는 지름방향으로 충격파가 발생한다. 이를 설명하라.

10.8 평형상태에서의 이온 농도분포

그림 10.14에서 만일 절대온도 $T=0$이라면 반대 극성의 모든 이온이 고체 표면에 붙어 있게 되어 표면의 전하는 완전히 차폐된다. 그러나 T의 값이 증가함에 따라 열적 요동 때문에 평형상태에서의 농도분포는 식 (10.59)를 따른다. 평형상태에서 화학퍼텐셜이 공

간적으로 일정한 것을 이용하여 이를 유도하라.

10.9 오신 텐서

비압축성 점성유체 속에 콜로이드 입자와 같은 점입자(point particle)가 있는 경우를 생각해보자. 만일 $r=0$에 위치한 점입자에 힘 $\boldsymbol{F}$이 가해진 경우에 점입자 주위에 정지해 있던 유체의 속도와 압력의 분포가 정상흐름(steady flow)에서 어떻게 될지 생각해보자. 점입자의 경우에 흐름이 $\mathrm{Re} \ll 1$을 만족한다고 할 수 있으므로 식 (3.52)의 기어가는 흐름방정식과 비압축성 조건을 이용하여 흐름을 기술할 수 있다.

$$-\nabla p(\boldsymbol{r}) + \mu \nabla^2 \boldsymbol{u}(\boldsymbol{r}) = -\boldsymbol{F}\delta(\boldsymbol{r}), \qquad \nabla \cdot \boldsymbol{u} = 0$$

(a) $r=\infty$에서 $\boldsymbol{u}(\boldsymbol{r})=0$인 식 (3.24)의 경계조건을 이용하여 속도와 압력이 다음이 됨을 보여라.

$$\boldsymbol{u}(\boldsymbol{r}) = \frac{\boldsymbol{F}}{8\pi\mu r} \cdot \left(\overleftrightarrow{\mathrm{II}} + \frac{\boldsymbol{r}\boldsymbol{r}}{r^2} \right), \qquad p(\boldsymbol{r}) = \frac{\boldsymbol{F} \cdot \boldsymbol{r}}{4\pi r^3}$$

여기서 $\frac{1}{8\pi\mu r}\left(\overleftrightarrow{\mathrm{II}} + \frac{\boldsymbol{r}\boldsymbol{r}}{r^2} \right)$는 2차 텐서로 이를 제안한 오신(Carl Wilhelm Oseen, 1879~1944)의 이름을 따서 **오신 텐서**(Oseen tensor)라 불린다. 이 결과는 매우 작은 입자의 움직임에 따른 주위 흐름을 기술할 때 매우 유용하다.

(b) 위의 결과가 스토크스 흐름의 결과인 식 (5.66~69)를 만족함을 보여라.

10.10 랑제빈 방정식

액체 속에 떠 있는 콜로이드 입자를 생각해보자. 이때 액체 분자들이 열적 요동으로 훨씬 큰 거시적인 크기의 콜로이드 입자를 끊임없이 충돌하여 입자는 마구잡이 운동을 한다. 콜로이드 입자의 움직임을 현상학적으로 설명하기 위해 랑제빈(Paul Langevin, 1872~1946)은 열적 요동 효과를 포함한 유체방정식인 **랑제빈 방정식**(Langevin equation)을 제안했다.

$$m\frac{d\boldsymbol{u}}{dt} = -\gamma \boldsymbol{u} + \boldsymbol{f} + \zeta(t)$$

여기서 $-\gamma \boldsymbol{u}$ 는 $\boldsymbol{u}$의 속도로 움직이는 입자에 액체 분자들의 충돌이 가하는 평균 힘으로 스토크스의 법칙을 따른다. 이에 반해서 $\zeta(t)$는 온도 T의 상태에서 액체 분자들이 입자에 가하는 힘의 요동 성분이다. 그러므로 요동 성분의 평균은 0이다($\langle \zeta(t) \rangle = 0$). 그리고 $\boldsymbol{f}$는 입자에 가해지는 외력이다. 일반적인 콜로이드 입자에 1초에 약 10^{21}번의 액체 분자들의 충돌이 있다. 그러나 입자의 거동을 설명하는 데 일반적으로 사용하는 가장 짧은 시간 간격이 1.4절에서 정의한 유체역학의 최소시간인 $t_f \sim 10^{-12}\mathrm{sec}$ 보다 훨씬 길다. 그러므로 입자의 거동을 설명하는 최소시간 간격이 지나면 액체 분자들은 이미 열적 평형상태에 있다. 이러한 이유로 랑제빈 방정식에서 열적 요동 성분의 시간상관함수는 델타함수(delta function)로 가정해도 된다. 즉 요동 성분의 시간상관을 무시해도 입자의 움직임을 정확하게 설명한다.

$$\langle \zeta(t) \rangle = 0 \qquad \langle \zeta_i(t)\zeta_j(t') \rangle = 2\gamma k_B T \delta_{ij} \delta(t-t')$$

(a) 외력을 무시할 수 있는 경우($\boldsymbol{f}=0$)에 초기속도가 $\boldsymbol{u}_o$인 경우에 시간에 따른 속도의 평균값이 식 (10.55)와 같음을 보여라.

$$\langle \boldsymbol{u}(t) \rangle = \boldsymbol{u}_o e^{-\gamma t/m}$$

(b) 랑제빈 방정식에 입자의 순간적인 위치 $\boldsymbol{r}$로 벡터 내적을 취한 후 평균을 취하면 다음과 같이 됨을 보여라. 여기서 (i) $\boldsymbol{r} \cdot \boldsymbol{u} = \frac{1}{2}(\mathrm{d}r^2/\mathrm{d}t)$, (ii) $\boldsymbol{r} \cdot (\mathrm{d}\boldsymbol{u}/\mathrm{d}t) = \frac{1}{2}(\mathrm{d}^2 r^2/\mathrm{d}t^2) - u^2$, 그리고 (iii) $\langle \boldsymbol{r} \cdot \boldsymbol{\zeta} \rangle = 0$ 의 관계를 이용하라.

$$\frac{\mathrm{d}^2}{\mathrm{d}t^2}\langle r^2 \rangle + \frac{\gamma}{m}\frac{\mathrm{d}}{\mathrm{d}t}\langle r^2 \rangle = 2\langle u^2 \rangle$$

(c) 입자가 바탕 유체의 분자들과 열적 평형상태에 있다면 **등분배정리**(equipartition theorem)에 의해 $\langle u^2 \rangle = \dfrac{3k_B T}{m}$ 이다. 이를 이용하여 위의 식의 해가 다음과 같음을 보여라.

$$\langle r^2 \rangle = \frac{6k_B T m}{\gamma^2}\left\{\frac{\gamma}{m}t - \left(1 - e^{-\frac{\gamma}{m}t}\right)\right\}$$

(d) $t \ll m/\gamma$ 인 경우에

$$\langle r^2 \rangle \simeq \frac{3k_B T}{m}t^2 = \langle u^2 \rangle t^2$$

이고 $t \gg m/\gamma$ 인 경우에

$$\langle r^2 \rangle \simeq \frac{6k_B T}{\gamma}t = 6Dt, \qquad D \equiv \frac{k_B T}{\gamma} = \frac{k_B T}{6\pi\mu a}$$

임을 보여라.

참고 운동량 감쇠 특성시간

$t \ll m/\gamma$ 의 영역에서는 관성력항의 역할이 중요하여 이동한 거리가 시간에 비례하는 것을 뜻한다. 그러나 $t \gg m/\gamma$의 영역에서는 관성력항의 효과가 약해 무시할 수 있으므로 입자의 확산이 중요한 경우이다. 즉 9.5절에서 설명하는 브라운 운동의 영역이다. 여기서 D는 식 (9.48)에서 정의한 **스토크스-아인슈타인 확산계수**(Stokes-Einstein diffusion coefficient)이다. 위의 결과는 연습문제 9.7의 정확한 계산이다.

CHAPTER

11

대류현상

대류현상

대류는 주위에서 쉽게 볼 수 있는 현상이다. 예를 들어 더운 날 아스팔트 도로 위로 뜨거운 공기가 올라와서 생기는 아지랑이, 사막에서 볼 수 있는 신기루, 물이 끓을 때 보이는 물의 이동 등이 있다. 그리고 대양에서의 해류, 대륙 사이의 대기 이동, 대륙의 이동과 같은 대규모적인 현상도 대류에 의한 것이다. 이러한 대류현상을 간단하게 기술하면 **가열된 유체**가 중력의 반대 방향으로 이동하는 현상이다. 가열된 유체는 온도가 증가함에 따라 열팽창으로 인해 밀도가 감소한다. 만일 유체를 밑에서 가열한다면 바닥 근처에 있는 유체입자는 주위 유체보다 가벼워져 중력의 반대 방향으로 **부력**을 받아 올라갈 것이다. 올라가면 갈수록 주위의 온도가 낮아지므로 주위의 유체의 밀도가 높아 가열된 유체는 더욱 더 큰 부력을 받아 계속 올라갈 것이다. 즉 바닥에서 시작된 초기의 열적 요동은 불안정하여 점점 증폭될 것이다. 만일 이와 반대로 유체를 위에서 가열하면 가벼워진 유체는 더 이상 올라갈 곳이 없으므로 초기의 열적 요동은 안정하여 증폭되지 않고 금방 감소하여 사라져 버릴 것이다. 12장에서는 다양한 **불안정성**에 자세히 기술하지만 가장 기술하기 쉽고 중요한 예가 대류현상이므로, 11장에서는 우선 **대류현상**에 대해 알아보자.

Contents

11.1 레일리 - 버나드 대류

주위에서 쉽게 볼 수 있는 대류현상은 주로 열린계(open system)에서 일어나므로 초기조건과 경계조건을 정확하게 제어하는 것뿐 아니라 정확한 측정에도 어려움이 많다. 이에 반해 **레일리－버나드 대류**(Rayleigh-Benard convection; **RB 대류**)는 닫힌계(closed system)에서의 흐름으로 실험조건을 정확하게 제어할 수 있을 뿐 아니라 불안정성이 시작되는 초기점 근처에서의 물리현상은 선형적이어서 이론적인 연구와 실험값의 비교가 가능하다.

그림 11.1은 RB 대류의 기본적인 얼개이다. 높이 h 인 유체계의 바닥을 온도 T_b에 유지하고 꼭대기 면의 온도를 T_t 에 유지하면 바닥과 꼭대기 사이의 온도차는

$$\Delta T = T_b - T_t, \quad T_b > T_t \tag{11.1}$$

이다. 여기서 수직방향의 경계인 바닥과 꼭대기 면은 중력 방향에 수직이고, 바닥의 높이는 $z = 0$ 이다. 그리고 수평방향으로는 계의 크기가 무한하다고 가정하자.

바닥에서의 유체의 밀도를 ρ_o 라 할 때 온도에 따른 밀도의 변화는

$$\rho = \rho_o - \alpha\rho_o(T - T_b) \tag{11.2}$$

이다. 여기서 α 는 유체의 **열팽창계수**로 식 (1.16)에서 정의했다.

$$\alpha \equiv -\frac{1}{\rho_o}\frac{\Delta\rho}{\Delta T} \tag{11.3}$$

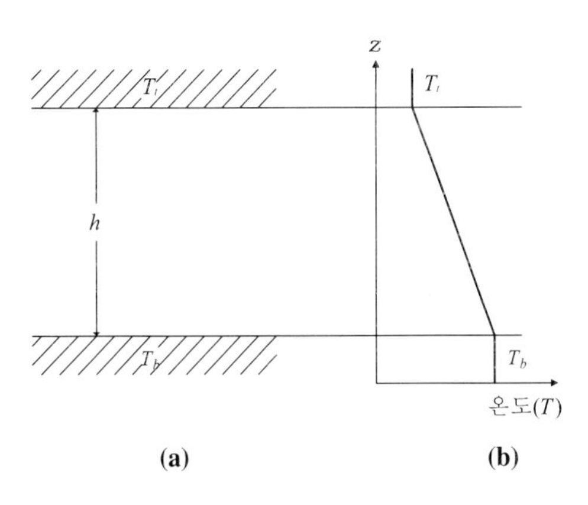

그림 11.1 높이 h 인 유체계에서 바닥 온도가 T_b 이고 꼭대기 온도가 T_t 인 RB 대류

만일 유체계의 온도의 평균공간구배가 $\Delta T/h$ 로서 일정하다고 가정하고 이에 벗어나는 온도 성분 θ 를 요동이라고 간주하면 높이에 따른 온도와 밀도의 분포는 다음과 같다.

$$T = T_b - \frac{\Delta T}{h}z + \theta \tag{11.4}$$

$$\rho = \rho_o + \alpha\rho_o\left(\frac{\Delta T}{h}z - \theta\right) \tag{11.5}$$

만일 온도의 구배가 없으면 유체는 정지한 상태($u_o = 0$)에 있으므로 지금부터 사용하는 흐름속도 $\boldsymbol{u}$ 는 정지상태로부터의 요동을 뜻한다. 본 장에서는 온도와 속도의 요동인 θ 와 $\boldsymbol{u}$ 를 어떻게 구하는지, 그리고 어떤 물리적 의미가 있는지에 대해서 주로 기술한다.

11.2 부시네스크 근사

RB 대류를 양적으로 이해하려면 식 (11.5)와 더불어 유체의 기본방정식 가운데 식 (2.48)의 연속방정식과 식 (2.65)의 나비에-스토크스 방정식, 그리고 식 (2.111)의 에너지 방정식

$$\frac{\mathrm{D}\rho}{\mathrm{D}t} + \rho\nabla\cdot\boldsymbol{u} = 0 \tag{11.6}$$

$$\rho\frac{\partial\boldsymbol{u}}{\partial t} + \rho(\boldsymbol{u}\cdot\nabla)\boldsymbol{u} = -\nabla p + \rho\boldsymbol{g} + \nabla\left[\left(\zeta - \frac{2}{3}\mu\right)\nabla\cdot\boldsymbol{u}\right] + \sum_j\frac{\partial}{\partial x_j}\left[\mu\left(\frac{\partial u_j}{\partial x_i} + \frac{\partial u_i}{\partial x_j}\right)\right] \tag{11.7}$$

$$\rho\frac{\partial e}{\partial t} + \rho\boldsymbol{u}\cdot\nabla e = -p\nabla\cdot\boldsymbol{u} + \nabla\cdot(k\nabla T) + \Phi \tag{11.8}$$

을 이용해야 한다. 여기서 식 (11.8)은 열의 흐름이 온도구배에 의한 열전도에 의해서만 발생한다고 가정했으므로 식 (2.92)의 $\boldsymbol{q} = -k\nabla T$ 를 이용했다. 여기서 ρ, μ, ζ, k 등의 물리적 성질은 온도의 변화에 따라 변하는 양이나, 이 모든 것을 고려하여 RB 대류를 수학적으로 기술하는 것은 너무 복잡하다. 그러나 다행히도 이들 가운데 ρ 를 제외하고는 모두가 온도의 변화에 크게 민감하지 않으므로 여기서는 온도에 따른 ρ 의 변화만 고려한다.

대류에 의한 흐름의 속도 $\boldsymbol{u}$ 의 크기가 너무 작아 흐름에 관계되는 가속도의 크기가 중력의 크기 g 보다 훨씬 작으므로, 나비에-스토크스 방정식에서 ρ 의 변화는 부력이 나타나는 중력 항에서만 고려하고 나머지 경우에서는 유체가 비압축성이라 가정한다. 이러한 근사는 프랑스의 물리학자이자 수학자인 부시네스크(Joseph Valentin Boussinesq, 1842~

1929)가 세웠다 하여 **부시네스크 근사**(Boussinesq approximation)라 부른다.

그러므로 이러한 가정 아래에서의 연속방정식은

$$\nabla \cdot \boldsymbol{u} = 0 \tag{11.9}$$

이다. 그러므로 식 (11.7)의 나비에-스토크스 방정식은 식 (11.5)를 이용하면

$$\rho_o \frac{\partial \boldsymbol{u}}{\partial t} + \rho_o (\boldsymbol{u} \cdot \nabla)\boldsymbol{u} = -\nabla p + \left[\rho_o + \alpha \rho_o \left(\frac{\Delta T}{h} z - \theta\right)\right]\boldsymbol{g} + \mu \nabla^2 \boldsymbol{u} \tag{11.10}$$

로 고쳐 적을 수 있다. 이렇게 수정된 나비에-스토크스 방정식을 **부시네스크 동역학방정식**(Boussinesq dynamical equation)이라 부르고 다음처럼 고쳐 적을 수 있다.

$$\frac{\partial \boldsymbol{u}}{\partial t} + (\boldsymbol{u} \cdot \nabla)\boldsymbol{u} = -\frac{1}{\rho_o}\nabla p + \boldsymbol{g} + \alpha\left(\frac{\Delta T}{h} z - \theta\right)\boldsymbol{g} + \frac{\mu}{\rho_o}\nabla^2 \boldsymbol{u} \tag{11.11}$$

위의 식을 간단하게 만들기 위해 **유효압력** P를 다음과 같이 정의하면,

$$P = p - g\rho_o\left(z + \frac{1}{2}\alpha \frac{\Delta T}{h} z^2\right) \tag{11.12}$$

식 (11.11)은

$$\frac{\partial \boldsymbol{u}}{\partial t} + (\boldsymbol{u} \cdot \nabla)\boldsymbol{u} = -\frac{1}{\rho_o}\nabla P - \alpha\theta \boldsymbol{g} + \frac{\mu}{\rho_o}\nabla^2 \boldsymbol{u} \tag{11.13}$$

이다. 이 식에 $\nabla\times\nabla\times$을 취하고 식 (C.42)의 벡터 규칙

$$\nabla\times(\nabla\times \boldsymbol{A}) = \nabla(\nabla \cdot \boldsymbol{A}) - \nabla^2 \boldsymbol{A} \tag{11.14}$$

과 연속방정식 (11.9)를 사용하면 부시네스크 동역학방정식은 다음과 같이 변한다.

$$\frac{\partial}{\partial t}\nabla^2 \boldsymbol{u} - \frac{\mu}{\rho_o}\nabla^4 \boldsymbol{u} + \alpha g \nabla \frac{\partial \theta}{\partial z} - \alpha g \nabla^2 \theta \hat{\boldsymbol{z}} = \nabla\times[\nabla\times(\boldsymbol{u} \cdot \nabla \boldsymbol{u})] \tag{11.15}$$

여기서 식의 좌변은 선형 항들이고, 우변은 비선형 항임을 유의하라.

식 (11.9)의 연속방정식에서 유체가 비압축성인 것처럼 보이지만 에너지 방정식인 식 (11.8)에서 부피팽창 항 $p(\nabla \cdot u)$은 다른 항들에 비해서 무시할 수 없을 만큼 크다. 그러므로 일반적인 연속방정식 (11.6)과 식 (11.3)을 이용하면 부피팽창 항은

$$p(\nabla \cdot u) = -\frac{p}{\rho}\frac{\mathrm{D}\rho}{\mathrm{D}t} \cong -\frac{p}{\rho}\left(\frac{\partial \rho}{\partial T}\right)_p \frac{\mathrm{D}T}{\mathrm{D}t} = p\alpha \frac{\mathrm{D}T}{\mathrm{D}t} \tag{11.16}$$

이다. 만일 유체가 이상기체라고 가정한다면 1.2절에서 보인

$$e = C_v T \ , \ p = \rho R T \ , \ C_p - C_v = R \ , \text{ 그리고 } \alpha = \frac{1}{T} \tag{11.17}$$

의 식들을 만족해야 하므로 부피팽창 항은

$$p(\nabla \cdot \boldsymbol{u}) = \rho(C_p - C_v)\frac{\mathrm{D}T}{\mathrm{D}t} = \rho C_p \frac{\mathrm{D}T}{\mathrm{D}t} - \rho \frac{\mathrm{D}e}{\mathrm{D}t} \tag{11.18}$$

이다. 그러므로 식 (11.8)의 에너지 방정식은

$$\rho C_p \frac{\mathrm{D}T}{\mathrm{D}t} = \nabla \cdot (k \nabla T) + \Phi \tag{11.19}$$

이다. RB 대류에서는 속도의 구배가 작아 우변에 있는 점성에 의한 에너지의 소산인 Φ의 크기가 매우 작다. 그러므로 에너지소산 항 Φ을 무시하면 에너지방정식은 식 (9.25)의 열전도 방정식이 된다.

$$\frac{\mathrm{D}T}{\mathrm{D}t} = D_T \nabla^2 T \tag{11.20}$$

여기서

$$D_T \equiv \frac{k}{\rho C_p} \tag{11.21}$$

로 **열확산율**(thermal diffusivity)이다. 이 식은 온도 T가 열전도에 의해 확산하는 과정을 보이는 식이다. 열전도 방정식의 형태인 에너지 방정식인 식 (11.20)에 식 (11.4)를 대입하면 **에너지 방정식**은

$$\frac{\partial \theta}{\partial t} - \frac{\Delta T}{h} \boldsymbol{u} \cdot \hat{\mathbf{z}} + \boldsymbol{u} \cdot \nabla \theta = D_T \nabla^2 \theta \tag{11.22}$$

로 바뀐다.

11.3 무차원 분석

RB 대류에서 유체계를 정지상태에서 불안정하게 하는 힘은 온도의 구배에 의해 유체 입자가 겪는 부력이다. 그에 반해 유체계를 안정시키려는 힘은 속도의 구배를 없애려는 점성력과 온도의 구배를 없애려는 열의 확산현상이다. 이들과 관련된 **세 가지의 특성시간**을

차원 분석법을 이용하여 찾아보자.

첫 번째는 뜨거운 유체입자가 부력에 의해서 바닥에서 출발해 꼭대기에 이르는 데 걸리는 시간 τ_B이다. 단위부피당 평균 부력의 크기는

$$\begin{aligned} \rho \alpha g \Delta T &= \rho \times \text{가속도} \\ &\approx \rho \frac{h}{\tau_B^2} \end{aligned} \tag{11.23}$$

이다. 여기서 h/τ_B^2는 계를 대표하는 가속도의 크기이다. 그러므로 다음과 같다.

$$\tau_B^2 = \frac{h}{\alpha g \Delta T} \tag{11.24}$$

두 번째는 점성력에 관련된 시간 τ_v이다. 이 값은 유체입자의 운동량이 점성력에 의해 h만큼 확산하여 속도의 구배를 없애는 데 걸리는 시간이다. 그러므로 식 (9.44)를 이용하면 다음과 같다.

$$\tau_v = \frac{h^2}{\nu} \tag{11.25}$$

세 번째는 열의 확산으로 온도의 구배를 없애는 데 걸리는 시간 τ_θ이다. 식 (9.40)을 이용하면 다음과 같다.

$$\tau_\theta = \frac{h^2}{D_T} \tag{11.26}$$

RB 대류의 동역학적 불안정성의 특성을 기술하는 가장 중요한 무차원 계수는 유체계를 불안정하게 하는 부력의 크기와 유체계를 안정하려 하는 힘의 비이다. 운동량의 확산과 열전도 현상이 모두 유체를 안정화하는 역할을 하므로 이들 모두가 안정하려고 하는 힘에 고려되어야 한다. 그러므로

$$\begin{aligned} \text{Ra} &\equiv \frac{\text{부력}}{\text{점성력} \cdot \text{열전도력}} \sim \frac{\rho \dfrac{h}{\tau_B^2}}{\rho \dfrac{h}{\tau_v \tau_\theta}} \\ &= \frac{\tau_v \tau_\theta}{\tau_B^2} \\ &= \frac{\alpha g \Delta T h^3}{D_T \nu} \end{aligned} \tag{11.27}$$

이다. 이 무차원 계수는 **레일리 수**(Rayleigh number) 혹은 "Ra 수"로 불린다. 만일 $\mathrm{Ra} \ll 1$ 이면 $\tau_B^2 \gg \tau_v \tau_\theta$ 이므로 부력의 세기가 충분히 크지 않아서 뜨거운(차가운) 유체입자가 빨리 올라가지(내려가지) 못한다. 이 경우는 점성에 의한 유체의 운동량확산과 열전도에 의한 열의 확산 때문에 온도의 요동 θ 와 속도의 요동 $\boldsymbol{u}$ 들이 감쇠되어 유체계가 안정한 정지상태에 있다. 반대로 $\mathrm{Ra} \gg 1$ 이면 $\tau_B^2 \ll \tau_v \tau_\theta$ 이므로 부력의 세기가 충분히 커서 유체계가 매우 불안하여 요동들이 증폭된다. 그러므로 대류현상이 시작하는 Ra 수는 이들 두 가지 극단의 중간값 근처에 위치한다.

RB 대류의 기본방정식인 식 (11.9), (11.15), (11.22)로부터 RB 대류의 여러 물리현상들을 쉽게 이해하려면 식 (3.49)의 무차원 나비에-스토크스 방정식처럼 이 식들을 무차원화해야 한다. RB 대류를 대표하는 길이는 계의 높이인 h 이다. 시간에 있어서는 앞의 세 가지 후보 τ, τ_v, τ_θ 중에서 열전도의 특성을 기술하는 τ_θ 를 사용하자. 그리고 특성온도의 크기는 ΔT 이다. 그러므로 이들 기본적인 특성값들을 이용하여 기본방정식에 있는 여러 변수 대신에 다음의 값들을 대입하자.

$$
\begin{aligned}
x &= x'h, \\
t &= t'h^2/D_T, \\
u &= u'D_T/h, \\
\theta &= \theta'\Delta T
\end{aligned}
\tag{11.28}
$$

3.7절에서 적용한 방법들과 비슷하게 하여 대입한 식들에서 prime을 제거한 후 정리하면 식 (11.9), 식 (11.15), 식 (11.22)의 기본방정식들은 다음의 무차원 형태로 바뀐다.

$$\nabla \cdot \boldsymbol{u} = 0 \tag{11.29}$$

$$\frac{1}{\mathrm{Pr}}\frac{\partial}{\partial t}\nabla^2 \boldsymbol{u} - \nabla^4 \boldsymbol{u} + \mathrm{Ra}\left(\nabla\frac{\partial \theta}{\partial z} - \nabla^2 \theta \hat{z}\right) = \frac{1}{\mathrm{Pr}}\nabla \times [\nabla \times (\boldsymbol{u} \cdot \nabla \boldsymbol{u})] \tag{11.30}$$

$$\frac{\partial \theta}{\partial t} + (\boldsymbol{u} \cdot \nabla)\theta = w + \nabla^2 \theta \tag{11.31}$$

여기서 Pr 은 유체의 물리적 성질을 특성 짓는 무차원계수의 하나로 독일의 물리학자인 프란틀(Ludwig Prandtl, 1875~1953)의 이름을 따서 **프란틀 수**(Prandtl number)로 불린다.

$$\mathrm{Pr} \equiv \frac{\tau_\theta}{\tau_v} = \frac{\nu}{D_T} \tag{11.32}$$

이 값은 유체계를 안정시키는 두 가지 확산현상인 점성력에 의한 운동량의 확산과 열전도에 의한 열의 확산의 특성시간들의 비이다. 즉 어느 확산현상이 유체의 안정에 더 기여하는가를 보인다.

Ra 수가 높지 않은 경우만 고려하여 부시네스크 동역학방정식인 식 (11.30)에서 비선형성분인 우변을 무시한 후 z 성분만 보면

$$\left(\frac{1}{\mathrm{Pr}}\frac{\partial}{\partial t} - \nabla^2\right)\nabla^2 w = \mathrm{Ra}\nabla_h^2\theta \tag{11.33}$$

이다. 식 (11.31)의 에너지방정식에서도 비선형성분을 무시하면 다음과 같다.

$$\frac{\partial\theta}{\partial t} = w + \nabla^2\theta \tag{11.34}$$

위의 두 식은 대류현상이 시작되는 전이점으로부터 Ra 수가 많이 크지는 않은 경우로 비선형성분이 무시할 수 있을 만큼 작을 때 잘 성립한다. 특이한 점은 비선형성분의 제거로 인해 유체의 흐름속도의 수직성분이 수평성분으로부터 완전히 분리되었다. 식 (11.33)에서 라플라시안의 수평성분은 다음과 같이 정의된다.

$$\nabla_h^2 \equiv \frac{\partial^2}{\partial x^2} + \frac{\partial^2}{\partial y^2} \tag{11.35}$$

11.4 경계조건

RB 대류를 완전히 기술하기 위해서는 유체를 둘러싸고 있는 경계면에 대한 물리학적 성질뿐 아니라 기하학적인 정보도 필요하다. 여기서는 수평방향 길이 ℓ 이 수직방향 길이 h 보다 무한히 큰 경우($\ell/h \gg 1$)를 생각하므로, 수평방향으로는 경계가 없고 바닥면($z = z_b$)과 꼭대기면($z = z_t$)에만 경계면이 있다. 아래와 위의 경계면 위치를 통틀어 $z = z_p$ 라고 표시한다.

이들 경계면의 열전도계수가 유체의 것보다 훨씬 크다면 경계면 근처에서의 유체의 온도는 경계면 온도와 같다고 가정할 수 있다. 그러므로 전도성이 무한히 좋은 이상적인 경계면의 경우에는 경계면과 접하고 있는 유체에서 온도의 요동이 없다.

$$\theta_{z_p} = 0 \tag{11.36}$$

실제 실험실에서는 유체로는 열전도계수가 작은 실리콘 기름이나 물 등을 사용하고, 경계면의 재질로는 열전도계수가 큰 구리나 사파이어를 사용한다.

딱딱한 경계

앞의 3.4절에서 언급한 대로 딱딱한 고체로 이루어진 경계와 접하고 있는 유체입자는 경계면과 같은 속도를 가지는 식 (3.18)의 점착조건을 적용한다.

$$w_{z_p} = 0 \tag{11.37}$$

$$u_h|_{z_p} = u_{z_p} = v_{z_p} = 0 \tag{11.38}$$

그리고 경계면에서는 수평방향으로 경계조건이 일정하므로 속도의 공간구배 $\frac{\partial u}{\partial x}$ 와 $\frac{\partial v}{\partial y}$ 모두가 다 0이다. 그러므로 경계면에서는 연속방정식에 의해 다음이 성립한다.

$$(\nabla \cdot \boldsymbol{u})_{z_p} = \frac{\partial w}{\partial z}\Big|_{z_p} = 0 \tag{11.39}$$

부드러운 경계

위의 경우와 달리 만일 경계하는 물질이 다른 유체인 경우(예: 공기)에는 3.4절에서 언급한 것처럼 부드러운 계면에서 속도의 수직성분의 연속성과 경계면에 나란한 방향 응력성분의 연속성을 고려하여야 한다.

접면 방향으로 응력이 연속하는 것을 보이는 식 (3.22)를 이용하면

$$\sigma_{zh} = \sigma'_{zh} \tag{11.40}$$

이다. 여기서 첨자 h 는 수평 방향을 뜻한다. 응력텐서의 정의인 식 (2.63)을 이용하면 경계조건은 다음과 같다.

$$\left[\mu\left(\frac{\partial u_h}{\partial z} + \frac{\partial w}{\partial h}\right)\right]_{z_p} = \left[\mu'\left(\frac{\partial u_h'}{\partial z} + \frac{\partial w'}{\partial h}\right)\right]_{z_p} \tag{11.41}$$

여기서 prime은 대류 유체 바깥의 경계에 있는 다른 유체를 가리킨다. 또한 접하는 면에

서는 흐름속도의 수직성분이 없으므로

$$w_{z_p} = 0 \tag{11.42}$$

$$\frac{\partial w}{\partial h} = \frac{\partial w'}{\partial h} = 0 \tag{11.43}$$

이다. 그러므로 식 (11.41)은

$$\left[\mu \frac{\partial u_h}{\partial z}\right]_{z_p} = \left[\mu' \frac{\partial u'_h}{\partial z}\right]_{z_p} \tag{11.44}$$

으로 변한다. 만일 경계하는 유체로 공기를 고려한다면 $\mu'/\mu \simeq 0$이므로 경계조건이 간단하게 된다.

$$\frac{\partial u_h}{\partial z}\Big|_{z_p} = 0 \tag{11.45}$$

식 (11.29)의 연속조건을 z 방향으로 편미분하면

$$\frac{\partial}{\partial z}(\nabla \cdot \boldsymbol{u}) = \frac{\partial}{\partial z}\left(\frac{\partial u}{\partial x} + \frac{\partial v}{\partial y} + \frac{\partial w}{\partial z}\right) = 0 \tag{11.46}$$

이므로 식 (11.45)를 이용하면

$$\frac{\partial^2 w}{\partial z^2}\Big|_{z_p} = 0 \tag{11.47}$$

이다.

11.5 부드러운 경계를 이용한 흐름의 선형분석

선형화된 무차원 기본방정식인 식 (11.33)과 식 (11.34)는 두 개의 무차원 요동 w, θ가 있다. 수평방향으로는 두 경계 사이의 거리가 수직방향에 비해 무한히 크므로 수평방향으로 가능한 파수 값은 여러 가지이다. 그러므로 수평방향으로 임의의 파수벡터 $\boldsymbol{k}_h$에 해당하는 요동을 다음과 같이 나타낼 수 있다.

$$\{w,\ \theta\} = \{W(z),\ \Theta(z)\}\exp(i\boldsymbol{k}_h \cdot \boldsymbol{x}_h)\exp(\sigma t) \tag{11.48}$$

$$\boldsymbol{k}_h = (k_x,\ k_y,\ 0)$$

여기서 σ 는 앞에서 보인 응력텐서와 다른 물리량으로 파수벡터 $\boldsymbol{k}_h$ 가 안정한지 불안정한지를 보이는 변수로서 **선형증가율**(linear growth rate)이라 부른다. σ 가 양수이면 요동이 시간에 따라 지수적으로 커지는 불안정한 상태이고, σ 가 음수이면 요동이 시간에 따라 지수적으로 감소하여 없어진다. 이에 대한 보다 자세한 설명은 12장에 있다. 식 (11.48)에 있는 요동을 무차원 기본방정식인 식 (11.33)과 식 (11.34)에 대입하면 다음과 같아진다.

$$\left[\frac{\sigma}{\mathrm{Pr}}-\left(\frac{\mathrm{d}^2}{\mathrm{d}z^2}-k_h^2\right)\right]\left(\frac{\mathrm{d}^2}{\mathrm{d}z^2}-k_h^2\right)W = -\mathrm{Ra}\,k_h^2\,\Theta \tag{11.49}$$

$$\left[\sigma-\left(\frac{\mathrm{d}^2}{\mathrm{d}z^2}-k_h^2\right)\right]\Theta = W$$

만일 바닥과 꼭대기면이 부드럽고 대칭적으로 식 (11.42)와 식 (11.47)의 경계조건을 만족한다면 점착조건의 경계일 때 보다 훨씬 쉽게 문제가 해결된다. 비록 물리적으로는 적당한 예가 되지 못하지만, 바닥과 꼭대기면이 부드럽고 대칭적인 경우를 고려해보자. 무차원의 경우를 고려하고 있으므로 $h=1$ 이고 $z_b=0$, $z_t=1$ 이다. 그러므로 부드러운 경계의 경우는 온도요동에 대한 식 (11.36)과 속도요동에 대한 식 (11.42)와 식 (11.47)을 만족해야 하므로 각 푸리에 모드가

$$\{W_n,\ \Theta_n\}\sin(n\pi z)\exp(i\boldsymbol{k}_h\cdot\boldsymbol{x}_h)\exp(\sigma_n t) \tag{11.50}$$

인 것들의 선형조합이 해가 될 것이다. 여기서 $n = 0, 1, 2, \cdots$이고, 그중에서 $n=0$는 요동의 크기가 0일 때에 해당한다. 위의 식이 대칭적인 경계조건을 만족함을 주의하라.

모드가 n 인 경우를 무차원 기본방정식인 식 (11.49)에 대입하면

$$\left[\frac{\sigma_n}{\mathrm{Pr}}+\left(n^2\pi^2+k_h^2\right)\right]\left(n^2\pi^2+k_h^2\right)W_n = \mathrm{Ra}\,k_h^2\Theta_n \tag{11.51}$$

$$\left[\sigma_n+\left(n^2\pi^2+k_h^2\right)\right]\Theta_n = W_n$$

이다. 이로부터 분산관계

$$\left[\sigma_n+\mathrm{Pr}\left(n^2\pi^2+k_h^2\right)\right]\left[\sigma_n\left(n^2\pi^2+k_h^2\right)+\left(n^2\pi^2+k_h^2\right)^2\right]-\mathrm{Ra}\cdot\mathrm{Pr}k_h^2 = 0 \tag{11.52}$$

가 얻어진다. 여기서 σ_n 는

$$\sigma_n \equiv -\frac{1}{2}(\Pr+1)\left(n^2\pi^2+k_h^2\right) \tag{11.53}$$

$$\pm\frac{1}{2}\sqrt{(\Pr+1)^2\left(n^2\pi^2+k_h^2\right)^2-4\Pr\left(n^2\pi^2+k_h^2\right)^2+\frac{4\mathrm{Ra}\cdot\Pr k_h^2}{n^2\pi^2+k_h^2}}$$

이다. 여기서 제곱근 안의 값은 항상 양수이므로 σ_n는 두 개의 실수 값을 가질 수 있다. 그중 하나는 음수이고 다른 하나는 0 근처에 있다.

그러므로 요동이 임의의 수평방향으로 있고, 요동의 파수값이 k이고, 모드가 n인 경우에 **안정성의 한계조건**(marginal stability condition)인 $\sigma_n = 0$에서 레일리 수의 **문턱값**(threshold value)은

$$\mathrm{Ra}_n(k) = \frac{(n^2\pi^2+k^2)^3}{k^2} \tag{11.54}$$

이다. 모드가 n일 때 Ra 수가 가장 작은 경우의 파수값은 다음의 조건

$$\frac{\mathrm{dRa}_n}{\mathrm{d}k} = \frac{\left(n^2\pi^2+k^2\right)^2\left(4k^2-2n^2\pi^2\right)}{k^3} = 0 \tag{11.55}$$

을 만족해야 한다. 그러므로 $n = 1$인 경우는

$$\frac{\mathrm{dRa}}{\mathrm{d}k}\Big|_{k_c,\, n=1} = 0 \tag{11.56}$$

$$\mathrm{Ra}_c = \frac{27\pi^4}{4} = 657 \qquad \text{for} \qquad k_c = \frac{\pi}{\sqrt{2}}$$

이다. 그리고 이에 해당하는 **임계파장**(critical wavelength)의 크기는 다음과 같다.

$$\lambda_c = 2\pi h/k_c = 2\sqrt{2}\,h \tag{11.57}$$

그림 11.2에서 실선은 부드러운 경계에서 $n = 1$인 경우의 여러 k에 대한 안정성의 한계인 식 (11.54)에 대응하는 문턱 Ra 수를 보인다. $k \neq k_c$ 인 경우에는 문턱 Ra 수가 커진다. 여기서 점선은 딱딱한 경계에서 $n = 1$인 경우의 안정성의 한계를 보인다. 딱딱한 경계일 때는 점성력을 이겨내기 위해서 더 큰 Ra_c 수가 필요하다.

만일 $\mathrm{Ra} \sim \mathrm{Ra}_c$이고 $k \sim k_c$인 경우에 σ가 0 근처에서 $k = k_c + \delta k$와 $\mathrm{Ra} = \mathrm{Ra}_c + \delta\mathrm{Ra}$를 $n = 1$인 경우의 식 (11.53)에 대입하여 전개하면

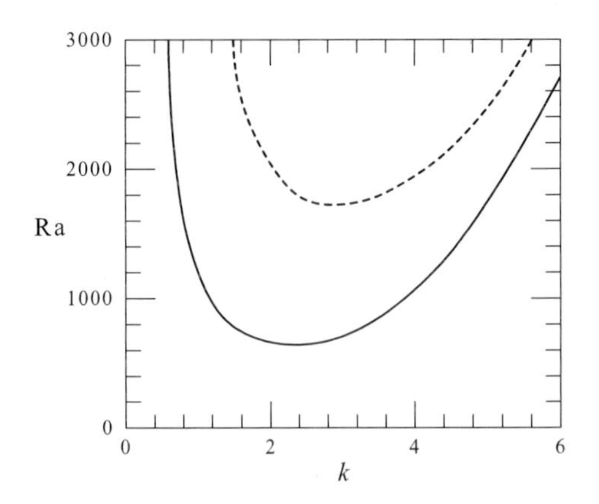

그림 11.2 $n=1$인 경우 파수에 따른 문턱 Ra 수

$$\tau_o\sigma = \frac{\delta\text{Ra}}{\text{Ra}_c} - \xi_o^2\delta k^2 \tag{11.58}$$

$$= \epsilon - \xi_o^2(k-k_c)^2$$

을 얻는다. 여기서 ϵ은 **환산제어변수**(reduced control parameter)

$$\epsilon \equiv \frac{\text{Ra}-\text{Ra}_c}{\text{Ra}_c} \tag{11.59}$$

로, τ_o는 **특성완화 시간**(natural relaxation time)으로

$$\tau_o \equiv \frac{3}{2\pi^2}\frac{1+\text{Pr}}{\text{Pr}} \tag{11.60}$$

로 정의되며, ξ_o는 **결맞음 길이**(coherence length)로

$$\xi_o^2 \equiv \frac{8}{3\pi^2} \tag{11.61}$$

정의된다. 그러므로 Ra_c 근처에서 요동은 식 (11.58)과 식 (11.48)에 의해

$$\{w,\ \theta\} \propto e^{\sigma t} = \exp\left[\frac{\epsilon-\xi_o^2(k-k_c)^2}{\tau_o}t\right] \tag{11.62}$$

이다. 그림 11.3은 여러 가지 환산제어계수 ϵ에서 선형증가율 σ을 식 (11.58)을 이용하여 파수벡터 k의 함수로 보인 것이다. $\epsilon = 0$에 해당하는 Ra_c 근처에서는 속도, 온도 요동의

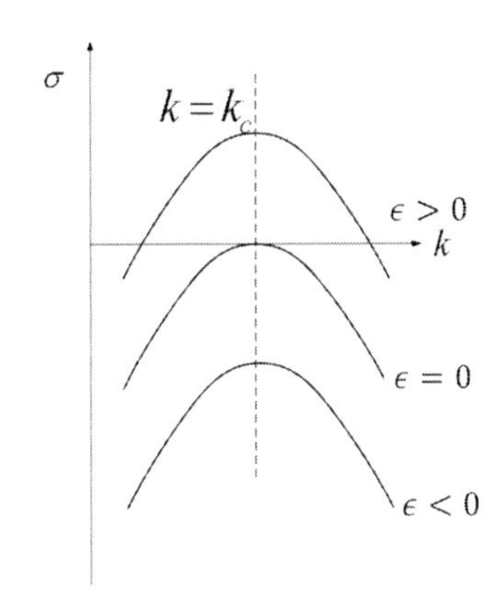

그림 11.3 주어진 환산제어변수에서 파수에 따른 선형증가율의 변화

크기가 무한히 천천히 증가한다. Ra 수가 임계값을 통과하면서 σ가 음수에서 양수로 연속적으로 변화하는 과정은 확산만 있는 열적 평형상태에서 대류라는 동역학적 비평형상태로의 연속적인 전이를 뜻한다. ϵ, τ_o, ξ_o의 물리적 설명은 연습문제 13.8에서 볼 수 있다.

참고 **딱딱한 경계**

바닥과 꼭대기면이 모두 딱딱한 경계의 경우는

$$\mathrm{Ra}_c = 1708, \quad k_c = 3.12 \tag{11.63}$$

이다. 딱딱한 경계와 부드러운 경계의 경우 모두가 k_c의 값이 π 근처이다. 여기서 k_c에 해당하는 파장의 크기가 $2h$와 비슷함에 유의하라. 이에 반해 바닥은 딱딱한 경계이고 꼭대기면은 부드러운 경계인 경우는

$$\mathrm{Ra}_c = 1101, \quad k_c = 2.68 \tag{11.64}$$

이다. 실제로 대기나 해양에서 발생하는 RB 대류의 많은 경우는 이에 해당한다.

11.6 흐름선의 문양

부드러운 경계이며 $n=1$ 이고 y 축 방향으로는 균일한 2차원 흐름만 고려하면 수직 방향의 속도는 식 (11.50)의 실수성분으로부터

$$w = w_o(x,z)e^{\sigma t} \tag{11.65}$$

$$w_o(x,z) = W_o \sin(\pi z)\cos(k_x x) \tag{11.66}$$

이다. 식 (11.29)의 연속방정식은 2차원 흐름에서

$$\frac{\partial u_o}{\partial x} = -\frac{\partial w_o}{\partial z} = -\pi W_o \cos(\pi z)\cos(k_x x) \tag{11.67}$$

이므로

$$u_o(x,z) = -\frac{\pi}{k_x} W_o \cos(\pi z)\sin(k_x x) \tag{11.68}$$

이다. 그리고 같은 흐름선 위에서 일정한 값을 가지는 흐름함수 φ의 정의인 식 (4.7)

$$u = -\frac{\partial \varphi}{\partial z}, \qquad w = \frac{\partial \varphi}{\partial x} \tag{11.69}$$

을 이용하면 흐름함수는

$$\varphi = \frac{W_o}{k_x}\sin(\pi z)\sin(k_x x) \tag{11.70}$$

이다. 그림 11.4의 (a)와 (b)는 $n=1$인 경우와 $n=2$인 경우에 대류를 보이는 흐름선의 궤적을 각각 보여준다. 여기서는 바닥에서 데워진 유체가 상승하여 꼭대기 근처에서 식혀져서 하강하는 과정을 고리 모양으로 되풀이하는 것을 보인다.

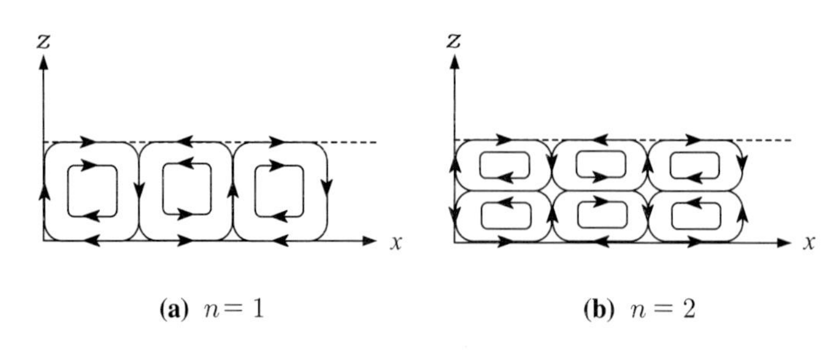

(a) $n=1$ **(b)** $n=2$

그림 11.4 부드러운 경계에서 흐름선의 궤적

11.7 대류실험

앞에서 보인 분석에 따르면 Ra 수가 Ra_c보다 작으면, 즉 바닥과 꼭대기면의 온도차 $(\Delta T = T_b - T_t)$가 임계값보다 작아 유체의 흐름이 없다. 이 경우에는 열의 전달은 단지 열전도에 의하며 수평방향으로는 온도의 변화가 없다. 그러나 $Ra > Ra_c$이면 유체의 흐름이 나타나기 시작한다. 이때는 바닥에서 꼭대기면으로 전달되는 열 가운데 일부분은 유체의 흐름에 의한 것이다. 이러한 흐름 때문에 온도는 수평방향으로 더 이상 일정하지 않다. 즉 유체의 흐름이 없는 열전도만의 상태에 존재하던 대칭성이 깨어져 온도의 분포는 파수벡터가 $\boldsymbol{k}(\boldsymbol{r})$ 인 문양으로 표현된다.

이러한 이론은 그림 11.5와 같은 일정한 크기의 직육면체를 이용해 테스트 할 수 있다. 앞에서 소개한 이론에서는 유체계가 수평방향으로 길이가 무한대이므로 중요 변수로 Ra와 Pr 뿐이지만 실제 실험에서는 무한대 크기의 실험 장치를 만들 수 없으므로 실험장치의 길이(ℓ_1)와 폭(ℓ_2)을 고려해야 한다. 이들 길이는 장치의 높이 h를 이용하여 무차원의 길이를 정의할 수 있다.

$$L_1 = \frac{\ell_1}{h}, \qquad L_2 = \frac{\ell_2}{h} \tag{11.71}$$

L_1이 그렇게 크지 않아 $L_2 \gg L_1$이면, 정상흐름의 경우에 y방향으로 불안정 문양을 만드는 것이 x방향으로 불안정 문양을 만드는 것보다 점성력의 차이로 어렵기 때문에 직육면체의 유체계의 길이 방향으로 곧고 나란하게 고리모양의 문양들이 형성된다. 그림 11.5는 길이가 짧은 벽과 나란히 위치한 고리 문양이다. 그러므로 파수벡터 $\boldsymbol{k}(\boldsymbol{r})$은 x 방

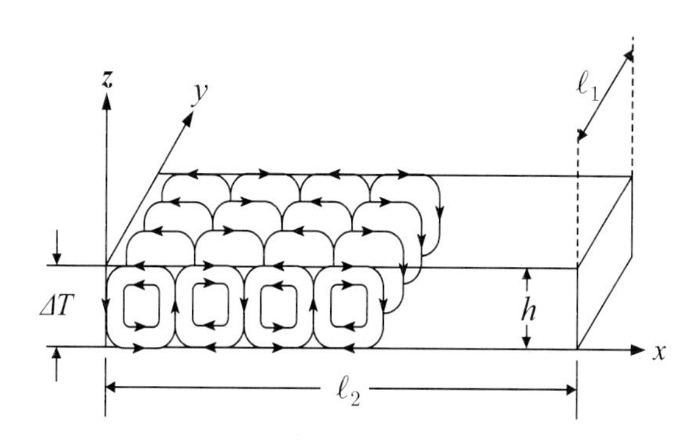

그림 11.5 일정한 크기의 유체계에서 RB 대류

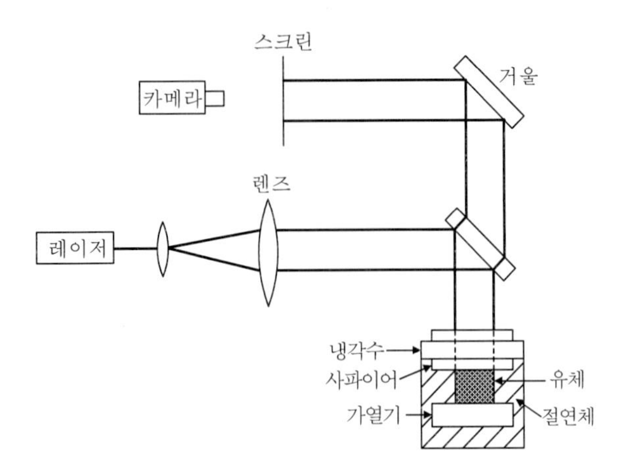

그림 11.6 그림자 전사를 이용한 대류 실험방법

향의 위치에만 관계하는 1차원 스칼라양으로 식 (11.70)과 그림 11.4(a)와 일치하는 경우이다. 그리고 L이 감소하면 수평 방향의 벽들이 유체에 항력을 가하여 유체를 안정시키므로 Ra_c의 값이 증가한다.

그림 11.6은 유체계에서 온도의 분포에 의해 생기는 문양을 관측할 수 있게끔 만든 장치의 예로서 **그림자 전사**(shadow-graphy) 방법이라 한다. 이 방법은 가열된 유체의 굴절률이 주위와 달라져 빛의 경로가 꺾이는 현상을 이용한다. 여기서는 실린더 모양의 넓은 레이저 빛이 온도가 T_t로 일정하게 유지된 투명한 사파이어를 통과한 후 유체를 만난다. 여기서 사파이어는 유체계 꼭대기면의 경계이다. 이 레이저 빛은 유체계를 통과 후에 바닥면에 위치한 구리 표면에 반사된 후 유체계를 통과한 후 사파이어를 통과해 유체계 밖으로 나온다. 여기서 구리 표면은 온도가 T_b로 일정하게 유지되어 있으며 반사율을 높이기 위해 순금으로 코팅되어 있다. 이 빛을 스크린에 비추면 유체계 내의 온도분포에 의한 문양을 관측할 수 있다. 여기서 사용된 사파이어는 투명할 뿐 아니라 열전도계수가 물보다도 100배 정도 크다. 또한 밑면의 구리 역시 열전도계수가 매우 크다. 그러므로 밑면과 꼭대기면의 경계에 있는 유체에서의 어떠한 열적 요동도 이들 경계 때문에 없어지고 일정한 온도를 각각 유지하여 식 (11.36)을 만족한다. 그림 11.7은 그림자 전사를 이용해 관찰한 대류현상에 의한 고리 모양의 문양이다. 여기서 밝은 부분은 유체가 뜨거워서 상승하는 부분이고 어두운 부분은 유체가 차가워 하강하는 부분이다.

그림 11.7 그림자 전사를 이용해서 관찰된 고리문양의 이미지

11.8 대류에 의한 고리문양의 안정성

정지상태인 유체계에 고리문양의 대류가 발생하는 위의 불안정성은 처음 나타난 것이므로 **1차 불안정성**이라 한다. 그렇지만 이 불안정성에 의해 생긴 대류에 의한 고리문양도 Ra 수를 증가하면 불안정해진다. 그러므로 고리문양은 Ra 수의 증가에 따라 새롭게 나타나는 **2차 이상의 불안정성**들에 의해 새롭고 더욱 복잡한 문양의 상태로 전이한다.

1차 불안정성은 선형방정식인 식 (11.33)과 식 (11.34)에 의해 설명되지만 2차 이상의 불안정성은 선형방정식만으로는 설명되지 않는다. 대류에 의한 유체의 흐름속도가 증가함에 따라 선형화하는 과정에서 생략한 비선형 항들인 $(u \cdot \nabla)u$ 와 $(u \cdot \nabla)\theta$ 이 중요해져 이들을 고려해야만 2차 이상의 불안정성을 설명할 수 있다. 두 비선형 항들의 상대적인 중요성은 온도 요동의 완화시간 τ_θ 와 속도요동의 완화시간인 τ_v 의 비인 Pr 수를 이용하여 기술할 수 있다.

액체헬륨($\mathrm{Pr} < 1$)과 같이 Pr 수가 작은 유체에서는 속도요동의 완화가 천천히 진행되므로 $(u \cdot \nabla)u$ 가 중요한 비선형 항이 된다. 그러므로 Pr 수가 작은 유체에서 2차 이상의 불안정성들은 유체의 동적인 흐름에 기인한 것이다. 이에 반하여 실리콘오일($\mathrm{Pr} > 100$) 같이 Pr 수가 큰 유체에서는 온도 요동의 완화가 천천히 진행되므로 비선형 항들 중에 $(u \cdot \nabla)\theta$ 가 중요하게 된다. 그러므로 Pr 수가 큰 유체에서 2차 이상의 불안정성들은 유체계 내의 온도분포에 기인한 것이다. 이들 양극단의 중간에 있는 물($\mathrm{Pr} = 5 \sim 10$)과 같은 액체에서는 유체의 동적인 흐름과 온도분포에 의한 비선형적 효과가 서로 경쟁하게 되어 매우 복잡한 문양을 보이게 된다.

Ra 수가 클 때는 대류에서 비선형 효과의 수식적 설명은 너무 복잡하므로 이 책의 범위 밖이다. 그림 11.8은 Pr = 0.71 인 액체헬륨에서 여러 파수값 k에 대한 나란하고 곧게 배열된 대류 고리문양의 안정성 한계를 보이는 Ra 수를 보인다. 대류고리들의 파수값에 따라 안정성의 한계 Ra 수도 달라진다. 이 그림에서 점선으로 보인 선은 대류가 시작되는 임계 Ra 수로 선형분석에 의한 식 (11.54)의 결과이다. 실선으로 그려진 나머지 임계 곡선은 비선형 불안정인 Eckhaus, Zigzag, Skewed Varicose, Oscillatory, Knot 불안정의 결과이다. 이러한 비선형 불안정성들은 난류로의 전이에 매우 중요한 역할을 한다. 그림 11.9는 실리콘오일을 가지고 한 RB 대류에서 그림자 전사를 이용해 관찰한 문양으로 Ra 수가 커짐에 따라 그림 11.7의 나란한 띠 모양의 고리문양이 불안정해져 나타난 육각형 벌집 모양의 문양이다.

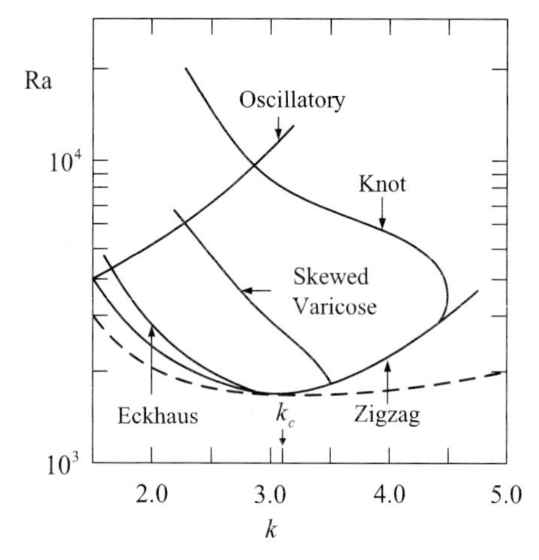

그림 11.8 Pr = 0.71 인 액체헬륨에서 여러 파수 값 k에 대한 다양한 불안정에 의한 대류 고리문양의 안정성의 한계를 보이는 Ra 수

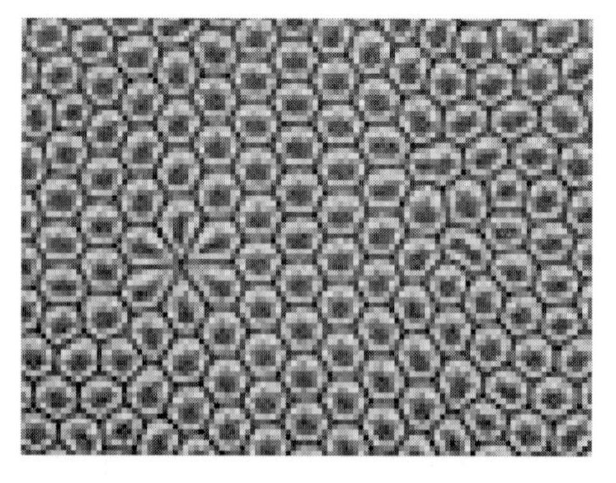

그림 11.9 실리콘 오일에서 Ra 수가 커짐에 따라 곧게 배열된 대류 고리문양이 불안정해서 나타난 육각형 벌집 모양의 문양

연습문제

11.1 무차원 분석

식 (11.29)에서 식 (11.31)까지를 유도하라.

11.2 딱딱한 경계

바닥($z_p = 0$)과 꼭대기면($z_p = 1$)이 모두 딱딱한 경계의 경우에 식 (11.37) ~ (11.39)의 경계조건은

$$w_{z_p} = u_{z_p} = v_{z_p} = \frac{\partial w}{\partial z}\Big|_{z_p} = 0$$

이다.

(a) 이러한 경계조건을 만족하는 정확한 요동의 모양을 구하고,

(b) 임계 레일리 수와 임계 파수의 크기가 식 (11.63)과 같이 됨을 보여라.

11.3 딱딱한 경계

바닥은 딱딱한 경계이고 꼭대기는 부드러운 경계인 경우를 생각해보자.

(a) 정확한 요동의 모양을 구하고,

(b) 임계 레일리 수와 임계 파수의 크기가 식 (11.64)와 같이 됨을 보여라.

11.4 중력방향으로 세워진 RB 대류

중력 방향으로 무한히 넓고 서로 나란한 두 개의 딱딱한 면을 생각해보자. 이들 면 사이에 온도 차이가 있어 수평 방향으로 온도의 변화가 있을 때 두 면 사이의 유체의 흐름은 어떻게 되겠는가?

11.5 RB 대류에서의 소용돌이도 방정식

식 (11.13)에 $\nabla\times$을 취하면 식 (4.29)와 비슷하게 RB 대류에서 소용돌이도 방정식을 구할 수 있다.

$$\frac{\mathrm{D}\boldsymbol{\Omega}}{\mathrm{D}t} = \boldsymbol{\Omega} \cdot \nabla \boldsymbol{u} + \nu \nabla^2 \boldsymbol{\Omega} + \alpha \boldsymbol{g} \times \nabla \theta$$

이 식과 식 (4.29)와 다른 점은 부력의 효과인 우변의 마지막 항이다. 이 식에 따르면 온도구배의 방향이 중력 방향에 수직성분만 소용돌이도의 생성에 공헌한다. 그리고 생성된 소용돌이도의 방향은 중력과 온도구배의 방향에 각각 수직이다. 물리적으로 왜 이렇게 되는지 설명하라.

11.6 회전유체계에서의 RB 대류

8장에서 소개한 회전유체계에서의 RB 대류를 생각해보자.

(a) 이 경우에 코리올리힘과 관성력의 크기 비를 나타내는 무차원계수를 구하라. 이때 점성력은 무시할 수 있다고 가정하자.

(b) 계의 중심에 있는 중력방향의 수직축을 중심으로 유체계를 충분히 빨리 회전시켜 코리올리힘의 효과가 매우 중요한 경우를 생각해보자. 이 경우에 8.3절에서 소개한 테일러−프라우드만 정리는 흐름속도의 수직방향 성분은 잘 들어맞으나 수평 방향 성분은 그렇지 않다. 이러한 회전 RB 대류계에서 식 (8.44)는

$$2(\boldsymbol{\omega} \cdot \nabla)\boldsymbol{u} = \alpha \boldsymbol{g} \times \nabla \theta$$

로 바뀜을 보이고 연습문제 11.5의 결과를 이용하여 왜 그런지 물리적으로 설명하라.

CHAPTER

12

흐름의 안정성

흐름의 안정성

자연계에 있는 모든 현상은 2장에서 보인 것과 같은 여러 가지 보존법칙을 항상 만족한다. 그러나 이러한 보존법칙들을 모두 만족하면서도 자연계에서는 존재할 수 없는 현상들이 많다. 왜냐하면 이런 현상에 해당하는 상태들은 약간의 요동만 가해도 사라지기 때문이다. 실제로 자연계에서는 이러한 요동이 열적(복사열, 난로), 전기적(벼락), 역학적(바람, 소리) 형태 등 여러 가지 형태로 항상 존재한다. 자연계에서 존재할 수 있는 상태는 요동에 대해 영향을 받지 않는다고 하여 **안정**(stable) **상태**라 한다. 이에 반해 요동에 대해 민감하게 반응하여 자연계에서 존재할 수 없는 상태는 **불안정**(unstable) **상태**라 한다. 12장에서는 11장에서 소개된 안정성에 대한 여러 가지 개념들을 일반화할 뿐 아니라 유체의 흐름에서 쉽게 볼 수 있는 몇 가지 중요한 **불안정성**(instability)들을 소개한다. 유체의 흐름에서 불안정성은 매우 중요한 역할을 한다. 불안정성의 크기가 증가하면 유체의 흐름이 점점 복잡해져 13장에서 설명하는 카오스 상태를 지나 14장에서 설명하는 난류가 형성되기 때문이다.

Contents

12.1 물리계의 안정성

중력에 수직인 평면 위에 중력 방향으로 서 있는 바늘을 생각해보자. 역학적으로 가능한 평형상태이지만 약간의 움직임만 있어도 바늘은 금방 옆으로 누워버린다. 그러므로 중력에 수직인 평면 위에 서 있는 바늘을 볼 가능성은 거의 없다. 이에 반해 중력에 수직인 평면 위에 누워 있는 바늘은 약간의 움직임을 가해도 누워있는 상태를 지속한다. 그러므로 서 있는 바늘의 상태는 불안정하고 누워있는 바늘의 상태는 안정하다고 할 수 있다.

안정한 상태와 불안정한 상태를 설명하기 위해 그림 12.1과 같이 여러 가지 상태의 표면 위에 있는 구슬을 생각해보자. 이것은 임의의 물리계의 상태를 퍼텐셜에너지 곡선 위의 한 점으로 기술하는 것과 같다. 각 상태의 구슬에 미세한 요동을 가하기 전과 가한 직후, 그리고 시간이 한참 지난 후에 상태들을 각각 보인다. 여기서 (a)는 **안정한 상태**를 보인다. 이 경우에는 오목한 표면의 바닥에 있는 구슬은 요동을 가하면 요동의 크기는 시간에 따라 감소하다가 결국 바닥으로 돌아온다. 이에 반해 (b)의 경우는 **불안정 상태**를 보인다. 여기서는 볼록한 면의 극점에 있는 구슬은 아무리 작은 크기의 요동에 대해서도 불안정하여 경사면을 따라 극점에서 멀어진다. (c)의 경우는 (a)와 (b)의 중간의 경우로 바닥

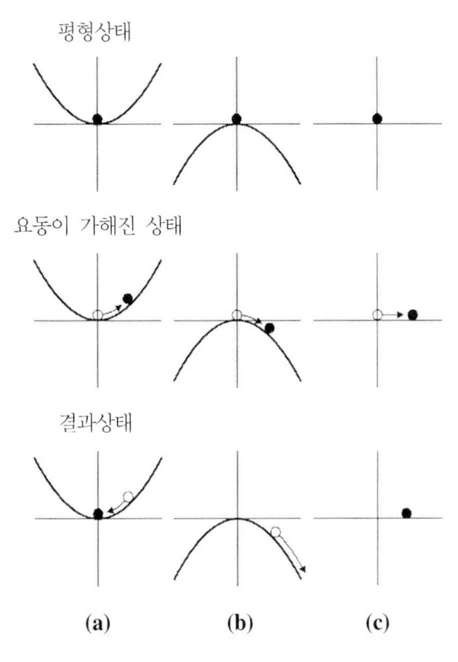

그림 12.1 여러 가지 상태의 표면 위에 있는 구슬의 안정성

면이 평평하므로 요동을 가해도 요동의 크기가 증폭하거나 줄어들지 않을 것이다. 그러므로 이런 상태를 **중간안정 상태**라 한다.

유체의 흐름에 있어서 이러한 안정성에 대한 중요한 개념은 이미 11장에서 소개되었다. RB 대류에서는 임의의 위치에 있는 유체입자가 열적 요동으로 주위보다 온도가 높아져 Ra 수가 임계값인 Ra_c보다 크게 될 때는 불안정하여 계속 올라갈 것이다. 즉 바닥에서 시작된 열적 요동은 점점 증폭될 것이다. 이와 반대로 Ra 수가 Ra_c보다 작을 때는 열적 요동은 안정하여 증폭되지 않고 금방 감쇠돼 없어져 버린다. 만일 바닥에서 가열되지 않고 위에서 가열되는 경우, 즉 RB 대류와 반대 경우에는 어떤 열적 요동에 대해서도 안정하여 대류현상은 존재할 수 없다.

이 장의 주제인 유체의 안정성에 관한 연구에 있어 가장 큰 공헌을 한 물리학자는 19세기에는 레일리(Lord Rayleigh, 1842~1919)이고, 20세기에서는 테일러(G. I. Taylor, 1886~1975)라고 할 수 있다.

12.2 안정성의 선형분석

유체에 있어 안정성의 선형분석을 논하기에 앞서 에너지가 보존되는 동역학계에서 사용하는 **선형분석방법**(linear stability analysis)을 생각해보자. 간단한 예로서 그림 12.2(a)와 같이 마찰이 없는 이상적인 단진자를 생각하자. 단진자의 질량이 m, 진자의 팔의 길이가 ℓ 이며, 구부러지지 않는 경우 단진자 경로의 접선 성분(F_T)에 대한 **운동방정식**은

$$m\ell\frac{\mathrm{d}^2\theta}{\mathrm{d}t^2} = -mg\sin\theta = -\frac{\mathrm{d}\Psi}{\mathrm{d}(\ell\theta)} \quad (12.1)$$

로 **비선형방정식**이다. 여기서 진자의 **퍼텐셜에너지** Ψ는 그림 12.2(b)와 같다.

$$\Psi(\theta) = -mg\ell(\cos\theta - 1) \quad (12.2)$$

평형상태는 $\mathrm{d}\Psi/\mathrm{d}\theta = 0$에 해당하므로 $\theta = 0°$, $180°$인 두 위치이다. $\theta = 0°$인 위치는 퍼텐셜에너지의 크기가 최솟값을 가지므로 안정한 평형점이다. 이에 반해 $\theta = 180°$인 위치는 퍼텐셜에너지의 크기가 최댓값을 가지므로 불안정한 평형점이다.

평형점인 $\theta = 0°$에 위치한 진자를 약간 요동시켜 퍼텐셜에너지를 변화시켰을 때 이에

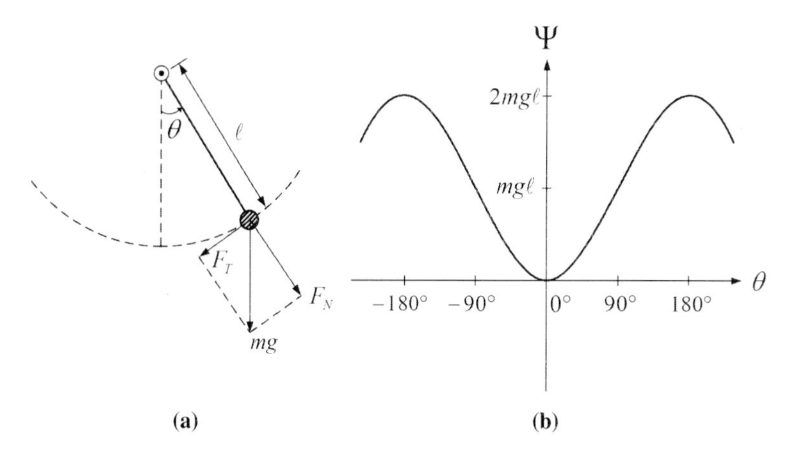

그림 12.2 마찰이 없는 이상적인 단진자

해당하는 퍼텐셜에너지는 테일러 전개를 이용하면

$$\begin{aligned}\Psi(\theta) &= -mg\ell\left(1-\frac{\theta^2}{2!}+\frac{\theta^4}{4!}+\cdots-1\right) \\ &= \frac{1}{2}mg\ell\theta^2+O(\theta^4)\end{aligned} \tag{12.3}$$

이다. θ가 매우 작은 경우만 생각하면 위의 퍼텐셜에너지에서 2차항보다 높은 항들을 무시할 수 있다. 이러한 경우에 식 (12.1)의 비선형 운동방정식이 **선형 운동방정식**이 되고,

$$\frac{d^2\theta}{dt^2} = -\frac{g}{\ell}\theta \tag{12.4}$$

해당하는 일반해는 조화운동을 하는 단진자이다.

$$\theta = \theta_o \sin(\omega t+\alpha) \tag{12.5}$$

$$\omega = \sqrt{\frac{g}{\ell}}\ (>0) \tag{12.6}$$

다른 평형점인 $\theta = 180°$에 위치한 진자를 약간 요동시켜 퍼텐셜에너지를 변화시켰을 때 이에 해당하는 퍼텐셜에너지는 **테일러 전개**를 이용하면

$$\begin{aligned}\Psi(\theta=180^o+\xi) &= mg\ell(\cos\xi+1) \\ &= mg\ell\left(1-\frac{\xi^2}{2!}+\frac{\xi^4}{4!}+\cdots+1\right)\end{aligned} \tag{12.7}$$

$$= \quad 2mg\ell - \frac{1}{2}mg\ell\xi^2 + O(\xi^4)$$

이다. 여기서 ξ는 $\theta = 180°$에서부터 차이를 의미하며, 크기가 매우 작은 경우만 생각한다. 위의 퍼텐셜에너지에서 2차항보다 높은 항들을 무시하면 식 (12.1)의 비선형 운동방정식이 선형 운동방정식이 되고,

$$\frac{\mathrm{d}^2\xi}{\mathrm{d}t^2} = \frac{g}{\ell}\xi \tag{12.8}$$

해당하는 일반해 θ는 다음과 같다.

$$\theta = \pi + \frac{1}{2}\xi_o\left(e^{\omega t} + e^{-\omega t}\right) \tag{12.9}$$

위의 두 가지 경우 중에 첫 번째($\theta \approx 0°$)의 일반해인 식 (12.5)는 초기에 가하는 요동의 크기가 작은 경우에는 요동에 대하여 계가 안정하여 잘 들어맞지만 두 번째($\theta \approx 180°$)의 일반해인 식 (12.9)는 초기에 가하는 요동의 크기와 관계없이 계가 불안정하므로 시간이 지나면 ξ의 크기가 증가하여 식 (12.7)에서 보이는 퍼텐셜에너지에서 ξ^4 이상의 고차항 성분이 중요하게 되므로 위의 결과를 더 이상 적용할 수 없게 된다. 첫 번째 경우에도 만일 초기에 가하는 요동의 크기가 큰 경우에는 더 이상 퍼텐셜에너지를 θ의 2차함수로 가정할 수 없고 고차함수의 비선형 항들을 고려하여야 하므로 진자는 더 이상 조화운동을 하지 않는다.

그림 12.3의 (a)는 $t = 0$일 때 $\theta = 10°$이고, $\mathrm{d}\theta/\mathrm{d}t = 0$인 경우에 비선형 항들을 무시한 위의 두 방법과 원래의 비선형방정식을 그대로 사용한 결과를 보인다. 여기서 실선은 식 (12.1), 쇄선은 식 (12.4), 점선은 식 (12.8)을 이용한 결과이다. (b)와 (c)는 각각 $t = 0$일 때 $\mathrm{d}\theta/\mathrm{d}t = 0$이고 $\theta = 90°$와 $\theta = 170°$인 경우이다. 안정한 평형점 근처에서 요동의 크기가 작은 (a)에서는 식 (12.4)의 결과가 정확한 방정식인 식 (12.1)의 결과와 잘 일치한다. 여기서는 실선과 쇄선이 거의 일치하여 구분되지 않는다. 그에 반해 불안정한 평형점인 180° 근처인 (c)의 경우에서는 식 (12.8)의 결과가 처음 얼마 동안은 정확한 방정식인 식 (12.1)의 결과와 잘 일치하다가 시간이 지남에 따라 θ의 값이 커지면서 비선형 항을 무시할 수 없게 되어 일치하지 않게 된다. 즉 안정한 평형점 근처에서는 작은 크기의 요동에 대한 선형분석은 정확한 결과와 잘 일치하지만 불안정한 평형점 근처에서는 작은 크기의 요동에 대한 선형분석은 초기에만 정확한 결과와 잘 일치하다가 평형점에서 멀어

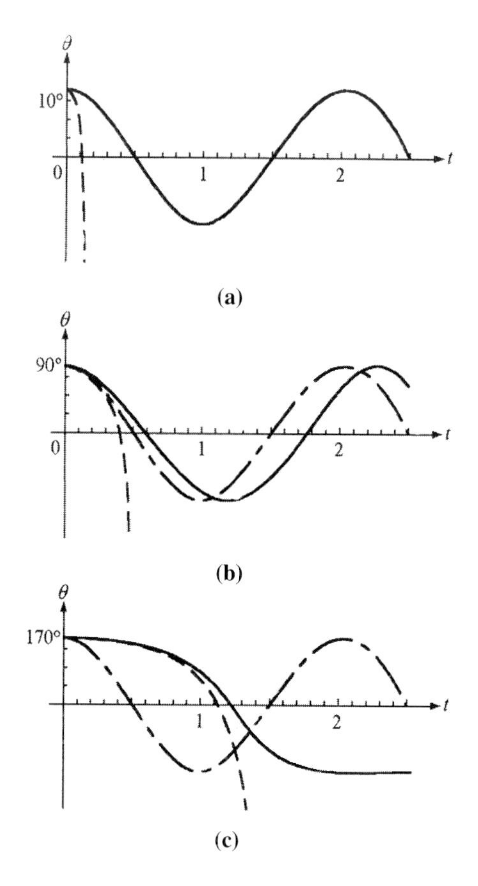

그림 12.3 요동의 크기가 커짐에 따라 선형방정식이 들어맞지 않는다. 초기 각도 $\theta_\circ$에 따른 세 가지 경우. 실선은 식 (12.1), 쇄선은 식 (12.4), 점선은 식 (12.8)에 해당함. (a) $\theta_\circ = 10^\circ$, (b) $\theta_\circ = 90^\circ$, (c) $\theta_\circ = 170^\circ$

지면 비선형 항이 중요해져 일치하지 않는다. (b)와 같이 안정한 평형점과 불안정한 평형점에서 모두 먼 곳에서는 요동의 크기가 매우 작은 초기에만 선형분석의 결과가 정확한 결과와 일치한다. 결론적으로 선형화된 운동방정식은 요동의 크기가 작은 경우만 사용할 수 있다.

위의 선형분석의 특별한 예를 일반적으로 고려하기 위해 임의의 물체가 질량이 m이고 x 방향만 운동하여 물체에 대한 퍼텐셜에너지 $\Psi(x)$가 그림 12.4에서 실선인 경우를 생각해보면 **물체의 운동방정식**은

$$m\frac{\partial^2 x}{\partial t^2} = -\frac{\partial \Psi}{\partial x} \tag{12.10}$$

이다. 이 그림에서 x_s와 x_u은 각각 안정과 불안정의 위치를 보이는 평형점(x_o)이다. 즉

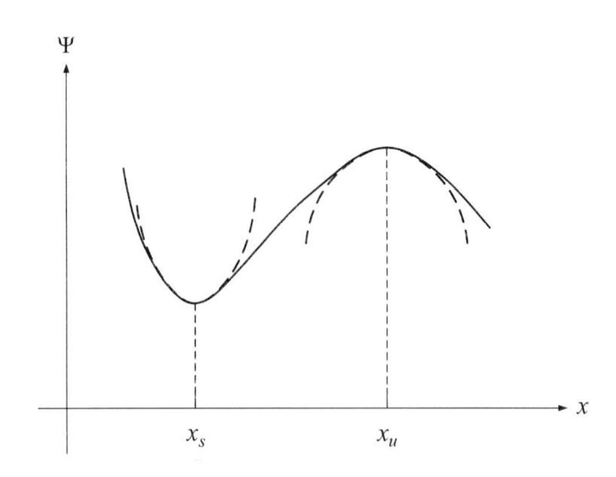

그림 12.4 안정한 평형점과 불안정한 평형점에서의 선형분석

이 위치에서는 $(\partial\Psi/\partial x)_{x_o} = 0$ 으로서 외력이 따로 주어지지 않으면 물체는 평형상태를 계속 유지한다. 평형점에 있는 물체에 작은 요동이 가해졌을 때 이들 평형점에서 물체의 안정성을 이론적으로 구하는 일반적인 방법은 평형점으로부터 요동 때문에 멀어진 거리

$$\xi = x - x_o \tag{12.11}$$

를 이용하여 퍼텐셜에너지의 구배 $\partial\Psi/\partial x$ 를 평형점에 대해 테일러 전개를 한 후에 1차 항까지만 고려하는 것이다.

$$\left(\frac{\partial\Psi}{\partial x}\right)_{x = x_o + \xi} = \left(\frac{\partial\Psi}{\partial x}\right)_{x_o} + \left(\frac{\partial^2\Psi}{\partial x^2}\right)_{x_o}\xi + O(\xi^2) \tag{12.12}$$

x_o 인 지점은 평형점이므로 $(\partial\Psi/\partial x)_{x_o}$ 은 항상 0이다. 그러므로 식 (12.11)과 식 (12.12)를 식 (12.10)에 대입한 후에 ξ 의 2차 항 이상 성분들을 무시하면 요동의 크기 ξ 에 대한 선형 동역학방정식을 구할 수 있다.

$$m\frac{\partial^2\xi}{\partial t^2} = -\left(\frac{\partial^2\Psi}{\partial x^2}\right)_{x_o}\xi \tag{12.13}$$

이 식에서 사용한 퍼텐셜에너지의 정확한 모양은 그림 12.4에서 x_s 와 x_u 근처에서의 포물선 모양의 점선에 각각 해당한다.

$x_o = x_s$ 에서는 $(\partial^2\Psi/\partial x^2)_{x_o} > 0$ 이므로 이 식은 입자가 단진동하고 있는 것을 기술하는 1차원 단진동 방정식으로 각진동수가 $\left[(\partial^2\Psi/\partial x^2)_{x_o}/m\right]^{1/2}$ 이다. 그러므로 x_s 는 **안정한 평형점**이다. 그러나 $x_o = x_u$ 에서는 $(\partial^2\Psi/\partial x^2)_{x_o} < 0$ 이므로

$$\sigma^2 = -\frac{1}{m}\left(\frac{\partial^2 \Psi}{\partial x^2}\right)_{x_o} \tag{12.14}$$

로 두면 $t = 0$에 요동의 크기가 ξ_o이고 물체가 x_u 근처에 있다면 시간에 따라 평형점 x_u로부터 물체의 위치는

$$\xi = \frac{1}{2}\xi_o\left(e^{\sigma t} + e^{-\sigma t}\right) \tag{12.15}$$

로서 물체의 위치가 평형점으로부터 시간에 따라 지수함수의 형태로 멀어진다. 그러므로 x_u는 **불안정한 평형점**이다.

만일 위와 같이 x_o가 평형점이서 $(\partial\Psi/\partial x)_{x_o} = 0$이지만 제어변수의 값에 따라 x_o에서 $(\partial^2\Psi/\partial x^2)_{x_o}$의 값이 양수에서 음수로 변화되는 경우를 생각해보자. 이 경우에

$$\left(\frac{\partial^2 \Psi}{\partial x^2}\right)_{x_o} = 0 \tag{12.16}$$

에 해당하는 x_o는 **중간안정 상태**(neutral state)의 평형점이다.

유체의 흐름을 기술하는 식 (3.7)의 나비에-스토크스 방정식은 관성력 항 $\rho(\boldsymbol{u} \cdot \nabla)\boldsymbol{u}$이 비선형이므로 비선형 미분방정식이다. 그뿐만 아니라 여러 경우에 유체의 흐름을 기술하는 데 필요한 여러 가지 식들에서 비선형 항들을 쉽게 찾을 수가 있다. 흐름의 안정성을 엄밀하게 판정하려고 하면 이들의 비선형 항들 때문에 흐름을 분석하는 과정이 엄청나게 복잡해지고 어려워진다. 그래서 차선으로 등장한 것이 위에서 소개한 안정성의 선형분석방법이다. 이 방법은 불안정성이 시작하는 임계점 근처에서는 잘 맞는다. 그러나 임계점에서 멀리 떨어지면 선형분석이 잘 들어맞지 않는다. 여기서는 11장에서 보인 RB 대류의 선형분석방법을 일반화하고, 이 방법의 한계에 관해 설명한다.

임의의 특정한 흐름에서 **안정성의 선형분석**은 안정성을 검사하는 흐름을 **기본상태**로 두고, 그 상태에 매우 작은 크기의 요동을 가하는 것이다. 그리고 이 요동의 크기가 시간에 따라 증가하는지 혹은 감소하는지를 조사한다. 앞에서는 역학적 에너지가 보존되는 동역학계이므로 선형분석 과정에서 퍼텐셜에너지를 사용하였다. 그러나 점성 등에 의해 에너지의 소산이 중요한 경우에는 역학적 에너지가 보존되지 않기 때문에 퍼텐셜에너지를 사용할 수 없다. 에너지의 소산은 흐름에 관련된 물리량의 시간적 변화를 늦춘다. 예를 들면 불안정 흐름의 경우에는 요동의 크기가 지수적으로 증가하는 것을 늦춘다.

참고

푸리에 기준 모드를 이용한 방법

임의의 요동은 여러 가지 푸리에 기준 모드들의 완전집합으로 이루어져 있다. 한꺼번에 모든 기준 모드를 조사하는 것은 너무나 힘이 들기 때문에 여러 가지 가능한 파수의 스펙트럼 가운데서 특별한 푸리에 성분에 대하여 안정성을 조사하는 것을 **푸리에 기준 모드를 이용한 방법**(Fourier normal mode method)이라 한다. 이 방법에서는 각 기준 모드의 안정성을 다른 기준 모드들과 분리해서 조사한다.

그러므로 흐름의 방정식을 만족하는 기본상태에 가하는 요동은 임의의 파수벡터 $\boldsymbol{k}$에 대해서는

$$\xi(\boldsymbol{r},t) = \xi_o \exp[i\boldsymbol{k}\cdot\boldsymbol{r}+\sigma t] \tag{12.17}$$

의 형태로 표시한다. 여기서 ξ는 요동으로서 흐름에 관계되는 임의의 물리량이다. 대표적인 ξ로 속도 $\boldsymbol{u}$를 들 수 있다. 대류에서 요동을 기술하는 식 (11.48)에서는 수직 방향 속도요동 w와 온도요동 θ가 ξ에 해당한다. 11장에서는 이들 물리량이 주어진 경계조건을 만족하는 특별한 파수벡터 성분들만 고려하고 있다. 그리고 식 (12.17)에서 σ는

$$\sigma = \sigma_r + i\sigma_i \tag{12.18}$$

로서 복소수이다. σ_r은 σ의 실수 성분이고, σ_i는 σ의 허수 성분이다.

흐름의 안정성을 분석하는 일반적인 방법은 나비에-스토크스 방정식과 같이 기본상태 흐름을 만족하는 동역학 흐름방정식에 식 (12.17)과 같은 특별한 파수벡터의 요동을 대입하여 해당하는 요동의 크기가 증가하는지 혹은 감소하는지를 조사하는 것이다. **선형 분석의 핵심**은 위의 요동을 흐름의 방정식에 대입할 때 요동 크기의 제곱 혹은 그 이상의 비선형 성분을 포함한 항들을 모두 무시하는 것이다. 그러므로 이 방법은 요동의 크기가 매우 작은 경우에 제한하여 사용할 수 있다. 또한 선형 항들만 고려하므로 다른 파수벡터에 해당하는 성분들끼리의 상호작용이 없다. 그러므로 각 파수벡터에 해당하는 방정식들로 분리하여 문제를 해결할 수 있는 장점이 있다.

관심 있는 파수벡터에 대해 σ의 실수 성분인 σ_r의 부호가 양이면 주어진 흐름은 요동에 대해 불안정하다. 반면에 σ_r의 부호가 음이면 요동이 시간이 지남에 따라 감쇠되 없어진다. 그러므로 σ_r을 **요동의 증가율**(growth rate)이라 부르고 크기에 따라 각 상태를

$$\begin{aligned} \sigma_r < 0 &: \text{ 안정} \\ \sigma_r > 0 &: \text{ 불안정} \\ \sigma_r = 0 &: \text{ 중간안정} \end{aligned} \tag{12.19}$$

으로 구분한다. 안정과 불안정의 경계에 해당하는 중간 안정의 상태($\sigma_r = 0$)를 **한계상태**(marginal state)라 칭한다.

주어진 경계조건을 만족하는 파수벡터 $\boldsymbol{k}$ 공간에서 위치에 따라 해당하는 σ_r의 값은 일반적으로 다르다. 만일 모든 $\boldsymbol{k}$값에 대해 σ_r이 음수이면 관심이 있는 흐름은 어떤 작은 요동에 대해서도 안정하다. 만일 특별한 파수벡터들에 σ_r이 양의 값을 가진다면 해당하는 파수벡터를 가진 요동들에 대해서 흐름이 불안정하여 요동들이 동시에 증폭된다. 그러므로 선형 불안정은 파수벡터 공간에서 단 한 점에서라도 σ_r이 양수이면 발생한다. 주어진 상황에서 가장 큰 σ_r에 해당하는 파수벡터의 요동이 가장 불안정하다.

σ의 허수 성분인 σ_i는 실수 성분인 σ_r이 제공하지 못하는 정보인 요동의 각진동수이다. 그림 12.5는 다양한 경우에 요동이 시간에 따라 어떻게 변하는지를 보인다. 요동의 σ_r이 양수이고 σ_i가 0인 경우는 요동이 시간에 따라 지수적으로 계속 증가한다[그림 12.5(c)]. 그에 반해 σ_r이 양수이고 σ_i가 0이 아닌 경우에는 요동이 σ_i의 각진동수로 진동을 하면서 크기는 시간에 따라 지수적으로 증가한다[그림 12.5(d)]. 이런 상태를 **과불안정 상태**(over stable state)라 한다.

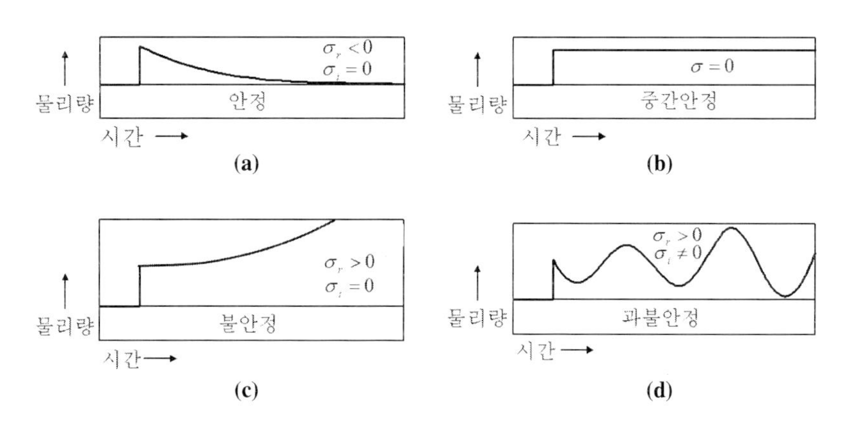

그림 12.5 증가율의 크기에 따른 요동의 시간변화

참고

선형분석방법의 한계

선형 분석은 비선형 항들을 무시하므로 요동의 크기가 증가하면 흐름의 상황을 더 이상 정확하게 기술하지 못한다. 실제로는 요동의 크기가 증가함에 따라 비선형 효과로 인해 파수 벡터 성분(다른 기준 모드)들끼리의 상호간섭 때문에 요동의 지수적인 증가가 더 빨라지든지 혹은 더 늦어진다. 여기서 중요한 점은 요동의 크기가 시간에 따라 지수적으로 계속해서 영원히 증가할 수는 없다는 것이다. 지수적인 증가는 수학적으로 기술할 수 있는 가장 빠른 증가함수이기 때문이다. 요동이 지수적으로 증가한다면 얼마 되지 않아 흐름의 모든 에너지를 차지하거나 공간적으로 흐름을 압도하여 더 이상 시간상으로 증가할 수 있는 여지가 없어지기 때문이다. 결국에는 계가 가지고 있는 비선형 효과로 인해 다른 혹은 같은 파수벡터 성분들끼리의 상호간섭 등에 의해 요동의 지수적인 증가를 아주 커지기 전에 포화시킨다. 그러므로 실제 실험 결과는 안정성의 선형 분석과 일치하지 않는 경우가 많다. 안정성의 비선형 분석은 이 장에서 다루지 않고 13장에서 다룬다. 그러나 여기서 중요한 점은 불안정성이 막 시작하는 곳(임계점)에서의 흐름의 성질은 선형 분석의 결과와 대체로 잘 일치한다.

σ의 값은 일반적으로 파수 k와 계의 제어변수의 함수이다. 여기서 제어변수는 Re 수, Ra 수 등으로서 여기서는 대표하여 ϵ으로 표시한다. 그러므로 $\sigma(\epsilon, k)$로 적을 수 있다. 그림 12.6은 σ_r을 다른 ϵ과 k에서 보인 세 가지의 대표적인 유형이다. 주어진 제어변수 값 ϵ에 대해 모든 k에서 $\sigma_r(\epsilon, k) < 0$이면 계는 어떠한 파수에도 안정하다. 그러나 ϵ 값이 점점 증가하여 $\sigma_r(\epsilon, k) = 0$이 처음 나오는 제어변수의 크기를 **임계제어변수** ϵ_{cr}이라 한다. **환산제어변수**의 정의인 식 (11.59)를 이용하면 $\epsilon_{cr} = 0$이다. 이에 해당하는 파수를 **임계파수** k_{cr}이라 한다. $\epsilon > \epsilon_{cr}$인 경우에는 $\sigma_r(\epsilon, k) > 0$를 만족하는 파수가 많아져서

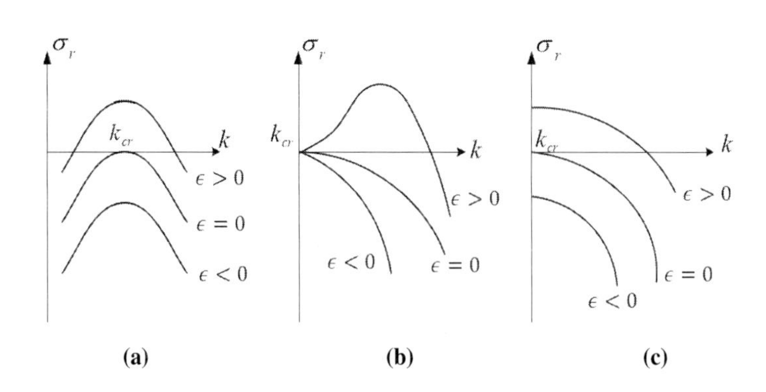

그림 12.6 $\epsilon_{cr} = 0$인 환산제어변수에 따른 세 가지 종류의 대표적인 불안정

여러 가지 파수가 동시에 불안정하다. 그러나 보통의 경우에 가장 큰 σ_r 값에 해당하는 특정한 k가 계의 동역학적 특성을 지배한다. 그림 12.6에서 (a)는 11장에서 설명한 RB 대류가 대표적인 경우로 **Type-I 불안정**(Type-I instability)이라 한다[그림 11.3 참조]. 식 (11.58)은 이럴 때 제어변수에 따른 주어진 파수의 증가율을 설명한다. 이에 반해 (b)와 (c)는 다른 경우에 발생한다. **Type-II 불안정**(Type-II instability)이라 불리는 (b)의 경우에는 $k=0$에서 증가율이 항상 0인 경우이다. 이러한 불안정은 보통 특별한 물리량이 보존법칙 때문에 공간적분의 값이 시간과 관계없이 일정한 경우에 일어나고, 제어변수에 따른 주어진 파수의 증가율은 다음과 같다.

$$\sigma_r \approx \epsilon k^2 - \xi_o^2 k^4 \tag{12.20}$$

이 식에 따르면 제어변수의 크기가 임계제어변수의 값[여기서는 $\epsilon_{cr}=0$]보다 커짐에 따라 계의 문양을 결정짓는 가장 불안정한 파수는 0이 아닌 특별한 값을 가진다. 여기서 ξ_o는 식 (11.61)에서 소개한 **결맞음 길이**(coherence length)이다. 이에 반해 (c)의 경우는 가장 불안정한 파수가 항상 $k=0$인 **Type-III 불안정**(Type-III instability)으로 제어변수의 크기에 따른 주어진 파수의 증가율은 다음과 같다.

$$\sigma_r \approx \epsilon - \xi_o^2 k^2 \tag{12.21}$$

$k=0$에서 가장 큰 증가율을 가지므로 안정성을 선형 분석하면 나타나는 문양의 크기가 계의 크기와 비슷하다. 이러한 현상은 화학반응 확산계(chemical reaction diffusion system)의 경우에 일어난다. 이러한 세 가지 불안정은 $\sigma_i \neq 0$이면 문양이 진동한다. 이 책에서는 Type-II와 Type-III의 경우는 다루지 않는다.

12.3 액체 경계면에서의 불안정

레일리 - 테일러 불안정

7.10절에서는 밀도가 낮은 유체가 밀도가 높은 유체 위에서 접하고 있을 때 계면에서의 표면파를 논했다. 그러한 경우에는 계면에 어떠한 요동을 가해도 시간이 지나면 요동을 가하기 전처럼 계면이 중력 방향에 수직인 상태가 된다. 이러한 경우가 **안정 상태**다.

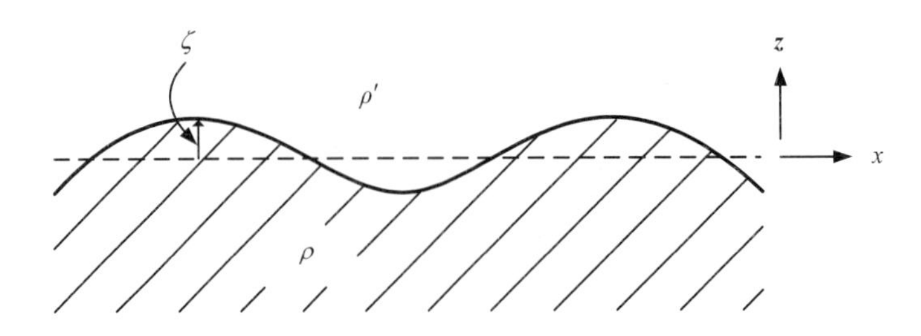

그림 12.7 액체와 액체 사이의 계면에서의 요동

그러면 아래쪽에 있는 유체의 밀도 ρ의 값은 고정해 놓고 위에 접하고 있는 유체의 밀도 ρ'를 점점 증가시켜 갈 때 계면이 요동에 대해 어떻게 반응할지를 생각해보자[그림 12.7 참조]. 여기서 두 유체는 서로 섞이지 않는다고 가정하자. $\rho \geq \rho'$일 때는 요동에 대해서 계면은 안정하여 중력의 방향에 수직인 평면을 유지한다. 그러나 $\rho' > \rho$가 되면 약간의 요동만 가하더라도 요동에 의한 중력에너지의 감소가 계면에너지의 증가보다 크게 되어 $t = 0$일 때 평평하였던 계면의 요동이 점점 증가하다가 결국에는 계면이 깨어지면서 무거운 유체가 방울 등과 같은 형태로 내려온다. 이러한 과정은 밀도가 낮은 유체 전체가 위에 위치할 때까지 계속된다. 그러므로 $\rho' > \rho$이면 유체계는 **불안정 상태**다.

만일 임의의 파수 k를 가진 표면파가 xz 평면상에서 보이고 y 방향으로 균일하다고 하면 요동을

$$\zeta = \zeta_k(t)e^{ikx} \tag{12.22}$$

로 표시할 수 있다.

요동이 있기 전에 비해 요동이 있고 난 뒤에 단위면적의 계면에서 중력에너지의 평균 감소는

$$\begin{aligned}\langle \Delta E_g \rangle &= \left\langle \int_0^{\zeta_k \cos kx} (\rho' - \rho) gz \ \mathrm{d}z \right\rangle_x \\ &= \frac{k}{2\pi}\int_0^{2\pi/k}\left[\frac{1}{2}(\rho' - \rho)g \ \zeta_k^2 \cos^2 kx\right]\mathrm{d}x \\ &= \frac{1}{4}(\rho' - \rho)g\zeta_k^2\end{aligned} \tag{12.23}$$

이다. 여기서 첫 번째 식의 $\langle \ \ \rangle$ 괄호 안의 적분은 요동 때문에 계면의 높이가 $\zeta_k \cos kx$ [ζ의 실수 성분]인 점에서 단위면적 계면에서 중력에너지의 감소이며, $\langle \ \ \rangle$ 괄호는 x방

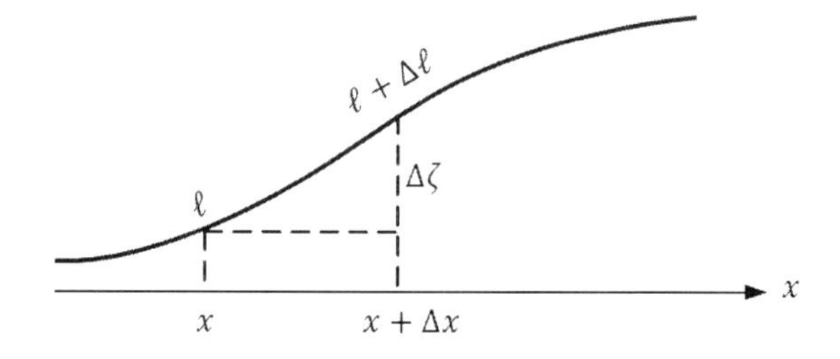

그림 12.8 위치에 따른 계면의 높이 변화

향으로 단위파장의 길이$(2\pi/k)$에서의 평균값을 나타낸다.

요동이 발생하면 요동이 없는 경우에 비해 계면의 면적은 증가한다. 이로 인해 요동이 있기 전에 단위면적이었던 계면에서 계면에너지의 평균 증가는

$$\begin{aligned} \langle \Delta E_\sigma \rangle &= \left\langle \gamma \left[\sqrt{1+\left(\frac{\partial}{\partial x}(\zeta_k \cos kx)\right)^2} - 1 \right] \right\rangle_x \\ &\approx \frac{k}{2\pi}\int_0^{2\pi/k}\left[\frac{1}{2}\gamma\zeta_k^2 k^2 \sin^2 kx\right] dx \\ &= \frac{1}{4}\gamma k^2 \zeta_k^2 \end{aligned} \tag{12.24}$$

이다. 여기서 첫 번째 식에서 $\langle \quad \rangle$ 괄호 안은 평평했을 때 단위면적이었던 계면이 높이가 $\zeta_k \cos kx$ 으로 바뀌었을 때 계면에너지 증가이다. 그리고 제곱근 내의 값은 원래 평평했던 단위면적의 계면이 미세한 요동으로 변형되었을 때의 면적의 크기이다.

> **참고** **계면 에너지의 증가**
>
> 식 (12.24)에서 $\langle \quad \rangle$ 괄호 안을 생각해보자. 그림 12.8에서 x 방향으로 Δx 만큼 이동하였을 때 계면의 높이가 $\Delta\zeta$가 변하였을 때 이에 해당하는 호의 길이는 $\Delta\ell = \sqrt{(\Delta x)^2 + (\Delta\zeta)^2} = \Delta x\sqrt{1+(\partial\zeta/\partial x)^2}$ 이다. 이를 이용해 y 방향으로 단위길이당 증가한 계면에너지의 크기를 구해보면
>
> $$\begin{aligned} \Delta E_\sigma &= \gamma(\Delta\ell - \Delta x) \\ &= \gamma\Delta x\left[\sqrt{1+\left(\frac{\partial\zeta}{\partial x}\right)^2} - 1\right] \end{aligned} \tag{12.25}$$
>
> 이다. 여기에 식 (12.22)를 대입하면 식 (12.24)가 구해진다.

주어진 파수값에 대해 $\langle \Delta E_g \rangle$가 $\langle \Delta E_\sigma \rangle$보다 크면 요동의 결과로 총에너지가 감소하게 되므로 요동이 있기 전의 계면은 불안하다. 그러므로 **임계점**에서는

$$\langle \Delta E_g \rangle = \langle \Delta E_\sigma \rangle \tag{12.26}$$

이며 이에 해당하는 **임계파수의 크기**는 식 (12.23)과 식 (12.24)를 이용하면

$$k_c = \sqrt{\frac{(\rho' - \rho)g}{\gamma}} \tag{12.27}$$

이다. 그러므로 $k < k_c$인 파수벡터의 요동은, 즉 파장이 $2\pi\sqrt{\gamma/(\rho' - \rho)g}$ 보다 큰 요동은 불안정하여 요동의 진폭이 시간에 따라 점점 증가한다. 레일리(Lord Rayleigh, 1842~1919)가 그림 12.7의 조건에서 이 현상을 처음 연구하였고, 후에 테일러(G. I. Taylor, 1886~1975)가 밀도가 낮은 유체가 밀도가 높은 유체 내에서 가속될 때와 비슷한 현상이라는 것을 인지하였다. 그래서 이 현상을 **레일리-테일러 불안정**(Rayleigh-Taylor instability)이라 한다.

계면이 깨어지기 전의 매우 짧은 시간 동안에는 계면에서의 요철(ζ)이 작으므로 7장에서 보인 방법을 통해 선형 분석할 수 있다. 이 경우는 7.10절에서와 같이 파의 진폭이 매우 작고 수심이 깊은 액체계에서 표면파의 분산관계인 식 (7.128)을 이용하면 된다. 식 (12.18)의 정의를 이용하면 다음과 같다.

$$\sigma_r = 0, \qquad \sigma_i^2 = -\frac{\rho' - \rho}{\rho + \rho'}gk + \frac{\gamma k^3}{\rho + \rho'}, \qquad k > k_c \tag{12.28}$$

$$\sigma_r^2 = \frac{\rho' - \rho}{\rho + \rho'}gk - \frac{\gamma k^3}{\rho + \rho'}, \quad \sigma_i = 0, \qquad k < k_c \tag{12.29}$$

그러므로 물이 공기보다 위에 있는 경우에 σ와 k의 관계는

$$\sigma^2 = gk - \frac{\gamma k^3}{\rho}, \qquad k > 0 \tag{12.30}$$

이다. 여기서 ρ는 물의 밀도이며, 그림 12.9는 이 식을 잘 보인다. 이에 따르면 파장 λ가 $\lambda_c = 17\,\mathrm{mm}\ (= \lambda_m)$보다 긴 중력파의 경우에 $\sigma^2 > 0$이므로 속도퍼텐셜이

$$\begin{aligned} \phi &= a_o e^{kz} e^{ikx}\left(e^{\sigma_r t} + e^{-\sigma_r t}\right) \\ &= 2a_o e^{kz} e^{ikx} \cosh(\sigma_r t) \end{aligned} \tag{12.31}$$

이다. z축 방향 속도의 실수 성분을 보면

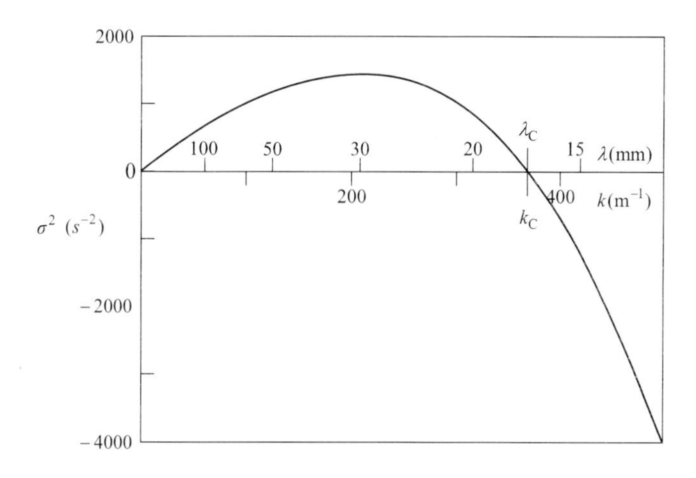

그림 12.9 수면 표면파에서의 분산관계

$$\mathrm{Re}(w) = -\mathrm{Re}\left(\frac{\partial \phi}{\partial z}\right) = -2ka_o e^{kz}\cos(kx)\cosh(\sigma_r t) \tag{12.32}$$

로 시간에 따라 지수적으로 증가한다. 그림 12.9에 따르면 파장이 30 mm 근처일 때 가장 빠르게 z축 방향 속도가 증가한다. 그림 12.10은 이렇게 표면에서의 요동이 지수적으로 증가하는 레일리-테일러 불안정을 보인다. 물론 파장이 λ_c 보다 작을 때는 표면장력의 영향 때문에 $\sigma^2 < 0$ 이 되어 표면에서의 진동이 안정하게 유지된다. 또한 시간 t 가 커져 지수적으로 증가하던 표면요동의 진폭이 매우 커지면 비선형성이 중요해져서 비선형적으로 표면이 증가하게 된다. 이 현상은 평평한 면에 매달려 있는 물방울의 지름이 17 mm 보다 작으면 안정하게 계속 매달려 있고, 지름이 17 mm 보다 큰 경우 금방 떨어지는 것을 설명한다.

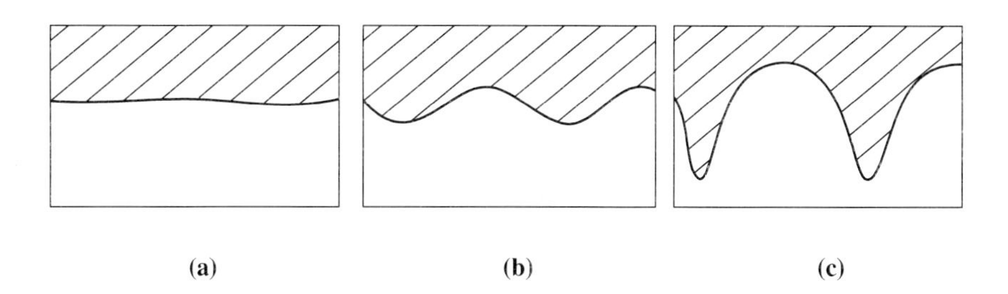

그림 12.10 레일리-테일러 불안정에 의한 요동의 시간에 따른 변화

레일리 - 플래토 불안정

수도꼭지에서 중력 방향으로 흘러내리는 물이 그림 12.11(a)처럼 처음에는 일직선으로 흐르다가 공기와의 경계면이 불안정해지면 일정한 파장의 흐름이 지속되다가 결국에는 일정한 크기를 가진 물방울로 나뉘어 떨어지는 것을 쉽게 관측할 수 있다. 이 현상은 물의 표면장력에 의해 표면적을 줄이려는 효과에 의해 발생한다[여기서 공기에 의한 항력효과는 무시했다]. 이 현상을 이해하기 위해 액체가 반지름 a 의 원기둥 모양으로 흐르고 있는 경우를 생각해보자. 만일 원기둥 액체와 공기 사이의 계면에 약한 요동이 가해져 액체기둥의 반지름이 순간적으로 흐름방향으로 파수가 k 인 파동이 발생 했다고 가정하자.

$$b = < b > + \zeta_k \cos kz \tag{12.33}$$

여기서 b 는 중력 방향 위치 z 에 따른 반지름이고 $< b >$ 는 평균 반지름이다. 단위길이당 원기둥의 부피는 요동에 의한 부피의 평균값은 요동이 생기기 전의 부피와 같아야 한다.

$$\begin{aligned} \pi a^2 &= < \pi b^2 > \\ &= \pi \left\langle < b >^2 + \zeta_k^2 \cos^2 kz + 2 < b > \zeta_k \cos kz \right\rangle \\ &= \pi < b >^2 + \frac{1}{2}\pi\zeta_k^2 \end{aligned} \tag{12.34}$$

요동의 진폭이 원기둥의 반지름보다 훨씬 작다고 하면($a \gg \zeta_k$),

$$< b > = \sqrt{a^2 - \frac{1}{2}\zeta_k^2} \approx a - \frac{\zeta_k^2}{4a} \tag{12.35}$$

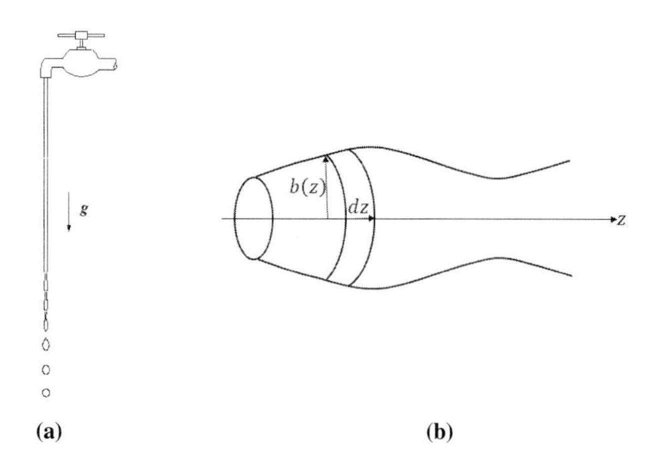

그림 12.11 수도꼭지 물줄기의 불안정

이다. 그림 12.11(b)에서 길이 $\mathrm{d}z$ 에 해당하는 표면적의 요동에 의한 변화량은 식 (12.25)를 이용하면

$$\mathrm{d}(A - A_o) = \left[2\pi b\sqrt{1+\left(\frac{\mathrm{d}b}{\mathrm{d}z}\right)^2} - 2\pi a\right]\mathrm{d}z \tag{12.36}$$

이다. 그러므로 요동에 의한 **표면에너지의 단위길이당 변화량**은 식 (12.35)를 이용하면

$$\begin{aligned} < \Delta E_\sigma > &= \left\langle 2\pi\gamma\left[b\sqrt{1+\left(\frac{\mathrm{d}b}{\mathrm{d}z}\right)^2} - a\right]\right\rangle_z \\ &= \left\langle 2\pi\gamma\left[b\sqrt{1+\zeta_k^2 k^2 \sin^2 kz} - a\right]\right\rangle_z \\ &\approx \left\langle 2\pi\gamma\left[b + \frac{1}{2}b\ \zeta_k^2\ k^2\ \sin^2 kz - a\right]\right\rangle_z \\ &\approx \frac{\pi\zeta_k^2}{2a}(k^2a^2 - 1)\gamma \end{aligned} \tag{12.37}$$

이다. 파수의 크기 k 가 $1/a$ 보다 작으면 $< \Delta E_\sigma >$ 가 항상 음의 값을 가지므로 요동에 대하여 계의 상태가 불안정하다. 즉 **임계파수**의 크기는 $k_c = \dfrac{1}{a}$ 이다. 그러므로 원기둥 흐름의 자유표면은 파장이 $2\pi a$ 보다 긴 요동에 대해서는 항상 불안정하다. 가장 불안정한 요동의 파장은 정확하게 계산하면 $\lambda = 9.02a$ 이다. 이렇게 원기둥 흐름의 계면에서의 불안정은 물리학자인 플래토(Joseph Plateau, 1801~1883)가 실험적으로 처음 관측하고, 후에 레일리(Lord Rayleigh, 1842~1919)에 이해 이론적으로 설명했다 하여 **레일리-플래토 불안정**(Rayleigh-Plateau instability)이라 한다. 불안정으로 생긴 자유표면에서의 일정한 파장의 구

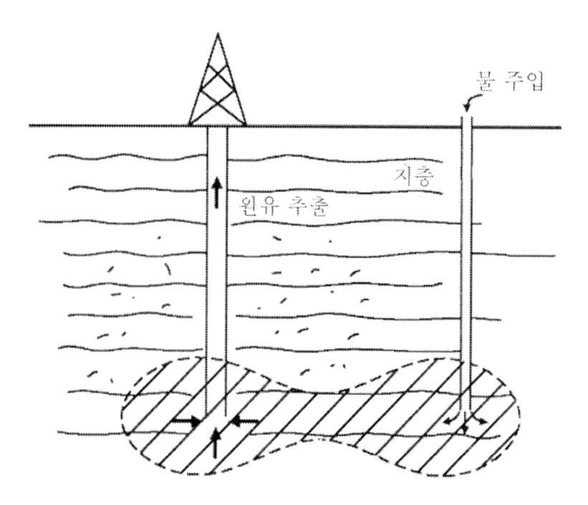

그림 12.12 통기성 매체에 있는 원유를 물의 주입으로 추출하는 원리

조는 그림 12.10과 비슷한 비선형 효과 때문에 결국에는 일정한 크기를 가진 물방울들로 나눠진다.

새프만 - 테일러 불안정

자연 상태로 매장되어 있는 원유의 많은 부분은 통기성의 모래나 암석 속에 있다. 그러므로 유전에서 통기성 매체에 있는 원유를 추출할 때 원유와 섞이지 않는 물을 펌프를 이용하여 강제로 주입하여 원유를 밀어내는 것이 일반적인 방법이다[그림 12.12 참조]. 그러나 이 방법을 사용하면 물을 주입하는 압력이 낮은 경우에는 원유가 물에 밀려서 나오지만, 압력을 증가하면[물을 너무 빨리 주입하면] 원유 대신에 물이 먼저 나온다. 이로 인해 원유를 추출하는 과정이 매우 느리다. 이러한 현상은 압력차가 커질 때 발생하므로 비선형 효과임을 짐작하게 한다.

10.3절에서 소개한 3차원 통기성 매체에서 일어나는 흐름과 물리적으로 거의 비슷하지만 간단한 준2차원 통기성 매체의 흐름인 **헬레쇼**(Hele-Shaw) **흐름**에서 위의 비선형 효과를 생각해보자. 그림 12.13과 같이 간격이 d 이고 y 방향으로 길이가 L 인 두 평행판 사이에 서로 섞이지 않고 점성계수가 각각 μ_1 과 μ_2 인 비압축성 점성유체가 채워져 있다고 가정하자. 두 평행판이 중력 방향과 수직이므로 중력효과가 무시되는 경우를 생각해보자. 그리고 강제적으로 x 방향으로 압력의 공간구배를 주어 평행판 사이에 $+x$ 방향으로 속도 U의 흐름이 있게 하자. 이 경우에 흐름의 기본상태는 두 점성유체의 경계면이 y 방향으로 일직선 상태로 $+x$ 방향으로 속도 U로 이동한다. 여기서 $x < Ut$ 에서의 점성계수가 μ_1 이고, $x > Ut$ 에서의 점성계수가 μ_2 이다.

이 경우에 유체의 속도는 식 (10.34)에 의해

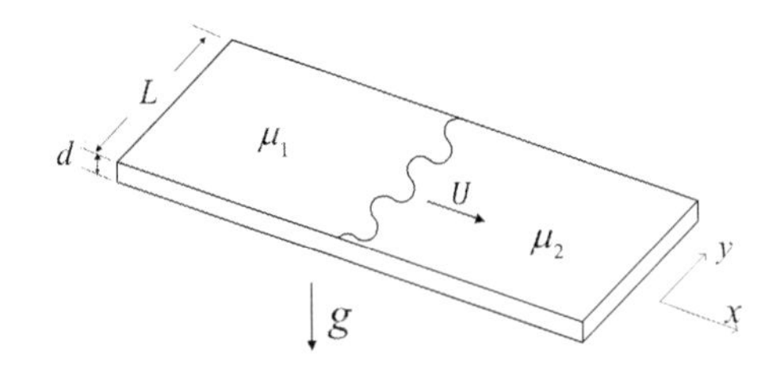

그림 12.13 간격이 d 이고 y 방향으로 길이가 L 인 두 평행판 사이에 서로 섞이지 않고 점성계수가 각각 μ_1 과 μ_2 인 비압축성 점성유체가 채워져 있는 경우

$$U = -\frac{d^2}{12\mu_1}\frac{\partial p_1}{\partial x} = -\frac{d^2}{12\mu_2}\frac{\partial p_2}{\partial x} \tag{12.38}$$

이다. 이에 해당하는 기본상태의 압력은 위의 식을 적분하면 각각

$$p_1 = -\frac{12\mu_1 U}{d^2}(x - Ut) + p_o \qquad \text{for} \quad x < Ut \tag{12.39}$$
$$p_2 = -\frac{12\mu_2 U}{d^2}(x - Ut) + p_o \qquad \text{for} \quad x > Ut$$

이다. 여기서 $p_1\,(p_2)$는 경계면 왼쪽(오른쪽)에서의 압력이고, p_o는 위치에 무관한 값이다.

$x = Ut$에 있던 일직선인 두 점성유체의 경계면에 y 방향으로 파수가 k인 요동이 가해진 경우를 생각해보자. 이 경우에 경계면의 위치 X는

$$X = Ut + \zeta_k(t)e^{iky} \tag{12.40}$$

이다. 여기서 $\zeta(t)$는 두 점성유체의 경계면에서 요동성분의 진폭으로 시간에 따라 달라진다. 압력도 마찬가지로 y 방향으로 요동하는 성분이 e^{iky} 모양을 가진다. 그러나 압력은 유체의 비압축성 성질에 의해 식 (10.37)과 식 (10.38)에서 설명했듯이 라플라스 방정식을 만족시키므로 식 (7.28)에서와 같이 x 방향으로 $e^{\pm kx}$ 모양을 가진다. 경계면에서 멀리 떨어진 곳에서는 요동의 영향이 없어야 하므로 $k > 0$으로 가정하면 압력은 각각

$$p_1 = -\frac{12\mu_1 U}{d^2}(x - Ut) + p_o + A_1 e^{k(x - Ut)}e^{iky} \qquad \text{for} \quad x < Ut \tag{12.41}$$

$$p_2 = -\frac{12\mu_2 U}{d^2}(x - Ut) + p_o + A_2 e^{-k(x - Ut)}e^{iky} \qquad \text{for} \quad x > Ut \tag{12.42}$$

이다. 여기서 $x < Ut$인 경우인 식 (12.41)에서 x가 감소함에 따라 요동의 크기가 지수적으로 감소하고, $x > Ut$인 경우인 식 (12.42)에서 x가 증가함에 따라 요동의 크기가 지수적으로 감소한다. 그리고 A_1과 A_2의 값은 경계면에서의 경계조건에 의해 결정된다.

두 점성유체의 경계면인 $x = X$에서의 경계조건은 경계면에서 속도의 연속과 계면장력에 의한 압력의 불연속이다.

(i) 경계면의 이동속도는 $\partial X/\partial t$이므로 식 (12.38)과 식 (12.40)에 의해서 경계면에서 속도의 연속은

$$\frac{\partial X}{\partial t} = U + \frac{\partial \zeta_k}{\partial t}e^{iky} = -\frac{d^2}{12\mu_1}\left(\frac{\partial p_1}{\partial x}\right)_{x=X} = -\frac{d^2}{12\mu_2}\left(\frac{\partial p_2}{\partial x}\right)_{x=X} \tag{12.43}$$

이다.

(ii) 경계면에서의 압력차는 라플라스의 법칙에 따라 식 (7.15)와 식 (7.39)에 의해

$$p_1 - p_2 = -\gamma \frac{\partial^2 X}{\partial y^2} = \gamma k^2 \zeta_k e^{iky} \tag{12.44}$$

이다.

식 (12.41)과 식 (12.42)를 위의 경계조건 (i)인 식 (12.43)에 대입하고 식 (12.40)을 이용하면

$$U + \frac{\partial \zeta_k}{\partial t} e^{iky} = U - \frac{d^2 k}{12\mu_1} A_1 e^{k\zeta_k e^{iky}} e^{iky} = U + \frac{d^2 k}{12\mu_2} A_2 e^{-k\zeta_k e^{iky}} e^{iky} \tag{12.45}$$

이다. 이 경계조건은 ζ_k에 대해 비선형방정식이다. 경계조건들이 ζ_k에 대해 비선형인 이유는 압력의 구배에 의해 경계면의 위치가 속도 U로 시간에 따라 변하기 때문이다. 그러므로 A와 ζ_k의 크기가 작은 경우만 고려하여 경계조건들을 선형화하면 경계조건 (i)인 식 (12.45)는

$$\frac{\partial \zeta_k}{\partial t} = -\frac{d^2 k}{12\mu_1} A_1 = \frac{d^2 k}{12\mu_2} A_2 \tag{12.46}$$

이다. 식 (12.41)과 식 (12.42)를 경계조건 (ii)인 식 (12.44)에 대입하고 선형화하면

$$A_1 - A_2 = \left\{ \frac{12U}{d^2}(\mu_1 - \mu_2) + \gamma k^2 \right\} \zeta_k \tag{12.47}$$

이다. 위의 두 식에서 A_1과 A_2를 제거하면 요동의 증가율은

$$\sigma_k \equiv \frac{1}{\zeta_k} \frac{\partial \zeta_k}{\partial t} = \frac{1}{\mu_1 + \mu_2} \left\{ -U(\mu_1 - \mu_2)k - \frac{\gamma d^2 k^3}{12} \right\} \tag{12.48}$$

이며

$$\zeta_k = \zeta_k(0) e^{\sigma_k t} \tag{12.49}$$

이다. 만일 $\mu_1 > \mu_2$이면 항상 $\sigma_k < 0$이므로 계면은 요동에 대해 안정하다. 그러나 $\mu_1 < \mu_2$, 즉 점성이 낮은 유체가 점성이 높은 유체를 밀면 경계면은 요동에 대해 파수 영역 $0 < k < k_c$에서 불안정하다. 여기서 $\sigma_k = 0$에 해당하는 임계파수와 임계파장의 크기는 식 (12.48)을 이용하면

$$k_c = \frac{2}{d} \sqrt{\frac{3U(\mu_2 - \mu_1)}{\gamma}}, \quad \lambda_c = \pi d \sqrt{\frac{\gamma}{3U(\mu_2 - \mu_1)}} \tag{12.50}$$

으로 $\lambda > \lambda_c$ 의 파장의 요동은 항상 불안정하다. 그리고 σ_k 의 최댓값에 해당하는 가장 불안정한 요동의 파수와 파장은 $\partial\sigma_k/\partial k = 0$ 과 식 (12.48)을 이용하면

$$k = \frac{2}{d}\sqrt{\frac{U(\mu_2 - \mu_1)}{\gamma}}, \quad \lambda = \pi d\sqrt{\frac{\gamma}{U(\mu_2 - \mu_1)}} \tag{12.51}$$

이다. 이 크기는 작은 요동을 없애 안정하게 만들려는 계면장력 γ 와 요동의 크기를 증가시켜 불안정하게 하려는 응력의 경쟁으로 결정된 것이다. 여기서 응력은 속도 U 와 점성계수의 차이 $\mu_2 - \mu_1$ 에 비례한다.

그림 12.13의 경우에 발생할 수 있는 가장 긴 파장은 $L/2$ 이다. 그러나 만일 U 나 L 이 너무 작거나 혹은 d 가 너무 크면 요동들이 항상 안정하다. 그림 12.14는 새프만(Philip G. Saffman, 1931~2008)과 테일러(Geoffrey I. Taylor, 1886~1975)가 1958년에 $d = 1\,\mathrm{mm}$, $L = 12\,\mathrm{cm}$ 인 용기에 공기가 글리세린을 밀고 들어가는 헬레쇼 흐름을 실험한 결과이다. 이 경우에 가장 불안정한 파장의 길이는 식 (12.51)을 이용하면 2 cm이므로 6개 정도의 불안정한 요동이 예상된다. 그림 (a)는 압력차를 가했을 때 초기에 발생하는 문양이 이에 일치함을 보인다. 그림 (b)는 시간이 지남에 따라 요동이 점점 커져 옆에 있는 요동끼리 비선형적으로 상호작용하는 것을 보인다. 결국에는 한 개의 큰 요동만이 살아남는다. 이 불안정은 이들의 이름을 따라 **새프만-테일러 불안정**(Saffman-Taylor instability) 혹은 **비스커스 핑거링 불안정**(viscous fingering instability)라 부른다.

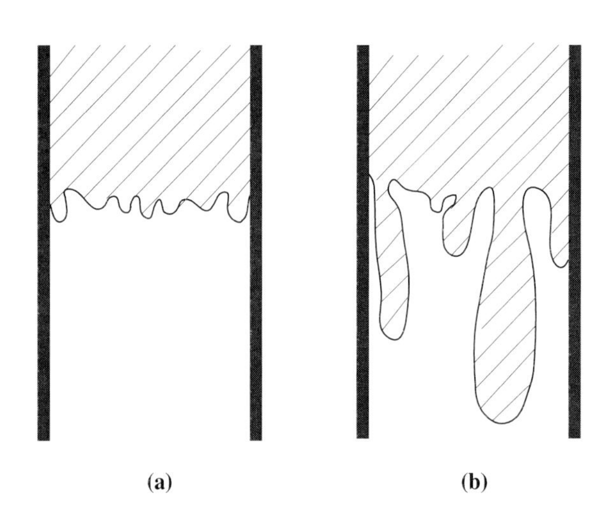

그림 12.14 새프만-테일러 불안정에 의한 실험결과

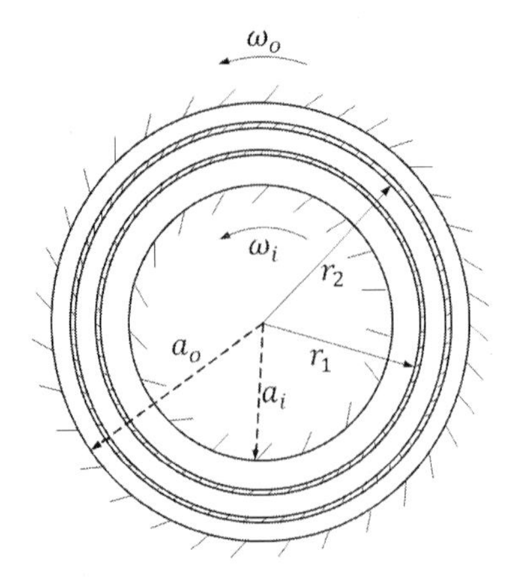

그림 12.15 쿠엣 흐름의 중심으로부터 거리 r_1과 $r_2(>r_1)$에 각각 위치한 가상적인 유체고리

12.4 회전흐름에서의 불안정

3.9절에서 소개한 **쿠엣 흐름**(Couette flow)에서는 흐름이 회전 방향으로만 있다고 가정하였으나 흐름이 빨라짐에 따라 발생한 불안정이 흐름의 방향을 다양하게 만든다. 이 문제는 테일러(G. I. Taylor, 1886~1975)가 이론과 실험을 통해 1923년에 해결하였다 하여 **테일러-쿠엣 불안정**(Taylor-Couette instability)이라 한다. 이 불안정은 여러 가지 측면에서 11장에서 소개한 레일리-버나드(RB) 대류와 매우 흡사하다. RB 대류에서는 온도의 공간구배가 불안정의 원인인 것 비해 쿠엣 흐름에서는 각운동량의 공간구배가 불안정의 원인이다.

먼저 점성력을 무시할 수 있는 비점성유체에 의한 쿠엣 흐름에서의 테일러-쿠엣 불안정에 대해 생각해보자. 그림 12.15처럼 쿠엣 흐름의 중심으로부터 거리 r_1과 $r_2(>r_1)$에 각각 위치한 가상적인 **단위질량 유체고리**를 각각 생각해보자. 반경 r에 있는 유체고리의 순환 크기는 식 (5.18)에 의해

$$K = \oint_c \boldsymbol{u} \cdot \mathrm{d}\boldsymbol{\ell} = 2\pi r u_\theta(r) \tag{12.52}$$

이다. 유체 내의 요동 때문에 두 유체고리 내의 유체들이 서로 위치를 바꾼다고 가정하자. 5.4절의 켈빈의 순환정리에 따르면 비점성 유체에서는 유체고리가 서로 위치를 바꾸는 동안 순환의 크기는 각각 보존되어야 한다. 반경 r에 위치한 유체고리의 운동에너지는

$$E = \frac{1}{2}u_\theta(r)^2 = \frac{1}{8\pi^2}\frac{K^2}{r^2} \tag{12.53}$$

이므로 유체고리의 위치를 바꾸기 전과 바꾼 후에 두 유체고리의 총운동에너지를 계산하면

$$E_{\text{바꾸기 전}} = \frac{1}{8\pi^2}\left[\frac{K_1^2}{r_1^2} + \frac{K_2^2}{r_2^2}\right], \quad E_{\text{바꾼 후}} = \frac{1}{8\pi^2}\left[\frac{K_2^2}{r_1^2} + \frac{K_1^2}{r_2^2}\right] \tag{12.54}$$

이다. 그러므로 위치를 바꾸는 과정에서 두 유체고리의 운동에너지 변화량은

$$\triangle E = E_{\text{바꾼 후}} - E_{\text{바꾸기 전}} = \frac{1}{8\pi^2}\left(K_2^2 - K_1^2\right)\left(\frac{1}{r_1^2} - \frac{1}{r_2^2}\right) \tag{12.55}$$

이다.

r_2가 r_1보다 크므로 K_2^2와 K_1^2의 크기에 따라 총운동에너지가 증가할 수도 있고 감소할 수도 있다. 만일 $K_2^2 > K_1^2$이면 $\triangle E > 0$이므로 위치를 바꾸는 과정에서 외부에서 에너지를 공급하여야 한다. 그러므로 이 과정은 저절로 일어날 수가 없다. 반면에 $K_2^2 < K_1^2$이면 $\triangle E < 0$이므로 위치를 바꾸므로 인해 총에너지가 감소하게 되므로 이 과정이 저절로 일어날 수 있다. 그러므로 비점성유체에서 쿠엣 흐름의 불안정 조건은

$$\frac{\mathrm{d}K^2}{\mathrm{d}r} < 0 \tag{12.56}$$

이다. 즉, 쿠엣 흐름에서는 반경이 증가함에 따라 순환의 절댓값의 크기가 감소할 때 유체의 흐름은 불안정하다. 식 (12.52)에서 순환의 크기는 각운동량의 크기(ru_θ)에 비례하므로 반경이 증가함에 따라 각운동량의 크기가 감소하면 유체의 흐름은 불안정하다.

$$\frac{\mathrm{d}}{\mathrm{d}r}|\,\omega r^2\,| < 0 \tag{12.57}$$

그러므로 식 (3.67)을 이용하면 그림 12.15의 경계조건과 각속도를 가지는 쿠엣 흐름에서 불안정의 조건은

$$|\,\omega_i a_i^2\,| > |\omega_o a_o^2| \tag{12.58}$$

이다.

이러한 불안정을 테일러-쿠엣 불안정이라 불린다. 이 불안정으로 생긴 지름방향 속도 성분은 질량의 보존을 위해 경계벽 근처에서 z축 방향의 속도 성분을 가지게 된다. 그림 12.16은 테일러-쿠엣 불안정에 의해 발생한 도넛 모양의 2차 흐름을 보인다. 이 도넛 모

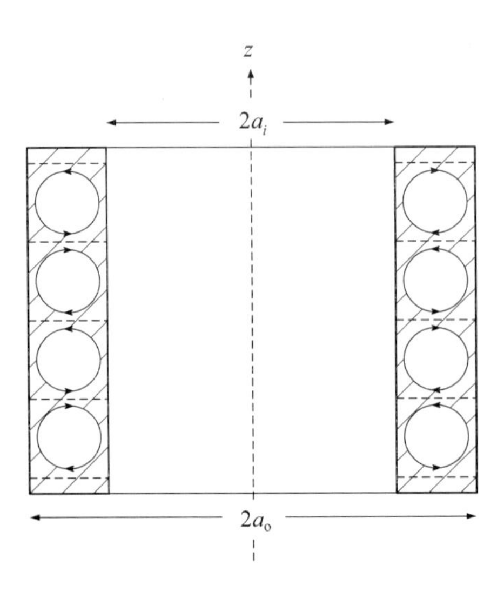

그림 12.16 테일러-쿠엣 불안정에 의해 발생한 도넛 모양의 2차 흐름

양의 흐름은 **테일러 회오리**(Taylor vortex)라 불린다.

식 (12.58)의 불안정 조건에 따르면 만일 유체계의 외경($r=a_o$)에 위치한 경계벽이 고정($\omega_o=0$)되어 있는 경우에는 내경($r=a_i$)에 위치한 경계벽이 아무리 작은 각속도($\omega_i \neq 0$)로 회전하더라도 흐름이 불안정하다. 그러나 실제 유체에는 점성의 성질이 있으므로 각속도의 크기가 특정한 값 이하에서는 유체의 흐름은 안정하다. 이에 반해 유체계의 내경에 있는 경계벽이 정지해 있는 경우에는 외경에 있는 경계벽이 아무리 빨리 회전하더라도 흐름은 항상 안정하다.

RB 대류에서는 두 평행판 사이에 온도차에 의해 바닥 판에서 분출한 열에너지 덩어리의 대류가 유체의 점성과 열전도 성질에 의해 늦추어지는 것처럼 여기서는 $r=a_i$에서 분출된 각운동량에 의한 에너지가 지름방향 쪽으로 이동하는 것이 유체의 점성에 의해 늦추어진다.

테일러-쿠엣 불안정이 일어나기 전의 쿠엣 흐름은 나비에-스토크스 방정식의 성분이 식 (3.65)와 식 (3.66)으로 이루어진 2차원 흐름이다. 그러나 테일러-쿠엣 불안정이 일어나면 더 이상 2차원 흐름이 아니다. 중력을 무시하였을 때 원기둥 좌표계에서의 나비에-스토크스 방정식 (D.8)~(D.10)을 이용하면

$$\frac{\partial u_r}{\partial t}+u_r\frac{\partial u_r}{\partial r}+u_z\frac{\partial u_r}{\partial z}-\frac{u_\theta^2}{r}=-\frac{1}{\rho}\frac{\partial p}{\partial r}+\nu\left[\frac{\partial^2 u_r}{\partial r^2}+\frac{1}{r}\frac{\partial u_r}{\partial r}-\frac{u_r}{r^2}+\frac{\partial^2 u_r}{\partial z^2}\right]$$

$$\frac{\partial u_\theta}{\partial t}+u_r\frac{\partial u_\theta}{\partial r}+\frac{u_r u_\theta}{r}+u_z\frac{\partial u_\theta}{\partial z} = \nu\left[\frac{\partial^2 u_\theta}{\partial r^2}+\frac{1}{r}\frac{\partial u_\theta}{\partial r}-\frac{u_\theta}{r^2}+\frac{\partial^2 u_\theta}{\partial z^2}\right] \tag{12.59}$$

$$\frac{\partial u_z}{\partial t}+u_r\frac{\partial u_z}{\partial r}+u_z\frac{\partial u_z}{\partial z} = -\frac{1}{\rho}\frac{\partial p}{\partial z}+\nu\left[\frac{\partial^2 u_z}{\partial r^2}+\frac{1}{r}\frac{\partial u_z}{\partial r}+\frac{\partial^2 u_z}{\partial z^2}\right]$$

이다. 그리고 연속방정식은 식 (D.7)로부터

$$\frac{\partial u_r}{\partial r}+\frac{u_r}{r}+\frac{\partial u_z}{\partial z}=0 \tag{12.60}$$

이다.

기본상태의 속도는 식 (3.64)와 식 (3.69)에 의해

$$\begin{aligned} \boldsymbol{u_o} &= (u_\theta)_o\hat{\boldsymbol{\theta}} \\ &= \hat{\boldsymbol{\theta}}\left[\frac{\omega_o a_o^2-\omega_i a_i^2}{\left(a_o^2-a_i^2\right)}r+\frac{(\omega_i-\omega_o)a_i^2 a_o^2}{\left(a_o^2-a_i^2\right)}\frac{1}{r}\right] \end{aligned} \tag{12.61}$$

이고 기본상태의 압력은 식 (3.71)에 의해

$$\begin{aligned} p_o(r) = \frac{\rho}{\left(a_o^2-a_i^2\right)^2}&\left[\left(\omega_o a_o^2-\omega_i a_i^2\right)^2\frac{r^2}{2}-2(\omega_o-\omega_i)\right. \\ &\left.\times\left(\omega_o a_o^2-\omega_i a_i^2\right)a_i^2 a_o^2\ln r-(\omega_o-\omega_i)^2\frac{a_i^4 a_o^4}{2r^2}\right]+C \end{aligned} \tag{12.62}$$

이다.

요동 때문에 속도와 압력이 각각

$$\boldsymbol{u}' = \boldsymbol{u_o}+\boldsymbol{u}, \quad p' = p_o+p \tag{12.63}$$

로 변했다고 가정하자. 여기서 $\boldsymbol{u}$와 p는 각각 속도와 압력의 요동 성분이다. 식 (12.63)을 나비에-스토크스 방정식 (12.59)에 대입한 후에 비선형 성분을 제거한 후에 식 (3.65)와 식 (3.66)을 이용하여 기본상태의 나비에-스토크스 방정식을 빼면 요동 성분에 대한 나비에-스토크스 방정식을 구할 수 있다.

$$\frac{\partial u_r}{\partial t}-\frac{2(u_\theta)_o}{r}u_\theta = -\frac{1}{\rho}\frac{\partial p}{\partial r}+\nu\left[\frac{\partial^2 u_r}{\partial r^2}+\frac{1}{r}\frac{\partial u_r}{\partial r}-\frac{u_r}{r^2}+\frac{\partial^2 u_r}{\partial z^2}\right]$$

$$\frac{\partial u_\theta}{\partial t}+\left(\frac{\mathrm{d}(u_\theta)_o}{\mathrm{d}r}+\frac{(u_\theta)_o}{r}\right)u_r = \nu\left[\frac{\partial^2 u_\theta}{\partial r^2}+\frac{1}{r}\frac{\partial u_\theta}{\partial r}-\frac{u_\theta^2}{r}+\frac{\partial^2 u_\theta}{\partial z^2}\right] \tag{12.64}$$

$$\frac{\partial u_z}{\partial t} = -\frac{1}{\rho}\frac{\partial p}{\partial z} + \nu\left[\frac{\partial^2 u_z}{\partial r^2} + \frac{1}{r}\frac{\partial u_z}{\partial r} + \frac{\partial^2 u_z}{\partial z^2}\right]$$

비슷한 방법으로 요동 성분에 대한 연속방정식도 구해진다.

$$\frac{\partial u_r}{\partial r} + \frac{u_r}{r} + \frac{\partial u_z}{\partial z} = 0 \tag{12.65}$$

위의 식들에서 각 피미분 변수는 r에만 관계하므로 해는 z와 t에 지수함수일 것이다. 또한 z 방향으로는 경계 사이의 거리가 r 방향에 비해 무한히 크므로 z 방향으로 가능한 파수값이 여러 가지이다. 그러므로 z 방향으로 임의의 파수값이 k인 경우에 요동의 푸리에 기준모드가

$$(u_r,\ u_\theta,\ u_z,\ p) = (U_r,\ U_\theta,\ U_z,\ P)e^{\sigma t + ikz} \tag{12.66}$$

로 표시된다. 이 식을 식 (12.64)와 식 (12.65)에 대입한 후에 U_z와 P를 제거하면 $a_o - a_i \ll (a_i + a_o)/2$인 경우에는 U_r과 U_θ의 연립방정식이 구해진다.

$$\left(\frac{\mathrm{d}^2}{\mathrm{d}r^2} - k^2 - \sigma\right)\left(\frac{\mathrm{d}^2}{\mathrm{d}r^2} - k^2\right)U_r = \left(1 + \frac{\omega_o - \omega_i}{\omega_i}\frac{r - a_i}{a_o - a_i}\right)U_\phi \tag{12.67}$$

$$\left(\frac{\mathrm{d}^2}{\mathrm{d}r^2} - k^2 - \sigma\right)U_\phi = -\mathrm{Ta}\,k^2 U_r$$

여기서 Ta는 무차원계수로 **테일러 수**(Taylor number)라 부르며, 이는 원심력과 점성력의 비이다.

$$\mathrm{Ta} \equiv \frac{\text{원심력}}{\text{점성력}} = 4\left(\frac{\omega_i a_i^2 - \omega_o a_o^2}{a_o^2 - a_i^2}\right)\frac{\omega_i (a_o - a_i)^4}{\nu^2} \tag{12.68}$$

경계조건은 $r = a_i$과 $r = a_o$에서

$$U_r = \frac{\mathrm{d}U_r}{\mathrm{d}r} = U_\theta = 0 \tag{12.69}$$

이다.

안정성이 깨어지는 한계상태에서의 파수값 k_c는 식 (12.67)의 고유값 문제에서 증가율 σ가 0일 때에 해당한다. 이에 해당하는 임계 Ta 수와 임계 파수의 크기는

$$\mathrm{Ta_c} = \frac{1708}{\frac{1}{2}\left(1 + \frac{\omega_\mathrm{o}}{\omega_\mathrm{i}}\right)}, \quad k_c = \frac{3.12}{a_o - a_i} \tag{12.70}$$

이다. 그러므로 임계 파수에 해당하는 임계파장은 $\lambda_c \simeq 2(a_o - a_i)$이다. 그러므로 임계점 근처에서 z축 방향으로 잘라서 본 테일러 회오리의 단면은 지름이 $a_o - a_i$인 원으로 3차원적으로 보면 도넛 모양이다.

그림 12.17의 실선은 물을 이용한 쿠엣 흐름에서 안정성의 한계를 테일러가 이론적으로 계산한 결과이다. 여기서 수평축은 외경의 각속도 ω_o에 비례하는 양이고, 수직축은 내경의 각속도 ω_i에 비례하는 양이다. 이 이론적인 결과는 실험 결과와 매우 잘 일치한다. 여기서 점선으로 이루어진 직선은 $\omega_i a_i^2 = \omega_o a_o^2$을 나타내는 곳으로 식 (12.58)에 따르면 비점성 유체의 경우 한계조건을 보인다. 그러나 실제 유체에서는 유체의 점성 때문에 한계조건에 해당하는 ω_i가 약간 위쪽으로 이동한 것을 볼 수 있다.

식 (12.70)에서 $\omega_i = \omega_o$인 경우는 $\text{Ta}_c = 1708$로 식 (11.37)~(11.39)의 점착 경계조건의 RB 대류에서의 임계 레일리 수인 식 (11.63)의 Ra_c와 같은 값이다. 이 결과는 테일러-쿠엣 불안정과 레일리-버나드 불안정 사이의 유사성에 의해 흐름을 기술하는 무차원 방정식들이 같아져 같은 크기의 임계계수 값을 얻었기 때문이다. 식 (12.67)의 고유값 문제와 식 (11.49)의 고유값 문제는 한계상태에 해당하는 $\sigma = 0$을 대입하면 같은 식이 된다.

Ta 수의 크기를 Ta_c 이상으로 계속 증가시키면 테일러 회오리도 불안정해져 더욱 복잡한 흐름이 발생한다. 지금까지는 방위각 방향으로는 흐름이 균일하였으나($\partial/\partial\theta = 0$), 큰 Ta 수에서는 방위각 방향으로 위치에 따라 흐름이 불균일하게 되어($\partial/\partial\theta \neq 0$) 새로운 2차 흐름이 발생한다. Ta 수를 계속 증가하면 RB 대류와 비슷하게 여러 가지 불안정들이 등장하게 되어 흐름은 결국 난류가 된다.

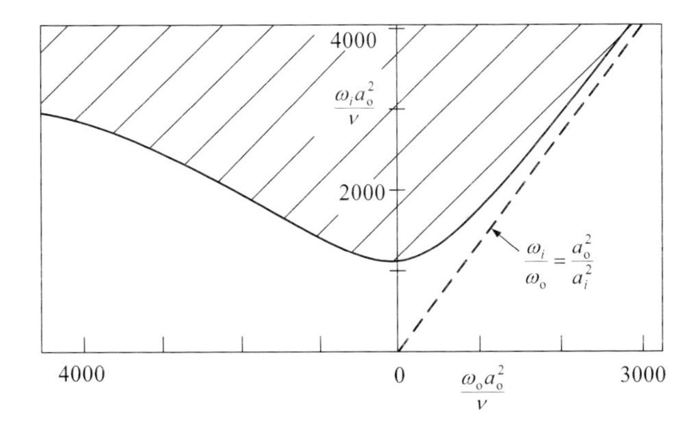

그림 12.17 물을 이용한 쿠엣 흐름에서 안정성의 한계

만일 $a_o - a_i \ll a_i$이면 그림 3.10(a)처럼 상대 운동하는 두 평행판 사이의 유체의 흐름이 된다. 이 경우에는 어떠한 Re 수 $(= U(a_o - a_i)/\nu)$에서도 선형 분석에서는 요동에 대하여 안정하다. 그러나 실제로는 비선형 효과에 의해 불안정이 존재할 뿐 아니라 흐름이 난류까지도 이른다. 여기서 U는 두 평형판의 상대속도 $u_\theta(a_o) - u_\theta(a_i)$이다.

각운동량의 구배에 의한 불안정

테일러-쿠엣 불안정은 각운동량의 구배에 의한 효과인데 이와 비슷하게 각운동량의 구배에 의한 다른 불안정들이 있다. 그림 12.18의 (a)는 쿠엣 흐름에서 $\omega_o = 0$ 인 경우에 지름방향 위치에 따른 방위각 방향 흐름 성분의 속도분포이다. 여기서는 지름방향으로 흐름속도의 감소로 인해 흐름이 불안정하다. 비슷하게 그림 12.18(b)와 같이 바깥쪽으로 오목한 경계를 가진 곳에서 흐름을 생각해보자. 여기서는 점착 경계조건 때문에 흐름속도의 크기가 국부적인 곡률 중심으로부터 지름방향으로 흐름속도가 감소하여 유체의 점성을 무시하면 식 (12.57)을 만족하므로 유체의 흐름이 항상 불안정하다. 이러한 불안정을 **고틀러의 불안정**(Gortler instability)이라 한다. 그림 12.18(c)의 경우처럼 곡률이 있는 채널흐름을 생각해보자. 이 경우에는 그림에서 보이듯이 흐름속도의 분포가 안정한 곳과 불안정한 곳이 나란히 존재한다. 국부적인 지름방향으로 각운동량이 감소하는 곳은 불안정하고 증가하는 곳은 안정하다. 이렇게 휘어진 채널흐름에 발생하는 불안정을 이론적으로 설명한 딘(William Reginald Dean, 1896~1973)의 이름을 따라서 **딘의 불안정**(Dean instability)이라 한다. 위의 세 가지 예는 모두가 지름방향으로 각운동량의 감소에 의한 불안정이다.

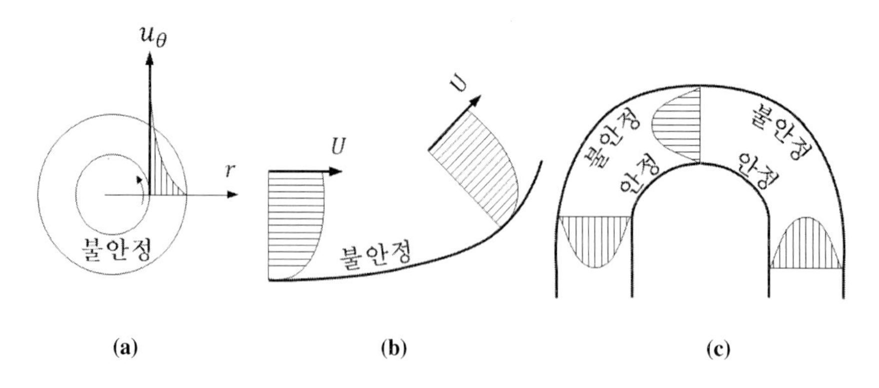

그림 12.18 각운동량의 구배에 의한 다양한 불안정

12.5 층밀리기 흐름에서의 불안정

층밀리기 흐름은 흐름의 방향에 수직 방향으로 위치에 따라 흐름속도의 크기가 변하는 흐름의 통칭이다. 그림 12.19(a)는 일반적인 층밀리기 흐름을 보인다. 다양한 경우의 흐름에서 국부적이나 전체적으로 이러한 층밀리기 흐름의 속성을 가지고 있을 뿐 아니라 흐름이 불안정해지는 것을 쉽게 관찰할 수 있다. 층밀리기 흐름에서의 속도분포에 있어 변곡점이 있는 경우[예, 켈빈-헬름홀츠 흐름]와 변곡점이 없는 경우[예, 푸아죄유 흐름, 경계층 내의 흐름]는 흐름의 안정성 측면에서 보면 큰 차이가 있다. 점성의 효과를 무시하면 변곡점이 없는 경우에는 흐름은 항상 안정하다. 그러나 실제 흐름에서는 변곡점이 없는 경우에도 점성의 효과에 의해 흐름이 불안정해진다.

켈빈 - 헬름홀츠 불안정

층밀리기 흐름에서의 안정성을 논하기 위해 그림 12.19(b)와 같이 흐름속도가 흐름에 수직 방향으로 불연속인 이상유체를 생각해보자. 일반적으로는 이러한 불연속이 있는 경계면은 평평하지 않으나 국부적인 흐름만 고려하면 불연속면이 평면인 흐름만을 생각할

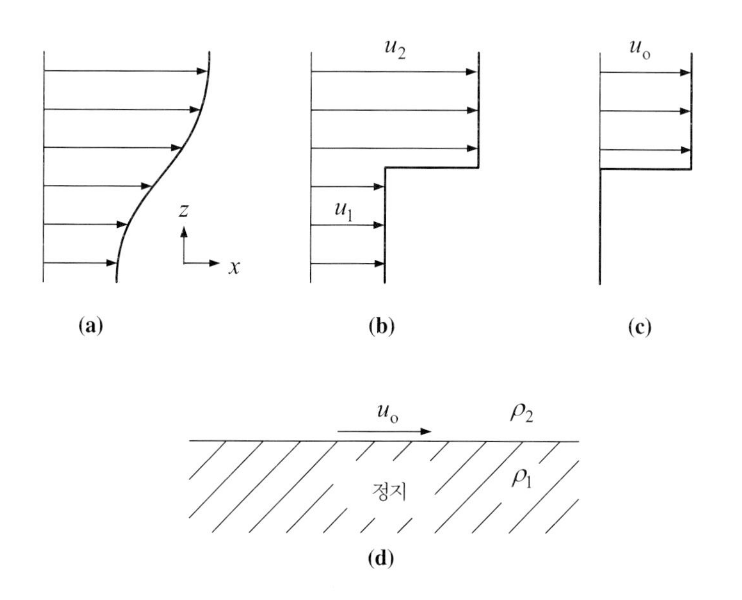

그림 12.19 층밀리기 흐름에서의 불안정

수 있다. 이 경우에 $z = 0$ 에 위치한 불연속 평면을 경계로 각 흐름이 정상상태로 x 축 방향으로만 u_1 과 u_2 의 일정한 속도를 가진다고 가정하자. 만일 관측자가 u_1 의 속도를 가진 경우를 생각하면 그림 12.19(c)와 (d)같이 불연속 평면을 경계로 밀도가 ρ_1 인 정지해 있는 유체 위에 밀도가 ρ_2 인 유체가 $u_o = u_2 - u_1$ 의 속도로 흐르는 경우를 기본상태로 생각할 수 있다.

만일 이러한 불연속 평면에 그림 12.20과 같이 매우 작은 크기의 요동이 있어 속도와 압력이 각각

$$\boldsymbol{u}' = u_o \hat{\mathbf{x}} + \boldsymbol{u} \quad , \quad p' = p_o + p \tag{12.71}$$

으로 변했다고 가정하자. 여기서 $z > 0$ 에서는 $u_o \neq 0$ 이고, $z < 0$ 에서는 $u_o = 0$ 이다. 체적력을 무시한 이상유체의 나비에-스토크스 방정식과 연속방정식은 요동 $\boldsymbol{u}$ 와 p 에 의한 2차항들을 무시하여 선형화하면 식 (5.2)와 식 (5.1)에서 각각

$$\frac{\partial \boldsymbol{u}}{\partial t} + u_o \frac{\partial \boldsymbol{u}}{\partial x} = -\frac{1}{\rho} \nabla p \tag{12.72}$$

$$\nabla \cdot \boldsymbol{u} = 0 \tag{12.73}$$

이다. 식 (12.72)의 양변에 발산연산자를 취하면 속도의 요동 성분의 연속방정식인 식 (12.73) 때문에 압력의 요동 성분은 라플라스 방정식을 만족한다.

$$\nabla^2 p = 0 \tag{12.74}$$

만일 불연속면이 요동 때문에 $z = 0$ 로부터 z 축 방향으로 $\zeta = \zeta(x, t)$ 로 변하였다면 불연속면 바로 위에 붙어있는 유체입자의 위치의 시간 변화율은 7장에서 논의한 표면파의 경계조건과 비슷하므로 식 (7.33)을 참조하면

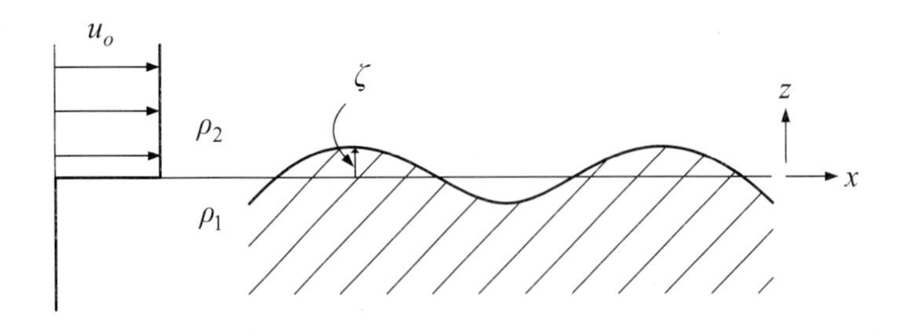

그림 12.20 불연속적인 층밀리기 흐름에서의 요동

$$\frac{\mathrm{D}\zeta}{\mathrm{D}t} = \frac{\partial \zeta}{\partial t} + u'_{z=\zeta}\frac{\partial \zeta}{\partial x} + w'_{z=\zeta}\frac{\partial \zeta}{\partial z} \tag{12.75}$$

이다. 여기서 $\mathrm{D}\zeta/\mathrm{D}t$는 불연속면의 이동속도이므로 $w_{z=\zeta}$이고, $u'_{z=\zeta} = u_o + u_{z=\zeta}$, $\partial\zeta/\partial z = 0$이다. 그러므로 요동의 2차항들을 무시하면 위의 식은

$$w_{z=\zeta} = \frac{\partial \zeta}{\partial t} + u_o \frac{\partial \zeta}{\partial x} \tag{12.76}$$

이다.

x 방향으로 임의의 파수값이 k인 경우에 요동의 푸리에 기준모드는

$$(u,\ v,\ w, p, \zeta) = (U,\ V,\ W,\ P,\ Z)e^{\sigma t + ikx} \tag{12.77}$$

이다. 만일 압력요동의 기준모드를 라플라스 방정식 (12.74)에 대입하면

$$\frac{\mathrm{d}^2 P}{\mathrm{d}z^2} - k^2 P = 0 \tag{12.78}$$

이므로

$$P \propto e^{\pm kz} \tag{12.79}$$

이다. 여기서 파수 k의 값이 양수라고 가정하자.

그러므로 불연속면보다 위($z > 0$)에서 z의 값이 매우 크면 요동이 없어야 하므로

$$P_2 \propto e^{-kz} \tag{12.80}$$

이고

$$p_2 \propto e^{\sigma t + ikx} e^{-kz} \tag{12.81}$$

이다. 여기서 압력의 요동에 대한 아래첨자 2는 $z > 0$을 의미한다. 뒤에서 나올 p_1은 비슷하게 $z < 0$에서 압력의 요동을 의미한다. 식 (12.77)과 식 (12.81)을 식 (12.72)의 z 성분에 대입하여 $z > 0$에서 속도요동의 z 성분을 구하면

$$w = \frac{kp_2}{\rho_2(\sigma + iku_o)} \tag{12.82}$$

이다. 비슷한 방법으로 기준모드를 식 (12.76)에 대입하면 불연속면의 z 방향 속도는

$$w_{z=\zeta} = (\sigma + iku_o)\zeta \tag{12.83}$$

이다. 식 (12.82)와 식 (12.83)을 이용하면 불연속면의 윗면에서 압력의 요동성분은

$$p_{2,\ z=\zeta} = \frac{\zeta\rho_2(\sigma+iku_o)^2}{k} \tag{12.84}$$

이다.

비슷한 방법으로 불연속면의 아래($z<0$)에서 계산하면 $u_o=0$ 이고 $k>0$ 로 가정했으므로

$$p_1 \propto e^{\sigma t + ikx} e^{kz} \tag{12.85}$$

$$w = -\frac{kp_1}{\rho_1\sigma} \tag{12.86}$$

$$w_{z=\zeta} = \sigma\zeta \tag{12.87}$$

이다. 그러므로 불연속면의 밑면에서의 압력의 요동성분은

$$p_{1,\ z=\zeta} = -\frac{\zeta\rho_1\sigma^2}{k} \tag{12.88}$$

이다.

불연속면($z=\zeta$)을 경계로 유체의 흐름속도는 달라지나 불연속면이 국부적으로 평면이므로 압력의 변화는 연속적이다[여기서 불연속면에서의 곡률효과를 무시했다]. 그러므로 식 (12.84)와 식 (12.88)을 이용하면

$$-\rho_1\sigma^2 = \rho_2(\sigma+iku_o)^2 \tag{12.89}$$

이다. 이 식을 풀면

$$\sigma = -i\frac{ku_o\rho_2}{\rho_1+\rho_2} \pm \frac{ku_o\sqrt{\rho_1\rho_2}}{\rho_1+\rho_2} = i\sigma_i + \sigma_r \tag{12.90}$$

이다. 그림 12.19에서 두 흐름 사이에 속도 차이가 없는 경우($u_o=0$)을 제외하고는 불연속면이 있어 층밀리기가 존재하면 증가율 σ_r 이 항상 양수이므로 흐름은 아무리 작은 요동에 대해서도 항상 불안정하다. 이러한 불안정을 켈빈(William Kelvin, 1824~1907)과 헬름홀츠(Hermann Helmholtz, 1821~1894)가 처음으로 설명한 것을 기념하여 **켈빈-헬름홀츠 불안정**(Kelvin-Helmholtz instability)이라 부른다.

불연속면의 위와 아래에 있는 유체의 밀도가 같은 경우($\rho_1=\rho_2$)에는 중력의 효과가 무시되므로 불연속면 근처의 흐름은 어떠한 파수의 요동에 대해서도 불안정하다. 그리고 증가율은

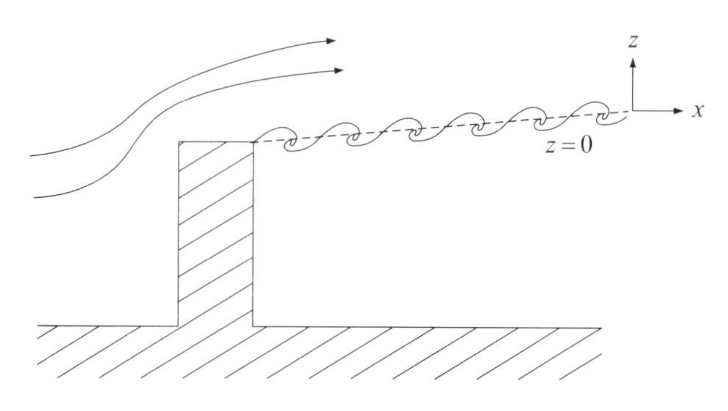

그림 12.21 흐름속도의 불연속면에서 발생하는 소용돌이판

$$\sigma = \frac{ku_o}{2}(-i \pm 1) \tag{12.91}$$

이다.

이러한 흐름속도의 불연속면은 그림 12.21과 같이 바람이 벽을 향해서 불어오다 벽을 넘어서 흐를 때 벽의 뒤에서 흐름은 점선을 경계로 흐름속도의 불연속이 생길 때 발생한다. 점선 아래에서는 흐름속도가 0이고, 점선 위에는 바람의 흐름이 있다. 이때 소용돌이도는 점선($z = 0$)이 있는 면에만 있고 나머지 부분에서는 없다.

$$\Omega = \frac{\partial u}{\partial z}\delta(z)\hat{\mathbf{y}} \tag{12.92}$$

여기서 불연속면에서 소용돌이도의 크기 $\partial u/\partial z$는 무한대이다. 이렇게 유체의 정적 성질이 균일하지만, 속도에 있어서 2차원 불연속면이 있는 경우의 흐름을 **소용돌이판**(vortex sheet)이라 한다. 외부에서 소용돌이판에 요동이 가해질 때 소용돌이도 요동은 불안정하므로 요동의 진폭이 시간이 지남에 따라 두꺼워진다.

그림의 점선 주위에 있는 문양은 일반적으로 관측되는 켈빈-헬름홀츠 불안정에 의한 문양이다. 이 경우에 요동에 의한 파동의 전파속도는 기본흐름의 평균속도와 같다. 여기서 평균속도는 불연속면 위와 아래의 흐름속도 평균을 뜻한다. 이는 흐름의 대칭성 때문이다.

지금까지는 체적력을 무시하여 계산하였으나 중력과 계면에너지를 고려하면 식 (12.90)은

$$\sigma = -i\frac{ku_o\rho_2}{\rho_1 + \rho_2} \pm k\left[\frac{u_o^2\rho_1\rho_2}{(\rho_1 + \rho_2)^2} - \frac{g(\rho_1 - \rho_2)}{k(\rho_1 + \rho_2)} - \frac{\gamma k}{\rho_1 + \rho_2}\right]^{1/2} \tag{12.93}$$

으로 된다. 이 식에서 $u_o = 0$ 이면 식 (7.128)에서 보인 액체와 액체 사이에서 계면파의 분산관계와 일치한다. 위의 식에서 제곱근 안의 값이 양수가 되면, 즉

$$g(\rho_1^2 - \rho_2^2) + \gamma k^2(\rho_1 + \rho_2) < k\rho_1\rho_2 u_o^2 \tag{12.94}$$

이면 흐름이 불안정해진다. 체적력과 계면장력을 무시한 경우는 모든 크기의 파수 요동에 대해 흐름이 불안정했으나 체적력과 계면장력을 무시할 수 없는 실제의 흐름에서는 그렇지 않음을 뜻한다.

일반적으로 켈빈-헬름홀츠 불안정은 식 (12.94)에서 보이듯이 흐름을 불안정하게 하려는 층밀리기 효과가 흐름을 안정하게 하려는 중력효과와 계면장력 효과를 극복하여 발생한다. 여기서 중력효과는 낮은 밀도의 유체가 높은 밀도의 유체보다 위에 위치하려는 **밀도성층**(stratification)을 계속 유지하려는 것을 말하고 계면장력 효과는 계면의 면적을 최소화하려는 것을 뜻한다. 대기나 대양에서 쉽게 찾을 수 있는 **밀도성층유체**(stratified flows)에서는 그림 12.21에서와 같은 켈빈-헬름홀츠 불안정에 의한 문양이 쉽게 발생한다. 간단한 예로서 호수 위에 바람이 부는 경우를 생각해보자. 바람의 속도[식 (12.94)에서 u_o]가 어느 정도 이상이 되기까지는 호수 표면에서는 그림 12.21과 같은 문양이 생기지 않고 단지 7장에서 논의한 표면파와 비슷한 효과만 있을 것이다. 그러나 식 (12.94)의 조건을 만족하는 속도에서는 켈빈-헬름홀츠 문양이 생길 것이다. 식 (12.94)에서는 이상유체의 경우로 점성을 고려하지 않았으나 실제 유체에서는 점성의 효과로 임계속도의 크기가 훨씬 크다.

지금까지는 흐름속도가 불연속한 이상적인 경우만 고려하였으나 실제 유체에서는 점성효과를 무시할 수 없다. 점성의 성질 때문에 흐름속도가 그림 12.19(b)와 같이 불연속적으로 바뀌지 않고 그림 12.19(a)와 같이 연속적으로 바뀐다. 이렇게 흐름속도가 길이 δ 에 걸쳐 연속적으로 바뀌는 경우를 생각하면 더 이상 소용돌이판이 아니라 두께가 δ 인 **소용돌이층**(vortex layer)이 된다. 이런 때는 그림 5.14에서 논의한 속도분포에서의 **변곡점**(inflection point)이 흐름에 반드시 존재하게 된다. 레일리(Lord Rayleigh, 1842~1919)는 이상유체의 층밀리기 흐름에서 속도의 크기에 있어 변곡점이 있는 경우에, 즉

$$\frac{\partial^2 u}{\partial z^2} = 0 \tag{12.95}$$

이면 파수가

$$0 < k\delta < 1 \tag{12.96}$$

인 영역에서 흐름이 항상 불안정함을 보였다. 그러나 실제 유체에서는 점성이 흐름의 불안정성을 억제하므로 임계 Re 수가 존재한다.

경계층 흐름에서의 불안정

경계층 내에서는 소용돌이도가 0이 아니다[5.6절 참조]. 그리고 경계층 내에서 박리가 일어날 때는 경계층은 일종의 소용돌이층이다. 그림 5.14와 같이 박리가 발생한 경계층 내에서는 반드시 변곡점이 존재한다. 이러한 경우는 위에서 설명한 켈빈-헬름홀츠 불안정이 생긴다. 그림 5.25(b)는 $\mathrm{Re} > 100$ 에서 발생한 **카르만 소용돌이열**을 보인다. 이러한 소용돌이열이 생기는 이유는 원기둥의 하류 쪽의 윗면과 아랫면에 대칭적으로 발생한 2개의 박리로 인해 존재하는 뒷흐름의 소용돌이들이 불안정해져 한 개의 소용돌이가 떨어질 때 다른 소용돌이가 떨어질 준비를 한다. 그런 후에 서로 계속해서 교대한다.

이에 반해 그림 5.10은 딱딱한 표면 근처에서 Re 수가 매우 크면 층류 경계층 흐름이 불안정하게 되어 난류 경계층 흐름으로 바뀌는 것을 보여준다. 이 경우에는 속도분포에 있어 변곡점이 없으므로 변곡점에 의해 흐름이 불안정해지는 것이 아니다. 즉, 층밀리기 효과에 의한 켈빈-헬름홀츠 불안정이 생기는 것이 아니라 실제 유체가 가지고 있는 점성과 경계면에서의 점착 조건에 의해 흐름이 불안정해지는 것이다. 점성 때문에 유체입자의 운동량이 확산하는 효과가 레이놀즈 수가 큰 경우에 흐름을 불안정하게 한다.

그림 12.22와 같이 딱딱하고 평평한 물체 주위에 있는 비압축성 유체의 2차원 경계층 흐름을 생각해보자. 기본상태로서 x 방향으로만 흐름이 있고 유체의 점성에 의해 y 방향을 따라 속도의 변화가 변곡점 없이 단조증가 하는 $U(y)$ 를 생각해보자. 요동으로 속도와

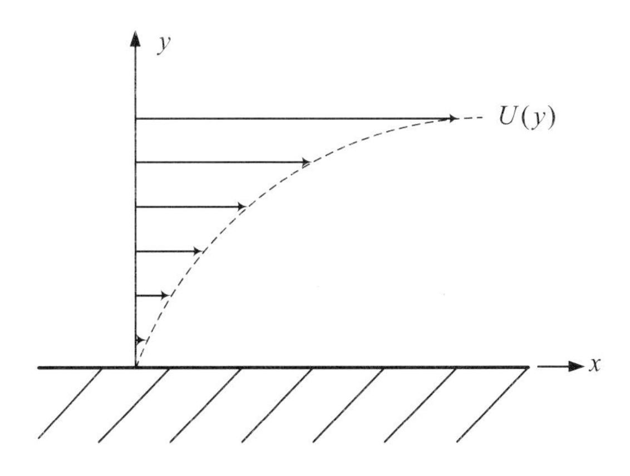

그림 12.22 딱딱하고 평평한 물체 주위에 있는 비압축성 유체의 2차원 경계층 흐름

압력이 각각

$$u'(x, y, t) = U(y) + u(x, y, t) \tag{12.97}$$

$$v'(x, y, t) = v(x, y, t)$$

$$p'(x, y, t) = p_o(x) + p(x, y, t)$$

으로 변했다고 가정하자. 여기서 u, v, p는 각각 요동 성분이다. 위의 속도와 압력을 식 (3.6)의 연속방정식과 식 (3.7)의 나비에-스토크스 방정식에 대입하면

$$\frac{\partial u}{\partial x} + \frac{\partial v}{\partial y} = 0 \tag{12.98}$$

$$\frac{\partial u}{\partial t} + (U+u)\frac{\partial u}{\partial x} + v\left(\frac{\partial U}{\partial y} + \frac{\partial u}{\partial y}\right) \tag{12.99}$$

$$= -\frac{1}{\rho}\left(\frac{\partial p_o}{\partial x} + \frac{\partial p}{\partial x}\right) + \nu\left(\frac{\partial^2 u}{\partial x^2} + \frac{\partial^2 U}{\partial y^2} + \frac{\partial^2 u}{\partial y^2}\right)$$

$$\frac{\partial v}{\partial t} + (U+u)\frac{\partial v}{\partial x} + v\frac{\partial v}{\partial y} = -\frac{1}{\rho}\frac{\partial p}{\partial y} + \nu\left(\frac{\partial^2 v}{\partial x^2} + \frac{\partial^2 v}{\partial y^2}\right) \tag{12.100}$$

이다. 식 (12.99)에서 요동의 성분의 크기를 0으로 하여 얻은 기본상태의 식을 구할 수 있다.

$$0 = -\frac{1}{\rho}\frac{\partial p_o}{\partial x} + \nu\frac{\partial^2 U}{\partial y^2} \tag{12.101}$$

이 식을 식 (12.99)에 대입하여 간단하게 할 수 있다. 그리고 식 (12.98)~(12.100)에서 비선형 성분들을 제거하면

$$\frac{\partial u}{\partial x} + \frac{\partial v}{\partial y} = 0 \tag{12.102}$$

$$\frac{\partial u}{\partial t} + U\frac{\partial u}{\partial x} + v\frac{\partial U}{\partial y} = -\frac{1}{\rho}\frac{\partial p}{\partial x} + \nu\left(\frac{\partial^2 u}{\partial x^2} + \frac{\partial^2 u}{\partial y^2}\right) \tag{12.103}$$

$$\frac{\partial v}{\partial t} + U\frac{\partial v}{\partial x} = -\frac{1}{\rho}\frac{\partial p}{\partial y} + \nu\left(\frac{\partial^2 v}{\partial x^2} + \frac{\partial^2 v}{\partial y^2}\right) \tag{12.104}$$

이다. 이러한 세 개의 식들은 식 (4.6)과 식 (4.7)에서 보인 속도의 요동 성분에 대한 흐름 함수인

$$u = \frac{\partial \varphi}{\partial y}, \quad v = -\frac{\partial \varphi}{\partial x} \tag{12.105}$$

를 이용하면 다음에 보이는 두 개의 식으로 줄어든다.

$$\frac{\partial^2 \varphi}{\partial y \partial t} + U\frac{\partial^2 \varphi}{\partial x \partial y} - \frac{\partial \varphi}{\partial x}\frac{\partial U}{\partial y} = -\frac{1}{\rho}\frac{\partial p}{\partial x} + \nu\left(\frac{\partial^3 \varphi}{\partial x^2 \partial y} + \frac{\partial^3 \varphi}{\partial y^3}\right) \tag{12.106}$$

$$\frac{\partial^2 \varphi}{\partial x \partial t} + U\frac{\partial^2 \varphi}{\partial x^2} = \frac{1}{\rho}\frac{\partial p}{\partial y} + \nu\left(\frac{\partial^3 \varphi}{\partial x^3} + \frac{\partial^3 \varphi}{\partial x \partial y^2}\right) \tag{12.107}$$

편미분의 성질인 $\partial^2 p/\partial x\, \partial y = \partial^2 p/\partial y\, \partial x$를 이용하면 위의 두 식은 한 개의 식으로 변한다.

$$\left(\frac{\partial}{\partial t} + U\frac{\partial}{\partial x}\right)\left(\frac{\partial^2 \varphi}{\partial x^2} + \frac{\partial^2 \varphi}{\partial y^2}\right) - \frac{\partial \varphi}{\partial x}\frac{\mathrm{d}^2 U}{\mathrm{d}y^2} = \nu\left(\frac{\partial^4 \varphi}{\partial x^4} + 2\frac{\partial^4 \varphi}{\partial x^2 \partial y^2} + \frac{\partial^4 \varphi}{\partial y^4}\right) \tag{12.108}$$

여기서 $\partial^2 U/\partial y^2$ 대신 $\mathrm{d}^2 U/\mathrm{d}y^2$로 적은 이유는 U가 y만의 함수이기 때문이다. 이 편미분방정식에서 각 항의 계수는 단지 $y(\Leftarrow U = U(y))$에만 관계하므로 흐름함수는 x와 t의 지수함수 꼴로 나타날 것이다. 그러므로 x 방향으로 임의의 파수값이 k에 해당하는 요동 흐름함수의 푸리에 기준모드는

$$\varphi(x, y, t) = \Phi(y)e^{\sigma t + ikx} \tag{12.109}$$

이다. 위의 기준모드를 식 (12.108)에 대입하면 다음과 같다.

$$(\sigma + ikU)\left(-k^2\Phi + \frac{\mathrm{d}^2\Phi}{\mathrm{d}y^2}\right) - ik\Phi\frac{\mathrm{d}^2 U}{\mathrm{d}y^2} = \nu\left(k^4\Phi - 2k^2\frac{\mathrm{d}^2\Phi}{\mathrm{d}y^2} + \frac{\mathrm{d}^4\Phi}{\mathrm{d}y^4}\right) \tag{12.110}$$

이 식은 4차 상미분 방정식으로 **오어-좀머펠트 방정식**(Orr-Sommerfeld equation)이라 부른다. 이 식은 경계층 흐름뿐만 아니라 채널흐름에서도 흐름의 안정성을 기술하는 데 사용된다.

경계조건으로 경계벽($y = 0$)에서는 점착 조건에 의해

$$u(x, 0, t) = v(x, 0, t) = 0 \;\Rightarrow\; \Phi(0) = \left.\frac{\mathrm{d}\Phi}{\mathrm{d}y}\right|_{y=0} = 0 \tag{12.111}$$

이다. 또한 경계층 두께의 바깥에서는($y > \delta$) 요동의 크기를 무시해야 한다.

$$u(x, y \to \infty, t) = v(x, y \to \infty, t) = 0 \;\Rightarrow\; \Phi(y \to \infty) = \left.\frac{\mathrm{d}\Phi}{\mathrm{d}y}\right|_{y\to\infty} = 0 \tag{12.112}$$

오어-좀머펠트 방정식을 푸는 것은 매우 어려운 작업이다. 식 (12.110)과 경계조건인 식 (12.111), 식 (12.112)를 이용하면 주어진 파수 k에서 σ를 찾는 고유값 문제가 된다. 여기서는 계산과정은 생략하고 결과만 논하겠다. 그림 12.23은 평평한 벽 근처의 경계층

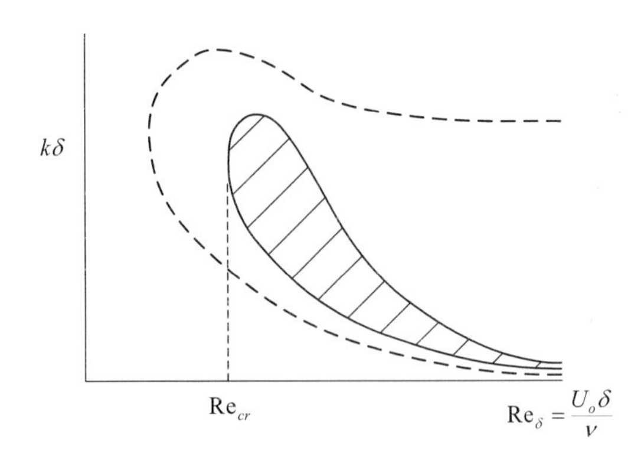

그림 12.23 평평한 벽 근처의 경계층 흐름에서 Re 수에 따른 흐름의 안정성

흐름에서 Re 수에 따른 흐름의 안정성을 보인 것이다. 수직축은 파수 k와 경계층의 두께 δ를 곱한 것으로 무차원인 숫자이다. 사용된 Re 수는 자유흐름속도 U_o와 경계층흐름의 두께 δ를 이용한 국부적인 레이놀즈 수 $U_o\delta/\nu$로 수평 위치 x에 따라 다른 값을 가진다. 사선을 그은 영역은 σ의 실수 성분이 양수($\sigma_r > 0$)인 영역으로 불안정한 흐름을 표시한다. 임계값은 $(\mathrm{Re}_\delta)_{\mathrm{cr}} = 420$이며 $k\delta = 0.34$로 알려져 있다. 이러한 불안정을 **톨미엔-슐리히딩 불안정**(Tollmien-Schlichting instability)이라 한다. 만일 흐름에 역압력이 존재한다면 불안정한 영역이 더 낮은 Re_δ 수로 확장될 것이다[그림에서 점선으로 표시]. 그림 5.10에서 경계층의 두께 δ가 하류 방향으로 증가하다가 특정한 두께에 이른 순간 층류 경계층이 난류 경계층으로 바뀌는 것을 그림 12.23이 잘 설명하고 있다. 그리고 주어진 Re_δ에 있어 특별한 파수의 영역만 불안정성을 보인다.

경계층흐름에서의 불안정에 대한 다른 중요한 예가 그림 5.17이다. 여기서는 원기둥을 가로질러 흐름이 있는 경우에 Re 수의 값이 $\mathrm{Re}_{\mathrm{cr}}$ 이하에서는 경계층이 층류이며 박리점의 위치가 $82°$이다. 그러나 $\mathrm{Re}_{\mathrm{cr}}$ 이상에서는 경계층이 난류이고 박리점의 위치가 $125°$로 바뀐다. 이는 그림 5.19에서 보이듯이 항력의 크기가 $\mathrm{Re}_{\mathrm{cr}}$을 경계로 갑자기 감소하기 때문이다.

연습문제

12.1 Type-II 불안정

Type-II 불안정에서 파수의 증가율을 나타내는 식 (12.20)에서 가장 불안정한 파수의 크기가 $k_m = \sqrt{\epsilon/2}\,\xi_o^{-1}$임을 보여라. 그러므로 임계점 근처에서는 파수의 크기는 $\epsilon^{1/2}$에 비례하고 문양의 특성길이는 $\epsilon \to 0^+$의 한계에서 무한대 크기로 발산한다.

12.2 레일리-테일러 불안정

물이 공기보다 위에 있는 경우에 발생하는 레일리-테일러 불안정을 생각해보자.

(a) 가장 빠른 속도로 발생하는 요동의 파수가

$$k = \frac{k_c}{\sqrt{3}} = \sqrt{\frac{g\rho}{3\gamma}}$$

임을 보여라. 여기서 k_c는 식 (12.27)에서 정의한 임계파수의 크기이다.

(b) 이 경우에 $t=0$에 $x=z=0$인 경계면에서 발생한 요동의 z축 방향 하강속도가 $t=0$일 때에 비해 2배가 될 때까지 걸리는 시간을 구하라[그림 12.7 참조].

12.3 테일러-쿠엣 불안정

식 (12.67)과 식 (12.70)을 유도하라.

12.4 켈빈-헬름홀츠 불안정

식 (12.93)을 유도하라.

12.5 경계층 흐름의 불안정

경계층 흐름의 불안정에서 점성력이 왜 흐름을 불안정하게 하는지 물리학적으로 설명하라.

12.6 버나드-마랑고니 불안정(Benard-Marangoni instability)

10.2절에서 표면장력의 공간구배에 의한 흐름인 마랑고니 효과에 대해서 설명했다. 자유표면을 가진 얇은 액체층의 바닥에 열을 가하면 표면장력의 공간구배에 의해 **레일리-버나드 대류**와 비슷한 형태의 대류가 발생한다. RB 대류는 바닥과 꼭대기 면이 각각 특정한 온도를 유지할 때 부력에 의해 흐름이 불안정해 발생한 대류이다. 그에 반해서 여기서는 꼭대기면이 자유표면이고 온도가 일정해야 하는 제약이 없다. 그리고 중력의 효과인 부력을 무시해도 발생한다. 만일 자유표면의 한 지점에서 요동으로 온도가 올라갔다고 생각하자. 그러면 마랑고니 효과에 의해 온도가 증가한 자유표면의 지점에서 온도가 변하지

않은 자유표면 쪽으로 흐름이 발생한다. 이때 부피를 보존하기 위해 온도가 증가한 표면의 아래에서 위치한 유체가 상승하고 온도의 변화가 없었던 표면의 아래에 있는 유체는 하강한다. 이로 인해 요동 때문에 온도가 높았던 지점의 온도는 더 높아지게 되어 흐름이 불안정해져 대류가 일어난다. 이렇게 바닥과 자유표면 사이의 온도 차이로 인해 발생한 표면장력의 공간구배에 의해 발생한 대류를 **버나드-마랑고니 대류**라 한다.

이 불안정의 정도를 특징짓는 무차원 제어변수로 아래의 **마랑고니 수**(Marangoni number)의 정의가 필요함을 보여라.

$$\mathrm{Mr} \equiv \frac{\chi \Delta T h}{\mu D_T}$$

여기서 $\chi \equiv \mathrm{d}\gamma / \mathrm{d}T$로 온도에 따른 표면장력의 증가율, ΔT는 바닥과 자유표면 사이의 온도차, h는 유체층의 두께, 그리고 μ와 D_T는 각각 액체의 점성계수와 열확산율이다.

참고 부력에 의한 중력의 효과

액체층의 두께가 매우 작으면 표면장력 효과가 중력효과보다 중요하여 부력을 무시할 수 있지만, 액체층의 두께가 커지면 중력의 효과에 의한 부력을 무시할 수 없다. 그러므로 실제의 경우에는 자유표면을 가진 액체층의 바닥에 열을 가하면 레일리-버나드 대류와 버나드-마랑고니 대류가 동시에 존재한다.

12.7 손가락 불안정(finger instability)

바다 표면 근처에서는 태양열에 의해서 온도가 올라가서 바닷물이 잘 증발된다. 이로 인해 바다 표면의 온도가 깊은 곳의 온도보다 높고, 표면의 소금 농도가 깊은 곳의 농도보다 훨씬 크다. 일반적으로 바닷물의 밀도(ρ)는 온도(T)와 소금의 농도(c)와 아래의 관계가 있다.

$$\rho = \rho_o[1 - \alpha \Delta T + \alpha_c \Delta c], \quad \alpha \equiv -\frac{1}{\rho}\frac{\partial \rho}{\partial T} > 0 \ , \quad \alpha_c \equiv \frac{1}{\rho}\frac{\partial \rho}{\partial c} > 0$$

여기서 ρ_o는 기준이 되는 바닷물의 밀도다. 이렇게 온도구배와 농도구배가 동시에 있으면 표면 근처의 바닷물의 밀도가 깊은 곳보다 낮아 안정한 밀도성층을 이루어도 계가 불안정하다. 이렇게 불안정한 이유는 물속에서 소금의 확산계수(D) 크기가 열확산율(D_T)의 크기보다 훨씬 작기 때문이다[식 (9.20)과 (9.26) 참조]. 소금물의 경우에 일반적으로 $D_T \approx 100D$ 이다.

표면 근처에 있는 소금물 일부가 요동 때문에 아래쪽으로 약간 이동한 경우를 생각해보자. 큰 크기의 D_T 로 인해 주위와 열교환이 쉽게 일어나 즉시 낮은 온도의 열적 평형을 이루나 소금물 입자 내의 소금 농도는 작은 크기의 D 이므로 원래 농도를 유지한다. 그러므로 이 소금물 요동은 높은 소금 농도로 인해 무거워서 높은 소금 농도를 유지하므로 계속 하강한다. 이 하강 과정에서 소금물 요동 덩어리는 주위 온도와 열적 평형을 이루고 있으므로, 하강하면서 온도가 내려가므로 부력의 효과가 따로 발생하지 않는다. 비슷하게 바닥 쪽에 있는 소금물은 낮은 소금 농도로 인해 가벼워서 낮은 농도를 유지하면서 계속 상승한다. 이러한 이유로 불안정하므로 수직 방향으로 길고 가는 높은 농도의 소금물이 손가락 모양으로 하강하고 나란히 위치한 낮은 농도의 소금물이 손가락 모양으로 상승하는 흐름을 공간적으로 교대로 발생한다. 이를 **소금물 손가락**(salt fingers)이라고 한다. 아래의 그림은 시간에 따른 **손가락 불안정**의 발달을 보여준다. 그림 12.10에서 보인 레일리−테일러 불안정과 비슷해 보이지만 전혀 다른 이유로 발생했다.
그림 11.1(a)처럼 높이가 h이고 꼭대기면과 바닥면이 부드러운 경계를 생각해보자. 꼭대기면은 특정한 높은 온도와 높은 농도를 항상 유지하고 바닥면도 특정한 낮은 온도와 낮은 농도를 유지한다고 가정한다. 이러한 경우에 손가락 불안정을 선형 분석하라.

Hint 11.5절에서 보인 부드러운 경계 경우의 레일리 - 버나드 대류를 선형 분석한 것과 비슷한 방법으로 접근하면 된다.

분석과정에 다음의 두 가지 무차원 계수를 정의하면 편리하다. 첫 번째는 11장에서 정의한 레일리 수(Ra)이다. 그리고 두 번째는 농도차이에 의한 대류의 효과를 설명하기 위한 **농도 레일리수**(Rc: concentration Rayleigh number)이다.

$$\mathrm{Ra} \equiv \frac{\alpha g h^3 \Delta T}{D_T \nu}, \qquad \mathrm{Rc} \equiv \frac{\alpha_c g h^3 \Delta c}{D \nu}$$

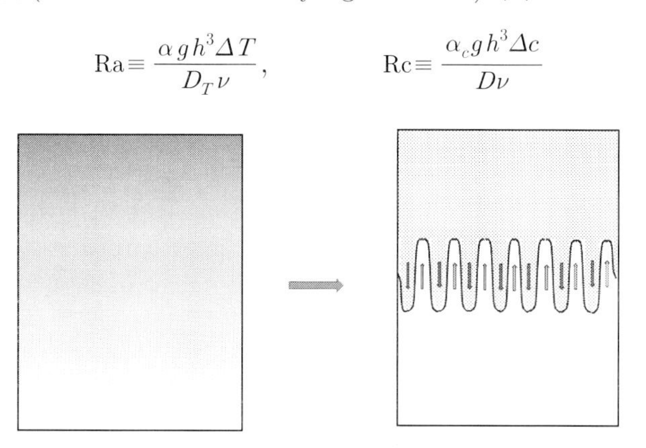

소금물 손가락의 형성 과정. 수직방향 화살표는 불안정에 의한 흐름의 방향을 나타낸다. 색깔이 어두울수록 높은 온도와 농도를 뜻한다.

참고 **이중확산대류(double diffusive convection)**

온도와 농도의 공간구배가 동시에 있을 때 이를 해소하기 위해 열확산과 물질확산이 동시에 일어난다. 만일 온도의 공간구배와 밀도의 공간구배를 계속해서 지탱할 수 있는 다른 원천이 있는 경우에 일어나는 대류를 이중확산대류라 한다. 위에서 보인 소금물 손가락은 대표적인 예이다. 이러한 이중확산대류는 해양에서 수직 방향으로 영양분이 상승하고 열과 소금의 수직이동에 있어 중요한 역할을 한다. 이로 인해 대양에서 물의 순환을 도와 지구의 기후변화에 공헌한다. 그뿐 아니라 소금물 손가락 현상은 동식물에 필요한 영양분을 바다의 표면 쪽으로 옮기는 데 중요한 역할을 한다.

CHAPTER

13

카오스

카오스

11장과 12장에서 소개한 불안정성이 유체의 흐름에 내재해 있는 경우에는 흐름의 비선형성이 증가할 때마다 유체의 흐름이 점점 더 복잡해지므로 시간적으로나 공간적으로 흐름을 정확하게 예측하기가 매우 어려워진다. 이러한 **카오스**(chaos) **현상**은 유체뿐만 아니라 다양한 물리계에서 관찰되는 현상이다. 시공간적 카오스 상태의 계에서는 시간상으로 약간 차이 나는 다른 상태들 사이에, 그리고 공간의 가까운 다른 부분 사이에 어느 정도의 **상관관계**를 유지한다. 그러나 난류에 이르면 이러한 시공간적 상관관계가 거의 사라진다. 14장에서 소개하는 완전히 성숙한 난류는 여러 가지 유체역학적 물리량들이 시간적, 공간적으로 상관성을 잃어버려 자유도가 매우 큰 경우이다. 13장에서는 **안정성의 비선형 분석**을 소개한 후에 RB 대류의 기본방정식을 단순화시킨 **로렌즈 방정식**을 이용하여 카오스의 여러 성질을 설명하려 한다. 로렌즈 방정식은 **이상한 끌개**, **쌍갈래치기** 등을 비롯한 카오스에서 보이는 다양한 개념들을 보여주는 대표적인 **비선형 동역학방정식**이다.

Contents

13.1 안정성의 비선형분석

11장과 12장에서는 주어진 크기의 제어변수에 대해 계가 안정한지 불안정한지를 선형 분석방법을 이용해 판별했다. 계가 안정한 경우에는 요동의 크기가 시간에 대해 지수적으로 감소하고 불안정한 경우는 지수적으로 증가한다. 그러므로 계가 불안정한 경우에는 시간이 많이 지나면 요동의 크기가 너무 커져서 물리적으로 현실성이 없다. 이렇게 현실성이 없게 된 이유는 분석과정에서 비선형 성분들을 무시했기 때문이다. 요동의 크기가 커지면 비선형 성분의 크기도 역시 커지므로 선형분석의 결과가 물리적 현상과 일치하지 않을 수 있다.

12.2절에서 선형분석을 이용해 기술한 단진자의 운동을 비선형 성질까지 다 고려해서 기술해보자. 그림 12.2에 있는 이상적인 단진자에 대한 운동방정식인 식 (12.1)은

$$\frac{\mathrm{d}^2\theta}{\mathrm{d}t^2} + \frac{g}{\ell}\sin\theta = 0 \tag{13.1}$$

으로 2차 비선형 미분방정식이다. 질량이 m 이고 팔의 길이가 ℓ 인 단진자의 총에너지는 식 (12.2)를 참조하면

$$E = \frac{1}{2}m(\ell\dot{\theta})^2 - mg\ell(\cos\theta - 1) \tag{13.2}$$

이다.

위치(q)와 운동량(p)을 아래와 같이 정의하면

$$q \equiv \theta, \qquad p \equiv \frac{\mathrm{d}\theta}{\mathrm{d}t} \tag{13.3}$$

식 (13.1)을 2개의 1차 미분방정식으로 대신할 수 있다.

$$\begin{aligned} \dot{q} &= p \\ \dot{p} &= -\omega^2\sin q \end{aligned} \tag{13.4}$$

여기서 $\omega^2 \equiv g/\ell$ 이다.

위치와 운동량이 시간이 지나도 변하지 않아 위치(q)와 운동량(p)으로 이루어진 위상공간에서 항상 점으로 나타나는 상태를 **고정점**(fixed point)이라 한다. 고정점에서는

$$\dot{q} = 0, \qquad \dot{p} = 0 \tag{13.5}$$

참고 **위상공간**

동역학계에서 **위상공간**(phase space)은 주어진 순간에 계의 상태를 한 점으로 표시할 수 있는 변수들의 축으로 이루어진 수학적인 공간이다. 그러므로 위의 경우는 계의 상태는 위치(q)와 운동량(p)으로 이루어진 위상공간에서 주어진 순간에 한 점으로 표시된다. 그리고 시간의 흐름에 따라 선으로 이루어진 궤적을 남긴다. 위상공간의 **차원(축의 개수)**은 계의 **자유도**(degree of freedom)이다.

이므로 단진자에서 고정점에 해당하는 위치와 운동량의 크기는 식 (13.4)을 이용하면 다음과 같다.

$$p = 0, \qquad q = n\pi, \qquad n = 0, \quad \pm 1, \ \pm 2, \ ..... \tag{13.6}$$

그리고 식 (13.2)의 총에너지는 q와 p로서 표시하면

$$\frac{E}{m\ell^2} = \frac{1}{2}p^2 - \omega^2(\cos q - 1) \tag{13.7}$$

이다. 이상적인 단진자는 계의 에너지가 보존되는 경우이므로 좌변의 크기가 일정한 상수이다.

계의 총에너지가 작으면 12.1절에서 보인 선형분석의 결과와 같이 진자가 진동하는 형태로서 식 (12.3)을 참조하면 식 (13.7)은 위상공간에서 반지름이 $\sqrt{2E/m\ell^2}$ 인 원을 따라 회전하는 경우로 단진자의 자유진동을 설명한다.

$$\frac{2E}{m\ell^2} = p^2 + \omega^2 q^2 \tag{13.8}$$

이에 반해서 계의 총에너지가 큰 경우에는 진자가 한쪽으로만 회전을 한다. 그림 13.1은 $\omega = 1$인 경우에 총에너지의 크기에 따른 위상공간에서의 궤적이다. 굵은 선의 내부는 계의 총에너지가 작은 경우로서 폐곡선의 궤적을 이루며 단진동을 설명한다. 그에 반해 굵은 선의 외부는 총에너지가 커서 진자가 한쪽으로 계속 회전하는 경우이다. 그림의 수평축에 있는 굵은 점들은 식 (13.6)에서 설명하는 고정점이다. 그리고 그림에서 화살표는 시간에 따른 계의 궤적 방향을 나타낸다. 굵은 선의 위쪽은 진자가 반시계 방향으로, 그리고 아래쪽은 시계방향으로 회전하고 있는 상태에 해당한다.

위의 예는 **에너지 보존계**로서 에너지가 일정한 경우이지만 점성유체와 같은 **에너지 소산계**에서는 지속해서 외부에서 에너지가 공급되지 않으면 고정점으로 가서 멈춘다. 예를 들

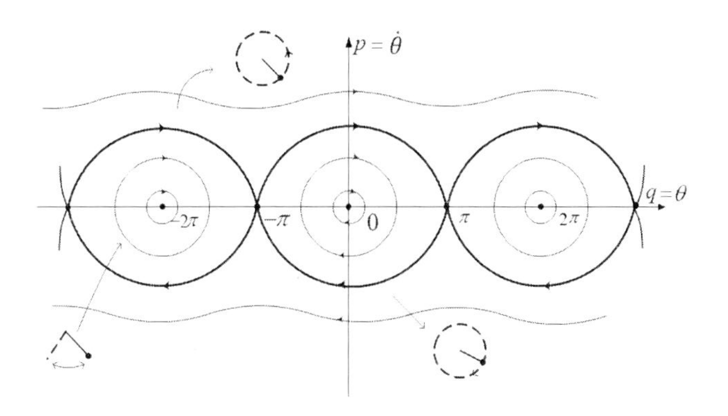

그림 13.1 이상적인 단진자의 위상공간에서 궤적

면 단진자에 마찰에 의한 감쇠 효과를 고려하면 식 (13.7)의 좌변의 크기가 시간에 따라 줄어들어 위상공간에서 원의 형태를 가진 궤적의 반경이 시간에 따라 줄어들다가 결국에는 고정점에 귀착된다. 그러나 외부에서 에너지가 계속 공급될 때는 계가 정상상태에서 동역학적으로 가장 안정한 상태로 간다. 이러한 안정한 상태의 흐름을 **위상공간**(phase space)에서 **끌개**(attractor)라 한다. 끌개에는 안정한 정상상태인 **안정한 고정점**(stable fixed point)과 안정한 진동인 **안정한 한계순환**(stable limit cycle)이 있다. 이에 반해 동역학적으로 가장 불안정한 상태를 **반발개**(repeller)라 한다. 반발개에는 **불안정한 고정점**(unstable fixed point)과 **불안정한 한계순환**(unstable limit cycle)이 있다. 그림 13.2에서 (a)는 위상공간에서 안정한 고정점을 표시하고 있다. 계의 상태가 고정점 주위에 있을 때는 시간 흐름에 따라 계의 상태가 고정점으로 접근하여 정상상태에서 고정점에 머문다. 이에 반해 (b)는 위상공간에서 불안정한 고정점을 보인다. 계의 상태가 고정점 주위에 있을 때는 시간 흐름에 따라 계의 상태가 고정점에서 멀어지려 한다. (c)는 안정한 한계순환을 보이고 있으며, 계의 상태가 한계순환 주위에 있을 때는 시간 흐름에 따라 계의 상태가 한계순환으로 접근

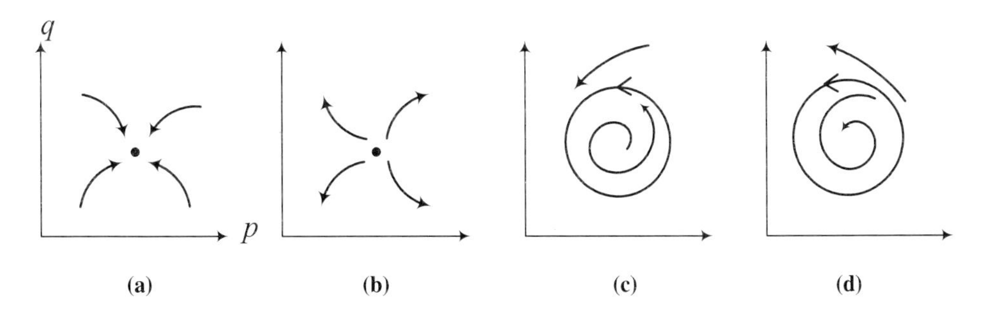

그림 13.2 위상공간에서 고정점(a, b)과 한계순환(c, d) 주위에서 시간에 따른 궤적

하여 한계순환에 속하게 된다. 즉 정상상태에서 계는 위상공간에서 닫힌 궤적을 따라 주기적인 운동을 한다. 이에 반해 (d)는 불안정한 한계순환을 보이며, 계의 상태가 한계순환 주위에 있을 때는 시간 흐름에 따라 계의 상태가 한계순환에서 멀어지려 한다.

동역학계에서 Re 수나 Ra 수와 같은 제어변수의 크기가 특정한 임계값을 지난 후에 계의 동역학 상태가 한 개가 아니라 여러 가지 상태가 가능하게 되는 현상을 **쌍갈래치기**(bifurcation)라 한다. 그리고 이러한 임계점을 **쌍갈래치기점**(bifurcation point)이라 한다. 만일 가능한 새로운 상태들 가운데 안정한 상태들이 많으면 계의 초기조건에 따라 한 개의 안정한 상태만 택한다. 연속적인 동역학계에서 쌍갈래치기를 설명하기 위해 아래와 같이 1차 비선형 상미분방정식으로 이루어진 1차원계에서의 동역학을 생각해보자.

$$\frac{\mathrm{d}x}{\mathrm{d}t} = f(x) \tag{13.9}$$

정상상태($\mathrm{d}x/\mathrm{d}t = 0$)에서 계의 상태를 표시하는 위상공간에서 고정점은

$$f(x) \equiv 0 \tag{13.10}$$

을 만족해야 한다. 고정점에서 계의 상태가 안정한지 불안정한지를 기술하기 위해서 일반적인 퍼텐셜의 개념을 확장해 **동역학 퍼텐셜**(dynamic potential)을 다음과 같이

$$f(x) \equiv -\frac{\mathrm{d}\Psi}{\mathrm{d}x} \tag{13.11}$$

로 정의하면 식 (13.9)는

$$\frac{\mathrm{d}x}{\mathrm{d}t} \equiv -\frac{\mathrm{d}\Psi}{\mathrm{d}x} \tag{13.12}$$

로 나타낼 수 있다. 고정점에서 퍼텐셜의 미분값이 0이므로 고정점에서 퍼텐셜의 크기가 최댓값이나 최솟값을 가질 것이다. 고정점에서 퍼텐셜이 최댓값을 가지면 불안정한 고정점이고, 퍼텐셜이 최솟값을 가지면 안정한 고정점이다. 그리고 최솟값을 가지는 퍼텐셜의 존재는 계의 상태가 초기조건으로부터 시간이 진행됨에 따라 완화되어 고정점에 해당하는 특별한 동역학적 평형상태로 진행됨을 뜻한다. 이를 더 자세히 이해하기 위해 공간적으로 대칭을 가진 비선형 물리계에서 잘 일어나는 **갈퀴 쌍갈래치기**(pitchfork bifurcation)에 대해서 생각해보자. 이 쌍갈래치기는 고정점이 대칭으로 쌍을 이루어 나타나거나 사라진다.

초임계 갈퀴 쌍갈래치기

다음과 같이 1차 비선형 상미분방정식으로 이루어진 1차원계에서의 동역학을 생각해 보자.

$$\frac{\mathrm{d}x}{\mathrm{d}t} = Rx - x^3 \tag{13.13}$$

여기서 우변의 선형 항에 있는 R은 제어변수이다. 만일 우변에 비선형 항이 없으면 이 식의 해는 $x = x_o e^{Rt}$의 모양으로 $R > 0$인 경우에 $t \to \infty$로 되면 계가 무한대로 발산하므로 물리적으로 비현실적이다. 그러므로 실제 물리계에서는 비선형 항의 역할이 중요하다. 그리고 위의 식은 $x \to -x$의 변환에도 불변하므로 공간적으로 대칭성을 가진다. 식 (13.12)를 이용하여 **동역학 퍼텐셜**을 구하면

$$\Psi(x) = -\frac{1}{2}Rx^2 + \frac{1}{4}x^4 \tag{13.14}$$

이다. 그림 13.3은 제어변수 R의 크기에 따른 동역학 퍼텐셜 곡선의 모양이다.

그림 13.4는 식 (13.13)에서 제어변수 R의 크기에 따른 고정점의 변화를 보인다. 고정점에서는 동역학 퍼텐셜의 미분값이 0다. 여기서 실선은 안정한 고정점에 해당하고(퍼텐셜의 크기가 고정점에서 최솟값을 가짐), 점선은 불안정한 고정점에 해당한다(퍼텐셜의 크기가 고정점에서 최댓값을 가짐). 제어변수의 크기가 $R < 0$일 때는 계는 한 개의 안정한 고정점을 가지다가 $R = 0$을 지나 $R > 0$로 가면서 3개의 고정점을 가지는 상태로 쌍갈래치기를 한다. $R > 0$에서 $x = 0$은 불안정한 고정점이고 나머지 두 상태는 안정한 고정점이다. 쌍갈래치기의 모양이 갈퀴모양이고, $R > 0$에서 불안정한 고정점을 가지므로

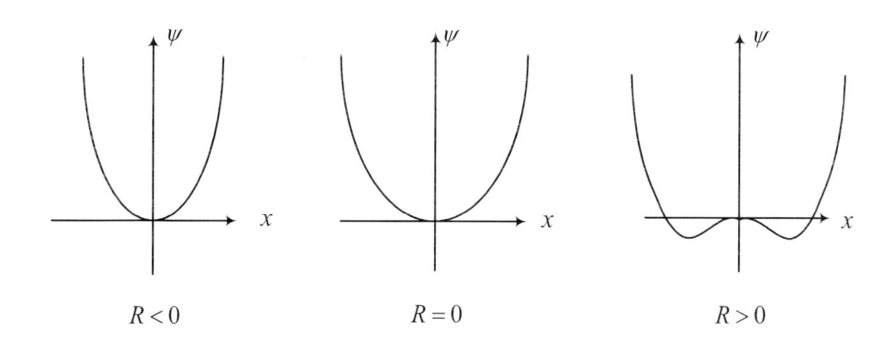

그림 13.3 초임계 갈퀴 쌍갈래치기에서 제어변수 R의 크기에 따른 동역학 퍼텐셜 곡선의 모양

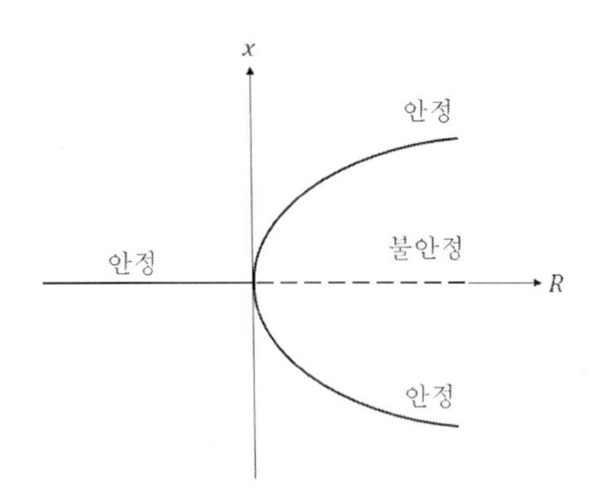

그림 13.4 초임계 갈퀴 쌍갈래치기에서 제어변수 R의 크기에 따른 고정점

이를 **초임계 갈퀴 쌍갈래치기**(supercritical pitchfork bifurcation)라 한다.

레일리-버나드 대류에서 볼 수 있는 대류에 의한 고리문양은 초임계 갈퀴 쌍갈래치기의 대표적인 예이다. 이 현상은 선형 분석으로는 설명이 안 된다. 그러므로 비선형 분석을 통해서야 초임계 갈퀴 쌍갈래치기가 보인다. 식 (11.62)에서 정의한

$$\{w,\ \theta\} = \{w_{o,}\theta_o\}e^{\sigma t} \tag{13.15}$$

을 이용하여 위에서 보인 비선형 분석을 거치면

$$\{w_{o,}\theta_o\} \sim (R - R_c)^{1/2} \quad \text{at } R > R_c \tag{13.16}$$

$$0 \quad \text{at } R < R_c$$

이다. 여기서 제어변수 $R = 0$ 은 레일리 수 Ra를 의미한다. 식 (13.13)이 $x \to -x$의 변환에도 불변하여 공간적 대칭성을 보이는 것처럼 RB 대류에서 수직 방향 속도가 $w \to -w$는 대류에 의한 흐름이 위로 향하는 것과 아래로 향하는 것 모두가 안정한 해이다. 마찬가지로 $\theta \to -\theta$는 고리문양 대류의 회전방향이 시계방향이든지 반시계방향이든지 같다는 것을 뜻한다. 다르게 설명하면 서로 이웃한 두 고리문양의 회전방향은 서로 반대이어야 한다는 것이다. 그림 13.5는 이러한 대칭성을 보여주고 있다.

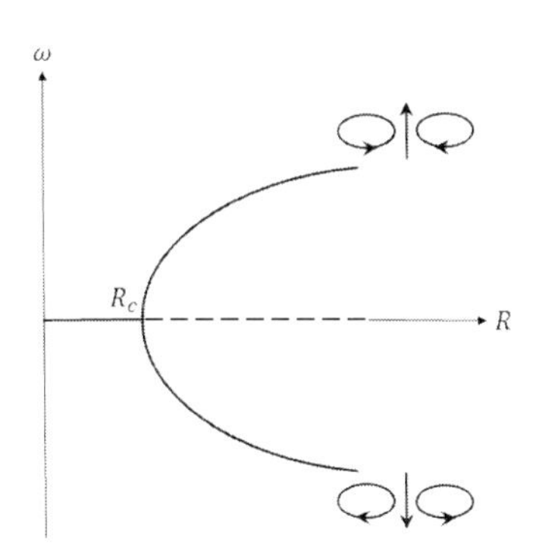

그림 13.5 RB 대류에서의 초임계 갈퀴 쌍갈래치기

버금임계 갈퀴 쌍갈래치기

초임계 갈퀴 쌍갈래치기를 나타내는 식 (13.13)과 선형 항의 형태는 같지만, 비선형 항이 두 개 있는 경우를 생각해보자.

$$\frac{\mathrm{d}x}{\mathrm{d}t} = Rx + x^3 - x^5 \tag{13.17}$$

우변 두 번째에 있는 비선형 항은 $R > 0$에서 계를 더 불안정하게 한다. 그러나 우변 세 번째에 있는 비선형 고차 항은 계가 무한대로 발산하지 않도록 하는 역할을 한다. 이 식 역시 $x \rightarrow -x$의 변환에도 불변하므로 대칭성을 가진다. 여기서 동역학 퍼텐셜을 구하면

$$\Psi(x) = -\frac{1}{2}Rx^2 - \frac{1}{4}x^4 + \frac{1}{6}x^6 \tag{13.18}$$

이다. 그림 13.6은 제어변수의 크기에 따른 동역학 퍼텐셜 곡선의 모양이다. 그리고 이에

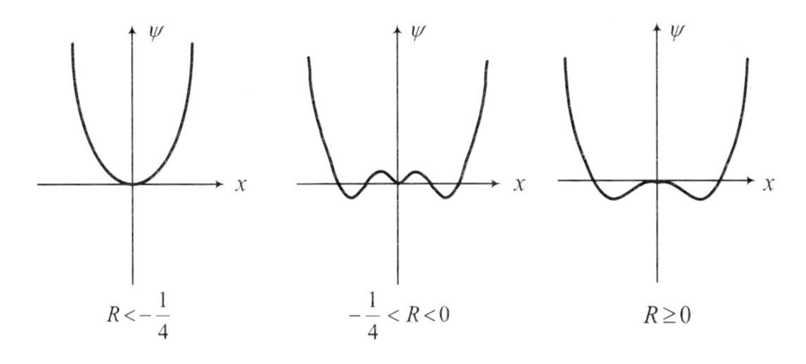

그림 13.6 버금임계 갈퀴 쌍갈래치기에서 제어변수 R의 크기에 따른 동역학 퍼텐셜 곡선의 모양

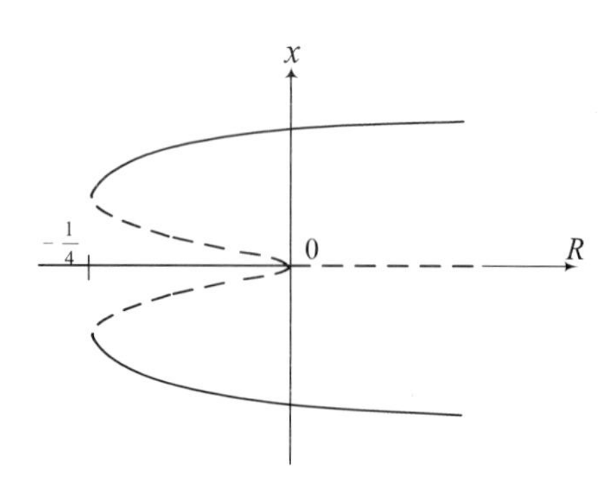

그림 13.7 버금임계 갈퀴 쌍갈래치기에서 제어변수 R의 크기에 따른 고정점

해당하는 제어변수에 따른 고정점은 그림 13.7에 보인다. 여기서 실선은 안정한 고정점에 해당하고 점선은 불안정한 고정점에 해당한다.

제어변수의 크기가 $R < -1/4$ 일 때는 계는 한 개의 안정한 고정점을 가지다가 $-1/4 < R < 0$에서는 3개의 안정한 고정점과 2개의 불안정한 고정점을 가지는 상태로 쌍갈래치기 한다. 그리고 $R > 0$로 가면서 한 개의 불안정한 고정점과 두 개의 안정한 고정점으로 다시 쌍갈래치기를 한다. 즉, $R = -1/4$와 $R = 0$에서 각각 임계점을 가진다. 쌍갈래치기의 모양이 $R = 0$ 근처에서 초임계 갈퀴 쌍갈래치기와 반대 방향이고 $R < 0$에서 불안정한 고정점을 가지므로 **버금임계 갈퀴 쌍갈래치기**(subcritical pitchfork bifurcation)라 한다.

참고

비선형 모델이 선형 모델보다 일반적으로 실제 물리계를 더 정확히 설명한다.

그림 12.1(b)에서 보인 불안정한 선형계에서 퍼텐셜 곡선의 모양이 불안정점 주위로 감소하여 작은 요동에도 계가 불안정해 요동의 크기가 무한대로 발산한다. 그러나 초임계 갈퀴 쌍갈래치기와 버금임계 갈퀴 쌍갈래치기의 두 가지 예는 식 자체가 가진 비선형 성질에 의해 계가 불안해도 요동의 크기가 무한대로 발산되지는 않고 계는 새로운 상태에 해당하는 고정점을 가진다. 그러므로 비선형 쌍갈래치기 모델이 실제의 물리계를 더 정확히 설명한다.

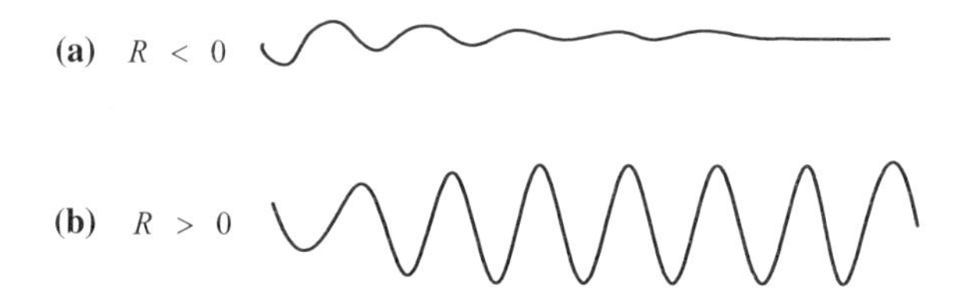

그림 13.8 2차원 공간에서 증가율의 크기가 음수에서 양수로 바뀔 때 요동의 안정성

호프 쌍갈래치기

위의 두 가지 예들은 1차원계에서 쌍갈래치기이므로 임계점 근처에서 증가율이 한 개인 경우이다. 그러나 2차원계에는 임계점 근처에서 두 개의 증가율이 있다. 한 예로 임의의 물리계가 지수적으로 감쇠진동을 하면서 **동역학적 평형상태**(dynamic equilibrium)로 접근하는 경우를 생각해보자. 이때 증가율이 제어변수의 함수로서 제어변수의 크기를 증가시키면 감쇠가 점점 천천히 되다가[증가율의 크기가 음수에서 0으로 점점 접근하는 것] 임계값을 통과하는 순간에 증가율이 양으로 변하여 계가 불안정해지는 경우를 생각해보자[그림 13.8 참조]. 아래 두 개의 1차연립 비선형 상미분방정식은 이러한 성질을 만족시키는 일반적인 예이다.

$$\frac{\mathrm{d}r}{\mathrm{d}t} = Rr - r^3 \tag{13.19}$$

$$\frac{\mathrm{d}\theta}{\mathrm{d}t} = \omega r - br^2$$

이 식에는 세 개의 제어변수가 있는데, 그중에서 R은 고정점의 안정성을 결정하고, ω는 진동의 크기가 작을 때 진동수를, 그리고 b는 진동의 크기가 클 때 진동수를 결정한다.

그림 13.9는 제어변수 R에 따른 위상공간에서 시간에 따른 상태의 궤적을 보인다. $R < 0$에서는 $r = 0$에서 안정한 고정점을 가지고, 위상공간의 임의 점에서 시작한 계의 상태는 시간이 증가함에 따라 나선모양으로 $r = 0$인 곳으로 접근한다. 그리고 $R > 0$에서는 $r = 0$에서 불안정한 고정점을 가지고, 임의 점에서 시작한 계의 상태는 시간이 증가함에 따라 나선모양으로 안정한 한계순환으로 접근한 후, 주기적으로 진동한다. 이렇게 임계점에서 안정성이 바뀌면서 주기적인 진동이 일어나는 2차원계 쌍갈래치기를 **호프 쌍갈래치기**(Hopf bifurcation)라 한다.

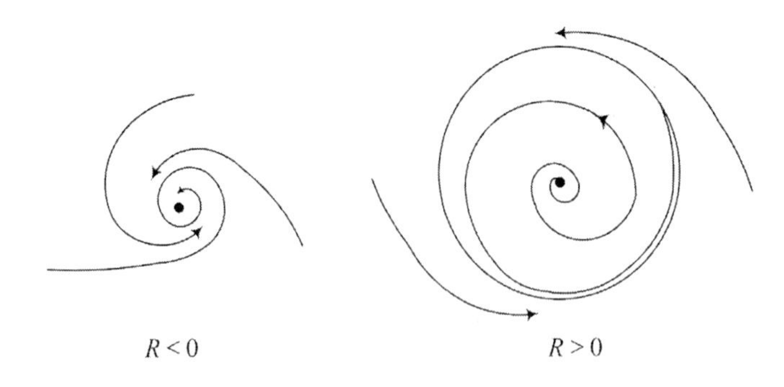

그림 13.9 2차원계에서 제어변수 R에 따른 위상공간에서 시간에 따른 상태의 궤적

그림 13.10은 제어변수 R에 따른 고정점의 위치 (r, θ)를 보인 것으로 초임계 갈퀴 쌍갈래치기와 비슷하나 진동의 효과가 더해진 것을 보인다. 식 (13.19)의 첫 번째 식이 식 (13.13)과 같은 모양임을 생각할 때 당연한 결과이다.

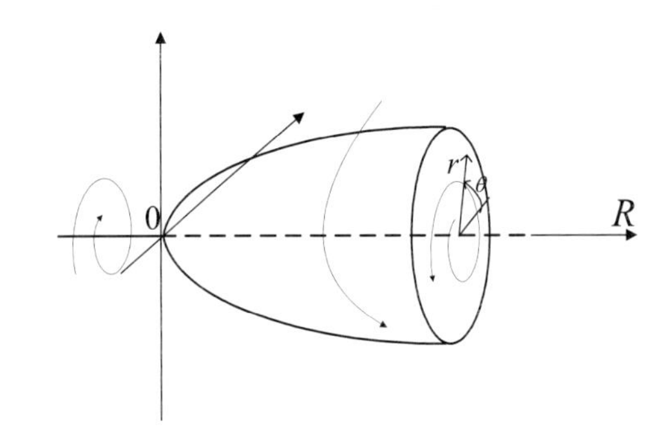

그림 13.10 호프 쌍갈래치기에서 제어변수의 크기에 따른 고정점

참고

실제 물리계의 동역학 방정식

여기에 소개된 세 가지 쌍갈래치기 모델을 기술하는 식 (13.13), 식 (13.17), 식 (13.19)는 실제 물리계를 기술하는 식들과는 다르다. 실제 물리현상을 기술하는 동역학 방정식들은 훨씬 복잡하다. 많은 경우에 좌표변환과 무차원화 과정, 근사 등을 통한 후에 여기서 기술한 식처럼 간단한 모델 식으로 수렴되게 할 수 있다.

13.2 로렌즈 방정식

지금까지의 분석들은 임의의 흐름이 제어변수의 임계값 근처에서 불안정성 때문에 다른 형태의 흐름으로 전이되는 것을 설명한다. 그러나 실제흐름에서는 제어변수의 크기가 증가하면 여러 번의 불안정성에 의한 전이 과정을 거쳐 흐름이 점점 복잡해지다가 결국에 난류가 된다. 즉 앞의 분석들은 난류로 가는 과정에 있어 발생하는 한 개의 전이 과정을 설명한 것에 지나지 않는다. 계속적인 전이를 보여주기 위해서 카오스에 대한 개념의 발전에 있어서 가장 중요한 역할을 한 **로렌즈 방정식**(Lorenz equation)을 생각해보자. 대기물리학자인 로렌즈(Edward Lorenz, 1917~2008)는 1963년에 "**결정론적 비주기성 흐름**(Deterministic Nonperiodic Flow)"이라는 논문을 통해 비선형 동역학 연구의 시작으로 알려진 로렌즈 방정식을 발표했다. 그는 11장에서 유도한 RB 대류의 기본방정식들을 기본 골격만 남을 때까지 단순화하여 매우 간단한 세 개의 결정론적인 방정식을 만들었다. 이렇게 한 이유는 당시는 컴퓨터가 막 개발되어 사용될 무렵이어서 당시의 저성능 컴퓨터를 이용해 계산하기 위한 모델이 되는 간단한 결정론적인 방정식이 필요했기 때문이다.

로렌즈는 11장에서 유도한 기본방정식인 식 (11.9), 식 (11.15), 식 (11.22)를 무차원화할 때 다른 변수들은 11장과 같게 하였지만, 온도에 있어서는 Ra 수의 정의인 식 (11.27)을 이용하여 특성온도의 크기를 ΔT 대신에 $D_T\nu/\alpha gh^3$로 가정하여 식 (11.28) 대신에 다음의 관계를 사용하였다.

$$
\begin{aligned}
x &= x'h \\
t &= t'h^2/D_T \\
v &= v'D_T/h \\
\theta &= \frac{\theta'\nu D_T}{\alpha gh^3}
\end{aligned}
\tag{13.20}
$$

참고 **무차원 분석**

여기서는 11장과 다른 방법으로 무차원화 했다. 11장에 비해 식의 모양은 다르지만 계산 결과를 차원화하면 물리적인 결과는 같다. 단지 식을 다루기가 편리해지므로 다른 방법으로 무차원화 하는 것이다.

이들을 기본방정식들인 식 (11.9), 식 (11.15), 식 (11.22)에 대입한 후에 prime을 제거하면 아래의 무차원 형태로 바뀐다.

$$\nabla \cdot u = 0 \tag{13.21}$$

$$\frac{\partial}{\partial t}\nabla^2 \boldsymbol{u} - \mathrm{Pr}\left[\nabla^4 \boldsymbol{u} - \nabla\frac{\partial\theta}{\partial z} + \nabla^2\theta\hat{z}\right] = \nabla\times[\nabla\times(\boldsymbol{u}\cdot\nabla\boldsymbol{u})] \tag{13.22}$$

$$\frac{\partial\theta}{\partial t} + \boldsymbol{u}\cdot\nabla\theta = \mathrm{Ra}\,w + \nabla^2\theta \tag{13.23}$$

미끄럼 경계의 RB 흐름이 2차원 흐름이라는 가정을 하면 11.8절에서 유도한 흐름함수는 식 (11.69)에서

$$u = -\frac{\partial\varphi}{\partial z}, \qquad w = \frac{\partial\varphi}{\partial x} \tag{13.24}$$

이다. 그림 11.4(a)와 같은 xz 평면상에 고리 모양의 흐름을 설명하기 위해 y 방향으로의 요동이 없다고 가정했을 때 흐름함수와 온도함수를 다음과 같은 함수로 대치할 수 있다.

$$\varphi = \frac{a(t)}{k_o}\sin k_o x\,\sin\pi z \tag{13.25}$$

$$\theta = b(t)\cos k_o x\,\sin\pi z + c(t)\sin 2\pi z \tag{13.26}$$

식 (13.25)는 식 (11.70)과 같은 모양이다. 그러므로

$$u = -\frac{\pi}{k_o}a(t)\sin k_o x\cos\pi z \tag{13.27}$$

$$w = a(t)\cos k_o x\,\sin\pi z \tag{13.28}$$

이다. 여기서 $a(t)$는 대류에 의한 흐름속도의 크기에 해당하며 $b(t)$는 대류에 의해 위로 올라가는 흐름과 아래로 내려오는 흐름 사이의 온도차로 수평 방향으로 온도 요동의 평균 크기에 해당한다. 그리고 $c(t)$는 대류가 생기기 전에는 높이에 따라 선형적으로 감소하던 온도에서 벗어난 수직 방향으로 온도 요동의 평균 크기에 해당한다. 그리고 k_o는 식 (11.56)에서 보인 임계 파수의 크기인 $\pi/\sqrt{2}$에 해당한다.

식 (13.22)의 z 성분만 생각하면

$$\nabla^2\left(\frac{\partial}{\partial t} - \mathrm{Pr}\,\nabla^2\right)w = \mathrm{Pr}\left(\frac{\partial^2}{\partial x^2} + \frac{\partial^2}{\partial y^2}\right)\theta + [\nabla\times\nabla\times(\boldsymbol{u}\cdot\nabla\boldsymbol{u})]_z \tag{13.29}$$

참고 **낮은 모드만 고려하는 단순화 과정**

실제로 위의 함수들은 흐름함수와 온도함수의 Galerkin 전개인

$$\varphi = \sum_{l,m,n} \frac{\varphi_{lmn}(t)}{lk_x + mk_y} \sin lk_x x \sin mk_y y \sin n\pi z \tag{13.30}$$

$$\theta = \sum_{l,m,n} \theta_{lmn}(t) \cos lk_x x \cos mk_y y \sin n\pi z \tag{13.31}$$

의 가장 낮은 모드들이고 $a(t) = \varphi_{101}$, $b(t) = \theta_{101}$, $c(t) = \theta_{002}$, $k_o = k_x$ 이다. 무한대 개수의 높은 차수의 모드들을 다 고려해야만 RB 대류를 완전히 기술할 수 있으나, 그렇게 한다면 다루어야 하는 연립방정식의 개수가 무한대이므로 분석할 수 없다. 그러므로 여기서는 임계점 근처에서 중요한 낮은 모드들만을 고려하여 편미분방정식을 3개의 연립 비선형 상미분방정식으로 만들어 분석할 수 있게 한다.

이다. 식 (13.31)과 식 (13.23)에 식 (13.26)~(13.28)들을 대입하고 각 식에 $\cos k_o x \sin \pi z$를 곱한 후에 x 방향으로는 임계 파장의 크기에 해당하는 $-\pi/k_o$에서 π/k_o까지 적분하고, z방향으로는 계의 크기에 해당하는 0부터 1까지 적분하면 아래의 두 식을 구할 수 있다.

$$\frac{\mathrm{d}a}{\mathrm{d}t} = -\mathrm{Pr}\left(k_o^2 + \pi^2\right)a + \frac{\mathrm{Pr}\, k_o^2}{k_o^2 + \pi^2} b \tag{13.32}$$

$$\frac{\mathrm{d}b}{\mathrm{d}t} = \pi ac + \mathrm{Ra}\, a - (k_o^2 + \pi^2) b \tag{13.33}$$

비슷하게 식 (13.23)에 식 (13.26)~(13.28)을 대입하고 $\sin 2\pi z$를 곱한 후에 x 방향으로 $-\pi/k_o$에서 π/k_o까지 적분하고, z 방향에 대해 0부터 1까지 적분하면

$$\frac{\mathrm{d}c}{\mathrm{d}t} = -\frac{1}{2}\pi ab - 4\pi^2 c \tag{13.34}$$

이다. 이 과정은 적분을 통해 공간적 정보를 평균하여 주어진 제어변수의 값에 대해 흐름 속도와 온도의 크기를 기술하는 단순화 과정이다.

변수들을 다음과 같이 다시 정의하여

$$X = \frac{\pi}{\sqrt{2}} \frac{a}{k_o^2 + \pi^2} \tag{13.35}$$

$$Y = \frac{\pi}{\sqrt{2}} \frac{k_o^2 b}{(k_o^2 + \pi^2)^3}$$

$$Z = -\frac{\pi k_o^2 c}{(k_o^2 + \pi^2)^3}$$

$$\tau = (k_o^2 + \pi^2) t$$

$$r = \frac{\mathrm{Ra}\, k_o^2}{(k_o^2 + \pi^2)^3} = \frac{\mathrm{Ra}}{\mathrm{Ra_c}}$$

$$\beta = \frac{4\pi^2}{k_o^2 + \pi^2}$$

식 (13.32), 식 (13.33), 식 (13.34)에 대입하면 **로렌즈 방정식**을 구할 수 있다.

$$\frac{\mathrm{d}X}{\mathrm{d}\tau} = \mathrm{Pr}(Y - X) \tag{13.36}$$

$$\frac{\mathrm{d}Y}{\mathrm{d}\tau} = rX - Y - XZ$$

$$\frac{\mathrm{d}Z}{\mathrm{d}\tau} = -\beta Z + XY$$

여기서 r은 Ra 수와 임계 Ra 수인 $\mathrm{Ra_c}(=27\pi^4/4)$의 비이다[식 (11.56) 참조]. 로렌즈 방정식은 3개의 자유도를 가진 비선형 상미분방정식이며 결정론적인 방정식이다. 즉 임의의 초기에 X, Y, Z값을 정확하게 알면 시간 τ에 따른 이들 값의 변화를 예측할 수 있다.

13.3 흐름의 안정성과 호프 쌍갈래치기

11장에서 보인 것처럼 로렌즈 방정식이 $r = 1$ 근처에서 정상상태에서 고리모양의 대류로 전이하는 것을 잘 기술하는지 조사해보자. 정상상태($\mathrm{d}X/\mathrm{d}t = \mathrm{d}Y/\mathrm{d}t = \mathrm{d}Z/\mathrm{d}t = 0$)에서 로렌즈 방정식은 $r < 1$일 때

$$X = Y = Z = 0 \tag{13.37}$$

의 해를 가진다. 즉 흐름이 없고 열전도만 존재하는 상태이다. 정상상태에서 로렌즈 방정

식이 $r > 1$ 일 때에는 위의 열전도의 기본상태 뿐만 아니라 두 개의 상태가 더 존재한다. 즉 Ra 수가 임계값 Ra_c 보다 클 때는

$$X = Y = \pm\sqrt{\beta(r-1)}, \qquad Z = r-1 \tag{13.38}$$

의 해를 가진다. 이 식은 식 (13.16)과 그림 11.4(a)와 그림 13.5에서 보인 것처럼 고리모양 흐름선에 해당하는 대류로 $r=1$을 경계로 초임계 갈퀴 쌍갈래치기가 발생한다. 여기서 ± 부호는 고리를 따라서 흐르는 흐름의 방향이 양 또는 음이 모두 가능함을 뜻한다. 위의 결과는 비선형항을 무시한 11장의 선형분석 방법으로는 구할 수가 없다.

정상상태의 흐름들의 안정성을 알아보기 위해 12.2절에서 보인 선형분석방법을 사용하자. 식 (13.37)과 식 (13.38)의 기본상태(X_S, Y_S, Z_S)에 다음과 같이 요동을 가했다고 하자.

$$\begin{aligned} X &= X_S + \delta X \\ Y &= Y_S + \delta Y \\ Z &= Z_S + \delta Z \end{aligned} \tag{13.39}$$

이를 식 (13.36)의 로렌즈 방정식에 대입한 후에 선형화하면 다음과 같다.

$$\begin{aligned} \frac{\mathrm{d}}{\mathrm{d}\tau}\delta X &= \mathrm{Pr}\,(\delta Y - \delta X) \\ \frac{\mathrm{d}}{\mathrm{d}\tau}\delta Y &= r\delta X - \delta Y - Z_S\delta X - X_S\delta Z \\ \frac{\mathrm{d}}{\mathrm{d}\tau}\delta Z &= -\beta\delta Z + Y_S\delta X + X_S\delta Y \end{aligned} \tag{13.40}$$

요동이 다음과 같이 지수함수의 꼴로 시간에 따라 바뀐다고 가정하고

$$\delta X = \delta X_o e^{\sigma\tau}, \quad \delta Y = \delta Y_o e^{\sigma\tau}, \quad \delta Z = \delta Z_o e^{\sigma\tau} \tag{13.41}$$

이들을 식 (13.40)에 대입하면

$$\begin{aligned} -(\sigma+\mathrm{Pr})\delta X + \mathrm{Pr}\delta Y &= 0 \\ (r - Z_S)\delta X - (\sigma+1)\delta Y - X_S\delta Z &= 0 \\ Y_S\delta X + X_S\delta Y - (\sigma+\beta)\delta Z &= 0 \end{aligned} \tag{13.42}$$

이다.

$r < 1$ 에서의 기본상태인 흐름이 없는 정지상태의 경우($X_S = Y_S = Z_S = 0$)에 위의 식은

$$(\sigma+\beta)[\sigma^2+\sigma(\Pr+1)-\Pr(\mathrm{r}-1)] = 0 \tag{13.43}$$

이고, 이때 σ 의 값은

$$\sigma = -\beta \ , \ \text{혹은} \ \sigma = \frac{1}{2}\{-(\Pr+1) \pm [(\Pr+1)^2+4\Pr(r-1)]^{1/2}\} \tag{13.44}$$

이다. 그러므로 정지상태는 $r < 1$ 이면 항상 $\sigma < 0$ 이므로 요동에 대해 안정하다. 그러나 $r > 1$ 이면 가능한 3개의 σ 가운데 한 개만 $\sigma > 0$ 으로 요동에 대하여 불안정하다. 그러므로 $r < 1$ 에서 고정점인 정지상태는 $r > 1$ 일 때 불안정해져서 새로운 상태가 나타난다. 이는 11장의 결과와 잘 일치한다.

$r > 1$ 의 기본상태인 고리 모양의 흐름의 경우인 식 (13.38)을 식 (13.42)에 대입하면

$$\sigma^3+(\Pr+\beta+1)\sigma^2+\beta(\mathrm{r}+\Pr)\sigma+2\Pr\beta(\mathrm{r}-1) = 0 \tag{13.45}$$

이다. 각 항의 계수가 양수이므로 가능한 σ 의 값은 3개 모두가 음수이거나 1개는 음수이고 2개는 복소공액수이다. r 이 1보다 약간 큰 경우에는 σ 의 값은 3개 모두가 음수이어서 고리 모양의 대류가 안정하나 r 이 증가함에 따라 그 중 두 개의 σ 가 복소공액으로 되나 실수부가 음수로서 고리 모양의 대류가 계속 안정하다. 그러나 r 이 특별한 값 r_c 를 넘어감에 따라 복소공액의 실수부가 양수로 변하여 고리 모양의 대류가 불안정해진다[그림 12.5(d) 참조]. 즉 요동이 진동하면서 크기가 시간에 따라 커진다.

복소공액의 실수부 σ_r 는 간단한 계산을 통해 구할 수 있다.

$$\sigma_r = 2\Pr\beta(r-1)-\beta(r+\Pr)(\Pr+\beta+1) \tag{13.46}$$

고리모양의 대류가 불안정한 경우에는 σ_r 의 값이 양수이므로

$$r(\Pr-\beta-1)-\Pr(\Pr+\beta+3) > 0 \tag{13.47}$$

이다. 만일 $\Pr < \beta+1$ 이면 위의 식이 성립하지 못하므로 고리모양의 대류가 요동에 대해 안정하다. 그러나 $\Pr > \beta+1$ 인 경우에는 $r > r_c$ 에서는 고리모양의 대류가 요동에 불안정하다.

$$r_c = \frac{\Pr(\Pr+\beta+3)}{\Pr-\beta-1} \tag{13.48}$$

이러한 임계 r_c에서 진동수 σ_i는

$$\sigma_i^2 = 2\beta \frac{\Pr(1+\Pr)}{\Pr - \beta - 1} \tag{13.49}$$

이다.

이와 같이 σ가 복소공액의 상태가 전이점 r_c를 경계로 복소공액의 실수부가 부호를 바뀌면서 불안정해지는 전이현상은 앞에서 설명한 **호프 쌍갈래치기**(Hopf bifurcation)이다. 전이점 r_c에서 실수부 σ_r가 0이고 허수부 $\sigma_i \neq 0$이므로 σ_i를 진동수로 하는 주기적인 진동의 상태인 **한계순환**(limit cycle)만 존재한다.

13.4 이상한 끌개

로렌즈는 고리모양 흐름의 불안정성을 알아보기 위해 $\Pr = 10$, $\beta = 8/3$의 경우에 대해 전이점 $r_c = 24.74$를 바로 지난 $r = 28$에서 로렌즈 방정식을 살펴보았다. 이 계산에서 그는 시간에 대해 비주기적이고 매우 복잡한 결과들을 볼 수 있었다. 그림 13.11은 이 경우에 임의의 초깃값에서 X를 시간에 따라 보인 것이다[Y, Z도 거의 비슷한 모양이다]. X가 초기에는 두 개의 대류상태 $X_S = \pm\sqrt{\beta(r-1)} = \pm 8.485$ 중 하나의 진폭 근처에서 점점 커지면서 진동하다가 진폭이 갑자기 0을 거쳐서 반대 부호의 대류상태 근처에서

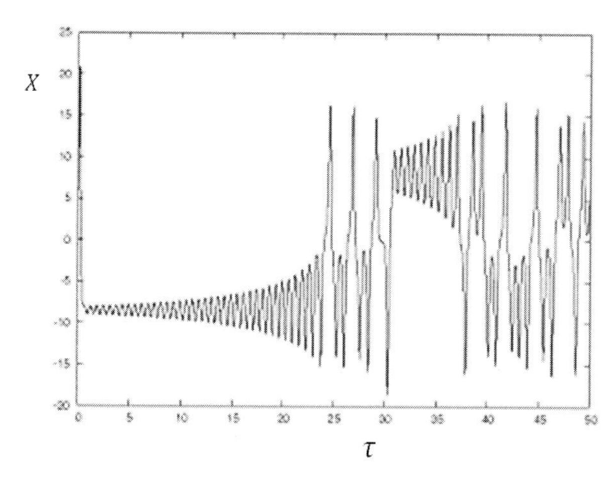

그림 13.11 $\Pr = 10$, $\beta = 8/3$, $r = 28$에서 임의의 초기 값에서 시간에 따른 X

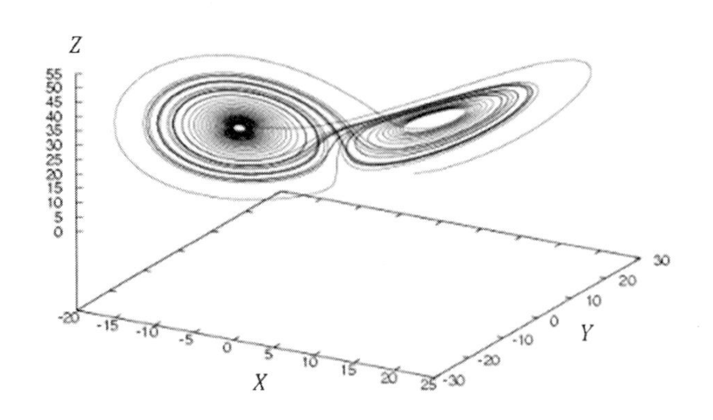

그림 13.12 $\mathrm{Pr} = 10$, $\beta = 8/3$, $r = 28$ 의 경우에 3차원 위상공간에서의 이상한 끌개

진동을 하게 된다. 이것은 흐름이 두 개의 한계순환 사이에 비주기적으로 전이하는 것을 나타낸다.

그림 13.12는 3차원 공간에서 계의 상태의 시간에 따른 궤적을 나타낸 것이다. 계의 상태는 두 개의 점을 중심으로 크게 벗어나지 않으면서 왼쪽 고리에서는 시계방향으로 돌고 오른쪽 고리에서는 반시계 방향으로 돌면서 절대 교차하지도 않는 이중 나선구조를 가진다. 여기서 두 점[그림에서 두 나선구조의 두 중점]은

$$X_S = Y_S = \pm\sqrt{\beta(r-1)} = \pm 8.485, \quad Z_S = r - 1 = 27 \tag{13.50}$$

이다. 초기에 두 점에서 멀리 있어도 결국에는 이 두 중점 근처로 접근하여 비주기적으로 회전한다고 하여 이를 **이상한 끌개**(strange attractor)라 한다. 끌개는 13.1절에서 소개한 바와 같이 초기상태가 끌개 밖에 있어도 시간이 지남에 따라 끌개에 들어와 끌개 위에서만 존재하는 위상공간의 구역이다. 보통의 끌개들은 시간이 지남에 따라 초기조건의 정보가 중요하지 않으므로 약간 다른 값의 두 초기조건은 끌개 위에서 관계를 유지한다. 그러나 이상한 끌개의 경우에는 공간 위에서 끌어당겨서 가까워졌다가 발산하여 멀어지는 것을 반복하다가, 결국에는 약간 다른 값의 두 초기조건이 완전히 다른 결과를 가져온다. 비주기적인 성질 때문에 스펙트럼이 띄엄띄엄 떨어진 몇 개의 선으로 구성되지 않고 연속적으로 넓게 퍼진 형태를 가진다. 이상한 끌개는 대류현상을 연구하던 로렌즈에 의해 처음 발견되었으며 초기조건에 민감한 성질과 넓게 퍼진 스펙트럼과 함께 카오스의 중요한 특성이다.

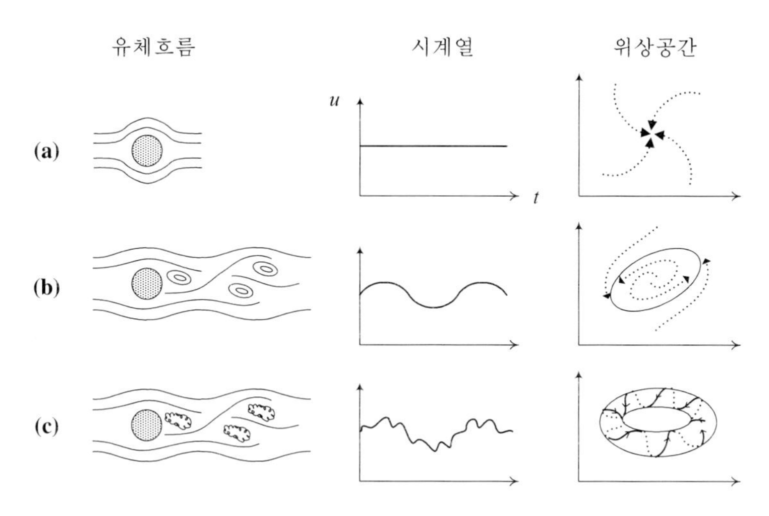

그림 13.13 흐름의 종류에 따른 흐름속도의 시간변화와 위상공간에서의 상태

13.5 난류로의 전이

란다우의 모델

난류는 고전물리학에서 풀리지 않는 문제로 남아있다. **비선형동역학**(nonlinear dynamics) 이론이 등장하기 전에는 난류를 설명하기 위해 제안된 몇 가지 이론 중 하나가 1944년에 물리학자인 란다우(Lev Landau, 1908~1968)가 제안한 모델이다. **란다우 모델**(Landau model)을 이용하여 난류를 설명하는 예로 물체를 지나치는 유체의 흐름속도가 증가함에 따라 유체의 흐름이 어떻게 방해를 받는가를 생각해보자. 동역학계를 이해하는 데 있어 가장 많이 사용하는 방법이 위상공간에서 운동의 양상을 파악하는 것이다. 앞에서 설명했듯이 위상공간의 각 점은 계의 동역학 상태에 해당한다.

그림 13.13은 흐름의 종류에 따른 흐름속도의 시간변화와 위상공간에서의 상태를 보인다. 그림 13.13(a)에서 보는 것처럼 흐름이 느릴 때는 위상공간의 모든 상태가 시간이 지나면 한 점에 놓인다. 즉 시간이 지나도 계의 상태에 변화가 없어 **고정점**(fixed point)이 위상공간에서 한 점뿐이다. 하지만 흐름이 빨라지기 시작하면 방해물 하류에 있는 뒷흐름에 소용돌이가 생기기 시작하고 이들 소용돌이는 흐름방향으로 흘러간다[5.8절의 카르만 소용돌이 열 참조]. 따라서 특정 위치의 흐름속도가 시간에 따라 변하게 된다. 이러한 변화

는 주기성을 가지므로 위상공간에서 하나의 폐곡선을 이룬다. 이런 위상공간에서의 모양은 **한계순환**(limit cycle)이고, 위상공간의 모든 상태가 끌개인 하나의 폐곡선으로 빨려 들어가는 형태를 가진다[그림 13.13(b) 참조]. 그림 13.13(a)에서 그림 13.13(b)로 바뀌는 것처럼 위상공간에서 흐름 상태가 바뀌는 현상이 **쌍갈래치기**(bifurcation)이다. 흐름속도가 더 증가하면 흐름은 더 복잡해지고 소용돌이 내부에 더 작은 소용돌이들이 나타나는 난류의 형태로 전환된다[그림 13.13(c) 참조]. 이때 위상공간은 도넛모양의 **똬리**(torus, 원환체)를 이룬다. 각 상태는 위상공간에서 똬리의 2차원 표면을 따라 돌지만, 출발점으로는 영원히 돌아오지 않는 준주기 운동을 가질 수 있다.

란다우 모델의 설명에 따르면 흐름의 비선형성이 증가함에 따라 2차원의 똬리 상에서 준주기 운동도 불안정하게 된다. 작은 요동들이 3차원 준주기 운동으로의 전환을 만들어 내고, 연이어 4차원 이후의 계속된 무한대 차원의 준주기 운동이 나타난다. 이는 점점 더 많은 작은 소용돌이가 큰 소용돌이의 내부에 나타남을 의미한다. 이러한 무한대 차원의 준주기 운동은 너무 복잡해서 예측이 불가능한 상태이다. 이처럼 란다우 모델은 난류의 특징적인 비주기성과 불예측성을 설명한다.

다시 말해 불안정이 연속하여 무한대로 일어나서 결국에는 난류로 간다는 뜻이다. 란다우에 따르면 흐름이 불안정할 때마다 새로운 진동수가 생기므로 난류는 무한대로 많은 진동수로 이루어져 있어 매우 복잡할 뿐 아니라 혼란스럽다. 그러므로 난류는 주기 간에 서로 배수 관계가 아닌 무한대 개수의 다른 주기들의 혼합이다. 이러한 이유로 란다우 모델에서는 난류의 시작점이 모호하다.

로렌즈 모델

1963년에 로렌즈(Edward Lorenz)는 13.4절에서 보인 바와 같이 간단한 3차원 상미분방정식에서 연속적으로 쌍갈래치기가 발생하지 않아도 난류상태로 갈 수 있으며, 난류는 주기가 있는 상태들의 조합이 아니며 주기가 존재하지 않는다고 주장했다. 그는 수학자, 물리학자들이 본격적으로 이에 관한 관심을 가지기보다 10여년 전에 위상공간에서 이상한 끌개를 발견하고, 대류현상에 대한 비선형 동역학 연구 방법의 기초를 확립했다.

주기성과 비주기성의 성질의 차이는 매우 중요하다. 이 둘 사이의 차이에 있어 핵심은, 비주기적인 흐름은 주기적인 흐름에 비해 초기조건에 매우 민감하다는 것이다. 다시 말해 주기 흐름에서는 초기조건이 거의 같은 두 흐름은 항상 거의 같은 흐름을 지속한다. 이에 반해 비주기 흐름끼리는 초기조건의 차이가 아무리 적어도 결국에는 두 흐름이 다르게 발전한다는 것이다. 1975년에 리(Tien Yien Li)와 요크(James Yorke)는 이렇게 초기조건에 민감한 비주기적인 현상을 **카오스**(chaos)라고 이름을 지었다.

RTN 모델

1970년대에 란다우의 난류에 대한 설명과 다른 관점의 새로운 모델이 루엘(David Ruelle), 타켄스(Floris Takens), 뉴하우스(S. Newhouse)에 의해 제시되었다. 세 연구자들의 이름을 딴 **RTN 모델**은 2차원 또리가 나타날 때까지는 란다우 모델을 따른다. 하지만 그 이후에는 위상공간이 이상한 끌개 모양으로 변하면서 비주기적이고 예측 불가능한 약한 난류운동으로 발전한다. 즉 흐름은 비선형 상호작용으로 단지 3~4번의 불안정 현상 후에 카오스 상태로 간다는 것이다. 현재까지는 란다우가 주장한 계속된 불안정성에 의한 무한대 개수의 주기적인 흐름을 뒷받침할만한 실험 결과가 보고되지 않고 있다. 대신에 RTN 모델을 뒷받침하는 많은 증거가 실험과 이론을 통해 제시되었다.

주기배가를 통한 전이

비선형의 크기를 보이는 무차원 제어변수 R이 증가함에 따라 특정 진동수 f의 한계순환이 나타난다. R을 더 증가시키면 주기가 2배로 증가하는 $f/2$의 진동수가 나타난다. 계속해서 $f/4$, $f/8 \cdots$로 주기가 2배씩 증가하는 쌍갈래치기를 **주기배가**(period doubling)라 한다. 이러한 과정은 원래의 주기의 성질을 유지하면서 정수배의 주기를 가진 양(lower harmonic)들이 더해 가는 것이다. R이 증가함에 따라 주기배가가 더욱 자주 일어나다가 특별한 R에서 계가 카오스에 이른다. 이때 파워 스펙트럼에서 봉우리가 없어지면서 연속적으로 변한다. 파이겐바움(Mitchell Feigenbaum, 1944~2019)은 비선형계에서 이런 과정을 통해 카오스로 가는 것이 보편적임을 보였다. 이 이론에 따르면 n번째 주기배가가 일어나는 제어변수를 R_n이라 할 때

$$\sum_{n \to \infty} \frac{R_n - R_{n-1}}{R_{n+1} - R_n} = 4.6692 \tag{13.51}$$

임을 보였다. 이 값은 **파이겐바움 수**(Feigenbaum number)로 불리며 여러 가지 물리계에서 같은 크기를 보이는 것이 확인되었다. 그림 13.14는 로지스틱 맵(logistic map)에서 이 모델

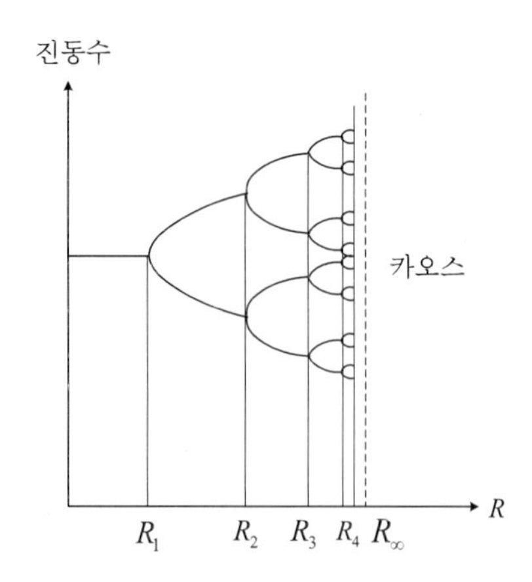

그림 13.14 로지스틱 맵에서 본 주기배가를 통한 카오스로의 전이

을 설명하고 있다. 수평축은 비선형성을 나타내는 임의의 제어변수 R이고 수직축은 계의 진동수이다.

13.6 RB 대류에서 카오스 상태로 전이

대류방정식으로부터 로렌즈 방정식을 유도할 때 임계점 근처에서 중요한 낮은 모드들만 고려하였다. 이는 물리적으로 볼 때 계의 크기가 고리모양 흐름의 파장의 크기와 비슷한 경우만 기술한다고 볼 수 있다. 실제 실험을 보면 처음 긴 고리문양의 흐름이 생길 때 파장의 크기가 $2h$ 정도이고 계의 수평 방향 크기가 $2h$ 정도일 때는 로렌즈 모델을 사용한 대류현상의 설명을 잘 만족한다. 실제실험과 로렌즈 방정식의 결과에 있어서 중요한 차이점은 경계벽의 영향으로 이론계산에서 예측한 제어변수 $r(=\mathrm{Ra}/\mathrm{Ra}_{\mathrm{cr}})$의 크기보다 큰 곳에서 나타나는 문양이다. 이는 실제의 RB 흐름은 수평 방향의 크기가 무한대에 해당하는 로렌즈 방정식의 결과와 다름을 뜻한다.

로렌즈 모델에서 완벽한 대류 고리의 문양을 보이는 상태에서는 RB 유체계의 어느 곳에서도 온도는 시간에 무관하여 일정하다. 그러나 Ra 수를 증가시키면 앞에서 보인 여러 비선형적 불안정성 때문에 대류 고리가 불안정해진다. 먼저 **열적 경계층**이 바닥과 꼭대기면 근처에서 발생한다. 이것은 열전달이 열전도에 의할 뿐 아니라 대류에 의해서도 일어나므로 경계면 근처를 제외한 지역에서의 국부적인 온도구배가 전체 평균구배 $\Delta T/h$ 보

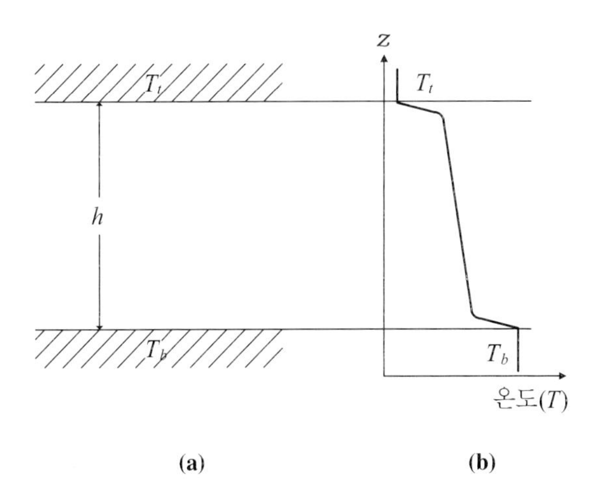

그림 13.15 경계벽 근처에서 온도구배가 큰 열적 경계층

다 작아지므로 경계면 근처에서 온도구배가 다른 곳보다 크다. 이렇게 경계 근처에 위치하면서 온도구배가 큰 층을 **열적 경계층**(thermal boundary layer)이라 칭한다. 그림 13.15는 이를 보인다. 이 그림은 열전도만 있는 그림 11.1과 비교된다. 그러므로 경계면에 이웃한 유체가 다른 곳의 유체보다 먼저 불안정해진다. 온도구배가 매우 큰 바닥면 근처의 뜨겁고 가벼워진 유체들이 먼저 바닥면을 떠나 위로 상승한다. 같은 시점에 꼭대기면에 이웃한 차가운 유체는 비워진 바닥 공간을 채우기 위해 아래로 하강한다[연속방정식의 결과]. 바닥면 근처에 새롭게 위치한 차가운 유체는 바닥면의 높은 온도에 의해 열전도를 통해 가열된다. 일정한 시간이 흐른 후 바닥 근처의 유체가 충분하게 가열되어 열적 경계층을 다시 형성한 후 불안해지면 앞에서처럼 위로 상승한다. 이런 식으로 뜨거운 유체가 계속해서 상승하고 동시에 차가운 유체가 계속해서 하강하는 현상은 일정한 주기를 가진다.

그러므로 적당한 조건에서는 유체계 내의 한 점에서 온도의 주기적인 변화가 관측되어 **파워스펙트럼**(power spectrum)을 보면 해당하는 진동수에 날카로운 봉우리가 나타난다. Ra 수를 계속 증가시키면 새롭게 나타나는 불안정성에 의해 파워스펙트럼에서 봉우리의 높이(세기)는 감소하면서 동시에 새로운 불안정성에 대응하는 다른 진동수들에서 봉우리들이 나타난다. 이렇게 봉우리의 개수가 점점 증가하다가 Ra 수가 어떤 특정한 값을 넘으면 파워스펙트럼에서 봉우리들이 없어지고 여러 진동수에 골고루 분포하는 잡음과 비슷한 형태가 관측된다. 이것이 **카오스 상태**이다. 특히 여기서는 시간적인 정보가 카오스 성격을 가지므로 **시간적 카오스**(temporal chaos)라 부른다.

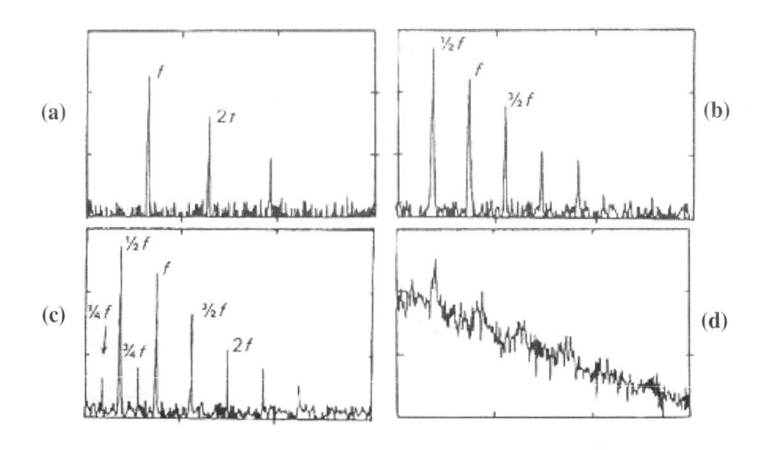

그림 13.16 Pr = 2.5 인 경우에 Ra 수에 따른 파워스펙트럼. 수평축은 진동수이고 수직축은 파워. (a) $\mathrm{Ra}/\mathrm{Ra}_{cr}$ = 21.0, (b) 26.0, (c) 27.0, (d) 36.9

RB 대류에서는 RTN과 주기배가의 두 경우가 다 관측되었다. 그림 13.16은 L이 작고 [계의 수평 방향 크기가 수직 방향의 두께와 비슷한 경우], Pr = 2.5 인 경우에 파워스펙트럼에서 주기배가를 보인다. 여기서 수평축은 진동수이고 수직축은 log 좌표에서 일률의 크기이다.

하지만 L이 큰 경우[수평 방향 크기가 수직 방향의 두께에 비해 많이 커졌을 때]에는 수평 방향으로 문양의 개수가 증가한다. 또한 수평 방향으로 경계면에 의해 흐름에 주어지는 제약이 약해지므로 카오스로 전이하는 임계 Ra 수도 낮아질 것이다. 그러므로 문양들의 자유도 증가로 말미암아 시간적일 뿐만 아니라 공간적인 복잡성이 나타난다. 이러한 현상은 낮은 모드들만 고려한 로렌즈 모델로는 설명되지 않는다. 그림 13.17은 계의 온도장을 xy 평면에 나타낸 것이다. 국부적으로는 그림 11.7처럼 줄무늬 문양의 온도장이지만 전체적으로는 매우 복잡한 형태를 가진다. 이렇게 공간적으로 복잡해지는 것을 **공간적 카오스**(spatial chaos)라 한다. 그림 13.17은 기체상태의 CO_2 (Pr = 0.96)를 L = 78 인 RB 계에서 ϵ = 0.721 의 경우에 한순간에 본 공간적 카오스의 예이다. 이 그림을 보면 국부적으로 위치한 여러 개의 나선형의 문양들이 매우 불규칙하게 공간을 채우고 있다. 실제로는 주어진 크기의 제어변수에 대해 공간적일 뿐 아니라 시간적으로도 카오스 상태를 동시에 유지하므로 이러한 상태를 **시공간적 카오스**(spatio-temporal chaos) 상태라 칭한다. 그림 13.17과 같은 **나선결함 카오스**(spiral defect chaos)라 불리는 새로운 공간 복잡성에 대한 실험과 이론 등이 최근에 나와 대류현상에 관한 새로운 연구의 관점을 제시하고 있다.

그림 13.17 기체상태의 CO_2 (Pr $= 0.96$)를 $L = 78$의 장치에서 $\epsilon = 0.721$의 경우에 한순간에 본 공간적 카오스

이 장에서 다룬 카오스는 자유도가 작은 간단한 비선형계를 설명하고 있다. 그러나 이러한 접근이 제어변수 R의 값을 증가시키면 나타나는 자유도의 크기가 매우 큰 난류를 설명할 수 있는 가에 대해서는 지금 과학의 수준으로는 잘 모르고 있다.

연습문제

13.1 이상적인 단진자의 위상공간에서의 궤적

식 (13.4)와 식 (13.7)을 이용하여 그림 13.1을 설명하라.

13.2 초임계 갈퀴 쌍갈래치기

식 (13.16)을 유도하라.

13.3 안장-교점 쌍갈래치기(saddle-node bifurcation)

1차원 공간에서 가장 간단한 쌍갈래치기로서 제어변수의 크기가 바뀜에 따라 2개의 고정점이 서로 가까워지다가 만나자마자 고정점이 사라지는 경우로서 다음의 비선형 상미분 방정식을 만족한다.

$$\frac{dx}{dt} = R + x^2$$

제어변수 R의 크기에 따른 동역학 퍼텐셜과 고정점을 구하고, 그림을 그려서 설명하라.

13.4 넘김임계 쌍갈래치기(transcritical bifurcation)

1차원 공간에서 중요한 쌍갈래치기로서 제어변수의 크기가 바뀜에 따라 2개의 고정점이 서로 가까워지다가 만나면서 안정성을 서로 교환하는 경우로서 다음의 비선형 상미분 방정식을 만족한다.

$$\frac{dx}{dt} = Rx - x^2$$

제어변수 R의 크기에 따른 동역학 퍼텐셜과 고정점을 구하고, 그림을 그려서 설명하라.

13.5 버금임계 갈퀴 쌍갈래치기에서 이력현상

그림 13.7에서 보인 버금임계 갈퀴 쌍갈래치기에서 제어변수의 크기가 증가할 때와 감소할 때 계의 고정점이 다른 경로를 따라 바뀌는 **이력현상**(hysteresis)이 일어남을 보여라.

13.6 로렌즈 방정식의 유도

식 (13.32)~(13.34)를 유도하라.

13.7 로렌즈 방정식에서의 초임계 갈퀴 쌍갈래치기

식 (13.37)과 식 (13.38)을 유도하라.

13.8 긴즈버그-란다우 방정식

임계점 근처에서 쌍갈래치기나 문양 형성을 나타내는 많은 **에너지 소산계**(dissipative media)의 질적인 설명은 **긴즈버그-란다우 방정식**(Ginzburg-Landau equation) 혹은 **진폭방정식**(amplitude equation, envelop equation)이라는 방정식을 사용한다. RB 대류를 이용하여 진폭방정식을 유도하고 이의 성질을 구해보자. 임계점인 Ra_c 근처에서 요동은

$$\{w,\ \theta\} = \left(A(x,t)e^{ik_cx} + \ c.c.\right)\{W(z),\ \Theta(z)\} + O(\epsilon)$$

로 나타낸다고 가정할 때 식 (11.30)과 식 (11.31)의 RB 대류에서의 기본방정식들에서 고차 항들을 무시하면 진폭방정식

$$\tau_o\frac{\partial A}{\partial t} = \xi_o^2\frac{\partial^2 A}{\partial x^2} + \epsilon A - g|A|^2 A$$

을 구할 수 있음을 보여라. 여기서 ϵ은 **환산제어변수**(reduced control parameter), τ_o는 **특성완화 시간**(natural relaxation time), 그리고 ξ_o는 **결맞음 길이**(coherence length)로 식 (11.59)~(11.61)에서 정의하고 있다.
비선형 동역학방정식인 진폭방정식의 몇 가지 중요한 성질은 다음과 같다.

(i) 진폭 A는 초기에는 초깃값으로부터 $\exp[\epsilon t/\tau_o]$와 비례하여 증가한다.
(ii) $\partial^2 A/\partial x^2$ 항은 경계벽 근처에서 경계조건이 주는 영향으로 확산을 뜻한다.
(iii) 우변 마지막 항은 비선형으로 진폭 A가 시간이 지남에 따라 무한히 증가하여 발산하는 것을 막아 A가 특정한 크기에 포화하게 한다.

$A(x,t) = 0$은 대류가 없이 순수하게 열전도만 있는 기본상태로 진폭방정식을 항상 만족한다. 열전도만 존재하는 기본상태가 안정한지 불안정한지 알기 위해 요동의 진폭이

$$A(x,t) = A_o\exp[\sigma t + i(k-k_c)x]$$

의 꼴로 되어 있다고 가정하고 이를 비선형 항을 무시한 진폭방정식에 대입하면 식 (11.58)과 그림 11.3의 결과를 구할 수 있다.

$$\tau_o\sigma = \epsilon - \xi_o^2(k-k_c)^2$$

이는 진폭방정식이 11장에서 기술한 RB 대류를 설명하는 방정식임을 뜻한다. $\sigma = 0$에 해당하는 한계상태에서의 환산제어변수는

$$\epsilon_m = \xi_o^2(k-k_c)^2$$

로서 그림 11.3의 곡선을 설명한다. 그림 11.3에서 한계상태를 나타내는 곡선의 아래 ($\epsilon < \epsilon_m$)에서는 $\sigma < 0$ 로 어떠한 요동도 빨리 감쇄하여 사라진다. 참고로 $k = k_c$ 인 경우에 $\epsilon_m = 0$ 이다. 그리고 $\epsilon > \epsilon_m$에서 $\partial A / \partial t = 0$ 인 정상상태에서 진폭방정식의 해는

$$A_o = \pm \left[\frac{\epsilon - \xi_o^2 (k - k_c)^2}{g} \right]^{1/2} = \pm \left[\frac{\epsilon - \epsilon_m}{g} \right]^{1/2}$$

$$= 0$$

이다. 여기서 위의 해는 고리모양의 대류문양이 생기는 상태가 안정함을 뜻하고 아래는 열전도만 있는 상태로서 불안정함을 뜻한다. 그러므로 임계점 근처에서 식 (13.16)의 결과를 구할 수 있다.

$$\{w_{o,} \theta_o\} \sim \pm (R - R_c)^{1/2} \quad \text{at} \ R > R_c$$

CHAPTER

14

난류

난류

유체에 강한 응력을 가하거나 휘저으면 흐름이 매우 복잡하게 되어 유체역학의 물리량들이 시간적, 공간적으로 상관성을 잃어버려 **자유도가 매우 큰 흐름**이 된다. 이런 경우에는 흐름을 수학적으로 정확하게 기술하는 것이 불가능하므로 **통계적인 방법** 이외에는 흐름을 묘사할 수 없다. 이런 상태의 흐름을 **난류**(turbulence)라 한다. 우리가 보고 느끼는 유체의 흐름은 대부분이 난류이다. 자전거나 자동차 또는 배를 타고 갈 때 주위에서 흐르는 공기나 물의 흐름은 모두 난류라고 보면 된다. 겨울철에 벽에서 나오는 스팀으로 방 안의 공기가 따뜻해지는 것도 바로 스팀의 흐름이 난류이기 때문이다. 만약 스팀의 흐름이 자유도가 매우 작은 **층류**(laminar flow)라고 하면 방 안의 공기를 따뜻하게 데우는 데만 며칠이 걸릴 것이다. 일반적으로 난류는 흐름속도의 공간구배가 커서 관성력이 점성력보다 매우 큰 경우, 즉 Re 수가 매우 큰 경우에 생긴다. 이러한 조건에서는 유체입자들 사이의 비선형 상호작용에 의해 원래 크고 간단했던 흐름이 시간의 흐름에 따라 점점 작고 복잡한 구조의 흐름으로 변하게 된다. 이러한 흐름의 작은 구조들을 **에디**(eddy)라고 부른다. 이 에디의 크기에 있어 가장 작은 크기는 점성력에 의해 제한을 받는다. 이러한 난류는 에디의 크기가 미세한 크기로부터 천문학적인 크기에 이르기까지 자연계에서 쉽게 볼 수 있다. 난류는 운동량과 열의 확산을 증가시키는 효과 때문에 응용의 측면에 있어서 매우 중요하다. 또 다른 중요한 측면은 난류에 대한 이해가 고전물리학에서 풀리지 않는 가장 중요하고 어려운 문제 가운데 하나라는 것이다. 14장에서는 관성력에 의한 난류를 주로 다루겠다. 그러나 난류는 대류에 의해 $\mathrm{Ra} \gg 1$인 경우[12.9절 참조]와 비선형유체의 점탄성효과에 의해 $\mathrm{Wi} \gg 1$인 경우[15.4절 참조]에도 발생할 수 있다.

Contents

14.1 난류의 통계적인 기술

난류에 있어서는 특정한 지점, 특정한 순간에 측정된 물리량의 크기는 그렇게 중요하지 않다. 왜냐하면 다른 시간에 같은 지점을 보면 물리량의 크기가 달라져 있기 때문이다. 비슷하게 같은 순간에 다른 지점을 보면 물리량의 크기가 다르다. 즉 난류는 물리량들이 시간적, 공간적으로 상관성을 잃어버려 자유도가 매우 큰 흐름으로 수학적으로 정확하게 예측하여 기술하는 것이 불가능하다. 그러나 물리량들의 통계적인 값은 변하지 않는다. 그러므로 난류 이론의 주된 목적은 기체의 운동이론처럼 난류를 통계적인 관점에서 기술하는 것이다.

난류를 통계적인 관점에서 기술할 때는 난류의 성질은 경계조건 등의 영향으로 기하학적인 위치에 따라 크기가 달라지므로, 일반적으로 시간에 대해 평균만을 기술한다. 그러므로 임의의 물리량 α 에 대한 통계적 평균은

$$\overline{\alpha} = \frac{1}{2T}\int_{-T}^{T} \alpha \, dt \tag{14.1}$$

이다. 여기서 시간 T는 물리량 α 의 요동에 관계되는 어떤 시간보다 더 크지만 평균흐름(층류 성분, 평균흐름 성분)의 변화에 해당하는 시간보다는 작은 임의의 시간이다.

난류의 통계적인 기술에 있어서 가장 먼저 하는 것은 임의의 물리량을 평균 성분과 요동 성분으로 나누는 것이다. 유체의 흐름속도 $\boldsymbol{u}$ 의 i 방향 성분 u_i를 **평균 성분**(층류 성분) $\overline{U_i}$ 와 **요동 성분** u_i' 으로 나누면

$$u_i = \overline{U_i} + u_i' \tag{14.2}$$

이다. 비슷하게 압력은

$$p = \overline{P} + p' \tag{14.3}$$

이다. 그리고 요동성분의 평균은 0다.

$$\overline{u'_i} = 0, \quad \overline{p'} = 0 \tag{14.4}$$

난류의 세기는 단위질량당 속도요동에 의한 평균 운동에너지로 정의한다.

$$E_{\mathrm{T}} \equiv \overline{\frac{1}{2}\sum_i u'^2_i} = \frac{1}{2}(\overline{u'^2} + \overline{v'^2} + \overline{w'^2}) \tag{14.5}$$

14.2 난류방정식

비압축성 유체의 연속방정식은 식 (3.6)을 이용하여 u_i 대신에 prime을 제거한 $\overline{U_i} + u_i$ 를 사용하면

$$\sum_i \frac{\partial \overline{U_i}}{\partial x_i} + \sum_i \frac{\partial u_i}{\partial x_i} = 0 \tag{14.6}$$

이다. 이 식을 시간에 대해 평균하면

$$\overline{\sum_i \frac{\partial \overline{U_i}}{\partial x_i} + \sum_i \frac{\partial u_i}{\partial x_i}} = \sum_i \frac{\partial \overline{U_i}}{\partial x_i} + \sum_i \frac{\partial}{\partial x_i}\overline{u_i} = 0 \tag{14.7}$$

이지만 식 (14.4)에 의해서 비압축성 유체에서의 층류(평균) 성분의 연속방정식은

$$\sum_i \frac{\partial \overline{U_i}}{\partial x_i} = 0 \tag{14.8}$$

이다. 이 결과와 식 (14.6)을 이용하면 비압축성 유체에서의 난류 요동성분의 연속방정식은 다음과 같다.

$$\sum_i \frac{\partial u_i}{\partial x_i} = 0 \tag{14.9}$$

외력이 없는 비압축성 유체의 나비에-스토크스 방정식인 식 (3.7)에 식 (14.2)와 식 (14.3)을 대입하고 prime을 제거한 후에

$$\left[\frac{\partial}{\partial t} + \sum_k \left(\overline{U_k} + u_k\right)\frac{\partial}{\partial x_k}\right]\left(\overline{U_i} + u_i\right) = -\frac{1}{\rho}\frac{\partial\left(\overline{P} + p\right)}{\partial x_i} + \nu\sum_k \frac{\partial^2\left(\overline{U_i} + u_i\right)}{\partial x_k \partial x_k} \tag{14.10}$$

시간에 대해 평균하면

$$\frac{\partial \overline{U_i}}{\partial t} + \sum_k \overline{U_k}\frac{\partial \overline{U_i}}{\partial x_k} + \sum_k \overline{u_k \frac{\partial u_i}{\partial x_k}} = -\frac{1}{\rho}\frac{\partial \overline{P}}{\partial x_i} + \nu\sum_k \frac{\partial^2 \overline{U_i}}{\partial x_k \partial x_k} \tag{14.11}$$

이다.

레이놀즈 평균방정식

난류 요동성분의 연속방정식인 식 (14.9)를 이용하면 식 (14.11)로부터 외력이 없는 경우에 비압축성 유체에서의 **평균흐름 운동방정식**을 구할 수 있다.

$$\rho \frac{\partial \overline{U_i}}{\partial t} + \rho \sum_k \overline{U_k} \frac{\partial \overline{U_i}}{\partial x_k} = -\frac{\partial \overline{P}}{\partial x_i} + \mu \sum_k \frac{\partial^2 \overline{U_i}}{\partial x_k \partial x_k} - \rho \sum_k \frac{\partial}{\partial x_k} \overline{u_i u_k} \tag{14.12}$$

이 식은 마지막 항을 제외하면 층류 성분(평균흐름)의 나비에-스토크스 방정식과 같다. 이 마지막 항은 나비에-스토크스 방정식에서 비선형 항인 관성력에 의해 속도의 요동이 평균흐름에 미치는 영향이다. 이 식은 레이놀즈(Osborne Reynolds, 1842~1912)가 처음 유도하였다 하여 **레이놀즈 평균방정식**(Reynolds averaged equation) 혹은 **레이놀즈 평균 나비에-스토크스 방정식**(Reynolds averaged Navier-Stokes equation, RANS equation) 부른다. 식 (2.62)의 코시의 운동방정식과 식 (2.81)에서의 점성응력의 정의를 참고하면 식 (14.12)를 다음과 같이 적을 수 있다.

$$\rho \frac{\mathrm{D} \overline{U_i}}{\mathrm{D} t} = \sum_k \frac{\partial \overline{\sigma_{ki}}}{\partial x_k} = \sum_k \frac{\partial}{\partial x_k} \left[-\overline{P} \delta_{ki} + \overline{\tau_{ki}} - \rho \overline{u_k u_i} \right] \tag{14.13}$$

여기서 $\overline{\sigma_{ki}}$ 는 비압축성 유체의 **평균흐름의 응력텐서**이고, $\overline{\tau_{ki}}$ 는 비압축성 유체의 **평균흐름의 점성응력텐서**이다.

$$\overline{\sigma_{ki}} \equiv -\overline{P} \delta_{ki} + \overline{\tau_{ki}} - \rho \overline{u_k u_i} \tag{14.14}$$

$$\overline{\tau_{ki}} \equiv \mu \left(\frac{\partial \overline{U_k}}{\partial x_i} + \frac{\partial \overline{U_i}}{\partial x_k} \right) \tag{14.15}$$

식 (2.88)을 참고하면 난류의 경우에 평균흐름의 응력 크기가 층류에 비해 $-\rho \overline{u_i u_k}$ 만큼 크다. 즉 난류에서는 속도요동 성분이 평균흐름의 응력을 증가시킨다. 여기서 응력의 증가분 $-\rho \overline{u_i u_k}$ 은 **레이놀즈 응력**(Reynolds stress) 또는 **에디 응력**(eddy stress)이라 불리며 텐서량이다. 그러나 이 물리량은 관성력항을 평균을 하는 과정에서 발생한 것이므로 유체의 흐름에 실제로 존재하는 응력이 아니다. 일반적으로 난류의 경우에 레이놀즈 응력의 크기가 점성응력의 크기에 비해 훨씬 크다. 그러나 고체 경계 근처에서는 속도요동의 크기가 작고 평균흐름의 공간적 기울기가 크므로 점성응력의 크기가 레이놀즈 응력의 크기보다 크다.

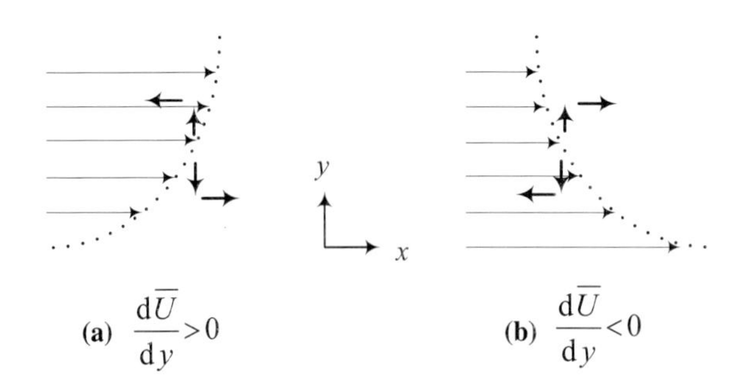

그림 14.1 평균흐름이 층밀리기 흐름일 때 레이놀즈 응력의 물리적 의미

레이놀즈 응력은 대칭텐서이므로 6개의 독립 성분을 가진다. 대각선 성분 $\left(-\rho\overline{u_i u_i}\right)$ 은 수직응력 성분으로 난류에서 평균운동량이 요동 성분의 운동량으로 바뀌는 데 큰 영향을 미치지 못한다. 그러나 비대각선 성분 $\left(-\rho\overline{u_i u_k}\right)_{i \neq k}$ 은 층밀리기 응력 성분으로 난류에서 평균운동량이 요동 성분의 운동량으로 바뀌는 데 있어 주된 역할을 한다.

레이놀즈 응력을 자세히 이해하기 위해 평균흐름이 층밀리기 흐름으로 $\mathrm{d}\overline{U}/\mathrm{d}y > 0$ 인 그림 14.1(a)의 경우를 생각해보자. 이때 위치 y 에 있던 유체입자가 순간적인 속도요동 $v\,(>0\,)$로 인해 $y + \mathrm{d}y$로 이동한 경우를 생각해보자. 새로운 환경에서는 주위의 x 방향 평균속도가 유체입자의 원래 속도보다 크기 때문에 유체입자는 주위의 유체들의 속도를 방해하는 역할을 하여 x 방향 속도요동이 음일 것이다($u < 0$). 비슷하게 $v\,(<0\,)$인 경우 $u\,(>0\,)$ 이다. 그러므로 임의의 한 점에서 uv 의 시간평균치인 상관함수는 일반적으로 음수($\overline{uv} < 0$)이다. 즉 $\mathrm{d}\overline{U}/\mathrm{d}y > 0$ 인 경우에 속도요동은 평균흐름의 속도구배를 없애려는 방향으로 작용하며 레이놀즈 응력($-\rho\overline{uv}$)의 크기는 양수이다. 만일 그림 14.1(b)와 같이 평균 속도구배의 방향이 반대인 $\mathrm{d}\overline{U}/\mathrm{d}y < 0$이면, $\overline{uv} > 0$이 되어 레이놀즈 응력 $(-\rho\overline{uv}\,)$의 크기는 일반적으로 음수이다. 그러므로 레이놀즈 응력의 층밀리기 성분과 해당하는 방향의 평균 속도구배의 곱 $\left(-\rho\overline{u_k u_i}\frac{\partial\overline{U_i}}{\partial x_k}\right)_{i \neq k}$ 는 항상 양의 값을 가진다. 이 값은 뒤에서 설명하겠지만 평균흐름의 단위부피당 운동에너지가 흐름의 비선형 성질 때문에 난류의 속도요동 운동에너지로 단위시간당 바뀌는 양에 해당한다. 그러나 레이놀즈 응력의 수직성분과 해당 방향의 평균 속도구배의 곱인 $-\rho\overline{u_i u_i}\frac{\partial\overline{U_i}}{\partial x_i}$ 는 $\partial\overline{U_i}/\partial x_i$ 에 따라 양과 음의 값 모두가 될 수 있다. 만일 임의의 i 방향으로 평균속도가 가속될 때는 $\partial\overline{U_i}/\partial x_i > 0$ 이므로 $-\rho\overline{u_i u_i}\frac{\partial\overline{U_i}}{\partial x_i} < 0$ 이 되어 난류의 i 방향 속도요동 운동에너지가 감소하면서 i 방향 평균

흐름의 운동에너지가 증가한다. 반대로 감속방향으로는 평균흐름의 운동에너지가 감소하면서 동시에 난류요동 성분의 운동에너지는 증가한다.

평균흐름 운동에너지의 시간변화율

난류에서는 흐름속도와 압력의 요동을 발생시키며, 에디의 운동을 계속 지속시키기 위해서는 평균흐름으로부터 끊임없이 에너지가 공급되어야 한다. 이러한 과정에서 평균흐름과 속도요동의 상호작용과 레이놀즈 응력의 역할을 자세히 이해하기 위해 평균흐름 운동에너지의 시간변화율을 구해보자. 식 (14.13)의 양변에 $\overline{U_i}$ 를 곱하고 i 에 대하여 합하면 다음 식을 구할 수 있다.

$$\rho\frac{\mathrm{D}}{\mathrm{D}t}\left(\frac{1}{2}\sum_i\overline{U_i}^2\right) = \sum_{i,k}\overline{U_i}\frac{\partial\overline{\sigma_{ki}}}{\partial x_k}$$

$$= \underbrace{\sum_{i,k}\frac{\partial}{\partial x_k}\left(\overline{U_i}\,\overline{\sigma_{ki}}\right)}_{(\mathrm{I})} - \underbrace{\frac{1}{2}\mu\sum_{i,k}\left(\frac{\partial\overline{U_k}}{\partial x_i}+\frac{\partial\overline{U_i}}{\partial x_k}\right)^2}_{(\mathrm{II})} + \underbrace{\rho\sum_{i,k}\overline{u_k u_i}\,\frac{\partial\overline{U_i}}{\partial x_k}}_{(\mathrm{III})} \qquad (14.16)$$

이 식을 식 (2.109)와 식 (2.115)의 설명과 비교해보면, 좌변은 단위부피당 유체의 평균흐름 운동에너지의 시간변화율이고 우변의 각 항은 아래의 의미를 가진다.

(Ⅰ) 평균흐름의 면적력에 의해 단위부피당 유체에 단위시간에 가해지는 총 일로서 평균흐름의 단위부피당 운동에너지가 한 장소에서 흐름(이류)에 의해 단위시간 동안 다른 장소로 이동하는 양을 뜻한다.

(Ⅱ) 항상 음의 값으로 유체의 점성 성질에 의해 평균흐름의 단위부피당 운동에너지가 유체의 점성에 의해 내부에너지로 단위시간당 바뀌는 양을 뜻하는 소산함수이다 [식 (2.110) 참조].

(Ⅲ) 앞에서 설명했듯이 일반적으로 음의 값으로 평균흐름의 단위부피당 운동에너지가 난류에서의 속도요동 성분의 운동에너지로 단위시간당 바뀌는 양이다. 레이놀즈 응력과 평균속도의 공간구배가 상호작용하여 난류에서 속도요동 성분의 운동에너지를 창출하는 것을 뜻한다.

난류요동 성분의 운동에너지의 시간변화율

난류에서는 흐름속도와 압력의 요동을 발생시키며, 에디의 운동을 계속 지속시키기 위해서는 평균흐름으로부터 끊임없이 운동에너지가 공급되어야 한다. 그리고 요동에 공급된 운동에너지는 최종적으로 열에너지로 소산되야 한다. 이를 이해하기 위해 난류에서 **속도요동 성분의 운동에너지 변화율**을 평균흐름의 경우와 비슷한 방법으로 구해보면 다음과 같다.

$$\rho \frac{\mathrm{D}}{\mathrm{D}t}\left(\frac{1}{2}\sum_i \overline{u_i^2}\right) = \sum_{i,k}\frac{\partial}{\partial x_k}\left[-\overline{pu_k} - \frac{1}{2}\rho\overline{u_i^2 u_k} + \mu\,\overline{u_i\left(\frac{\partial u_k}{\partial x_i}+\frac{\partial u_i}{\partial x_k}\right)}\right] \tag{14.17}$$

$$- \rho\sum_{i,k}\overline{u_k u_i}\frac{\partial \overline{U_i}}{\partial x_k} - \frac{1}{2}\mu\sum_{i,k}\overline{\left(\frac{\partial u_k}{\partial x_i}+\frac{\partial u_i}{\partial x_k}\right)^2}$$

(Ⅰ) (Ⅱ) (Ⅲ)

이 식은 식 (2.109)와 식 (2.115)의 설명과 비교해보면, 좌변은 속도요동 성분의 단위부피당 운동에너지의 시간변화율이고 우변의 각 항은 아래의 의미를 가진다.

(Ⅰ) 단위부피당 속도요동 성분 운동에너지가 한 장소에서 흐름의 속도요동 성분에 의해 단위시간 동안 다른 장소로 이동하는 양을 뜻한다.

(Ⅱ) 앞에서 설명했듯이 일반적으로 양의 값으로 평균흐름의 단위부피당 운동에너지가 단위시간당 속도요동 성분 운동에너지로 바뀌는 양이다. 식 (14.16)의 (Ⅲ)항과 크기는 같으나 부호가 반대다.

(Ⅲ) 항상 음의 값으로 유체의 점성성질에 의해 난류의 단위부피당 운동에너지가 내부에너지로 단위시간당 바뀌는 양을 뜻하는 소산함수이다.

참고

난류의 닫힌 문제

레이놀즈 평균방정식은 평균흐름 성분인 $\overline{U_i}$와 $\overline{P}$인 4개의 성분으로만 기술할 수 없고 반드시 속도요동의 정보를 가진 대칭텐서인 레이놀즈 응력텐서의 6개 성분에 대한 정보가 있어야야 한다. 즉 평균흐름 성분들만 가지고서는 난류흐름을 완벽하게 기술할 수 없다. 그러므로 2차텐서인 레이놀즈 응력에 대한 6개의 방정식이 필요한데 나비에-스토크스 방정식을 이용해 이를 구하려 하면 3개의 속도요동 성분의 곱인 3차텐서 $\overline{u_i u_j u_k}$를 포함하고 있다. 이 3차텐서를 평균흐름 성분으로 기술하려고 비슷하게 이런 식으로 계속하다 보면 난류흐름을 완벽하게 기술하기 위해서는 무한대 수의 방정식이 필요하게 된다. 이를 **난류**

의 **닫힌 문제**(closure problem)라고 부르며 평균을 이용해서 난류흐름을 이론적으로 기술하는 것의 **근본적인 한계**이다.

에디점성계수

식 (14.16)의 [Ⅲ]과 식 (14.17)의 [Ⅱ]에서 보이듯이 **레이놀즈 응력**은 평균속도의 공간적 기울기에 반대하는 일을 하면서 평균흐름에서 운동에너지를 빼앗아 난류의 속도요동성분에 운동에너지를 준다. 이에 반해 **점성응력**은 식 (14.16)의 [Ⅱ]와 식 (14.17)의 [Ⅲ]에서 보이듯이 흐름속도의 공간구배에 반대하는 일을 하면서 평균흐름의 운동에너지와 속도요동성분의 운동에너지에서 에너지를 각각 빼앗아 열에너지로 소산하는 역할을 한다.

레이놀즈 응력과 점성응력의 역할을 서로 비교해보면 평균흐름의 운동에너지를 빼앗는 레이놀즈 응력과 관련된 실험적인 점성계수를 정의할 수 있다. 식 (1.38)에서 뉴턴이 층밀리기 응력과 속도구배 사이의 비례상수로서 점성계수를 정의한 것처럼 레이놀즈 응력과 평균흐름의 속도구배 사이의 비례상수를 정의할 수 있다.

$$-\rho\overline{u_i v_j} = -\frac{2}{3}\rho E_T \delta_{ij} + \mu_e\left(\frac{\partial \overline{U_i}}{\partial x_j} + \frac{\partial \overline{U_j}}{\partial x_i}\right) \tag{14.18}$$

$$\Rightarrow -\overline{u_i v_j} = -\frac{2}{3}E_T \delta_{ij} + \nu_e\left(\frac{\partial \overline{U_i}}{\partial x_j} + \frac{\partial \overline{U_j}}{\partial x_i}\right)$$

여기서 ν_e는 **에디점성계수**(eddy viscosity)로 불리며, 유체 자체의 물리적 성질과는 관계없이 유체흐름의 통계적 특성에 의해서 결정되므로 속도의 크기, 시간과 위치에 따라서 크기가 변한다. 우변의 첫 번째 항은 $i=j$의 경우에 레이놀즈 응력을 난류의 세기로 정격화하기 위해서 필요하다[식 (14.5) 참조]. 식 (14.18)을 이용하여 난류의 닫힌 문제를 어느 정도 해결할 수 있다. 그러나 이 방법은 임시 조치이지 닫힌 문제를 완벽하게 해결하는 것이 아니다.

참고 **층밀리기점성계수와 에디점성계수**

2장에서 정의한 층밀리기점성계수 μ는 유체를 이루는 분자 간의 상호작용에 의한 물리적 성질인 데 반해 에디점성계수 ν_e는 흐름의 물리적 성질이다. 그러므로 흐름의 상태가 달라지면 에디점성계수의 크기도 달라진다.

14.3 경계벽 난류와 자유난류

난류는 일반적으로 흐름방향으로 소용돌이도 분포가 끊임없이 변하는 것이 특징이다. 이러한 난류는 평균흐름이 공간적으로 일정하지 않은 **층밀리기 난류**(shear turbulence)와 평균흐름이 공간적으로 일정하고 난류의 성질이 방향성을 가지지 않는 **등방성 난류**(isotropic turbulence)로 나눈다.

층밀리기 흐름은 주위에서 쉽게 볼 수 있다. 그리고 층밀리기 흐름은 12.5절에서 설명한 것처럼 흐름이 불안정해져서 복잡해지므로 결국에는 난류가 된다. 층밀리기 난류는 보통 경계벽 근처에서 점성의 효과에 의한 **경계벽 난류**(wall-bounded shear turbulence)와 경계벽이 없어도 국부적인 층밀리기에 의한 **자유 난류**(wall-free shear turbulence)로 나눌 수 있다. 등방성 난류는 이상적인 난류로 14.4절과 14.5절에서 별도로 설명한다. 등방성 난류는 대칭성 때문에 수식이 간단해져 수학적으로 다루기가 쉬워진다.

경계벽 난류

경계벽에서 레이놀즈 응력의 크기는 식 (3.18)의 점착 조건에 의해서 0이다. 그러므로 경계벽에서는 점성응력만 있다. 그러나 난류에서는 경계벽에서 멀어지면 레이놀즈 응력의 크기가 더 이상 0이 아니다. 충분히 발달한 난류에서는 레이놀즈 응력의 크기가 평균흐름의 점성응력보다 500배까지도 크다.

$$\left|-\rho\overline{u_i u_j}\right| \gg \left|\mu\left(\frac{\partial \overline{U_i}}{\partial x_j}+\frac{\partial \overline{U_j}}{\partial x_i}\right)\right| \tag{14.19}$$

그러나 경계벽에 가까워지면 점성의 효과가 중요해지면서 평균속도의 층밀리기 구배가 증가하고, 특정한 위치부터는 점성응력의 크기가 레이놀즈 응력의 크기보다도 커진다. 점성응력의 크기가 레이놀즈 응력의 크기보다 큰 경계벽 바로 옆의 얇은 층을 **점성저층**(viscous sublayer)이라고 부른다[그림 5.10 참조]. 점성저층의 두께는 난류경계층의 두께(δ)보다도 훨씬 작다. 경계벽 근처에서의 난류인 **경계벽 난류**(wall-bounded shear turbulence)를 이해하기 위해 채널흐름에서의 난류를 생각해보자.

그림 14.2와 같이 높이가 $2D$이고 길이가 무한대인 두 평행판 사이에 흐르는 2차원 채널흐름에서는 식 (14.12)의 레이놀즈 평균방정식은 평균흐름이 정상상태일 때 x와 y 성

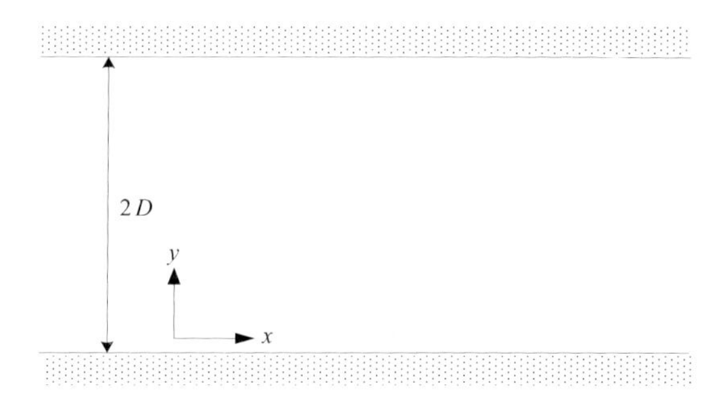

그림 14.2 두 평행판 사이에 흐르는 2차원 채널흐름

분을 가진다.

$$0 = -\frac{\partial \overline{P}}{\partial x} + \mu \frac{\partial^2 \overline{U}}{\partial y^2} - \rho \frac{\partial}{\partial y}\overline{uv} \tag{14.20}$$

$$0 = -\frac{\partial \overline{P}}{\partial y} - \rho \frac{\partial}{\partial y}\overline{v^2} \tag{14.21}$$

식 (14.21)을 $y = 0$ 지점으로부터 y 방향으로 임의의 위치 y 까지 적분하면

$$\overline{P} + \rho \overline{v^2} = \overline{P_o} \tag{14.22}$$

이다. 여기서 $\overline{P_o}$ 는 $y = 0$ 인 벽면에서의 평균압력이다. 무한히 긴 채널흐름에서 $\rho \overline{v^2}$ 는 x 방향으로 크기가 바뀌지 않으므로 $\partial \overline{P}/\partial x = \partial \overline{P_o}/\partial x$ 이다. 그러므로 식 (14.20)을 다음과 같이 고쳐 적을 수 있다.

$$\frac{\partial \overline{P_o}}{\partial x} = \frac{\partial}{\partial y}\left(\mu \frac{\partial \overline{U}}{\partial y} - \rho \overline{uv}\right) = \frac{\partial \overline{\sigma_{xy}}}{\partial y} \tag{14.23}$$

여기서 $\overline{\sigma_{xy}}$ 는 식 (14.14)에서 정의한 평균흐름의 층밀리기 응력 성분이다. 이 식에 따르면 채널흐름에서는 평균압력의 수평 방향 구배는 평균흐름의 층밀리기 응력의 수직 방향 구배에 의해서 균형을 이룬다. 식 (14.23)을 $y = 0$ 에서 y 방향으로 임의의 위치 y 까지 적분하면

$$-y \frac{\partial \overline{P_o}}{\partial x} + \mu \frac{\partial \overline{U}}{\partial y} - \rho \overline{uv} = -y \frac{\partial \overline{P_o}}{\partial x} + \overline{\sigma_{xy}} = \mu \left.\frac{\partial \overline{U}}{\partial y}\right|_{y=0} = \tau_{\text{wall}} \tag{14.24}$$

이다. 여기서 τ_{wall} 은 식 (14.15)에서 정의한 경계벽에서 평균흐름의 점성응력 성분으로 일정한 크기를 가진다.

채널흐름은 $y = D$ 를 중심으로 y 방향으로 대칭을 이루므로 $y = D$ 에서는 평균흐름의

층밀리기 응력이 $\left(\overline{\sigma_{xy}}\right)_{y=D}=0$ 이다. 그러므로 식 (14.24)로부터

$$-D\frac{\partial \overline{P_o}}{\partial x}=\mu\frac{\partial \overline{U}}{\partial y}\bigg|_{y=0}=\tau_{\text{wall}} \tag{14.25}$$

이다. 이 식에 따르면 경계벽에서의 점성응력(τ_{wall})은 압력구배($\partial \overline{P_o}/\partial x$)와 채널의 높이 ($2D$)에 의해서만 결정된다. 식 (14.25)를 식 (14.24)에 대입하면 임의의 위치 y 에서 평균흐름의 층밀리기 응력과 점성응력은 각각

$$\overline{\sigma_{xy}}=\mu\frac{\partial \overline{U}}{\partial y}-\rho\overline{uv}=\tau_{\text{wall}}\left(1-\frac{y}{D}\right) \tag{14.26}$$

$$\mu\frac{\partial \overline{U}}{\partial y}=\tau_{\text{wall}}\left(1-\frac{y}{D}\right)+\rho\overline{uv} \tag{14.27}$$

이다. 평균흐름의 층밀리기 응력($\overline{\sigma_{xy}}$)은 $y=D$ 에서 0이다가 경계벽에 가까워질수록(y 가 감소할수록) 선형적으로 증가한다. 그림 14.3의 실선은 y 에 따른 평균흐름의 층밀리기 응력 $\overline{\sigma_{xy}}$ 이다. 층류인 경우에는 레이놀즈 응력의 크기가 0이므로 식 (14.27)의 점성응력 $\mu\partial \overline{U}/\partial y$는 층류 채널흐름의 결과인 식 (3.30)과 정확하게 일치한다.

$y<D$ 인 채널의 하부 영역만 고려하면 $\mathrm{d}\overline{U}/\mathrm{d}y>0$ 이므로 14.2절에서 설명한 바에 따르면 레이놀즈 응력($-\rho\overline{uv}$)은 항상 양수이다[그림 14.1(a) 참조]. 동일한 압력구배의 채널흐름에서는 식 (14.25)에 따르면 τ_{wall} 의 크기가 층류의 경우와 난류의 경우가 같다. 그러므로 식 (14.27)에 따르면 난류일 때 평균속도의 층밀리기 구배는 층류일 때에 비해 항

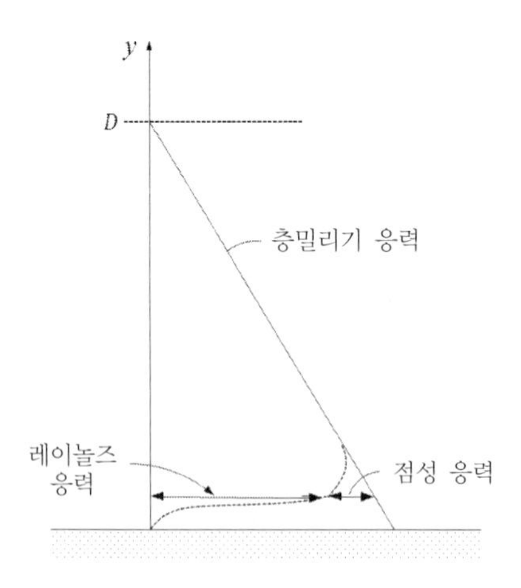

그림 14.3 평균흐름의 층밀리기 응력, 레이놀즈 응력, 점성 응력

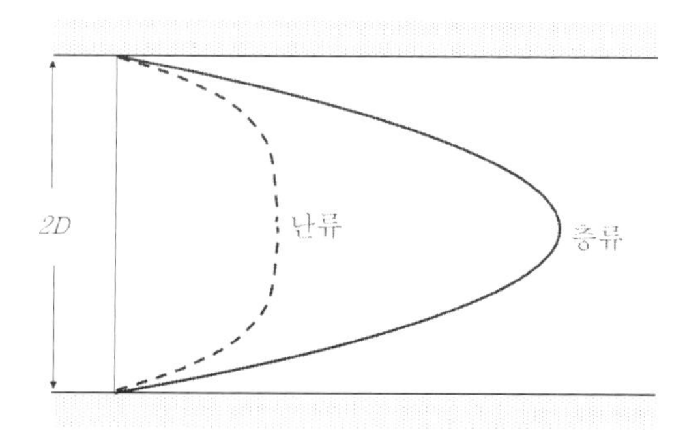

그림 14.4 층류(실선)와 난류(점선)에서 채널흐름의 평균속도 분포

상 작다[그림 14.4와 그림 3.4 참조]. 그리고 층류에서 난류로 전이되면 평균속도의 분포에 있어 채널의 중앙에 있는 속도가 일정한 지역의 범위가 확장된다. 그리고 채널의 중간 영역에서는 평균속도의 크기가 거의 변하지 않으므로($\mu\partial\overline{U}/\partial y \approx 0$) 식 (14.27)에 따르면 레이놀즈 층밀리기 응력의 크기는 y값에만 관계되어 경계벽에 가까워질수록 선형적으로 증가한다. 그러나 경계벽 근처의 점성저층에 이르면 평균속도의 층밀리기 구배가 급격히 증가하므로 레이놀즈 층밀리기 응력의 크기는 급격하게 비선형적으로 감소한다. 그림 14.3에서 점선은 y에 따른 레이놀즈 응력의 크기이다.

딱딱한 평판을 따라서 흐르는 흐름이나 파이프흐름 등에서도 위에서 보인 채널흐름과 비슷한 성질을 보인다.

자유난류

경계벽의 영향을 받지 않는 난류를 **자유난류**(wall-free shear turbulence)라 한다. 대표적인 예가 **뒷흐름**(wake)과 **제트흐름**(jet)이다. 자유난류 흐름에서의 소용돌이도는 상류에 있는 경계벽에서의 박리를 통해서 생성되어 하류로 이동된 것으로 국부적으로 평균흐름이 층밀리기 흐름이다. 자유흐름에서는 점성효과가 평균흐름에 전혀 영향을 미치지 않는다. 대신에 평균흐름은 14.5절에서 소개할 에디들에 의해서 영향을 받는다. 그러한 측면에서 자유흐름은 경계층흐름 바깥에 있는 난류도 포함한다. 자유난류에서 유체의 점성성질은 14.6절에서 소개될 에너지 캐스케이드의 마지막 단계에서 매우 작은 크기인 에디의 운동에너지가 열에너지로 소산하는 순간에만 중요하다.

그림 14.5는 제트흐름(a)과 뒷흐름(b)을 각각 보인다. 제트흐름의 경우에 외부는 정지해 있고 흐름원천에서 나오는 제트의 흐름속도가 빠르다. 이에 반해서 뒷흐름의 경우에는

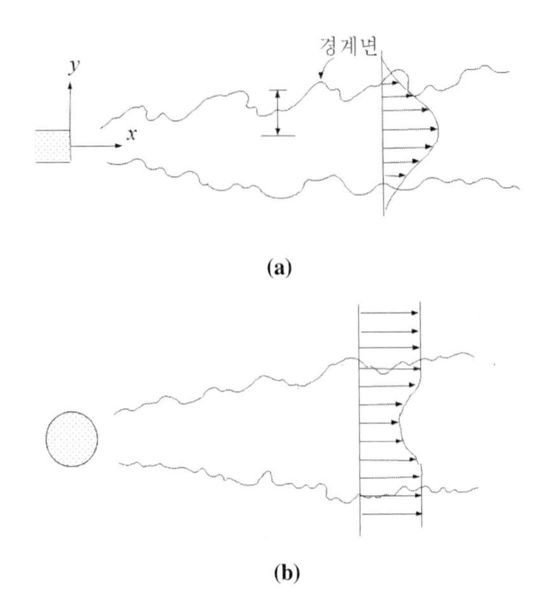

그림 14.5 자유난류 : 제트흐름(a), 뒷흐름(b)

뒷흐름의 외부는 흐름속도가 뒷흐름보다 크고 비회전흐름이다. 그러므로 평균속도의 분포가 둘 다 종(bell) 모양이지만 방향이 반대이다.

뒷흐름과 제트흐름에서 난류인 지역은 외부의 비회전흐름인 지역과 날카로운 경계를 하고 있다. 그렇지만 경계의 모양이 다양하면서도 울퉁불퉁하다. 이러한 경계는 흐름에 의해 하류로 옮겨가면서 동시에 경계의 모양이 계속해서 바뀐다. 그리고 비회전흐름인 지역으로 경계가 하류로 이동하면서 난류지역이 확장된다. 비회전인 지역이 회전흐름으로 바뀌는 것은 날카로운 경계에서 점성의 효과이다. 그러므로 경계의 두께는 뒤에서 소개할 소산길이와 비슷하다. 그에 반해서 경계가 울퉁불퉁한 것을 특징짓는 길이는 뒤에서 소개할 적분길이와 비슷하다. 난류인 지역의 너비는 평균흐름을 따라가면서 보면 식 (9.47)에서 설명한 것처럼 확산에 의한 효과에 의해 시간의 제곱근에 비례하여 커진다. 그러므로 흐름방향 거리의 제곱근에 비례하여 난류지역의 너비가 증가한다. 그러나 뒷흐름이나 제트흐름은 하류로 가면 갈수록 난류 운동에너지를 잃어버려 결국에는 층류로 변한다.

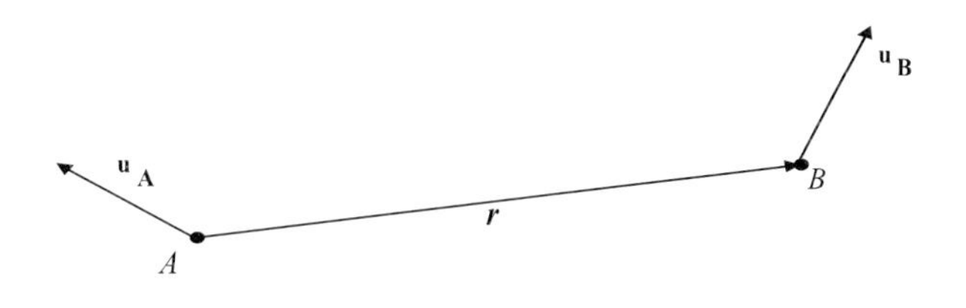

그림 14.6 r_k의 물리적 의미

14.4 난류의 에너지 스펙트럼

지금까지는 공간의 한 점에서 난류 요동속도 성분들끼리의 상관함수를 이용하여 난류를 설명했지만, 요동의 파수에 따른 에너지 분포 등에 대한 난류의 성질을 자세히 이해하려면 공간적으로 떨어진 두 점 사이에서 난류 요동속도 성분들끼리의 상관함수를 이용해야 한다.

그림 14.6과 같이 공간상의 두 점 A와 B 사이를 연결하는 벡터 $\boldsymbol{r}$의 k성분을

$$r_k \equiv (x_k)_B - (x_k)_A \tag{14.28}$$

로 정의할 때 두 점에서의 속도요동들 끼리의 통계적인 관계는 **속도-속도 공간 상관함수**를 쓰면 이해하기가 쉬워진다.

$$Q_{i,j}(\boldsymbol{r}) \equiv \overline{(u_i)_A (u_j)_B} \tag{14.29}$$

여기서 만일 $(u_i)_A$와 $(u_j)_B$가 완전히 독립적이면 상관관계의 값이 0이다. 그러나 유체의 흐름은 나비에-스토크스 방정식에 의해 기술되므로 두 점이 가까울 때는 이들 두 값이 완전히 독립적일 수가 없다. 그리고 두 점이 겹치면 속도-속도 공간 상관함수의 크기는 레이놀즈 응력에 비례한다.

유체의 흐름에서는 점성 성질이 유체입자가 가지고 있는 운동에너지를 열에너지로 소산시킨다. 그러므로 외부에서 계속해서 에너지를 공급하지 않으면 난류의 세기는 시간이 지남에 따라 점점 감쇠되어 없어질 것이다. 이러한 시간에 따른 감쇠는 **속도-속도 시간 상관함수**를 쓰면 이해하기가 쉬워진다.

난류를 완전하게 기술하려면 $Q_{i,j}(\boldsymbol{r})$과 같은 두 가지 성분에 의한 상관관계만으로는 부족하다. 무한대의 성분들에 의한 상관관계의 정보까지도 다 알아야 난류의 성질을 정확

하게 기술할 수 있다. 그중에 세 성분에 의한 속도 상관함수는 다음과 같이 정의된다.

$$S_{ik,j} \equiv \overline{(u_i)_A (u_k)_A (u_j)_B}, \quad S_{i,kj} \equiv \overline{(u_i)_A (u_k)_B (u_j)_B} \tag{14.30}$$

비슷한 방법으로 두 점에서 압력요동과 속도요동의 상관관계인 **압력-속도 공간 상관함수**를 정의할 수 있다.

$$K_{i,p} \equiv \overline{(u_i)_A p_B}, \quad K_{p,j} \equiv \overline{p_A (u_j)_B} \tag{14.31}$$

평균흐름의 성질이 위치에 무관한 난류(Homogeneous turbulence)

평균흐름의 성질이 위치에 무관하고 정상적인 난류를 생각해보자. 평균 성분 $\overline{U_i}$ 는 시간적, 공간적으로 크기가 변하지 않으므로 편미분을 하면 항상 0이다. 그러므로 이러한 경우에 비압축성 유체의 나비에-스토크스 방정식인 식 (14.10)은

$$\frac{\partial u_i}{\partial t} + \sum_k \left(\overline{U_k} + u_k\right) \frac{\partial u_i}{\partial x_k} = -\frac{1}{\rho} \frac{\partial p}{\partial x_i} + \nu \sum_k \frac{\partial^2 u_i}{\partial x_k \partial x_k} \tag{14.32}$$

이다. 만일 A 점에서의 나비에-스토크스 방정식인 식 (14.32)의 i 성분에 $(u_j)_B$을 곱한 후 B 점에서 나비에-스토크스 방정식의 j 성분에 $(u_i)_A$를 곱한 것을 더하면[그림 14.6 참조]

$$\begin{aligned} &(u_j)_B \frac{\partial}{\partial t}(u_i)_A + \sum_k \left[\overline{U_k} + (u_k)_A\right] \left(\frac{\partial}{\partial x_k}\right)_A (u_i)_A (u_j)_B \\ &\quad + (u_i)_A \frac{\partial}{\partial t}(u_j)_B + \sum_k \left[\overline{U_k} + (u_k)_B\right] \left(\frac{\partial}{\partial x_k}\right)_B (u_j)_B (u_i)_A (u_i)_A (u_j)_B \\ &\quad = -\frac{1}{\rho}\left(\frac{\partial}{\partial x_i}\right)_A p_A (u_j)_B + \nu \sum_k \left(\frac{\partial^2}{\partial x_k \partial x_k}\right)_A (u_i)_A (u_j)_B \\ &\quad\quad -\frac{1}{\rho}\left(\frac{\partial}{\partial x_j}\right)_B p_B (u_i)_A + \nu \sum_k \left(\frac{\partial^2}{\partial x_k \partial x_k}\right)_B (u_j)_B (u_i)_A \end{aligned} \tag{14.33}$$

이다. 난류요동 성분의 비압축성 조건인 식 (14.9)를 이용하여 만든

$$(u_j)_B \left(u_i \sum_k \frac{\partial u_k}{\partial x_k}\right)_A + (u_i)_A \left(u_j \sum_k \frac{\partial u_k}{\partial x_k}\right)_B = 0 \tag{14.34}$$

을 식 (14.33)의 좌변에 더하면 식 (14.33)은 다음과 같아진다.

$$\frac{\partial}{\partial t}\left[(u_i)_A(u_j)_B\right]+\sum_k\left[\left(\frac{\partial}{\partial x_k}\right)_A(u_k)_A(u_i)_A(u_j)_B+\left(\frac{\partial}{\partial x_k}\right)_B(u_i)_A(u_k)_B(u_j)_B\right] \tag{14.35}$$

$$+\sum_k\overline{U_k}\left[\left(\frac{\partial}{\partial x_k}\right)_A(u_i)_A(u_j)_B+\left(\frac{\partial}{\partial x_k}\right)_B(u_i)_A(u_j)_B\right]$$

$$=-\frac{1}{\rho}\left[\left(\frac{\partial}{\partial x_i}\right)_A p_A(u_j)_B+\left(\frac{\partial}{\partial x_j}\right)_B p_B(u_i)_A\right]$$

$$+\nu\sum_k\left[\left(\frac{\partial^2}{\partial x_k\partial x_k}\right)_A+\left(\frac{\partial^2}{\partial x_k\partial x_k}\right)_B\right](u_i)_A(u_j)_B$$

식 (14.28)에서 정의한 A점과 B점 사이의 연결하는 벡터 $\boldsymbol{r}$과 k 방향으로의 공간 편미분을 다음과 같이 정의하자.

$$\frac{\partial}{\partial r_k}=\frac{\partial}{\partial(x_k)_B}\frac{\partial(x_k)_B}{\partial r_k}=\left(\frac{\partial}{\partial x_k}\right)_B \tag{14.36}$$

$$=\frac{\partial}{\partial(x_k)_A}\frac{\partial(x_k)_A}{\partial r_k}=-\left(\frac{\partial}{\partial x_k}\right)_A$$

그러므로

$$\frac{\partial}{\partial r_k}=\left(\frac{\partial}{\partial x_k}\right)_B=-\left(\frac{\partial}{\partial x_k}\right)_A \tag{14.37}$$

$$\left(\frac{\partial^2}{\partial x_k\partial x_k}\right)_A=\left(\frac{\partial^2}{\partial x_k\partial x_k}\right)_B=\frac{\partial^2}{\partial r_k\partial r_k}$$

이다.

위의 관계들을 이용하여 식 (14.35)를 고친 후 시간적인 평균을 하면

$$\frac{\partial}{\partial t}\overline{(u_i)_A(u_j)_B}-\sum_k\frac{\partial}{\partial r_k}\overline{(u_k)_A(u_i)_A(u_j)_B}+\sum_k\frac{\partial}{\partial r_k}\overline{(u_i)_A(u_k)_B(u_j)_B} \tag{14.38}$$

$$+\sum_k\overline{U_k}\left[\overline{-\frac{\partial}{\partial r_k}(u_i)_A(u_j)_B+\frac{\partial}{\partial r_k}(u_i)_A(u_j)_B}\right]$$

$$=-\frac{1}{\rho}\left[-\frac{\partial}{\partial r_i}\overline{p_A(u_j)_B}+\frac{\partial}{\partial r_j}\overline{p_B(u_i)_A}\right]+2\nu\sum_k\frac{\partial^2}{\partial r_k\partial r_k}\overline{(u_i)_A(u_j)_B}$$

이다. 여기서 좌변의 네 번째 항의 크기는 0이다. 그러므로 식 (14.29)~(14.31)에서 정의한 상관함수들을 이용하면 식 (14.38)은 다음과 같이 고쳐진다.

$$\frac{\partial}{\partial t}Q_{i,j}-\sum_k \frac{\partial}{\partial r_k}S_{ik,j}+\sum_k \frac{\partial}{\partial r_k}S_{i,kj} \tag{14.39}$$

$$=-\frac{1}{\rho}\left(-\frac{\partial}{\partial r_i}K_{p,j}+\frac{\partial}{\partial r_j}K_{i,p}\right)+2\nu\sum_k \frac{\partial^2}{\partial r_k \partial r_k}Q_{i,j}$$

여기서 평균흐름의 속도 항들이 모두 사라졌음을 주의하라. 이는 식 (14.39)가 평균흐름과 함께 움직이는 계에서 난류흐름을 쳐다보면서 기술한 식이기 때문이다.

등방성 난류(Isotropic turbulence)

만일 난류가 **등방적**이라면, 즉 어느 방향으로도 난류의 성질이 똑같으면 식들이 훨씬 간단해진다. 그러나 실제 흐름에서 난류가 완전하게 등방성을 띠는 것은 불가능하다. 그렇지만 여기서는 난류의 성질을 쉽게 이해하기 위해 난류가 등방성 흐름인 경우만을 생각해보자. 난류가 등방성이면 어느 방향으로도 난류의 통계적인 성질이 똑같으므로 각 방향에서 난류의 세기 E_{T}에 대한 기여는 같다.

$$\overline{u^2}=\overline{v^2}=\overline{w^2}=\frac{2}{3}E_{\mathrm{T}} \tag{14.40}$$

그리고 $\left(\overline{u_i u_k}\right)_{i\neq k}=0$이므로 레이놀즈 응력의 비대각선 성분은 0이다. 또한 압력-속도의 공간 상관함수는 0이다.

$$K_{p,j}=K_{i,p}=0 \tag{14.41}$$

그리고 등방성 난류에서는 A 점에 대한 반사에 대해 물리적 성질이 변하지 않으므로

$$\overline{(u_i)_A(u_k)_B(u_j)_B}=-\overline{(u_k)_A(u_j)_A(u_i)_B}\ ,\quad S_{i,kj}=-S_{kj,i} \tag{14.42}$$

이다. 그러므로 식 (14.39)는

$$\frac{\partial}{\partial t}Q_{i,j}-\sum_k \frac{\partial}{\partial r_k}\left[S_{ik,j}+S_{kj,i}\right]=2\nu\sum_k \frac{\partial^2}{\partial r_k \partial r_k}Q_{i,j} \tag{14.43}$$

이다. 새로운 상관함수인

$$S_{i,j}\equiv\sum_k \frac{\partial}{\partial r_k}\left[S_{ik,j}+S_{kj,i}\right] \tag{14.44}$$

을 정의하면 식 (14.43)은 비압축성 유체의 등방성 난류에서 단위부피당 운동에너지를 설

명하는 **난류 에너지 방정식**이 된다.

$$\frac{\partial}{\partial t}Q_{i,j}(\boldsymbol{r},t) - S_{i,j}(\boldsymbol{r},t) = 2\nu\sum_{k}\frac{\partial^2}{\partial r_k \partial r_k}Q_{i,j}(\boldsymbol{r},t) \tag{14.45}$$

이 식의 명확한 의미는 대각선 성분의 합인

$$\frac{\partial}{\partial t}\sum_{i}Q_{i,i}(\boldsymbol{r},t) - \sum_{i}S_{i,i}(\boldsymbol{r},t) = 2\nu\sum_{i,k}\frac{\partial^2}{\partial r_k \partial r_k}Q_{i,i}(\boldsymbol{r},t) \tag{14.46}$$

을 푸리에 변환하면 더욱 명확해진다.

난류에서의 운동에너지는 여러 파수에 걸쳐 분포되어 있다. 이러한 분포는 속도-속도 상관함수의 대각선 성분 $Q_{i,i}(\boldsymbol{r},t)$의 합을 푸리에 변환을 하여 얻어지는 **에너지 스펙트럼 함수** $E(k)$로 나타난다.

$$E(k,t) = \frac{1}{2\pi}\int_0^{\infty}\sum_{i}Q_{i,i}(r,t)e^{-ikr}\mathrm{d}r \tag{14.47}$$

$$\sum_{i}Q_{i,i}(r,t) = \overline{\sum_{i}u_i(x)_A u_i(x)_B} = 2\int_0^{\infty}E(k,t)e^{ikr}\mathrm{d}k \tag{14.48}$$

여기서 $E(k)\mathrm{d}k$는 파수의 크기가 k에서 $k+\mathrm{d}k$ 사이에 단위질량당 저장된 등방성 난류의 평균 운동에너지이다. 이것은 한 점에서의 속도-속도 상관함수를 보면 쉽게 알 수 있다.

$$\sum_{i}Q_{i,i}(0) = \overline{\sum_{i}u_i(x)u_i(x)} = 2\int_0^{\infty}E(k)\mathrm{d}k = 2E_{\mathrm{T}} \tag{14.49}$$

비슷하게 세 성분의 상관함수의 대각선 성분 $S_{i,i}(r,t)$의 합을 푸리에 변환하여 얻어지는 **에너지 전이율 스펙트럼 함수**

$$F(k,t) = \frac{1}{2\pi}\int\sum_{i}S_{i,i}(r,t)e^{-ikr}\mathrm{d}r \tag{14.50}$$

가 있다. $E(k)$와 $F(k)$는 난류의 이론적인 연구에 있어 중요한 값들이지만 한순간에 공간의 모든 점에서의 속도를 알아야 하므로 실제로는 측정하기가 매우 힘든 물리량들이다.

위의 정의를 이용하여 식 (14.46)을 푸리에 변환하면 등방성 난류의 단위질량당 **에너지 스펙트럼 방정식**을 구할 수 있다.

$$\underset{(\mathrm{I})}{\frac{\partial}{\partial t}E(k,t)} - \underset{(\mathrm{II})}{F(k,t)} = \underset{(\mathrm{III})}{-2\nu k^2 E(k,t)} \tag{14.51}$$

이 식의 각 항이 가지고 있는 물리적 의미는 아래와 같다.

(Ⅰ) 파수가 k인 난류 요동 성분의 에너지밀도 시간변화율

(Ⅱ) 스펙트럼상의 다른 크기 파수들 사이에 에너지가 전이되는 율을 뜻한다. 즉 나비에-스토크스 방정식에서 비선형 성분인 관성력에 의해 다른 파수의 흐름끼리 끊임없이 상호 작용하는 것을 설명한다.

(Ⅲ) 유체의 점성효과에 의해 파수값이 k인 운동에너지가 열에너지로 시간당 소산되는 양을 나타낸다.

에너지 전이율 스펙트럼 함수를 모든 파수값에 대해 적분하면 0임을 보일 수 있다.

$$\int_0^{\infty} F(k)\,\mathrm{d}k = 0 \tag{14.52}$$

그러므로 식 (14.51)의 에너지 스펙트럼 방정식을 모든 파수에 대해 적분하면

$$\frac{\partial}{\partial t}\int E(k,t)\mathrm{d}k = -2\nu\int k^2 E(k,t)\mathrm{d}k \tag{14.53}$$

이다. 그러므로 관성력은 파수공간에서 에너지밀도의 분포는 바꾸지만, 총에너지의 크기를 바꾸지 않는다. 위의 두 식에 대하여서는 14.6절에 자세한 물리적 설명이 있다. 그림 14.7은 일반적인 **에너지 스펙트럼** E와 **소산 스펙트럼** k^2E를 파수공간에서 보여주고 있다. 에너지의 소산은 점성의 효과가 중요한 큰 파수에 집중되어 있다.

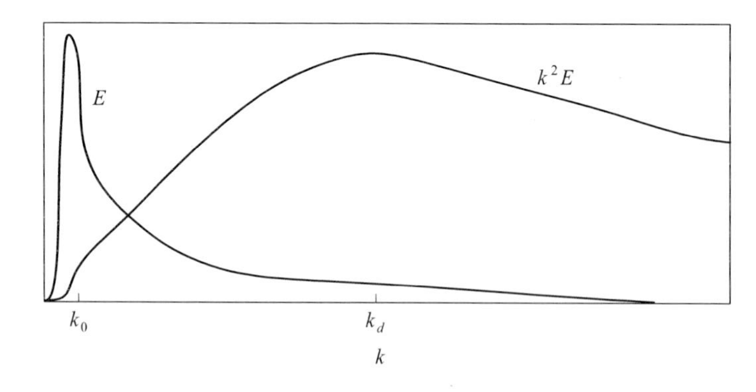

그림 14.7 파수공간에서 에너지 스펙트럼과 소산 스펙트럼

14.5 난류와 에디

에디(eddy)는 에너지 스펙트럼에서의 파수 k에 해당하는 흐름과는 같은 뜻은 아니다. 임의의 파수 k에 해당하는 흐름은 공간의 한 지점에 있는 것이 아니라 공간 전체에 걸쳐 퍼져 있다. 그에 반해 에디는 공간의 한 점에 일정한 공간적 크기를 가지고 위치해있다. 그러나 작은(큰) 에디들은 파수값이 큰(작은) 스펙트럼에 주로 공헌한다. 그러므로 주어진 에디의 크기가 ℓ이면, 이 에디가 주로 공헌하는 파수 k와의 관계는

$$\ell = 2\pi/k \tag{14.54}$$

이다. 그리고 각 에디는 각자의 에너지를 가지고 있다. 그렇다고 에디는 소용돌이 흐름과 같은 간단한 국부적인 회전운동을 뜻하는 것이 아니다. 아직도 에디에 대한 정확한 물리적 정의는 모호한 상태이다.

커피잔에 설탕을 한 스푼 넣은 경우를 생각해보자. 만일 9장에서 소개한 분자 크기의 확산만 고려한다면 커피 분자가 커피잔에 골고루 확산하는 데 걸리는 시간이 너무 길어 그 시간 동안 커피 액이 다 증발해 버릴 것이다. 그러나 만일 수저로 두세 번만 저어주면 에디가 생기고, 이러한 에디의 효과로 인해 불과 몇 초 만에 설탕 분자가 골고루 확산한다. 이를 **에디 확산**(eddy diffusion) 혹은 **테일러 확산**(Taylor diffusion)이라 한다. 레이놀즈응력에 의해 평균흐름에서 운동에너지를 빼앗아 난류의 속도요동에 운동에너지를 주면서 흐름에 포함된 스칼라량의 확산을 도우는 현상이다. 난류의 이러한 성질은 온도, 밀도 등의 스칼라량들의 확산을 엄청나게 가속시킨다[9.4절 참조]. 분자크기에서 일어나는 확산은 가우스 분포를 이루면서 시간에 따라 분포의 분산 크기가 증가하는 형태를 하고 있다. 이에 반해서 난류에 의해 일어나는 에디 확산은 가우스 분포처럼 연속성을 가지고 있지는 않다. 순간순간의 층밀리기 흐름에 의해 스칼라량을 비연속적으로 마구잡이하게 옮겨 다니면서 확산되기 때문에 확산속도가 매우 빠르다. 그러므로 이에 해당하는 유효점성계수를 정의한 식 (14.18)의 **에디점성계수**(eddy viscosity)는 해당 유체의 층밀리기점성계수(shear viscosity)보다 훨씬 크다. 9.7절에서 설명했듯이 난류 층밀리기 흐름의 경우가 섞임 효과가 가장 크고, 카오스 층밀리기 흐름, 층류 층밀리기 흐름, 확산의 순서로 섞임 효과가 감소한다.

14.6 콜모고로브의 설명

리차드슨(Lewis Richardson, 1881~1953)과 콜모고로브(Andrey N. Kolmogorov, 1903~1987)는 난류에서 에너지 전이율 스펙트럼 함수 $F(k)$ 에 대하여 물리적이고 직관적인 설명을 하였다. 이에 따르면 **완전히 성숙한 난류**(fully developed turbulence)에서는 여러 가지 다른 크기의 에디로 분포되어 있다.

난류에 대해 보다 직관적인 설명을 위해 간단한 파이프 흐름을 생각해보자. 그림 14.8은 그물 모양의 스크린을 유체의 흐르는 방향에 수직으로 막아서 하류에 등방성의 난류를 만드는 모습이다. 스크린을 만나기 전에 속도요동이 없는 층류이던 흐름이 스크린을 지나면서 층류흐름의 운동에너지 일부가 스크린의 격자 표면의 점착 경계조건에 의해 층밀리기 성분이 발생하여 속도요동을 만드는 데 사용될 것이다. 이때 층류의 운동에너지 중에 난류의 운동에너지로 전환된 성분은 스크린의 격자 크기만큼 큰 에디들에 주로 공급된다. 그리고 작은 크기의 에디는 그보다 큰 크기의 에디가 관성력의 비선형성 때문에 주위와 상호작용하여 불안정하여 발생한다. 이렇게 만들어진 에디는 자신이 불안정해져 더 작은 에디들로 바뀐다. 이렇게 에디가 쪼개어져서 점점 작아지는 과정 중에 초기에 큰 에디에 공급되었던 운동에너지가 점점 작은 에디들에게 전달된다고 하여 이를 **에너지 캐스케이드**(energy cascade)라 한다.

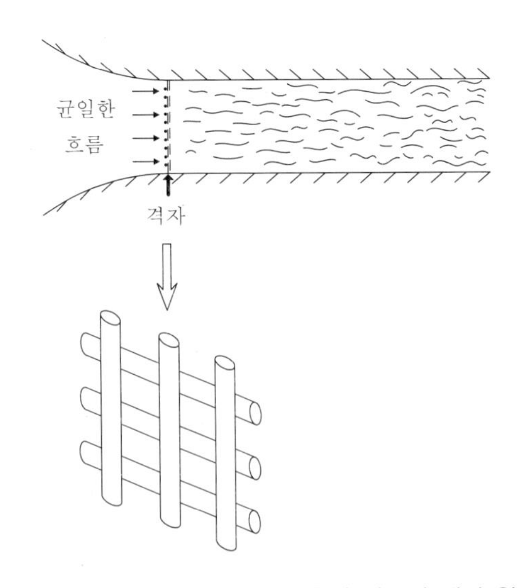

그림 14.8 스크린 격자를 이용한 난류의 생성 원리

초기에 만들어진 큰 에디들은 그물의 크기에 의한 경계조건 때문에 비등방성이다. 그러나 에너지 캐스케이드 과정에서 에너지가 카오스적으로 전달되므로 에디들이 초기에 가지고 있던 방향에 대한 정보들이 곧 사라져 작은 크기의 에디들은 속도의 요동이 균질하고 등방성의 성질을 가진다. 그러므로 스크린에서 하류로 내려갈수록 난류는 더욱 등방성을 띤다. 그러나 너무 멀리 내려가면 점성력에 의해 에디들이 가지고 있던 운동에너지가 모두 열에너지로 바뀌므로 유체의 흐름은 더 이상 난류가 아니다. 그러므로 하류에는 에디들이 없는 층류가 된다.

난류 운동에너지가 공급되는 가장 큰 에디의 특성길이 ℓ_o(여기서는 스크린의 그물 모양의 격자크기)를 **적분 길이**(integral length scale)라 한다. 그리고 에디가 점점 작아져 에디가 품고 있는 운동에너지가 점성력에 의해 열에너지로 바뀌는 가장 작은 에디의 특성길이 ℓ_d를 **소산 길이**(dissipation length scale) 혹은 **콜모고로브 길이**(Kolmogorov's length scale)라 부른다. 크기가 ℓ_o보다 작고 ℓ_d보다 큰 에디들은 비선형력인 관성력에 의해 에너지 캐스케이드가 일어난다고 하여 이 범위를 **관성력 범위**(inertial subrange)라 한다.

이 관성력 범위가 클 때 이 범위 안에서 어떠한 현상이 일어나는가를 이해하는 것이 물리학적으로 특히 중요한 문제이다. 길이 ℓ인 에디가 단위질량당 가지고 있는 운동에너지를 다음과 같이 정의하자.

$$E(\ell) = [u(x) - u(x+\ell)]^2 \equiv u(\ell)^2 \tag{14.55}$$

콜모고로브 이론의 주된 요점은 적분 길이의 에디에 주어진 운동에너지가 관성력 범위 내에서 변하지 않고 소산길이의 에디에게 전달된다는 것이다. 그러므로 단위질량당 난류에 의해 관성력 범위 내에 있는 에디들에 주어지는 **평균 에너지 공급률**은 주어진 난류의 에너지공급 특성을 기술하는 일정한 값 ϵ_o을 가진다. 이 값은 크기가 ℓ_o의 에디에 외부에서 공급된 단위시간당 에너지이나 에너지 캐스케이드 동안 작은 크기의 에디에 이르기까지 큰 에디들로부터 물려받은 에너지를 작은 크기의 에디들에 손실 없이 모두 다 물려준다고 가정한다. 그러므로 크기 ℓ의 에디에 있어서 **운동에너지의 전이율**을 ϵ_ℓ로 표시하면

$$\epsilon_o = \epsilon_\ell \tag{14.56}$$

이다. 크기 ℓ인 에디가 에너지 $E(\ell)$을 작은 크기의 에디들에 넘겨주는 데 걸리는 시간을 t_ℓ이라 정의하면 운동에너지의 전이율은 차원분석법을 이용하면

$$\epsilon_\ell \sim \frac{E(\ell)}{t_\ell} \sim \frac{u(\ell)^2}{\ell/u(\ell)} \sim \frac{u(\ell)^3}{\ell} \tag{14.57}$$

이다. 여기서 t_ℓ은

$$t_\ell \sim \frac{\ell}{u(\ell)} \tag{14.58}$$

이다. 에너지 공급률(ϵ_o)과 에너지 전이율(ϵ_ℓ)이 다 같으므로 식 (14.57)에서

$$u(\ell)^3 = \epsilon_o \ell \tag{14.59}$$

이다. 그러므로

$$u(\ell) \sim \epsilon_o^{1/3}\ell^{1/3} \tag{14.60}$$

이다. 이 식은 **콜모고로브의 1/3 법칙**(Kolmogorov's 1/3 law)으로 알려져 있다. 이 식에 따르면 관성력 범위에 있는 속도 차이 $u(\ell)$은 통계적으로 에디의 크기 ℓ에 무관하게 똑같은 **지수법칙**(power law)을 만족한다.

단위질량당 속도요동에 의한 총운동에너지인 난류의 세기는 식 (14.49)에서

$$E_{\mathrm{T}} = \int_0^\infty E(k)\mathrm{d}k \tag{14.61}$$

이고 ℓ_o로부터 p번째 캐스케이드된 에디의 크기 ℓ_p는 식 (14.54)로부터

$$\ell_p \sim k_p^{-1} \tag{14.62}$$

이다. 그러므로 식 (14.60), (14.61)과 차원분석법을 이용하면

$$E_{\mathrm{T}} = \sum_p E(\ell_p) \sim \sum_p u(\ell_p)^2 \sim \sum_p \epsilon_o^{2/3}\ell_p^{2/3} \sim \sum_p \epsilon_o^{2/3} k_p^{-2/3} \sim \sum_p E(k_p)k_p \tag{14.63}$$

이다. 여기서 마지막 항에서 k_p는 $E(k)$가 단위파수당 에너지이므로 차원을 맞추기 위해서 삽입되었다. 그러므로 임의의 파수크기 k에 해당하는 에너지 스펙트럼은

$$E(k) \sim \epsilon_o^{2/3}k^{-5/3} \tag{14.64}$$

이다. 이 식은 식 (14.60)과 더불어 유명하며 **콜모고로브의 5/3 법칙**(Kolmogorov's 5/3 law)으로 알려져 있다. 그림 14.9는 실험적으로 측정한 에너지 스펙트럼을 log−log 좌표계에서 본 것이다. 다양한 경우에 등방성 난류는 식 (14.64)를 만족한다.

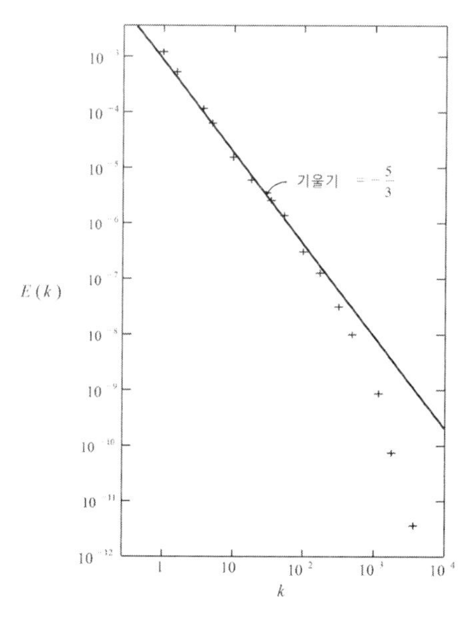

그림 14.9 등방성 난류에서 실험적으로 측정한 에너지 스펙트럼

식 (14.51)에서 보인 단위질량당 **에너지 스펙트럼 방정식**

$$\frac{\partial}{\partial t}E(k,\, t) - F(k,\, t) = -2\nu k^2 E(k,\, t) \tag{14.65}$$

을 다시 보자. 여기서 에너지 전이율 스펙트럼 함수 $F(k,\, t)$는 나비에-스토크스 방정식의 관성력 항인 $(\boldsymbol{u}\cdot\nabla)\boldsymbol{u}$에 의한 것이다. 그러므로 콜모고로브에 의하면 관성력은 에너지 스펙트럼의 분포는 변화시키지만, 총에너지는 변화시키지 않는다. 이것은 식 (14.52)에서 보인

$$\int F(k)\mathrm{d}k = 0 \tag{14.66}$$

으로 확인된다. 즉 에너지 캐스케이드 동안 에너지를 새로이 발생시키거나 소산하지 않는다는 것을 뜻한다. 그러므로 식 (14.64)에서 보인 지수 5/3은 에너지 전이율 스펙트럼 함수로부터 비롯하였음을 알 수 있다.

그림 14.10은 난류의 에너지가 전달되는 경로를 간단히 표시한 것이다. 수직축은 단위시간당 난류의 에너지 흐름이고 수평축은 파수의 크기이다. 흐름의 평균흐름의 운동에너지가 적분 길이에 난류에너지를 공급하여서 이것이 에너지 캐스케이드를 통해 작은 크기의 에디들을 통하여 결국에는 점성력이 중요해지는 콜모고로브 길이에서 열에너지로 바뀐다.

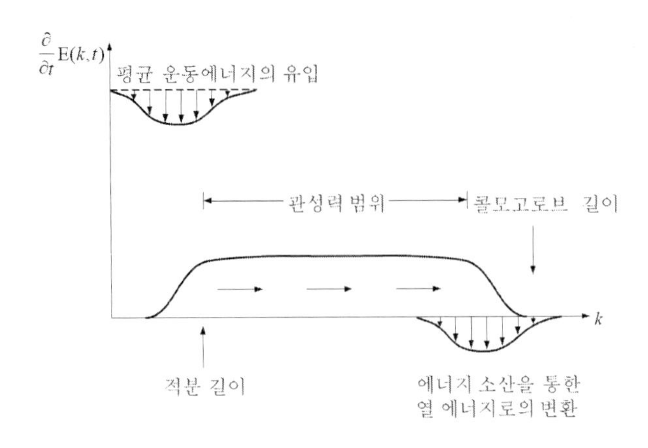

그림 14.10 난류의 에너지가 전달되는 경로

참고

소용돌이 늘이기와 소용돌이 비틀기를 이용한 에너지 캐스케이드

4.6절에 따르면 소용돌이 늘이기를 통해 유체입자의 소용돌이도의 크기가 증가하면 동시에 소용돌이도에 수직 방향으로는 질량을 보존하기 위해 유체입자의 크기가 줄어든다고 설명했다[그림 4.16(a) 참조]. 그리고 수직 방향으로 유체입자의 크기에 있어 최소길이는 소산길이에 의해서 제한을 받으므로 소용돌이도의 크기는 무한대 크기로 계속 증가할 수 없다. 즉 소용돌이도 늘이기는 난류에서 에너지 캐스케이드의 주된 방법이다. 또한 층밀리기 성분의 흐름이 있을 때는 소용돌이 비틀기가 소용돌이도의 방향을 바꾼다. 이는 에디의 특성길이가 작아지면서 동시에 소용돌이도의 크기는 커지고 소용돌이도의 방향은 마구잡이가 되는 것을 설명한다. 그러므로 초기의 에디가 가지고 있던 방향에 대한 정보들이 에너지 캐스케이드 과정을 통해서 잃어지며 흐름은 점차 등방성을 띠는 것을 설명한다.

에너지 캐스케이드를 소용돌이도 늘이기와 소용돌이 비틀기를 이용해서 설명하는 것에 대해 이에 못지 않게 **변형 자기증폭**(strain self-amplification)이 에너지 캐스케이드에 공헌한다는 주장이 최근에는 받아들여지고 있다. 이를 설명하기 위해서 비압축성흐름에서 난류를 생각해보자. 속도구배 텐서의 고유치(eigenvalues; e_x, e_y, e_z)는 비압축성흐름인 경우에 $e_x + e_y + e_z = 0$의 관계를 가진다. 그림 14.11(a)와 같이 임의의 한 지점에서 $e_z > e_y > 0$이고 $e_x < 0$ 인 경우를 생각해보자. 이러면 x축 방향으로 속도구배 텐서의 수직 압축성분의 크기가 매우 크기 때문에 관성력의 비선형효과에 의해 빨리 움직이는 유체입자가 천천히 움직이는 유체입자를 따라잡아서 유체가 x 방향으로 압축되고 동시에 y와 z 방향으

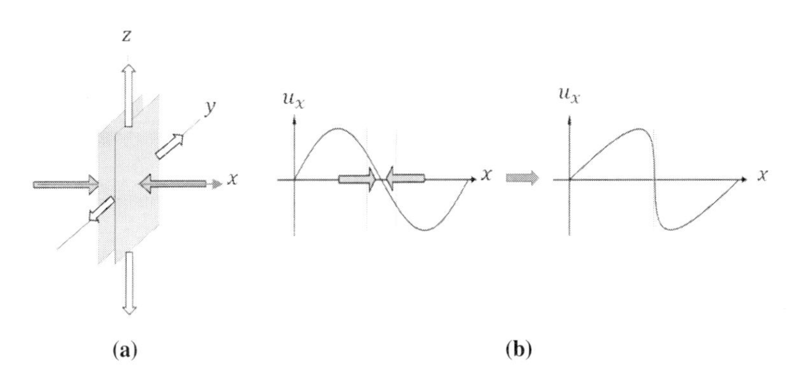

그림 14.11 변형자기증폭의 원리

로는 늘어난다. 그림 14.11(b)는 이러한 압축 때문에 짧은 거리에 큰 속도구배 e_x가 발생하는 것을 설명하고 있다. 이는 관련되는 운동에너지가 변형률 자기증폭에 의해 x 방향으로 작은 크기의 에디에 옮아감을 뜻한다. 실제로 난류흐름을 컴퓨터 시뮬레이션을 하면 드물게 소용돌이도가 매우 크거나 속도구배의 크기가 매우 큰 지점들을 볼 수 있다.

14.7 난류의 자유도

ℓ_o와 ℓ_d 사이의 관성력 범위에는 여러 가지 다른 크기의 에디들이 있을 수 있다. 그러므로 난류에서는 여러 가지 공간적 크기의 에디가 동시에 존재한다. 3차원의 난류에서의 총 유효 자유도는 다른 크기 에디 종류의 총개수이다. 그러므로 적분 길이가 ℓ_o이고 소산 길이가 ℓ_d인 흐름의 총 자유도는

$$N \sim \left(\frac{\ell_o}{\ell_d}\right)^3 \tag{14.67}$$

이다. 여기서 지수의 크기가 3인 이유는 계가 3차원이기 때문이다. 다르게 설명하면 이러한 3차원 흐름을 정확하게 묘사하는 데 필요한 비선형 상미분방정식의 수가 $(\ell_o/\ell_d)^3$ 크기의 정도여야 한다는 말이다.

그림 14.12는 난류의 경우에 ℓ_o의 크기 에디가 에너지 캐스케이드에 의해 점점 작은 크기의 에디들로 바뀌다가 결국에는 ℓ_d의 크기에서 에너지 소산이 생기는 것을 상상한 그

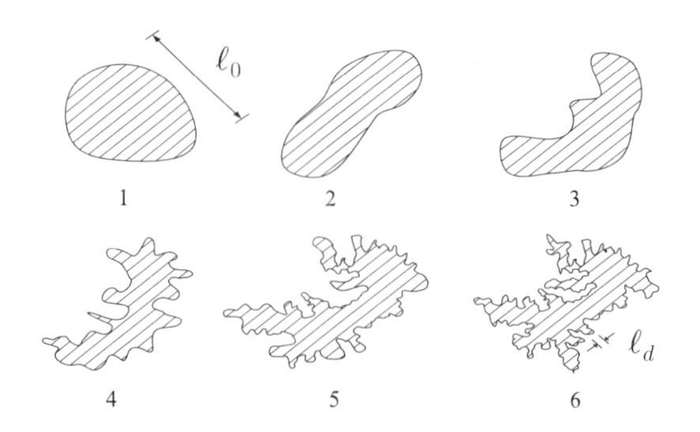

그림 14.12 난류에 의해서 ℓ_o의 크기의 에디가 점점 작은 크기의 에디로 이루어지다가 결국에는 ℓ_d의 크기에서 에너지 소산이 생기는 것을 상상한 그림

림이다. 일반적으로 콜모고로브 길이는 대기나 대양의 흐름에서는 거의 mm 정도의 크기이다.

크기가 콜모고로브 길이 ℓ_d인 에디에서 점성력에 의해 운동에너지가 열에너지로 소산이 일어나려면 에디에 작용하는 점성력이 관성력보다 같거나 커야 한다. 그러므로 ℓ_d 크기의 에디에 점성력에 의한 특성시간(t_d)과 관성력에 의한 특성시간(t_{ℓ_d})이 거의 같아야 한다. 이 시간을 **콜모고로브 시간**(Kolmogorov's time scale)이라고 한다.

$$t_d \sim t_{\ell_d} \tag{14.68}$$

그러므로 식 (9.44), 식 (14.58), 식 (14.60)을 이용하면

$$t_d \sim \frac{\ell_d^2}{\nu} \sim \frac{\ell_d}{u(\ell_d)} \sim \epsilon_o^{-1/3}\ell_d^{2/3} \tag{14.69}$$

이므로 콜모고로브 길이와 시간은

$$\ell_d \sim \left(\frac{\nu^3}{\epsilon_o}\right)^{1/4}, \quad t_d \sim \left(\frac{\nu}{\epsilon_o}\right)^{1/2} \tag{14.70}$$

이다. 식 (14.60)을 이용하면 계의 Re 수는

$$\begin{aligned}\mathrm{Re} &= \frac{UL}{\nu} \\ &= \frac{\ell_o u(\ell_o)}{\nu} = \frac{\epsilon_o^{1/3}\ell_o^{4/3}}{\nu}\end{aligned} \tag{14.71}$$

이다. 여기서 계의 특성길이가 적분 길이 ℓ_o인 이유는 이 길이가 난류 운동에너지가 공급되는 가장 큰 에디의 특성길이이기 때문이다. 그러므로 에너지 공급률과 Re 수와의 관계

는 다음과 같다.

$$\epsilon_o \sim \ell_o^{-4} \nu^3 \mathrm{Re}^3 \tag{14.72}$$

그러므로 위의 식과 식 (14.70)으로부터 콜모고로브 길이는

$$\ell_d \sim \ell_o \mathrm{Re}^{-3/4} \tag{14.73}$$

이다. 이 식에 따르면 Re 수가 증가하면 할수록 더 작은 콜모고로브 길이(ℓ_d)에서 에너지 소산이 일어난다. 즉 Re 수가 커질수록 관성력 범위가 넓어진다.

그러므로 3차원 난류의 총 유효 자유도는 식 (14.67)을 이용하면

$$N \sim \left(\frac{\ell_o}{\ell_d}\right)^3 \propto \mathrm{Re}^{9/4} \tag{14.74}$$

로서 Re 수를 증가함에 따라 매우 빠르게 증가한다.

이 식을 이용하면 $\mathrm{Re} = 10^4$ 인 난류가 가지고 있는 자유도가 10^9 정도이다. 만일 컴퓨터를 이용한 직접 수치 시뮬레이션으로 나비에-스토크스 방정식으로부터 모든 크기의 에디를 포함해서 흐름을 묘사하려면 이 값은 21세기 초반의 한계이다. 그러나 실험실에서 쉽게 구현할 수 있는 난류는 $\mathrm{Re} \sim 10^4 - 10^5$ 이다. 실제로 대기에서 일어나는 난류는 $\mathrm{Re} \sim 10^6 - 10^7$ 정도로 높다. 즉 컴퓨터로 정확히 난류를 묘사하는 것은 아직도 요원하다. 실제로 컴퓨터를 이용해 Re 수가 큰 흐름을 묘사할 때는 어느 정도 크기 이상의 에디만 자세히 묘사하고 작은 크기의 에디에 대한 정보는 평균적으로 묘사하여 기술적 한계를 비켜난다.

참고

직접 수치 시뮬레이션(direct numerical simulation, DNS)

난류에 대한 컴퓨터 시뮬레이션 방법으로 14장에서 소개하고 있는 통계적 방법을 사용하지 않고 나비에-스토크스 방정식을 수치적으로 직접 풀어서 시공간상의 흐름을 기술하는 방법이다. 적분길이(ℓ_o)부터 콜모고로브길이(ℓ_d) 까지 캐스케이드 과정을 다 보려면 공간 분해능의 크기가 ℓ_d보다 작고, 시간 분해능의 크기가 t_d보다 짧아야 한다. 그리고 공간적으로는 $N\ell_d$에 해당하는 3차원 공간을 다룰 수 있을 만큼 돼야 하며, 시간상으로는 $\frac{\ell_o}{\ell_d} t_d$ 이상을 시뮬레이션할 수 있어야 난류를 정확하게 기술할 수 있다. 그러므로 난류를 시뮬레이션하려면 엄청난 전산 자원이 필요하다.

14.8 2차원 난류(지구유체에서의 난류)

8.1절과 8.2절에서 설명했듯이 지구에 있어 대기나 대양에 있는 대규모의 흐름은 2차원 흐름이다. 지구의 표면에 있는 흐름의 두께는 지구의 표면의 크기에 비하면 매우 작다. 그러므로 매우 큰 크기의 흐름을 생각해보면, 즉 대규모의 기상이나 해류는 2차원 흐름에 의해 결정된다. 흐름속도가 빨라지면 흐름이 불안정해져 카오스나 난류로 발전하는 것은 당연하다. 그러므로 2차원계에서의 난류는 자연계에서 발생하는 대규모의 난류와 연관되어 매우 중요하다.

비눗물 박막을 이용하면 2차원 흐름을 실험실에서 쉽게 만들 수 있다. 그림 14.13(a)은 이를 보이는 간단한 실험장치의 모습이다. 비눗물을 두 개의 가는 나일론 실에 흘린 후에 나일론 실을 펼치면 7장에서 설명한 표면장력의 효과로 인해 나일론 실 사이에 비눗물 박막이 만들어진다. 만일 나일론실의 방향이 중력방향이고 비눗물을 계속해서 흘려주면 중력의 효과로 인해 중력 방향으로 2차원 흐름을 만든다. 여기서는 흐름이 중력퍼텐셜 에너지의 차이에 의해서 발생하므로 중력 방향의 흐름 성분은 중력에 의해서 가속된다. 그러나 흐름속도는 중력과 주위 공기와 비눗물 박막 흐름 사이의 점성항력이 같아질 때의 종단속도[5.8절 참조]보다는 커질 수가 없다. 흐름의 두께가 수μm 크기이면서 나일론 줄 사이의 거리가 수십 cm이므로 너비와 두께의 비가 10^6 정도이다. 그러므로 비눗물 박막의 흐름은 거의 2차원이라 할 수 있다. 이 비눗물 박막을 이용한 2차원 흐름은 지금까지 설명한 거의 모든 흐름의 중요한 성질들을 만족한다. 그림 14.13(a)의 그리드는 여러 개의 플라스틱 봉을 일정한 거리로 비눗물 박막 흐름에 수직이게 놓은 것이다. 그림 14.13(b)는 각 플라스틱 봉에 의해 발생한 카르만 소용돌이 열들이 하류에서 상호 작용하여 만든 2차원 난류의 모습이다. 여기서 플라스틱 봉들은 그림 14.8에서 보이는 스크린의 격자 역할을 한다. 비눗물 박막의 두께가 작으므로 빛의 간섭을 이용하여 흐름을 관찰할 수 있다. 이 실험은 그림 14.8에서 보인 3차원 난류의 실험과 비교된다.

2차원 흐름이 3차원 흐름과 가장 크게 다른 경우가 난류이다. 앞에서 언급했듯이 에디는 공간적으로 크기가 있을 뿐 아니라 에너지를 품고 있다. 이로 인해 3차원계에서는 에너지 캐스케이드가 일어난다. 3차원 흐름에서는 적분 길이의 큰 크기의 에디로 에너지가 외부에서 공급되어서 작은 크기의 에디로 계속해서 소용돌이 늘이기를 통해서 에너지 캐스케이드가 일어나 소산 길이의 에디에서 점성의 효과로 열에너지로 변한다. 그러나 2차

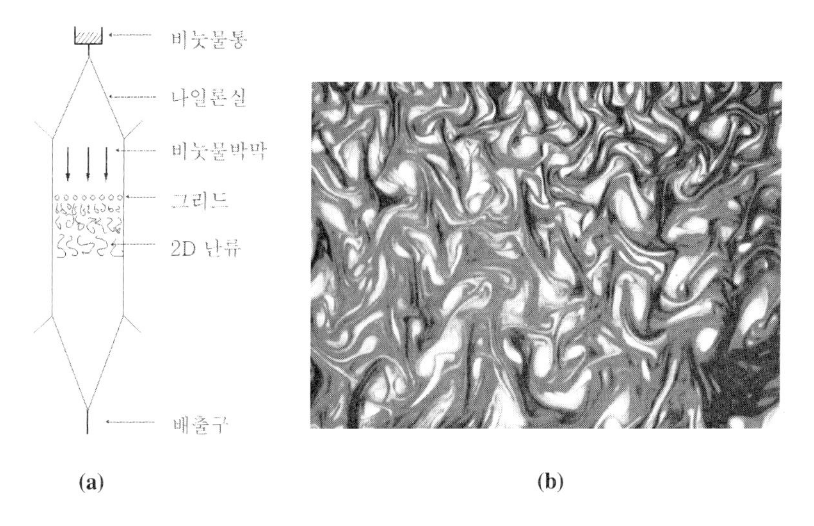

그림 14.13 비눗물 박막을 이용한 2차원 난류의 실험방법(a)과 난류의 이미지(b)

원계에서는 흐름이 2차원에 한정되어 있으므로 소용돌이도의 방향이 항상 2차원 공간에 수직이므로 2차원계의 소용돌이도는 스칼라양이다. 그러므로 2차원계에서는 유체입자가 소용돌이도의 방향을 바꾸는 소용돌이 비틀기와 소용돌이도의 방향으로 늘어나면서 발생하는 소용돌이 늘이기가 일어날 수 없다[그림 4.15 참조]. 이것을 보이기 위하여 식 (4.30)의 소용돌이 방정식을 생각해보자.

$$\frac{\mathrm{D}\Omega}{\mathrm{D}t} = \Omega \cdot \nabla u + \nu \nabla^2 \Omega \tag{14.75}$$

여기서 우변의 첫째 항은 소용돌이 늘이기와 소용돌이 비틀기에 기여하고 우변의 두 번째 항은 소용돌이 확산에 기여한다[4.6절 참조]. 비점성유체에서 흐름이 xy 평면에만 있는 2차원 흐름의 경우를 생각하면 소용돌이도는 z 방향만 향하므로

$$\Omega \cdot \nabla u = 0, \qquad \frac{\mathrm{D}\Omega}{\mathrm{D}t} = \nu \nabla^2 \Omega \tag{14.76}$$

이다. 즉 2차원 흐름에서는 소용돌이 비틀기와 소용돌이 늘이기가 없고 소용돌이 확산만 있다.

그러므로 그림 14.14(a)와 같이 이웃하는 여러 개의 작은 에디들이 만일 같은 방향으로 회전하고 있다고 생각하면 전체를 한 방향으로 회전하고 있는 큰 크기의 에디로 생각할 수 있다. 여기서 그림 (b)는 그림 (a)가 시간이 얼마 지난 후의 모습이다. 이렇게 작은 크기의 에디가 모여서 더 큰 크기의 에디를 만드는 과정은 에디의 크기가 계의 크기에 이를 때까지 계속된다. 즉 작은 크기의 에디들이 모여서 한 개의 큰 크기의 에디로 변하는 것

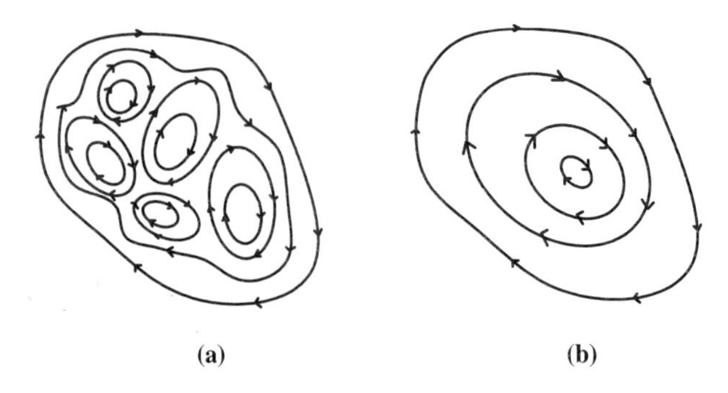

그림 14.14 에너지 역캐스케이드의 원리

이다. 그러므로 초기에 작은 크기의 에디들로부터 에너지가 점차 큰 크기의 에디로 옮아간다. 이 현상은 3차원계의 난류에서 일어나는 에너지 캐스케이드와 반대의 현상으로 **에너지 역캐스케이드**(inverse energy cascade)라 부른다. 에디가 커질수록 점성력의 효과는 감소한다. 그리고 3차원 난류흐름에서 점성력에 의해 작은 크기의 에디에서 일어나는 에너지 소산이 2차원 흐름에서는 일어나지 않는다. 그러므로 이상적인 2차원 흐름에서는 외부에서 계속해서 에너지를 공급할 때 공급한 에너지가 에디에 계속해서 축적되므로 정상흐름의 상태를 만들 수 없다. 그러나 비눗물 박막을 이용한 실제의 2차원 난류에서는 가장 큰 에디의 크기는 비눗물 박막 표면과 이웃하는 공기 사이의 점성 마찰에 의해 결정되며 정상흐름을 이룬다.

3차원 난류에서 관성력 범위에서 운동에너지가 보존되는 것처럼[식 (14.53) 참조] 2차원 난류에서도 에너지 역캐스케이드 과정에서는 운동에너지가 보존된다. 그리고 2차원 난류에서는 **엔스트로피**(enstrophy)도 보존된다. 연습문제 14.8에서 정의한 엔스트로피는 $\frac{1}{2}|\nabla\times \boldsymbol{u}|^2 = \frac{1}{2}|\Omega|^2 = \sum_i \frac{1}{2}\Omega_i\Omega_i$ 이다. 참고로 2차원계에서 소용돌이도는 $\Omega = \frac{\partial v}{\partial x} - \frac{\partial u}{\partial y}$ 이다. 식 (14.40)과 식 (14.49)에서 정의한 난류의 단위질량당 운동에너지는 등방성 난류에서

$$E_T = \int_0^\infty E(k)\mathrm{d}k = \frac{1}{2}\left(\overline{u^2} + \overline{v^2}\right) \tag{14.77}$$

이므로 소용돌이도의 정의 $\Omega = \nabla\times \boldsymbol{u}$를 생각하면 등방성 난류의 평균 엔스트로피는

$$\frac{1}{2}\overline{\Omega^2} = \int_0^\infty k^2 E(k)\mathrm{d}k \tag{14.78}$$

이고 엔스트로피 스펙트럼은 $k^2 E(k)$ 이다.

작은 크기의 에디로부터 큰 크기의 에디로 운동에너지가 옮아감에 따라 에너지 스펙트럼 $E(k)$ 의 분포도 시간에 따라 바뀐다. 그러나 큰 크기의 에디에서는 층밀리기의 크기가 작으므로 점성력의 효과가 거의 무시되어 총운동에너지가 보존된다.

$$\frac{\partial}{\partial t}\int E(k,t)\mathrm{d}k = 0 \tag{14.79}$$

이 **에너지 보존식**은 식 (14.53)에서 운동점성계수가 $\nu = 0$ 인 비점성유체의 경우와 같다. 식 (14.76)에서 설명했듯이 2차원 흐름에서는 소용돌이 늘이기와 소용돌이 비틀기가 없다. 그러므로 큰 크기의 에디에서는 식 (14.76)과 $\nu = 0$ 을 이용하면 식 (14.75)에서 오른쪽 항의 크기가 0으로 소용돌이도의 크기가 흐름을 따라서 보존된다. 뿐만 아니라 연습문제 14.8에서 유도한 **엔스트로피 방정식**(enstrophy equation)을 생각하면 2차원 난류에서는 항상 $\frac{D}{Dt}\left(\sum_i \frac{1}{2}\Omega_i\Omega_i\right)= 0$ 이므로 평균 엔스트로피 $\frac{1}{2}\overline{\Omega^2}$ 는 엔스트로피 캐스케이드 과정에서 보존된다. 그러므로

$$\frac{\partial}{\partial t}\int k^2 E(k,t)\mathrm{d}k = 0 \tag{14.80}$$

이다. 이러한 **엔스트로피 보존**(enstrophy conservation)은 소용돌이 늘이기와 비틀기가 없는 2차원 난류가 보이는 특징이다.

2차원 난류의 특징을 알아보기 위해 초기에 임의의 파수 k_o 에 에너지가 주입되었다고 가정하자. 이에 해당하는 에디가 가지고 있는 에너지가 비선형 상호작용을 통해 주변의 파수에 해당하는 k_{-1} 의 큰 크기의 에디와 k_1 의 작은 크기의 에디로 나눠지는 것을 생각해보자. 여기서 이들 파수끼리는 $2k_{-1} = k_o = 1/2k_1$ 의 관계가 있다. 이 경우에 식 (14.79)의 에너지 보존과 식 (14.80)의 엔스트로피 보존에 의해

$$E(k_o) = E(k_{-1}) + E(k_1) \tag{14.81}$$

$$k_o^2 E(k_o) = k_{-1}^2 E(k_{-1}) + k_1^2 E(k_1) \tag{14.82}$$

가 된다. 이들 식을 풀어보면 에너지 스펙트럼 사이의 관계가 $E(k_{-1}) = 4E(k_1)$ 이고 엔스트로피 스펙트럼 사이의 관계는 $4k_{-1}^2 E(k_{-1}) = k_1^2 E(k_1)$ 임을 알 수 있다. 즉 에너지는 에너지 역캐스케이드에 의해 공간적으로 큰 크기 쪽으로 집중되고, 엔스트로피는 **엔스트로피 캐스케이드**(enstrophy cascade)에 의해 공간적으로 작은 크기 쪽으로 집중됨을 뜻한

다. 이 현상은 에너지 역캐스케이드를 통해 작은 에디들이 가지고 있던 에너지가 큰 에디들로 집중됨에 따라 소용돌이도는 큰 에디들 사이의 경계에 있는 좁은(파수의 크기가 큰) 2차원 층밀리기층에 집중됨을 뜻한다. 이는 2차원 난류에 있어서는 에너지 역캐스케이드 범위와 엔스트로피 캐스케이드 범위의 두 가지 관성력 범위가 있음을 뜻한다.

에너지 역캐스케이드 범위에서는 외부에서 계에 가한 에너지 공급률이 ϵ_o 일 때 앞에서 논한 콜모고로브의 해석과 같이 에너지 스펙트럼이

$$E(k) \sim \epsilon^{2/3} k^{-5/3} \tag{14.83}$$

이다. 단지 다른 점은 캐스케이드의 방향이 반대쪽이라는 것이다. 비슷하게 엔스트로피 캐스케이드 범위에서는 차원분석법에 의해 에너지 스펙트럼을 구할 수 있다.

$$E(k) \sim \alpha^{2/3} k^{-3} \tag{14.84}$$

여기서 α 는 높은 파수로의 엔스트로피 전이율이다. 그림 14.15는 이들 두 캐스케이드 범위에서 에너지 스펙트럼을 보이고 있다. 이 그림은 3차원 공간에서 에너지 스펙트럼을 보이는 그림 14.9와 비교된다.

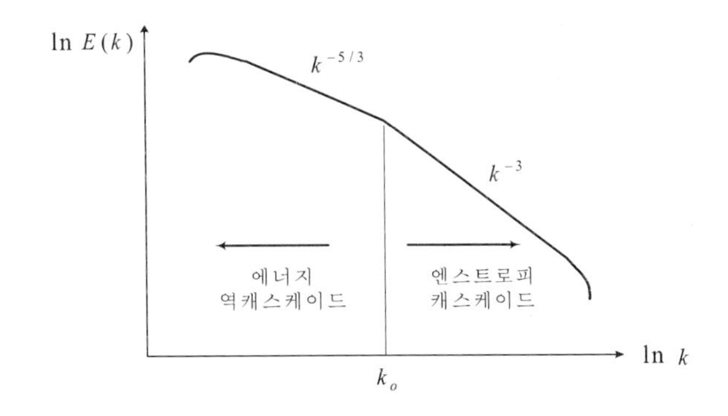

그림 14.15 2차원 난류에서 에너지 역캐스케이드와 엔스트로피 캐스케이드

참고

운동에너지와 엔스트로피의 보존

운동에너지와 엔스트로피의 보존을 뜻하는 식 (14.79)와 식 (14.80)은 에디의 크기가 큰 경우에만 성립한다. 그러나 에디의 크기가 작아지면 점성력의 효과가 중요해져서 운동에너지와 엔스트로피의 크기는 시간에 따라 점점 감소한다.

14.9 대류에서의 난류

지금까지 이 장에서는 레이놀즈 수가 큰 경우에 발생하는 난류에 관해서만 설명했다. 그러면 11장에서 소개한 RB 대류에서 레일리 수가 큰 경우에 나타나는 난류는 어떤 모양일까? 레이놀즈 수가 큰 경우에 이류를 통해서 관성력 항이 하는 역할과 비슷하게 RB 대류에서는 레일리 수가 큰 경우에 대류를 통해서 관성력 항이 유체흐름의 모드들 사이에 비선형 상호작용을 초래하여 흐름의 자유도를 증가시켜 난류를 형성한다. 그러나 아직도 이 과정을 충분하게 이해하고 있지는 못하고 있다.

대류에서의 난류를 실험적으로 설명하기 위해서는 열전달에 관련한 새로운 무차원 수인 **누셀트 수**(Nusselt number)를 정의하면 편리하다.

$$\mathrm{Nu} \equiv \frac{qh}{k\Delta T} = \frac{\text{총열전달량}}{\text{열전도에 의한 열전달량}} \tag{14.85}$$

이 수는 대류에 의한 열흐름밀도 q와 열전도에 의해서만 단위부피당 전달된 열량 $k\Delta T/h$의 비이다. 수직 방향으로 단위시간당 전달된 총열량은 열전도에 의해 전달된 열 $(k\Delta T/h)$과 대류에 의해 전달된 열$(\overline{w\theta})$의 합이므로 위의 식을 다음과 같이 적을 수 있다.

$$\mathrm{Nu} = \frac{k\Delta T/h + \overline{w\theta}}{k\Delta T/h} = 1 + \frac{\overline{w\theta}}{k\Delta T/h} \tag{14.86}$$

그러므로 대류가 없고 순수한 열전도만 있을 때$(w=0)$는 $\mathrm{Nu}=1$이다.

실험실에서 4 K 근처의 저온에서 헬륨가스의 압력을 조절하여 헬륨의 밀도를 변화시키면 Ra 수의 크기를 0에서 10^{11} 근처까지 연속적으로 바꿀 수 있다. 그림 14.16은 식 (11.71)에서 정의한 RB 대류계의 무차원 수평 길이가 1인 경우에 Ra 수에 따른 측정된 Nu 수를 보이고 있다. Ra 수에 따라 6가지의 다른 상태(대류상태, 진동상태, 카오스상태, 전이영역, 약난류, 강난류)로 흐름 상태를 나눌 수 있다. **대류상태**(convection state)에서는 수직 방향 흐름속도 w와 온도요동 θ는 식 (13.16)에 따라 $\mathrm{Ra}^{1/2}$에 각각 비례하므로 $\mathrm{Nu} \propto \mathrm{Ra}$이다. **진동상태**(oscillatory state)는 그림 11.8에서 볼 수 있다. **카오스 상태**(chaotic state)는 13.6절에서 볼 수 있다. 전이영역은 카오스 상태로부터 난류로의 전이되는 영역으로 아직도 잘 이해하고 있지 못하는 영역이다. 난류에는 두가지 영역이 있다. 이 그림에

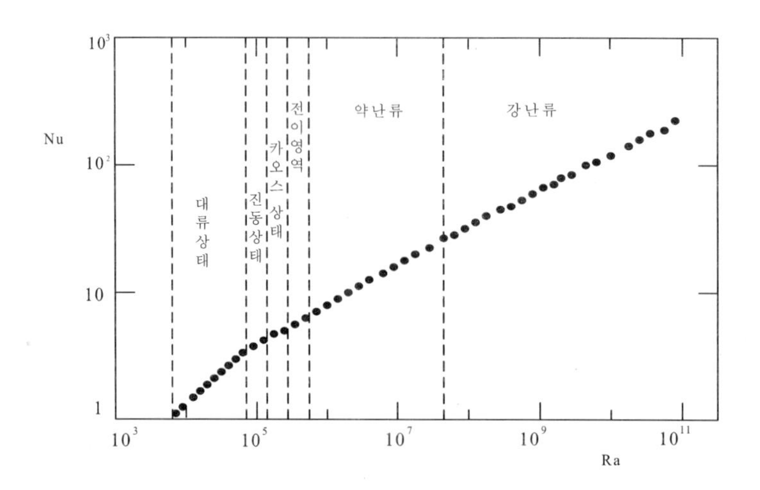

그림 14.16 RB 대류에서 Ra 수에 따른 N 수

서 **약난류**(soft turbulence) 영역에서는 $\mathrm{Nu} \propto \mathrm{Ra}^{1/3}$ 이고, **강난류**(hard turbulence) 영역에서는 $\mathrm{Nu} \propto \mathrm{Ra}^{2/7}$ 이다. 즉 열전달은 약난류보다 강난류가 비효율적이다.

연습문제

14.1 난류방정식의 시간평균

식 (14.7)이 성립하기 위해서는 $\overline{\sum_i \frac{\partial u_i}{\partial x_i}} = \sum_i \frac{\partial}{\partial x_i}\overline{u_i}$ 이 되어야 한다. 그리고 식 (14.11)이 성립하기 위해서는 $\overline{\frac{\partial u_i}{\partial t}} = \frac{\partial \overline{u_i}}{\partial t}$ 이 되어야 한다. 이들을 증명하고 이 결과가 가지고 있는 물리적 의미를 설명하라.

14.2 평균흐름과 난류요동성분의 운동에너지 시간변화율

식 (14.16)과 식 (14.17)을 유도하라.

14.3 층류 채널흐름에서 평균흐름의 점성응력

식 (14.27)의 결과가 층류 채널흐름의 경우인 식 (3.30)에도 잘 적용됨을 보여라.

14.4 난류 파이프흐름

14.3절에서 난류 채널흐름을 기술한 것처럼 파이프 흐름에서의 난류에 대해서 기술하라.

14.5 평균 소용돌이도 방정식

흐름속도를 **평균 성분** $\overline{U_i}$ **와 요동 성분** u_i으로 나눈 것처럼 소용돌이도를 평균소용돌이도와 요동소용돌이도 성분으로 나누어 $\Omega_i = \overline{\Omega_i} + \omega_i$ 를 정의할 수 있다. 이를 식 (4.29)의 소용돌이 방정식에 대입한 후에 시간에 대해 평균하여 아래의 **평균 소용돌이도 방정식**을 유도하라. 그리고 난류의 경우에 각 항의 의미를 생각해보라.

$$\frac{\partial \overline{\Omega_i}}{\partial t} + \sum_k \overline{U_k}\frac{\partial \overline{\Omega_i}}{\partial x_k} = \sum_k \overline{\Omega_k}\frac{\partial \overline{U_i}}{\partial x_k} + \nu \sum_k \frac{\partial^2 \overline{\Omega_i}}{\partial x_k \partial x_k} - \sum_k \frac{\partial}{\partial x_k}\left[\overline{\omega_i u_k} - \overline{u_i \omega_k}\right]$$

14.6 에너지 전이율 스펙트럼 함수

식 (14.52)를 유도하라.

14.7 콜모고로브 길이와 시간

용량이 100 W인 음식 믹서기로 물 1kg를 회전시켜 난류를 발생시키는 경우를 생각해보자.

(a) 에너지 공급률의 크기를 구하라.

(b) 믹서기를 10분 동안 작동시키면 $20^{o}\mathrm{C}$인 물의 온도가 얼마나 상승할까?

(c) 이 흐름에서 콜모고로브 길이와 시간을 구하라.

14.8 엔스트로피

소용돌이도는 특별한 방향의 회전을 나타내는 벡터양이다. 이에 반해서 **엔스트로피**

$$\frac{1}{2}|\nabla\times\boldsymbol{u}|^2=\frac{1}{2}|\boldsymbol{\Omega}|^2=\sum_i\frac{1}{2}\Omega_i\Omega_i$$

는 방향과 관계없이 소용돌이도의 양을 기술하는 스칼라양이다. 속도와 운동에너지 사이의 물리적 관계는 소용돌이도와 엔스트로피 사이의 관계와 비슷하다.

(a) 식 (4.29)의 소용돌이 방정식의 양변에 소용돌이도로 벡터내적($\Omega\cdot$)을 취한 후 정리하여 다음의 **엔스트로피 방정식**(enstrophy equation)을 구하라.

$$\frac{\mathrm{D}}{\mathrm{D}t}\left(\sum_i\frac{1}{2}\Omega_i\Omega_i\right)=\sum_{i,j}\Omega_i\Omega_j\frac{\partial u_i}{\partial x_j}+\nu\sum_i\frac{\partial^2}{\partial x_j\partial x_j}\left(\frac{1}{2}\Omega_i\Omega_i\right)-\nu\sum_{i,j}\frac{\partial\Omega_i}{\partial x_j}\frac{\partial\Omega_i}{\partial x_j}$$

(b) 엔스트로피 방정식에서 각 항의 물리적 의미를 설명하라.

(c) 만일 운동점성계수의 크기가 0이라면 어떤 경우에 엔스트로피의 크기가 보존되나?

14.9 엔스트로피 캐스케이드 범위에서의 에너지 스펙트럼

식 (14.84)를 유도하라.

CHAPTER

15

비선형유체

비선형유체

지금까지 기술한 유체들은 응력과 변형률 사이에 비례관계가 있는 선형유체(Newtonian fluids)들이다. 그러나 우리 주위에서 흔히 볼 수 있는 피, 상한 우유, 달걀의 흰자, 페인트 용액, 면도용 크림, 진흙, 액정 등 실용성이 있는 많은 종류의 유체들은 비선형유체(non-Newtonian fluids)이다. 이러한 **비선형유체**에 대한 유체역학을 특별히 **유동변형학**(rheology) 혹은 **유변학**이라 한다. 이 분야는 화학 공정과 연계된 산업과 생체기술에 관련된 산업에서 특히 중요하다. 비선형유체의 중요한 성질로 점탄성과 비등방성이 있다. 15장에서는 고분자 유체와 콜로이드 용액에서 이러한 성질을 자세히 기술한다. 최근에는 **기능성유체**(smart fluids)라 하여 외부에서 역학적으로나 전기/자기적으로 자극을 하면 유체의 물리적 성질이 변형되어 특별한 성질을 띠는 첨단 유체의 연구와 응용이 활발하다. 전자기장의 유무에 따라 유체의 성질이 크게 달라지는 대표적인 물질로 전기점성유체, 자성유체, 액정을 들 수 있다. 그리고 모래와 같은 알갱이체도 외부에서 응력을 가하면 유체처럼 흐른다.

Contents

15.1 비선형유체의 일반적인 성질

1.5절에서는 층밀리기 응력과 층밀리기 변형률 사이의 관계인 구성식이 비선형인 경우의 유체를 **비선형유체**(nonlinear fluids, non-Newtonian fluids)라 정의했다. 식 (2.87)에서 보인 **선형유체의 구성식**은 다음과 같다.

$$\sigma_{ij} = -p\delta_{ij} + \zeta\delta_{ij}(\nabla \cdot \boldsymbol{u}) + \mu\left(2\epsilon_{ij} - \frac{2}{3}\delta_{ij}(\nabla \cdot \boldsymbol{u})\right) \tag{15.1}$$

이 구성식을 따르지 않는 모든 유체를 비선형유체라 한다. 대부분의 비선형유체는 분자량이 큰 물질로 이루어진 액체이거나 내부에 구조가 있는 비압축성의 액체이다. 분자량이 큰 비선형유체의 대표적인 예로 **고분자액체**(polymeric liquid)가 있다. 대부분의 고분자 화합물은 고분자의 형태가 복잡해서 저분자 화합물처럼 구형의 입자로 가정할 수 없다. 긴 쇠사슬 모양으로 있기도 하고 쇠사슬에 가지(branch)들이 붙어있기도 한다. 내부에 구조가 있는 물질로는 액정, 알갱이체, 생명물질, 그리고 분산입자들이 액체 안에 떠 있는 콜로이드 용액이나 슬러리(slurry) 등을 들 수 있다. 우리 주위에서 흔히 볼 수 있는 예로는 피, 상한 우유, 달걀의 흰자, 면도용 크림, 진흙, 액정 등으로 실용성이 있는 유체의 많은 경우가 비선형유체이다. 거의 모든 비선형유체는 액체이며 비압축성을 띠고 있다.

1.1절에 따르면 유체는 층밀리기 변형이 가해지면 원래 가지고 있던 모양을 바꾸어 층밀리기 응력을 해소하는 방향으로 흐른다. 그러므로 역학적 평형에서 이상적인 유체는 층밀리기 응력의 크기가 0이다. 일반적으로 선형유체와 비선형유체 사이에 중요한 차이는 층밀리기 응력을 해소하는 데 걸리는 시간이 크게 다르다는 것이다.

선형유체의 대표적인 예의 하나인 물을 생각해보자. 외부에서 층밀리기 응력을 순간적으로 가할 때 약 10^{-12} sec 정도로 짧은 시간 동안은 구성분자들이 비등방적으로 변형을 하였다가 등방적인 상태로 완화한다. 이 시간은 해당 온도에서 분자가 확산 때문에 자신의 크기만큼의 거리를 움직이는 데 걸리는 시간과 비슷하다. 그러나 이 시간은 유체역학에서 다루는 시간의 최소 크기보다 훨씬 짧으므로 이렇게 짧은 시간 동안만 비선형유체의 성질을 띠는 선형유체의 **완화 성질**(relaxation)을 무시할 수 있다. 즉 층밀리기 응력을 가해도 선형유체는 유체역학의 최소 크기의 국소적인 위치에서 항상 열역학적인 평형상태에 있다[1.4절 참조].

그러나 비선형유체의 경우에는 층밀리기 응력이 가해지면 구성분자는 모양 자체가 비등방적이므로 회전을 하거나 그렇지 않더라도 모양이 변형되어서 한쪽으로 배열을 한다. 그러므로 층밀리기 점성계수가 방향에 따라 다르고 관련된 특성시간이 선형유체의 경우와는 달리 유체역학에서 다루는 최소시간보다 훨씬 길다. 이러한 **완화시간**(relaxation time)은 비선형유체의 종류에 따라서 수 초에서 수 시간, 혹은 몇 년이 걸리기도 한다. 그리고 일부 비선형유체는 방향에 따라 완화시간의 크기가 다르다. 즉 비선형유체는 고체의 성질을 어느 정도 가지고 있어 층밀리기 응력을 어느 정도 견딜 수 있다. 면도용 크림을 생각해보면 크림을 이루고 있는 비눗물 박막들이 서로 간에 안정한 네트워크 구조를 형성해 중력 아래에서도 일정한 형태를 이루고 오랫동안 있을 수 있다. 어떤 비선형유체는 층밀리기 응력이 가해지기 전의 유체의 상태를 기억한다. 그러므로 층밀리기 응력을 가하면 비선형유체는 국소적으로 열역학적 비평형상태에 있어 국소적으로 열역학적 평형상태에 있는 선형유체의 경우와 달리 비선형유체의 구성식은 유체를 이루는 물질의 미세 구조 등의 성질에 따라 복잡하고 다양한 형태를 취한다.

가해주는 층밀리기 응력과 이에 따른 유체의 층밀리기 속도구배 사이의 관계에 따라 비선형유체를 일반적으로 **빙햄유체**(Bingham fluids), **층밀리기 엷어지기 유체**(shear-thinning fluids), **층밀리기 짙어지기 유체**(shear-thickening fluids)로 나눈다. 빙햄유체는 층밀리기 응력의 크기가 일정한 크기(σ_y)가 될 때까지는 흐름이 없다가 갑자기 흐름이 생기면서 층밀리기 응력과 속도구배 사이의 관계가 선형적으로 증가하는 유체이다. 고체입자들이 바탕액체에 진하게 분산된 진흙, 치약 등이 이에 해당한다. 이에 반해서 층밀리기 엷어지기 유체는 작은 크기의 층밀리기 응력 아래에서도 흐른다. 그러나 응력의 크기가 증가함에 따라 점성계수가 감소한다. 그러므로 빙햄유체는 층밀리기 엷어지기 유체의 극단적인 예로 생각할 수 있다. 층밀리기 엷어지기 유체는 바탕액체에 분산된 고체입자들의 개수밀도(number density)가 낮은 경우로 페인트나 잉크가 이에 해당한다. 페인트칠할 때를 생각해보면 붓에 의한 강한 층밀리기 응력에 의해 층밀리기 점성이 감소하여 칠하기 좋지만 일단 칠해지고 나면 수직 벽에 얇은 막의 형태로 자신의 무게에 의한 약한 층밀리기 응력만을 느낀다. 이때는 점성이 증가하여 벽에서 잘 흐르지 않는다. 층밀리기 엷어지기 유체와 반대의 성질을 가지고 있는 층밀리기 짙어지기 유체는 응력의 크기가 증가함에 따라 점성계수가 증가한다. 이 유체는 바탕액체에 분산된 고체입자들의 개수밀도가 높은 경우로 입자들의 모양이나 입자들끼리의 상호작용이 중요한 역할을 한다. 녹말 반죽이 좋은 예로 가만히 두면 중력에너지를 낮추는 방향으로 천천히 흐르지만, 벽을 향해 던지면 충돌 순

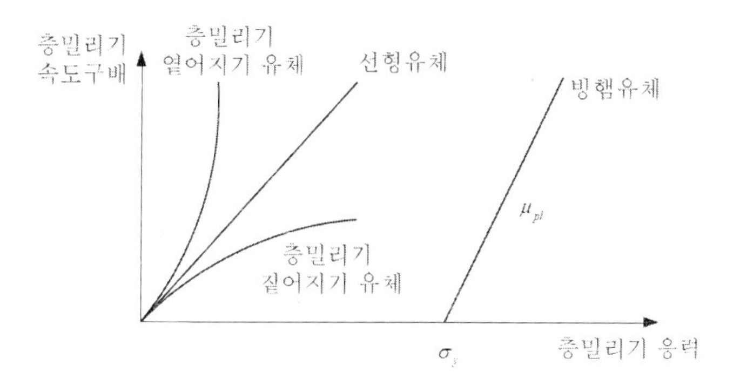

그림 15.1 비선형유체의 분류와 층밀리기 응력에 따른 유체의 층밀리기 속도구배

간에 강한 층밀리기 응력에 의해 점성이 순간적으로 증가하여 딱딱한 고체처럼 반응한다. 그림 15.1은 가해주는 층밀리기 응력에 대한 유체의 층밀리기 속도구배에 따른 비선형유체의 분류를 보여주고 있다.

많은 층밀리기 옅어지기 유체는 층밀리기 응력에 대한 완화반응이 시간에 따라 변하는 성질을 가지고 있다. 이러한 비선형유체를 **요변성유체**(thixotropic fluids)라 한다. 그러므로 요변성유체는 고정된 응력 아래에서 점성계수가 시간에 따라 감소한다. 농축된 고분자용액이나 분산용액들이 이러한 성질을 띤다. 요변성유체의 대표적인 예로 케첩을 들 수 있다. 케첩 병을 기울이면 처음에는 케첩이 느리게 흘러나오지만, 곧 흘러내리는 속도가 증가한다. 그러므로 케첩을 잘 흐르게 하려면 보통 케첩 병을 아래위로 몇 번 흔든 후에 병을 기울이면 케첩이 잘 흐르는 것을 볼 수 있다. 이는 처음에는 케첩을 이루고 있는 분자들이 마구잡이로 분포되어 있어서 흐름에 대한 저항이 크지만, 곧 흐름 방향으로 배열을 하게 되어서 저항이 감소한다.

15.2 점성과 탄성

고체는 물체에 힘을 가해 변형시키면 원래 상태로 돌아가려는 탄성의 성질을 가지고 있다. 이에 반해서 유체의 경우에는 층밀리기 변형을 가하면 가한 에너지 소산이 큰 방향으로 흐르는 점성의 성질을 가지고 있다. 그러나 비선형유체는 액체와 고체의 성질을 다 가지고 있으므로 **탄성**(elasticity)과 **점성**(viscosity)이 모두 중요하다. 이러한 비선형유체의 성

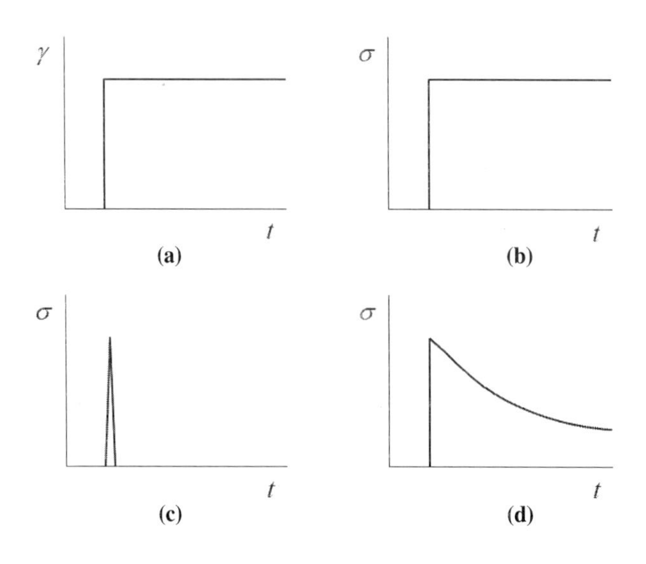

그림 15.2 일정한 크기의 층밀리기 변형을 물체에 가했을 때(a), 물질의 종류에 따른 층밀리기 응력의 시간변화: 고체(b), 선형유체(c), 비선형 유체(d).

질을 **점탄성**(viscoelasticity)이라 한다. 그림 15.2는 물질에 따른 이러한 성질들을 잘 보인다. (a)는 일정한 크기의 층밀리기 변형(shear strain) γ를 물체에 계속해서 가하는 것을 시간에 따라 보인 것이다. 이와 같은 층밀리기 변형 아래에서 (b)는 고체의 경우에, (c)는 선형유체의 경우에 층밀리기 응력을 시간에 따라 보인 것이다. 이에 반해 (d)는 비선형유체의 경우에 층밀리기 응력으로서 고체와 선형유체의 성질을 동시에 보인다.

참고

층밀리기 변형과 속도구배(층밀리기율)

층밀리기 변형(shear strain)은 다음과 같이 정의되는 텐서이다.

$$\gamma_{ij} \equiv \frac{\partial x_i}{\partial x_j}, \qquad i \neq j$$

이에 반해 **층밀리기 속도구배**(velocity gradient)는 다음과 같이 정의되는 텐서로서

$$\dot{\gamma}_{ij} \equiv e_{ij} = \frac{\partial u_i}{\partial x_j}, \qquad i \neq j$$

층밀리기율(shear rate)이라고도 불린다.

고체의 경우에 층밀리기 변형 γ의 크기가 작을 때의 층밀리기 응력은 고체가 가지고

있는 탄성의 성질 때문에

$$\sigma = G\gamma \tag{15.2}$$

이다. 이 구성식은 **후크의 법칙**(Hooke's law)이라고 알려져 있으며, G는 **탄성률**(elastic modulus) 혹은 **영율**(Young's modulus)이라 불린다. 이는 그림 15.3(a)에 있는 스프링의 성질과 비슷하다. 이에 반해 선형유체의 경우에는 점성의 성질 때문에 층밀리기율 $\dot{\gamma}$의 크기가 작을 때의 층밀리기 응력은

$$\sigma = \mu\dot{\gamma} \tag{15.3}$$

이다. 이 식은 식 (1.38)에서 보였듯이 **뉴턴의 마찰법칙**(Newton's law of friction)이라 한다. 그림 2.11(c)에서 보인 서로 미끄러지는 두 개의 평행한 평면판 사이의 흐름에서 층밀리기율은 정상상태에서는 두 평면판의 상대속도 u_o를 평면판 사이의 간격 L로 나눈 $\dot{\gamma} = u_o/L$ 이다. 그림 15.3(b)에 있는 대시포트(dashpot)에서 피스톤을 움직이려면 계로부터 저항을 느끼므로 에너지를 소모한다. 이는 유체에서 에너지를 소산하는 점성의 성질과 비슷하다. 스프링을 늘이는 과정은 가역적이고 에너지가 보존되지만, 대시포트의 피스톤을 움직이는 과정은 비가역적이며 에너지가 보존되지 않는다. 그리고 후크의 법칙은 응력과 변형 사이의 관계가 순간적인 비례관계이나 뉴턴의 마찰법칙에서는 미분 속에 시간이 포함되어 있어서 응력과 변형 사이의 관계가 시간에 따라 달라진다.

층밀리기 변형과 층밀리기율이 식 (15.2)와 식 (15.3)과 같이 층밀리기 응력에 각각 선형적으로 비례하는 성질을 **선형점탄성**(linear viscoelasticity)이라 한다. 변형의 크기가 큰 경우에 해당하는 **비선형점탄성**(nonlinear viscoelasticity)은 너무 복잡하고 이 책의 수준을 벗어나므로 여기서는 선형점탄성에 관해서만 기술한다.

비선형유체 입자의 움직임은 해당 유체입자의 이전의 이력(history)에 의존한다. 그러

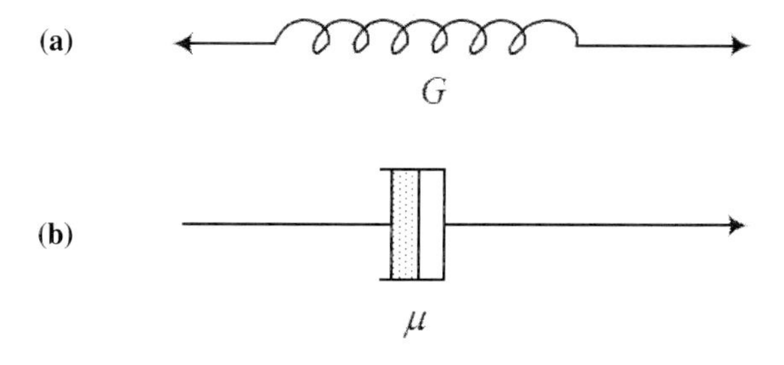

그림 15.3 탄성률과 스프링(a), 점성계수와 대시포트(b)

므로 비선형유체에 이전 시간 $t'(t' < t)$에 t'에서 $t' + \mathrm{d}t'$ 동안 가한 변형의 변화 $\dot{\gamma}\mathrm{d}t'$에 의해 발생한 층밀리기 응력이 시간 $t - t'$ 동안에도 완전히 없어지지 않고 완화되어 시간 t에 남아있는 층밀리기 응력이

$$\mathrm{d}\sigma(t) = \phi(t - t')\dot{\gamma}(t')\,\mathrm{d}t' \tag{15.4}$$

라고 가정하자. 만약 변형의 크기가 작다면 시간 t의 층밀리기 응력은 이전 $(-\infty < t' < t)$에 가한 모든 변형에 의한 잔류응력들의 선형 합이겠다. 그러므로 시간 t에 층밀리기 응력은

$$\sigma(t) = \int_{-\infty}^{t} \phi(t - t')\dot{\gamma}(t')\,\mathrm{d}t' \tag{15.5}$$

이다. 여기서 $\phi(t - t')$의 크기는 일반적으로 시간이 지남에 따라[$t - t'$의 크기가 커짐에 따라] 감소하므로 **기억함수**(memory function)라 불리며 점성계수와는 다른 물리량이다.

기억함수의 특성완화시간이 클 때는[그림 15.2(b)에 해당] 식 (15.5)는 고체의 경우인 식 (15.2)로 바꿀 수 있다. 그에 반해 기억함수의 특성완화시간이 짧을 때는[그림 15.2(c)에 해당] 식 (15.5)는 선형유체의 경우인 식 (15.3)으로 바꿀 수 있다[연습문제 15.1 참조]. 그러나 일반적으로 비선형유체의 기억함수를 모르므로 식 (15.5)를 사용하지 않고 비선형유체의 구성식은 탄성을 설명하는 식 (15.2)와 점성을 설명하는 식 (15.3)을 병렬로 결합한 켈빈 모델과 직렬로 결합한 맥스웰 모델을 이용한다. 실제의 비선형유체는 이들 모델보다 훨씬 복잡한 경우가 많으므로 이들 모델의 결합으로 설명하기도 한다.

켈빈 모델

점탄성을 설명하는 가장 간단하고 기본적인 모델은 탄성에 의한 변형과 점성에 의한 변형이 같은 크기로 동시에 일어나는 경우이다. 켈빈(Lord Kelvin, William Thomson, 1824~1907)과 보이트(Woldemar Voigt, 1850~1919)는 이를 설명하기 위해 그림 15.4(a)와 같이 이상적인 스프링이 대시포트에 병렬로 연결된 모델을 제안하였다. 이 경우에 총 응력은 스프링의 응력(σ_G)과 대시포트(σ_μ)의 응력의 합과 같다.

$$\begin{aligned} \sigma(t) &= \sigma_G + \sigma_\mu \\ &= G\gamma + \mu\dot{\gamma} \end{aligned} \tag{15.6}$$

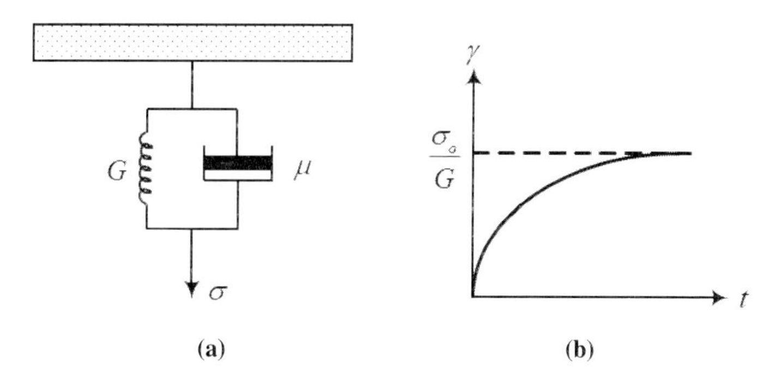

그림 15.4 켈빈 모델(a)에서 시간에 따른 계의 변형(b)

만일 $t=0$ 인 순간에 점탄성유체에 일정한 응력 σ_o 을 갑자기 가한 후에 유지되고 있는 경우를 생각해보자. 이때 계의 변형은

$$\gamma = \frac{\sigma_o}{G}[1-\exp(-Gt/\mu)] \tag{15.7}$$

로서 μ/G 의 특성완화시간을 가지고 완화된다[그림 15.4(b) 참조]. 이는 고체(스프링)의 경우에는 응력이 가해지면 탄성에 의해 즉시 변형이 생기지만 비선형유체는 점성(대시포트)에 의해 변형이 천천히 진행되기 때문이다.

맥스웰 모델

점탄성을 설명하는 다른 기본 모델은 맥스웰(James Clerk Maxwell, 1831~1879)이 제안한 것으로 그림 15.5(a)와 같이 이상적인 스프링이 대시포트에 직렬로 연결된 경우이다. 이 경우에 스프링과 대시포트에 가해지는 응력의 크기는 똑같으며 총 층밀리기율은 스프링의 층밀리기율($\dot{\gamma}_G$)과 대시포트의 층밀리기율($\dot{\gamma}_\mu$)의 합과 같다.

$$\dot{\gamma} = \dot{\gamma}_G + \dot{\gamma}_\mu \tag{15.8}$$

$$= \frac{\dot{\sigma}}{G} + \frac{\sigma}{\mu}$$

만일 $t=0$ 인 순간에 점탄성유체에 일정한 층밀리기율 $\dot{\gamma}_o$ 를 갑자기 가한 후에 계속 유지하고 있는 경우를 생각해보자. 이때 계의 응력은

$$\sigma = \mu\dot{\gamma}_o[1-\exp(-Gt/\mu)] \tag{15.9}$$

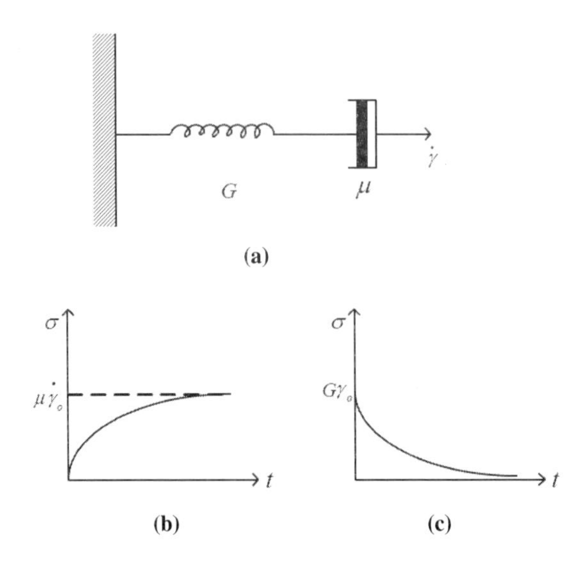

그림 15.5 맥스웰 모델(a)에서의 계의 응력. (b)는 일정한 층밀리기율 $\dot{\gamma}_o$ 을 가한 경우이고, (c)는 일정한 변형 γ_o 을 가한 경우이다.

로서 μ/G 의 특성완화시간을 가지고 완화된다[그림 15.5(b) 참조].

이와는 달리 만일 $t=0$ 인 순간에 점탄성유체에 일정한 변형 γ_o 를 갑자기 가한 후에 계속 유지하고 있는 경우에는 계의 응력이 시간에 따라 지수적으로 감소한다[그림 15.5(c) 참조].

$$\sigma = G\gamma_o \exp(-Gt/\mu) \tag{15.10}$$

이는 그림 15.5(a)에서 대시포트의 실린더를 오른쪽에서 잡아당기는 것은 변형을 가하는 것을 뜻한다. 만일 실린더를 갑자기 그리고 빨리 오른쪽으로 잡아당기면 스프링은 즉각적으로 반응을 하여 늘어나지만, 피스톤은 즉시 반응하지 않고 천천히 늘어나겠다. 이에 반해 실린더를 천천히 당기면 스프링의 움직임의 양은 적어지고 피스톤의 움직임이 두드러진다. 이러한 성질은 짧은 자극에는 계가 고체처럼 행동하지만 긴 시간에 걸쳐 천천히 가하는 자극에는 계가 액체처럼 행동하는 것을 의미한다.

탄성과 점성의 동적 특성의 측정

지금까지는 일정한 크기의 변형이나 응력을 가한 후에 선형점탄성 유체의 완화과정을 논의했다. 여기서는 가하는 변형이나 응력이 특정한 진동수를 가지고 시간에 따라 변할 때 선형점탄성 유체의 **동적 완화과정**을 논의하겠다.

쿠엣 흐름을 이용하여 점성계수를 측정하는 그림 3.13의 쿠엣 점성계수 측정기와 비슷한 방법으로 유체의 점성계수를 측정하는 장치로 **원추판형 점도계**(cone-and-plate viscometer)가 있다[연습문제 3.7 참조]. 그림 15.6에 보이는 바와 같이 원추의 끝이 평면판을 마주치게 한 후에 원추를 회전시키면 정상상태에서 평면판과 원추의 표면 사이에 있는 유체에 일정한 크기의 층밀리기 응력을 가할 수 있다. 이 그림에서 빗금을 친 부분은 유체를 뜻한다. 원추판형 점도계는 작은 크기의 회전진동을 만들어 유체에 가해지는 층밀리기 응력의 크기를 주기적으로 변화시킬 수 있다.

원추가 축을 중심으로 진동수 ω 인 각속도 $\alpha(t)=-\alpha_o \sin\omega t$ 로 회전 진동하는 경우를 생각해보자. 여기서 $\omega=0$ 인 경우는 원추가 한쪽으로 일정한 각속도 α_o 로 회전하는 것에 해당한다. 그림 15.6에서 원추의 표면이 평면판과 이루는 각이 θ 일 때 **층밀리기율**은

$$\dot{\gamma} = \frac{\alpha}{\tan\theta} = -\frac{\alpha_o \sin\omega t}{\tan\theta} = -\gamma_o \omega \sin\omega t \tag{15.11}$$

이다. 이때 **층밀리기 변형**은 층밀리기율을 적분하면 구할 수 있다.

$$\gamma = \frac{\alpha_o}{\omega}\frac{\cos\omega t}{\tan\theta} = \gamma_o \cos\omega t \tag{15.12}$$

여기서

$$\gamma_o \equiv \frac{\alpha_o}{\omega \tan\theta} \tag{15.13}$$

로 **변형의 크기**(strain amplitude)로 부른다.

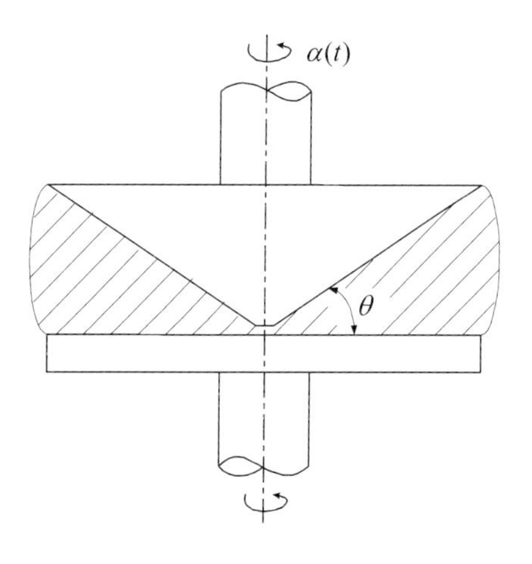

그림 15.6 원추판형 점도계

변형의 크기가 작을 때($\gamma_o \ll 1$) 비선형유체의 구성식은 켈빈 모델과 맥스웰 모델을 이용하여 분석할 수 있다. **켈빈 모델**을 이용하면 식 (15.6)은

$$\begin{aligned} \sigma(t) &= G\gamma + \mu\dot{\gamma} \\ &= G\gamma_o \cos\omega t - \mu\gamma_o\omega \sin\omega t \\ &= \gamma_o [G'(\omega)\cos\omega t - G''(\omega)\sin\omega t] \end{aligned} \tag{15.14}$$

이다. 여기서 오른쪽 첫 번째 항은 비선형유체의 탄성에 의한 효과를 나타낸다. 대표적인 탄성물질인 스프링은 압축하거나 잡아당기면 계에 에너지가 축적된다. 그러므로 $G'(\omega)$는 **저장탄성률**(storage modulus)이라 부른다. 이에 반해 오른쪽 두 번째 항은 비선형유체의 점성에 의한 효과를 나타낸다. 대시포트와 점성물질은 층밀리기에 의해 에너지 소산을 하므로 $G''(\omega)$는 **손실탄성률**(loss modulus)이라 부른다. 식 (15.11)과 식 (15.12)를 보면 층밀리기변형과 층밀리기율은 서로 간에 위상이 $\pi/2$ 만큼 다르므로 두 개의 탄성률을 복소평면에서 한꺼번에 표시하여 **복소탄성률**(complex modulus)을 정의할 수 있다. 복소탄성률은 **동적탄성률**(dynamic modulus)이라고도 불린다.

$$G^*(\omega) = G'(\omega) + iG''(\omega) \tag{15.15}$$

그러므로 켈빈 모델에서는

$$G' = G, \quad G'' = \omega\mu \tag{15.16}$$

이다. 그림 15.7(a)는 켈빈 모델의 결과인 식 (15.16)을 이용한 진동수에 따른 저장탄성률과 손실탄성률이다. 이에 따르면 진동수 $\omega = G/\mu$ 에서 $G' = G''$ 이다.

위와 비슷한 방법을 이용하여 식 (15.8)의 **맥스웰 모델**에서 저장탄성률과 손실탄성률을 구할 수 있다.

$$G' = \frac{G(\mu/G)^2\omega^2}{1+\omega^2(\mu/G)^2}, \qquad G'' = \frac{\omega\mu}{1+\omega^2(\mu/G)^2} \tag{15.17}$$

이 식들에서 μ/G는 식 (15.9)와 식 (15.10)에서 설명한 특성완화시간이다. 그러므로 진동수 ω가 증가함에 따라 저장탄성률 G'은 증가하다가 $\omega = G/\mu$인 지점 근처에서부터 포화된다. 그와 반대로 손실탄성률 G''은 $\omega = G/\mu$ 근처에서 극댓값을 가진다. 그림 15.7(b)는 맥스웰 모델의 결과인 식 (15.17)을 이용한 진동수에 따른 저장탄성률과 손실탄성률이다.

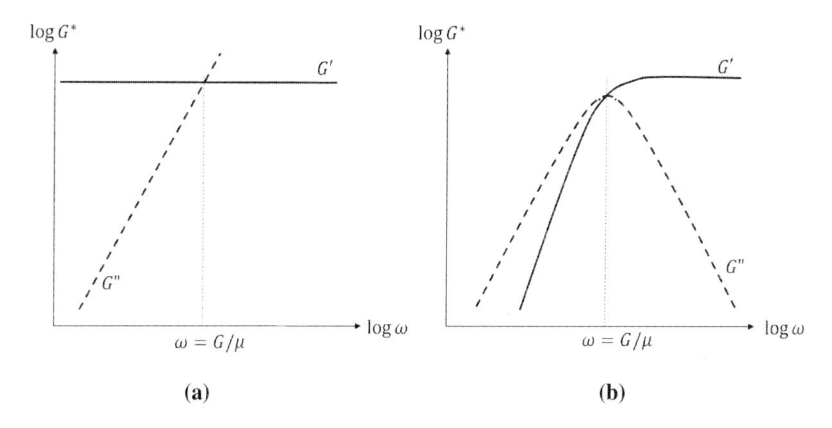

그림 15.7 진동수에 따른 저장탄성률과 손실탄성률: (a) 켈빈 모델, (b) 맥스웰 모델

식 (15.15)에서 복소탄성률을 정의하는 것과 비슷하게 **복소점성계수**(complex viscosity)를 정의하기도 한다.

$$\mu^*(\omega) = \mu'(\omega) - i\mu''(\omega) = \frac{G^*(\omega)}{i\omega} \tag{15.18}$$

여기서 실수 성분인 $\mu' = G''/\omega$ 는 ω가 0으로 가는 한계에서 시간과 관계없는 물리량으로 뉴턴이 정의한 층밀리기 점성계수이다$\left(\lim_{\omega \to 0} \mu' = \mu\right)$. 그리고 허수 성분인 $\mu'' = G'/\omega$는 ω가 0으로 가는 한계에서 0이다. 여기서 복소탄성률은 $\sigma(t) = G^*(\omega)\gamma(t)$의 모양으로 정의되는 데 반해 복소점성계수는 $\sigma(t) = \mu^*(\omega)\dot{\gamma}(t)$의 모양으로 정의됨을 유의하라.

이렇게 층밀리기 변형과 층밀리기율이 층밀리기 응력에 각각 선형적으로 비례하는 경우를 **선형점탄성 영역**(linear viscoelastic regime)이라 한다. 이러한 선형분석은 층밀리기변형의 크기가 1% 이하로 작고 층밀리기율의 크기가 매우 작은 경우에만 적용할 수 있다.

15.3 비등방성

흐름에 의한 유체의 팽창과 수축이 작아서 부피점성계수를 무시할 수 있는 경우($\zeta = 0$)에 **선형유체의 구성식**은 식 (2.87)을 이용하면 다음과 같다.

$$\sigma_{ij} = -p\delta_{ij} + \mu\left[\left(\frac{\partial u_i}{\partial x_j} + \frac{\partial u_j}{\partial x_i}\right) - \frac{2}{3}\delta_{ij}(\nabla \cdot u)\right] \tag{15.19}$$

2장에서 이 식을 유도하는 데 있어 사용한 가정 가운데 하나는 유체가 등방성의 성질을 가지고 있는 것이었다. 등방성이란 좌표계의 회전에도 계의 물리적 성질이 변하지 않는 것이다. 다시 말해 특별한 방향성이 없는 것을 뜻한다. 그렇다면 특별한 방향성이 있는 비등방성유체는 어떤 물리적 성질을 띨까? 비선형유체는 일반적으로 유체 자체가 비등방성의 성질을 가지거나 응력이 가해지면 비등방성의 성질을 가진다. 이에 반해 선형유체는 흐름이 없는 경우에 등방성의 성질을 가지나 응력이 가해질 때는 매우 짧은 시간 동안만 비등방성이다가 완화과정을 통해 등방성으로 변한다. 비등방성유체는 정지상태에서도 방향이나 위치에 있어 장거리 질서가 있을 수 있다. 이의 대표적인 예가 15.6절에서 소개하는 액정이다.

단축성유체

특별한 방향으로만 특별한 성질을 가지는 비등방성유체에서 이러한 특별한 방향을 **방향자**(director)라고 한다. 한 방향으로만 방향성이 있는 **단축성유체**(uniaxial fluid)에서 방향자가 z 축을 향하는 특별한 경우를 생각해보자. 이런 경우에는 xy 평면은 방향자와 수직으로 등방성의 성질을 가지므로 선형유체의 구성식을 적용할 수 있다. 그러므로 식(2.31)에 의해 $\sigma_{12} = \sigma_{21}$이다.

$$\sigma_{12} = \sigma_{21} = \mu_3\left(\frac{\partial u}{\partial y} + \frac{\partial v}{\partial x}\right) \tag{15.20}$$

여기서 μ_3는 선형유체의 점성과 같다. 그러나 z 축을 포함하고 있는 평면에서는 유체의 방향성 때문에 층밀리기 응력이 대칭 성질을 가지지 않는다($\sigma_{3i} \neq \sigma_{i3}$). 2.4절에서 보인 응력텐서의 대칭 성질은 유체의 부피소에 외부 회전력이 직접적으로 가해지지 않은 경우로 흐름에 의한 층밀리기 응력 자체로서는 유체입자에 회전력을 가할 수 없다. 그러나 외부에서 유체의 부피소에 회전력이 가해지거나 유체가 비등방성을 띠면 이들에 의한 유체입자의 회전은 층밀리기 응력에 의한 것이 아니다. 그러므로 $\sigma_{3i} \neq \sigma_{i3}$ 이다. 그리고 xy 평면의 등방성 때문에 x 방향과 y 방향이 동등하므로 σ_{31}과 σ_{32}의 모양이 비슷하고 같은 이유로 σ_{13}과 σ_{23}의 모양이 비슷하다. 그러므로 방향자가 z 축을 향하는 단축성유체의 경우에 층밀리기 응력의 나머지 성분은 다음과 같이 표현된다.

$$\sigma_{31} = \mu_2\frac{\partial u}{\partial z} + \mu_4\frac{\partial w}{\partial x} \tag{15.21}$$

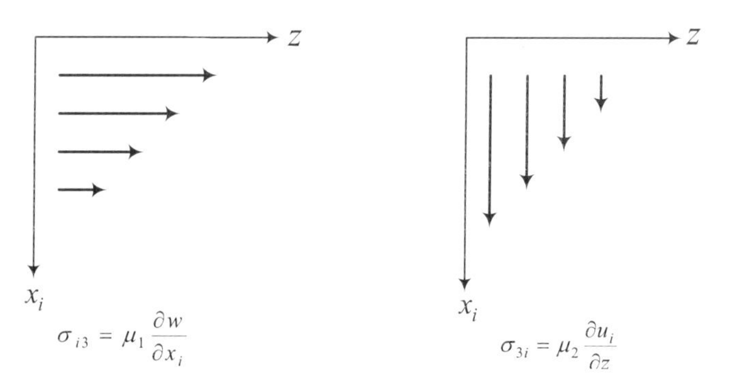

그림 15.8 단축성유체의 두 가지 경우

$$\sigma_{32} = \mu_2 \frac{\partial v}{\partial z} + \mu_4 \frac{\partial w}{\partial y} \tag{15.22}$$

$$\sigma_{13} = \mu_4 \frac{\partial u}{\partial z} + \mu_1 \frac{\partial w}{\partial x} \tag{15.23}$$

$$\sigma_{23} = \mu_4 \frac{\partial v}{\partial z} + \mu_1 \frac{\partial w}{\partial y} \tag{15.24}$$

여기서 μ_1은 그림 15.8(a)와 같이 흐름방향이 방향자와 나란하고 x_i의 방향이 방향자와 수직인 경우에 층밀리기 응력 σ_{i3}의 성분 가운데 층밀리기율 $\partial w/\partial x_i$의 점성계수이다. 그리고 μ_2는 그림 15.8(b)와 같이 흐름방향이 x_i의 방향이고 방향자와 수직일 때 층밀리기 응력 σ_{3i}의 성분 가운데 층밀리기율 $\partial u_i/\partial z$의 점성계수이다. 여기서 σ_{23}에 대한 식에서 $\partial v/\partial z$의 계수와 σ_{32}에 대한 식에서 $\partial w/\partial y$의 계수, 그리고 σ_{13}에 대한 식에서 $\partial u/\partial z$의 계수와 σ_{31}에 대한 식에서 $\partial w/\partial x$의 계수 모두가 μ_4로 같은 것은 이 책의 수준을 넘으므로 여기서 설명을 하지 않고 그냥 받아들이기로 하자.

수직응력($i = j$)의 세 성분은 다음과 같다.

$$\sigma_{11} = -p + \frac{2}{3}\left(2\mu_3 \frac{\partial u}{\partial x} - \mu_3 \frac{\partial v}{\partial y} - \mu_5 \frac{\partial w}{\partial z}\right) \tag{15.25}$$

$$\sigma_{22} = -p + \frac{2}{3}\left(-\mu_3 \frac{\partial u}{\partial x} + 2\mu_3 \frac{\partial v}{\partial y} - \mu_5 \frac{\partial w}{\partial z}\right) \tag{15.26}$$

$$\sigma_{33} = -p + \frac{2}{3}\left(-\mu_3 \frac{\partial u}{\partial x} - \mu_3 \frac{\partial v}{\partial y} + 2\mu_5 \frac{\partial w}{\partial z}\right) \tag{15.27}$$

여기서 방향자 방향의 속도구배 $\partial w/\partial z$ 앞에 붙는 점성계수는 μ_5로 정의했다. xy 평면상에서 속도구배는 앞에서 설명한 대로 등방성을 유지하므로 μ_3를 그냥 사용한다. 식 (15.21)~(15.27)에서 보인 비선형유체의 응력들은 선형유체의 경우에는 모든 점성계수가 μ 가 되므로 선형유체의 구성식인 식 (15.19)와 일치한다.

지금까지는 방향자가 z 축을 향하는 단축성유체의 경우를 생각하였으나 방향자가 x 나 y 축인 단축성유체에서도 같은 방법으로 응력을 구할 수 있다. 선형유체의 경우는 층밀리기 점성계수가 한 개 뿐이나 단축성유체의 경우에 층밀리기 점성계수의 수가 다섯 개이다. 그러므로 방향성이 여러 개인 **복축성유체**(multiaxial fluid)의 경우는 점성계수의 수가 훨씬 많아진다.

참고

비등방성유체에서의 자유도

등방성 선형유체에서는 식 (2.84)에서 볼 수 있듯이 응력텐서와 변형률 사이의 관계에 있어 2개의 자유도, 즉 층밀리기 점성계수와 부피 점성계수가 있다. 그러나 **비등방성유체**의 경우에는 등방성유체보다 대칭성이 적으므로 식 (2.84)를 유도할 때 81개의 자유도에서 2개의 자유도로 줄일 때의 과정을 이용할 수 없어 자유도의 개수가 크다. 즉, 비등방성유체에서는 점성계수의 수가 많아진다.

신장흐름

식 (15.25)~(15.27)을 이용하면 단축성 비선형유체에서도

$$1/3\sum\sigma_{ii} = -p \tag{15.28}$$

이다. 즉 식 (2.89)에서 정의한 역학적 압력은 열역학적 압력과 같다. 유체가 방향자 방향으로 늘어나는 정도를 나타내기 위해 z 방향으로 수직응력과 x 방향, y방향의 수직응력의 평균과의 차이를 구해보자. 만일 비압축성유체만 고려하면 $\nabla \cdot u = 0$ 이므로 단축성 유체의 경우에 식 (15.25)~(15.27)로부터 수직응력의 차이는

$$\sigma_{33} - \frac{1}{2}(\sigma_{11} + \sigma_{22}) = (\mu_3 + 2\mu_5)\frac{\partial w}{\partial z} \equiv \mu_{\text{ext}}\frac{\partial w}{\partial z} \tag{15.29}$$

이다. 여기서 왼쪽 항들을 통틀어 **신장응력**(extensional stress)라 부르고 오른쪽 항의 속도구배를 **신장변형도율**(extensional strain rate)이라 한다. 그리고 비례상수를 **신장점성계수** (extensional viscosity 혹은 elongational viscosity)

$$\mu_{\text{ext}} = \mu_3 + 2\mu_5 \tag{15.30}$$

라 한다. 또한 유체의 신장점성계수와 층밀리기 점성계수의 비인 μ_{ext}/μ를 **토루톤 비**(Trouton ratio)라 부른다. 층밀리기 점성계수가 층밀리기에 저항하는 정도를 나타낸 것이라면, 신장점성계수는 특정한 방향으로 늘어나는 것(신장)에 저항하는 정도를 나타낸 것이다. 선형유체에서는 등방성 때문에 $\mu_3 = \mu_5 = \mu$이므로 등방성 선형유체의 신장점성계수는 등방성 선형유체의 층밀리기 점성계수 μ 의 3배이다. 그러므로 등방성 선형유체의 토루톤 비는 3이다. 선형유체에서는 층밀리기 흐름(shear flow)이나 **신장흐름**(extensional flow) 아래에서 탄성에너지를 축적하지 않는다. 그러나 일반적인 비선형유체에서는 완화하는 데 긴 시간이 필요하므로 에너지의 소산뿐만 아니라 탄성에너지의 축적이 일어난다. 그러므로 일반적으로 비선형유체의 신장점성계수는 단축성유체의 경우보다 크다. 15.4절에서 소개하는 고분자유체의 경우에 신장점성계수의 크기는 $3\mu \sim 10^4\mu$ 정도이다.

그림 15.9와 같은 신장흐름을 생각해보자. 이 그림은 4개의 실린더를 2개씩 나누어서 둘 사이에 비선형유체를 넣은 후 실린더를 화살표 방향으로 일정한 각속도로 회전시켜 비선형유체를 양쪽에서 잡아당기는 경우이다. 양쪽 끝 사이의 거리가 L_o이고 각 끝에서 실린더에 의해서 잡아당기는 속도가 V_o라 하면 실제로 비선형유체를 당기는 속도는 $2V_o$이다. 이 경우에 잡아당기는 방향을 z 방향으로 정할 경우는 **신장변형도율**이 $\partial w/\partial z = 2V_o/L_o$로 일정한 크기를 가진다. 이 경우에 식 (15.29)는 다음과 같아진다.

$$\sigma_{33} - \frac{1}{2}(\sigma_{11} + \sigma_{22}) \equiv 2\mu_{\text{ext}} V_o/L_o \tag{15.31}$$

만일 비선형유체로 고분자유체를 사용하면 잡아당기는 방향으로 양쪽으로 늘일 때 신장응력에 의해 시간이 흐름에 따라 유체의 잡아당기는 방향으로 단면적이 감소한다. 동시에 원래 등방적으로 분포하던 고분자 입자들이 잡아당기는 방향으로 늘어선다. 즉 등방성을

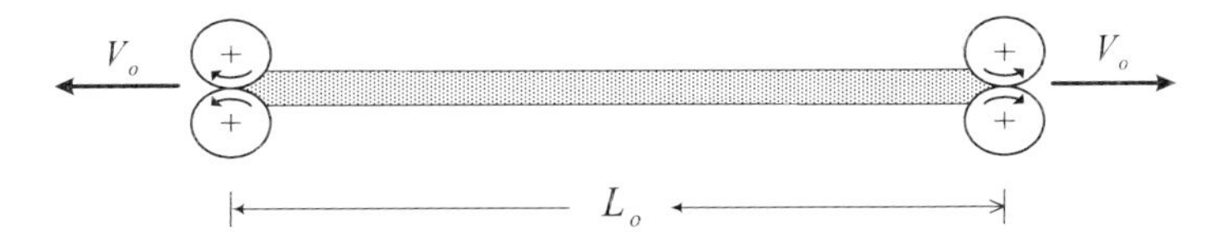

그림 15.9 신장변형도율의 크기를 일정하게 유지시키는 신장흐름 장치

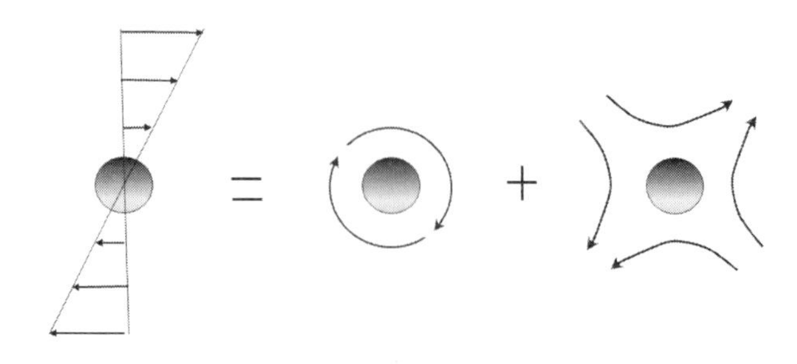

그림 15.10 층밀리기 흐름 속에서 구

띠던 고분자유체가 잡아당기는 방향을 방향자로 하는 비등방성유체로 바뀐다.

층밀리기 흐름 속에서의 회전타원체

구형의 입자가 층밀리기흐름 속에 있으면 어떻게 될까? 그림 15.10은 간단한 층밀리기 흐름 속에 구 입자가 있는 것을 보인다. 여기서 오른쪽 그림은 속도구배가 회전율과 변형률의 합으로 기술했던 식 (2.43)과 그림 2.8과 같은 내용이다. 구의 표면에서는 점착 조건을 만족해야 하므로 구 입자는 시계방향으로 회전을 한다. 그러나 변형률은 구 입자의 움직임에 큰 역할을 하지 못한다.

이에 반해 한쪽 길이가 큰 **회전타원체**(prolate spheroid)가 층밀리기 흐름 속에 있는 경우를 생각해보자. 그림 15.11과 같이 타원체의 장축(major axis) 방향이 2차원 유체의 xy 평면상에 있는 경우를 생각해보자. 이 그림에서는 타원체의 질량중심이 유체의 평균속도로 흘러간다고 가정하고 타원체의 중심을 원점으로 하여 유체의 평균흐름을 무시했다. 이 경우에는 회전율 뿐만 아니라 변형률도 역할을 한다. 타원체의 윗부분($y > 0$)은 $+x$ 방향으로 층밀리기 성분의 흐름이 밀고, 타원체의 아랫부분($y < 0$)은 $-x$ 방향으로 층밀리기 성분의 흐름이 당기므로 짝힘에 의해 $-z$ 방향으로 회전력이 발생하여 타원체는 z 축을 중심으로 시계방향으로 계속해서 회전할 것이다. 보통의 타원체 경우는 장축이 흐름 방향(x 축)과 나란한 경우에는 천천히 회전하다가 장축의 방향이 흐름 방향과 각을 이루면 빨리 회전한다. 그러나 타원체가 임의의 단축방향으로 눌려서 아주 가늘고 긴 막대 모양의 경우나 아주 얇은 디스크 모양의 경우는 회전하다가 장축이 흐름방향과 나란해지면 회전을 멈춘다.

그러나 입자의 크기가 작아지면 층밀리기 흐름에 의한 회전력 효과보다 9.5절에서 소개한 열적 확산 효과가 중요해진다. 그러나 가로세로 비(aspect ratio)가 10보다 크고 장

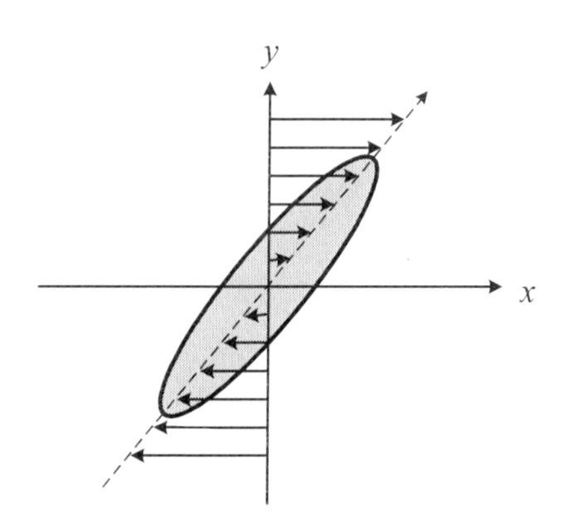

그림 15.11 층밀리기 흐름 속에서 회전타원체

축의 길이가 10 μm 이상일 경우에는 열적 확산 효과를 무시할 수 있다. 또한 입자들의 개수밀도(number density)가 커지면 입자들 사이의 거리가 가까워지면서 입자들 사이의 상호작용이 중요해져 흐름의 성질이 변한다.

그러므로 흐름이 없거나 층밀리기가 없는 흐름에서는 회전타원체의 장축의 방향이 마구잡이 하다가 층밀리기 흐름에서는 회전타원체의 장축이 한쪽으로만 회전하므로 회전타원체 입자들의 개수밀도가 높은 유체는 층밀리기흐름이 되면 비등방성을 띤다. 위의 등방성을 띠던 고분자유체가 신장흐름에서 잡아당기는 방향을 방향자로 하는 비등방성유체로 바뀌는 현상은 이와 비슷한 현상이다.

15.4 고분자유체

고분자(중합체, polymer)는 화학 단위를 계속해서 반복하면서 사슬 모양으로 선형적으로 연결된 분자량이 10^5에서 10^8 정도의 거대 분자다. 그림 15.12(a)은 에틸렌 단분자가 선형적으로 결합하여 이루어진 폴리에틸렌 고분자이다. 이러한 고분자가 액체 상태이거나 용매에 녹아있을 때 비선형유체의 성질을 가진다. 고분자는 1930년대부터 알려져 있었지만 **고분자유체**(polymeric liquids)의 성질은 플라스틱의 중요성이 알려진 1950년대부터 본격적으로 연구가 시작되었다. 어떤 고분자는 선형모양에서 벗어나서 여러 가지 모양의 가지(branch)를 가지기도 한다[그림 15.12(b) 참조].

```
 H  H  H  H  H  H  H  H
 |  |  |  |  |  |  |  |
-C--C--C--C--C--C--C--C-
 |  |  |  |  |  |  |  |
 H  H  H  H  H  H  H  H
```

```
               CH3       CH3
               |         |
               CH2       CH2
               |         |
CH3—CH2—C—CH2—C—CH2—CH3
               |         |
               CH3       CH2
                         |
                         CH2
                         |
                         CH2
                         |
                         CH3
```

그림 15.12 (a) 선형 고분자(linear polymer) (b) 가지 고분자(branched polymer)

일반적으로 묽은 고분자 용액에서는 흐름이 없는 경우에 각각의 고분자는 엔트로피가 최댓값을 가지기 위해 사슬로 연결된 구조가 뭉쳐서 그림 15.13(a)와 같이 구형의 외관적 부피를 가진다. 그러나 고분자유체가 층밀리기 흐름 속에 있는 경우와 신장흐름에 있는 경우에는 변형이 된다. 그림 15.13(b))에서와 같이 **층밀리기 흐름**에서는 그림 15.11의 회전타원체와 같이 회전하면서 동시에 고분자유체의 신축성 때문에 변형도 생긴다. 흐름 방향과 변형된 고분자의 장축이 나란하지 않을 때는 변형률 때문에 신장되지만 장축이 흐름 방향과 나란해지면서 다시 구형의 모양으로 변하면서 회전은 계속된다. 그러나 이러한 회전보다는 일반적으로 고분자는 회전타원체의 모양으로 흐름 방향보다 약간 층밀리기 방향으로 기울어진 상태로 있는 경우가 많다. 또한 층밀리기율이 크면 클수록 회전타원체의 장축이 길어지면서 흐름방향쪽으로 향한다. 그림 15.13(c)에서와 같이 **신장흐름**에서는 구형의 고분자가 신장 방향으로 펼쳐진다. 신장변형도율이 큰 경우에는 고분자 사슬이 끊어질 수도 있다. 그러므로 등방성이었던 고분자유체는 층밀리기 흐름이나 신장흐름에서 비등방성을 띠게 된다. 고분자유체의 점성계수의 크기는 일반적으로 층밀리기율의 크기에

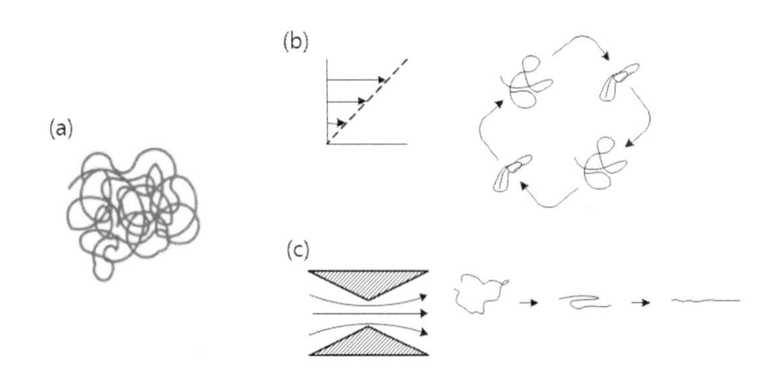

그림 15.13 정지유체(a), 층밀리기흐름(b)와 신장흐름(c)에서의 고분자유체

따라 바뀐다. 쉽게 볼 수 있는 경우가 파이프 흐름이다. 점성계수가 일정한 선형유체에서는 흐름의 속도분포가 포물선의 모양을 띠나[연습문제 3.2 참조] 고분자유체에서는 포물선보다 더 뭉툭한 모양을 띤다[연습문제 15.6 참조].

그림 15.14는 고분자유체가 선형유체와 다른 여러 가지 독특한 성질들을 나열하였다. 각 그림에서 왼쪽은 선형유체의 경우이고 오른쪽은 고분자유체의 경우를 나타낸 것이다. 이 외에도 **항력감소효과**(drag reduction effect)가 있다. 파이프 속을 흐르는 난류흐름의 경우에 고분자용액을 조금만 넣어도 압력손실이 감소하여 유체의 흐름이 쉬워진다. 분자량이 10^6 인 수용성 고분자가 수십에서 수백 ppm인 수용액의 경우에 난류영역에서 파이프흐름의 항력계수가 물의 경우에 비교해서 최대 약 60%나 감소한다. 이는 원유의 장거리 파이프라인이나 소방용 호스의 급수장치 등에 있어서 중요한 역할을 할 수 있다.

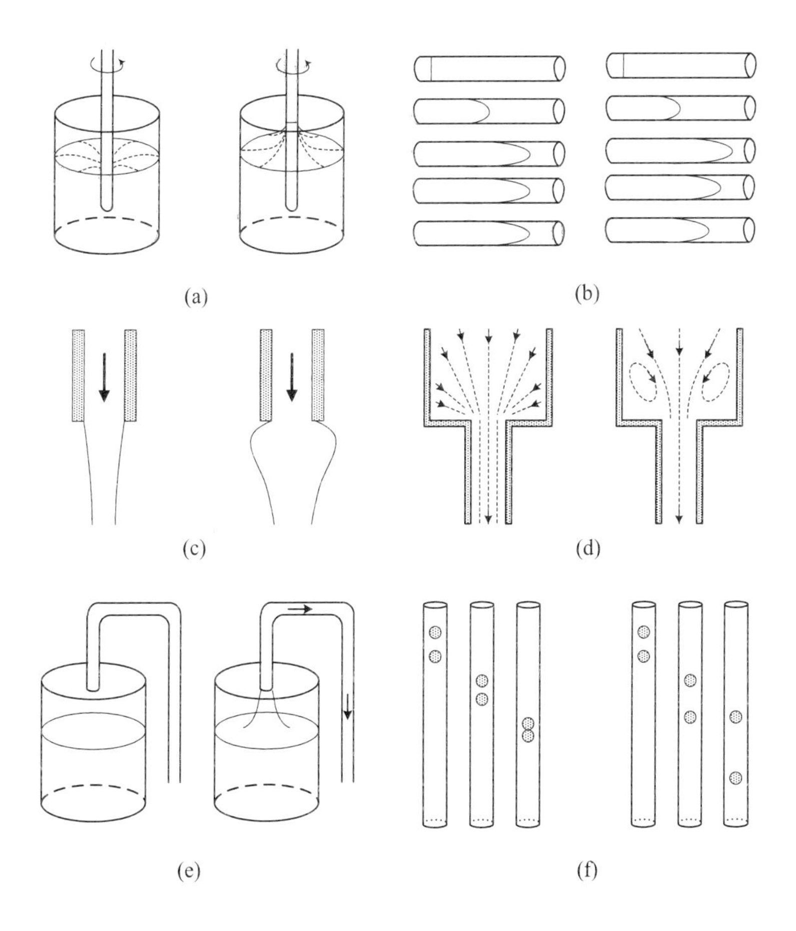

그림 15.14 선형유체와 고분자유체의 서로 다른 성질

표 15.1 그림 15.14의 설명

그림 (a) **막대오름 효과** (rod climbing effect, Weissenberg effect)	회전하는 막대 주위에 있는 선형유체와 고분자유체의 자유표면이 다르다. 선형유체는 막대 주위로 푹 꺼지는 데 비해 고분자유체는 막대를 타고 솟아오른다. 선형유체에서는 막대의 회전이 주위의 유체를 밀쳐낸다[연습문제 3.5 참조]. 그러나 고분자유체의 경우에는 유체가 막대를 향해 지름방향으로 이동하면서 막대 주위의 유체가 막대와 함께 회전한다. 회전속도 u_θ가 막대에서 멀어질수록 감소한다.
그림 (b) **탄성반동 효과** (elastic recoil effect)	실린더 모양의 파이프를 통해 유체를 펌프질하여 오른쪽으로 흘리다가 갑자기 펌프의 작동을 멈추는 경우이다. 그림에서 실선은 $t = 0$ 에 염료(dye)가 시간이 흐름에 따라 어떻게 변형되는가를 보인다. 여기서 위에서 세 번째의 순간에 펌프를 멈추었다고 가정하면 선형유체는 멈추는 순간에 유체도 멈춘다. 그러나 고분자유체는 기억의 효과에 의한 탄성 때문에 멈추기 전에 상류 쪽(왼쪽)으로 어느 정도 돌아간다.
그림 (c) **다이 부풀음 효과** (die swell effect)	좁은 관을 통해 나오는 유체의 모양을 보자. 선형유체는 유체의 단면적이 가늘어지지만, 고분자유체는 유체의 단면적이 커진다. 관의 내부에서는 관의 중앙 부분의 흐름속도가 점착 조건 때문에 속도가 느린 바깥 부분의 흐름보다 빠르므로 층밀리기 응력이 있다. 그러나 관 외부로 나오자마자 선형유체는 층밀리기 응력이 즉시 사라지나 고분자유체의 경우는 관 속에서의 빠른 흐름에 대한 기억 때문에 이를 해소하기 위해 팽창한다.
그림 (d) **소용돌이 증강 효과** (vortex enhance-ment effect)	지름이 큰 파이프에서 작은 파이프로 유체가 천천히 이동하는 경우이다. 선형유체와는 달리 고분자유체는 내부중심(core) 부분과 소용돌이(vortex) 부분으로 구성된다. 유체의 흐름은 내부중심을 통해서 일어나고 소용돌이에 갇힌 유체는 작은 파이프로 이동을 하지 않는다.
그림 (e) **개방된 사이펀 효과** (open-siphon effect)	선형유체는 사이펀(siphon)을 유체의 내부에 넣기 전에는 사이펀을 통해 유체를 흘릴 수 없다. 그러나 고분자유체는 사이펀의 끝이 유체의 자유표면으로부터 어느 정도 떨어져 있어도 유체가 사이펀을 통해서 흐를 수 있다. 물론 이렇게 하기 위해서는 먼저 사이펀을 유체 속에 넣어 흐름을 유도한 후에 사이펀을 유체 밖으로 끄집어낼 때 가능하다. 이것은 신장점성계수의 큰 값에 의해 탄성유체가 신장된 실 모양의 유체를 유지하는 효과이다.
그림 (f) **반펠로톤 효과** (anti-Peloton effect)	두 개의 구를 파이프 속에 있는 유체를 통해 시간 간격을 두고 차례로 자유낙하를 시키는 경우이다. 선형유체에서는 두 번째 구의 속도가 빨라져서 첫 번째 구를 따라가서 결국에는 붙어서 낙하한다. 그러나 고분자유체에서는 낙하를 시작할 때 두 개의 구가 아주 가깝게 시작한 경우를 제외하고는 구 사이의 거리가 시간이 지남에 따라 점점 멀어진다.

탄성응력

그림 2.11에 있는 간단한 층밀리기 흐름을 생각해보자. 비압축성 선형유체는 모든 방향의 수직응력 성분들은 열역학적 압력 p와 같은 크기를 가진다. 이는 선형유체가 등방적인 성질을 띠기 때문이다. 그러나 비선형유체에서는 수직응력 성분이 방향에 따라 달라진다.

고분자유체의 경우에는 흐름이 없을 때는 각각의 고분자들은 엔트로피가 최대인 모양인 구형의 모양을 가져 등방성을 띠지만[그림 15.13(a)], 층밀리기 흐름 아래에서는 타원형 모양으로 신장되면서 구조가 비등방적으로 변한다[그림 15.13(b)]. 그렇지만 고분자입자가 구형의 모양으로 돌아가려는 고유의 성질 때문에 복원력이 발생된다. 즉 이 그림에서는 흐름방향이 x축 방향이므로 y축 방향으로는 신장이 되지 않고 x축 방향으로만 신장이 된다. 그러므로 x축 방향의 수직응력이 복원력 때문에 다른 방향의 수직응력보다 크다. 즉 수직응력이 비등방성을 띠게 된다. 여기서 수직응력이 등방성을 띠는 바탕유체에 의한 효과가 아니라 용질인 고분자 입자들이 가지고 있는 탄성성질 때문에 수직응력이 발생하였으므로 **탄성응력**(elastic stress)이라고도 부른다. 그러므로 고분자유체의 경우는 바탕유체의 점성응력텐서인 식 (2.86)에 고분자입자들에 의한 탄성응력텐서 성분을 더해야겠다.

그림 2.11과 같이 x 방향으로의 간단한 층밀리기 흐름에서 비선형유체는 정상흐름에서의 응력분포를 다음과 같이 적을 수 있다.

$$
\begin{aligned}
&\sigma_{12} = \mu \frac{\partial u}{\partial y} = \mu \dot{\gamma}, \\
&\sigma_{13} - \sigma_{23} = 0, \\
&\sigma_{11} - \sigma_{22} = \Psi_1 \dot{\gamma}^2, \\
&\sigma_{22} - \sigma_{33} = \Psi_2 \dot{\gamma}^2
\end{aligned}
\tag{15.32}
$$

여기서 Ψ_1는 **1차수직응력계수**(first normal stress coefficient)라고 하며, Ψ_2는 **2차수직응력계수**(second normal stress coefficient)라고 부른다. 수직응력성분들 사이의 차이는 층밀리기율이 커야지만 나타나는 비선형 효과이므로 1차효과를 무시하고 2차효과만 고려하여 층밀리기율의 제곱에 비례한다. 층밀리기흐름에서 수직응력성분은 흐름방향의 수직응력성분(σ_{11})이 가장 크기 때문에 Ψ_1는 양의 값을 가진다. Ψ_2는 일반적으로 0이거나 Ψ_1의 크기보다는 훨씬 작은 크기의 음의 값을 가진다. 선형유체에서는 Ψ_1와 Ψ_2이 모두 0이다.

그림 15.14(a)의 **막대오름 효과**는 탄성응력을 이용하면 설명할 수 있다. 회전하고 있는 막대에 의해 발생한 접선방향의 흐름에 의해 접선방향으로 고분자유체가 신장하면서 복원력에 의해 접선방향으로 수직응력성분의 크기가 증가하여 막대기를 감아 조인다. 이 결과로 고분자유체가 막대를 타고 오르는 것이다.

비선형유체의 외부에서 가하는 변형에 대해 발생하는 비등방성의 정도를 설명하는 무차원 계수로 **와이센버그 수**(Weissenberg number; Wi 수)가 있다. Wi 수는 유체의 특성완화시간(τ)과 속도구배의 곱으로 정의된다. 여기서 속도구배는 층밀리기 흐름의 경우는 층밀리기율($\dot{\gamma}$)이고 신장흐름의 경우는 신장변형도율을 뜻한다. 즉 고분자유체의 고유 특성완화시간과 외부에서 유체에 흐름을 유도하기 위해 가하는 특성시간의 비이다. 다르게 말하면 Wi 수는 탄성력성분과 점성력성분의 비이다. 층밀리기 흐름의 경우에는 다음과 같이 적을 수 있다.

$$\mathrm{Wi} \equiv \dot{\gamma}\tau \tag{15.33}$$

선형유체의 경우는 특성완화시간이 거의 0이므로 아무리 외부에서 층밀리기를 가해도 $\mathrm{Wi} \approx 0$ 이다.

탄성난류

일반적으로 관성력의 크기가 점성력의 크기보다 훨씬 큰 경우($\mathrm{Re} \gg 1$)에 난류가 발생한다. 그러나 탄성의 성질이 있는 고분자유체에서는 $\mathrm{Re} \ll 1$ 인 경우에도 $\mathrm{Wi} \gg 1$ 이면 난류가 발생할 수 있다. 그러므로 이를 구분하기 위해서 $\mathrm{Re} \gg 1$ 인 경우의 난류를 **관성난류**(inertial turbulence)라 하고 $\mathrm{Re} \ll 1$ 이고 $\mathrm{Wi} \gg 1$ 한 경우의 난류를 **탄성난류**(elastic turbulence)라 한다. $\mathrm{Re} \ll 1$ 이라도 Wi 수가 증가하면 먼저 **탄성불안정**(elastic instability)이 발생하고 이어서 고차의 불안정이 계속해서 나타나 시공간적인 난류흐름이 관찰된다. $\mathrm{Re} \approx 10^{-3}$ 이고 $\mathrm{Wi} \approx 10$ 인 층밀리기 흐름에서 나타나는 탄성난류는 $\mathrm{Re} \approx 10^5$ 인 관성난류에서나 볼 수 있는 시공간적인 마구잡이의 특성을 보인다. 그러나 탄성난류는 관성난류와 비교해서 많은 점이 다르다. 예를 들면, 선형유체의 관성난류의 경우에 임계 레이놀드 수 Re_{cr} 에서는 흐름속도는 유체의 층밀리기 점성계수와 비례한다. 그러나 고분자유체와 같은 비선형유체의 탄성난류의 경우에 임계 와이센버그 수 Wi_{cr} 에서는 특성완화시간이 일반적으로 층밀리기 점성계수와 비례하므로[15.2절 참조] 층밀리기율의 크기(흐름속도와 비례)는 층밀리기 점성계수와 반비례하여 비선형적인 관계를 가진다.

15.5 콜로이드계

콜로이드계(colloidal system)는 바탕유체에 nm에서 micron 크기의 분산입자들이 떠 있는 **복합유체**(complex fluids)이다. 분산입자는 크기가 작아 단위부피당 큰 표면적을 가지므로 콜로이드계에서는 계면현상이 중요하다. 그러나 여기서는 계면현상에 대해서 깊게 설명하지 않겠다. 콜로이드계는 바탕유체가 액체인 경우와 기체인 경우를 구별하여 **콜로이드용액**(colloidal solution, 교질용액)과 **에어로졸**(aerosol)로 나눈다. 그리고 콜로이드용액은 분산입자의 상태에 따라 **현탁액**(suspensions)과 **유탁액**(emulsion)으로 나눈다. 페인트, 치약, 진흙, 잉크와 같이 바탕액체에 고체상태의 분산입자가 떠있는 콜로이드용액을 현탁액이라 하고, 우유, 화장품크림, 마요네즈와 같이 바탕액체에 액체상태의 분산입자가 떠 있는 콜로이드용액을 유탁액이라 한다. 그리고 바탕기체에 액체나 기체상태의 분산입자가 떠 있는 경우를 에어로졸이라 한다. 안개와 액체 스프레이는 분산입자가 액체상태로 **액체 에어로졸**이라 하고, 연기나 먼지는 분산입자가 고체상태로 **고체 에어로졸**이라 한다.

10.5절에 따르면 콜로이드계에서 입자의 유효질량과 입자의 크기, 계의 온도가 주어졌을 때 침전이 생기는지 분산이 생기는지는 분산입자의 중력에너지와 열에너지의 크기 비를 이용해서 판단할 수 있다. 밀도가 ρ_s이고 반경 a인 구 형의 입자가 밀도 ρ_f 인 바탕유체에서 중력에너지와 열에너지의 비는 식 (10.53)에 따르면

$$\frac{\text{중력에너지}}{\text{열에너지}} = \frac{\frac{4}{3}\pi a^3(\rho_s - \rho_f)ga}{k_B T} \sim \frac{(\rho_s - \rho_f)a^4 g}{k_B T} \tag{15.34}$$

이다. 위의 값이 1보다 작으면 열에너지가 중요해져 분산을 이룬다. 이에 따르면 비중 차이 $\Delta\rho \equiv \rho_s - \rho_f$ 가 작으면(커지면) 침전과 분산의 경계가 되는 입자의 크기가 더 커진다(작아진다). $\Delta\rho = 1\,\mathrm{g/cm^3}$ 인 경우에는 $a < 1\mu\mathrm{m}$ 이면 분산이 일어난다. 이러한 침전효과는 분산입자의 중력에너지가 열에너지보다 큰 경우에 일어난다.

여기서는 입자가 전하를 띠는 경우는 고려하고 있지 않지만 모든 입자가 같은 크기의 전하를 가지는 경우는 전기적인 반발력 때문에 분산이 더 잘된다. 그리고 또한 $\Delta\rho$ 의 크기가 작아서 침전이 일어나지 않더라도 입자의 크기가 $1\mu\mathrm{m}$ 보다 크면 바탕유체에 흐름이 있는 경우에 분산입자들이 바탕유체의 흐름을 정확히 따르지 않아 분산입자의 공간분포

가 불균일해질 수 있다. 그리고 또한 입자가 구형이 아니면 흐름 속에 있는 층밀리기 성분에 의해 입자들이 회전운동을 하기도 한다.

참고 **입자 크기가 작아질수록 계면효과가 중요해진다.**

분산입자의 크기에 따라 계면효과의 중요성이 달라진다. 반경이 r인 구형의 분산입자인 경우에 표면적(A)과 부피(V)의 비는

$$\frac{A}{V} = \frac{4\pi r^2}{4/3\pi r^3} = \frac{3}{r} \tag{15.35}$$

이다. 반경 r의 크기가 큰 경우에는 일반적으로 부피의 효과에 비해 표면적의 효과를 무시할 수 있다. 그러나 반경 r의 크기가 작아지면 표면적이 부피에 비해 점점 중요해진다. 그러므로 콜로이드계는 분산입자의 크기가 작아 단위부피당 큰 계면을 가져 계면현상이 중요하다. 예를 들어 반경이 200nm인 콜로이드 입자들이 1kg 들어 있는 5 ℓ의 수성페인트 용액을 생각해보자. 이 경우에 물과 콜로이드 입자가 만드는 표면적이 대략 15,000m^{2}이나 되어 계면에너지의 역할이 매우 중요해진다.

콜로이드용액의 점성계수는 분산입자의 농도에 따라 달라진다. 분산입자의 농도가 커질수록 입자와 바탕유체 사이의 계면에 대해 바탕유체의 층밀리기 응력이 일을 더 많이 하므로 층밀리기 흐름에서 소산되는 에너지의 양이 많아진다. 그러므로 분산입자의 농도가 증가할수록 점성계수의 크기가 증가한다. 분산입자의 **부피분율**(particle volume fraction; ϕ)이 0.1 이하의 경우에는 콜로이드용액의 점성계수는 일반적으로 다음과 같다.

$$\mu = \mu_o(1 + 2.5\phi + 6.2\phi^2) \tag{15.36}$$

여기서 μ_o는 분산입자가 없는 바탕유체($\phi = 0$)의 고유점성계수이다.

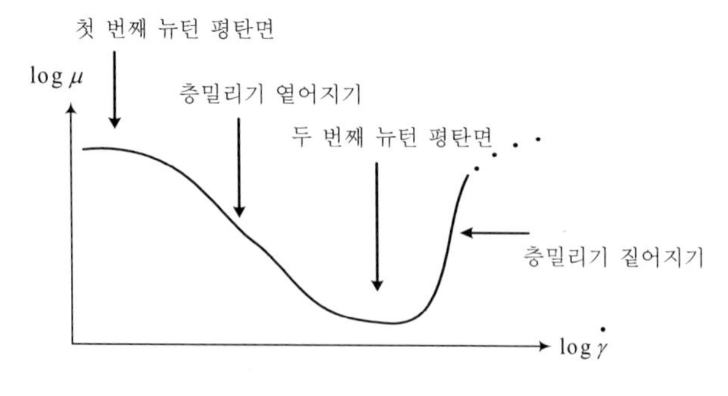

그림 15.15 부피분율이 큰 경우에 점성계수와 층밀리기율의 관계

부피분율이 작은 경우는 점성계수는 가해지는 층밀리기 응력의 크기와 무관하다. 그러나 부피분율이 큰 경우에는 점성계수의 크기가 층밀리기율의 크기에 따라 변한다. 그림 15.15는 부피분율이 큰 경우($\phi > 0.3$)에 점성계수와 층밀리기율의 관계를 log－log 그래프에서 본 것이다.

층밀리기율의 크기가 작을 때는 층밀리기 점성계수의 크기가 바뀌지 않다가 어느 정도 크기가 되면 층밀리기율의 증가에 따라 층밀리기 점성계수가 감소한다. 층밀리기율의 크기가 작을 때 층밀리기 점성계수의 크기가 일정한 영역을 **영점 층밀리기 점성계수**(zero shear viscosity)라고 하며 작은 층밀리기율에서도 매우 약한 흐름이 있다. 이 영역에서는 분산입자들이 불규칙적으로 분포하며 점섬계수의 크기는 입자들의 상호작용과 브라운 운동 때문에 결정된다. 그리고 층밀리기율의 증가에 따라 층밀리기 점성계수가 감소하는 것을 **층밀리기 옅어지기**(shear thinning)라 한다. 층밀리기율의 크기가 증가하면 유체의 흐름 방향과 나란하게 분산입자들이 배열함으로써 브라운 운동에 의한 점성의 성분이 감소하면서 유체의 흐름에 의한 점성의 성분만 남게 된다. 그러므로 층밀리기율의 크기를 증가하면 점성계수의 크기가 감소한다. 층밀리기율의 크기를 계속해서 증가시키면 층밀리기 점성계수의 크기가 증가하는 **층밀리기 짙어지기**(shear thickening)가 일어난다. 이 현상은 강한 층밀리기율에 의해 분산입자가 변형되어 입자들 사이의 거리가 멀어지려는 성질에 의한 것으로 **다일레이턴시**(dilatancy)라 부르기도 한다.

유탁액의 경우에는 액체상태인 분산입자가 신장흐름 아래에서는 늘어나다가 끊어질 수도 있다. 이에 반해 층밀리기 흐름 속에서는 분산입자가 변형뿐만 아니라 회전을 한다.

혈액

동물의 경우에 혈액의 40%는 분산입자로 이루어져 있다. 동물 혈액의 대표적인 분산입자인 **적혈구**는 지름이 8μm 정도이고 두께가 2μm로 중간이 움푹 들어간 원반 모양을 하고 있으며 잘 구부러지는 유연성을 가지고 있어 현탁액과 유탁액의 중간 성질을 가지고 있다. 그림 15.16(a)는 적혈구의 모양을 보여주고 있다. 백혈구는 적혈구가 1000개 있으면 1개의 비율로 존재하며 지름이 9~15μm의 구형 입자이다. 바탕유체인 투명한 혈장(plasma)은 점성과 탄성의 성질을 모두 가지고 있지만 선형유체의 성질을 가진다. 그러므로 혈액에서 적혈구의 성질이 매우 중요한 역할을 한다.

적혈구입자의 크기가 1μm보다 크지만 바탕유체와 분산입자 간에 비중 차이가 작아 침

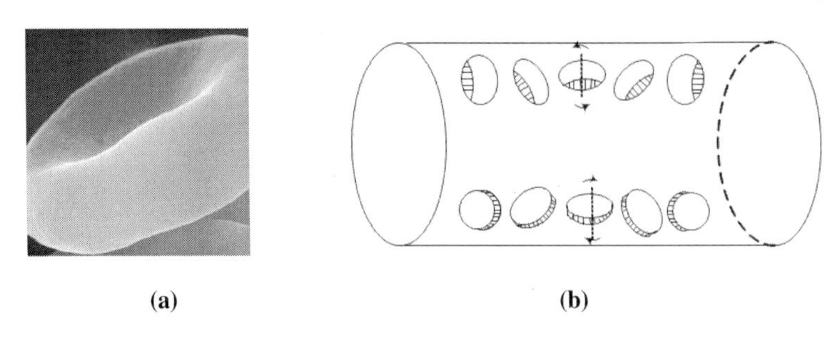

그림 15.16 적혈구의 사진(a)과 혈관 속에서 적혈구의 운동(b)

전이 일어나지 않고 분산이 잘 된다. 혈장만 보면 점성계수가 층밀리기율의 크기와 무관한 선형유체이지만 적혈구가 들어있는 혈액은 층밀리기 옅어지기의 비선형유체의 성질을 띤다. 혈액이 일반적인 유탁액과 크게 다른 점은 유탁액의 콜로이드 입자가 액체상태의 방울인 데 비해 적혈구는 그림 15.24에서 보이는 것과 같은 세포막이 액체를 둘러싼 입자이다. 또한 파이프 모양의 혈관 내에 있는 푸아죄유 흐름[연습문제 3.2 참조]에 의한 층밀리기 응력 아래에서 적혈구 입자들은 자체적으로는 병진운동을 하면서 세포막은 탱크의 바퀴처럼 회전(tank-treading)을 한다. 그러나 비정상적인 적혈구 입자는 세포막 내부의 액체나 세포막 자체의 점성이 커져 층밀리기 응력 아래에서 적혈구 입자가 굴러가는 회전운동(tumbling)을 한다. 그러나 층밀리기 응력이 큰 경우에는 유탁액의 분산입자처럼 행동한다. 이러한 혈액의 점탄성의 성질은 심장에서 혈액을 펌프질하는 데 있어 중요한 역할을 한다.

15.6 기능성유체 : 전기점성유체, 자성유체, 액정

앞 절에서 소개한 콜로이드용액에서는 분산된 입자들이 전기장이나 자기장에 반응하지 않는 경우이다. 그러나 전기장이나 자기장에 반응하는 입자들이 분산된 콜로이드용액의 경우에는 전자기장 아래에서 유체의 성질이 크게 달라진다. 이러한 유체에서는 전자기장의 세기를 바꾸어 유체의 성질을 쉽게 바꿀 수 있어서 **기능성유체**(smart fluids)라 부른다. 이러한 유체의 흐름을 기술하기 위해서는 전자기력의 효과가 나비에-스토크스 방정식에 포함되어야 한다. 2.4절의 참고에서 설명한 바와 같이 이러한 유체에서는 전자기력이 앞에서 다룬 체적력과는 다르게 작용하므로 나비에-스토크스 방정식의 모양이 달라질 것이다.

전기점성유체

전기점성유체(Electro-Rheological fluid; ER fluid)는 일반적으로 식용유와 같은 전기절연유인 바탕액체에 1~100μm 크기의 전기분극성의 입자를 분산시킨 콜로이드용액인 복합유체이다. 사용하는 전기분극성의 입자로는 녹말가루(cornstarch), 실리카(silica), 칼슘티탄산염(calcium titanate) 등이 있다. 전기점성유체는 분산입자들의 전기유전율이 바탕액체의 것보다 커서 외부에서 전기장을 가하면 입자들이 반응하여 유체의 점성이 변화하는 액체로, 기존의 액체가 주어진 온도에서 일정한 점성의 성질을 가지는 데 비해 일정한 온도에서도 주어진 전기장의 크기에 따라 점성의 크기가 변화하는 성질을 가진다.

그림 15.17(a)와 같이 전원이 끊겨 있어 외부전기장이 없는 경우에는 입자들이 분산된 보통의 현탁액의 성질을 띤다. 그러나 그림 15.17(b)와 같이 전원을 넣어 외부에서 전기장을 가하면 입자들이 전기적으로 분극이 되어 입자들 사이에 전기쌍극자에 의한 상호작용 때문에 입자들이 전기장의 방향으로 사슬을 이루며 늘어선다. 이로 인해 전기장의 방향으로 유체의 점성이 전기장의 세기에 따라 매우 많이 증가한다. 그러나 전기장에 수직 방향으로는 점성의 증가가 없으므로 전기점성유체는 전기장 아래에서 비등방성의 성질을 띤다. 전기장을 제거하면 입자들이 띠고 있던 전기적 분극이 사라지므로 (a)와 같이 입자들의 분포가 균일해지고 등방성상태로 돌아간다. 전기점성유체는 전기장의 세기에 따라 점도 변화의 범위가 넓고, 수 msec 정도로 빠른 시간 내에 유체의 점성 성질이 변화하므로 응용의 가능성이 크다.

전기점성유체는 외부전기장이 없을 때는 뉴턴유체의 성질을 띠지만, 전기장을 가하면 층밀리기 응력과 층밀리기율 사이의 관계는 일반적으로 다음과 같이 근사된다.

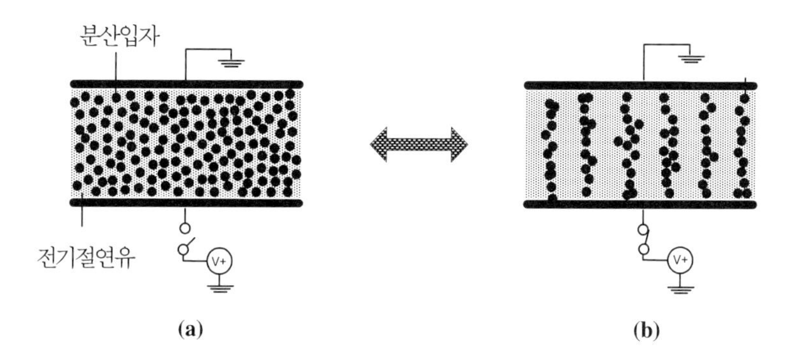

그림 15.17 외부 전기장을 가하면 전기장 방향으로 점성이 증가하는 전기점성유체

$$\sigma = \sigma_y + \mu_{pl}\dot{\gamma} \tag{15.37}$$

여기서 μ_{pl}는 전기장이 없을 때의 점성계수이다. 전기점성유체에 가해지는 층밀리기 응력이 **항복응력**(yield stress)인 σ_y 보다 약한 경우에는 전기점성유체는 고체처럼 행동하고, σ_y 보다 큰 층밀리기 응력을 가하면 선형유체처럼 흐르기 시작한다. 일반적으로 σ_y의 크기는 가해지는 전기장의 세기의 제곱에 비례한다. 이처럼 **소성유동**(plastic flow)을 하는 전기점성유체는 **빙햄유체**(Bingham fluid)에 속한다.

전기장의 크기에 따른 점성의 변화, 빠른 응답성 등의 특성을 이용하여 전기점성유체를 액추에이터나 동력전달 장치, 진동제어 분야 등의 기기에 적용하려는 시도가 활발하다.

자성유체

자성유체(magnetic fluid)는 코발트, 니켈, 철과 같은 강자성(ferromagnetic) 미립자를 물, 석유와 같은 바탕유체에 분산시킨 현탁액으로 **페로플루이드**(ferrofluid)라고도 불린다. 이러한 용매 속에 포함된 강자성 미립자는 각자가 자기쌍극자를 띤 영구자석이며, 직경이 0.01∼0.02 μm 정도이다. 이렇게 작은 입자는 열적인 효과에 의해 바닥으로 가라앉지 않는다. 그리고 외부 자기장이 없을 때는 각 입자의 자기쌍극자 방향이 마구잡이 방향을 향하므로 유체가 상자성을 띤다. 그러나 외부에서 자기장을 가하면 각 입자의 자기쌍극자가 순간적으로 자기장 방향으로 강한 자화를 발생하여 유체 자체의 물리적, 화학적 특성이 변화하게 된다. 자성유체는 외부의 자기장에 응답하여 위치나 방향을 바꿀 뿐 아니라 모양도 바꾼다.

그림 15.18은 자성유체의 중요한 성질 하나를 설명한다. 자성유체가 들어 있는 그릇 중

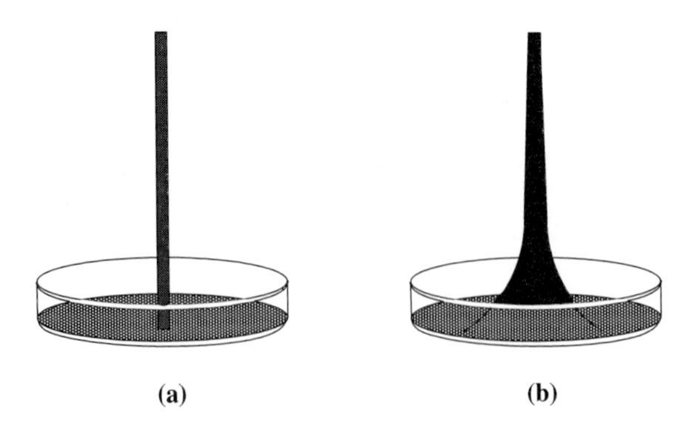

그림 15.18 자기장이 없는 경우(a)와 자기장 아래에서의(b) 자성유체

간에 금속 막대를 수직으로 세운 다음 막대에 전류를 흘려보내면 막대 주위에 자기장이 발생한다. 이로 인해 자성유체는 막대를 타고 기어올라 밑이 넓어지고 위로 갈수록 가늘어지는 기이한 현상이 생긴다. 그림 15.18(a)는 전류를 가하지 않은 경우이고, 그림 15.18(b)는 막대를 통해 전류를 흘린 경우이다.

막대를 따라 흐르는 전류는 막대 주위에 동심원상의 자기력선을 형성하며, 자기장의 세기는 막대의 중심으로부터의 거리의 제곱에 반비례한다. 막대에서 상당히 먼 곳의 자기에너지를 0이라고 가정하면 막대와 가까운 곳에서 자기에너지의 크기는 음수이다. 즉 막대에 가까이 있는 자성유체는 자기장의 크기가 크다 하더라도 먼 곳에 있는 자성유체보다 자기에너지가 작다. 이에 반해 자성유체가 막대의 높은 곳으로 오르면 중력에너지가 증가한다.

식 (5.8)의 베르누이 방정식에 의하면 비압축성이고, 비점성유체의 흐름이 비회전이고 정상적일 때 유체의 모든 위치에서 단위부피당 운동에너지와 단위부피당 위치에너지와 압력의 합은 항상 일정하다.

$$\frac{1}{2}\rho q^2 + p + \rho g z = C \tag{15.38}$$

여기에 단위부피당 자기에너지를 더하면

$$\frac{1}{2}\rho q^2 + p + \rho g z - \mu_o \int_0^H M \mathrm{d}H = C \tag{15.39}$$

이다. 여기서 M는 자기모멘트, H는 외부자기장, 그리고 μ_o는 진공투자율이다. 흐름이 없고 압력이 일정한 경우만 생각하면 중력에너지와 자기에너지의 합은 일정해야 한다. 막대에 가까운 자기유체는 가장 작은 자기에너지를 가지고 있으므로 중력에너지가 가장 커서 높이 오른다. 그리고 막대에서 멀리 위치한 자기유체의 자기에너지가 커지므로 중력에너지는 작아야 한다. 그러므로 전류가 흐르는 수직 막대에 자성유체가 기어올라 밑이 넓어지고 위로 갈수록 가늘어진다.

전기점성유체에서 전기적 성질을 이용하는 것과 비슷하게 자기적 성질을 이용하는 유체가 **자기점성유체**(Magneto-Rheological fluid; MR fluid)이다. 자기점성유체는 상자성의 분산입자가 있는 현탁액이다. 그림 15.19에서 보이듯이 각 분산입자는 자성유체로 이루어져서 열적 효과에 의해 상자성을 띤다. 그러나 외부에서 자기장이 가해지면 각각의 분산입자는 자석의 성질을 띤다. 그래서 분산입자들 사이에 자기쌍극자 상호작용에 의해 입자들이 자

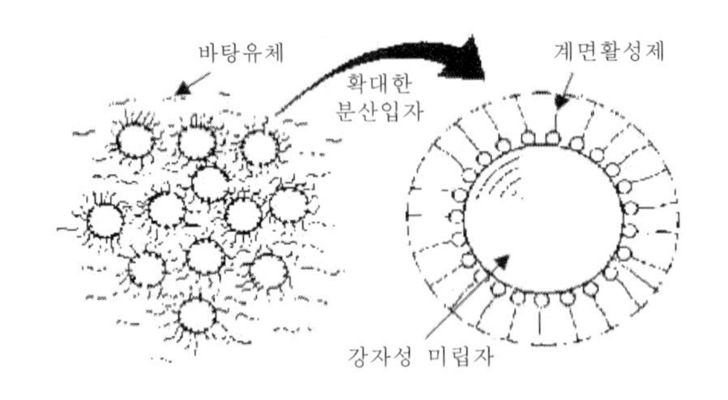

그림 15.19 자기점성유체

기장의 방향으로 사슬을 이루며 늘어선다. 이로 인해 자기장의 방향으로 입자의 점성이 증가한다. 이때 자기장에 수직 방향으로는 점성의 변화가 없는 비등방성의 성질을 띤다. 이러한 성질은 그림 15.17에서 수직 방향으로 전기장 대신에 수직 방향으로 자기장을 거는 것과 같다.

자기점성유체를 구성하는 분산입자는 자성유체를 구성하는 강자성 미립자에 비해 입자의 크기가 1000배 정도 크다. 그러므로 자성유체는 자장을 걸어도 구성 입자들이 응집하지 않으며 액체 상태를 그대로 유지한다.

액정

1888년에 오스트리아의 식물학자인 라이니쳐(Friedrich Reinitzer, 1857~1927)는 콜레스테르에 관련된 유기물을 가열하다가 이것이 145.5℃에서 고체상에서 흐릿한 액체상으로 변하다가 178.5℃에서 맑은 액체상으로 변하는 것을 관찰하였다. 이는 인간이 최초로 **액정**(liquid crystal)의 존재를 인식하는 순간이다. 그 당시의 과학자들은 이러한 성질을 전혀 이해하지 못하다가 20세기 초반에 들어 액정에 대한 개념이 알려지기 시작했다. 그러나 이러한 특이한 물질은 1960년대에 이르기까지 별다른 관심을 끌지 못했다.

특정한 온도에서 물질의 성질이 갑자기 변하는 것은 그림 1.3에서 보인 공존곡선을 가로 지르면서 일어나는 **상전이**(phase transition) 현상이다. 보통의 경우는 녹는점에서 고체에서 액체로 바로 상전이 하지만, 이 물질은 고체상과 맑은 액체상의 중간에 흐릿한 상태가 존재한다. 이는 흐를 수 있으므로 액체이지만 1.1절에서 정의한 액체와 다른 성질들을 많이 띠고 있다. 고체는 보통 구성하는 분자나 원자가 매우 정렬되어 있어 위치질서와 방향질서를 가지고 있다. 그러나 라이니쳐가 우연히 발견한 흐릿한 액체상인 액정은 방향질서는 가지고 있지만 위치질서를 잃어버린 상태이다. 즉 액정상의 분자는 액체 상태와 같은 방식으로 자유롭게 움직이지만 특정한 방향으로 정렬하는 비등방적 성질은 고체 상태와 비슷하다. 그림 15.20은 고체와 액정, 그리고 액체의 차이를 잘 보인다.

일반적으로 액정을 구성하는 분자의 중요한 조건은 첫째로 분자의 폭보다 길이가 상당히 길다. 두 번째로 분자의 중앙 부분이 단단하고 끝으로 분자의 끝부분들이 쉽게 휘어진다. 그러므로 전형적인 액정분자는 짧은 연필의 양쪽 끝에 요리한 스파게티 조각을 붙인 것과 비슷하다고 할 수 있다. 유기화학 전반에 걸쳐 합성된 화합물의 약 0.5%는 액정의 상태를 가지고 있다. 마지막 조건으로 대다수의 액정분자는 전기적으로 강한 분극 성질을 띠고 있다.

액정의 상에는 **네마틱상**(nematic phase), **스멕틱상**(smectic phase), **콜레스테릭상**(cholesteric phase), **주상**(columnar phase)의 4가지 종류가 있으며, 이 중 어떤 상을 이루느냐 하는 것은 액정을 이루는 분자의 성질과 온도에 따라 결정된다. 네마틱상은 '실 같은'이란 뜻인 그리스말에서 유래한 액정으로, 분자들이 어떤 특정한 방향으로 배열되어 있다. 그러나 액정 분자들의 중심 위치는 그림 15.21(a)에서 보듯이 보통의 액체에서와 같이 제멋대로이다.

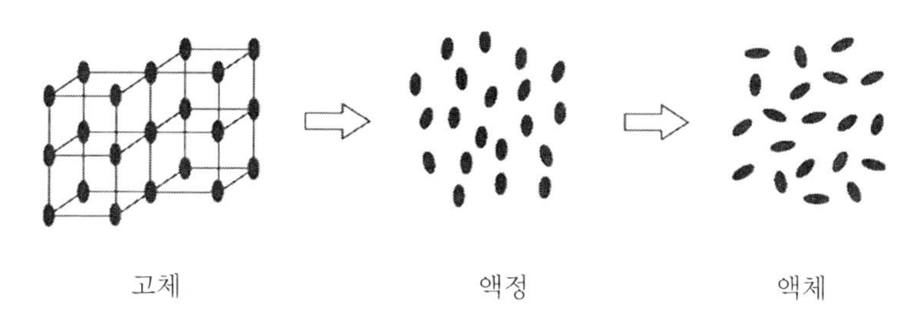

그림 15.20 온도의 증가에 따른 액정의 상태

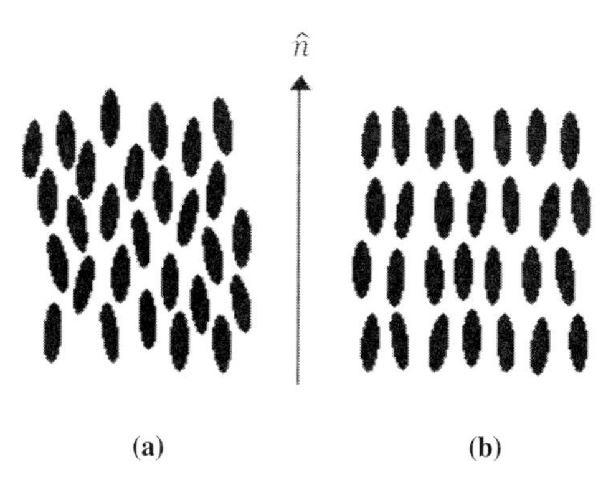

그림 15.21 네마틱상(a)과 스멕틱상(b)

즉 네마틱상에는 **방향질서**(orientational order)만 있고 **위치질서**(positional order)는 없다. 이에 반해 스멕틱상은 방향질서와 위치질서가 있다[그림 15.21(b) 참조]. 이 그림에서 화살표는 방향자를 뜻한다.

액정에서 흐름의 성질은 주로 단축성 네마틱상에 대해서 주로 연구되었다. 단축성 네마틱상에서는 각각의 분자가 방향자 방향으로 비교적 자유롭게 이동할 수 있으므로 다른 상에 비해 비교적 유동성이 풍부하고 점도가 작다. 액정에서의 방향자의 방향은 네 가지 중요한 요인에 의해 결정된다. 첫 번째가 액정과 경계를 이루는 계면의 성질이고, 두 번째가 액정의 흐름이고, 세 번째는 외부에서 가해지는 전기장이나 자기장이다. 마지막으로 액정 자신의 고유성질인 **곡률탄성**(curvature elasticity)이다.

경계를 이루는 고체 표면의 물리화학적 성질을 바꾸어 표면 근처의 방향자가 표면에 나란(homogeneous alignment)하거나 혹은 표면에 수직(homeotropic alignment)하게 만들 수 있다. 그림 15.22는 두 개의 유리판 사이에 단축성 네마틱 액정을 채운 다섯 가지의 경우이다. 그림에서 화살표는 액정과 경계하는 유리판의 표면에서 방향자의 방향이고 점선은 위치에 따른 액정의 방향자를 보이고 있다. (a)와 (b), 그리고 (c)는 유리판이 서로 평행한 경우이고, (d)와 (e)는 유리판이 서로 각을 이룬 경우이다. (a)와 (c), 그리고 (d)는 유리 표면에 이웃한 방향자가 표면에 나란한 경우이고, (b)와 (e)는 방향자가 표면에 수직한 경우이다. 여기서 (c)의 경우 각각의 유리 표면은 서로 나란하나 방향자가 서로 비틀어져 있어 **비틀림**(twist)을, (d)는 두 개의 유리 표면이 서로 각을 이루어 방향자가 부채꼴 모양으로 **펼침**(splay)을, 그리고 (e)는 **구부림**(bend)을 보인다. 같은 기하학적 조건에서도 액정이 단축성의 방향을 유지하려고 휘어짐에 저항하려는 성질인 곡률탄성에 따라 휘어지는 정도가 다르다. 그러므로 각각의 액정은 고유 크기의 펼침 탄성계수(K_1), 비틀림 탄성계

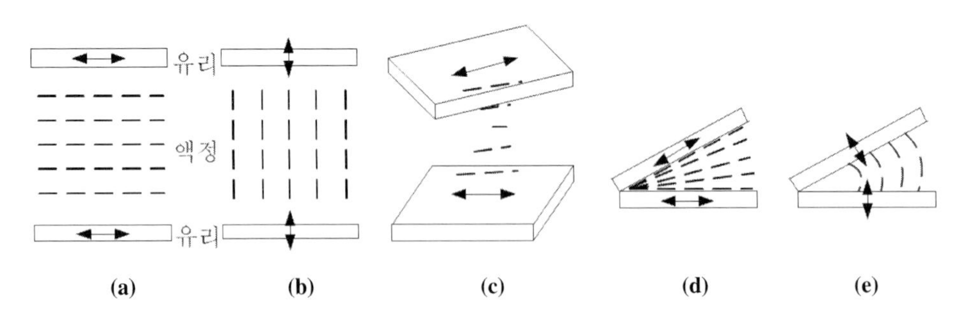

그림 15.22 유리판 사이에 채운 단축성 네마틱 액정의 여러 가지 경우

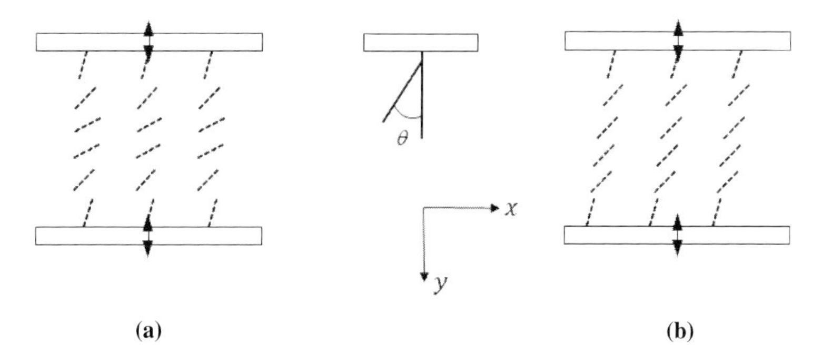

그림 15.23 자기장 아래의 액정(a)과 층밀리기 응력 아래의 액정(b)

수(K_2), 구부림 탄성계수(K_3)를 가진다. 일반적으로 액정에 변형이 가해졌을 때 방향자의 방향이 위치에 따라 달라지는데 이것은 펼침, 비틀림, 구부림 곡률탄성 성질의 조합이다.

위에서는 경계조건을 바꾸어 액체에 변형을 가했는데 전기장이나 자기장을 외부에서 가하거나 액정을 흘리게 하여 액정에 변형을 가할 수 있다. 그림 15.23(a)는 그림 15.22(b)의 경우에 x축 방향으로 자기장을 가한 경우이다. 외부자기장에 의해 액정분자가 유도자기모멘트(induced magnetic moment)를 가지게 되어 자기장과 나란한 방향으로 배열하려는 성질을 이용한 것이다. 그림 15.23(b)는 그림 15.22(b)의 경우에 상판을 x축 방향으로 움직여서 액정에 층밀리기 응력을 가한 것이다. 그림 15.11의 설명에서 보였듯이 층밀리기 응력이 액정분자의 장축 방향이 흐름 방향으로 향하게 하는 힘을 가하기 때문에 x축 방향으로 외부자기장을 가하는 것과 비슷한 효과를 가진다. 이때, 방향자가 흐름의 방향과 나란하게 하려는 층밀리기 흐름에 의하여 발생한 z축 방향으로의 회전력에 대해서, 휘어짐에 반대하는 액정의 고유성질인 구부림 곡률탄성에 의해 반대방향으로 회전력을 가해 액정분자들의 방향자가 특정한 방향을 향할 것이다. 이때 액정이 곡률탄성에 의해 가하는 z축 방향의 단위부피당 회전력 성분은

$$\Gamma_3 = K_3 \frac{\partial^2 \theta}{\partial y^2} \tag{15.40}$$

으로 표기할 수 있다. 여기서 θ는 방향자와 y축이 이루는 각이다.

참고 **다양한 종류의 액정**

액정의 색이 온도 변화에 매우 민감한 액정이 있다. 이러한 액정을 금속 표면에 바르면 그 금속을 통한 열전도도의 변화를 쉽게 알아볼 수 있고, 그 금속의 조직상의 결함도 정확히 지적할 수 있다. 또 액정의 색은 낮은 농도의 불순물 개입에도 민감한 반응을 보이기 때문에 대기오염 검사에도 쓰이고 있는 등 많은 분야에서 이용되고 있다. 그러나 액정이 가장 잘 응용되고 있는 곳은 생체계이다. 생명체의 기본단위인 세포를 둘러싸고 있는 **세포막**은 **지질(lipid) 분자**들에 의해 액정구조로 이루어져 있다. 각 지질분자는 소수성 꼬리와 친수성 머리 부분을 가지고 있으므로 세포막은 지질분자들이 2개의 층을 이루고 있다. 그림 15.24는 일반적인 세포막의 구조이다. 이들 지질분자는 세포막 내에서 흐름과 확산의 성질을 가지고 있다. 이러한 성질 때문에 세포분열이나 영양소의 공급, 노폐물의 제거 등이 가능해져 생물체의 신진대사를 유지한다. 그러므로 액정에 관한 연구는 정교하며 난해한 세포의 구조와 기능에 대한 소중한 정보를 제공하리라 예상된다.

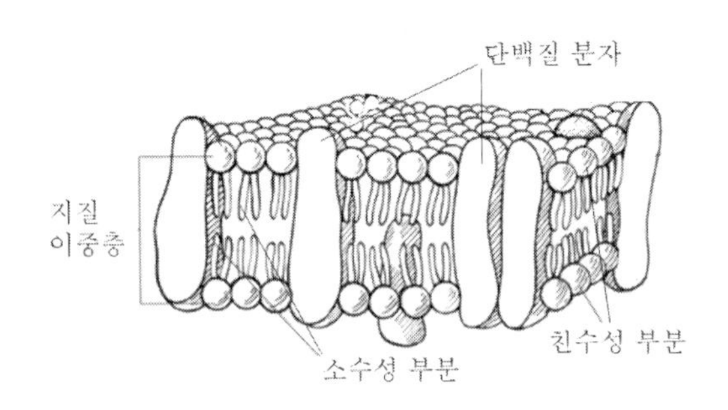

그림 15.24 세포막의 구조

15.7 알갱이유체

알갱이체(granular media)는 크기가 10 μm 이상인 알갱이들로 구성된 알갱이들의 집단을 말한다. 서로 간에 물리적으로 접촉할 때를 제외하고는 알갱이들끼리 상호작용을 하지 않는 성질을 가진 알갱이체를 생각해보자. 대표적인 예로서 모래, 자갈, 쌀 등 주위에서 흔히 볼 수 있다. 이들은 어떤 상황에서는 고체의 성질을 띠다가 어떤 상황에서는 유체의 성질을 띤다. 예를 들어 용기에 들어 있는 모래를 생각해보자. 용기 속의 모래 위에 올라서거나 힘을 가해도 모래더미가 힘을 견디고 꼼짝을 하지 않는다. 이때 모래더미는 고체처럼 행동한다. 그러나 용기를 비스듬히 기울이면 모래가 액체처럼 흐른다. 그런 의미에서 유체처럼 행동하는 알갱이체를 **알갱이유체**(granular fluid)로 부른다. 그리고 용기 바닥에 구멍을 뚫어 놓으면 알갱이들은 구멍을 통해 일정한 속도로 흐른다. 모래시계나 쌀통 등은 이러한 현상을 이용한 대표적인 예이다.

알갱이유체의 흐름은 일반적인 유체의 흐름과 다른 성질을 보인다. 예를 들어 모래시계가 작동하는 이유는 단위시간 동안 모래의 흐르는 양이 시간에 따라 일정하기 때문이다. 만약에 모래 대신에 물이 사용된다면 모래시계의 위쪽 방에 있는 물의 총부피가 줄어들면서 모래시계의 목을 통해 단위시간에 흐르는 부피도 시간에 따라 점차 줄어든다. 그리고 흐르지 않을 때에도 구성하는 알갱이들에 의한 압력의 분포도 일반적인 유체와 다른 성질을 보인다. 그림 15.25는 흐름이 없는 물의 경우에 깊이에 따른 압력의 분포(a)와 알갱이체의 경우에 깊이에 따른 압력분포(b) 이다. 식 (1.31)에서 보였듯이 일반적인 유체는 깊이에 따라 압력이 선형적으로 증가한다. 이에 비해 알갱이체는 깊이가 증가하면 선형적으로 증가하다가 일정한 값으로 포화된다. 이는 이웃한 알갱이들끼리의 접촉에 의해 응력이 **사슬네트워크**(chain network)를 만들어 연결되므로 외부에서 가하는 힘이 계에 등방적으로 골고루 미치는 것이 아니라 사슬네트워크에 속하는 알갱이에만 미친다[그림 15.26(b) 참조]. 사슬네트워크는 국부적으로 아치(arch) 모양과 같은 안정한 구조들을 이루고 이로 인해 외부에서 가한 힘이 사슬네크워크에 연결된 경계벽의 특정한 위치들에 집중된다. 그

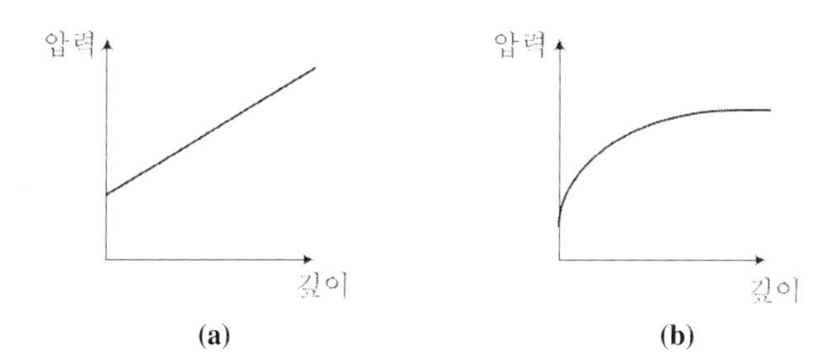

그림 15.25 물(a)과 알갱이체(b)에 있어서 깊이에 따른 압력분포

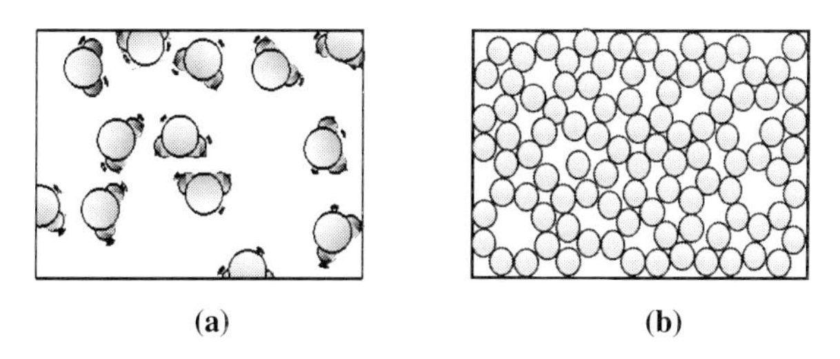

그림 15.26 끊임없이 충돌하는 물 분자들(a)과 가만히 쌓여 있는 알갱이체의 구성입자들(b)

러므로 깊이가 어느 정도 이상이 되면 이 안정한 구조들에 의해 위에서 누르고 있는 중력의 효과가 더 이상 영향을 못 미치게 되어 압력의 값이 일정해진다.

알갱이유체의 또 다른 특별한 성질은 알갱이들이 서로 연속적인 충돌과정을 통하여 운동에너지를 잃는 것이다. 충돌 중에 일어나는 알갱이 표면의 소성변형이나 진동 등의 이유로 충돌은 비탄성적이 된다. 미시적으로 보면 에너지가 보존되지만, 거시적으로 보면 알갱이유체에서는 입자들의 운동에너지가 국부적으로 열에너지로 복사되거나 주위의 공기 흐름에 의하여 사라진다. 그러므로 외부에서 에너지가 지속해서 주입되지 않으면 유체화된 알갱이계의 흐름은 결국에 정지한다. 물의 경우는 물을 중력방향과 수직인 방바닥에 부으면 중력에너지를 최소화하는 방향으로 흘러 결국에는 물의 자유표면이 방바닥과 나란할 때까지 흐름이 지속되다가 멈춘다. 흐름이 없이 정지된 평형상태에서도 열적인 효과에 의해 물 분자는 끊임없이 서로 충돌하고 있다. 그러나 알갱이체의 경우는 중력 방향과 수직한 방바닥에 부으면 초기에는 흐르다가 알갱이체의 자유표면이 방바닥과 특별한 각을 이룬 채로 흐름을 멈춘다. 물과는 달리 흐름이 없는 경우에 알갱이체를 이루고 있는 각각의 알갱이 입자는 전혀 움직이지 않는다. 즉 열적인 절대온도의 개념으로 하면 0 K이다. 그림 15.26은 흐르지 않는 유체 구성입자들의 운동을 나타낸 것으로, (a)는 물의 경우이고 (b)는 알갱이체의 경우이다.

또한 흐르는 알갱이유체의 경우에 구성입자의 운동속도에서 평균속도를 상쇄한 마구잡이 운동속도의 크기는 계 전체의 평균속도와 비슷하거나 작다. 다시 말하면 마구잡이 속도가 평균속도와 비슷한 크기를 가지므로 알갱이유체의 흐름에서는 $\mathrm{Ma} \geq 1$에서 발생하는 충격파를 쉽게 볼 수 있다. 이 때문에 층밀리기율의 크기가 증가함에 따라 점성의 크기가 증가하는 층밀리기 짙어지기 특성을 볼 수 있다.

알갱이체의 또 다른 중요한 성질은 15.5절에서 소개한 **다일레이턴시**(dilatancy)이다. 바닷가에서 물에 젖은 모래사장을 걸을 때 밟고 지나간 자국을 보면 물기가 없어지는 것을 쉽게 볼 수 있다. 이는 사람이 밟으면서 가하는 응력을 해소하려고 알갱이 입자들이 서로 간에 지렛대 역할을 하여 밀어내고 입자들 사이의 공간이 넓어져서 알갱이체의 부피가 늘어났기 때문이다. 이로 인해 물기가 차지하는 공간이 넓어지게 되어 물기가 알갱이계의 자유표면에서 사라지게 된다. 이 현상은 알갱이체를 이루는 입자의 개수밀도(number density)가 높을 때 일어난다.

알갱이체에서만 볼 수 있는 특이한 현상들은 우리 주위에서 쉽게 관찰할 수 있음에도 불구하고 알갱이체에서 응력과 흐름과의 관계를 기술하는 구성식은 아직 잘 모르고 있다.

그런 이유로 알갱이체는 최근 많은 과학자의 연구 대상이 되고 있다. 이러한 알갱이체들에 대한 이해는 산업적으로 알갱이체를 효과적으로 처리하거나 다루는 데 꼭 필요하다. 예를 들어 알갱이체의 흐름에 깔때기를 사용할 때 물과 같은 일반적인 유체와 달리 깔때기가 국부적으로 안정한 아치 같은 구조에 막혀서 흐름이 정지되는 **막힘**(jamming) **현상**을 볼 수 있다. 이러한 현상은 산업용 기계 내에서 매우 위험한 결과를 가져오기도 한다.

알갱이유체의 바탕유체가 공기일 때는 알갱이입자의 크기가 크고 무거운 경우를 제외하고는 공기에 의한 윤활효과와 입자의 부력을 고려해야 한다. 바탕유체에 액체가 섞여 있는 경우에는 이뿐 아니라 유체역학적 상호작용과 계면에너지의 문제까지 나타나 매우 복잡해진다. 대표적인 예로 알갱이체가 물과 같은 액체와 섞여 있을 때 모래성을 쌓을 수 있는 것이 있다. 이웃한 알갱이 사이에 알갱이에 젖어있는 물이 매개하여 알갱이들끼리 서로 당기는 모세관 힘이 발생한 것이다. 그러므로 만일 액체가 없으면 알갱이입자 간의 서로 당기는 상호작용이 없어서 모래를 뭉칠 수가 없게 되어 모래성을 쌓을 수 없다.

알갱이계를 흐르게 하는 몇 가지 방법

아래는 **알갱이유체**(granular fluids)의 흐름을 보이는 몇 가지 예이다. 위에서 설명한 것처럼 알갱이유체의 흐름은 외부에서 끊임없이 에너지를 공급해야 지속된다.

(1) 용기 내에 공기를 불어넣는 방법

알갱이체를 담은 용기 바닥에 알갱이의 크기보다는 작은 여러 개의 구멍을 뚫은 후 공기를 불어 넣어 알갱이체 사이의 공기의 흐름의 영향의 효과를 이용해 알갱이체를 유체화시키는 방법이다. 그림 15.27은 이를 보인다. 바닥에서 불어넣는 공기의 속도가 충분하지 않으면($U < U_c$) 그림 (a)와 같이 알갱이체가 고체처럼 행동하나, 공기의 속도가 특정한 크기보다 커지면($U > U_c$) 공기가 알갱이들 틈새를 넓혀서 그림 (b)와 같이 알갱이체를 유체화시킨다. 비교적 간단하고 효율이 큰 방법으로 공업적으로 많이 이용된다.

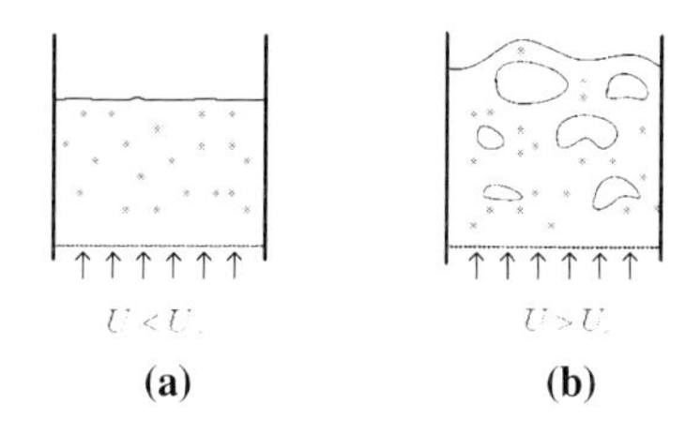

그림 15.27 용기의 바닥에 공기를 불어넣어 알갱이체를 유체화 하는 원리

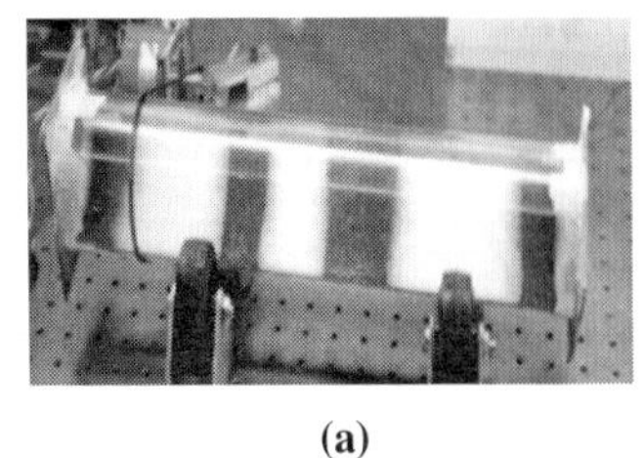

(a)

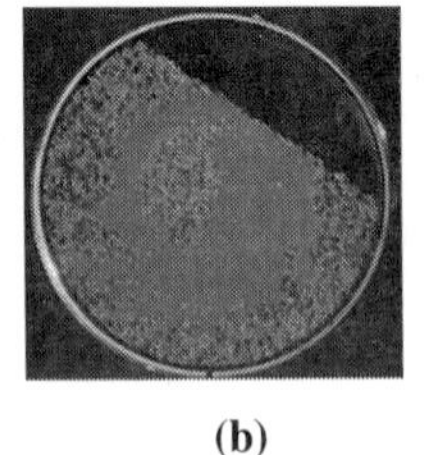

(b)

그림 15.28 용기를 회전시켜 알갱이체를 유체화하는 원리

(2) 용기를 회전시키는 방법

알갱이체들의 자유표면과 중력에 수직 방향이 일정한 각 이상이 되면 알갱이체의 표면에 흐름이 생겨 각을 줄이는 경향이 있다. 이러한 특정한 각을 **휴지각**(angle of repose)이라 한다. 알갱이를 담은 원통 형태의 용기를 회전시켜주면 알갱이체들의 표면이 계속 불안정해져 휴지각 근처에서 **사태**(avalanche)가 계속해서 일어나 흐름이 유지된다. 이 방법은 주로 용기 내의 크기나 밀도가 다른 알갱이체를 분리 또는 혼합하는 방법으로 이용된다. 그림 15.28(a)는 다른 크기의 알갱이들이 회전 때문에 분리되는 것을 보인다. (b)는 이 경우에 원통 내의 알갱이체 단면을 보인다.

(3) 용기를 진동시키는 방법

이 방법은 알갱이체와 용기의 바닥과의 충돌에 의한 에너지전달을 이용하는 방법이다. 중력가속도보다 큰 가속도 진폭으로 바닥판을 진동시키면 진동가속도가 중력가속도보다 커지는 순간에 알갱이체가 용기의 바닥판으로부터 분리되는 현상을 보인다. 이렇게 바닥으로부터 분리된 알갱이체는 중력 때문에 하강하여 다시 바닥과 충돌하게 된다. 계속되는 충돌현상으로 인해 알갱이들은 진동하는 바닥으로부터 큰 에너지를 얻는다. 이 에너지 중에 일부는 알갱이체의 운동에너지로 전환되어 알갱이들의 흐름을 만들어낸다. 그림 15.29는 10개 층 정도의 알갱이체를 진동시켰을 때 진동의 세기에 따라 보이는 다양한 문양이다. 여기에서 보이는 문양은 11장에서 소개한 RB 대류에서 보이는 다양한 문양과 구별할 수 없을 정도로 비슷하다.

(4) 쿠엣 흐름을 이용해 층밀리기 흐름을 만드는 방법

개수밀도가 높은 알갱이체를 두 개의 평행판 사이에 위치한 후에 평행판들을 서로 반대 방향으로 움직여서 알갱이체에 층밀리기 응력을 가하는 방법이다[그림 15.30(a) 참조].

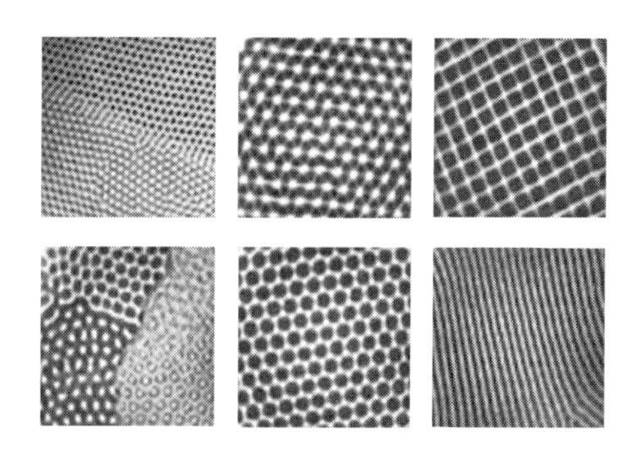

그림 15.29 진동한 알갱이계에서 볼 수 있는 다양한 문양

그림 15.30(b)는 그림 3.12에서 보였던 쿠엣 흐름을 2차원으로 만든 경우이다. 광탄성물질로 만든 알갱이체들은 응력을 받으면 광학적 성질이 달라져서 통과하는 빛의 편광이 달라진다. 이 그림에서 통과한 빛의 밝기는 알갱이에 가해진 층밀리기 응력에 비례한다. 이 그림에서 밝은 부분은 국부적으로 층밀리기 응력이 큰 곳이다. 일반적인 유체와 달리 가해진 층밀리기 응력이 특별한 경로들을 통해서만 전파되어 에너지 소산이 국부적으로 있음을 알 수 있다.

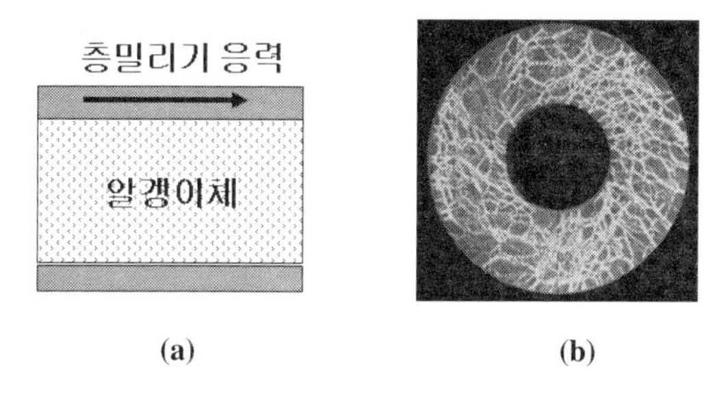

그림 15.30 층밀리기 응력에 의한 알갱이체의 유체화

참고

능동유체

알갱이유체(granular fluids)를 이루는 각 알갱이 입자는 **수동적**(passive)으로 움직이므로 유체화하기 위해서 외부에서 계속해서 (운동)에너지를 공급해야 한다. 그러나 알갱이 입자가 역학적 에너지와 **능동적**(active)인 성질을 가지고 있다면 외부에서 (운동)에너지를 공급하지 않아도 입자계에 거시적인 흐름이 있을 수 있다. 능동입자의 예로 물속에 살아있는 박테리아들을 생각해보자. 박테리아 입자는 화학적 에너지를 역학적 에너지로 바꾸어서 스스로 움직일 수 있다. 박테리아의 밀도가 높아지면 가까이 위치한 박테리아 입자들이 유체역학적 상호작용을 하여 거시적인 흐름을 일으킨다. 이러한 물질을 **능동유체**(active fluids)라 하고 최근에는 이에 관한 연구가 매우 활발하다.

연습문제

15.1 기억함수

(a) 식 (15.5)에 있는 기억함수의 특성완화시간이 클 때는[그림 15.2(b)에 해당] 식 (15.5)는 고체의 경우인 식 (15.2)로 바꿀 수 있음을 보여라.

(b) 그에 반해 기억함수의 특성완화시간이 짧을 때는[그림 15.2(c)에 해당] 식 (15.5)는 선형유체의 경우인 식 (15.3)으로 바꿀 수 있음을 보여라.

여기서 기억함수의 특성완화시간은 $\tau \equiv \int_0^{\infty} \frac{\phi(T)}{G} \mathrm{d}T$ 로 정의한다.

15.2 켈빈 모델

(a) 식 (15.7)을 유도하라.

(b) 여기서 스프링과 대시포트에 걸리는 응력이 각각 다음과 같음을 보여라.

$$\sigma_G = \sigma_o[1 - \exp(-Gt/\mu)]$$

$$\sigma_\mu = \sigma_o \exp(-Gt/\mu)$$

15.3 맥스웰 모델

(a) 식 (15.9)를 유도하라.

(b) 식 (15.10)을 유도하라.

15.4 복소탄성률

(a) 식 (15.17)을 유도하라.

(b) 그림 15.7(b)의 log-log 그래프에서 $\omega(\mu/G) = 1$ 근처에서의 현상을 물리적으로 설명하라.

15.5 점탄성 고체

맥스웰 모델은 관심 있는 물질에 일정한 응력을 가할 때 변형이 완화하는 크리프(creep)나 회복(recovery)을 잘 기술하지 못한다. 이에 반해 켈빈 모델은 일정한 변형을 가할 때 응력이 완화하는 것을 잘 기술하지 못한다. 그러므로 이를 해결하기 위해 이 두 모델을 합쳐서 만든 **제너 모델**(Standard Linear Solid (Zener) model)은 이 두 가지 측면을 모두 설명한다.

점탄성유체는 맥스웰 모델을 생각해보면 일정한 변형 아래에서 시간이 지나면 응력이 0로 완화된다. 유체의 정의를 생각해보면 응력이 없어지는 방향으로 유체가 흐른다. 그러나 어떤 물질은 동일한 조건에서 응력이 특정한 크기로 귀착한다. 이러한 물질은 **점탄성 고체**(visco-elastic solid)라고 부른다. 직렬로 연결된 대시포트와 스프링이 다른 스프링과 병렬로 연결된 경우를 생각해보자.

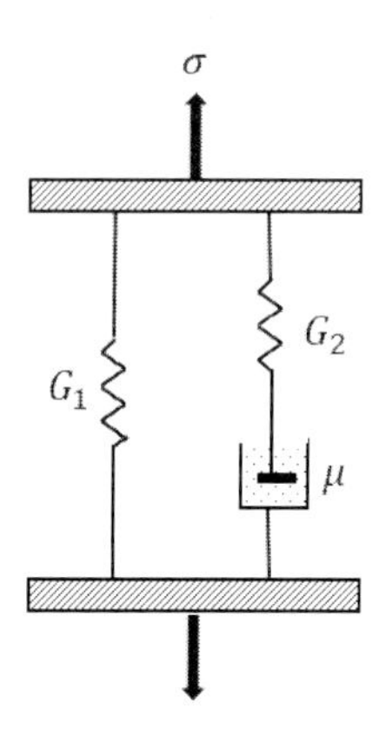

(a) 이 경우에 총 응력과 총 변형 사이의 관계식이 다음과 같음을 보여라.

$$\sigma + \frac{\mu}{G_2}\dot{\sigma} = G_1\gamma + \mu\left(\frac{G_1 + G_2}{G_2}\right)\dot{\gamma}$$

$$\tau \equiv \frac{\mu}{G_2}$$

(b) $t = 0$ 에 γ_o 의 변형을 가한 후에 같은 크기로 유지하는 경우를 생각해보자. 이 때 응력이 시간이 지남에 따라 0가 아닌 일정한 크기의 값으로 완화하는 것을 보여라.

$$\sigma + \tau\dot{\sigma} = G_1\gamma_o$$

$$\sigma = \gamma_o\left(G_1 + G_2 e^{-t/\tau}\right)$$

이 결과는 맥스웰 모델의 결과에 응력이 $\gamma_o G_1$ 만큼 더해진 것과 같다.

15.6 비선형유체의 파이프 흐름(pipe flow)

고분자유체나 콜로이드계와 같은 비선형유체는 층밀리기율의 크기를 증가시키면 일반적으로 층밀리기 점성계수의 크기가 감소하며(**층밀리기 옅어지기**) 다음의 식을 만족한다.

$$\frac{\mu - \mu_\infty}{\mu_o - \mu_\infty} = \left[1 + (\lambda\dot{\gamma})^2\right]^{(n-1)/2}$$

여기서 μ_o는 층밀리기율의 크기가 매우 낮을 때에 해당하는 영점 층밀리기 점성계수이고 μ_∞는 층밀리기율의 크기가 매우 클 때 점성계수의 크기이다. 일반적으로 n의 크기는 1보다 작은 양의 상수이다. 이 식은 $\mu_o \gg \mu \gg \mu_\infty$의 영역에서는

$$\mu \approx \mu_o \dot{\gamma}^{n-1}$$

로 간단한 멱함수의 형태로 적을 수 있다.

연습문제 3.2는 층밀리기 점성계수의 크기가 일정한 선형유체에서의 파이프 흐름이다. 그러나 비선형유체에서는 파이프 흐름의 성질이 크게 달라진다. 내부지름이 $2a$이고 길이가 ℓ인 속이 빈 원기둥 모양의 관을 통해 비압축성 비선형유체가 흐르는 경우를 생각해보자. 관의 양단 사이에 압력 차이 $\triangle p$가 존재하고 $\ell \gg a$인 경우에 흐름속도와 평균속도가 아래가 같음을 보여라.

$$u(r) \;=\; \left(\frac{a\triangle p}{2\mu_o \ell}\right)^{1/n} \frac{a}{1/n+1}\left[1-\left(\frac{r}{a}\right)^{\frac{n+1}{n}}\right]$$

$$u_{\text{ave}} = \frac{a}{1/n+3}\left(\frac{a\triangle p}{2\mu_o \ell}\right)^{1/n}$$

이 결과는 $n=1$일 때 선형유체의 파이프 흐름의 결과와 같아진다. 즉 그림 3.10(b)에서 보이는 포물선 형태의 선형유체의 속도분포에 비해 비선형유체에서는 속도분포의 모양이 뭉툭해진다.

15.7 전기점성유체, 자성유체

외부 전기장이나 자기장을 바탕액체보다 큰 유전율(electric permittivity)이나 자기투자율(magnetic permeability)을 가진 콜로이드 입자계에 가하면 입자들 사이에 **쌍극자 상호작용**(dipole interaction)으로 입자들이 체인을 이루면 늘어선다. 이들 두 현상은 물리적으로 매우 비슷하다.

(a) **전기점성유체** : 반경이 a인 구형의 유전체(dielectrics)에 전기장 $\boldsymbol{E}$를 가했을 때 입자가 얻는 전기쌍극자모멘트의 방향은 전기장과 나란하며 크기는 $\boldsymbol{p} = 4\pi\varepsilon_f \alpha a^3 \boldsymbol{E}$이다. 여기서 $\alpha = (\varepsilon_p - \varepsilon_f)/(\varepsilon_p + 2\varepsilon_f)$이고 ε_p와 ε_f는 각각 입자와 바탕유체의 유전율이다. 거리 r만큼 떨어진 같은 성질의 두 입자는 각각의 전기쌍극자모멘트가 상호작용하여 **전기쌍극자 상호작용에너지**가 다음과 같음을 보여라. 여기서 θ는 $\boldsymbol{p}$와 $\boldsymbol{r}$ 사이의 각이다.

$$U = \frac{1}{4\pi\varepsilon_f}\frac{p^2(1-3\cos^2\theta)}{|r^3|}$$

이 결과에 따르면 θ 가 54.7^o 보다 크면 에너지가 양으로 반발력을 가지며 θ 가 54.7^o 보다 작으면 입자끼리 서로 당기는 인력을 보인다. $\theta=0$ 이고 입자들 사이의 거리가 작을 때 상호에너지가 가장 작으므로 입자들은 전기장 방향으로 붙어서 늘어선다. 입자의 개수가 많으면 전기장 방향으로는 체인을 이루며 전기장과 수직 방향으로는 반발력 때문에 멀리 있으려 하나 부피가 제한되어 있을 때는 여러 개의 체인이 일정한 거리로 떨어져서 위치한다[그림 15.17(b) 참조].

(b) **자성유체** : 자기적 성질이 없는 액체 속에 있는 반경 a 인 구형의 자기입자에 z 방향으로 자기장 $\boldsymbol{H}$를 가했을 때 입자가 얻는 자기쌍극자모멘트는 $m=\frac{4}{3}\pi\chi a^3\boldsymbol{H}$이다. 여기서 χ 는 입자의 자기투자율이다. 거리 r 만큼 떨어진 동일한 성질의 두 입자 사이의 **자기쌍극자 상호작용에너지**가 다음과 같음을 보여라. 여기서 θ 는 m 와 r 사이의 각이고 μ_o 는 진공자기투자율이다.

$$U=\frac{\mu_o}{4\pi}\frac{m^2(1-3\cos^2\theta)}{|r^3|}$$

이 식은 전기점성유체의 경우와 비례상수를 제외하면 같은 결과를 준다. 즉 입자들이 자기장 방향으로 붙어서 늘어선다.

15.8 모래시계의 원리

모래시계에서 좁은 목을 통해 단위시간당 흘러내리는 모래의 양이 시간과 관계없이 일정한 이유를 설명하라. 이에 비해 물을 채우면 목을 통해 단위시간당 흘러내리는 물의 양이 시간에 따라 일정하지 않은 것과 비교하라.

모래가 채워 있을 때와 물이 채워져 있을 때의 비교

APPENDIX

부록

Contents

A 대기압에서의 물의 성질

T (℃)	ρ (kg/m^3)	α (K^{-1})	μ (kgm^{-1}s^{-1})	ν (m^2/s)	D_T (m^2/s)	C_p (Jkg^{-1}K^{-1})	Pr (ν/D_T)
0	1000	-0.6E-4	1.788E-3	1.788E-6	1.33E-7	4217	13.4
10	1000	+0.9E-4	1.307E-3	1.307E-6	1.38E-7	4192	9.5
20	998	2.1E-4	1.003E-3	1.005E-6	1.42E-7	4182	7.1
30	996	3.0E-4	0.799E-3	0.802E-6	1.46E-7	4178	5.5
40	996	3.8E-4	0.657E-3	0.662E-6	1.52E-7	4178	4.3
50	988	4.5E-4	0.548E-3	0.555E-6	1.58E-7	4180	3.5

ρ = 밀도, α = 열팽창계수, μ = 점성계수, ν = 운동점성계수, D_T = 열확산계수, Pr = 프란틀 수

* 1.0×10^{-n}을 1.0E^{-n}으로 적었음

- 100℃에서 증발 잠열 = 2.257×10^6 J/kg
- 0℃에서 얼음의 융해열 = 0.334×10^6 J/kg
- 얼음의 밀도 = 920 kg/m^3
- 물과 공기 사이에 표면장력 at 20℃ = 0.0728 N/m
- 25℃에서 음파의 속도 ≃ 1500 m/s

B 대기압에서의 공기의 성질

T (℃)	ρ (kg/m^3)	μ (kgm^{-1}s^{-1})	ν (m^2/s)	D_T (m^2/s)	Pr (ν/κ)
0	1.293	1.71E−5	1.33E−5	1.84E−5	0.72
10	1.247	1.76E−5	1.41E−5	1.96E−5	0.72
20	1.200	1.81E−5	1.50E−5	2.08E−5	0.72
30	1.165	1.86E−5	1.60E−5	2.25E−5	0.71
40	1.127	1.90E−5	1.69E−5	2.38E−5	0.71
60	1.060	2.00E−5	1.88E−5	2.65E−5	0.71
80	1.000	2.09E−5	2.09E−5	2.99E−5	0.70
100	0.946	2.18E−5	2.30E−5	3.28E−5	0.70

20℃에서

$C_p = 1012\ \text{J kg}^{-1}\text{K}^{-1}$

$C_v = 718\ \text{J kg}^{-1}\text{K}^{-1}$

$\gamma = 1.4$

$\alpha = 3.38 \times 10^{-3}\ \text{K}^{-1}$

$c_s = 340.6\ \text{m/s}$

건조한 공기에서의 상수

기체상수 $R = 287.04\ \text{J kg}^{-1}\text{K}^{-1}$

분자량 $m = 28.966\ \text{kg/kmol}$

압축률

$$\beta_s = \frac{1}{\gamma p}$$

$$\beta_T = \frac{1}{p}$$

열팽창계수

$$\alpha = \frac{1}{T}$$

높이(z)에 따른 공기의 물리량

z (km)	T (℃)	p (kpa)	ρ (kg/m^3)	z (km)	T (℃)	p (kpa)	ρ (kg/m^3)
0	15.0	101.3	1.225	8	−37.0	35.6	0.525
0.5	11.5	95.5	1.168	10	−50.0	26.4	0.412
1	8.5	89.9	1.112	12	−56.5	19.3	0.311
2	2.0	79.5	1.007	14	−56.5	14.1	0.226
3	−4.5	70.1	0.909	16	−56.5	10.3	0.165
4	−11.0	61.6	0.819	18	−56.5	7.5	0.120
5	−17.5	54.0	0.736	20	−56.5	5.5	0.088
6	−24.0	47.2	0.660				

C 여러 가지 좌표계에서 벡터의 성질

(1) 직교 좌표계 (x, y, z)

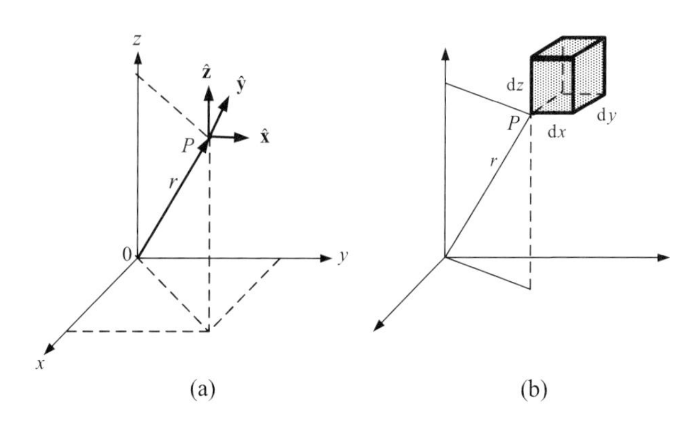

그림 C.1

$$\boldsymbol{r}(x, y, z) = x\hat{\mathbf{x}} + y\hat{\mathbf{y}} + z\hat{\mathbf{z}} \tag{C.1}$$

$$\mathrm{d}\boldsymbol{s} = \hat{\mathbf{x}}\mathrm{d}x + \hat{\mathbf{y}}\mathrm{d}y + \hat{\mathbf{z}}\mathrm{d}z \tag{C.2}$$

$$\mathrm{d}s^2 = \mathrm{d}x^2 + \mathrm{d}y^2 + \mathrm{d}z^2 \tag{C.3}$$

(2) 원기둥 좌표계 (r, θ, z)

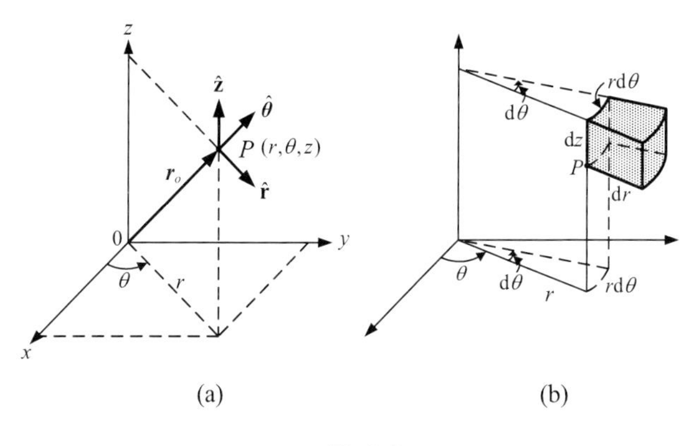

그림 C.2

$$\boldsymbol{r}(r, \theta, z) = r\hat{\mathbf{r}} + \theta\hat{\boldsymbol{\theta}} + z\hat{\mathbf{z}} \tag{C.4}$$

$$x = r\cos\theta, \quad y = r\sin\theta, \quad z = z \tag{C.5}$$

$$ds = \hat{\mathbf{r}}\,dr + \hat{\boldsymbol{\theta}}\,r d\theta + \hat{\mathbf{z}}\,dz \tag{C.6}$$

$$ds^2 = dr^2 + r^2 d\theta^2 + dz^2 \tag{C.7}$$

$$\begin{cases} \hat{\mathbf{r}} = \hat{\mathbf{x}}\cos\theta + \hat{\mathbf{y}}\sin\theta, \\ \hat{\boldsymbol{\theta}} = -\hat{\mathbf{x}}\sin\theta + \hat{\mathbf{y}}\cos\theta, \\ \hat{\mathbf{z}} = \hat{\mathbf{z}} \end{cases} \tag{C.8}$$

(3) 구 좌표계 (r, θ, ϕ)

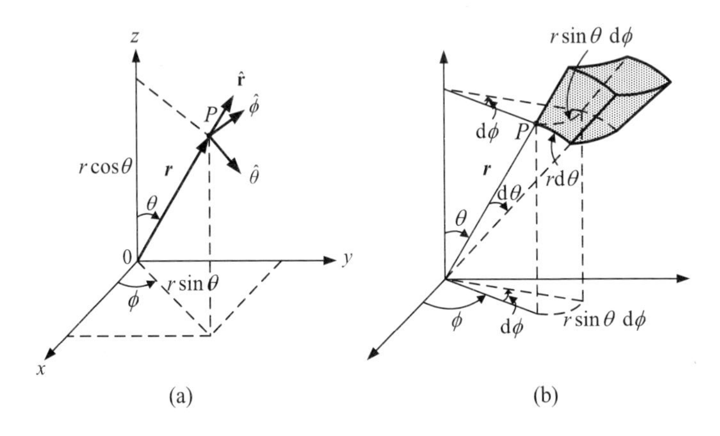

그림 C.3

$$r(r, \theta, \phi) = r\hat{\mathbf{r}} + \theta\hat{\boldsymbol{\theta}} + \phi\hat{\boldsymbol{\phi}} \tag{C.9}$$

$$\begin{cases} x = r\sin\theta\cos\phi \\ y = r\sin\theta\sin\phi \\ z = r\cos\theta \end{cases} \tag{C.10}$$

$$ds = \hat{\mathbf{r}}\,dr + \hat{\boldsymbol{\theta}}\,r d\theta + \hat{\boldsymbol{\phi}}\,r\sin\theta\, d\phi \tag{C.11}$$

$$ds^2 = dr^2 + r^2 d\theta^2 + r^2\sin^2\theta\, d\phi^2 \tag{C.12}$$

$$\begin{cases} \hat{\mathbf{r}} = \hat{\mathbf{x}}\sin\theta\cos\phi + \hat{\mathbf{y}}\sin\theta\sin\phi + \hat{\mathbf{z}}\cos\theta \\ \hat{\boldsymbol{\theta}} = \hat{\mathbf{x}}\cos\theta\cos\phi + \hat{\mathbf{y}}\cos\theta\sin\phi - \hat{\mathbf{z}}\sin\theta \\ \hat{\boldsymbol{\phi}} = -\hat{\mathbf{x}}\sin\phi + \hat{\mathbf{y}}\cos\phi \end{cases} \tag{C.13}$$

(4) 벡터의 연산

$$\boldsymbol{A}\cdot\boldsymbol{B} = \sum_i A_i B_i \tag{C.14}$$

$$= A_x B_x + A_y B_y + A_z B_z$$

$$(\boldsymbol{A}\times\boldsymbol{B})_i = \sum_{j,k}\epsilon_{ijk}A_j B_k \tag{C.15}$$

$$\epsilon_{ijk} \equiv \begin{cases} 0 & i,j,k \text{ 중 두 개가 같은 경우} \\ +1 & i,j,k\text{가 } 123,\ 231\text{이거나 } 312\text{인 경우} \\ -1 & i,j,k\text{가 } 132,\ 213\text{이거나 } 321\text{인 경우} \end{cases}$$

$$\boldsymbol{A}\times\boldsymbol{B} = \begin{vmatrix} \hat{\mathrm{x}} & \hat{\mathrm{y}} & \hat{\mathrm{z}} \\ A_x & A_y & A_z \\ B_x & B_y & B_z \end{vmatrix} \tag{C.16}$$

$$= \hat{\mathrm{x}}(A_y B_z - A_z B_y) + \hat{\mathrm{y}}(A_z B_x - A_x B_z) + \hat{\mathrm{z}}(A_x B_y - A_y B_x)$$

$$\nabla\alpha = \sum_i \hat{\mathrm{i}}\frac{\partial\alpha}{\partial x_i} \tag{C.17}$$

$$= \hat{\mathrm{x}}\frac{\partial\alpha}{\partial x} + \hat{\mathrm{y}}\frac{\partial\alpha}{\partial y} + \hat{\mathrm{z}}\frac{\partial\alpha}{\partial z}$$

$$= \hat{\mathrm{r}}\frac{\partial\alpha}{\partial r} + \hat{\theta}\frac{1}{r}\frac{\partial\alpha}{\partial\theta} + \hat{\mathrm{z}}\frac{\partial\alpha}{\partial z}$$

$$= \hat{\mathrm{r}}\frac{\partial\alpha}{\partial r} + \hat{\theta}\frac{1}{r}\frac{\partial\alpha}{\partial\theta} + \hat{\phi}\frac{1}{r\sin\theta}\frac{\partial\alpha}{\partial\phi}$$

$$\nabla\cdot\boldsymbol{A} = \sum_i \frac{\partial A_i}{\partial x_i} \tag{C.18}$$

$$= \frac{\partial A_x}{\partial x} + \frac{\partial A_y}{\partial y} + \frac{\partial A_z}{\partial z}$$

$$= \frac{1}{r}\frac{\partial}{\partial r}(rA_r) + \frac{1}{r}\frac{\partial A_\theta}{\partial\theta} + \frac{\partial A_z}{\partial \mathrm{z}}$$

$$= \frac{1}{r^2}\frac{\partial}{\partial r}(r^2 A_r) + \frac{1}{r\sin\theta}\frac{\partial}{\partial\theta}(\sin\theta\, A_\theta) + \frac{1}{r\sin\theta}\frac{\partial A_\phi}{\partial\phi}$$

$$(\nabla\times\boldsymbol{A})_i = \sum_{j,k}\epsilon_{ijk}\frac{\partial A_k}{\partial x_j} \tag{C.19}$$

$$\nabla \times \boldsymbol{A} = \begin{vmatrix} \hat{\mathbf{x}} & \hat{\mathbf{y}} & \hat{\mathbf{z}} \\ \partial/\partial x & \partial/\partial y & \partial/\partial z \\ A_x & A_y & A_z \end{vmatrix} \tag{C.20}$$

$$= \hat{\mathbf{x}}\left(\frac{\partial A_z}{\partial y} - \frac{\partial A_y}{\partial z}\right) + \hat{\mathbf{y}}\left(\frac{\partial A_x}{\partial z} - \frac{\partial A_z}{\partial x}\right) + \hat{\mathbf{z}}\left(\frac{\partial A_y}{\partial x} - \frac{\partial A_x}{\partial y}\right)$$

$$\nabla \times \boldsymbol{A} = \frac{1}{r}\begin{vmatrix} \hat{\mathbf{r}} & r\hat{\boldsymbol{\theta}} & \hat{\mathbf{z}} \\ \partial/\partial r & \partial/\partial \theta & \partial/\partial z \\ A_r & rA_\theta & A_z \end{vmatrix} \tag{C.21}$$

$$= \hat{\mathbf{r}}\left(\frac{1}{r}\frac{\partial A_z}{\partial \theta} - \frac{\partial A_\theta}{\partial z}\right) + \hat{\boldsymbol{\theta}}\left(\frac{\partial A_r}{\partial z} - \frac{\partial A_z}{\partial r}\right) + \hat{\mathbf{z}}\left[\frac{1}{r}\frac{\partial}{\partial r}(rA_\theta) - \frac{1}{r}\frac{\partial A_r}{\partial \theta}\right]$$

$$\nabla \times \boldsymbol{A} = \frac{1}{r^2\sin\theta}\begin{vmatrix} \hat{\mathbf{r}} & r\hat{\boldsymbol{\theta}} & r\sin\theta\hat{\boldsymbol{\phi}} \\ \partial/\partial \mathrm{r} & \partial/\partial \theta & \partial/\partial \phi \\ A_r & rA_\theta & r\sin\theta A_\phi \end{vmatrix} \tag{C.22}$$

$$= \frac{\hat{\mathbf{r}}}{r\sin\theta}\left[\frac{\partial}{\partial \theta}(\sin\theta\, A_\phi) - \frac{\partial A_\theta}{\partial \phi}\right] + \frac{\hat{\boldsymbol{\theta}}}{r}\left[\frac{1}{\sin\theta}\frac{\partial A_r}{\partial \phi} - \frac{\partial}{\partial r}(rA_\phi)\right]$$

$$+ \frac{\hat{\boldsymbol{\phi}}}{r}\left[\frac{\partial}{\partial r}(rA_\theta) - \frac{\partial A_r}{\partial \theta}\right]$$

$$\nabla^2 \alpha = \frac{\partial^2 \alpha}{\partial x^2} + \frac{\partial^2 \alpha}{\partial y^2} + \frac{\partial^2 \alpha}{\partial z^2} \tag{C.23a}$$

$$= \frac{1}{r}\frac{\partial}{\partial r}\left(r\frac{\partial \alpha}{\partial r}\right) + \frac{1}{r^2}\frac{\partial^2 \alpha}{\partial \theta^2} + \frac{\partial^2 \alpha}{\partial z^2}$$

$$= \frac{1}{r^2}\frac{\partial}{\partial r}\left(r^2\frac{\partial \alpha}{\partial r}\right) + \frac{1}{r^2\sin\theta}\frac{\partial}{\partial \theta}\left(\sin\theta\frac{\partial \alpha}{\partial \theta}\right) + \frac{1}{r^2\sin^2\theta}\frac{\partial^2 \alpha}{\partial \phi^2}$$

$$\nabla^2 \boldsymbol{A} = \hat{\mathbf{x}}\frac{\partial^2 A_x}{\partial x^2} + \hat{\mathbf{y}}\frac{\partial^2 A_y}{\partial y^2} + \hat{\mathbf{z}}\frac{\partial^2 A_z}{\partial z^2} \tag{C.23b}$$

$$= \hat{\mathbf{r}}\left(\nabla^2 A_r - \frac{A_r}{r^2} - \frac{2}{r^2}\frac{\partial A_\theta}{\partial \theta}\right) + \hat{\boldsymbol{\theta}}\left(\nabla^2 A_\theta + \frac{2}{r^2}\frac{\partial A_r}{\partial \theta} - \frac{A_\theta}{r^2}\right) + \hat{\mathbf{z}}\nabla^2 A_z$$

$$= \hat{\mathbf{r}}\left[\nabla^2 A_r - \frac{2A_r}{r^2} - \frac{2}{r^2\sin\theta}\frac{\partial}{\partial \theta}(A_\theta\sin\theta) - \frac{2}{r^2\sin\theta}\frac{\partial A_\phi}{\partial \phi}\right]$$

$$+ \hat{\boldsymbol{\theta}}\left[\nabla^2 A_\theta + \frac{2}{r^2}\frac{\partial A_r}{\partial \theta} - \frac{A_\theta}{r^2\sin^2\theta} - \frac{2\cos\theta}{r^2\sin^2\theta}\frac{\partial A_\phi}{\partial \phi}\right]$$

$$+ \hat{\boldsymbol{\phi}}\left[\nabla^2 A_\phi + \frac{2}{r^2\sin\theta}\frac{\partial A_r}{\partial \phi} + \frac{2\cos\theta}{r^2\sin^2\theta}\frac{\partial A_\theta}{\partial \phi} - \frac{A_\phi}{r^2\sin^2\theta}\right]$$

(5) 벡터 연산의 여러 가지 성질

$$\mathrm{A}\cdot(\mathrm{B}\times\mathrm{C}) = (\mathrm{A}\times\mathrm{B})\cdot\mathrm{C} \tag{C.24}$$

$$\mathrm{A}\times(\mathrm{B}\times\mathrm{C}) = \mathrm{B}(\mathrm{A}\cdot\mathrm{C}) - \mathrm{C}(\mathrm{A}\cdot\mathrm{B}) \tag{C.25}$$

$$\nabla\times\nabla\alpha = 0 \tag{C.26}$$

$$\nabla\cdot(\nabla\times\mathrm{A}) = 0 \tag{C.27}$$

$$(\mathrm{A}\times\mathrm{B})\cdot(\mathrm{C}\times\mathrm{D}) = (\mathrm{A}\cdot\mathrm{C})(\mathrm{B}\cdot\mathrm{D}) - (\mathrm{A}\cdot\mathrm{D})(\mathrm{B}\cdot\mathrm{C}) \tag{C.28}$$

$$\frac{\mathrm{d}}{\mathrm{d}\sigma}(\alpha\mathrm{A}) = \frac{\mathrm{d}\alpha}{\mathrm{d}\sigma}\mathrm{A} + \alpha\frac{\mathrm{dA}}{\mathrm{d}\sigma} \tag{C.29}$$

$$\frac{\mathrm{d}}{\mathrm{d}\sigma}(\mathrm{A}\cdot\mathrm{B}) = \frac{\mathrm{dA}}{\mathrm{d}\sigma}\cdot\mathrm{B} + \mathrm{A}\cdot\frac{\mathrm{dB}}{\mathrm{d}\sigma} \tag{C.30}$$

$$\frac{\mathrm{d}}{\mathrm{d}\sigma}(\mathrm{A}\times\mathrm{B}) = \frac{\mathrm{dA}}{\mathrm{d}\sigma}\times\mathrm{B} + \mathrm{A}\times\frac{\mathrm{dB}}{\mathrm{d}\sigma} \tag{C.31}$$

$$\nabla(\alpha+\beta) = \nabla\alpha + \nabla\beta \tag{C.32}$$

$$\nabla(\alpha\beta) = \alpha\nabla\beta + \beta\nabla\alpha \tag{C.33}$$

$$\nabla(\mathrm{A}\cdot\mathrm{B}) = \mathrm{B}\times(\nabla\times\mathrm{A}) + \mathrm{A}\times(\nabla\times\mathrm{B}) + (\mathrm{B}\cdot\nabla)\mathrm{A} + (\mathrm{A}\cdot\nabla)\mathrm{B} \tag{C.34}$$

$$\nabla(\boldsymbol{C}\cdot\boldsymbol{r}) = \boldsymbol{C} \qquad \text{where } \boldsymbol{C} = \text{상수벡터} \tag{C.35}$$

$$\nabla\cdot(\mathrm{A}+\mathrm{B}) = \nabla\cdot\mathrm{A} + \nabla\cdot\mathrm{B} \tag{C.36}$$

$$\nabla\cdot(\alpha\mathrm{A}) = \mathrm{A}\cdot(\nabla\alpha) + \alpha(\nabla\cdot\mathrm{A}) \tag{C.37}$$

$$\nabla\cdot(\mathrm{A}\times\mathrm{B}) = \mathrm{B}\cdot(\nabla\times\mathrm{A}) - \mathrm{A}\cdot(\nabla\times\mathrm{B}) \tag{C.38}$$

$$\nabla\times(\mathrm{A}+\mathrm{B}) = \nabla\times\mathrm{A} + \nabla\times\mathrm{B} \tag{C.39}$$

$$\nabla\times(\alpha\mathrm{A}) = (\nabla\alpha)\times\mathrm{A} + \alpha(\nabla\times\mathrm{A}) \tag{C.40}$$

$$\nabla\times(\mathrm{A}\times\mathrm{B}) = (\nabla\cdot\mathrm{B})\mathrm{A} - (\nabla\cdot\mathrm{A})\mathrm{B} + (\mathrm{B}\cdot\nabla)\mathrm{A} - (\mathrm{A}\cdot\nabla)\mathrm{B} \tag{C.41}$$

$$\nabla\times(\nabla\times\mathrm{A}) = \nabla(\nabla\cdot\mathrm{A}) - \nabla^2\mathrm{A} \tag{C.42}$$

$$\begin{aligned}(\mathrm{A}\cdot\nabla)\mathrm{B} = {} & \hat{\mathbf{x}}\left(A_x\frac{\partial B_x}{\partial x} + A_y\frac{\partial B_x}{\partial y} + A_z\frac{\partial B_x}{\partial z}\right) \\ & + \hat{\mathbf{y}}\left(A_x\frac{\partial B_y}{\partial x} + A_y\frac{\partial B_y}{\partial y} + A_z\frac{\partial B_y}{\partial z}\right) \\ & + \hat{\mathbf{z}}\left(A_x\frac{\partial B_z}{\partial x} + A_y\frac{\partial B_z}{\partial y} + A_z\frac{\partial B_z}{\partial z}\right)\end{aligned} \tag{C.43}$$

(6) 벡터의 여러 가지 적분정리

$$\oint_S \mathrm{A} \times \mathrm{d}\boldsymbol{S} = -\int_V (\nabla \times \mathrm{A})\,\mathrm{d}V \tag{C.44}$$

$$\oint_C \alpha\,\mathrm{d}\ell = \int_S \nabla\alpha \times \mathrm{d}\boldsymbol{S} \tag{C.45}$$

$$\nabla\alpha = \lim_{\triangle V \to 0} \frac{1}{\triangle V} \oint_S \alpha\,\mathrm{d}\boldsymbol{S} \tag{C.46}$$

$$\nabla \times \mathrm{A} = \lim_{\triangle V \to 0} \frac{1}{\triangle V} \oint_S \mathrm{d}\boldsymbol{S} \times \mathrm{A} \tag{C.47}$$

$$\oint_S \alpha\mathrm{A} \cdot \mathrm{d}\boldsymbol{S} = \int_V [\mathrm{A} \cdot (\nabla\alpha) + \alpha(\nabla \cdot \mathrm{A})]\,\mathrm{d}V \tag{C.48}$$

$$\oint_S \mathrm{B}(\mathrm{A} \cdot \mathrm{d}\boldsymbol{S}) = \int_V [(\mathrm{A} \cdot \nabla)\mathrm{B} + \mathrm{B}(\nabla \cdot \mathrm{A})]\,\mathrm{d}V \tag{C.49}$$

$$\nabla \int_a^r \boldsymbol{F}(\ell) \cdot \mathrm{d}\ell = \boldsymbol{F}(r) \tag{C.50}$$

$$\nabla \int_{p_0}^{p(x,\,y,\,z)} F(t)\,\mathrm{d}t = F(p)\nabla p \tag{C.51}$$

가우스 정리(Gauss's theorem)

$$\oint_S \alpha\,\mathrm{d}\boldsymbol{S} = \int_V \nabla\alpha\,\mathrm{d}V \tag{C.52}$$

$$\oint_S \boldsymbol{A} \cdot \mathrm{d}\boldsymbol{S} = \int_V \nabla \cdot \boldsymbol{A}\,\mathrm{d}V \tag{C.53a}$$

$$\oint_S \sum_i A_i n_i \mathrm{d}S = \int_V \sum_i \frac{\partial A_i}{\partial x_i}\,\mathrm{d}V \tag{C.53b}$$

$$\oint_S \sum_i \left(\sum_j A_{ji} n_j\right)\hat{\mathrm{e}}_i \mathrm{d}S = \int_V \sum_i \left(\sum_j \frac{\partial A_{ji}}{\partial x_j}\right)\hat{\mathrm{e}}_i \mathrm{d}V \tag{C.53c}$$

$$\oint_S \hat{\mathrm{n}} \cdot \overleftrightarrow{A}\,\mathrm{d}S = \int_V \nabla \cdot \overleftrightarrow{A}\,\mathrm{d}V \tag{C.54}$$

식 (C.53)과 식 (C.54)는 **발산정리**(divergence theorem)라고도 불린다.

스토크스 정리(Stokes's theorem)

$$\oint_C \boldsymbol{A} \cdot \mathrm{d}\ell = \int_S (\nabla \times \boldsymbol{A}) \cdot \mathrm{d}\boldsymbol{S} \tag{C.55a}$$

$$\oint_C \sum_i A_i \mathrm{d}\ell_i = \int_S -\sum_{i,\,j,\,k} \epsilon_{ijk} \frac{\partial A_j}{\partial x_k} n_i dS \tag{C.55b}$$

크로넥커 델타(Kronecker delta)

$$\delta_{ij} \equiv \begin{cases} 1 \ (\ i \ = \ j \ ) \\ 0 \ (\ i \ \neq \ j \ ) \end{cases} \tag{C.56}$$

$$= \begin{pmatrix} 1 & 0 & 0 \\ 0 & 1 & 0 \\ 0 & 0 & 1 \end{pmatrix}$$

여러 가지 좌표계에서 비압축성 유체의 연속방정식, 나비에-스토크스 방정식, 변형률, 응력텐서

(1) 직교 좌표계 $(x, \ y, \ z)$

연속방정식

$$\frac{\partial u}{\partial x} + \frac{\partial v}{\partial y} + \frac{\partial w}{\partial z} = 0 \tag{D.1}$$

나비에-스토크스 방정식

$$\rho\left[\frac{\partial u}{\partial t} + u\frac{\partial u}{\partial x} + v\frac{\partial u}{\partial y} + w\frac{\partial u}{\partial z}\right] = -\frac{\partial p}{\partial x} + \mu\left[\frac{\partial^2 u}{\partial x^2} + \frac{\partial^2 u}{\partial y^2} + \frac{\partial^2 u}{\partial z^2}\right] + F_x \tag{D.2}$$

$$\rho\left[\frac{\partial v}{\partial t} + u\frac{\partial v}{\partial x} + v\frac{\partial v}{\partial y} + w\frac{\partial v}{\partial z}\right] = -\frac{\partial p}{\partial y} + \mu\left[\frac{\partial^2 v}{\partial x^2} + \frac{\partial^2 v}{\partial y^2} + \frac{\partial^2 v}{\partial z^2}\right] + F_y \tag{D.3}$$

$$\rho\left[\frac{\partial u}{\partial t} + u\frac{\partial u}{\partial x} + v\frac{\partial u}{\partial y} + w\frac{\partial u}{\partial z}\right] = -\frac{\partial p}{\partial x} + \mu\left[\frac{\partial^2 u}{\partial x^2} + \frac{\partial^2 u}{\partial y^2} + \frac{\partial^2 u}{\partial z^2}\right] + F_x \tag{D.4}$$

변형률과 응력텐서

$$\epsilon_{ij} = \frac{1}{2}\left(\frac{\partial u_i}{\partial x_j} + \frac{\partial u_j}{\partial x_i}\right) = \epsilon_{ji} \tag{D.5}$$

$$\sigma_{ij} = -p\delta_{ij} + \mu\left(\frac{\partial u_i}{\partial x_j} + \frac{\partial u_j}{\partial x_i}\right) \tag{D.6}$$

$$= -p\delta_{ij} + 2\mu\epsilon_{ij}$$

(2) 원기둥 좌표계 $(r,\ \theta,\ z)$

연속방정식

$$\frac{\partial u_r}{\partial r}+\frac{u_r}{r}+\frac{1}{r}\frac{\partial u_\theta}{\partial \theta}+\frac{\partial u_z}{\partial z}=0 \tag{D.7}$$

나비에-스토크스 방정식

$$\rho\left[\frac{\partial u_r}{\partial t}+u_r\frac{\partial u_r}{\partial r}+\frac{u_\theta}{r}\frac{\partial u_r}{\partial \theta}+u_z\frac{\partial u_r}{\partial z}-\frac{u_\theta^2}{r}\right]=-\frac{\partial p}{\partial r} \tag{D.8}$$

$$+\mu\left[\frac{\partial^2 u_r}{\partial r^2}+\frac{1}{r}\frac{\partial u_r}{\partial r}-\frac{u_r}{r^2}+\frac{1}{r^2}\frac{\partial^2 u_r}{\partial \theta^2}+\frac{\partial^2 u_r}{\partial z^2}-\frac{2}{r^2}\frac{\partial u_\theta}{\partial \theta}\right]+F_r$$

$$\rho\left[\frac{\partial u_\theta}{\partial t}+u_r\frac{\partial u_\theta}{\partial r}+\frac{u_r u_\theta}{r}+\frac{u_\theta}{r}\frac{\partial u_\theta}{\partial \theta}+u_z\frac{\partial u_\theta}{\partial z}\right]=-\frac{1}{r}\frac{\partial p}{\partial \theta} \tag{D.9}$$

$$+\mu\left[\frac{\partial^2 u_\theta}{\partial r^2}+\frac{1}{r}\frac{\partial u_\theta}{\partial r}-\frac{u_\theta}{r^2}+\frac{1}{r^2}\frac{\partial^2 u_\theta}{\partial \theta^2}+\frac{\partial^2 u_\theta}{\partial z^2}+\frac{2}{r^2}\frac{\partial u_r}{\partial \theta}\right]+F_\theta$$

$$\rho\left[\frac{\partial u_z}{\partial t}+u_r\frac{\partial u_z}{\partial r}+\frac{u_\theta}{r}\frac{\partial u_z}{\partial \theta}+u_z\frac{\partial u_z}{\partial z}\right]=-\frac{\partial p}{\partial z} \tag{D.10}$$

$$+\mu\left[\frac{\partial^2 u_z}{\partial r^2}+\frac{1}{r}\frac{\partial u_z}{\partial r}+\frac{1}{r^2}\frac{\partial^2 u_z}{\partial \theta^2}+\frac{\partial^2 u_z}{\partial z^2}\right]+F_z$$

변형률과 응력텐서

$$\epsilon_{rr}=\frac{\partial u_r}{\partial r} \tag{D.11}$$

$$\epsilon_{\theta\theta}=\frac{1}{r}\frac{\partial u_\theta}{\partial \theta}+\frac{u_r}{r} \tag{D.12}$$

$$\epsilon_{zz}=\frac{\partial u_z}{\partial z} \tag{D.13}$$

$$\epsilon_{r\theta}=\frac{r}{2}\frac{\partial}{\partial r}\left(\frac{u_\theta}{r}\right)+\frac{1}{2r}\frac{\partial u_r}{\partial \theta} \tag{D.14}$$

$$\epsilon_{\theta z}=\frac{1}{2r}\frac{\partial u_z}{\partial \theta}+\frac{1}{2}\frac{\partial u_\theta}{\partial z} \tag{D.15}$$

$$\epsilon_{zr}=\frac{1}{2}\frac{\partial u_r}{\partial z}+\frac{1}{2}\frac{\partial u_z}{\partial r} \tag{D.16}$$

$$\sigma_{ij} = -p\delta_{ij} + 2\mu\epsilon_{ij} \quad \text{(D.17)}$$

(3) 구 좌표계 $(r,\ \theta,\ \phi)$

연속방정식

$$\frac{\partial u_r}{\partial r} + \frac{2u_r}{r} + \frac{1}{r}\frac{\partial u_\theta}{\partial \theta} + \frac{u_\theta \cot\theta}{r} + \frac{1}{r\sin\theta}\frac{\partial u_\phi}{\partial \phi} = 0 \quad \text{(D.18)}$$

나비에-스토크스 방정식

$$\rho\left[\frac{\partial u_r}{\partial t} + u_r\frac{\partial u_r}{\partial r} + \frac{u_\theta}{r}\frac{\partial u_r}{\partial \theta} + \frac{u_\phi}{r\sin\theta}\frac{\partial u_r}{\partial \phi} - \frac{u_\theta^2}{r} - \frac{u_\phi^2}{r}\right]$$
$$= -\frac{\partial p}{\partial r} + \mu\left[\frac{\partial^2 u_r}{\partial r^2} + \frac{2}{r}\frac{\partial u_r}{\partial r} - \frac{2u_r}{r^2} + \frac{1}{r^2}\frac{\partial^2 u_r}{\partial \theta^2} + \frac{\cot\theta}{r^2}\frac{\partial u_r}{\partial \theta}\right. \quad \text{(D.19)}$$
$$\left. + \frac{1}{r^2\sin^2\theta}\frac{\partial^2 u_r}{\partial \phi^2} - \frac{2}{r^2}\frac{\partial u_\theta}{\partial \theta} - \frac{2u_\theta\cot\theta}{r^2} - \frac{2}{r^2\sin\theta}\frac{\partial u_\phi}{\partial \phi}\right] + F_r$$

$$\rho\left[\frac{\partial u_\theta}{\partial t} + u_r\frac{\partial u_\theta}{\partial r} + \frac{u_r u_\theta}{r} + \frac{u_\theta}{r}\frac{\partial u_\theta}{\partial \theta} + \frac{u_\phi}{r\sin\theta}\frac{\partial u_\theta}{\partial \phi} - \frac{u_\phi^2\cot\theta}{r}\right]$$
$$= -\frac{1}{r}\frac{\partial p}{\partial \theta} + \mu\left[\frac{\partial^2 u_\theta}{\partial r^2} + \frac{2}{r}\frac{\partial u_\theta}{\partial r} - \frac{u_\theta}{r^2\sin^2\theta} + \frac{1}{r^2}\frac{\partial^2 u_\theta}{\partial \theta^2}\right. \quad \text{(D.20)}$$
$$\left. + \frac{\cot\theta}{r^2}\frac{\partial u_\theta}{\partial \theta} + \frac{1}{r^2\sin^2\theta}\frac{\partial^2 u_\theta}{\partial \phi^2} + \frac{2}{r^2}\frac{\partial u_r}{\partial \theta} - \frac{2\cot\theta}{r^2\sin\theta}\frac{\partial u_\phi}{\partial \phi}\right] + F_\theta$$

$$\rho\left[\frac{\partial u_\phi}{\partial t} + u_r\frac{\partial u_\phi}{\partial r} + \frac{u_r u_\phi}{r} + \frac{u_\theta}{r}\frac{\partial u_\phi}{\partial \theta} + \frac{u_\theta u_\phi\cot\theta}{r} + \frac{u_\phi}{r\sin\theta}\frac{\partial u_\phi}{\partial \phi}\right]$$
$$= -\frac{1}{r\sin\theta}\frac{\partial p}{\partial \phi} + \mu\left[\frac{\partial^2 u_\phi}{\partial r^2} + \frac{2}{r}\frac{\partial u_\phi}{\partial r} - \frac{u_\phi}{r^2\sin^2\theta} + \frac{1}{r^2}\frac{\partial^2 u_\phi}{\partial \theta^2} + \frac{\cot\theta}{r^2}\frac{\partial u_\phi}{\partial \theta}\right. \quad \text{(D.21)}$$
$$\left. + \frac{1}{r^2\sin^2\theta}\frac{\partial^2 u_\phi}{\partial \phi^2} + \frac{2}{r^2\sin\theta}\frac{\partial u_r}{\partial \phi} + \frac{2\cot\theta}{r^2\sin\theta}\frac{\partial u_\theta}{\partial \phi}\right] + F_\phi$$

변형률과 응력텐서

$$\epsilon_{rr} = \frac{\partial u_r}{\partial r} \tag{D.22}$$

$$\epsilon_{\theta\theta} = \frac{1}{r}\frac{\partial u_\theta}{\partial \theta} + \frac{u_r}{r} \tag{D.23}$$

$$\epsilon_{\phi\phi} = \frac{1}{r\sin\theta}\frac{\partial u_\phi}{\partial \phi} + \frac{u_r}{r} + \frac{u_\theta \cot\theta}{r} \tag{D.24}$$

$$\epsilon_{\theta\phi} = \frac{\sin\theta}{2r}\frac{\partial}{\partial \theta}\left(\frac{u_\phi}{\sin\theta}\right) + \frac{1}{2r\sin\theta}\frac{\partial u_\theta}{\partial \phi} \tag{D.25}$$

$$\epsilon_{\phi r} = \frac{1}{2r\sin\theta}\frac{\partial u_r}{\partial \phi} + \frac{r}{2}\frac{\partial}{\partial r}\left(\frac{u_\phi}{r}\right) \tag{D.26}$$

$$\epsilon_{r\theta} = \frac{r}{2}\frac{\partial}{\partial r}\left(\frac{u_\theta}{r}\right) + \frac{1}{2r}\frac{\partial u_r}{\partial \theta} \tag{D.27}$$

$$\sigma_{ij} = -p\delta_{ij} + 2\mu\epsilon_{ij} \tag{D.28}$$

E 무차원계수의 종류

경우에 따라 불안정성과 안정성이 경쟁하거나, 다른 비선형 성분과 선형 성분이 경쟁할 수 있다. 각각의 경우에는 새로운 무차원계수를 정의하여야 한다. 이들 무차원계수를 사용하면 흐름을 기술하는 방정식이 식 (3.49)와 같이 단지 몇 개의 무차원계수로 흐름을 특성 지을 수 있고 동역학적으로 비슷한 흐름들을 설명할 수 있다.

이 책에서 사용되는 무차원계수들과 그들의 물리적 의미를 간단히 적어보자.

(1) 관성력의 정도(3장, 9장)

레이놀즈 수

$$\text{Re 수} = \frac{\text{관성력의 크기}}{\text{점성력의 크기}} = \frac{\rho U^2/L}{\mu U/L^2} = \frac{\rho UL}{\mu} \tag{E.1}$$

$$= \frac{\text{점성에 의한 운동량 확산의 특성시간}}{\text{이류에 의한 운동량 이동의 특성시간}} = \frac{L^2/\nu}{L/U} = \frac{UL}{\nu}$$

(2) 압축의 정도(6장)

마하수

$$\text{Ma 수} = \left[\frac{\text{관성력}}{\text{압축력}}\right]^{1/2} = \left[\frac{\rho U^2/L}{\rho c_s^2/L}\right]^{1/2} = \frac{U}{c_s} \tag{E.2}$$

(3) 코리올리 효과가 중요한 회전유체(8장)

로스비 수

$$\text{Rb 수} = \frac{\text{관성력}}{\text{코리올리력}} = \frac{\rho U^2/L}{\rho\omega U} = \frac{U}{\omega L} \tag{E.3}$$

에크만 수

$$\text{Ek 수} = \frac{\text{점성력}}{\text{코리올리력}} = \frac{\mu U/L^2}{\rho\omega U} = \frac{\nu}{\omega L^2} \tag{E.4}$$

(4) 유체입자의 확산과 이류의 비교(9장)

페클릿 수

이류에 의한 유체입자의 이동과 확산에 의한 유체입자의 이동이 동시에 이루어질 경우

$$\text{Pe 수} = \frac{\text{확산에 의한 질량이동의 특성시간}}{\text{이류에 의한 질량이동의 특성시간}} = \frac{L^2/D}{L/U} = \frac{UL}{D} \tag{E.5}$$

열적 페클릿 수

이류에 의한 유체입자의 이동에 의한 열의 전달과 확산에 의한 열의 전도가 동시에 이루어질 경우

$$\text{Pe}_\theta\ \text{수} = \frac{\text{확산에 의한 열전도의 특성시간}}{\text{이류에 의한 열전달의 특성시간}} = \frac{L^2/D_T}{L/U} = \frac{UL}{D_T} \tag{E.6}$$

프란틀 수

운동량의 확산과 열의 확산이 동시에 이루어질 경우

$$\text{Pr 수} = \frac{\text{열확산의 특성시간}}{\text{운동량 확산의 특성시간}} = \frac{L^2/D_T}{L^2/\nu} = \frac{\nu}{D_T} \tag{E.7}$$

루이스 수

질량의 확산과 열의 확산이 동시에 이루어질 경우

$$\text{Le 수} = \frac{\text{열확산의 특성시간}}{\text{질량확산의 특성시간}} = \frac{L^2/D_T}{L^2/D} = \frac{D}{D_T} \tag{E.8}$$

슈미트 수

운동량의 확산과 질량의 확산이 동시에 이루어질 경우로 질량 프란틀 수라고도 한다.

$$\text{Sc 수} = \frac{\text{질량확산의 특성시간}}{\text{운동량 확산의 특성시간}} = \frac{L^2/D}{L^2/\nu} = \frac{\nu}{D} \tag{E.9}$$

(5) 밀도의 차이에 의한 흐름(7장, 8장, 11장)

프루드 수

유체의 깊이를 d 라고 하고 특성흐름속도를 U 라고 할 때 유체의 흐름속도와 중력파의 위상속도와의 비이다.

$$\text{Fr 수} = \left[\frac{\text{관성력}}{\text{중력}}\right]^{1/2} = \left[\frac{\rho U^2/d}{\rho g}\right]^{1/2} \tag{E.10}$$

$$= \frac{\text{유체의 흐름속도}}{\text{중력파의 위상속도}} = \frac{U}{\sqrt{gd}}$$

내부 프루드 수

두께가 H 이고 평균밀도가 ρ_o 이며 수평 방향의 속도가 U 인 유체층에서 관성력과 부력과의 비

$$\text{Fr}' \text{ 수} = \left[\frac{\text{관성력}}{\text{부력}}\right]^{1/2} = \left[\frac{\dfrac{\rho_o U^2}{H}}{g\dfrac{\mathrm{d}\rho}{\mathrm{dz}}H}\right]^{1/2} = \frac{U}{NH} \tag{E.11}$$

프란틀 수

$$\text{Pr 수} = \frac{\text{운동량의 확산}}{\text{열의 확산}} = \frac{\tau_\theta}{\tau_v} = \frac{L^2/D_T}{L^2/\nu} = \frac{\nu}{D_T} \tag{E.12}$$

레일리 수

$$\text{Ra 수} = \frac{\text{부력}}{\text{점성력}\cdot\text{열전도력}} = \frac{\rho L/\tau_B^2}{\rho L/\tau_v\tau_\theta} = \frac{\tau_v\tau_\theta}{\tau_B^2} \tag{E.13}$$

$$= \frac{(L^2/\nu)(L^2/D_T)}{L/\alpha g\Delta T} = \frac{\alpha g\Delta TL^3}{D_T\nu}$$

누셀트 수

$$\text{Nu 수} = \frac{\text{총 열전달량}}{\text{열전도에 의한 열전달량}} = \frac{qh}{k\Delta T} \tag{E.14}$$

버거 수

$$\text{Bu 수} = \frac{\text{밀도성층의 효과}}{\text{지구자전의 효과}} = \left(\frac{\text{Fr}'\text{수}}{\text{Rb수}}\right)^2 = \left(\frac{NH}{\omega L}\right)^2 \tag{E.15}$$

(6) 표면장력과 관련된 흐름 (7장, 12장)

마랑고니 수

$$\text{Mr 수} = \frac{\text{표면장력의 구배력}}{\text{점성력}\cdot\text{열전도력}} = \frac{\chi\Delta Th}{\mu D_T} \tag{E.16}$$

본드 수

$$\text{Bo 수} = \frac{\text{중력}}{\text{표면력}} = \frac{\Delta\rho gL^2}{\gamma} \tag{E.17}$$

(7) 원심력이 중요한 쿠엣흐름 (12장)

테일러 수

$$\text{Ta 수} = \frac{\text{원심력}}{\text{점성력}} = 4\left(\frac{\omega_i a_i^2 - \omega_o a_o^2}{a_o^2 - a_i^2}\right)\frac{\omega_i(a_o - a_i)^4}{\nu^2} \tag{E.18}$$

(8) 고분자유체의 탄성응력에 의한 층밀리기 흐름 (15장)

와이센버그 수

$$\text{Wi 수} = \frac{\text{특성 지연시간}}{\text{특성 변형시간}} = \dot{\gamma}\tau \tag{E.19}$$

F 곡률의 계산

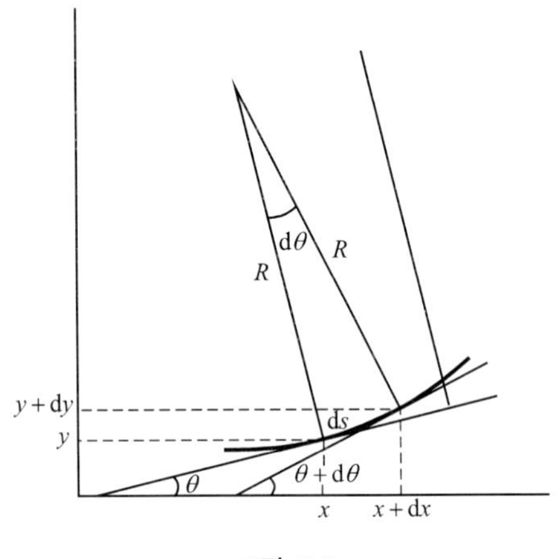

그림 F.1

그림 F.1에서와 같은 곡선의 곡률반경을 계산해보자. 곡선상의 거리가 $\mathrm{d}s$ 만큼 떨어진 두 점$(x,\ y)$, $(x+\mathrm{d}x,\ y+\mathrm{d}y)$에 대한 두 개의 접선을 생각해보자.

$$(\mathrm{d}s)^2 = (\mathrm{d}x)^2 + (\mathrm{d}y)^2 \tag{F.1}$$

이므로

$$\frac{\mathrm{d}s}{\mathrm{d}x} = \left\{1 + \left(\frac{\mathrm{d}y}{\mathrm{d}x}\right)^2\right\}^{1/2} \tag{F.2}$$

이다. 첫 번째 접선의 기울기는

$$\tan\theta = \frac{\mathrm{d}y}{\mathrm{d}x} \tag{F.3}$$

이므로 이를 s로 미분하면

$$\sec^2\theta\frac{d\theta}{ds} = \frac{d^2y}{dx^2}\frac{dx}{ds} \tag{F.4}$$

이다. 두 접선에 수직한 선들은 $d\theta$ 의 각으로 만나므로 곡률반경 R 과 호의 길이 ds 는

$$Rd\theta = ds\ , \quad \frac{1}{R} = \frac{d\theta}{ds} \tag{F.5}$$

를 만족시킨다. 또한

$$\sec^2\theta = 1 + \tan^2\theta = 1 + \left(\frac{dy}{dx}\right)^2 \tag{F.6}$$

이므로 식 (F.2), 식 (F.5), 식 (F.6)을 식 (F.4)에 대입하면

$$\left\{1 + \left(\frac{dy}{dx}\right)^2\right\}\left(\frac{1}{R}\right) = \left(\frac{dy}{dx}\right)^2\left\{1 + \left(\frac{dy}{dx}\right)^2\right\}^{-1/2} \tag{F.7}$$

이므로 곡률반경의 역수는

$$\frac{1}{R} = \frac{\left(\frac{dy}{dx}\right)^2}{\left\{1 + \left(\frac{dy}{dx}\right)^2\right\}^{3/2}} \tag{F.8}$$

이다. 만일 $\frac{dy}{dx} \ll 1$ 인 경우를 생각하면

$$\frac{1}{R} = \left(\frac{dy}{dx}\right)^2 \tag{F.9}$$

이다.

참고문헌

• 본서와 주제와 수준이 비슷한 책

Faber, T. E., Fluid Dynamics for Physicists, Cambridge University Press, 1995

Guyon, E., Hulin, J-P., Petit, L. and Mitescu, C. D., Physical Hydrodynamics, Oxford University Press, 2001

Hughes, W. F. and Brighton, J. A., Fluid Dynamics, McGraw-Hill Inc., 1967

Paterson, A. R., A First Course in Fluid Dynamics, Cambridge University Press, 1983

Tritton, D. J., Physical Fluid Dynamics, Clarendon Press, Oxford University Press, 3rd ed., 1988

• 가볍게 읽을 수 있는 유체에 대한 책

Shapiro, A. H., Shape and Flow, Heinemann, 1961

Van Dyke, M. An Album of Fluid Motion, Parabolic Press, 1982

• 본서를 읽는 도중 도움이 되리라 생각되는 비슷한 수준의 관련 분야 물리학 책

Barber, D. J. and Loudon, R., An Introduction to the Properties of Condensed Matter, Cambridge University Press, 1989

Goodstein, D. L., States of Matter, Prentice-Hall Inc., 1975

Main, I. G., Vibrations and Waves in Physics, Cambridge University Press, 3rd ed., 1993

Merzkirch, W., Flow Visualization, Academic Press, 2nd ed., 1987

Nettel, S., Wave Physics: Oscillation-Soliton-Chaos, Springer-Verlag, 1992

Reif, F., Fundamental of Statistical and Thermal Physics, McGraw-Hill Inc., 1965

Tabor, D., Gases, liquids and solids, Cambridge University Press, 3rd ed., 1991

• 본서와 같은 주제이지만 이론적인 접근이 많은 책

Bachelor, G. K., An Introduction to Fluid Mechanics, Cambridge University Press, 1973

Currie, I. G., Fundamental Mechanics of Fluids, McGraw-Hill Inc., 2nd ed., 1993

Kundu, P. K., Fluid Mechanics, Academic Press, 2nd ed., 2002

Lamb, H., Hydrodynamics, Cambridge University Press, 6th ed., 1932
Landau, L. D. and Lifshitz, E. M., Fluid Mechanics, Pergamon Press, 2nd ed., 1987

• 본서와 수준이 비슷하지만 공학적인 접근을 한 책

Never, N. D., Fluid Mechanics for Chemical Engineers, McGraw-Hill Inc., 2nd ed., 1991
Sherman, F. S., Viscous Flow, McGraw-Hill Inc., 1990
White, F. M., Fluid Mechanics, McGraw-Hill Inc., 3rd ed., 1994

• 본서의 내용과 관계되지만 특정분야를 깊게 접근한 책

Berg, H. C., Random works in Biology, Princeton University Press, 1993
Berge, P., Pomeau, Y. and Vidal, C., Order within Chaos, John Wiley & Sons, 1984
Barnes, H. A., J. F. Hutton, and K. Walters, An Introduction to Rheology, Elsevier Science Publishers., 1989
Bird, R. B., Stewart, W. E., and Lightfoot, E. N., Transport Phenomena, John Wiley & Sons, 2nd ed., 2002
Bruss, H., Theoretical Microfluidics, Oxford University Press, 2008
Chaikin, P. M. and Lubensky, T. C., Principles of Condesned Matter Physics, Cambridge University Press, 1995
Chandrasekhar, S., Hydrodynamic and Hydromagnetic Stability, Oxford University Press, 1961
Choudhuri, A. R., The Physics of Fluids and Plasma, Cambridge University Press, 1998
Collings, P. J., Liquid Crystals, Princeton University Press, 1990
Crank, J., The Mathematics of Diffusion, Clarendon Press, 2nd ed., 1975
Cross, M. C. and Hohenberg, P. C., Review of Modern Physics, 65, 851, 1993
Cushman-Roisin, B., Introduction to Geophysical Fluid Dynamics, Prentice-Hall, 1994
Darrigol, O., Worlds of Flow, Oxford University Press, 2005
de Gennes, P. G., Wetting: Statics and Dynamics, Review of Modern Physics, 57, 827, 1985
de Gennes, P.G., Brochard-Wyart F., and Quere D., Capillarity and Wetting Phenomena, Springer, 2010
Doi, M., Soft Matter Physics, Oxford University Press, 2013
Doi, M. and Edwards, S. F., The Theory of Polymer Dynamics, Clarendon Press, 1986
Frisch, U., Turbulence : the legacy of A.N. Kolmogorov, Cambridge University Press, 1995

Hamrock, B. J., Fundamentals of Fluid Film Lubrication, McGraw-Hill Inc., 1994
Hanley et al, Fluids out of Equilibrium, Physics Today p.p. 25-73 (January, 1984)
Hansen, J. D. and McDonald, I. R., Theory of Simple Liquids, Academic Press, 2nd ed., 1990
Hinze, J. O., Turbulence, 2nd ed., McGraw-Hill Inc., 1975
Jones, R. A. L., Soft Condensed Matter, Oxford University Press, 2002
Holton, J. R., An Introduction to Dynamic Meteorology, Elsevier, 4th ed., 2004
Larson, R. G., The Structure and Rheolgy of Complex Fluids, Oxford University Press, 1999
Levich, V. G., Physiochemical Hydrodynamics, Prentice-Hall Inc., 1962
Lighthill, J., Waves in Fluids, Cambridge University Press, 1978
Manneville, P., Dissipative Structures and Weak Turbulence, Academic Press, 1990
Nelson, P., Biological Physics: Energy, Information, Life, Freeman, 2004
Purcell, E. M., Life at Low Reynolds Number, American Journal of Physics, 45, p.p. 3-11, 1977
Cushman-Roisin, B., Introduction to Geophysical Fluid Dynamics, Prentice Hall, 1994
Schilichting, H., Boundary Layer Theory, McGraw-Hill Inc., 7th ed., 1979
Swinney, H. L. and Gollub, J. P. (eds), Hydrodynamic Instabilities and the Transition to Turbulence, Springer-Verlag, 1981
Tennekes, H. and Lumley, J. L., A First Course in Turbulence, The MIT Press, 1972
Thompson, P. A., Compressible-Fluid Dynamics, McGraw-Hill Inc., 1972
Tokaty, G. A., A History and Philosophy of Fluid Mechanics, Dover Publication, 1971

찾아보기

ㅇ

ㅈ

ㅊ

A–Z

유체의 물리 2판

2판 1쇄 인쇄 | 2022년 2월 05일
2판 1쇄 발행 | 2022년 2월 10일

지은이 | 박 혁 규
펴낸이 | 조 승 식
펴낸곳 | (주)도서출판 북스힐

등 록 | 1998년 7월 28일 제22-457호
주 소 | 서울시 강북구 한천로 153길 17
전 화 | (02) 994-0071
팩 스 | (02) 994-0073

홈페이지 | www.bookshill.com
이메일 | bookshill@bookshill.com

정가 30,000원

ISBN 979-11-5971-402-3

Published by bookshill, Inc. Printed in Korea.